云南古代水文献大系

卷一

江　燕
毕先弟　编著

云南大学出版社
YUNNAN UNIVERSITY PRESS
·昆明·

图书在版编目（CIP）数据

云南古代水文献大系 ：共六册 / 江燕，毕先弟编著
. -- 昆明 ：云南大学出版社，2024
ISBN 978-7-5482-4510-0

Ⅰ. ①云… Ⅱ. ①江… ②毕… Ⅲ. ①水文资料－文献资料－云南－古代 Ⅳ. ①P337.274

中国版本图书馆CIP数据核字(2021)第281305号

审图号：GS(2023)2474号

策划编辑：段　然　苏　珊
责任编辑：李春艳　佘家涛
装帧设计：刘　雨

云南古代水文献大系

YUNNAN GUDAI SHUI WENXIAN DAXI

江　燕　毕先弟 / 编著

出版发行：云南大学出版社
印装：云南天欣彩印包装有限公司
开本：890mm × 1260mm　1/16
印张：241.625
字数：6116千字
版次：2024年5月第1版
印次：2024年5月第1次印刷
书号：ISBN 978-7-5482-4510-0
定价：2400.00元（共六册）

社址：云南省昆明市一二一大街182号（云南大学东陆校区英华园内）
邮编：650091
电话：（0871）65031070　65033244　65031071
网址：http://www. ynup. com
E-mail：market@ynup. com

《云南古代水文献大系》编委会

编　　著　　江　燕　毕先弟

编　　委　　郑　畅　宫　珏　刘景毛　顾胜华

　　　　　　郭　劲　方　婕

特约编辑　　周元晖

前　言

“水者，何也？万物之本原也，诸生之宗室也。……圣人治于世也……其枢在水。”①民以食为天，食以水为先。水是生命之源、生产之要、生态之基。历代水患治理与人类文明的发展、国家的兴衰息息相关，紧密相连。兴水利、除水害，事关人类生存、经济发展、社会进步，历来是治国安邦的大事。促进经济长期平稳较快发展和社会和谐稳定，必须下决心加快水利发展，切实增强水利支撑保障能力，实现水资源可持续利用。

近年来我国频繁发生的严重水旱灾害，造成重大生命财产损失。云南作为全国水资源最为丰富的省份之一，自2009年以来却遭受了大面积的持续干旱，对人民的生产生活造成了严重的影响，使我们对当前所面临的水危机有了更清醒认识。因此，云南省委、省政府根据中发〔2011〕1号文件《中共中央国务院关于加快水利改革发展的决定》，提出了《关于加快实施“兴水强滇”战略的决定》，“兴水强滇”成为云南经济社会发展的重大战略。

如何挖掘利用云南水历史文化，学习借鉴古代云南先民敬水、护水的环保意识，繁荣和发扬古代先民的水智慧，形成良好、可持续发展的水资源利用机制，既可为当前节约水资源做出贡献，更可以依托上千年传承的禹王庙、龙王庙等水文化遗产保护活动，倡导敬畏山水，崇尚自然，探讨水与国家的社会治理、经济发展、民间习俗、文化传承的关系及其影响，在新时代做好水文化遗产的保护、开发与利用，对国家安全和边疆治理有着重要的历史参考价值和现实指导意义。

一、申报立项

清代布衣学者孙髯翁“大观楼长联”所描述的“汉习楼船”“唐标铁柱”“宋挥玉斧”“元跨革囊”等重大历史事件，都与云南之水密切关联。“山脉变幻难定，必以水为断”②，历史上云南府州厅县划分及与邻国界限，多以江河为界，云南六大水系中有四条为跨境河流，分别是独龙江—伊洛瓦底江、怒江—萨尔温江、澜沧江—湄公河、元江—红河，它们将中国同东南亚南亚众多国家连接为命运共同体，使这一区域在水资源开发利用方面具有广阔的合作空间。

语曰：桥梁不治，道路不平，为有司之耻。古者河渠有书，沟洫有志，后世大河所经，皆设官督理。兴建水利，有系于人命，有关于国课，有裨于风脉，是一举三得之事。纵观历史，不难看出水对中国王朝政权与地方社会关系和制度的形成，对古代民众生产生活方式的选择、变迁，以及历代水环境治理、水冲突等方面都有十分显著的影响。

---

① 〔明〕赵用贤等辑评：《管子》卷十四《水地》，明万历四十八年（1620年）凌汝亨刻本，第3页。

② 〔清〕赵元祚撰：《滇南山水纲目》卷上《滇山纲目》，民国三年（1914年）《云南丛书》本，第2页。

云南各民族水文化与水环境的保护，历来受到中外学者广泛重视，但云南古代水文献专题整理研究却显薄弱。元明清时期是云南历史上大规模移民开发和经济发展的重要时期，留下的资料甚为丰富，特别是方志、档案、碑刻、奏折、艺文中所记录的水文献，因无系统、专题性搜集整理，导致零星散布于各类史籍中的云南古代水文献得不到充分开发利用和研究。云南近现代关于水的研究成果中，多集中在水利开发，以及少数民族在用水观念、保护水习俗、制度等方面所表现出的水文化。在全国范围内率先开展搜集整理云南古代水文献专题工作，既弥补学术界获取水文献的不足，为进一步研究奠定基础，也为云南水资源的合理开发利用提供文献支撑，其基础性、现实性和创新性不言而喻。

基于以上原因，我们以“民国以前云南水资料整理及数据库建设”申报国家社科基金项目，2013 年得到国家社科基金评审专家的大力支持，获准立项（批准号：13BTQ041）。经过课题组的艰苦努力，2019 年顺利结项。最终成果《云南古代水文献大系》，由云南大学出版社申请，获得2020 年度国家出版基金资助出版。

二、主要成果

本书是从现存历史文献中重现古人尊重自然，找寻古人对水环境保护的最佳途径而努力探求的一部云南古代水文献资料集，反映民国以前包括部分民国时期云南水文献的概貌。凡现存史志中山川、湖泊、池塘、井泉、名胜古迹、堤坝、桥梁、水利、祠祀、灾祥、艺文等类目中涉及的云南水文献均为收录对象，是迄今为止云南古代水文献最丰富、全面的一部学术著作，在全国同行中也为开创之举。

三、辑录原则

本书辑录文献主要来源于正史、专论、通志和府州县志等，遵循以下原则：①多种志书皆记载，择其记载时间早或善本而录之；②原本无存，或一时难以获取的，以整理点校本为底本，如玉溪、大理、楚雄、昭通等地的旧志丛刊点校本；③篇名、作者同，内容有异者，分别辑录，如《修五马桥记》，康熙、嘉庆《黑盐井志》皆收录，且题名、作者相同，但内容多异，所以两书所载《修五马桥记》一并辑录，以存异同；④目录中“( )”内注“存目”者，意为佚文或未见原书，存目待访。

四、辑录来源

1. 史　志

《史记·西南夷列传》：楚威王时，将军庄蹻至滇池，地方三百里，旁平地肥饶数千里。又曰：滇水源广末狭，有似倒流，故曰滇。汉武帝欲伐滇国，于长安西南，穿昆明池象之，以习水战。此乃见于正史中有关云南水文献的最早记录。其后，诸如《汉书·地理志·滇池县》：大泽在西，滇池泽在西北。《后汉书·南蛮西南夷列传》：此郡有池，周回二百余里，水源深广，而末更浅狭，有似倒流，故谓之滇池。《三国志·蜀志》：诸葛亮征南中，至滇池。《元史·地理志》：昆明池，五百余里，夏潦必冒城郭，张立道为大理等处劝农使，求泉源所自出，泄其水，得地万余顷，皆为良田。……有关云南水文献的记录越来越丰富，至明清时，《明一统志》《清一统志》皆详载郡邑之名山大川。

2. 专 论

专论云南山水的著作中，有张景蕴的《云南山水考》[①]、檀萃的《滇南山水纲目考》、何应清的《滇南山水考略》、李诚的《云南水道考》等书。赵元祚的《滇南山水纲目》按滇山纲目、滇水纲目详细记载云南境内山川之源流、走向，史料价值极高，对后世编撰影响亦大，可与他书记载互相参证辨误。如道光《云南通志稿·舆地图》及清末绘制的《云南省府厅州县舆图》等，就是根据西洋方法编绘的云南地图；何其偀的《迤江图说》、黄士杰的《云南省城六河图说》、孙髯翁的《拟盘龙江水利图说》等亦是地图和文字叙述，似仿赵元祚《滇南山水纲目》之体例，故方国瑜先生认为"据新图考校地理而作书者，当以元祚之书为最先也"[②]，他在考证青蛉水为泡江、文象江即西洋江时，亦多援引赵氏之说。

"山川"记载，沿其旧志，录其重点，取其精华，是旧志修撰的普遍现象。如道光《云南通志稿·地理志·山川》记载的云南各府州县河流水系、湖泊温泉、井泉等，多沿引李诚的《云南水道考》，光绪《云南通志》沿引道光《云南通志稿》，几未做任何改动，光绪《续云南通志稿》则对支流的双行注释和艺文做了大量删略。

清师范的《滇系》十一之二《旅途系》，保存了大量云南水文献，主要有金沙江图、顾炎武的《金沙江考》、张机的《南金沙江源流考》、齐召南的《水道提纲》、杨慎的《辩泸水》、杨士云的《议开金沙江书》、毛凤韶的《疏通边方河道议》、顾氏的《辩黑水》、徐弘祖的《溯江纪源》、史秉信的《冈脊黑水辨》、王思训的《黑水辩》、闵洪学的《请滇路蜀粤并开疏》、樊绰的《云南界内旅程述》《腾越近边关隘志》《入缅路程记》《入边各路记》《方舆纪要》和师范的《云南水道纪略》。该书设《旅途系》的原因，师范按语曰："地理志无志旅途者，包、顾二先生始有之，录之上册，凡邮舍之远近，跋涉之险夷，可按籍而稽矣。此册首考水道，附以各家之遗文，知凿山起剥，原非谬说。樊绰《云南记》以古较今，不大相悖，故次之。至近边关隘、入缅程途，又留心防御者，所不可忽也。终以《方舆纪要》，详于东，而西、南、北则阙焉。古圣王守在四夷，然则闭关绝贡，或亦制外之一法欤？览之者试绎之。"[③]

3. 方 志

地方志中，唐樊绰的《蛮书》卷二《山川江源》、晋常璩的《华阳国志·南中志》、元李京的《云南志略》、郭松年的《大理行记》等均部分涉及云南水文献。明代现存五部通志中，水文献散见于山川、井泉、坝塘、桥梁、艺文中。康熙《云南通志》按府州县分述山、川、河、湖、塘、井、桥梁之名称、位置、流向及何人何时修建等情况，主要见卷六《山川志附桥梁》、卷八《城池志附闸坝堰塘》，文字记述简略。雍正《云南通志》沿袭康熙《云南通志》体例，按府州县分述山、川、河、湖、塘、井、津梁，其中卷三《山川志》、卷六《城池志附津梁》，内容较康熙《云南通志》翔实。其卷十三《水利志》，在云南通志中属于首创，说明雍正时期，水资源开发与利用对云南经济影响更加突出和重要，形成了水利建设较成熟的管理方法及理念，"或分浚以杀其汹涌，或约束以

---

① 张景蕴另有《滇中山水考》，见康熙《蒙化府志》卷六《艺文志·考》第103页。

② 方国瑜著：《云南史料目录概说》第二册卷五《清时期撰述简录·专志·山川志》，中华书局1984年版，第719页。

③〔清〕师范纂辑：《滇系》十一之二《旅途系》，清光绪十三年（1887年）重刻本，第4页。

制其污漫，或相其壅障而排刷之，或时其盈缩而蓄泄之"，故新增此志，使斯土者能大力推广，以大庇民户。道光《云南通志稿》将《水利志》增为三卷（卷五十二至五十四），内容丰富，专载堤堰、闸坝及人工开凿沟渠，若天成非人力者，概入《山川志》，不混入此，与旧《志》体例稍有不同。光绪《续云南通志稿》之《水利志》仍为三卷（卷二十一至二十三），内容较道光《云南通志稿》简略，少了许多注释性文字。

府州县中的水利专志，则因各地气候各异，土宜有别，经济发展不一，故设置时间有先后，体例、内容多沿袭雍正《云南通志》。如安宁州水利专志，最早见于段昕纂雍正《安宁州志》（乾隆四年刻本）卷十一《水利志附川河、潭闸、堰塘、沟坝、井泉》，认为"国家经野之道，水利为先，故川决之使导，潭涸之使盈，沟浚之使通，塘潴之使聚，凡以便蓄泄，备旱潦也"，但到郎一桀等纂《安宁州续志》时，又删略了《水利志》。

4. 纂修者背景

（1）最高当政者 清圣祖康熙帝不仅是文治武功显著的皇帝，对中国汉文化也有深厚造诣，熟知中国历史地理知识，重视水利工程建设，他六巡江南，视察河工，对每项水利工程都能作出具体指示。康熙五十八年（1719 年）十一月辛巳，亲颁圣训《山川考谕》曰："朕于地理，从幼留心，凡古今山川名号，无论边徼遐荒，必详考图籍，广询方言，务得其正。故遣使臣至崑崙、西番诸处，凡大江、黄河、黑水、金沙、澜沧诸水发源之地，皆目击详求，载入舆图。"其中就"《禹贡》导黑水，至于三危"之说中"三危"名称之由来，提出自己独到的见解，认为："旧注以三危为山名，而不知其所在。朕今始考其实，三危者，犹中国之三省也。打箭炉之西南，达赖喇嘛所属拉李城之东南为喀木地，达赖喇嘛所属为危地，班禅呼图克图所属为藏地，合三地为三危耳。哈拉乌苏由其地入海，故曰'导黑水，至于三危，入于南海'也。"同时还论及金沙江、怒江、澜沧江、龙川江、槟榔江等云南诸水源流，具有重要的史料价值。

（2）地方要员 由于管理制度，及财力、技术、人力等诸多因素影响，云南历史上的水利、桥梁建设，多为历任守牧者组织当地乡耆民众合力修建，或带头捐廉首倡修建，或请疏拨款重修。如：

"万寿桥，在城东城壕上，本朝康熙四十九年，知州金廷献捐修。""水月桥，在城南关外，本朝康熙五十一年，知州金廷献捐修。""青云桥，在城西南十里，本朝康熙四十五年，知州金廷献修。""迎恩桥，在城北半里，本朝康熙五十年，知州金廷献捐修。"[①] 分别记载路南知州金廷献建桥四座。

"小江桥，在城西七十里，本朝雍正五年，知府黄士杰建。""左河桥，在城北门外，一名新桥，本朝雍正六年，知府黄士杰建。""右河桥，在城北五里，一名大桥，本朝雍正六年，知府黄士杰建。"[②] 分别记载东川知府黄士杰建桥三座。

"太平桥，在城东门外半里，本朝雍正七年，知府陈克复建。""永丰桥，在城南门外，知府陈克复建。""双虹桥，在城南二十五里，知府陈克复建。""天梯桥，在城西十里，知府陈克复建。""三道桥，在城西北十五里，知府陈克复建。""旧圃桥，在城西北

① 〔清〕鄂尔泰修，靖道谟纂：雍正《云南通志》卷六《城池志・澂江府・路南州》，清乾隆元年（1736 年）刻本，第 52 页。

② 雍正《云南通志》卷六《城池志・东川府・会泽县》，第 57 页。

二十里，知府陈克复建。”[①] 分别记载昭通知府陈克复建桥六座。

雍正年间，鄂尔泰任云贵总督，在云南兴修水利。主持修纂《云南通志》，其中《水利志》纂修甚佳，为后人研究云南水利史提供了重要史料文献。

（3）学者型官员 明代著名文学家、理学家李元阳（1497—1580），字仁甫，号中溪，太和（今大理）人，嘉靖丙戌（1526年）进士，授翰林院庶吉士，历任江阴县令、户部主事、监察御史、荆州府知府。先后编纂万历《大理府志》、万历《云南通志》，著有《李中溪全集》。在福建为官时，利用当地刻书业发达的条件，主持刊刻了大量古籍。万历《云南通志》为其重要的史学著作之一，始纂于隆庆六年（1572年），成于万历四年（1576年），历时四年。该书卷二至卷四《地理志》依府州县排序，内厘星野、沿革、疆域、形势、山川、古迹、风俗、物产、堤闸、桥梁、宫室、冢墓等门类，其中山川、堤闸、桥梁、古迹涉及大量云南水文献。

（4）布衣学士 清孙髯翁撰《拟盘龙江水利图说》（云南省图书馆藏道光年间绵纸钞本）一卷一册。孙髯（1685—1774），字髯翁，号颐庵，原籍陕西三原，因父亲来云南任武官，遂流寓昆明，以“傲然不群”闻名滇中。孙髯翁自幼喜习诗文，乡试时因见对士子搜身，愤然离去，不求闻达，自号“万树梅花一布衣”，以寒士终老。他中年客居大理，后因家道中落，寄寓昆明圆通寺咒蛟台，卖卜为生，往往“求百钱不可得”，以致“数日断炊”。纂有《云南县志》，惜已散失。清初为大观楼写下一百八十字的对联，被誉为“古今第一长联”。孙氏不仅以诗文见长，还是一位经世致用，关心云南水利的学者。他曾溯流而上，考察金沙江，提出“引金济滇”的设想，又考察盘龙江，于乾隆十四年（1749年）写成《拟盘龙江水利图说》。盘龙江，昆明六河之一，滇池之正源，发源于嵩明县西邵甸，其源有二。元代，云南建立行省，昆明城初具规模，但滇池水患频仍。虽经云南平章政事赛典赤赡思丁修建松华坝水闸，分盘龙江水入金汁河，但水患并未杜绝，元泰定元年（1324年）至明万历四十八年（1620年）间，多次暴发洪水。清初，昆明六河年久失修，泥沙石块淤塞填河，稍遇大雨，上游河水无所宣泄，就泛滥成灾。孙髯翁深感盘龙江水患对该地人民造成的危害，乃“穷岁月之跋涉”，进行实地考察，并“闲披《禹贡》《桑经》《郦注》之书”，参阅有关历史地理资料，最后撰成水利著作《拟盘龙江水利图说》。不仅厘清盘龙江江流之源委，而且对盘龙江东、西两大支流，也作了翔实考察，指出滇池水患频仍的原因，系江势北高南下，每骤雨而水便发，若遇积雨，立见沸腾，甚至水入人家，坏垣破壁，使昆明街头出现“老少男女，失所飘零，婴童处子，负携巷哭，涉水褰裳，泥途襟肘，竟至釜甑无存，寄栖箫寺”的悲惨景象。最后提出“疏壅畅流、分势防隘、闭引水为害、改一水锁群流、因时得所”等五条根治盘龙江措施，对我们今天规划滇池水利，建立排灌系统，进行综合开发利用，仍有借鉴参考之用。

秦光第《查勘南盘江上游水利工程计划书》，是民国时期南盘江流域水利工程治理专门著述。秦光第，字少元，别号六余居士，云南呈贡人。清光绪廪生，毕业于云南武备学堂。参加辛亥革命和护国首义。历任被服厂厂长、军需局长、警务处长、警察厅厅长、蒙自道尹、昆明市政公所会办等职。民国十五年（1926年），主持修浚南盘江水利及抚

① 雍正《云南通志》卷六《城池志·昭通府·恩安县》，第57页。

仙、星云两湖，广辟田亩，有利民生，政绩卓然。该计划书系作者数次对南盘江江流进行实地查勘所得，见闻所及，择要汇编而成，提出农业贵在振兴水利，水利振兴贵在调节干湿的治理对策和建议。

（5）**普通民众** 以文存名，刻石垂久。通过大量保留下来的封疆大吏的奏折、碑刻，凸显了守土者的职责所在，彰显了其尽职尽力、捐俸倡修等功绩。虽多有溢美之辞，但不难看出，在水利工程和桥梁道路修建中，当地乡绅、士民、妇女、僧道，甚至起义军将领，往往成为当地水利桥梁建设的主力军和实际贡献者。

①父子祖孙倡修。“世济桥，在城西北五里，明州人李茂修建，其孙重修，故名。”① “三板桥，在城南五里，明万历间举人杨兴南兄弟捐修。”② “沂水桥，在城内南街，明弘治间寿官萧春建，子生员萧茂重修。”③ “南桥，旧《云南通志》：在城南五里，即冰泉桥，顺治十一年知州方逢圣建，康熙五十三年贡生杨於陛重修。《临安府志》：上木下石，乾隆四年贡生杨天与同兄天成捐立二石墩，三十八年天与及贡生廖为柱捐修右岸，五十八年天与子纬文倡州绅士易以石，名曰同人桥。”④ “绳武桥，在县治西南八十里瓦姑哨，雍正十一年监生杨育昌独力捐银二千两重修，乾隆中为伯鱼河水冲坏，子贡生世相复修，后又被河水冲坏，孙炳复修成之。”⑤

②僧道倡修。“镇海寺桥，在城东十五里，僧如缘募建。”⑥ “孔仙桥，在治北四十里，旧系孔姓建，后圮，道人袁见空重建，易木为石。本朝雍正七年，提举刘邦瑞重修。”⑦ “石泉桥，旧《云南通志》：在城南十五里，明崇祯间僧普利募建。”⑧ “孔仙桥，离井五十里，两山峻峭，中流巨波，通商行盐之大道也。旧为孔姓所造，因名孔仙。后将圮，道人袁见空鼎力重建，易木为石，费至数千金，勒碑为记，载桥西首，乾隆十六年，提举高锦动项二百三十五两四钱零重修。”⑨ “来东桥，在城东三里，本朝康熙四十四年，尼僧海藏建，筑堤六十丈。”⑩

③个人倡建。“车渡桥，《宜良县志》：在城东三里，耆民芮洪建。” “清远桥，旧《云南通志》：在城北一里五铺，一名花桥。《宜良县志》：耆民芮洪建。” “宏济桥，《宜良县志》：在清远桥左，耆民芮洪建。”⑪ 记载耆民芮洪一人建桥三座。

④汉族与少数民族同建。“吉双桥，在城东四里，明万历二十年，吉双、阿勒、武甸、阿平四村汉夷同建木桥。”⑫

⑤起义将领倡建。飞龙桥，由杜文秀起义时任总镇云龙大翼长李树玉于上元甲子

---

① 雍正《云南通志》卷六《城池志·云南府·晋宁州》，第43页。

② 雍正《云南通志》卷六《城池志·云南府·路南州》，第53页。

③ 雍正《云南通志》卷六《城池志·大理府·浪穹县》，第60页。

④〔清〕阮元等修，王崧等纂：道光《云南通志稿》卷四十九《建置志六之二·津梁二·临安府·阿迷州》，第12页。

⑤ 崇谦修，沈宗舜纂：宣统《楚雄县志述辑》卷三《建置述辑·津梁》，《中国地方志集成·云南府县志辑59》，凤凰出版社2009年影印本，第39页。

⑥ 雍正《云南通志》卷六《城池志·曲靖府·南宁县》，第45页。

⑦ 雍正《云南通志》卷六《城池志·姚安府·白盐井》，第65页。

⑧ 道光《云南通志稿》卷四十九《建置志六之二·津梁二·楚雄府·姚州》，第29页。

⑨ 郭存庄修，赵淳纂：乾隆《白盐井志》卷一《桥梁》，《中国地方志集成·云南府县志辑67》，凤凰出版社2009年影印本，第18页。

⑩ 雍正《云南通志》卷六《城池志·广西府》，第53页。

⑪ 道光《云南通志稿》卷四十八《建置志六之一·津梁一·云南府·宜良县》，第9页。

⑫ 雍正《云南通志》卷六《城池志·广西府》，第53页。

（清同治三年，1864 年）在澜沧江上首建，同治六年（1867 年）丁卯，总镇云龙总理行营军务大司寇李芳园重修，现存有《新建飞龙桥碑记》《续修飞龙桥碑记》两文。

⑥女性倡建。“华明桥，在炼象关西十里，明崇祯间邑人蒲华妻张氏同众捐建。”[①]“冯母桥，在城南八十里，本朝雍正元年，州人冯加懿母李氏建。”[②]“朱黄桥，在城南五十里，本朝康熙六年，州民朱怀妻黄氏建，因名。”[③]“明月桥，在城西半里，明成化间土官段镒妻梅氏建。”[④]“义修桥，《晋宁州采访》：在城西北七里中大河界，嘉庆二十四年，节妇王杨氏新建。”[⑤]“明月桥，旧《云南通志》：在城西半里，明成化间土官段镒妻梅氏建。”[⑥]

五、管理组织

1. 风云雷雨山川坛的设立

国家层面，汉代以前以农历三月上旬巳日为“上巳”，魏晋以后，定为三月三日，不必取巳日，《后汉书・礼仪上》：“是月上巳，官民皆絜于东流水上，曰洗濯祓除去宿垢疢为大絜。”明洪武元年（1638 年），朱元璋令天下郡县置山川坛。三年（1370 年），革前代岳渎封号，惟以山川本名称其神。六年（1373 年），礼部议祭风云雷雨及境内山川、城隍，共为一坛。春秋二仲上巳日祭，各郡县同。嘉靖九年（1530 年）奉制更神之序，曰“云雨风雷”。民间则名山大川，必有神以司其地，而祀典在所必举。朝廷最高统治者颁布命令，中央部门亲自管理，各级地方官吏依例遵循，从而形成一整套国家公共管理制度和礼敬自然、尊崇山水的政府主导、群众广泛参与的隆重盛大的祭祀活动，沿袭至清末民初。其目的都是妥神安民，警醒官吏内修，祈盼风调雨顺，更多的是彰显地方官员的执政能力、环保意识和服务大局。清檀萃撰《华竹新编》卷五《礼仪志》详细记载了夏季祈雨礼仪全过程。道光《云南通志稿》卷八十八《祠祀志一・典祀一》明确云南建坛，当在明洪武十四年既入版图后，称“风云雷雨”，嘉庆十八年，改称“云雨风雷”。

2. 设立专门的水利管理机构

历史上中央王朝设有专门掌管水利的行政官员，有督粮水利副使、水利同知等，或兼职，或专职，负责一方水利兴修等日常工作，并将治水作为年末官吏政绩考核主要内容之一。如，雍正八年云南总督鄂尔泰奏请疏浚滇池海口及昆明六河，委云南水利粮储道副使黄士杰负责，“考黄公于雍正八九年间任督粮水利副使时，制府鄂文端公、中丞张文和公兴修水利，委任甚专，其于六河、海口诸水，穷源溯委，考核精详，而疏浚、修筑、启闭闸坝，一切规条，法良意美”[⑦]；“雍正十年，议准昆明州增设水利同知一人，驻

① 雍正《云南通志》卷六《城池志・云南府・罗次县》，第 42 页。
② 雍正《云南通志》卷六《城池志・云南府・安宁州》，第 43 页。
③ 雍正《云南通志》卷六《城池志・曲靖府・马龙州》，第 46 页。
④ 雍正《云南通志》卷六《城池志・楚雄府・广通县》，第 63 页。
⑤ 道光《云南通志稿》卷四十八《建置志六之一・津梁一・云南府・晋宁州》，第 17 页。
⑥ 道光《云南通志稿》卷四十九《建置志六之二・津梁二・楚雄府・广通县》，第 31 页。
⑦ 兼署云南按察使事云南粮储水利道沈兰生《六河图说跋》，见黄士杰撰《云南省城六河图说》，清光绪六年（1880 年）重刻本，第 28 页。

扎海口，常川巡察，遇有壅塞，不时疏通，设或冲塌，立即堵筑。其余各州县凡有水利之处，将同知、通判、州同、州判、经历、吏目、县丞、典史等官皆准加水利职衔，境内河道沟渠责令专理。除云南一府仍归粮道管辖，其各属在迤东者统归迤东道管辖，在迤西者统归迤西道管辖，仍令各该府察勘验报，各该道考察详明听督抚酌核劝惩"①。

而民间注重水利有用之学，设专馆讲授相关知识，如陆栋《新开黑龙潭记》，为鹤庆县现存关于水利方面最早的碑刻，立于明正德十三年（1518 年），文中称"昔安定胡先生教授弟子，即设水利斋，议者以为有用之学，况夫有子民之责者，独可不念及此耶?"②万历《云南通志》、天启《滇志》皆收录此文。

3. 规范水利岁修制度

考《周官》之制，"凡治野，夫间有遂，遂上有径，十夫有沟，沟上有畛，百夫有洫，洫上有涂，千夫有浍，浍上有道，万夫有川，川上有路，以达于几"③。清地理学家胡渭的《禹贡锥指》载："蓄泄以时，旱潦有备，高原下隰皆良田也。"④《礼记·月令》载："季春之月……命司空曰：时雨将降，下水上腾，循行国邑，周视原野，修利堤防，道达沟渎，开通道路，毋有障塞。"⑤云南地处万山之中，仅省会附近，膏腴数十万顷，皆藉滇池、六河之水，以资灌溉，但因地势北高南低，河带泥沙，若无闸坝、修浚诸法，水急则一泻无存，水缓则沙淤堪忧。正如清雍正九年（1731 年）鄂尔泰上疏所称："窃惟地方水利为第一要务，兴废攸系民生，修浚并关国计，故勿论湖海江河以及沟渠川浍，或因势疏导，或尽力开通，大有大利，小有小利，皆未可畏难惜费忽焉不讲者。况云南跬步皆山，田少地多，忧旱喜潦，且并无积蓄，不通舟车，设一遇愆阳，即顿成荒岁，从前市米一石有价值十两、十五两之年。前事后鉴，敢不预筹。"⑥

水利开挖具体事宜，元明清皆定有岁修制，常为一年一小修，三年一大修，所需费用由专门机构定期支付。《云南省城六河图说》论及昆阳海口修理事宜时称："石料、桩木，官为动项买备，至土工、人夫，四属照例派出。前据水利同知杨讳文浤以四属派夫多滋扰，累详明岁修僱夫给以工价，大修派夫给以食米盐菜，积年以为成例。"⑦

雍正《云南通志》卷十三《水利志》全面翔实地记载云南各府州主要河流的名称、支流、流向及各地闸坝修建时间、岁修管理制度及所需银两等情况，道光《云南通志稿》卷五十二《建置志·水利》则对各地水利疏浚、维修、使用等做了细致分工。如"昆阳州"条记载："海口五闸，《云南府志》：回子闸，去海口一里，年该本州修；铺湾闸，去回子闸二里，年该呈贡县修；清水闸，去铺湾闸二里，年该晋宁州修；新村闸，去清水闸五里，年该昆明县修；新村小闸，去新村闸四里，年该旧归化县修。"⑧

4. 制定水权使用与管理制度

云南各州县乡邑结合当地实情，制定出许多用水乡规民约，有章可遵，有例可循，

① 《钦定大清会典则例》（清乾隆二十九年刻本）卷一百三十四《工部·都水清吏司·水利》，第 71 页。

② 张树芳等主编：《大理丛书·金石篇》卷一《碑刻、摩崖、器物铭文一》，云南民族出版社 2010 年版，第 582 页。

③ 〔汉〕郑玄注：《周礼·地官·遂人》，清乾隆五十二年（1787 年）刻本，第 55 页。

④ 〔清〕胡渭撰《禹贡锥指》卷第十，清康熙四十四年（1705 年）刻本，第 33 页。

⑤ 《礼记》卷上《月令第六》，明嘉靖三十一年（1552 年）刻本，第 71 页。

⑥ 〔清〕鄂尔泰撰：《兴修水利疏》，见道光《云南通志稿》卷五十二《建置志七之一·水利一》，第 2 页。

⑦ 〔清〕黄士杰撰：《云南省城六河图说》，清光绪六年（1880 年）重刻本，第 27 页。

⑧ 道光《云南通志稿》卷五十二《建置志·水利·云南府》，第 32 页。

既规避矛盾，又是先民培养社会公德、教育子孙的重要手段，成为碑刻中富于哲理和现实教育意义的内容之一。如明宣德年间（1426—1435）《洪武宣德年间大理府卫关里十八溪共三十五处军民分定水例碑文》、嘉靖三十四年（1555 年）《大理卫后千户所为申明旧制水利永为遵守事碑》，清康熙三十一年（1692 年）《本州批允水例碑记》、雍正三年（1725 年）《奉上疏通水道碑记》、乾隆二年（1737 年）《重立北沟阱水利碑记》等。具有法律判决最后定案之碑，弥渡县境内现存最大一通碑刻《永远决定水例碑文》（云南省公署水利诉讼终审决定书第六号），3800 余字，系民国十五年（1926 年）云南省公署就东壁争水诉讼一案所作的终审决定书。对研究民国年间的生产用水管理与利用，是一份重要的文献资料。

植树保林，珍惜水源，保持生态平衡，改善生存环境，关乎百姓切身利益。各地民众反复协商，多方酝酿，制定一系列护林乡规民约，刻石以遵。如禄丰县川街乡《阿纳村护林封山碑》，清嘉庆十三年（1808 年）立，碑文强调“山有草木，如人有衣服”，“水虽为要，树为之根”，“非水人不生活，是性命之源”，因而推举公平正直者为“树长”以护林。清道光二年（1822 年）宋湘撰《种松碑》，记载他在大理任巡道时，“买松子三石，课民种于三塔寺后”，六年后松树长成，喜而感生“何时再买三千石，遍种云中十九峰”的心愿。大理市下关镇东旧铺村本主庙内有乾隆四十五年（1780 年）赤铺合村士庶同立《护松碑》，规定“合村公众种松之主山，永为公山”，私人不得侵占砍伐。

六、主要内容和特点

水是生命之源，水利是农业的命脉，合理开发、利用、管理水资源，是关系国计民生的大事。本书辑录的历代御旨、奏章、山川、桥梁、水利工程、碑刻，从不同侧面反映云南古代水文献的不同特点。

1. 历代御旨、奏章中的水文献，从治理者角度对某地某时水旱灾情及风调雨顺做了具体呈现。全书共辑录御旨 2 篇；云南地方官员关于雨水丰足雨旸丰收或遭遇水旱、地震、冰雹灾减产奏报 130 篇；建议兴修水利以资灌溉奏章 50 篇。

2. 分布甚广的碑刻摩崖，集中反映云南不同时期、不同地区桥梁修建、义渡设置、水利建设、水权管理等信息。云南历史上各地水利工程，或由官府倡导组织，或由民间集资修建。在水权分配上发生纠纷时，或由官府断案，或由民间协商解决，多形成碑刻，以垂永久。昆明方良曙《重浚海口记》，宜良平显《汤池渠记》，滇南陈宣《石屏州水利记》，鹤庆《新开黑龙潭碑记》，均记治水、引水、用水而使民得益者。立于清嘉庆十九年（1814 年）的《佐力丛修理赤水江末段碑记》，记述当时大理弥渡维修赤水江（即毘雄江）或谓西大河的起因、经过及维修后的水利效益，其他文献从未记录过，具有十分珍贵的水利研究价值。①

明洪武年间云南多地实行军屯，所开垦田地需要溪水灌溉，于是发生军屯者与当地民众争水的问题，春耕农忙时更为严重。《洪武宣德年间大理府卫关里十八溪共三十五处军民分定水例碑》记录当时大理卫指挥使司所作军民分定水例的规定，并重申洪武年间的规定，是研究大理地区军屯、水利及历史地名的重要碑刻。

① 《大理丛书·金石篇》卷五续编《碑刻、摩崖、器物铭文》，第 2721 页。

3. 云南山高箐深，江河纵横，湖泊众多，民众来往多有不便，商贾负贩常称行路难。设渡造桥，凿岩修路，成为地方交通之要事。渡具，有皮筏、竹木筏、木船。渡口，有官渡、义渡、民渡。桥梁，有藤桥、铁索桥、石桥、木桥。重要的桥梁、渡口多有碑刻。由于自然灾害和人为的因素，有的桥梁屡圮屡修，如霁虹桥的修建和重修，仅明代就有王臣、张志淳、郭春震、刘廷蕙、邓元岳等人先后撰记。大理云龙县《新建飞龙桥碑记》《续修飞龙桥碑记》，记述在战火纷飞的年代仍不忘建桥便民之所为。

造桥困难而民众又急需过江河湖处，则设渡口、驿站、邮亭，以供人们往来憩息。现存云龙县的《大雒马山邮亭碑记》，记康熙间知州“建邮亭十数椽于大雒马山之颠”。宜良县存立于乾隆二十八年（1763 年）的《靖安哨新建茶房碑记》，叙施善者于道旁建茶房三间“朝夕应济”，供行人茶水，百余年不息。此类碑刻凸显古人对公益事业的热心。

4. 水崇拜，是云南水文化民间信仰的重要组成部分。敬水就是保护水环境，畏水则通过宗教祭祀等途径来达到与自然的沟通。历史上出于对大自然的敬畏，每逢风雨失调，久旱不雨，或久雨不止时，当地官员都要沐浴更衣，亲率乡绅前往祭祀，祈求丰年。大涝大旱之年，官吏甚至带头赤足前往，或跪地而行，或禁荤腥多日，以示祈祷虔诚，留下大量祈雨告文。为安顿神祇，供信徒膜拜，各地兴建祠宇，体现了当地经济和文化发展水平，记述其兴造之缘由、经过、捐资者的碑刻众多。民间普遍设有水神祠、龙王庙、神泉庙，如澜沧江滨以有风涛覆溺之患，建“黑水神祠”以祀江神。大理有“洱水神祠”，以祷雨防旱。其中龙王庙分布最广，数量最多，据《新纂云南通志·祠祀考》记载，清末云南全省各地分布龙王庙共 160 余处。

云南又是少数民族聚居区，民间信仰中，各民族各地区互有差异，各具特点，世居少数民族藏族、纳西族、哈尼族、傣族、布朗族、基诺族、佤族等流传下来大量关于水的传说、民间信仰和对水的祭祀仪式，有供奉原始宗教的山神、水神、风电雷雨神，又有江河、湖泊、龙潭等，有的设庙祭祀，有的立有碑刻。如元代昆明王昇撰《大灵庙记》略曰：“蒙氏威成王尊信摩诃迦罗大黑天神，始立庙，肖像祀之，其灵赫然。”“至今滇人之无间远迩，遇水旱疾疫，祷无不应者。”西双版纳一带有井塔，即在水井上建塔形小屋以保护水源，“普济众生”。巍山县有《巍宝朝阳洞玄极宫新置常住水磨碑记》，称“永支水磨，为香灯之举”，水资源的循环管理，成为当地佛僧寺院的主要经济来源之一。

七、学术价值和创新

1. 该成果是云南古代水文献专题整理研究的基础性学术著作，也是云南专题文献整理研究的又一新成果和尝试。

首先，以文献汇编形式全面系统地反映民国以前包括部分民国时期云南水文献的总貌，方便读者查阅云南全省各州市县甚至乡村的水资料，指导国内水资源的开发利用。其次，为学者深入研究中国西南地区水文化提供专题文献及参考资料，文献价值突出。再次，学习借鉴古代云南先民用水、爱水、惜水、护水的知识和文化，了解水利设施的修建技术、水权管理机制，以及相关的乡约民俗、祭祀节日等，既可发扬古人的水智慧，也可为当前节约水资源做出贡献。同时，随着科技的发展，人类对自然界的干预使水资源发生了重大变化，水源污染、水质恶化、地表下陷等灾害报道层出不穷，了解云南历史上的水利工程设施建造的经验和做法，有助于减少当前水利建设的失误。最后，以“一带一路”为辐射中心，依托对几条跨境河流的研究开发，广泛开展云南面向东南亚南亚的区域合作，必将拓宽这一领域研究的广度和深度，也使研究视角从封闭单一的地区性提升到外向多元化国际交流合作层面。

每篇辑录文献之后，简要说明文献辑录来源，以及对作者生平、文献主要内容、版本流传、史料价值、辑录原因等做简要概述，方便读者了解和检索。

2. 通过梳理中央王朝、地方官员、边疆民族土司头人在关系国家经济建设与边地开发过程中的角色、影响与作用，从历史发展的视野，分析云南水利建设和桥梁道路修建中的组织实施、民心向背、人口变迁、边疆稳定发展等问题。

民以食为天，田以水为利。纵观历史，不难看到在历代中央王朝与云南边地的社会关系和政治军事制度形成中，水对古代滇民生产生活方式的选择，历代治理水资源的技术革新，水权管理矛盾冲突，云南地方经济发展繁荣都具有显著影响。明清时期，随着屯垦戍边的大规模移民的到来，云南矿业的大规模开发运输，盐茶贸易的日益扩大，边地重镇国家安全防御守备加强，使众多民众从全国各地不断向边僻之地迁移，促进了边地的开发与社会的繁荣。尤其是滇西北、滇南与滇东南地区，明清以后，“不论在平川，在山陬荒僻之区，由于汛塘弁兵分守，安家置业，以及走边的商贾、工艺从四方来，约在二百年的时期，汉族人口已占过半。其他地区山道纵横，边僻险隘之处，也由于普遍设置汛塘，开发山林，渐成村落”①。而云南地处高原，地形条件复杂，山峰耸峻，江河纵横，遇山凿洞，涉水架桥，就成为首要任务。开渠建坝，兴修水利，提高粮食产量，不仅是移民的当务之急，也是朝廷拓疆固疆、稳疆建疆的政务之要。滇处万山之中，江河之水一泻无存，其间蓄泄诸法，较他省尤要。“滇省水利，脍炙人口者，莫如昆明之金汁河，昆阳之海口河。”② 而保存至今的大量桥梁建设史料，则真实直观地反映出不同历史时期云南水利建设的迅猛发展。据文献记载，明景泰年间有桥 70 余座，清嘉庆年间有桥 200 余座，增长近 3 倍③，道光年间则剧增至 1832 座④，增长近 26 倍。

3. “治国必先治疆，安疆才能定国。”古往今来，云南在中国历史发展长河中都扮演着重要的角色和地位，是国家所需，责任所在。由于江河流向复杂，涉及区域广阔，历史上府州厅县划分，云南与邻国边界亦多以江河划定，“牛羊天生桥，《开化府志》：在府城南百五十里，由府城大河通交趾，每逢水涨，喷高数丈，声震十余里，系中外交界⑤”。

通过梳理云南江河水道，尤其是跨境河流的历史文献，可以使许多历史遗留问题的解决有史可据，有理可论。如清姚文栋著《云南初勘缅界记》，系光绪十七年（1891 年）作者奉命入滇勘查缅界，查探印缅商情，绘图记载，编撰而成，主要论述滇缅边界地理形势，其中论大金沙江形势、南甸土司属地直至大金沙江考、八关非滇缅之界辩、潞江通舟说等文，重点讲述明清至民国时期，大金沙江、怒江对于滇缅划界、国家边防安全等都有着至关重要的历史和现实意义，也是作者亲历云南调查后撰成，以明确让阅者及

① 方国瑜撰：《明代在云南的军屯制度与汉族移民》，林超民主编《方国瑜文集》第三辑，云南教育出版社 2003 年版，第 327 页。

② 〔民国〕秦光第撰：《查勘南盘江上游水利工程计划书·原起第一》，第 13 页。

③ 陈征平撰：《明清时期云南桥梁建筑的发展及构造类型》，《学术探索》2003 年第 7 期，第 49 页。

④ 参见道光《云南通志稿》卷四十八至卷五十一《津梁志》。

⑤ 道光《云南通志稿》卷五十《建置志六之二·津梁三·开化府·安平厅》，第 45 页。

当政边疆大吏重视之原因。

金宗英的《麦克马洪线与中缅北段边界问题》分析中英间关于中缅北段边界早期交涉和麦克马洪在西姆拉会议中玩弄的伎俩，指出英国炮制麦克马洪线的目的之一，是想把尖高山以北除独龙江以外的恩梅开江与迈立开江流域，全部土地据为己有的阴谋。

4. 反映不同历史时期经济发展水平。人材之炳蔚，物产之繁昌，谓必归美于风水。水是人类生存不可或缺的资源，关系到人类社会的方方面面，由此产生影响，根植于人类社会的每个方面，水文献则反映不同历史时期的区域经济发展水平。

如东川府桥梁、义渡的修建，主要用于运铜。“三道河，在治东南三里，易者山、观音阁、加场村三水合一，西入龙川江，为行盐通渡。”[①]“小江渡，《续东川府志》：在城西北，系运铜要路，乾隆二十年，知县执谦建踏雪桥于此，六十年火毁，知府屠述濂修，嘉庆七年冲毁，知府鸣铎重修，十七年复冲，署府福宁理详请设渡，并置田亩，作岁修工食之费。”[②]“福海桥，《续东川府志》：在城西十里马鞍山旁，系运铜要路，郡人何映璧捐建石桥，高阔各三丈，长十余丈。”[③]“象鼻岭渡，《续东川府志》：在巧家西南一百二十里善长里小江，入金沙江处为运铜要路。”[④]

黑盐井、琅盐井、白盐井等直隶提举司的桥梁修建，主要用于运盐。“小石桥，旧《云南通志》：在治东南五十里羊尾关下，康熙三十九年商人祝明建。《黑盐井志》：系运盐大路。”[⑤]“惠远桥，旧《云南通志》：在沙矣旧。《黑盐井志》：在司治东南，为赴省大路，康熙四十年提举沈懋价建，后圮，雍正间监生梁翊材重修，更名仁寿桥，乾隆三十年冲没，提举张珑率灶户重建，四十五年又冲毁，提举徐统藩率灶户重修，旋圮，乾隆五十八年井生梁之权倡建。”[⑥]“永正桥，旧《云南通志》：在治东中街，明嘉靖间井耆景正等倡修，雍正二年提举汪士进率士民重修。《琅盐井志》：开井时建，架木为梁，上覆以屋，为运卤要路。”[⑦]“孔仙桥，旧《云南通志》：在治北四十里。《白盐井志》：距井五十里，两山峻峭，中流巨波，系运盐要路，旧为孔姓所建，因名孔仙桥，后道人袁见空重建，易木为石。”[⑧]

5. 从水历史文化发展变迁，呈现云南丰富多彩的优秀历史文化。水崇拜是云南水文化的重要组成部分。古代以农历三月上旬的第一个巳日为“上巳”，旧俗以此日在水边洗濯污垢，祭祀祖先，叫作“祓禊”“修禊”。魏晋以后，上巳节固定在三月三日。云南嵩明民间将此节称之为三月头龙节，即农历三月第一个属小龙的日子所举办的节日。

方志考征文献，首及天文，多述分野、祥异、气候。《春秋》有灾必书，盖示恐惧修省之深意。故后世史志，莫不有灾祥之纪。历史上，曲靖陆凉州曾多次遭遇大水，明清有史记载的不下15次，甚至有因大水为害不得不迁城之举。“永乐四年丙戌，大水由西北济城，建城方经八年而水患屡侵，故议迁今城。”[⑨]“大榆树，《采访》：在州西弥兴下

① 雍正《云南通志》卷三《山川·楚雄府·黑盐井》，第46页。
② 道光《云南通志稿》卷五十一《建置志六之四·津梁四·东川府·会泽县》，第1页。
③ 道光《云南通志稿》卷五十一《建置志六之四·津梁四·东川府·会泽县》，第3页。
④ 道光《云南通志稿》卷五十一《建置志六之四·津梁四·东川府·巧家厅》，第4页。
⑤ 道光《云南通志稿》卷五十一《建置志六之四·津梁四·黑盐井直隶提举司》，第36页。
⑥ 道光《云南通志稿》卷五十一《建置志六之四·津梁四·黑盐井直隶提举司》，第36页。
⑦ 道光《云南通志稿》卷五十一《建置志六之四·津梁四·琅盐井直隶提举司》，第38页。
⑧ 道光《云南通志稿》卷五十一《建置志六之四·津梁四·白盐井直隶提举司》，第41页。
⑨〔清〕沈生遴纂修：乾隆《陆凉州志》卷五《杂志·祲祥》，传钞清乾隆十七年（1752年）刊本，第26页。

屯。其树最古，一本而两幹。春初，小幹先发则雨水较迟，大幹先发则雨水较早。村人以此占雨水之迟早，即以卜年岁之丰歉焉。”①

敬畏山水的自然生态观，丰富云南各民族水文化，形成多元的云南水文化特色，是中华优秀传统文化中重要组成部分，促进了各民族间的互相尊重，和谐融合。如禄丰黑井镇三道河上村有《永警于斯碑》，为清道光二十年（1840 年）井役文杨芳自立，检讨其误将豚菜拿到“阖村吃水沟内泡洗”，情愿罚银叁拾两，并垂石以警。

源于少数民族语言保留下来的水名、风俗习惯、祭祀活动、约信盟誓等文献记载，亦丰富了云南水文化内涵。“托诺河，在城西南二百五十里，下流入府境，夷谓松曰托，沙石曰诺，以河畔有松树、沙石，故名。”②“蕴古泉，在城南八十里，一名瓮古，夷语谓泉为瓮，谓涌为古，其水清澈，可鉴毛发。”③“济热河，在城东二百里东安里，炎蒸酷热，居民浴水解毒。”④“海门桥，《古今图书集成》：在城东南八里，为临安要路，星云、抚仙两湖交通处，明天顺五年建，中央有界鱼石，澂江、江川其鱼二种，以石为界，不敢越江，越则相斗，兆兵象。旧《云南通志》：在城南二十里，明景泰间知县张俊建。《澂江府志》：在城东十里。”⑤

八、待完善和补充之处

该书是一部民国以前包括部分民国时期云南水文献的资料汇编，具有基础性、创新性。同时，也是一次新的探索过程。因辑录内容庞杂，各书体例不一，版本各异，加之辑者学识尚浅，或资料所限，所辑文献有的详尽，有的略显单薄，不能完全准确地反映所辑史料的文献价值，谨待专家同仁商榷补正。

文献整理，如披沙拣金，总会有新史料、新材料的不断发现。目录“( )”所注“存目”，辑录者想表达两层意思：一是此文前面已收，为避免重复，存目不录；二是名目系从参考文献或第三方引文中访得，惜暂未能亲睹原本原文，故存目待访。

① 陆宗郑等修，甘雨纂：光绪《姚州志》卷十一《杂志·古迹》，清光绪十一年（1885 年）刻本，第 18 页。

② 雍正《云南通志》卷三《山川志·昭通府·镇雄州》，第 35 页。

③ 雍正《云南通志》卷三《山川志·顺宁府》，第 56 页。

④ 雍正《云南通志》卷三《山川志·开化府·文山县》，第 40 页。

⑤ 道光《云南通志稿》卷四十九《建置志六之二·津梁二·澂江府·江川县》，第 38 页。

凡　例

一、本书以1912年前历代文献中所记载的与云南有关的水文献为辑录对象，民国文献和新中国成立后少量水利文献，酌情收录。

二、本书辑录底本，尽可能择其年代早、内容翔实之原本，视情况以他本校勘。若原本无法获取，则用现行整理点校本辑录。

三、全书按总论、山川、坛庙祠祀、灾祥、古迹胜景、津梁、井泉、坝塘堤闸、水利工程和艺文等十个专题，分六卷编排：卷一总论，卷二山川，卷三坛庙祠祀、灾祥、古迹胜景，卷四津梁，卷五井泉、坝塘堤闸、水利工程，卷六艺文。

四、本书所辑录文献以篇为单位，篇后“〔〕”内为题解，简要介绍文献来源、作者生平、主要内容、史料价值等。

五、全书采用通用简化字，以新式标点断句编排。底本中通假字、异体字，人名、地名中的繁体字等尽量保留，不作统一。

六、底本中漫漶不清无法辨识，可用他本补入者，补入并出校勘记说明；若无他本校勘，无法添补，则用“□”标示。

七、底本中明显讹误的，正字用“（）”标示于讹字之后；明显脱漏的，补入文字用“〔〕”标示，均不出校记。

八、底本中与水文献关系不大者，以“〔……〕”标示省略部分内容。

九、少数民族称谓中的“犭”，改为“亻”，如“猓”改为“倮”，“猡”改“㑩”等。

十、在统治阶级立场中，对民族起义持敌对态度，文献中被诬称为“匪”“乱”等，为保持原貌，不作改动，请读者辨之。

总目录

卷一　总　　论 …… 1

史　　志 …… 3

舆　　地 …… 8

黑水专题 …… 370

卷二　山　　川 …… 425

卷三　坛庙祠祀 …… 935

灾　　祥 …… 1085

古迹胜景 …… 1243

卷四　津　　梁 …… 1423

卷五　井　　泉 …… 2011

坝塘堤闸 …… 2147

水利工程 …… 2231

卷六　艺　　文 …… 2825

御　制 …… 2827

奏　疏 …… 2830

示 …… 3029

碑　记 …… 3032

记 …… 3161

议 …… 3365

论 …… 3376

说 …… 3383

序 …… 3391

铭 …… 3408

解 …… 3412

跋 …… 3414

引 …… 3416

赋 …… 3427

辨 …… 3457
文 …… 3462
启 …… 3478
考 …… 3480
颂 …… 3510
诗 …… 3511
诗 余 …… 3749
楹 联 …… 3753

征引书目 …… 3754

目　录

卷　一

总　论

史　志 …… 3
史记·西南夷列传 …… 3
汉书·西南夷两粤朝鲜传 …… 3
后汉书·南蛮西南夷列传 …… 4
蛮　书 …… 4
云南志略 …… 6
大理行记 …… 6
滇　绎 …… 7

舆　地 …… 8
水经注 …… 8
水经注释 …… 13
水经要览 …… 21
水经注西南诸水考 …… 22
订正《水经注·若水篇》青蛉水错简 …… 32
山海经·海内东经 …… 33
禹贡指南 …… 33
汉书地理志水道图说 …… 34
汉书地理志水道图说补正 …… 36
云南山川志 …… 45
徐霞客游记·溯江纪源 …… 46
增订广舆记 …… 48
明一统志 …… 53
钦定大清一统志 …… 67
鸡足山志 …… 112
滇游记 …… 119
两河志 …… 120

乾隆府厅州县图志 …… 122
滇系·山川系 …… 126
云南地志 …… 150
中国地理教科书 …… 166
西徼水道 …… 166
滇南山水纲目 …… 177
江道编 …… 189
水道提纲·云南诸水 …… 195
云缅山川志 …… 203
滇南闻见录 …… 208
云南水道考 …… 213
皇朝经世文编 …… 258
云南水道源流 …… 259
云南三江水道考 …… 261
云南之河湖泉 …… 263
滇池纪游 …… 300
滇边自然地理概述 …… 320
诸河源流记 …… 324
滇池水域的变迁 …… 325
中国西南历史地理考释 …… 331

黑水专题 …… 370
尚书注疏·禹贡 …… 370
禹贡指南 …… 371
黑水集证（存目） …… 372
黑水辨 …… 372
冈脊黑水辨 …… 374
黑水辩 …… 376
黑水论 …… 377
黑水考 …… 378
黑水考 …… 380
黑水考论 …… 381
三黑水考 …… 381
黑水考证 …… 382
黑水说 …… 417
黑水解 …… 418
与徐心田论黑水书 …… 419
《禹贡》黑水源流辨 …… 421

卷一

总论

史　志

史记·西南夷列传

司马迁

西南夷君长以什数，夜郎最大；其西靡莫之属以什数，滇最大。〔……〕

始楚威王时，使将军庄蹻将兵循江上，略巴、〔蜀〕、黔中以西。庄蹻者，故楚庄王苗裔也。蹻至滇池，〔地〕方三百里。旁平地，肥饶数千里，以兵威定属楚。〔……〕

建元六年，大行王恢击东越，东越杀王郢以报。恢因兵威使番阳令唐蒙风指晓南越。南越食蒙蜀枸酱，蒙问所从来，曰："道西北牂柯，牂柯江广数里，出番禺城下。蒙归至长安，问蜀贾人，贾人曰："独蜀出枸酱，多持窃出市夜郎。夜郎者，临牂柯江，江广百余步，足以行船。〔……〕"

〔据西汉司马迁撰《史记》（中华书局 1959 年版）卷一一六《西南夷列传第五十六》第 2991 页辑录。〕

汉书·西南夷两粤朝鲜传

班　固

西南夷君长以什数，夜郎最大；其西靡之属以什数，滇最大。〔……〕

始楚威王时，使将军庄蹻将兵循江上，略巴、黔中以西。庄蹻者，楚庄王苗裔也。蹻至滇池，方三百里，旁平地肥饶数千里，以兵威定属楚。〔……〕

建元六年，大行王恢击东粤，东粤杀王郢以报。恢因兵威使番阳令唐蒙风晓南粤。南粤食蒙蜀枸酱，蒙问所从来，曰："道西北牂柯江，江广数里，出番禺城下。"蒙归至长安，问蜀贾人，独蜀出枸酱，多持窃出市夜郎。夜郎者，临牂柯江，江广百余步，足以行船。〔……〕

〔据东汉班固撰《汉书》（中华书局 1962 年版）卷九十五《西南夷两粤朝鲜传第六十五》第 3838 页辑录。〕

后汉书·南蛮西南夷列传

范　晔

西南夷者，在蜀郡徼外。有夜郎国，东接交阯，西有滇国，北有邛都国，各立君长。其人皆椎结左衽，邑聚而居，能耕田。〔……〕

夜郎者，初有女子浣于遯水，有三节大竹流入足间，闻其中有号声，剖竹视之，得一男儿，归而养之。及长，有才武，自立为夜郎侯，以竹为姓。武帝元鼎六年，平南夷，为牂柯郡，夜郎侯迎降，天子赐其王印绶。后遂杀之。夷僚咸以竹王非血气所生，甚重之，求为立后。牂柯太守吴霸以闻，天子乃封其三子为侯。死，配食其父。今夜郎县有竹王三郎神是也。

初，楚顷襄王时，遣将庄豪从沅水伐夜郎，军至且兰，椓船于岸而步战。既灭夜郎，因留王滇池。以且兰〔有〕椓船牂柯处，乃改其名为牂柯。牂柯地多雨潦，俗好巫鬼禁忌，寡畜生，又无蚕桑，故其郡最贫。〔……〕

滇王者，庄蹻之后也。元封二年，武帝平之，以其地为益州郡，割牂柯、越嶲各数县配之。后数年，复并昆明地，皆以属之此郡。有池，周回二百余里，水源深广，而末更浅狭，有似倒流，故谓之滇池。河土平敞，多出鹦鹉、孔雀，有盐池田渔之饶，金银畜产之富。人俗豪忲。居官者皆富及累世。

〔据南朝宋范晔撰《后汉书》（中华书局1965年版）卷八十六《南蛮西南夷列传第七十六》第2844页辑录。〕

蛮　书

樊　绰

〔……〕

又有孙水[①]，源出台登山，南流过嶲州，西南至会川[②]诸赕与东泸水合[③]。东泸水，[④]古诺水也。源出吐蕃[⑤]中节度北，谓之诺矣江，南流过邛部川[⑥]又东折流至寻传部落，与磨些江合。磨些江[⑦]源出吐蕃中节度西共笼川犛牛石下，故谓之犛牛河。环绕弄视川，南

① 孙水　原本无“孙”字，据赵吕甫《云南志校释》补。中国社会科学出版社1985年版，第70页。

② 会川　原本作“会州”。赵吕甫《云南志校释》按：“川，原作‘州’，唐嶲州南无会州，此当系‘会川’之讹，因改正。”今据改。

③ 水合　原本无，据向达《蛮书校注》补。中华书局1962年版，第43页。

④ 东泸水　原本无。赵吕甫《云南志校释》按：“‘东泸水’三字原本无，‘古诺水也’四字于句意殊不完备，今依文例补此三字。”今据补。

⑤ 吐蕃　原本无“吐”字，据向达《蛮书校注》补。

⑥ 南流过邛部川　原本作“南郎部落”。赵吕甫《云南志校释》按：“此句原本作‘南郎部落’，颇难通解，明有夺误。依上下文例，‘南’字下应有‘流过’二字。又唐嶲州无名‘南郎部落’者。考若水南流经邛部川，因疑‘郎’字为‘邛’字之讹，‘部落’二字亦系涉下文而误，兹为订正。”今据改。

⑦ 磨些江　原本无。赵吕甫《云南志校释》按：“此三字原本无，今依上下文例增补。”今据补。

流过铁桥上下磨些部落，即谓之磨些江。至寻传与东泸水合。东南[1]过会同川，总名泸水。蜀忠武侯诸葛亮伐南蛮，五月渡泸水处，在弄栋城北，今谓之泸南[2]。两岸葭苇[3]，大如臂胫。川中气候常热，虽至冬行过者，皆袒衣流汗。又东北入戎州界，为马湖江[4]。至开边县南[5]，与朱提江合流，至戎州南城[6]入外江。

昆池，在柘东城西，南北百余里，东西四十五里[7]。案：此四字疑衍文。水源从金马山东北来。柘东城北十数余里，官路有桥渡此。水阔二丈余，清深迅急，至碧鸡山下，为昆州，因水为名也，土蛮亦呼名滇池。案：今晋宁川中，自有大池在东南，当是滇池。水不可呼池，乃蛮不能别。滇池水亦名东昆池，西南绕山，又西北池流为河，过安宁城下。亘水东西有桥三十，一阔长三百余步。徒行七日程，与泸水合。

又量水川，在滇池南两日程，汉旧黎州也。川中有大池，其水东泄。流处出一石窦中，流水甚广，石窦甚狭。土蛮云，忽窦空，百姓忧溺。新丰川亦有大池，甚广。

兰沧江，源出吐蕃中大雪山下莎川。东南过聿赍城西，谓之濑水河。又过顺蛮部落，南流过剑川大山之西。兰沧江南流入海。龙尾城西第七驿有桥，即永昌也。两崖高险，水迅激。横亘大竹索为梁，上布箦，箦上实板，仍通以竹屋盖桥。其穿索石孔，孔明所凿也。昔诸葛征永昌，于此筑城。今江西山上有废城遗迹及古碑犹存，亦有神祠庙存焉。

又丽水，一名禄𣅽江，案：𣅽字，字书不载。源自逻些城三危山下。南流过丽水城西，又南至苍望，又东南过道双王道勿川，西过弥诺道立栅，又西与弥诺江合流。过骠国，南入于海。水中有蛟龙、鳄鱼、乌鲗鱼。又有水兽似牛，游泳则波涛沸涌，状如海潮。《禹贡》“导黑水，至于三危”盖此是也。或云源当是大月河，恐非也。

又弥诺江，在丽水西，源出西北小婆罗门国。南流过涸睑苴川，又东南至兜弥伽木栅，分流绕栅，居沙滩南北一百里，东西六十里。合流正东，过弥臣国，南入于海。

〔据唐樊绰撰《蛮书》（武英殿本）卷二《山川江源》第8页辑录。《蛮书》十卷，是研究南诏前期最重要的史籍。《新唐书·艺文志》著录。《宋史·艺文志》绰所撰《云南志》十卷，而不称《蛮书》。《永乐大典》又题作《云南史记》，名目错异。今考司马光《通鉴考异》、程大昌《禹贡图》、蔡沈《书集传》所引《蛮书》之文，并与是编相同，则《新唐书志》为可信。〕

---

① 东南　原本作“东北”。赵吕甫《云南志校释》按：“‘东南’原本作‘东北’，考泸水在南诏会同川东南，此称东北过川，讹误显然，‘北’字当为‘南’字之讹。因为改正。”今据改。

② 泸南　原本作“南泸”。赵吕甫《云南志校释》按：“‘泸南’原本作‘南泸’，考新旧《唐书·地理志》有‘泸南’，为姚州属县，在弄栋城北，与此所谓之南泸方位适合，知原作‘南泸’必为‘泸南’之倒误。”今据乙正。

③ 葭苇　原本无“苇”字，据向达《蛮书校注》第45页补。

④ 马湖江　原本无“江”字，据向达《蛮书校注》第45页补。

⑤ 开边县南　原本作“关边县门”。赵吕甫《云南志校释》按：“‘开’字，原讹为‘关’，考两《唐书·地理志》《元和郡县志》卷三一，戎州有开边县，而无关边县，因据改正。又‘南’字原作‘门’，陈可畏云：‘门疑为讹字。’今按陈说是也。唐开边县今为安边镇，金沙江流经其南，‘门’殆为‘南’字之讹，因为改正。”今据改。

⑥ 至戎州南城　原本作“戎门南城”。赵吕甫《云南志校释》按：“‘戎州’原作‘戎门’，古无称州城为某门者，‘门’殆为‘州’字之误，因为改正。又原无‘至’字，‘戎州南入外江’，句意不备，今从陈可畏说补出。”今据改补。

⑦ 南北百余里，东西四十五里　此句，原本作“南百余里四十五里”。《蛮书校注》达案：“方国瑜云，某君校此，以为全句应是‘昆池在柘东城西，南北百余里，东西四十五里’。原本脱去‘北’及‘东西’诸字，致不可通，非有衍文也。其说甚是，因据补北及东西三字。”赵吕甫《云南志校释》：“某君校补是也，今从之。”今据二书改补。

云南志略

李　京

抚仙湖，在河阳县。又名罗伽湖，亦名青鱼戏月湖。周回二百里。东南流，合南盘江。《永乐大典》卷二千二百七十引。

〔异龙湖〕湖有九曲，各有其名。在石平州东南，周围一百五十里。中有三岛：一小岛名孟继龙，上有蛇虫，人不可居，昔蛮酋以有罪者流此；一岛旧立酋寨，名小末束；其大岛名和龙，汉人名曰水城，和泥蛮酋立于其上，寨四周皆巨浸，前一径仅容匹马。天历镇兵之变，各处皆为贼兵所陷，独石平守镇朱宝、副千户李亨祐率骁骑五十余人，夜至建水宣慰司，掩袭伪官，复入司所夺印符以归。相此岛旧有垒堑可保，遂引众据之。后建水、新兴三军来合。贼率军攻势益盛，战舟三百余艘。众心汹汹，有议欲降者。亨祐对众歃血盟曰："我等势促，此方汉人皆为此曹所杀，战亦死，降亦死，当以死报国。有言降者斩。"众皆踊跃。贼舟将至城下，众欲迎敌。亨祐曰："毋急也。"兵渐逼，发炮击贼，连陷数十艘。从兵进攻，斩首三百余级。中食将不断，富民王帑出粟千余石以给众。城被围七十日，大军至，汉民得保者数万人。《永乐大典》卷二千二百七十引。

从滇池至越嶲，道经金沙江，计程一千三百里。《读史方舆纪要》卷一百十三引。案：李京《过金沙江》诗："来从滇池至越嶲，畏途一千三百里。"此文疑括约该诗名而成。

〔……〕《益州记》《水经》俱以泸水在永昌不韦县，《寰宇记》以为在嶲州会川县。京因出使越嶲，考泸水源。盖建昌会川驿有孟获城，又有泸沽州，孔明渡泸，由嶲州入益，即滇池，此名渡泸为有验。今水出吐蕃，过建昌、会川，合金沙江，夹岸多高岩丛苇，故下渡如经瓯釜，炎热雍郁，多感瘴疠，至今犹然。故以金沙江为泸水，误矣。《天下郡国利病书》卷一百八引。

〔据元李京撰《云南志略》（王叔武辑校，云南民族出版社1986年版）第97页辑录。李京，字景山，河间（今属河北）人，自号鸠巢，故其诗总题曰《鸠巢漫稿》。虞集《云南志略序》载李京于"大德五年（1301年）奉命宣慰乌蛮"，历官云南前后三年，周履各地，悉其见闻为《云南志略》四卷。书后《佚文辑录》首辑"山川"，下列抚仙湖、异龙湖、滇池、泸水诸条。〕

大理行记

郭松年

〔……〕神庄江，贯于其中，溉田千顷，以故百姓富庶，少旱虐之灾。出州治十五里，路转峰回，茂林修竹，蔚然深秀，中而建峰神庙在焉。凡水旱疾疫，祈请有征，州人赖之。〔……〕

川行三十里，至河尾桥，即洱水之下流也。架木为梁，长十五丈余，穹形饮水，睨而视之，如虹霓然。顺流而下约一里许，有石门，巨石横楣，号石马桥，为群波争道之地，悬流奔注，云涛雪浪，声闻数里。河尾桥之西有关焉，北入大理，名龙尾关，即蒙氏之所筑也。此为州县之大观，故记之。西阸苍山，东属洱水，其高壁危构，岿然犹存。〔……〕

若夫点苍之山，条冈南北，百有余里；蜂峦岩岫，萦云戴雪，四时不消；上则高河、窦海，泉源喷涌，水镜澄澈，纤芥不容，佳木奇卉，垂光倒景，吹风嘘云，神龙所宅，岁旱祈祷，灵贶昭著；派为一十八溪，悬流下瀑，泻于群峰之间，雷霆砰轰，烟霞晻霭，功利布散，皆可灌溉。洱水则源于浪穹，涉历三郡，渟滀紫城之东；北自河首，南尽河尾，波涛二关之间，周围进有余里；内则四洲、三岛、九皋之奇，浩荡汪洋，烟波无际。于以见江山之美，有足称者。

〔据元郭松年撰《大理行记》（王叔武校注，云南民族出版社1986年版）第14页辑录。《大理行记》，一名《南诏纪行》，云南建立行省后纂修的第一部省志。郭松年，号方斋，陕西商州（今商洛市商州区）人，进士，官西台御史（即陕西行御史台，《元史·百官志二》“御史台”条：“大德元年（1297年）移云南行台于京兆，为陕西行台，而云南改立廉访司。”王叔武先生认为，郭松年巡视云南在至元二十三年（1286年）至大德四年（1300年）之间（《大理行记校注·叙例》）。郭松年奉使到云南驻节，著有《大理行记》，记述元初大理地区的社会经济生活状况以及山川、人物、土宜之庶美。其中山川涉及洱海及支流神庄江等情况。神庄江，即凤仪大江，万历《赵州志》卷一《山川》记载：“大江，一名波罗江，出昆弥，与白崖赤水江同源分流。”同书《沟洫·大洱》条：“旧名大江，其源自定西岭三子龙发，次至赤佛后黑龙潭，环流入〔洱〕海，灌溉军民田地，通州共赖。”然不谓之神庄江，惟嘉靖《大理府志》卷二《桥梁》记载：“神庄桥，在〔赵州〕治东北。”是江名已改而桥名存。〕

滇 绎

滇 池 滇池之大，各书不一。《史记》言三百里；《太平寰宇记》同；《后汉书·滇王传》作周回二百余里；《南中志》以为二百里；《后汉志》注引为二百五十里；《异物志》二百余里；《元史·张立道传》以池在金马、碧鸡之间，环五百余里；《地理志》以为五百余里；《明史·地理志》以为五百里；《寰宇记》引《郡国志》亦五百里。

黑水祠 《后汉书·郡国志》益州郡滇池出铁，北有黑水祠。刘昭注引《华阳国志》：“水是温泉。又有白蛕山，惟有蛕。”据此，则黑水祠之水当是温泉，今俗言黑龙潭水温是也。白蛕无考，疑为俗传长虫山。

黑 水 《水经》缺《黑水篇》。《书正义》引《水经》云：“黑水出张掖鸡山，南流至敦煌，过三危山，南流，入于南海。”按“黑水玄趾，三危安在?”屈原已不知黑水。《汉书》有黑水祠，盖望祀也。《山海经》灌湘之山，又东五百里曰鸡山，黑水出焉。郭氏无注，杨守敬《禹贡本义》云：此文在《南山经》，当属梁州。或以云南鸡足山当之，亦未确。夫谈滇掌故，当据正史，断自庄蹻，庶乎征信。凿空之言，不辩可也。

〔据袁嘉穀撰《滇绎》（民国十二年排印本）卷一第3页、第6页、第7页辑录。〕

舆地

水经注

郦道元

卷三十六　青衣水　桓水　若水　沬水　延江水　存水　温水

青衣水，出青衣县西蒙山东，与沬水合也。县，故青衣羌国也。案：故下近刻衍有字。《竹书纪年》：梁惠成王十年，瑕阳人自秦道岷山青衣水来归。汉武帝天汉四年，罢沈黎郡，分两部都尉，案：近刻讹作分沈黎郡西部都尉。一治青衣，主汉民。案：此七字近刻讹作青衣之王汉五字。公孙述之有蜀也，青衣不服，世祖嘉之。建武十九年以为郡，安帝延光元年，置蜀郡，属国都尉。青衣王子心慕汉制，上求内附。顺帝阳嘉二年，改曰汉嘉，嘉得此良臣也。县有蒙山，青衣水所发，东经其县，与沬水会于越嶲郡之灵关道。青衣水又东，邛水注之。水出汉嘉严道邛来山，东至蜀郡临邛县东，入青衣水。**至犍为南安县，入于江。**〔……〕

桓水，出蜀郡岷山，案：《汉书》作蜀山。**西南行羌中，入于南海。**〔……〕

若水，出蜀郡旄牛徼外。东南至故关，为若水也。《山海经》曰："南海之内，黑水之间，有木名曰若木，若水出焉。"又云："灰野之山有树焉，青叶赤华，厥名若木，生昆嵛山西，附西极也。"《淮南子》曰："若木在建木西，木有十华，其光照下地。"故屈原《离骚·天问》曰"羲和未阳，若华何光"是也。然若木之生，非一所也，黑水之间，厥木所植，水出其下，故水受其称焉。若水沿流，间关蜀土。黄帝长子昌意，德劣不足绍承大位，降居斯水，为诸侯焉。娶蜀山氏女，生颛顼于若水之野，有圣德，二十登帝位，承少皞金官之政，以水德宝历矣。若水东南流，鲜水注之，一名州江。大度水出徼外，至旄牛道，案：旄近刻作氂，下同。南流入于若水。又迳越嶲大莋县入绳。绳水出徼外。《山海经》曰："巴遂之山，绳水出焉。"东南流，分为二水：其一水枝流东出，迳广柔县，东流注于江；其一水南经旄牛道，至大莋，与若水合。自下亦通谓之为绳水矣。莋，夷也。汶山曰夷，案：近刻讹作莋。南中曰昆弥，蜀曰邛，汉嘉、越嶲曰莋，皆夷种也。**南过越嶲邛都县西，直南至会无县，淹水东南流注之。**邛都县，汉武帝开邛莋置之。县陷为池，今因名为邛池，南人谓之邛河。案：近刻脱邛字。河中有蜯嶲山。案：蜯近刻讹作蛙。应劭曰：案：近刻脱此三字。"有嶲水，言越此水，以章休盛也。"后复反叛。元鼎六年，汉兵自越嶲水伐之，以为越嶲郡。治邛都县。王莽遣任贵为领戎大尹，守之，更名为集嶲也。县，故邛都国也。越嶲水即绳、若矣，似随水地而更名矣。又有温水，冬夏常热。其源可焗鸡豚，下汤沐洗，能治宿疾。昔李骧败李流于温水是也。若水又迳会无县，县有骏马河，水出县东高山。山有天马径，厥迹存焉。马日行千里，民家马牧之山下，或产骏驹，言是天马子。河中有贝子胎铜，以羊祠之，则可取也。又有孙水焉，水出台高县。即台登县也。孙水，一名白沙江，南流经邛都县。司马相如定西南夷，案：近刻脱南字。桥孙水，即是水也。又南至会无，入若水。若水又南经云南郡之遂久县，青蛉水入焉。水出青蛉县西，东经其县下。县以氏焉。有石猪圻，长谷中有石猪，子母数千头。长老传言，夷昔牧此，一朝化为石，迄今夷人不敢往牧。贪水出焉，青蛉水又东注于绳水。绳水又迳三绛县西，又迳姑复县，北对三绛县，淹水注之。三绛，一曰小会无，故《经》曰："淹至会无，注若水。"若水又与母血水合。水出益州郡弄栋县东农山母血谷，北流经三绛县南，北入绳。绳水又东，涂水注之。水出建宁郡之牧靡南山。案：牧今《汉书》作收。县、山并即草以立名，山在县东北乌句山南五百里，山生牧靡，可以解毒。百卉方盛，鸟多误食，乌喙口中毒，必急飞往牧靡山，啄牧靡以解毒也。涂水导源腊谷，西北流至越嶲入绳。绳水又迳越嶲郡之马湖县，谓之马湖江。又左合卑水，水出卑水县，案：近刻脱水出卑水四字。而东流注马湖江也。**又东北至犍为朱提县西，为泸江水。**案：近刻脱为字。朱提，山名也。应劭曰：在县西南，县以氏焉。犍为属国也，在郡南千八百许里。建安二十年，立朱提郡，郡治县故城。郡西南二百里，得所绾堂琅县，西北行，上高山，羊肠绳屈八十余里，或攀木而升，或绳索相牵而上，缘陟者若将阶天。故袁休明《巴蜀志》云："高山嵯峨，岩石磊落。倾侧萦回，下临峭壑。行者扳缘，牵援绳索。"三蜀之人，及南中诸郡，以为至险。有泸津，东去县八十里，水广六七百步，深十数丈，多瘴气，鲜有行者。晋明帝太宁二年，李骧等侵越嶲，攻台登县，宁州刺史王逊遣将军姚岳击之，战于堂琅，骧军大败，岳追之至泸水，赴水死者千余人，逊以岳等不穷追，怒甚，发上冲冠，帢裂而卒。按：永昌郡有兰仓水，出西南博南县。汉明帝永平二年置。案：近刻讹作十二年。博南，山名也，县以氏之。其水东北流经博南山。案：迳近刻讹作出。汉武帝时通博南山道，渡兰仓津，土地绝远，行者苦之。歌曰："汉德广，开不宾。渡博南，越仓津。渡兰仓，为作人。"山高四十里。兰仓水出金沙，越人收以为黄金。又有珠光穴，案：近刻讹作光珠穴。穴出光珠。又有琥珀、珊瑚、黄白青珠也。兰仓水又东北经不韦县，与类水合。水出嶲唐县。汉武帝置。类水西南流，曲折又北流，东至不韦县，注兰仓水。又东与禁水合，水自永昌县而北经其郡西。水左右甚饶犀象。山有钩蛇，长七八丈，尾末有岐，蛇在山涧水中，以尾钩岸上人、牛食之。此水傍瘴气特恶，气中有物，不见其形，其作有声，中木则折，中人则害，名曰鬼弹。惟十一月、十二月差可渡，正月至十月迳之，无不害人。故郡有罪人，徙之禁旁，案：近刻讹作防。不过十日皆死也。禁水又北注泸津水，又东经不韦县北而东北流。两岸皆高山数百丈，泸峰最为杰秀，案：杰近刻作高。孤高三千余丈。是山于晋太康中崩，震动郡邑。水之左右，马步之径裁通，而时有瘴气，三月、四月迳之必死，非此时犹令人闷吐。五月以后，行者差得无害。故诸葛亮《表》言："五月渡泸，并日而食，臣非不自惜也，顾王业不可偏安于蜀故也。"《益州记》曰："泸水源出曲罗嶲，下三百里曰泸水。案：嶲近刻讹作舊，又此句有舛误，未详。两峰有杀气，暑月旧不行，故武侯以夏渡为艰。"泸水又下合诸水，而总其目焉，故有泸江之名矣。自朱提至僰道，有水步道，水道有黑水、羊官水，案：近刻脱水道二字。至险难。三津之阻，行者苦之。故俗为之语曰："楢溪赤水，盘蛇七曲。盘羊乌栊，气与天通。看都濩泚，住柱呼伊。案：近刻作尹。庲降贾子，左担七里。"又有牛叩头、马搏颊坂，其艰险如此也。**又东北至僰道县，入于江。**若水至僰道，案：近刻此下有县字。又谓之马湖江。绳水、泸水、孙水、淹水、大渡水，随决入而纳通称。是以诸书录记群水，或言入若，又言注绳，亦咸言至僰道入江。正是异水沿注，通为一津，更无别川可以当之。水有孝子石，昔县人有隗叔通者，性至孝，为母给江膂水。案：膂今《华阳国志》作裔。天为出平石至江膂中，今犹谓之孝子石，可谓至诚发中，而休应自天矣。

沫水，出广柔徼外。县有石纽乡，禹所生也。今夷人共营之，地方百里，不敢居牧。有罪逃野，捕之者不逼，能藏三年，不为人得，则共原之，言大禹之神所祐之也。**东南过旄牛县北，又东至越嶲灵道县，出蒙山南。**灵道县，一名灵关道。汉制，夷狄曰道。县有铜山，案：近刻重一山字。又有利慈渚。案：近刻脱渚字。晋太始九年，黄龙二见于利慈池。案：近刻脱利字。县令董玄之率吏民观之，以白刺史王濬，濬表上之，晋朝改护龙县也。沫水，出岷山西，东流，过汉嘉郡，南流，冲一高山，山上合下开，水迳其间。山即蒙山也。**东北与青衣水合，**《华阳国志》曰："二水于汉嘉青衣县东合为一川，自下亦谓之为青衣水。"沫水又东，案：近刻脱沫字。迳开刊县。案：刊近刻讹作邦。故平乡也，晋初置。沫水又东经临邛南，而东出于江原县也。**东入于江。**昔沫水自蒙山至南安西溷崖，案：西近刻讹作而。水脉漂疾，破害舟船，历代为患。蜀郡太守李冰发卒凿平溷崖，河神赑怒，冰乃操刀入水与神斗，遂平溷崖。通正水路，开处即冰所穿也。

延江水，出犍为南广县，东至牂柯鳖县，又东屈北流。鳖县，故犍为郡治也。县有犍山，晋建兴元年置平夷郡。县有鳖水，出鳖邑西不狼山，东与温水合。温水一曰暖水，出犍为符县，而南入黚水。黚水亦出符县，南与温水会。案：黚水，原本及近刻并讹作鳖水，今改正。《汉书·地理志》符县温水南至鳖，入黚水。黚水亦南至鳖，入江。阚骃谓之阚水，俱南入鳖水。鳖水于其县而东注延江水。案：近刻脱江字，下同。延江水又与汉水合。水出犍为汉阳道山闟谷，案：此三字，近刻讹在下句新通也之下，闟讹作关。王莽之新通也。东至鳖邑，入延江水也。**至巴郡涪陵县，注更始水。**〔……〕

存水，出犍为郁鄢县。王莽之孱鄢也。益州大姓雍闿反，结垒于山，系马柳柱，案：柳近刻讹作柳。柱生成林，今夷人名曰"雍无梁林"。梁，夷言马也。存水自县东南流，案：存近刻讹作周。迳牧靡县北，又东经且兰县北，而东南出也。**东南至郁林定周县，为周水。**存水又东，案：存近刻亦讹作周。迳牂柯郡之毋敛县北，案：毋近刻无，下同。而东南与毋敛水合。案：此下近刻有矣字。水首受牂柯水，东经毋敛县为毋敛水，又东注于存水。存水又迳郁林定周县为周水，盖水变名也。**又东北至潭中县，注于潭。**案：潭水源委详温水注内。

温水，出牂柯夜郎县。县，故夜郎侯国也。唐蒙开以为县，王莽名曰同亭矣。温水自县西北流，迳谈藁，案：原本及近刻并讹作台，今据《汉书》改正。与迷水合。水西出益州郡之铜濑县谈虏山，东经谈藁县，右注温水。温水又西迳昆泽县南，又迳味县。县，故滇国都也。诸葛亮讨平南中，刘禅建兴三年，案：近刻讹作元年。分益州郡置建宁郡于此。水侧皆是高山，山水之间，悉是木耳夷居，语言不同，嗜欲亦异。虽曰山居，土差平和而无瘴毒。温水又西南经滇池城，池在县西北，案：近刻讹作滇池于西北池。周三百许里，上源深广，下流浅狭，似如倒流，故曰滇池也。长老传言，案：传下近刻衍下流浅三字。池中有神马，家马交之则生骏驹，日行五百里。晋太元十四年，宁州刺史费统言：晋宁郡滇池县两神马，一白一黑，盘戏河水之上。有滇州。元封三年立益州郡，治滇池城，案：

近刻脱城字。刘禅建宁郡也。案：郡下近刻衍治字。温水又西会大泽，案：大近刻讹作水。与叶榆僕水合。温水又东南经牂柯之毋单县，案：毋音无，原本及近刻并讹作母，下同，今改正。建兴中，刘禅割属建宁郡。桥水注之。水上承俞元之南池，县治龙池洲。周四十七里，一名河水，与邪龙分浦。后立河阳郡，治河阳县，县在河源洲上。又有云平县，并在洲中。桥水东流至毋单县，案：近刻脱至字。注于温。温水又东南经兴古郡之毋棳县东，案：近刻脱迳字，又毋棳，原本及近刻并讹作毋掇，下同，今改正。王莽更名有棳也。与南桥水合。案：近刻脱此二字。水出县之桥山，东流，梁水注之。梁水上承河水于俞元县，案：于近刻讹作与。而东南经兴古之胜休县。王莽更名胜僰县。梁水又东经毋棳县，左注桥水。桥水又东注于温。温水又东南经律高县南。刘禅建兴三年，分牂柯置兴古郡，案：近刻脱郡字。治温县。案：原本及近刻并讹作治宛温县，今改正。《华阳国志》兴古郡属县十一，温县郡治。《晋书·地道记》"治此"。温水又东南经梁水郡南。温水上合梁水，故自下通得梁水之称。是以刘禅分兴古之盬南，案：《华阳国志》梁水郡在兴古之盬南。置郡于梁水县也。温水东南，案：近刻脱水字。迳镡封县北，又迳来惟县东，而僕水右出焉。**又东至郁林广郁县，为郁水。**秦桂林郡也。汉武帝元鼎六年，更名郁林郡，王莽以为郁平郡矣。应劭《地理风俗记》曰："《周礼》郁人掌裸器，凡祭醊宾客之裸事，案：醊近刻讹作祀。和郁鬯以实樽彝。"郁，芳草也，百草之华，煮以合酿黑黍，以降神者也。或说今郁金香是也。一曰郁人所贡，因氏郡矣。温水又东经增食县，有文象水注之。其水导源牂柯句町县。应劭曰："故句町国也。"王莽以为从化。文象水、蒙水与卢惟水、来细水、案：《汉书》作来西水。伐水，并自县东历广郁至增食县，注于郁水也。**又东至领方县东，与斤南水合。**案：斤南水，《汉书》作斤员水。县有朱涯水，出临尘县。东北流，驩水注之。水源上承牂柯水，东经增食县，而下注朱涯水。朱涯水又东北经临尘县，王莽之监尘也。县有斤南水、侵离水案：侵近刻讹作浸。并迳临尘东入领方县，流注郁水。**东北入于郁。**郁水，即夜郎豚水也。汉武帝时，有竹王兴于豚水。有一女子浣于水滨，有三节大竹流入女子足间，推之不去，闻有声，持归破之，得一男儿，遂雄夷濮，氏竹为姓。所捐破竹，于野成林，今竹王祠竹林是也。王尝从人止大石上，命作羹，从者白无水。王以剑击石出水，今竹王水是也。后唐蒙开牂柯，斩竹王首，夷僚咸怨，以竹王非血气所生，求为立祠，帝封三子为侯，及死，配父庙，今竹王三郎祠其神也。豚水东北流经谈藁县，东经牂柯郡且兰县，谓之牂柯水。广数里，县临江上，故且兰侯国也。一名头兰，牂柯郡治也。楚将庄蹻泝沅伐夜郎，椓牂柯系船，案：近刻作径，牂柯系船，颜师古云"牂柯系船杙也"。因名且兰为牂柯矣。汉武帝元鼎六年开，王莽更名同亭，有柱浦关。案：有近刻讹作在。牂柯，亦江中两山名也。左思《吴都赋》云"吐浪牂柯"者也。元鼎五年，武帝伐南越，发夜郎精兵下牂柯江，同会番禺是也。牂柯水又东南经毋敛县西，案：毋，原本及近刻并讹作母，下同，今改正。毋敛水出焉。又东，驩水出焉。案：驩近刻讹作骧。又迳郁林广郁县为郁水，又东北经领方县北，又东经布山县北。郁林，郡治也。吴陆绩曰：案：陆下近刻衍绪谓子三字。"从今以去六十年，案：去近刻作后。车同轨，书同文。"至太康元年，晋果平吴。又迳中留县南，与温水合。又东入阿林县，潭水注之。水出武陵郡镡成县玉山，东流经郁林郡潭中县，周水自西南来注之。潭水又东南流，与刚水合。水西出牂柯毋敛县，王莽之有敛也。东至潭中入潭。潭水又迳中留县东、阿林县西，右入郁水。《地理志》曰桥水东至中留入潭，又云领方县又有桥水。案：又近刻讹作而。余诊其川流，更无殊津，正是桥、温乱流，故兼通称。作者咸言至中留入潭，潭水又得郁之兼称，而字当为温，非桥水也。盖书字误矣。案：桥水在毋棳县即入温，桥水小，温水大，已下不得称桥水，其迳领方至中留者乃温水，非桥水也。又温水于中留入郁，其下乃潭水入郁，潭与郁皆大水，《地理志》因并郁之上流称为潭，故云桥水东至中留入潭，实乃温水至中留入郁也。道元之意，以领方县当云有温水，不当云有桥水，桥即温字之误，故云字当为温，非桥水也。盖书字误矣。近刻讹作字当为南南桥水也，文义遂不可通。〔……〕

卷三十七　淹水　叶榆河　夷水　油水　澧水　沅水　泿水

淹水，出越嶲遂久县徼外。吕忱曰："淹水，一曰复水也。"**东南至青蛉县。**案：青近刻作蜻，下同。县有禺同山，其山神有金马、碧鸡，光景倏忽，民多见之。汉宣帝遣谏大夫王褒祭之，欲致其鸡、马，褒道病而卒，是不果焉。王褒《碧鸡颂》曰："敬移金精神马，缥缥碧鸡。"故左太冲《蜀都赋》曰："金马骋光而绝影，碧鸡倏忽而耀仪。"**又东过姑复县南，东入于若水。**淹水迳县之临池泽，而东北经云南县西，东北注若水也。

益州叶榆河，出其县北界，屈从县东北流。县，故滇池叶榆之国也。汉武帝元封二年，使唐蒙开之，以为益州郡。郡有叶榆县，县西北八十里案：近刻脱八字。有吊鸟山，众鸟千百为群，其会案：其近刻作共。鸣呼啁哳。每岁七八月至，十六七日则止，一岁六至。雉雀来吊，夜燃火伺取之。案：伺近刻讹作而。其无嗉不食，似特悲者，以为义，则不取也。俗言凤凰死于此山，故众鸟来吊，因名吊鸟。县之东有叶榆泽，叶榆水所钟而为此川薮也。**过不韦县。**县，故九隆哀牢之国也。有牢山。其先有妇人名沙壹，案：近刻讹作臺，《华阳国志》作壶。居于牢山，捕鱼水中，触沈木若有感，因怀孕产十子。后沈木化为龙出水，九子惊走，小子不能去，案：小近刻讹作一。背龙而坐，龙因舐之。案：舐近刻讹作挖，据《后汉书》及《华阳国志》改正。其母鸟语，谓背为九，谓坐为隆，因名为九隆。案：《华阳国志》作元隆，云元隆，犹汉言陪坐也。及长，诸兄遂相共推九隆为王。后牢山下有一夫一妇，生十女，九隆皆以为妻，遂因孳育，皆画身像龙文，衣皆著尾。九隆死，世世不与中国通。汉建武二十三年，王遣兵来，乘革船南下，案：近刻脱来字，又此句之下衍水字。攻汉鹿茤民，案：茤近刻讹作崩，下同。鹿茤民弱小，将为所擒。于是天大震雷疾雨，南风漂起，水为逆流，波涌二百余里，革船沈没，溺死数千人。后数年，复遣六王将万许人攻鹿茤，鹿茤王与战，杀六王，哀牢耆老共埋之。其夜，虎掘而食之。明旦，但见骸骨，惊怖引去，乃惧，谓其耆老小王曰："哀牢犯徼，自古有之。今此攻鹿茤，辄被天诛，中国有受命之王乎？何天祐之明也。"即遣使诣越嶲奉献，案：近刻诣讹作道，奉讹作奏。求乞内附，长保塞徼。汉明帝永平十二年，置为永昌郡，案：昌近刻讹作平。郡治不韦县。盖秦始皇徙吕不韦子孙于此，故以不韦名县。北去叶榆六百余里。叶榆水不迳其县，案：近刻脱叶字，下同。自不韦北注者，卢仓禁水耳。叶榆水自县南经遂久县东，又迳姑复县西，与淹水合。又东南经永昌邪龙县。县[①]以建兴三年刘禅分隶云南，于不韦县为东北。**东南出益州界。**叶榆水自邪龙县东南经秦臧县，案：近刻臧讹作藏，县下有也字。南与濮水同注滇池泽于连然、双柏县也。案：近刻脱池字。叶榆水自泽又东北经滇池县南，案：迳近刻讹作流。又东经同并县南，又东经漏江县，伏流山下，复出蝮口，谓之漏江。左思《蜀都赋》曰："漏江洑流溃其阿，汩若汤谷之扬涛，沛若濛汜之涌波。"诸葛亮之平南中也，战于

① 县　原本无，据赵一清《水经注释》卷三十七补，清光绪六年（1880年）会稽章氏重刻本，第3页。

是水之南。叶榆水又迳贲古县北，东与盘江合。盘水出律高县东南盢町山，案：盢近刻讹作盘。东经梁水郡北、贲古县南。案：梁水郡，晋置，领梁水、贲古、西随三县，朱谋㙔云当作卑水，非也。水广百余步，深处十丈，甚有瘴气。朱褒之反，案：褒近刻讹作裒。李恢追至盘江者也。建武十九年，伏波将军马援上言：从麊泠出贲古，案：麊近刻讹作麋，下同。击益州。臣所将骆越万余人，案：骆越近刻讹作越骆。便习战斗者二千兵以上，弦毒矢利，以数发，矢注如雨，所中辄死。愚以行兵此道最便，盖承藉水利，用为神捷也。盘水又东经汉兴县。山溪之中，多生邛竹、桄榔树，树出麪，而夷人资以自给，故《蜀都赋》曰“邛竹缘岭”，又曰“麪有桄榔”。盘水北入叶榆水。诸葛亮入南战于盘东是也。**入牂柯郡西随县北，为西随水，又东出进桑关。**进桑县，牂柯之南部都尉治也。水上有关，故曰进桑关也。故马援言，从麊泠水道出进桑王国，至益州贲古县，转输通利，盖兵车资运所由矣。自西随至交趾，崇山接险，水路三千里。叶榆水又东南绝温水，而东南注于交趾。〔……〕

〔据北魏郦道元撰《水经注》（戴震校武英殿聚珍版原本）卷三十六第1－31页、卷三十七第1－5页辑录。郦道元（约470—527），字善长，范阳涿鹿（今河北涿州）人。北魏地理学家、散文家。官荆州刺史、御史中尉、关右大使等。他博览奇书，幼时曾随父亲到山东访求水道，先后游历秦岭、淮河以北和长城以南广大地区，对沿途河道沟渠、风土民情、历史故事、神话传说，考察颇详。《水经》是中国第一部记述水系的专著，原文1万余字，简要记述全国主要河流137条的水道情况。郦道元在《水经》基础上，经实地考察，广引资料，著《水经注》四十卷，30余万字，记水道1389条。逐一说明各水的源头、支派、流向、经过、汇合及河道概况，并对每一流域内的水文、地形、气候、土壤、植物、矿藏、特产、农业、水利以及山陵、城邑、名胜古迹、地理沿革、历史故事、神话传说、风俗习惯等，都有具体的记述。多依《汉志》，条贯诸水，略具源流，博采故实，有可取处。但亦有失其次第，或同名相混，或颠倒方向，或地理无征者，错乱不少。方国瑜先生转引郑珍《牂牁十六县问答》曰：“班氏《地志》简确而明，郦氏《注水》烦乱而晦，所以然者。孟坚据旧图籍，故绳墨古今，皆无差互；善长多杂采群书，以意贯穿，故其于南方往往不合。”（《中国西南历史地理考释》上册，中华书局1987年版）实为精辟之论。清王崧《云南备征志》卷一《故实一》从戴震校本节录《水经注》，较影印文渊阁《四库全书》本有删略，但涉及内容更显紧凑。关于《水经注》作者和成书年代，历来说法不一，《隋书·经籍志》著录“《水经》三卷，郭璞注”，《旧唐书·经籍志》改《隋志》之郭“注”字为“撰”，《新唐书·艺文志》则作桑钦撰，宋以后的著作大多称为桑钦。《四库全书总目提要》以为证以书中地理，实三国时人所作。杨守敬谓三国魏人作，其注则郦道元。〕

水经注释

赵一清

卷三十六　青衣水　桓水　若水　沫水　延江水　存水　温水

青衣水，出青衣县西蒙山东，与沫水合也。县，故青衣羌国也。《竹书纪年》：梁惠成王十年，瑕阳人自秦导岷山青衣水来归。汉武帝天汉四年，分沈黎郡置西部都尉，治青衣，主汉民。公孙述之有蜀也，青衣不服，世祖嘉之。建武十九年以为郡，安帝延光元年，置蜀郡，属国都尉。青衣王子心慕汉制，上求内附。顺帝阳嘉二年，改曰汉嘉，嘉得此良臣也。县有蒙山，青衣水所发，东经其县，与沬水会于越嶲郡之灵关道。一清按：此是汉嘉之灵关山，非越嶲郡之灵关道也，道元盖为经所误，详《沬水篇》。青衣水又东，邛水注之。水出汉嘉严道邛来山，东至蜀郡临邛县东，入青衣水。**至犍为南安县，入于江。**〔……〕

桓水，出蜀郡岷山，西南行羌中，入于南海。〔……〕

若水，出蜀郡旄牛徼外。东南至故关，为若水也。《山海经》曰："南海之内，黑水之间，有木名曰若木，若水出焉。"又云："灰野之山有树焉，青叶赤华，厥名若木，生昆崙山西，附西极也。"《淮南子》曰："若木在建木西，木有十华，其光照下地。"故屈原《离骚·天问》曰"羲和未阳，若华何光"是也。然若木之生，非一所也，黑水之间，厥木所植，水出其下，故水受其称焉。若水沿流，间关蜀土。黄帝长子昌意，德劣不足绍承大位，降居斯水，为诸侯焉。娶蜀山氏女，生颛顼于若水之野，有圣德，二十登帝位，承少皞金官之政，以水德膺历矣。若水东南流，鲜水注之，一名州江。大度水出徼外，至旄牛道，南流入于若水。一清按：《汉志》蜀郡旄牛，鲜水出徼外。南入若水，旄牛不曰道，《续志》亦不曰道，与注异也。又迳越嶲大莋县入绳。绳水出徼外，《山海经》曰："巴遂之山，绳水出焉。"东南流，分为二水：其一水枝流东出，迳广柔县，东流注于江；其一水南经旄牛道，至大莋，与若水合。自下亦通谓之为绳水矣。一清按：《汉书》越嶲郡遂久县：绳水出徼外，东至僰道入江，过郡二，行千四百里。《说文》从水作渑，详本篇僰道县入江注中。莋，夷也。汶山曰夷，南中曰昆弥，蜀曰邛，汉嘉、越嶲曰莋，皆夷种也。一清按：《禹贡锥指》曰：凡言筰者，夷人于大江水上置藤桥，谓之筰，定筰、大筰皆是近水置筰桥处，筰与莋同。《汉志》越嶲郡定莋县下云：出盐，步北泽在南都尉治。**南过越嶲邛都县西，直南至会无县，淹水东南流注之。**邛都县，汉武帝开邛莋置之。县陷为池，今因名为邛池，南人谓之邛河。一清按：《汉志》越嶲邛都县下云：南山出铜，有邛池泽。范《史·西南夷传》云：南人以为邛河。刘昭补注《郡国志》引《南中志》曰：邛都县东南数里有水，名邛广都河，从广三十里，深百余丈。有鱼，长一二丈，头特大，遥视如戴铁釜状。河中有蜯嶲山。"有嶲水，言越此水，以章休盛也。"后复反叛。元鼎六年，汉兵自越嶲水伐之，一清按："有嶲水，言越此水，以章休盛"说，本应劭《汉书音义》，然《汉书·西南夷传》又作粤嶲。粤与越通，犹百粤之为百越，扬越之称扬粤耳，则越、嶲二字相连，仲瑗之说大抵附会，道元引之非也。以为越嶲郡。治邛都县。王莽遣任贵为领戎大尹，守之，更名为集嶲也。县，故邛都国也。越嶲水即绳、若矣，似随水地而更名矣。又有温水，冬夏常热。其源可燖鸡豚，下汤沐洗，能治宿疾。昔李骧败李流于温水是也。若水又迳会无县，县有骏马河，水出县东高山。山有天马径，厥迹存焉。马日行千里，民家马牧之山下，或产骏驹，言是天马子。河中有贝子胎铜，以羊祠之，则可取也。又有孙水焉，水出台高县。即台登县也。孙水，一名白沙江，南流经邛都县。司马相如定西南夷，桥孙水，即是水也。又南至会无，入若水。一清按：《汉志》越嶲郡台登县：孙水南至会无，入若，行七百五十里。若水又南经云南郡之遂久县，蜻蛉水入焉。水出青蛉县西，东经其县下。县以氏焉。有石猪圻，长谷中有石猪，子母数千头。长老传言，夷昔牧此，一朝化为石，迄今夷人不敢往牧。贪水出焉，蜻蛉水又东注于绳水。一清按：《汉志》注应劭曰：蜻蛉水东入江。绳水又迳三绛县西，又迳姑复县，北对三绛县，淹水注之。三绛，一曰小会无，故《经》曰："淹至会无注若水。"全氏曰：按越嶲原有会无，《经》之所指，乃三绛县，故善长晰言之。若水又与毋血水合。水出益州郡弄栋县东农山毋血谷，北流经三绛县南，北入绳。一清按：《汉志》益州郡弄栋县：东农山毋血水出，北至三绛，入绳，行五百一十里。绳水又东，涂水注之。水出建宁郡之牧靡南山。县、山并即草以立名，山在县东北乌句山南五百里，山生牧靡，可以解毒。百卉方盛，乌多误食，乌喙口中毒，必急飞往牧靡山，啄牧靡以解毒也。朱氏谋㙔箋曰：李奇曰牧靡即升麻也。涂水导源腊谷，西北流至越嶲入绳。一清按：《汉志》益州郡牧靡县：腊涂水所出，西北至越嶲，入绳，过郡二，行千二百里。今本《汉书》落谷字，当以《水经注》补之。绳水又迳越嶲郡之马湖县，谓之马湖江。又左合卑水县，一清按：《汉志》越嶲郡卑水县，孟康曰音班。刘昭《郡国志补注》：卑水县，《华阳国志》云水通马湖。而东流注马湖江也。一清按：《汉志》越嶲诸水皆与注合，惟苏示县下云㞐江在西北，独无可考耳。

又东北至犍为朱提县西，泸江水注之[①]。朱提，山名也。应劭曰：在县西南，县以氏焉。犍为属国也，在郡南千八百许里。建安二十年，立朱提郡，郡治县故城。郡西南二百里，得所绾堂琅县，西北行，上高山，羊肠绳屈八十余里，或攀木而升，或绳索相牵而上，缘陟者若将阶天。故袁休明《巴蜀志》云："高山嵯峨，岩石磊落。倾侧萦回，下临峭壑。行者扳缘，牵援绳索。"三蜀之人，及南中诸郡，以为至险。有泸津，东去县八十里，水广六七百步，深十数丈，多瘴气，鲜有行者。晋明帝太宁二年，李骧等侵越嶲，攻台登县，宁州刺史王逊遣将军姚岳一清按：《晋书·王逊传》作姚崇。击之，战于堂琅，骧军大败，岳追之至泸水，赴水死者千余人，逊以岳等不穷追，怒甚，发上冲冠，帢裂而卒。案：永昌郡有兰仓水，出西南博南县。汉明帝永平十二年置。一清按：《郡国志》是永平二年置。博南，山名也，县以氏之。其水东北流出博南山。汉武帝时通博南山道，渡兰仓津，土地绝远，行者苦之。歌曰："汉德广，开不宾。渡博南，越仓津。渡兰仓，为作人。"一清按：作人犹役徒也，而《华阳国志》作为佗人，全祖望曰作即筰之省，则为当，读去声。《唐书·张柬之传》引此语作他人，则仍《华阳志》也。山高四十里。兰仓水出金沙，越人收以为黄金。又有珠光穴，穴出光珠。又有琥珀、珊瑚、黄白青珠也。兰仓水又东北经不韦县，与类水合。水出嶲唐县。汉武帝置。类水西南流，曲折又北流，东至不韦县，注兰仓水。一清按：《汉书》益州郡嶲唐县：类水西南至不韦，行六百五十里。又东与禁水合，水自永昌县而北经其郡西。水左右甚饶犀象。山有钩蛇，长七八丈，尾末有岐，蛇在山涧水中，以尾钩岸上人、牛食之。此水傍瘴气特恶，气中有物，不见其形，其作有声，中木则折，中人则害，名曰鬼弹。惟十一月、十二月差可渡，正月至十月经[②]之，无不害人。故郡有罪人，徙之禁傍，不过十日皆死也。禁水又北注泸津水，又东经不韦县北而东北流。两岸皆高山数百丈，泸峰最为杰秀，孤高三千余丈。是山于晋太康中崩，震动郡邑。水之左右，马步之径裁通，而时有瘴气，三月、四月经[③]之必死，非此时犹令人闷吐。五月以后，行者差得无害。故诸葛亮《表》言："五月渡泸，并日而食，臣非不自惜也，顾王业不可偏安于蜀故也。"《益州记》曰："泸水源出曲罗嶲，下三百里曰泸水。两峰有杀气，暑月旧不行，故武侯以夏渡为艰。"泸水又下合诸水，而总其目焉，故有泸江之名矣。自朱提至僰道，有水步道，水道有黑水、羊官水，至险滩。三津之阻，行者苦之。故俗为之语曰："楢溪赤木[④]，盘蛇七曲。盘羊乌栊，气与天通。看都濩泚，住柱呼伊。庲降贾子，左檐[⑤]七里。"又有牛叩头、马搏颊坂，其艰险如此也。

又东北至僰道县，入于江。若水至僰道县，又谓之马湖江。绳水、泸水、孙水、淹水、大渡水，随决入而纳通称。是以诸书录记群水，或言入若，又言注绳，亦或言至僰

---

① 泸江水注之　郦道元《水经注》（戴震校武英殿聚珍版原本，下同）卷三十六作"为泸江水"。

② 经　《水经注》作"迳"。

③ 经　《水经注》作"迳"。

④ 木　《水经注》作"水"。

⑤ 檐　《水经注》作"擔（担）"。

道入江。正是异水沿注，通为一津，更无别川可以当之。水有孝子石，昔县人有隗叔通者，性至孝，为母汲[1]江膂水。天为出平石至江膂中，今犹谓之孝子石，可谓至诚发中，而休应自天矣。

沫水，出广柔徼外。县有石纽乡，禹所生也。今夷人共营之，地方百里，不敢居牧。有罪逃野，捕之者不逼，能藏三年，不为人得，则共原之，言大禹之神所祐之也。

东南过旄牛县北，又东至越嶲灵道县，出蒙山南。灵道县，一名灵关道。汉制，夷狄曰道。《禹贡锥指》曰：汉灵关道属越嶲郡，去此地甚远，今卢山县西北有灵关废县。《通典》雅州卢山县有灵关山是也。其地当为沫水之所经，盖汉后别置。《宋书·符瑞志》云：晋咸宁三年黄龙见。汉嘉灵关则县属汉嘉之灵关，非越嶲之灵关道也，经注并误。一清按：灵，《史记》作零，《寰宇记》雅州卢山县下云：灵关镇在县北八十二里，四向险峻，控带蕃蛮，一夫守之，可以御百。《蜀都赋》云：廓灵关而为门。注云关为西南汉嘉郡界也。又云灵关山在县北二十里，峰岭嵯峨，山耸十里，傍夹大路，下有山峡，口阔三丈，长二百步，俗呼为重关，通蛮貊之乡，入白狼夷之境是也。县有铜山，又有利慈渚。晋太始九年，黄龙二见于利慈。县令董元之率吏民观之，以白刺史王濬，濬表上之，晋朝改护龙县也。沫水，出岷山西，东流，过汉嘉郡，南流，冲一高山，山上合下开，水迳其间。山即蒙山也。

东北与青衣水合，《华阳国记》曰："二水于汉嘉青衣县东合为一川，自下亦谓之为青衣水。"沫水又东经开邦[2]县。故平乡也，晋初置。沫水又东经临邛南，而东出于江原县也。

东入于江。昔沫水自蒙山至南安为[3]溷崖，水脉漂疾，破害舟船，历代为患。蜀都[4]太守李冰发卒凿平溷崖，河神赑怒，冰乃操刀入水与神斗，遂平溷崖。通正水路，开处即冰所穿也。一清按：溷崖即《江水篇》之熊耳峡也。《续志》犍为郡南安县有鱼泣津，刘昭补注《蜀都赋》注曰：鱼符津数百步，在县北三十里，县临大江，岸便山岭相连，经益州郡有道，广四五尺，深或百丈，錾凿之迹今存。昔唐蒙所造，然则溷崖之辟，为李冰始事，而成于唐蒙也。范史《吴汉传》章怀注引《续志》作鱼涪津，又曰鱼凫津。《寰宇记》引《南北八郡志》云犍为有鱼凫津，符、涪、凫音，同通用，泣字误也。

延江水，出犍为南广县，又东至牂柯鳖县，东屈北流[5]。鳖县，故犍为郡治也。一清按：两汉、晋、宋诸志俱不云犍为郡治鳖，且鳖属牂柯已见《经》文，善长注自异何也。县有犍山，晋建兴元年置平夷郡。县有鳖水，出鳖邑西不狼山，东与温水合。温水一曰暖水，出犍为符县，而南入黚水。黚水亦出符县，南与温水会。阚骃谓之阚水，俱南入鳖水。鳖水于其县而东注延江水。全氏曰：按《汉志》犍为郡符县温水南至鳖，入黚水，黚水亦南至鳖入江。牂柯郡鳖县不狼山，鳖水所出，东入沅，过郡二，行七百三十里。今以是注考之，盖温入黚，黚入延，延入沅，以入江也。《说文》温水出涪南，入黔水。黔字误当作黚，然善长所引却不错，盖流俗本之失也。延江水又与汉水合。水出犍为汉阳道王莽之新通也。山闟谷，东至鳖邑，入延江水也。一清按：《汉志》犍为郡汉阳县都尉治山闟谷，汉水所出，东至鳖入延，汉阳不云是道。《续志》之犍为属国，《晋志》之朱提郡下亦无道字，《汉志》《续志》鳖是县，非邑也，二县注并与史异。

至巴郡涪陵县，注更始水。更始水，即延江枝分之始也。〔……〕

存水，出犍为郁鄢县。全氏曰：按《水经》皆用东汉郡县名，独郁鄢不见于《续志》，或者是和帝以后所并，作《经》时其县尚在，与天水、隆虑同一例也。王莽之孱鄢也。益州大姓雍闿反，结垒于山，系马柳

---

① 汲 《水经注》作"给"。
② 邦 《水经注》作"刊"。
③ 为 《水经注》作"西"。
④ 都 《水经注》作"郡"。
⑤ 又东至牂柯鳖县，东屈北流 《水经注》作"东至牂柯鳖县，又东屈北流"。

柱，柱生成林，今夷人名曰“雍无梁林”。梁，夷言马也。周[①]水自县东南流，迳牧靡县北，又东经且兰县北，而东南出也。

东南至郁林定周县，为周水。周[②]水又东，迳牂柯郡之毋敛县北，而东南与毋敛水合矣。水首受牂柯水，东经毋敛县为毋敛水，又东注于存水。存水又迳郁林定周县为周水，盖水变名也。一清按：《汉志》益州郡巂唐县：周水首受徼外，又郁林郡定周县水首受毋敛，东入潭，行七百九十里，盖自徼外合毋敛水同入潭也。**又东北至潭中县，注于潭。**

温水，出牂柯夜郎县。县，故夜郎侯国一清按：《汉志》应劭注作邑。也。唐蒙开以为县，王莽名曰同亭矣。温水自县西北流，迳谈藁与迷水合。水西出益州郡之铜濑县谈虏山，东经谈藁县，右注温水。温水又西迳昆泽县南，又迳味县。县，故滇国都也。诸葛亮讨平南中，刘禅建兴元年，分益州郡置建宁郡于此。一清按：诸葛亮南征在建兴三年，不得有元年置郡事也。元字误当作三字。水侧皆是高山，山水之间，悉是木耳夷居，语言不同，嗜欲亦异。虽曰山居，土差平和而无瘴毒。温水又西南经滇池于县西北，池[③]周三百许里，上源深广，下流浅狭，似如倒流，故曰滇池也。一清按：《汉志》益州郡滇池县滇池泽，在西北，有黑水祠。长老传言，池中有神马，家马交之则生骏驹，日行五百里。晋太元十四年，宁州刺史费统言，晋宁郡滇池县两神马，一白一黑，盘戏河水之上。有滇州。元封三年立益州郡，治滇池[④]，刘禅建宁郡治也。温水又西会大泽，一清按：《汉志》益州郡滇池县：大泽在西。与叶榆僕水合。温水又东南经牂柯之毋单县，建兴中，刘禅割属建宁郡。桥水注之。水上承俞元之南池，一清按：《汉志》益州郡俞元县：池在南，桥水所出，东至毋单入温，行千九百里。县治龙池洲。周四十七里，一名河水。一清按：《汉志》益州郡胜休县：河水东至毋棳入桥，而善长以为即桥水之一名。与邪龙分浦。后立河阳郡，治河阳县，县在河源洲上。又有云平县，并在洲中。桥水东流至毋单县，注于温。温水又东南经兴古郡之毋棳县东，王莽更名有棳也。与南桥水合。水出县之桥山，一清按：《汉志》益州郡毋棳县：桥水首受桥山，东至中留入潭，过郡四，行三千一百二十里，善长以为南桥，盖以别于俞元之桥也。全氏曰：按善长既加南字以别之矣，然南桥水、固河水之所入也。又谓俞元之桥，一名河水，则二桥互相出入矣，恐有误。东流，梁水注之。梁水上承河水于俞元县，而东南经兴古之胜休县。王莽更名胜僰县。梁水又东经毋棳县，左注桥水。桥水又东注于温。温水又东南经律高县南。刘禅建兴三年，分牂柯置兴古郡，治温县。《晋书·地道记》“治此”。温水又东南经梁水郡南。温水上合梁水，故自下通得梁水之称。是以刘禅分兴古之盤南，置郡于梁水县也。一清按：《宋志·梁水太守》晋成帝分兴古，立梁水县，与郡俱立。此云蜀置，盖东晋复立此郡也。温水[⑤]又东南，迳鐔封县北，又迳来惟县东，而僕水右出焉。

又东至郁林广郁县，为郁水。秦桂林郡也。汉武帝元鼎六年，更名郁林郡，王莽以为郁平郡矣。应劭《地理风俗记》曰：“《周礼》郁人掌裸器，凡祭醊宾客之裸事，和郁鬯以实樽彝。”郁，芳草也，百草之华，煮以合酿黑黍，以降神者也。或说今郁金香是也。一曰郁人所贡，因氏郡矣。温水又东经增食县，有文象水注之。其水导源牂柯句町县。应劭曰：“故句町国也。”王莽以为从化。文象水、蒙水与卢唯水、来细水、伐水，并自县东历广郁至增食县，注于郁水也。全氏曰：《汉志》牂柯郡句町县：文象水东至增食入郁，又有卢唯

① 周 《水经注》作“存”。
② 周 《水经注》作“存”。
③ 于县西北池 《水经注》作“城池在县西北”。
④ 滇池 此2字后，《水经注》有“城”字。
⑤ 温水 此2字后，《水经注》无“又”字。

水、来细水、伐水，而蒙水独无称。又郁林郡下云有小溪水七，并行三千一百一十里。

又东至领方县东，与斤南水合。全氏曰：按斤南即《汉志》之斤员，宋祁曰一作斤南者也，《经》又别称斤江，又曰员水者是。县有朱厓[①]水，出临尘县。东北流，驩水注之。水源上承牂柯水，东经增食县，而下注朱厓水。一清按：《汉志》郁林郡增食县：驩水首受牂柯东界，入朱厓水，行五百七十里。朱厓水又东北经临尘县，王莽之监尘也。县有斤南水、侵离水全氏曰：四十卷末作侵黎。并迳临尘东入领方县，流注郁水。一清按：《汉志》郁林郡临尘县：朱厓水入领方，又有斤员水，又有侵离水，行七百里，领方县斤员水入郁。

东北入于郁。郁水，即夜郎豚水也。一清按：《汉志》郁林郡广郁县：郁水首受夜郎豚水，牂柯郡夜郎县豚水东至广郁，然则郁水非即豚水矣。范《史·西南夷传》作遯水，章怀注引前书《地理志》亦作遯水也。汉武帝时，有竹王兴于豚水。有一女子浣于水滨，有三节大竹流入女子足间，推之不去，闻有声，持归破之，得一男儿，遂雄夷濮，氏竹为姓。所捐破竹，于野成林，今竹王祠竹林是也。王尝从人止大石上，命作羹，从者白无水。王以剑击石出水，今竹王水是也。后唐蒙开牂柯，斩竹王首，夷獠咸怨，以竹王非血气所生，求为立祠，帝封三子为侯，及死，配父庙，今竹王三郎祠其神也。豚水东北流经谈藁县，东经牂柯郡且兰县，谓之牂柯水。水广数里，县临江上，故且兰侯国一清按：《汉志》应劭注作邑。也。一名头兰，牂柯郡治也。楚将庄蹻泝沅伐夜郎，径[②]牂柯系船，因名且兰为牂柯矣。汉武帝元鼎六年开，王莽更名同亭，有柱浦关。牂柯，亦江中两山名也。左思《吴都赋》云"吐浪牂柯"者也。元鼎五年，武帝伐南越，发夜郎精兵下牂柯江，同会番禺是也。一清按：《汉志》牂柯郡下应劭曰：临牂柯江也。师古曰：牂柯系船杙也。《华阳国志》曰：楚顷襄王时，遣庄蹻伐夜郎，军至且兰，椓船于岸而步战，既灭夜郎，以且兰有椓船牂柯处，乃改名为牂柯。牂柯水又东南经毋敛县西，毋敛水出焉。又东，驩水出焉。又迳郁林广郁县为郁水，又东北经领方县北，又东经布山县北。郁林，郡治也。吴陆绪谓子绩[③]曰："从今以后[④]六十年，车同轨，书同文。"何氏曰：据《吴志》此是绩语，未知郦据何书，且绩父康，裴注引谢承书曰：康字季宁，拜庐江太守，不名绪也。至太康元年，晋果平吴。又迳中留县南，与温水合。又东入阿林县，潭水注之。水出武陵郡镡成县玉山，东流经郁林郡潭中县，周水自西南来注之。潭水又东南流，与刚水合。水西出牂柯毋敛县，王莽之有敛也。东至潭中县入潭。一清按：此段注水道，与存水注合。潭水又迳中留县东、阿林县西，右入郁水。一清按：《汉志》武陵郡镡成县：玉山，潭水所出，东至阿林入郁，过郡二，行七百二十里。《地理志》曰桥水东至中留入潭，又云领方县而[⑤]有桥水。余诊其川流，更无殊津，正是桥、温乱流，故兼通称。作者咸言至中留入潭，潭水又得郁之兼称，而字当为南南桥水[⑥]。盖书字误矣。全氏曰：《汉志》桥水，益州郡有二，郁林郡有一。三桥水，各为源流。善长既以俞元之桥混入毋棳之桥，兹又以毋棳之桥混入领方之桥。一清按：《汉书》郁林郡领方县下云又有墧水，是又字，不是而字，亦是墧字，从土不从木。师古曰：墧音桥，善长既混而一之，而于下文又出峤水，则以萌渚峤为名，何也？然则南桥水之名，直是缪词，岂所见有别本耶！〔……〕

---

① 厓 《水经注》作"涯"，下文同。

② 径 《水经注》作"椓"。

③ 吴陆绪谓子绩 《水经注》作"吴陆绩"。

④ 后 《水经注》作"去"。

⑤ 而 《水经注》作"又"。

⑥ 而字当为南南桥水 《水经注》作"而字当为温，非桥水也"。

卷三十七 淹水 叶榆河 夷水 油水 澧水 沅水 泿水

淹水，出越嶲遂久县徼外。吕忱曰："淹水，一曰复水也。"**东南至靖蛉[①]县。**县有禺同山，其山神有金马、碧鸡，光景倏忽，民多见之。汉宣帝遣谏大夫王褒祭之，欲致其鸡、马，褒道病而卒，是不果焉。王褒《碧鸡颂》曰："敬移金精神马，缥碧之鸡[②]。"故左太冲《蜀都赋》曰："金马骋光而绝影，碧鸡倏忽而耀仪。"

又东过姑复县南，东入于若水。淹水迳县之临池泽，全氏曰：《汉志》越嶲郡姑复县：临池泽在南，又青蛉县临池灊在北，泽之与灊不知何以分也。一清按：灊即泽也，二县地界以此而分。《方舆纪要》：姑复废县在四川会川卫南。沈约《志》：云南有东西二古复县，即汉姑复县、青蛉废县，在云南姚州大姚县北。而东北经云南县西，东北注若水也。一清按：刘昭《郡国志补注》引《南中志》曰：县西高山相连，有大泉水周旋万步，名冯河。

益州叶榆河，出其县北界，屈从县东北流。县，故滇池叶榆之国也。汉武帝元封二年，使唐蒙开之，以为益州郡。郡有叶榆县，县西北十里[③]有吊鸟山，众鸟千百为群，共[④]会鸣呼啁哳。每岁七八月至，集六七日[⑤]则止，一岁六至。雉雀来吊，夜燃火而[⑥]取之。其无嗉不食，似特悲者，以为义鸟[⑦]，则不取也。俗言凤凰死于此山，故众鸟来吊，因名曰[⑧]吊鸟。县之东有叶榆泽，叶榆水所钟而为此川薮也。《禹贡锥指》曰：蔡传述程大昌之论曰樊绰以丽水为黑水，恐其狭小不足为界，其所称西洱河者，却与《汉志》叶榆泽相贯，广处可二十里，既足以界别二州，其流又正趋南海。又汉滇池即叶榆之地，武帝初开滇嶲时，其地古有黑水祠，夷人不知载籍，必不能附会。而绰及道元皆谓此泽以榆叶所渍得名，则其水之黑似榆叶积渍所成，且其地乃蜀之正西，又东北距宕昌不远。宕昌即三苗种裔，与三苗之叙于三危者，又为相应，莫此之明也。而传同叔非之杏溪之识远过九峰矣。叶榆本蛮语，与中国文义不同，安知为榆树之叶泽，以榆叶所渍得名？检郦《注》无此言，盖亦出樊绰。韩汝节云此说尤不通。源之黑，或由榆叶所渍，若流去数千里，其色尚不变，有是理乎？且他处黑水甚多，未闻皆有树叶落其下也。宕昌国，唐为宕州地，州南至扶州四百一十里，北至岷州二百五十里，盖古梁州之北界，而程氏云叶榆河在蜀之正西，东北距宕昌不远，计宕昌西南距大理凡三千余里，而犹谓之不远，岂生不见图籍乎？且叶榆县在益州郡西七百余里，县东有叶榆泽，其下流虽迳滇池县南，而未尝黑水之称，安得谓其所祠即黑水之源哉？一清按：叶榆，范《史·滇王哀牢传》俱作楪榆，章怀注云楪或作蝶，则此水果非因榆叶所渍致黑，足以折九峰之妄，而拄樊生之口矣。樊绰唐感通中为安南都护，蔡袭从事，著《蛮书》十卷，见《唐书·艺文志》。

过不韦县。县，故九隆哀牢之国也。有牢山。其先有妇人名沙壹[⑨]，朱氏谋㙔箋曰：《后汉志》作沙壹。居于牢山，捕鱼水中，触沈木若有感，因怀孕产十子。后沈木化为龙出水，九子惊走，小子不能去，背龙而坐。龙因㧑[⑩]朱氏谋㙔箋曰：《后汉志》作舐。之。其母鸟语，谓背为九，谓坐为隆，因名为九隆。及长，诸兄遂相共推九隆为王。后牢山下有一夫一妇，生十女，九隆皆以为妻，遂因孳育，皆画身像龙文，衣皆著尾。九隆死，世世不与中国通。汉建武二十三年，王遣兵乘箄船南下水[⑪]，攻汉鹿茤民，鹿茤民弱小，将为所擒。于

---

① 靖蛉 《水经注》作"青岭"。
② 缥碧之鸡 《水经注》作"缥缥碧鸡"。
③ 十里 《水经注》作"八十里"。
④ 共 《水经注》作"其"。
⑤ 集六七日 《水经注》作"十六七日"。
⑥ 而 《水经注》作"伺"。
⑦ 义鸟 《水经注》作"义"，无"鸟"字。
⑧ 名曰 《水经注》作"名"，无"曰"字。
⑨ 壹 《水经注》作"壹"。
⑩ 㧑 《水经注》作"舐"。
⑪ 王遣兵乘箄船南下水 《水经注》作"王遣兵来，乘革船南下"。

是天大震雷疾雨，南风漂起，水为逆流，波涌二百余里，箄船[①]沈没，溺死数千人。后数年，复遣六王将万许人攻鹿茤，鹿茤王与战，杀六王，哀牢耆老共埋之。其夜，虎掘而食之。明旦，但见骸骨，惊怖引去，乃惧，耆老谓其小王曰[②]："哀牢犯徼，自古有之。今此攻鹿茤，辄被天诛，中国有受命之王乎？何天祐之明也。"即遣使道越巂奏献[③]，求乞内附，长保塞徼。汉明帝永平十二年，置为永昌郡，郡治不韦县。盖秦始皇徙吕不韦子孙于此，故以不韦名县。沈氏曰：常璩云武帝置不韦县，徙南越相吕嘉宗族于此，因名不韦，以章其先人之恶，非秦徙也。北去叶榆六百余里。叶榆水不逕其县，自不韦北注者，卢仓禁水耳。叶榆水自县南经遂久县东，又逕姑复县西，与淹水合。又东南经永昌邪龙县。县以建兴三年刘禅分隶云南，于不韦县为东北。

东南出益州界。叶榆水自邪龙县东南经秦藏[④]县，南与濮水同注滇池泽于连然、双柏县也。叶榆水自泽又东北经滇池县南，又东经同并县南，又东经漏江县，伏流山下，复出蝮口，谓之漏江。左思《蜀都赋》曰："漏江伏流溃其阿，汩若汤谷之扬涛，沛若濛汜之涌波。"诸葛亮之平南中也，战于是水之南。叶榆水又逕贲古县北，东与盘江合。盘水出律高县东南盢町山，一清按：《汉志注》师古曰：盢音呼鶪反町音挺。东经梁水郡北、贲古县南。水广百余步，深处十丈，甚有瘴气。朱衮[⑤]之反，李恢追至盘江者也。建武十九年，伏波将军马援上言：从麋泠[⑥]出贲古，击益州。臣所将越骆[⑦]万余人，便习战斗者二千兵以上，弦毒矢利，以数发，矢注如雨，所中辄死。愚以行兵此道最便，盖承藉水利，用为神捷也。盘水又东经汉兴县。山溪之中，多生邛竹、桄榔树，树出麪，而夷人资以自给，故《蜀都赋》曰"邛竹缘岭"，又曰"麪有桄榔"。盘水北入叶榆水。诸葛亮入南中[⑧]战于盘东是也。

入牂柯郡西随县北，为西随水，又东出进桑关。进桑县，牂柯之南部都尉治也。水上有关，故曰进桑关也。故马援言，从麋泠水道出进桑王国，至益州贲古县，转输通利，盖兵车资运所由矣。全氏曰：《汉志》牂柯郡西随县麋水西受徼外，东至麋泠入尚龙谿，过郡二，行千一百六里。都梦县壶水东南至麋泠，入尚龙谿，过郡二，行千一百六十里。益州来唯县劳水出徼外，东至麋泠，入南海，过郡二，行三千五百六十里，是皆所云麋泠水道也。而壶水独无闻。自西随至交趾，崇山接险，水路三千里。叶榆水又东南绝温水，而东南注于交阯。〔……〕

〔据清赵一清撰《水经注释》（清光绪六年会稽章氏重刻本）卷三十六至卷三十七辑录。赵一清，字诚夫，号东潜，浙江仁和（今杭州）人，国子监生，清代学者。著有《东潜诗文稿》《水经注释》四十卷《刊误》十二卷、《直隶河渠志》一百三十二卷，《清史列传》并传于世。《四库全书总目提要》曰："郦道元《水经注》传写舛误，其来已久，诸家藏本，互有校雠，而大致不甚相远。欧阳元功、王祎诸人，但称经注混淆而已，于注文无异也。近时宁波全祖望始自称得先世旧闻，谓道元注中有注本双行夹写，今混作大字，几不可辨。一清因从其说，辨验文义，离析其注中之注，以大字细字分别书之，使语不相杂，而文仍相属。"即言赵一清据不同版本《水经注》，考订注释，撰《水经注释》四十卷、《刊误》

① 箄船　《水经注》作"革船"。
② 耆老谓其小王曰　《水经注》作"乃惧谓其耆老小王曰"。
③ 即遣使道越巂奏献　《水经注》作"即遣使诣越巂奉献"。
④ 藏　《水经注》作"臧"。
⑤ 朱衮　《水经注》作"朱褒"。
⑥ 麋泠　《水经注》作"麊泠"，下文同。
⑦ 越骆　《水经注》作"骆越"。
⑧ 南中　《水经注》作"南"。

十二卷，分卷叙述汉、晋、南北朝时期我国各水系情况及河流流经地的地理沿革。故阅赵氏此篇，应注意字体字号之变化。〕

水经要览

黄锡龄　撰

〔……〕

大渡河　源出吐蕃，南流为若水，东流经黎州城南九十里为沈黎江，过越巂卫今越巂厅城北至夹江县，涞水入之。涞水，源出古维州，迳天全六番招讨司，东南流至雅州城北，青衣水入之，又东南至夹江县西九十里，入于大渡河。天全六番，今雅州府天全州。又东北至嘉定府入于岷江。

金沙江　源出吐蕃共龙川黎牛石①下，名黎水，流经云南丽江府，又迳鹤庆府，由西而东，环北胜州今永北厅治至姚安府，大姚江来注之。大姚江，源出大姚县东北一百五十里书案山，西流，至大姚县西北，合铁索箐之水，折而南流，至县西南，合姚州小桥村之水，折而东流绕县南，蜻蛉河入之，复东北流入于金沙河。又东，打冲河从北来注之。打冲河，源自打冲河中左所，迳中前所，至普济南流约千里，入于金沙江。又东，入黎溪州，会川卫今宁远府会理州城西南二百五十里，泸水入焉。泸水，源出吐蕃，南流，宁番水西流入之。迳建昌城西，邛湖水西流入之。又南流，迳会川卫境西，入于金沙江。又东，过武定府元谋县北，滇池水入之。迳东川府境西一百五十里，折而至府东，牛栏江从南来注之。牛栏江，其源出西河，在云南马龙州治西，东流，合东河，在马龙州治东，入寻甸州，为牛栏江。迳东川府东南一百二十里，北流，入金沙江。又过乌蒙府今昭通恩安县西南二百六十里。又东北，至叙州府城西南一百三十里，为石门江，马湖水入之。马湖，在马湖府城西一百八十里蛮夷长官司前，马湖在山顶，长二十里，广七里。又东，泉江南流来注之。泉江，在镇雄州西北二百八十里。过叙州府城南，入岷江。

滇　池　一名昆明池，周广五百余里，在云南府城南，源出寻甸州治西南六十里果马山，为龙巨江一名龙济溪。流经嵩明州东南十五里，入嘉利泽②泽周百余里。又自嵩明州故邵甸县之东山、西山，凡九十九泉合流，经云南府城东，为盘龙江。又南，与黄龙溪诸水合为滇池。又大堡河北流入之。大堡河，出新兴州界，经晋宁州永兴乡，分流北入于滇池。又渠滥州东北流注之。渠滥州③，在昆明县东南五里，东北流入于滇池。滇池下流为螳螂川，萦迴安宁州治，过昆阳州、富民县，经武定，入于金沙江。

〔……〕

左　江　上流即盘江，又名牂牁江，源出乌撒蛮界，过云南霑益州。有二源，其一北流曰北盘江，其一南流曰南盘江，州据二江之间。北盘江自霑益州东北流入贵州普安州北境，折而东南流，经安南卫今安南县城东界至永宁州境，与南盘江合。南盘江自霑益州西南流，白石江入之。白石江，在曲靖府城北八里。经贵州普安州西南境，南流绕云南罗平州境之西下流，潇湘江入之。潇湘江，源出马龙州木容箐溪，至曲靖府城南为潇湘江。又东流至贵州永宁州境，与北盘江合。盘江经永宁州顶营长官司西四十里，南流入广西泗城州，历上林峒，

---

① 黎牛石　多作“犛牛石”。犛，音 máo，同“牦”。

② 嘉利泽　原本误作“嘉剎泽”，据明《寰宇通志》卷一一一改。

③ 渠滥州　当为“渠滥川”。《明史》卷四十六《地理志七·云南府》昆阳州：“东南有渠滥川，东北入于滇池。”中华书局 1974 年版，第 1173 页。

上林长官司，今为西林县。由奉议州城北，经州境为左江，东流过隆安、武缘二县至南宁府城西五十里合江镇，与龙江合，是为大江。〔……〕

元 江 一名礼社江，源自云南府赵州白崖睑江，东南流经楚雄府，马龙江入之。马龙江，源自蒙化府，入楚雄府镇南州，西南经南安州东，又东南入于元江。蒙化府，今为厅。又东南流，绕元江府今为州城，又东经临安府城南，入纳楼茶甸界为禄丰江，迳蒙自县为黎花江，东南注于交阯清水江入海。

澜沧江 源出吐蕃嵯和歌甸，南流经丽江兰州西北，入大理府云龙州，南过金齿司城东北八十五里罗岷山，迳蒙化府西南一百三十里至顺宁府城东，又南，与样备江合。样备江，源自剑川州，迳浪穹县，过点苍山西洱海，迳大理府赵州西南境，历蒙化府、顺宁府混流百里，入于澜沧江。西洱海，即古叶榆河也，自邓州合点苍山之十八川，而汇于大理府城东，形如人耳，周三百余里，下流入于样备江。又东南，迳景东厅南一百余里，过大侯州今云州。南二百五十里蛮弥山之麓，入元江府，流绕其城，又南，至车里，过交阯入海。

大盈江 有三源，一出赤土山，流为马邑河；一出龍竁山，滀为小湖，流为高河；一出罗生山，流为罗生场河。三山皆在腾冲司境。达云南腾冲司今腾越厅城，自东而北而西，三水合为大盈江，又名大车江。南流至南甸宣抚司，分为小梁河，大盈江与小梁河并西南流至宣抚司，小梁河为安乐河，而合于大盈江。折流而西一百五十里，为槟榔江，至北苏蛮界，注金沙江，入缅甸，麓川江来注之，同流入海。

麓川江 源出峨昌蛮地七藏甸，迳甸旁高黎共山北渡口，又入平市司境至缅甸太公城，入大盈江。麓川本怒川之讹，源出雍望，迳潞江安抚司北，合平市河，又入大盈江。平市河，一出甸头山，一出石甸寨，合流经施甸西，又南合蒲缥寨涧水，迳新栅山口，下流入潞江。

〔据清黄锡龄撰《水经要览》(《小方壶斋舆地丛钞》第四帙第十册，清光绪十七年上海著易堂排印本）第602－608页辑录大渡河、金沙江、滇池、左江、元江、澜沧江、大盈江、麓川江等条。该书以《水经注》为底本，节要加注而成，叙列河流，依次为汾河、渭河、泾水、洛水、济水、汶水、沁河、汴河、辽水、鸭绿混同二江、大小凌河、胶水、溪水、丹水、淄水、漆河、卫河、易水、淮水、颍水、泗水、大江、大渡河、金沙江、滇池、资江、巴水、涪乌巴陵诸江、洞庭湖、潇湘二水、清沅二江、澧水、赣江、袁江、盱江、邮江、上饶江、北运河、南运河、太湖、浙江、灵江、永嘉江、永宁江、安阳江、建水、洛阳江、晋江、漳江、牂牁江、左漓江、浈水、龙江、汉阳江、廉江、钦江、元江、澜沧江、大盈江、麓川江。脉络不甚贯通，叙列亦多挂漏，未为善本。〕

水经注西南诸水考

陈 澧

《水经注西南诸水考》序

自《禹贡》而后，诸书言水道者惟《汉书·地理志》，核之今日水道，无少差谬。其次则《水经》，其言泿水过番禺，东至龙川，则已误矣。郦道元身处北朝，其注《水经》，北方诸水大致精确，至西南诸水，则几乎无一不误。

国初黄子鸿为《水经注图》，今不可见，不知其于郦氏之误注将正之欤？若之何而为图也。阮太傅《浙江图考》绘郦注之图，而指其误，斯可为善读郦注者。盖郦君之书，讲水道者固宜奉为鸿宝，然于郦君之误说，墨守而沿袭之，以误后人不可也。

余固爱读郦氏书，其北方水道间有小差谬者不暇论，因读《汉志》豚水、郁水，知郦氏温水、泿水二篇注之谬，因连而及之，知若水、淹水、沫水、青衣水、叶榆水、存水诸篇之注之谬，又连及江水篇，自发源至若、淹二水入江。以上注之谬，条而辨之，既正以今日水道，复就郦注为图，俾览者晓然于其差谬而弗相沿焉。其余未暇悉辨，此非敢攻讦古人也，不敢回护古人以贻误后人也。为书三卷，序而藏之。

道光二十七年二月陈澧序。

卷 一

青衣水

经**青衣水，出青衣县西蒙山，东与沫水合也。**《地理志》蜀郡青衣县“《禹贡》蒙山溪大渡水，东南至南安入渽”，即此水。今雅州府青衣江，其上源则天全州碉所城水也。青衣县，今雅州府治雅安县也。蒙山，天全州西境诸山也。

注**县有蒙山，青衣水所发，东经其县。**碉所城水东经雅安县。

注**与沫水会于越嶲郡之灵关道。**灵关道为今荥经县地，说见《沫水篇》。青衣江至嘉定府治乐山县，入大渡河，在荥经县东二百余里。如郦说，则青衣江与荥经县金水河通流入大渡河矣。荥经县在雅安县南，即今青衣江，通金水河亦当云南与沫水会也。

注**青衣水又东，**沫水注言与青衣水合，自下谓之青衣水，故此云青衣水又东也。此以下所云青衣水，乃今大渡河矣。

注**邛水注之。水出汉嘉严道邛来山，东至蜀郡临邛县东，入青衣水。**〔……〕

若 水

经**若水，出蜀郡旄牛徼外。**《地理志》同。今鸦龙江也。源出西番，东南流入四川瓦述色他土司，有楚穆河西自占对土司东流来会，《经》误以瓦述色他土司以上之鸦龙江为沫水，说见《沫水篇》。此《经》若水之源则楚穆河也。楚穆河与鸦龙江合，南流过打箭炉西境，为旄牛县地也。

经**东南至故关，为若水也。**故关，未详所在。

注**若水东南流，鲜水注之，一名州江。**《地理志》蜀郡旄牛县“鲜水出徼外南，入若水”。今无南入鸦龙江之水，疑鸦龙江自占对土司以上，乃《汉志》之鲜水，占对土司之北有楚穆河，东入鸦龙江，《汉志》以此为若水之正源也。占对以上之鸦龙江，乃郦所谓绳水，说见下。则所谓若水，亦以楚穆河为正源。今无入楚穆河之水，郦傅会《汉志》耳。

注**大渡水[1]出徼外，至旄牛道，南流入于若水。**《地理志》蜀郡青衣县“大渡水东南至南安入渽”，今雅州府青衣江也。出芦山县，至嘉定府治乐山县南与阳江合，不入鸦龙

① 大渡水 《水经注》及赵一清《水经注释》均作“大度水”。下同。

江。如郦所言，今无此水。

注 **又迳越巂大莋县，入绳。**《地理志》“若水南至大莋，入绳”。绳水，今金沙江也。鸦龙江至会理州西与金沙江合。则大莋者，今会理州也。郦所谓大莋在邛都县北，则在占对土司北境矣。

注 **绳水出徼外。《山海经》曰：“巴遂之山，绳水出焉。”东南流，分为二水：其一水枝流东出，迳广柔县，东流注于江；其一水南经旄牛道，至大莋，与若水合。自下亦通谓之为绳水矣。**此《经》无绳水，《地理志》越巂郡遂久县“绳水出徼外，东至僰道入江”，今金沙江也。如郦言，若水未与孙水合，先与绳水合，今无此水，盖即指占对土司以上之鸦龙江，即《汉志》之鲜水耳。其云分为二水，其一东出注江，则大误也。鸦龙江与大江中隔金川河，不得有枝流越金川河而入大江也。其云一水南至大莋，与若水合，自下通谓之绳水，亦误。鸦龙江与金沙河至会理州合流自下，此《经》谓之若水，《汉志》谓之绳水。郦所谓大莋在占对土司北境，鸦龙江至此未合金沙江，不得谓之绳水也。郦误以占对以上之鸦龙江为绳水，遂误以此下之鸦龙江通谓之绳水耳。

经 **南过越巂邛都县西，直南至会无县，淹水东南流注之。**今鸦龙江南过宁远府治西昌县西，直南至会理州，金沙江东南流会之邛都西昌县也。会无，会理州也。淹水，金沙江也，即《汉志》之绳水也。《汉志》以绳水为正流，若水入之，此《经》则以若水为正流，淹水入之，宾主互易耳。

注 **县陷为池，今因名邛池，南人谓之河[1]。河中有蜯巂山。有巂水，言越此水以章休盛也。后复反叛。元鼎六年，汉兵自越巂水伐之，以为越巂郡。**治邛都县，王莽遣任贵为领戎大尹，守之，更名为集巂也。县，故邛都国也。**越巂水即绳、若矣，似随水地而更名矣。**《地理志》越巂郡邛都县有邛池泽，今西昌县无大池泽，俟考。

注 **又有温水，冬夏常热。**今西昌县之热水河也。热水河入安宁河，当载于孙水下，此误以热水河为入鸦龙江也。

注 **若水，又迳会无县，县有骏马河，水出县东高山。**此会无县，即今会理州，与《经》合骏马河。

注 **又有孙水焉，水出台高县。**即台登县也。**孙水，一名白沙江，南流经邛都县。**司马相如定西南夷，桥孙水即是水也。**又南至会无，入若水。**《地理志》越巂郡台登县“孙水南至会无，入若”。今宁远府安宁河也，出冕宁县，汉台登县也。南流经西昌县，又南至会理州，入鸦龙江。

注 **若水又南经云南郡之遂久县，青蛉水入焉。水出青蛉县西，东经其县下。**县以氏焉。有石猪圻，长谷中有石猪，子母数千头。长老传言，夷昔牧此，一朝化为石，迄今夷人不敢往牧。贪水出焉，青蛉水又东注于绳水。今安宁河既入鸦龙江，金沙江即自西南来会。金沙江未会以上，更无东注鸦龙江之水也。遂久为今云南丽江府治，青蛉为今鹤庆州南境，见《淹水篇》。迳其地者即金沙江。此《经》之淹水耳，且淹水自丽江府治南经鹤庆州，青蛉水即为金沙江，亦当自遂久南至青蛉，不得自青蛉东至遂久也。又，今

① 河 《水经注》作“邛河”。

无出自鹤庆州之水，不知所云贪水为何水也？贪水不见所入。叶榆水，《注》云迳遂久县，或此贪水即谓叶榆水欤？

注 **绳水又迳三绛县西，又迳姑复县，北对三绛县，淹水注之。**鸦龙江又流经会理州西南境，云南大姚河自西南来注之。郦所谓淹水者，大姚河也。淹水，《经》云过姑复县南，东入于若水。姑复县为云南永北厅，在金沙江北。如郦言，则鸦龙江既会金沙江，乃迳姑复，则姑复在金沙江南矣。三绛，盖会理州西南境。

注 **三绛，一曰小会无，故《经》曰“淹至会无，注若水”。**《经》言若水南至会无，淹水注之。《注》既误以淹水为青蛉水，而以淹水又在其南，则其入若水处非会无县，故为此说。谓此水入若水处，北对三绛，而三绛为小会无，以弥缝之也。

注 **若水又与毋血水合。水出益州郡弄栋县东农山毋血谷，北流经三绛县南，北入绳。**见《地理志》。今楚雄府龙川江也，源出镇南州，东北入金沙江。弄栋，镇南州也。

注 **绳水又东，涂水注之。水出建宁郡之牧靡县南山。**县、山并即草以立名，山在县东北乌句山南五百里，山生牧靡草[①]，可以解毒。百卉方盛，乌多误食，乌喙中毒[②]，必急飞往牧靡山，啄牧靡以解毒也。**涂水导源腊谷，西北流至越嶲，入绳。**见《地理志》。名曰腊涂水，赵氏一清以为《志》脱谷字也。今曲靖府车洪江也。金沙江既会龙川江，东流至东川府治西境，北流乃会车洪江。此言绳水又东，则未北流至东川府治，而云涂水注之，则似今普渡河，然普渡河东北流，非西北流也。

注 **绳水又迳越嶲郡之马湖县，谓之马湖江。又左合卑水县[③]，而东流注马湖江也。**马湖，今东川府县治会泽县西南境卑水，盖今玉虹河、会通河，二水皆在金沙江左，源出会理州东境，金沙江迳会泽县西南境，左合二水。卑水县，会理州东境也。卑水，当云东南流也。

经 **又东北至犍为朱提县西，泸江水注之[④]。**朱提县，今屏山县。泸江水，今横江也。金沙江东北至县西，横江注之。

注 **有泸津，东去县八十里。**今屏山县南小纹溪也。

注 **案：永昌郡有兰仓水，出西南博南县。**汉明帝永平十二年[⑤]置。博南，山名也，县以氏之。**其水东北流出博南山。**汉武帝时通博南山道，渡兰仓津，土地绝远，行者苦之。**兰仓水又东北经不韦县，与类水合。**今会通溪也，出屏山县西南永善县，东北流，又东北经筠连县，与横江合。

注 **水出嶲唐县。**汉武帝置。**类水西南流，曲折又北流，东至不韦县，注兰仓水。**《汉地理志》益州郡嶲唐有类水，西南入不韦。嶲唐，今云南楚雄府治楚雄县。类水，今大厂江。不韦，今南安州南境，说见《汉志》水道图。郦所谓类水则今横江。横江，出昭通府治恩安县，郦以为嶲唐县也。横江西南流，曲折又北流，东至高县西境，郦以为

---

① 草　《水经注》及赵一清《水经注释》均无“草”字。

② 乌喙中毒　《水经注》及赵一清《水经注释》皆作“乌喙口中毒”。

③ 又左合卑水县　《水经注》作“又左合卑水，水出卑水县”。

④ 泸江水注之　《水经注》作“为泸江水”。

⑤ 永平十二年　《水经注》作“永平二年”。

不韦县也。

[注]**又东与禁水合，水自永昌县而北经其郡西。禁水又至北注泸津水。**今定川溪也，出筠连县西南境，而北经县西，又北与小纹溪合。

[注]**又东经不韦县北而东北流。**小纹溪既会横江，东经高县北而东北流。

[经]**又东北至僰道县，入于江。**僰道县，今四川叙州治宜宾县也。横江至宜宾县，入于江。

[注]**若水至僰道县，又谓之马湖江。绳水、泸水、孙水、淹水、大渡水，随决入而纳通称。是以诸书录记群水，或言入若，又言注绳，亦或言[1]至僰道入江，正是异水沿注，通为一津，更无别川可以当之。**鸦龙江与金沙江合流以后，《汉志》谓之绳水。《汉志》毋血水、腊涂水入绳，依此《经》亦可云入若。此泸江水入若，依《汉志》亦可云入绳。绳水，此《经》名淹水，则亦可云入淹。所谓随决入而纳通称，惟淹、绳、若为然，至泸水、孙水、大渡水，得纳通称，今未睹其书，俟考。

沫　水

[经]**沫水，出广柔徼外。**《地理志》蜀郡汶江"溦水出徼外，南至南安东入江"，即沫水也。今四川大金川河，下流曰大渡河，又下曰阳江也。汶江，今茂州地，此《经》云出广柔徼外。广柔，未详今何地。

[经]**东南过旄牛县北，**大金川河南流，非东南流也。《经》盖误以瓦述色他土司以上之鸦龙江为大渡河之源，故云东南矣。瓦述色他土司以上之鸦龙江东南流，如入大金川河，则过打箭炉厅北，为汉旄牛县地也。

[经]**又东至越巂灵道县，出蒙山南。**大金川河下流为大渡河，南流过打箭炉厅东，又南至越巂州西北境，此《经》略之也。又屈东流荥经县邛崃九折坂南，为《地理志》之邛来山也。《地理志》"蒙山，青衣水所出"，为今天全州西境山，此《经》以邛来山为蒙山者。天全州山连互而南至荥经县，或邛来山亦可通称蒙山也。

[注]**沫水，出岷山西，东流，**今岷山大江所出在松潘厅境，金川河数源并山松潘厅西诸土司境。郦云沫水出岷山西是也，但金川河南流，郦云东流，则非金川河，仍指瓦述色他土司以上之雅龙江，误与《经》同也。鸦龙江虽亦在岷山西，然相去远矣，且鸦龙江东南流，此但云东流，尤误。**过汉嘉郡，南流，冲一高山，山上合下开，水迳其间。山即蒙山也。**大渡河南流经天全川西。此蒙山当指川南之山，但云迳其间，则似水西之山，亦名蒙山矣。

[经]**东北与青衣水合。**大渡河东北流至嘉定府治西南，与青衣江合。

〔……〕

① 或言　《水经注》及赵一清《水经注释》皆作"咸言"。

卷　二

存　水

经 **存水，出犍为郁鄢县。**存水，今贵州独山州龙江也。《地理志》牂柯郡毋敛县“刚水东至潭中，入潭”，即此水。盖独山州北境为郁鄢县地，西境为毋敛县地，《志》与《经》各举一县耳。

注 **存水自县东南流，迳牧靡县北，又东经且兰县北，而东南出也。**牧靡见《若水注》。为今云南寻甸州地。此《注》言存水自郁鄢县东南流经牧靡县，则以为郁鄢在寻甸州之西北矣。《温水注》云豚水迳且兰县。所谓豚水，为今云南九龙河。所谓且兰县，为今云南平彝县。此水经平彝县北，为今北盘江矣。

经 **东南至郁林定周县，为周水。**《地理志》郁林郡定周县“水首受毋敛，东入潭”，即此水。今龙江下流入广西思恩县，盖汉定周县地，龙江自此以下为周水矣。

注 **存水又东，迳牂柯郡之毋敛县北，而东南与毋敛水合。**毋敛水，即《经》之存水，今龙江也。北盘江与南盘江合，如郦言则北盘江东经独山州，与龙江合矣。

注 **水首受牂柯水，东经毋敛县为毋敛水，又东注于存水。**郦所谓牂柯水者，今广西红水河。此水首受红水河注于龙江。今河池州有红盆水，出那地州，其源去红水河不远，盖郦以此为首受牂柯水，然红盆水源不与红水河通也。

经 **又东北至潭中县，注于潭。**龙江至柳城县，注于柳江。

温　水

经 **温水，出牂柯夜郎县。**温水，今广西西林县同舍河也。《地理志》牂柯郡镡封县有温水。镡封县即西林县也。夜郎县为泗城府治凌云县，西与西林县接界，同舍河流二县之间，《经》与《志》各举一县耳。

注 县，故夜郎侯国也。**温水自县西北流，**郦所谓温水，乃今南盘江，故下云西会大泽也。其所云夜郎县亦误，辨见下。南盘江出云南霑益州，南流，非西北流也。

注 **迳谈藁县，与迷水合。水西出益州郡之铜濑县谈虏山，东经谈藁县，右注温水。**《地理志》益州郡铜濑县“谈虏山，迷水所出，东至谈藁，入温”。迷水，今云南宝宁县西洋江，东至西林县南境，与同舍河合。宝宁县，汉铜濑县。西林县南境，汉谈藁县地也。郦所谓迷水，则南盘所受之水，盖曲靖府治南宁县北之磨刀溪也，出马龙州北境。郦所谓铜濑县，盖马龙州；所谓谈藁县，盖南宁县也。

注 **温水又西迳昆泽县南，又迳味县。又西南经滇池于县西北，又西会大泽，**南盘江南流经陆凉州，东屈西流经州南。郦所谓昆泽县，即陆凉州也。又迳宜良县东，盖所谓味县也。又西南经澂江府治河阳县东，即所谓滇池县，今滇池正在河阳县西北也。《地理志》益州郡滇池县“大泽在西”。大泽，即今抚仙湖也。南盘江南流，而湖水自西来会之。

注 **与叶榆仆水合。**《经》无仆水。《地理志》益州郡叶榆县“叶榆泽在东”。叶榆县，今大理府治太和县。泽，则西洱海也。又越巂郡青蛉县“僕水出徼外，东南至来唯，入劳”。僕水，今澜沧江也。郦此注言温水与僕水合，叶榆水注亦云与僕水同注滇池泽，所云僕水非澜沧江，澜沧江不得与南盘江同注抚仙湖也。

注 **温水又东南经牂柯之毋单县，桥水注之。水上承俞元之南池，**县治龙池洲。**周四十七里，一名河水，与邪龙分浦。**后立河阳郡，治河阳县，县在河源洲上。又有云平县，并在洲中。**桥水东流经毋单县，注于温。**《地理志》益州郡胜休县“河水东至毋棳入桥”。又俞元县池在南，桥水所出，东至毋单，入温。河水，今贵州马别河也。桥水，今南盘江也。俞元，今陆凉州也。池者，中延泽也。入温当作入河，谓胜休河水也。毋单，今贵州兴义县、广西西林县接界地也。郦以桥水与河水合而为一，所谓桥水则今小曲江也。南盘江既会抚仙湖，南流经宁州东南，小曲江注之。郦所云毋单，则宁州也。所云俞元，则河西县。所云南池，则通海湖也。小曲江不与通海湖通，《水道提纲》云湖水泛溢，由瓜水会小曲江。《地理志》益州郡叶榆县“贪水首受青蛉，南至邪龙入僕”。贪水，今漾备江，至云州入澜沧江。则邪龙者，云州也。郦所云南池既为通海湖，而云与邪龙分浦，则邪龙在通海县西，为嶍峨县、新平县地矣。

注 **温水又东南经兴古郡之毋棳县东，与南桥水合。水出县之桥山，东流，梁水注之。梁水上承河水于俞元县，而东南经兴古之胜休县。梁水又东经毋棳县，左注桥水。桥水又东注于温。**《地理志》益州郡毋棳县“桥水首受桥山”，今广西红水河也。红水河北受北盘江，其水出云南霑益州之花山，则桥山也。北盘江至广西泗城府治凌云县北境，入红水河，则汉毋棳县地也。胜休河水，为今贵州马别河，会南盘江，亦至凌云县北境，与北盘江会，故《志》言河水至毋棳入桥矣。如郦注言，温水东南经毋棳县东，今南盘江既会小曲江，东南经阿迷州东北，则毋棳为阿迷州，其南桥水则州西南泸江河也。其云出县之桥山，盖傅会《地理志》语耳。其言梁水上承，河水于俞元县，左注桥水，今无上承，小曲江而左注泸江河之水也。云左注，则梁水在桥水之南。云梁水迳胜休县，则胜休在泸江河之南，为纳楼恭甸土司地矣。

注 **温水又东南**[①]。南盘江既会泸江河，屈东北流，非东南流也。此盖以为南盘江通盘龙江矣。盘龙江，源出阿迷州东南境。

注 **温水又东南经律高县南。温水东南经梁水郡南。温水上合梁水，故自下通得梁水之称。又东南**[②]**迳镡封县北，**如所言，则律高县在今蒙自县北界。梁水郡，为今开化府治也。又《地理志》牂柯郡“温水出镡封县”，为今广西西林县。郦注至此乃言温水迳镡封，其误甚矣。如所言，镡封当在云南开化府治文山县东南境。

注 **又迳来唯县东，而僕水右出焉。**《地理志》益州郡来唯县“劳水出徼外，东至麋伶，入南海”，越巂郡青蛉县“僕水出徼外，东南至来唯入劳”。劳水，今越南国富良江。僕水，今澜沧江，自云南流入南掌国。来唯，当在云南西南边境。郦所言镡封既在云南开化境，温水东南流，则来唯县在越南东北境也。其云僕水右出，即叶榆水注所谓东南绝温水也。然叶榆水注云与僕水同注滇池泽，即此篇温水所会之大泽为今抚仙湖。三水自此合

---

① 温水又东南 《水经注》及赵一清《水经注释》皆无，疑与下句重复。

② 又东南 《水经注》作“温水东南”，赵一清《水经注释》作“温水又东南”。

流，东南至越南国已数百里，即有一水右出，何由知为僕水乎？且又不见僕水所入，殆有阙文欤？

经 **又东至郁林广郁县，为郁水。**《地理志》：“温水东至广郁，入郁。”又郁林郡广郁“郁水首受夜郎豚水”，是豚水、温水皆至广郁。《志》以豚水为郁水正源，而温水入之。此《经》无豚水，而以温水为郁水正源，似异而实同也。温水为今同舍河，至西林县东南会西洋江。过百色厅，有泗城府水自西北来注之，即《地理志》豚水也。广郁县，则百色厅也。自厅以东之西洋江，则为郁水矣。今则以云南宝宁县水为西洋江正源，古今水道，宾主互易，往往如此。

注 **温水又东，**越南国东北与广西太平府接境，此水自越南东北而东流，则今丽江也。

注 **迳增食县，有文象水注之。其水导源牂柯句町县。**〔……〕

注 **文象水、蒙水与卢唯水、来细水、伐水，并自县东历广郁至增食县，注于郁水也。**〔……〕

经 **又东至领方县东，与斤南水合。**即卷四十斤江水也。

〔……〕

注 **县有斤员[①]水、侵离水，并迳临尘东入领方县，流注郁水。**〔……〕

经 **东北入于郁。**〔……〕

注 **郁水，即夜郎豚水也。豚水东北流经谈藁县，东经牂柯郡且兰县，谓之牂柯水。**楚将庄蹻泝沅伐夜郎，椓牂柯系船，因名且兰为牂柯矣。元鼎五年，武帝伐南越，发夜郎精兵下牂柯江，同会番禺是也。上云温水自夜郎县西北流经谈藁县，此云夜郎豚水东北流经谈藁县，是二水同出，而分流温水为南盘江，则此豚水为北盘江矣。然牂柯郡且兰县为沅水所出，为今贵州都匀府地。北盘江东北流经宣威州、威宁州，又东经水城厅，在都匀府西五百里，不得迳且兰县，此已误矣。豚水下流为郁水，即今郁江，广西之左江也。如郦说，乃今红水河，则为广西右江。原其所以致误者，乃由误以楚将庄蹻泝沅伐夜郎，谓夜郎必近沅水之源，不知庄蹻所伐者，古夜郎国也，豚水所出者，汉夜郎县也。庄蹻泝沅至夜郎国北境，汉灭夜郎国置郡县，其夜郎一县，岂必在庄蹻所至之地乎？既误以汉夜郎县为近沅水，于是以豚水、郁水移于今之北盘江、红水河矣。惟牂柯水为今红水河不误。牂柯水之名不见于《汉书·地理志》，郦注称武帝伐南越云云，见《西南夷传》。今红水河下流合柳江、郁江、桂江，入广东为西江，即此水也。

注 **牂柯水又东南经毋敛县西，毋敛水出焉。**〔……〕

注 **又东，𤄷水出焉。**此以为今七首水，出于红水河也。

注 **又迳郁林广郁县北，为郁水。**〔……〕

注 **又东北经领方县北，**〔……〕

注 **又东经布山县北，**〔……〕

---

① 斤员水　《水经注》及赵一清《水经注释》皆作“斤南水”。

注 **又迳中留县南，与温水合。**〔……〕

注 **又东入阿林县，潭水注之。**〔……〕

〔……〕

卷　三

淹　水

经 **淹水，出越嶲遂久县徼外。**淹水，今金沙江也。源出西藏之北，过四川西境，所行皆汉徼外地，至云南丽江县，为汉遂久县地。《汉书·地理志》越嶲郡遂久县“绳水出徼外”，即此水矣。

经 **东南至青蛉县。**金沙江自丽江县东南流至鹤庆州东南境，为汉青蛉县地。

经 **又东过姑复县南，东入于若水。**金沙江自鹤庆州东流，过永北厅南，为汉姑复县地，金沙江又东，与鸦龙江会也。

注 **淹水迳县之临池泽，**郦所谓淹水乃今大姚河，说见《若水篇》。《地理志》越嶲郡姑复县“临池泽在南”，即今之程海。在永北厅南，在鹤庆州治东，大姚河不得迳程海也。郦以《汉志》姑复县有此泽，傅会其说耳。其所谓姑复县，亦非今永北厅，说亦见《若水篇》。

注 **而东北经云南县西，东北注若水也**[①]。金沙江过永北厅南境，稍向东北流，过大姚县北境。郦所谓云南县，当指大姚县东北境。

叶榆河

经 益州叶榆河，出其县北界，屈从县东北流。此今云南云南县一泡江也，出县北界，屈从县东北流。《经》所云叶榆县，为今云南县也。《地理志》益州郡叶榆县“叶榆泽在东”。叶榆泽，今洱海，在大理府治太和县东，则《志》之叶榆县，为今太和县。若今云南县，则洱海在西北矣。盖西汉时叶榆县为今太和县，至东汉移于今云南县也。一泡江东北流入金沙江，此《经》之下当有阙文，当云入淹水也。

注 **县之东有叶榆泽，叶榆水所钟而为此川薮也。**云县之东有叶榆泽，此郦据《地理志》为说，与《经》异也。洱海在一泡江源之西北，非一泡江水所钟。郦所谓叶榆河，乃今漾备江，故与洱海通矣。

经 **过不韦县。**此今大厂江也，与一泡江同源而分流。此《经》之上当复有阙文，记大厂江所由支分矣。大厂江自云南县与一泡江分流，东南过南安州南，为汉不韦县地也，何以明之？《地理志》益州郡嶲唐县有“周水首受徼外”，又有“类水西南入不韦”。今考云南境内惟云南府西之羊溪西南流，则类水者羊溪也。羊溪至南安州，与大厂江合，故知南安州为不韦县矣。《志》之周水即大厂江。

注 盖秦始皇徙吕不韦子孙于此，故以不韦名县。北去叶榆六百余里。**叶榆水不迳其县，自不韦北注者，卢仓禁水耳。叶榆水自县南经遂久县东，又迳姑复县西，与淹水合。**

---

① 也　原本无，据《水经注》及赵一清《水经注释》补。

又东南经永昌邪龙县。县[1]以建兴三年刘禅分隶云南，于不韦县为东北。郦所谓不韦县，为今四川高县地。说见《若水篇》。此卢仓水，即《若水篇》注泸津水所纳之兰仓水也。此言叶榆水自叶榆县南经遂久县东、姑复县西，今漾备江自太和县南流经永平县东、赵州西。则郦所谓遂久县者，今永平县也；姑复县者，今蒙化厅也。然《经》言淹水出遂久县，今金沙江去永平县甚远，姑复县有临池泽，为今永北厅南之程海，去蒙化厅亦甚远也。云又东南经邪龙县，今漾备江南入澜沧江，非东南流也。郦盖误以漾备江东南通阳江矣。阳江源出蒙化厅西北境，东南经新平县，则所谓邪龙县者，新平县也。高县在其东北千余里，不止六百余里。又当云不韦县于邪龙县为东北，而云于不韦县为东北，语意亦未明也。其云与淹水合，尤误。金沙江自与鸦龙江合流入大江，如郦言，则金沙江必自漾备江之西东流经蒙化厅南，然后阳江得与之合也。叶榆河与淹水合，而淹水自入若水，则是阳江绝金沙江而过也。

经 **东南出益州界。**出徼外也。《地理志》不言周水所入，其云类水入不韦，至不韦入周水也。其下流则出徼外，故不言周水所入矣。益州界外，今南安州南境、元江州北境，其西有李仙江，源出蒙化厅，过景东厅、恩乐县、镇沅州、他郎厅，入越南国，亦云南大川，而《地理志》不载，以其所行之地皆汉徼外故也，可以证此《经》云出益州界之为徼外地矣。此地北有洱海，为《地理志》叶榆泽；西有澜沧江，为《地理志》青蛉仆水；东北有羊溪，为《地理志》嶲唐类水。

注 **叶榆水自邪龙县东南经秦臧县，**阳江自蒙化厅东南流为大厂江，郦注至此乃合于《经》之叶榆河矣。大厂江迳南安州南，则郦所谓秦臧县者南安州，而不知即《经》之不韦县也。《地理志》益州郡秦臧牛兰山即水所出，南至双柏入仆，今巴景河也，出镇沅州南，至威远厅西南，入澜沧江，则秦臧县为今镇沅州，双柏县为今威远厅西南境，南安州非秦臧县也。

注 **南与仆水同注滇池泽于连然、双柏县也。**《地理志》越嶲郡青蛉县“仆水出徼外，东南至来唯入劳”，今澜沧江也。《水经》无仆水，《注》亦不言仆水所出，而于此云与仆水同注滇池泽，不知所云仆水为今何水也。滇池泽，即《温水篇》注之大泽，今抚仙湖也。抚仙湖在大厂江正东，大厂江不得东南流注之，且双柏为今威远厅地，去抚仙湖远矣。连然，未详。自此以下悠谬不可究诘。

注 **与盘江合。盘水出律高县东南盢町山，东经梁水郡北、贲古县南。盘水又东经汉兴县。盘水北入叶榆水。**今无此水。

经 **入牂柯郡西随县北，为西随水，又东出进桑关。**今大厂江下流自南安州南流，为益州界外地，又东南至元江州，曰河底江。西随县，元江州也。西随水，河底江也。《地理志》牂柯郡西随县“麋水西受徼外，东至麋伶，入尚龙溪”，即此水也。麋水之上源即周水，以中隔徼外，故《志》但云受徼外，得此《经》乃明之也。河底江自元江州又东至亏容土司境，进桑关当在其地矣。

注 **叶榆水又东南绝温水，而东南注于交趾[2]。**此又误之甚者。郦所谓温水者，南盘

---

① 县 原本无，据《水经注》及赵一清《水经注释》补。

② 而东南注于交趾 原本无，据《水经注》及赵一清《水经注释》补。

江也，叶榆水岂得绝之乎？

〔据清陈澧撰《水经注西南诸水考》卷一至卷三（清道光二十七年刊，民国十九年广雅书局重印本）辑录。陈澧（1810—1882），字兰甫，清广东番禺人，道光十二年举人。于天文、地理、乐律、算术、古文、骈文、博词、书法无不研习，今通汉宋，无门户之见。所蓄各书，以《东塾读书记》为一生读书心得之总汇，另有《声律通考》《汉书水道图说》等。〕

订正《水经注·若水篇》青蛉水错简

陆宗郑

若水，又南经云南郡之遂久县，东南至云南郡之青蛉县。郡本云川地也，蜀建兴三年置。二十二字从《江水篇》移入。青蛉水入焉。水出蜻蛉县西，县以氐焉，东经其县下，二句原文倒置，今订正。而与贪水合。水出蜻蛉县，上承蜻蛉水。十五字从《江水篇》移入。有石猪圻，长谷中有石猪，子母数千头。长老传言，夷昔牧此，一朝化为石，迄今夷人不敢往牧。贪水出焉，蜻蛉水又东注于绳水。

按：若水即今金沙江，为大江之上流。《水经》江水以岷源为正，若水别为一篇。绳水即若水，一川而异名，是注详北略南，矧滇、蜀介在荒服，谬误诚所不免。余向读《注》，见青蛉水，附见《江水篇》，推考文义，寻求脉络，不可得。疑积胸膈间，如阻宿食未化。后见江宁汪梅村孝廉士铎《水经图》并校改《汉书·地理志》，私喜，并世有好学深思之儒，足未履边徼，乃能洞解症结，援据确凿，补阎、戴、赵、全诸家所未及。即起郦亭于千载上，亦当心折。光绪元年，奉檄来滇，权刺姚州。入境，见山逋箐密，民夷羼处，语音啁哳，榛狉未改，石硐琤琮，流注响谐竽瑟，舆马沿缘数十里，盖即青蛉水也。导源州南三窠关，绕州城而北，经大姚县，入金沙江，俗称为大姚河。贪水，汪氏拟姚境东南小水之注青蛉河者。考今东南，只回龙厂水源甚近，窃意西南境之右所冲水、阳派水，揆诸形势较合，注所谓石猪圻者，恐无迹可考矣。及考《姚州志》，独于是水未尝征引《经》注片词。因思州名肇唐，于滇最古，实则汉置弄栋、青蛉二县。武侯南征渡泸，亦在今三姚地。涓涓细流，揭厉可涉，不敌吴越一沟浍，而载籍传久。汪氏证之于心悟，余乃得之于身历，知青蛉水之当系若水，不当系江水，的然无疑，岂非快幸？爰就箧携旧帙，订正错简，而附识左方，为他日邑人士志河渠者权舆焉。

谨按：汪氏拟贪水为姚境东南小水之注青蛉河者，及陆注云西南境之右所冲水、阳派水，似均有误。订正。《经》文明云：东经其县下，而与贪水合。水出青蛉县，上承青蛉水。详云，即青蛉水东经青蛉县下，而与贪水合。贪水出青蛉县，上承青蛉水。何得云贪水为姚境东南小水？及西南右所冲等水，已明云大姚境内之苴鼓江①，一名龙蛟江，或羊蹄江水，方为切合。盖汪氏足未履边徼，陆氏似亦未足遍三姚，故均未能正确耳。

〔据霍士廉等修，由云龙纂民国《姚安县志》（民国三十七年排印本）卷六十一《金石志之六附文征一·考订之文》第1855页辑录。陆宗郑，江苏青浦人，进士，清光绪二年（1876年）署姚州知州。另见光绪《姚州志》（清光绪十一年刻本）卷九《艺文志中》。〕

① 苴鼓江　《读史方舆纪要》卷一一六、《明一统志》卷八十六均作“苴泡江”。

山海经·海内东经

海内东经第十三

〔……〕

郁水出象郡，沅曰：水即豚水也，出今云南宝宁县西北六十里，曰西洋江，一源出今广西归顺州及安南境，水曰丽江，至南宁府西合江镇会为郁江。《地理志》曰：广郁郁水首受夜郎豚水，东至四会入海。《水经》云温水出牂柯夜郎县东，又东至郁林广郁县为郁水。又东至领方县，与斤南水合，东北入于郁。注云：郁水即夜郎豚水也。而西南注南海。沅曰：《水经注》云郁水自寿泠县注于海。应劭曰：郁水出广信，东入海。言始或可终，则非矣。

〔……〕

〔据清毕沅校正《山海经》(清光绪三年浙江书局据毕氏灵岩山馆本校刻）第十三《海内东经》第9页辑录。《山海经》是中国先秦古籍，主要记述中国古代神话、地理、动物、植物、矿物、巫术、宗教、历史、医药、民俗、民族等方面的内容。原有图，曰《山海图经》，魏晋后佚。《山海经》不仅记载了许多诡异的怪兽及光怪陆离神话故事，而且还是远古地理的描述，是一本具有历史价值的著作。〕

禹贡指南

毛 晃

〔……〕

弱　水　《汉志》云在西王母石室近酒泉昆崙山，又云弱水出条支。《汉西域传》妫水自于阗之西，迳大夏西流至条支，入西海。或以此为弱水。《水经》删丹弱水出酒泉，合黎以居延泽为流沙河在东，合黎在西。班固、许叔重同此说。若东入居延泽，又西入合黎，是分流，非余波，入流沙，亦非既西也，与《经》恐不合。《广韵》云弱水出龙道山，《隋志》弱水在张掖，又别有弱水在扶州。《唐史》弱水在甘州城北张掖郡，名张掖河，亦名副援河，又云甘峻山。贾耽同此说。《唐史》又云小勃律娑夷河东女康延川是弱水，娑夷河在天竺东于阗南，不西流，康延川南流，亦不西流。樊绰《蛮书》兰沧江源出大雪山下莎川。又云康延川南流。其国东接茂州，东南接雅州，皆在益州西，非雍州境，或以为此乃黑水，亦与《经》不合。

黑　水　《水经》云出张掖鸡川，南流至燉煌，过三危入于南海。或谓张掖在甘、肃二州界，隔大河不能至南海。《汉志》犍为南广县有符黑水，向北流入江。言北流入江，非《经》之黑水，明矣。杜佑谓此黑水迳沙州三危山，过南溪而入南海。犍为，即唐戎州。沙州与戎州隔大河，又隔金城南山及西南夷山，亦不能入南海。《隋志》黑水在扶州，李吉甫《元和郡县志》汉武通西南夷，分雍之南置益州。益州本滇王国，因滇池立名，黑水祠在其地。孔颖达以为有祠无水，则滇池亦非黑水也。樊绰《蛮书》黑水一名丽水，出三危山之南，过逻些城、苍望城，苍王道匆川合弥诺江，经骠国入西海之南。

逻些城在蜀西，非雍州界。《经》言导黑水至于三危，是在三危北，南流过三危。今言丽水出三危南，与《经》不合，或谓《汉志》劳水出徼外，会叶榆水，入南海。疑叶榆是黑水，然叶榆泽在嶲州南界益州叶榆县，西南流，过滇池县。西珥河会劳水，南流入南海。《水经》叶榆水出益州，入牂牁，西过交趾，分为五水，复合为三，东入海。樊绰《蛮书》叶榆西流，过点苍山，至两江口，与摩耶江合。又云浪穹河、巴峤河、剑河三水俱入黄塘江，过西珥河为摩耶江，乃与叶榆江合。然则叶榆江与西珥河自是两派，又与《汉志》相牴牾，况叶榆水在蜀之正西，西行，又东流入海，去雍州远甚，亦与《经》不合。观先儒所刊《禹迹图》，黑水在雍州西北，而西南流至云南之西南，乃有黑水口，东南流而入南海，中间地理阔远，不复图其所经。盖亦古人略而不详之遗意，抑以诸家之说，各有阙失，难以考信，不容以臆说傅会欤？

〔据宋毛晃撰《禹贡指南》（台湾商务印书馆1986年影印文渊阁《四库全书》本）卷二第29－31页辑录。《四库全书总目提要》曰其书大抵引《尔雅》《周礼》《汉志》《水经注》《九域志》诸书，而旁引他说，以证古今山水之原委，颇为简明。〕

汉书地理志水道图说

陈　澧

卷　五

〔……〕

蜀　郡　《禹贡》：桓水出蜀山，西南行羌中，入南海。

今四川霍耳孔撒土司里辽达巴罕水，西南流至上瞻对土司境，及上瞻对西南之布赖楚河，西南流至云南，曰金沙江，即越嶲郡遂久之绳水。此云入南海者，误也。汉时此水行羌中，中国不知其下流即绳水，误以为入南海耳，著于郡下者。此水所出，乃边徼不置县之地也。班《志》所记水道，惟此条为误，后儒亦知其误，而未知其所指为何水。今知为布赖楚河者。《志》云行羌中，必是边境之水。其水在蜀郡，必在今四川境。今四川边境大水西南流者，惟布赖楚河。又其东即无量河、里楚河诸水，即蜀郡之小江八也。《志》以此水与小江八同著于蜀郡下，故知为布赖楚河矣。布赖楚河，上源远出西藏，为蜀郡徼外地，而《志》云出蜀山，故知其以里辽达巴罕水为恒水之源也。

越嶲郡遂久　绳水出徼外，东至僰道入江，过郡二，行千四百里。

今云南丽江县金沙江，其源即布赖楚河也。东流至四川宜宾县入江。《志》文千上当有脱字。此水，《水经》谓之淹水，云出遂久县徼外，东南至青蛉县。案：青蛉，今剑川州也。遂久，在青蛉上流，则在剑川州北，为今丽江县地。《水道提纲》云自丽江至叙州府城东，与岷江会，二千五百余里。汉里数又短，故知千字上有脱字也。

蜀　郡　有小江入，并行千九百八十里。

入，当作八。今四川西界诸土司境无量河、里楚河及所纳沙鲁齐波多拉达巴罕诸水也。其水合流，南入金沙江。《志》不言入绳，盖流入徼外也。著于郡下者诸水，所行皆边徼不置县之地也。此小江八，昔人多未考，今知为无量河诸水者。若水为今鸦龙江。鸦龙江以东之水，皆已见于志，别无众水并行者。此小江八，必在鸦龙江之西，故知为无量河诸水矣。

越嶲郡姑复　临池泽，在南。

今云南永北厅程海也。其水南流，入金沙江。《水经》淹水，东过姑复县南，入于若水。则姑复近鸦龙、金沙二江合流处，其地大泽惟永北厅之程海，故知为临池泽也。

蜀郡旄牛 鲜水出徼外，南入若水。若水亦出徼外，南至大莋入绳，过郡二，行千六百里。

若水，今四川林葱土司鄂宜楚尔古河，东南流至霍耳竹窝土司，及霍耳竹窝以南之鸦龙江，南流至红卜苴土司，入金沙江也。鲜水，霍耳竹窝以北之鸦龙江，源出青海南境，南流与鄂宜楚尔古河合。若水，为今鸦龙江无疑矣。知鲜水为鸦龙江之源者。今鸦龙江之西，有无量河、里楚河诸水，为蜀郡之小江八。其北里辽岭，为蜀郡桓水所出之蜀山。汉时皆在徼内，而鲜水与若水并出徼外，则更出里辽岭之北矣。里辽岭之北水入鸦龙江者，为鄂宜楚尔古河，但鄂宜楚尔古河东流，而鸦龙江南流。《志》云鲜水南入若水，故知鸦龙江上流为鲜水，下流为若水，而鄂宜楚尔古河，为若水之源也。

越嶲郡定莋 步北泽，在南。

盖今云南永宁土府泸沽湖①也，其水东北流入鸦龙江。或以为在四川盐源县，其地无大泽，但以小池泽当之耳。泸沽湖乃大泽，《志》必不遗之，故疑为步北泽也。

苏 示 尼江，在西北。

盖今四川盐源县盐井河也，其水西北流入鸦龙江。或以为永宁土府开基河，然开基河与泸沽湖会。《志》既载泸沽湖，即得兼开基河，故疑尼江为盐井河也，或以为在西昌县北，则与孙水混矣。

台 登 孙水南至会无，入若，行七百五十里。

今四川冕宁县安宁河，南流，至迷易土司入鸦龙江。

邛 都 有邛池泽。

今云南西昌县热水塘，其水西流入安宁河。

益州郡弄栋 东农山毋血水出，北至三绛南入绳，行五百一十里。

今云南镇南州龙川江，出州西北境山，北流至四川黎溪洲土司南境，入金沙江。龙川江之北，有大姚河，亦入金沙江，但大姚河东入，与《志》云北至不合，故知为龙川江也。

滇 池 滇池泽在西北。

今云南昆明县滇池也，其水下流曰普渡河，北流入金沙江。

牧 靡 南山腊涂水所出，西北至越嶲入绳，过郡二，行千二十里。

今云南嵩明州车洪江，出州西南境山，下流曰牛栏江，西北流至木期古土司，入金沙江。

〔……〕

犍为郡南广 又有大涉水，北至符入江，过郡三，行八百四十里。

今云南镇雄州赤水河，北流至四川合江县，入江。

〔……〕

〔据清陈澧著《汉书地理志水道图说》（清同治二年刻本）卷五第2-5页辑录。澧，广东番禺人。自序曰："读史不可不明地理，考地理不可无图"，"地理之学，水道尤难"。故作者穷三年之力，以内府地图为本，缩大为小，长短有度，方位不差，考班固《汉志》水道，为之图说。起于蒲昌，讫于黑水，自西而东，自北而南，取志文编排次第，以今释古，著其源委，而略其中间，一循《班志》之例，又加自注，以明己意。〕

---

① 泸沽湖 原本误作"泸枯湖"，据《明一统志》卷八十七、《清一统志》卷三百八十七改。下同。

汉书地理志水道图说补正

吴承志

卷 下

〔……〕

蜀 郡 《禹贡》：桓水出蜀山，西南行羌中，入南海。

今四川霍耳孔撒土司里辽达巴罕水，西南流至上瞻对土司境，及上瞻对西南之布赖楚河，西南流至云南，曰金沙江，即越嶲郡遂久之绳水。此云入南海者，误也。汉时此水行羌中，中国不知其下流即绳水，误以为入南海耳，著于郡下者。此水所出，乃边徼不置县之地也。班《志》所记水道，惟此条为误，后儒亦知其误，而未知其所指为何水。今知为布赖楚河者。《志》云行羌中，必是边境之水。其水在蜀郡，必在今四川境。今四川边境大水西南流者，惟布赖楚河。又其东即无量河、里楚河诸水，即蜀郡之小江八也。《志》以此水与小江八同著于蜀郡下，故知为布赖楚河矣。布赖楚河，上源远出西藏，为蜀郡徼外地，而《志》云出蜀山，故知其以里辽达巴罕水为恒水之源也。

蒙按：恒水，盖今四川松潘厅西北勒凹土司多洛昆都仑河，源出土司北境冈出山，其水西北流入河。《志》文南当作西，不言入河者，以流出徼外略之，犹南苏水经塞外，不言所入也。南海上脱“黑水”二字。《五经异义》云汉地自黑水至东海，所据本尚未脱也。黑水，今上瞻对土司之布赖楚河下流，曰金沙江，即贪水所受之青蛉水。又其下曰漾备江，曰澜沧江，曰河底江，曰把边江，为贪水、僕水、劳水，劳水下亦云入南海，与此文同。《志》例一水，再见下流，俱复记所入。此两文并云入南海，知是一水矣。郁水、合水、西捲水亦皆入南海。《志》不言南，两文独加南字，缀《禹贡》也。既云黑水，又云青蛉水、贪水、僕水、劳水者，存古今异名，信都下缀《禹贡》。绛水上文，冠以故漳武始馆陶信成下，又别云漳水屯氏河、张甲河，皆古今并列也。知桓水为多洛昆都仑河者，《禹贡》：西倾因桓是来，浮于潜，逾于沔，此水宜与西倾接近，今多洛昆都仑河入河处，正西倾西麓，其上源与白水江所出之西倾南山番名罗插普喇者，亦差隔不远，踰岭而东即可泛舟以达于潜。又河口西当积石山，是汉羌中地，故定为此河也。《水经注》引郑玄注和夷云：和上，夷所居之地也，和读曰桓，《地理志》曰：桓水出蜀郡蜀山，西南行羌中者也。又引马融、王肃注，因桓是来云西治倾山，惟因桓水是来言无他道也，郑云桓是陇阪，名详马、郑、王三说。桓水俱谓此河，郑别云陇阪者，以《经》浮于二字，系在下句。此文或据陆言，非于桓水有异同也。《水经》云：桓水出蜀郡岷山，西南行羌中，入于南海，始与河形殊别。郑引此《志》，至“行羌中”而止，所据本此下原有空阙，不与“入南海”三字连属，《水经》误并为一耳。《注》引《晋书·地道记》曰：梁州南至桓水，西抵黑水，东限扞关。以桓水表梁州南界，似已混入江水。《元和郡县志》云：蜀山在茂州通化县东北，则并以汶江之沱当桓水矣。羌中之文，《志》凡七见，综核其地，北起河西四郡，南至陇西边外，中间浩亹水、涧水、离水、湟水所出，河水所行，西王母石室仙海盐池、须抵池、弱水、昆崙山祠所在。又俱言塞外，盖尉侯亭障所及，目为羌中，亭障所不及，通谓之塞外也。河关西南羌地，在临洮南部都尉亭障以内，故不云塞外。其西境跨河南境，不踰河洮，是以羌水、白水、涪水、江水、濊水、鲜水、若水、绳水所出，复别言塞外徼外，明为尉治所不及矣。此水出蜀山，行羌中，蜀山已是蜀郡徼外之山，羌中自必指陇西都尉所部之羌中尉治。以此水为界，北置亭障，南则戎夷杂居，故《志》止言行羌中，不著所入。南字本作西无疑，《水经》附合入海之文，改西为南，其误由水流在蜀汉境中，图籍失据，凭虚揣度，不足置辨。晋人纂辑《志注》，据《水经》改易此文，始成疑互，郦氏并郑所引改之，歧舛之迹益难寻究。今因异义述汉地东海朔方衡山之阳，纯本此《志》推出黑水为此脱文，二水所行，条理秩然。《史记集解》引郑云《地理志》益州滇池有黑水祠，而不记此山水所在。郑所据本已脱二字，许于此书本自有注，校雠宜较郑为审。说《志》者固常援许以补郑阙，不当缘郑反疑许也。《图说》谓水行羌中，中国不知其下流，误以为入南海，此偏据郑本之过。行羌中即是不知下流之例，郑引亦甚明析，《图说》直自误矣。

越嶲郡遂久 绳水出徼外，东至僰道入江，过郡二，行千四百里。

今云南丽江县金沙江，其源即布赖楚河也。东流至四川宜宾县入江。《志》文千上当有脱字。此水，《水经》谓之淹水，云出遂久县徼外，东南至青蛉县。案：青蛉，今剑川州也。遂久在青蛉上流，则在剑川州北，为今丽江县地。《水道提纲》云自丽江至叙州府城东，与岷江会，二千五百余里。汉里数又短，故知千字上有脱字也。

蒙按：绳水，盖今云南永宁土府之无量河，下流经丽江县，东至四川宜宾县入江。《志》文千上有脱字。据《水经》文，青蛉跨有今金沙江东北岸之地，无疑遂久又在青蛉上流，当濒无量河而县，《禹贡锥指》梁州黑水图列之丽江东南，失未审也。遂久如在丽江县境，则青蛉在西南，淹水如何从东南流至其县？又《水经》下文云：又东过姑复县南，东入于若水。姑复与青蛉接界，中间何处复容遂久？《图说》误承之。金沙江，今定为益州郡叶榆贪水所受之青蛉水、无量河为绳水，别无可易。《山海经·海内经》流黄辛氏国，有巴遂山，绳水出焉。绳水自出巴遂，不与昆崙四大水源相涉。《说文解字》说此水纯同《水经》，东入若水，与此《志》蜀郡旄牛下若水入绳之文互反，二水盖大小长短相若，是以得通言也。

蜀 郡 有小江入，并行千九百八十里。

入，当作八。今四川西界诸土司境无量河、里楚河及所纳沙鲁齐波多拉达巴罕诸水也。其水合流，南入金沙江。《志》不言入绳，盖流入徼外也。著于郡下者诸水，所行皆边徼不置县之地也。此小江八，昔人多未考，今知为无量河诸水者。若水为今鸦龙江。鸦龙江以东之水，皆已见于《志》，别无众水并行者。此小江八，必在鸦龙江之西，故知为无量河诸水矣。

蒙按：小江八，盖今西藏东境匝楚河、鄂穆楚河，自楚河及所纳普陀戎他拉滚兆宗必拉诸水也，下流即僕水。《志》分别系之者，以上流不名僕也。辽西郡小水四十八，并行三千四十六里，下流即大辽水。《志》分别系之，例同此。若水至大莋入绳，行千六百里。此水行千九百八十里，里数长短大小略相近。

滇 池 滇池泽在西北。

今云南昆明县滇池也。其水下流曰普渡河，北流入金沙江。

蒙按：滇池泽在西北六字，亦音义文。滇池泽即上文大泽也。滇池方三百里，见《西南夷传》。县境之泽，无大于此者。《图说》以大泽为河阳县仙湖。仙湖阔三十里，长五十余里，较滇池为小，不得言大。《文选·蜀都赋》刘逵注引谯周《异物志》曰：滇池在建宁，江有大泽水，周二百余里，水乍深广，乍浅狭，似如倒流，故俗云滇池。是滇池即大泽矣。《水经注》温水迳滇池城，池在县西北，周三百许里，温水又西会大泽，与叶榆、僕水合，亦以大泽为滇池，无别一大泽之说。此文为音义，申释之语甚明，盖蔡谟本失标。应劭曰：三字后人又误移其次，与大泽在西之文相属也。《异物志》云：乍深广，乍浅狭，今滇池深广，流出成狭，与他泽之形不异，无乍可言。古说此泽当与仙湖通联为一，仙湖深广，滇池亦深广，中间微弱，忽断忽续，是以其说如此。《读史方舆纪要》云：晋宁州西三里有海宝山，相传山下有窍，滇池之水由此泄入澂江府之龙泉溪，在府西十五里乱石中流入于抚仙湖。龙泉溪，即《叶榆河篇》注所云迳漏江县伏流山下，复出蝮口，谓之漏江者。仙湖古通名滇池，不别为二，其地在漏江界中，则亦非滇池西矣。

〔……〕

益州郡铜濑 谈虏山迷水所出，东至谈藁入温。

今云南宝宁县西洋江，出县西北境山，东流至广西西林县东南境，与同舍河合。

蒙按：迷水，盖今贵州普安厅深溪河，出厅南境山，东南流曰马别河。至广西西隆州西北境，入南盘江，不与同舍河合。《志》文入温，当作入河。《水经》温水出牂柯夜郎县。夜郎西，即镡封境，与《志》不殊。《注》云县故夜郎侯国也。唐蒙开，以为县。温水自县西北流经谈藁，与迷水合。水西出益州郡之铜濑县谈虏山，东经谈藁县，右注温水。温水又西迳昆泽县南，又迳味县，又西南经滇池城。详其说，似以西隆州南盘河所受之黄泥寨水为源，而自马别河、泝水郎河，西接平彝县清溪河、霑益州玉光溪，下注云南府南盘江，于水道全不符合。盖据图未证于书，故川行顺逆，渠络离合，皆不能别析尔。惟谈藁所在，略有凭藉，下注夜郎豚水，亦云迳谈藁县，则非纯附《志》文也。豚水所出夜郎，别以竹王国都为说，与温水所出县地有异。今审定为安南县之北盘江，谈藁当为今兴义县地。马别河在西，上流为深溪河，东南流二百余里，与木郎河合，知即迷水矣。益州，蜀汉改为建宁，后又分南境及牂柯西南属县为兴古郡。《晋书·地理志》谈藁与同濑并属建宁，其兴古所统十一县，东起鐔封，西至贲古，地形多在南盘江南，建宁之县宜即以此江为限。宝宁，汉都梦地，说具壶水西洋江，南去普梅河，源约二百里，其地何属，虽无正文，然都梦，晋为都，唐宋为都阳，详见《华阳国志》及《宋书·州郡志》，所引《晋起居注》都阳与西平温江、晋绥义成，并属晋世所置之西平。西平分自兴古，东不得镡封、句町，西不得西随，北不得胜休，所属四县必俱从都梦分出。都梦旧境甚广，分出之温水，又似近温水得名。是西洋江实在其境，宝宁西北，既无铜濑，东境自不得有谈藁。汪氏《图》云：迷水，今北马别河。其说为确也。入温，当同桥水作入河。注割河水下流，入南桥水，又割桥水下流，入温水，因改两河字为温。校者不知河水流长，复据《注》改此《图说》，已发其凡，今一并订正。西洋江与同舍河源近，其流亦止二百里而合。《志》不别出，悉以为温水尔。温江名县，尤可为证。

〔……〕

胜　休　河水东至毋棳入桥。

今贵州普安厅深溪河下流曰马别河，东南流至广西西隆州及州北之南盘江也。东流至淩云县北境，与北盘江合。

蒙按：河水，盖今云南罗平州九龙河，东南流至广西西隆州及州北之南盘江也。东流至淩云县北境，与北盘江合。《华阳国志》胜休有河水，《续汉书·郡国志》补注引作有大河，从广百四十里，深数十丈。今滇池、仙湖以东，无从广百数十里之巨川，所云大河，盖即云南、广西两省界上之南盘江，百字衍耳。南盘江自临安府以下纳入之水，惟南北两马别河及九龙河为大，北马别河据《水经注图》定为此《志》迷水，南马别河东去九龙河百余里，以南桥水行千九百里之数较之微有不合，知河水必九龙河矣。《水经》温水注梁水上承河水于俞元县，而东南经兴古之胜休县，又东经毋棳县左注桥水，详其形亦谓此河上承俞元者，谓蛇场河，与陆凉州湖泽接也。梁水乃河水下流之异名，即南盘江。毋棳，晋世别置，与胜休附近。《宋书·州郡志》梁水太守领县七，毋棳，汉旧县。《晋太康地志》属兴古，刘氏改曰西丰，晋武帝泰始五年，复为毋棳。《华阳国志》无此县，则泰始复置之毋棳，至李雄叛后，又有改併梁水郡属之。毋棳乃晋未所置，非汉旧，并非太康之旧矣。《注》据后置之境地而言，故与《志》不同。梁水县在南盘江南，《图》以梁水为小曲江，沿《读史方舆纪要》《乾隆府厅州县图志》所说梁水故城之误。

俞　元　池在南，桥水所出，东至毋单入温，行千九百里。

今云南陆凉州东南湖泽南盘江所出，西南流，屈东流至广西西隆州西境，与马别河合，不与同舍河合，《志》文入温，当作入河。

蒙按：桥水上当叠南字，南桥水犹云西汉水也。入温，亦当作入河。池在南，南桥水所出，各处为文，与晋阳龙山在西北，晋水所出，各自为文同例。池，盖今云南陆凉州湖泽。南桥水，今州东北境之南盘江上源，曰龙潭河，出南宁县境，西南流，屈东流至罗平州东南境，与九龙河合。汉俞元治所，旧无确说，《续汉书·郡国志》俞元装山出铜。补注引《华阳国志》曰：在河中洲上。《明一统志》言邱雄山在陆凉州东七里，中涎泽在山下，南盘江合潇湘江至是汇焉。则装山宜是邱雄山，河洲即中涎泽。俞元有今陆凉州地，似已《晋书·地理志》俞元与新定并属建宁郡，今本《华阳国志》建宁属县有新定，无俞元。平乐郡下云：元帝建武元年，割建宁、兴迁二县，新立平乐、三沮二县为一郡，后太守董霸叛降李雄，郡县遂省，宁州北属雄，复为郡属县，文阙，以新定本属平乐推之，俞元当本属建宁，后改入平乐，补注所引在此阙佚中也。平乐郡县霸叛后，即没于雄，其地当与朱提、南广接近，新定兴迁，及建武所立平乐、三沮皆汉县所无，必分自俞元及旁近诸县。俞元旧治北境，殆远逾南盘江源，不仅得陆凉一州之地矣。《志》云池在南，中涎泽自在南境，非即治所。南桥水以出桥山得名，桥山为毋棳桥水所首受，固在东北支麓，虽得迤南，然《华阳国志》在河中洲上者，名装山。此《志》作怀山，怀与装，字形相近而异，明非桥山。今南盘江上源龙潭河出南宁县东分水岭，与北盘江上源可渡河所出之宛温水南北相直下流，过县南境，即已合霑益州、马龙州诸水成川，不必更求于百数十里以下。又马车渎水出今清水泊，《志》云首受钜定，此南桥水若出今中涎泽，《志》亦当云首受大池，不应别为二目，故知南桥水自出上源，不蒙池水为文也。《水经注》误割滇池以上南桥水之渎入温水，因移南桥水源于下，以为上承南池，而俞元不能移置，乃附合《华阳国志》装山之文。云县治龙池洲，又以此洲无别出之水，复旁牵叶榆县有河洲。河阳县在河源洲上诸文，云龙池洲周四十七里，一名河水，与邪龙分浦后，立河阳郡治河阳县，县在洲上。又有云平县，并在洲中，意谓此洲绵亘甚广，俞元本兼其西，后析置河阳，云平半入两县，是以桥水首从西受，不知河阳郡地分自云南，于俞元远不相接，与邪龙分浦之河洲是叶榆泽，非龙池洲，连合于装山所在，须横径七百里，其周不得止四十七里矣。河阳不见《晋志》，复后即废，《注》故不得其详，所云桥水东流至毋单，注于温，似以路南州以下南盘江为桥水，而以温水为自滇池大泽南出流入小曲江，至宁州东南境，与南盘江合，古今水道亦俱不合也。汪氏《图》以俞元为今河阳桥水，上承仙湖，缘《明统志》。澂江府，汉置俞元县，罗藏山在西北，《东汉志》云装山，后讹曰藏，有泉流为罗藏溪，南入抚仙湖云云。强为比附，实则《注》分龙池洲与滇池大泽为二，仙湖既为滇池县西之大泽，不得又移之俞元为龙池洲。河阳县置河阳郡，始于蒙诏，罗藏山以造棚射虎得名。蛮语虎棚为罗藏，《统志》复别有说，则亦非古昔所传如此矣。《注》又云：温水迳毋棳县东，与南桥水合，水出县之桥山，移南桥水之名于毋棳，《新斠注》因目此为北桥水，详下《注》引《志》曰桥水东至中留入潭，彼文桥上无南字，南桥水必本系此。注家以《志》不言所出，缀出桥山之语，郦氏不知两水同出一山，因误移于彼也。今据《志》所载里数，校正南盘江源。《水道提纲》从《明统志》以为出霑益州，《读史方舆纪要》川渎异同，云出曲靖府东南石堡山下。湖北局本《一统图》霑益州源在宛温水西，南宁县源在南，酌从《纪要》分水岭东，又有清溪河源下流为九龙河，即《志》胜休河水。《注》云桥水一名河水，疑旧说本以河水为出桥山，得通名桥水后，又混桥于河耳。桥山北跨天生桥，南讫分水岭，南桥水源于此可定。九龙河东别无桥山，《注》所云出毋棳县，桥山之水准度地形为九龙河所纳之江底村水。《注》既以两桥水当温水，自不得以小水当桥水，《图说》引其端而未竟推勘出之南桥水，与桥水之分合秩然不紊矣。

滇　池　大泽在西。

今云南河阳县仙湖也，其水东流入南盘江。豚、郁以下诸水，昔人之说多误。以诸水所出所至诸县沿革多不可考故也，惟阿林为今桂平县，中留为今象州，灼然无疑。《志》云潭水至阿林入郁，毋棳桥水至中留入潭，今柳江至桂平，与郁江合红水河，至象州与柳江合，则郁水为今郁江，潭水为今柳江，毋棳桥水为今红水河无疑矣。此三水既定，则凡入此三水之水，皆可排比钩稽而得矣。豚水为郁水之源，豚、温二水至广郁合流，而温水所受迷水出益州境，则温水必在郁水之西。今由郁江上溯至百色厅，泗河与西洋江于此合流，而西洋江在泗河之西，故知为温水，而泗河为豚水也。迷水东入温水，今西洋江上源东流，与同舍河合，故知同舍河为温水之源，而西洋江上源为迷水也。句町县有四水，文象水入郁，今泓济江与者郎河及其所纳诸水，皆近在百余里内。泓济江入白（百）色厅，以东之西洋江，故知为文象水，而者郎河及所纳诸水，为卢唯、来细、伐三水也。驩水与文象水同在增食县境，今龙潭水距泓济江甚近，故知为驩水也。驩水入朱涯水，今龙潭水为丽江北源，与丽江南源合，故知南源为朱涯水也。丽江南源龙江之上源，有二水，其一凭祥州水，其一上下冻州水。《志》云侵离水行七百里，今上下冻州水来自越南广源州，上源较长，故知为侵离水，而凭祥州水为朱涯水之源也。朱涯水入领方，有斤员水入郁，今丽江与左州水合流入郁江，故知左州水为斤员水也。桥水与斤员水同在领方县境，今上思州水距左州水甚近，故知为桥水也。以上皆由今郁江上溯而考定之也。入潭之水，毋棳桥水，既为红水河矣。刚水、定周水亦东入潭，而定周水行七百余里，今融县水与思恩县龙江皆东入柳江，而思恩县龙江较长，故知为定周水，而融县水为刚水也。康谷水与潭水同出镡成，今洛清江上源，黄源水与柳江但隔一山，故知为康谷水，但洛清江南入柳江，而《志》云南入海，故知为入潭之误也。以上皆由今柳江上溯而考定之也。毋棳有桥水，首受桥山，而俞元复有桥水，此必两水同出桥山，故同名桥水，且俞元桥水上源有池，今北盘江、南盘江同出霑益州西北境山，而南盘江上源有湖泽，故知北盘江为桥山之水，南盘江为俞元桥水也。《志》云俞元桥水入温，今南盘江下流与同舍河虽近，而绝不通流，故知入温为误。《水经注》云桥水上承俞元之南池，东流注于温，或校《汉志》者，据彼以改此也。毋棳桥水之受桥山，与河水之入桥水，同在毋棳县境，今红水河之受北盘江，与南盘江之合，北盘江同在凌云县北境，故知凌云县以西之南盘江为河水，由此上溯，得马别河，故知为河水之源。南盘江与马别河合流，故知俞元桥水入温，为入河之误也。以上皆由今红水河上溯而考定之也。潭水之为柳江，定周水之为思恩县，龙江及滇池大泽之为仙湖，昔人之说不误。其余今所考定，以《志》文按之，今日地图，凡水道之长短，水流之某方，与二水之相近，无不密合，且诸水定，而所出所至诸县沿革难考者，亦因之而可考矣。昔人之说，惟《水道提纲》以西洋江为豚水差近之，其它舛误者不可胜数。盖其误自郦道元始，郦氏所以致误，由误据楚将庄蹻泝沅伐夜郎，以沅水出且兰县，遂谓夜豚水迳且兰县，不知庄蹻所伐者，古夜郎国也。豚水所出者，汉夜郎县也。庄蹻泝沅至且兰，乃甫至夜郎国北境耳。《史记》《汉书》并云西南夷夜郎最大，《后汉书》言夜郎国东接交阯，沅水之源，距交阯千里而遥，是夜郎国大之证。若汉夜郎县乃牂柯郡之一县耳，其县固必在故夜郎国境内，然无以见其，必在北境也。夜郎为庄蹻所至，而求豚水于沅水上源之地，遂以今红水河为郁水，郁水误而诸水皆误矣。

蒙按：大泽，今云南昆明县滇池也，其水下流，曰普渡河，北流入金沙江。

益州郡来唯 劳水出徼外，东至麋伶，入南海，过郡三，行三千五百六十里。

劳水之源未详，其下流则今云南车里土司西北境之澜沧江，东流曰九龙江，过南掌国，至越南国曰洮江，曰富良江，至越南东境入海。

蒙按：劳水，盖今越南国西安府沱江，源出云南景东厅把边江，自南掌国边界入境，东流至河内曰富良江，分为数派，正派曰红江，至云屯州入海。劳水，《新斠注》已疑为把边江，惟不能详其下流。今据盛氏庆绂《越南地舆图说》定之。蔡尚质《直省图列》河底、把边二江，分流大山南北，至兴化省合为一派，与《图说》洮、沱二江皆自内地发源，经水尾州、西安府会流于柴巡所之言符合。把边江南又别出一水，流注南境，当是车里土司澜沧江之下流，《注》云李仙江，盖写者移失之耳。李仙江即把边江下流之异名，无二派也。陈氏兆桐《万国舆图》载安南旧图沱江源出广西府承政境，疑失具上流。点石斋新摹《越南全境图》他郎厅南一水于老开上游猛古西合元江下游，又别出赛河，其南又有一水，不注河名，以《直图》校之，二水必一为把边江。亦绘者失其脉络，两图皆未可尽信。《明一统志》载龙门江在安南嘉兴州蒙县，源出云南宁远州，至此横截江流，中分三道。宁远州在老挝军民宣慰司西，见《云南布政司》注。龙门江即沱江，《读史方舆纪要》分为二水，亦误。《安南志略》云沱江出撞龙，撞龙即龙门也。

越巂郡青蛉 仆水出徼外，东南至来惟入劳，过郡二，行千八百八十里。

今云南维西厅澜沧江，源出西藏，东南流至车里土司西北境，其下则为劳水也，来惟即来唯也。

蒙按：仆水，今云南维西厅澜沧江，源出西藏，此无可疑者。下流南至车里土司，汉时于土司上流，今云州北境分一派，自漾备江东出流合定边河，受杨江、赤水河诸水，东南注大厂河、沅江、河底江，至越南国山围县东境，入沱江。今越南国洮江，首受大厂河，不受澜沧江，与古异也。《志》文千上有脱字。《水经·叶榆河注》叶榆水自邪龙县东南经秦臧县南，汪氏图分为二水，邪龙以上叶榆水为漾备江，以下为赤水河，以与今流不合也。据《明一统志》澜沧江自丽江，经云龙州西南入蒙化府，礼社江源自赵州白崖睑，至楚雄合澜江，杨江自蒙化府城西过定边县，入澜沧江。古里澜沧江自由定边流入楚雄境，李元阳《黑水考》云：澜沧由西北迤逦向东南徘徊云南郡县之界，至交阯入海。元阳所据正是此流。今渎乃嘉靖以后改徒，不得执以疑注矣。《统志·图》澜沧江，过景东府南，合府东大河，又东过车里北、老挝南，又东北合元江府礼社江，礼社江出景东府东，与《志》说不合。此隆庆、万历时续纂诸臣更定，非李贤所上原图。《读史方舆纪要》云南、广西两图俱绘有蒙化一派，其纪安南富良江，亦云自车里宣慰司东北界及临安府之西南界流入境，两说并存，知嘉靖以前旧图不尽如此也。范氏本礼据法兰西流丕《探路所记》作《富良江源流考辩》，上流为礼社江，不接车里土司，澜沧江说甚详确。元阳所云舍定边一派无缘流至交阯。由此上推，《元史·张立道传》使安南，并黑水以至其国，即并此流。樊绰《蛮书》云兰沧江过剑川大山之西南流入海，又云丽水自逻些城三危山下，南流过骠国，南入海，亦具两派。兰沧江南流入海，是绝丽水至安南入海。六朝以前，旧迹可以是定之矣。来唯，东汉时已省，《续书·郡国志》《华阳国志》俱不载此县。《水经·温水注》：温水迳镡封县北，又迳来唯县东，而仆水右出焉。意谓县在益州郡之极东，以劳水首受徼外之形度之，当在东南。叶榆河注叶榆水又迳贲石古县北，东与盘江合。马援言从麊泠水道出，进桑王国，至益州贲古县，转输通利，盖兵车资运所由矣。叶榆水与盘江合，与温水流径来唯之说相类，皆据图求索，以意附合，所引援奏要是可凭麊泠，即《志》麋伶。益州水道由贲古过进桑国境，以至其县，贲古于当时已为益州极边之地，叶榆水又迳县北盘江复在其东，则贲古当为今蒙自县地。进桑与麋伶水道连接，南界直至越南国洮江，贲古亦必跨有文振、水尾诸州县，来唯又在贲古下流，为西安府地无疑。陈组绶《职方地图》列之特磨道东。《新斠注》云在开化府西，并粗具大略，不密合也。进桑国不见《续志》，似建武初所置。国必领县，疑来唯即于是分出隶之，后国废县亦随之省併。来唯东界，麋伶北界，进桑、贲古《志》所具为西界，《水道提纲》言河底江源流千八百里，上流又合维西厅澜沧江，下流又为兴化府洮江。各增多数百里，较合汉里当在三千以上，故知千上必有脱字。《图说》谓上流截去徼外里数，青蛉界内里数必不可截，下流又须增至康郎河口百里，于汉里亦不相应也。

益州郡叶榆 贪水首受青蛉，南至邪龙入仆，行五百里。

今云南邓川州漾备江，首受澜沧江支水，南流至云州，入澜沧江。

蒙按：贪水，为今云南邓川州漾备江，亦无可疑。青蛉水与僕水异源，盖今丽江县金沙江，古时江流自县西南汇东剑海，漾备江于此首受也。下流南至云州，入澜沧江，今金沙江东合无量河入江，漾备江西受澜沧江，与古不同。应劭曰：青蛉水出西，东入江，则此水改流在汉末矣。《志》云首受青蛉，与无水首受故且兰，定周水首受无敛例同。知贪水所受非僕水也。青蛉注则禺同山有金马碧鸡，杂《志》云禺同山上不当有则字，或此处尚有脱文也，如音义说《志》文此上有又有青蛉水五字，其下当又有东南西等字，今不可考矣。青蛉县治，东晋并有姑复，后又改徙而南，水名因亦移于下流。《隋书·史万岁传》入自青蛉川，经弄冻至于南中，青蛉川为今大姚县金沙江上流，故渎罕有言者。《水经·若水注》：若水南经云南郡之遂久县，青蛉水入焉。水出青蛉县西，东经其县下，贪水出焉。青蛉水又东注于绳水。《江水注》：贪水出青蛉县，上承青蛉水，迳叶榆县，又东南至邪龙，入于僕。两文止据此《志》及音义说，分别次之，源出县西，何所亦不能详。《叶榆河注》：叶榆水自县南经遂久县东，又迳姑复县西，与淹水合，又东南经永昌邪龙县。淹水即《志》绳水，所云叶榆水即青蛉水，自县南经遂久东、姑复西，谓东一派也；东南经邪龙，谓南一派也。以此推求青蛉水必漾备江以北、无量河以西之金沙江。今江流不与漾备合，乃后世改易耳。《江水注》：布僕水出徼外成都西沈黎郡，分为二流，一水南经越嶲邛都县，西南至云南郡之青蛉县，入于僕。邛都布僕水即《志》孙水。《若水注》谓一名白沙江，今安宁河，此水逆流而西，至青蛉入僕，当自金沙江下接东剑海。《若水注》：永昌郡有兰仓水，出西南博南县，东北经不韦县，又东与禁水合，水自永昌县而北，迳其郡西，又北注泸津水，泸津水即《志》绳水之下流。禁水，今九龙江，此水逆流而北，注泸津水。当自漾备江上接金沙江，二水津通，明白可证。注说以《图》为据，是以川名歧出，所行亦参互不同，其缠络固兼综而合，非有误也。《通典·边防门》说吐蕃可跋海云：方圆七十里，东南入蛮，与蛮西二河合流为漾鼻水，又东南出会川，为泸水。此据《贾耽图记》。可跋海，今金沙江上源之乌蓝池；西二河，今西洱河；漾鼻即漾备。又东南谓别出一支，较注说尤根确。王天与《尚书纂传》引易祓云《蛮书》言丽水一名样裨江，上流出于西羌吐蕃，样裨亦漾备，出吐蕃，即谓首受可跋海，唐末川络犹通合如此。宋元以后，石鼓泛之流始绝，漾备江止受东剑海水。《明一统志》因云源自剑川州，其时古名尚存。又别出大江，云源出赵州定西岭下，入西洱河，则不得其迹而强为之目矣。《志》所云青蛉水，自是石鼓泛金沙江，不言所出，蒙上文而省也。此水上流明时决入巨津州白石云山北麓，破裂山腹，自峡中南出，见施显卿《奇闻类记》，《后汉书·安帝纪》有延光四年越嶲山崩之文。青蛉、遂久皆越嶲属县，疑此水徙从大雪山北而东，即在是时。江中今尚有巨石，亦破山麓之证。《蛮书》又言，或云丽水源当是大月河，恐非也。大月河在截支川西，《唐书·地理志》叙述甚明，黄氏楙材《西徼水道考》谓是澜沧江上源之都河，下流亦合丽水。樊以为非，正谓与可跋海之说不合。《禹贡锥指》概从驳斥，由未审究。今澜沧江自小甸塘流入漾备江，乃近时所徙，成氏《麋水入尚龙溪考》已有说。

越嶲郡青蛉 临池灊在北。

今云南剑川州东剑海也，其水入漾备江。

蒙按：临池灊，盖今云南中甸厅硕多冈河，首受大池，下流入金沙江。青蛉西界叶榆僕水，经其徼外，治所必在叶榆东北贪水上游，临池灊在县北，不在西南，知非东剑海也。

秦 臧 牛兰山即水所出，南至双柏入僕，行八百二十里。

今云南威远厅巴景河，出厅北境山，南流至厅西南境，入澜沧江。叶榆泽，为今洱海；贪水，为今漾备江，皆无疑者也。贪水首受青蛉，而临池灊在青蛉北。今漾备江首受澜沧江支水，而东剑海水自北来会，故知为临池灊也。贪水南入僕，今漾备江南入澜沧江，故知澜沧江为僕水也，即水亦南入僕。今巴景河亦南入澜沧江，故知为即水也。《水道提纲》载澜沧江所行里数，自支分漾备江至巴景河，所入约二千里。《志》言僕水行千八百里，汉时里数又较今为短，则支分漾备江处，尚属汉徼外地。大约自大理府境以下，至巴景河所入，已合汉时千八百里，其下则为劳水矣。今澜沧江自此以下，亦更名九龙江也。《志》云劳水出徼外，则澜沧江非劳水之源。今澜沧江东有猛赖河，西南流来会。康郎河出澜沧江之西，当是汉徼外地。猛赖河之源与河底江相近，河底江即牂柯郡西随麋水，西受徼外，则猛赖河所出，亦必汉徼外地。此二水不知孰为劳水之源也。

蒙按：即水，盖今云南禄丰县星宿河，出县西北境山，南流，又屈西南至南安州南境，入沅江。《水经·江水注》：僕水南经永昌郡邪龙县，与贪水合，又迳宁州建宁郡，历双柏县，即水入焉。水出秦臧县牛兰山，南流至双柏县，东注僕水。双柏，晋时属建宁，见《华阳国志》。僕水自邪龙流出，即历其境，是两境相接，即水流注县东，则秦臧亦在东。《叶榆河注》云：叶榆水自邪龙县东南经秦臧县，南与僕水同注滇池泽于连然、双柏县也。文有脱误，当作叶榆水自邪龙县东南经双柏县也，即水入焉，水出秦臧县南，与僕水同注滇池泽于连然县。叶榆水即僕水，秦臧县上脱即水，明矣。《华阳国志》秦臧与连然、滇池及同劳、建伶、毋单俱属晋宁郡境地，似从即水上流分划双柏，既析隶建宁，秦臧自不得错入其西。《读史方舆纪要》云：秦臧在今富民县西，当是连然，今安宁州。《明一统志》说亦确。即水与僕水同注滇池泽于连然县，谓二水流合，东分一派，自易门水接普渡河，注于滇池。《注》此说虽据旧图而讹，然川流脉络，从可知也。僕水自邪龙流出故道，今已据《明一统志》定为自定边河注大厂河，其东流合之水，惟马别河、羊溪。马别河流短不及二百八十里之数，羊溪源流六百余里，较汉里数有赢。《水道提纲》言羊溪出富民县西南山，北流经罗次县，折西流，经禄丰县城北，又西稍南，折东南流。《一统图》禄丰县西北有北河，一源《志》所云出牛兰山，南至双柏者必此水，其上源西北流而合，《志》以为支源，截去不数也。《提纲》自羊溪以下不具川名，今据《会典》巴景河所行，是汉徼外地，《志》略之。

巂　唐　周水首受徼外，又有类水，西南至不韦，行六百五十里。

牂柯郡西随　麋水西受徼外，东至麋伶，入尚龙溪，过郡二，行千一百六里。

周水，今云南南安州大厂河，首受云南县、蒙化厅二水。类水，今云南富民县羊溪，西南流至新平县西北境，与大厂河合，曰沅江。《志》不言其入者，其合流处为汉徼外地也。沅江，南沅至元江州东南境，曰河底江，麋水即河底江也，东南流至越南国。盖入洮江尚龙溪，盖洮江受河底江处也。不言入劳者，犹河水受涧水处名郑伯津，《志》言涧水入郑伯津，不必言入河也。《水经》云叶榆河东南出益州界，入牂柯郡西随县北，为西随水。案：西随水即此《志》西随麋水也。《水经》一水过两郡，无称出某界、入某郡者惟此。立文独异其为出徼外而复入，文义甚明，与此《志》麋水西受徼外正合。其上文云过不韦县，即此《志》类水所至之不韦也。又其上文云益州叶榆河出其县北界，屈从县东北流，此今一泡江与大厂河同出而分流东北，入金沙江。《水经》此处当有脱文，记一泡江之入金沙江及大厂河之分流其下，乃云过不韦县东南，入益州界也。如今本东北流，又东南流，则今云南无此水，其有脱文明矣。其叶榆河，出叶榆县，必与叶榆泽相近。今洱海为汉叶榆泽，其南有云南县、蒙化厅二水合为大厂河，其为《水经》叶榆河无疑。叶榆河过不韦，则不韦必经大厂河。《志》言类水西南至不韦，今羊溪西南流至新平县，会大厂河，故知羊溪为类水，新平为不韦，而大厂河为周水也。《志》言叶榆泽在叶榆县东，则叶榆县为今太和县，《水经》言叶榆河出其县北界，今大厂河在太和县之南，《水经》出于汉末，盖其时叶榆县徙治耳。大厂河、羊溪二水既合东南流为河底江，即《水经》所云东南出益州界，入牂柯郡，为西随水，亦即此《志》之西随麋水矣。然则麋水所受，即周、类二水，《志》不言者，以其在徼外略之也。郦《注》云不韦县北去叶榆六百余里，叶榆水不迳其县，自不韦县北注者，卢仓禁水耳。此不知《水经》有脱文也。又《若水篇》郦《注》言兰仓水迳不韦县，与类水合，又与禁水合，注泸津水。案：《水经》言若水至朱提县，为泸江水，至僰道县入江。此今金沙江至四川宜宾县入江也。郦《注》所云兰仓水、类水、禁水，今横江及所纳之水也，然则所云不韦县，今四川筠连县也。郦《注》已误，而近人又误以不韦为云南保山县，赖《水经》与此《志》互证，乃得明之耳。周水、麋水所出徼外地，其南为劳水所过，《志》于劳水不云人徼外，是劳水所行皆汉地，此徼外地独在汉地之中，犹今广西、贵州交界之苗地矣。尚龙溪，无可考，今疑为洮江，受河底江处者。黎崱《安南志略》云三带江、归化江水自云南，宣化水自特磨道，陀江自撞龙，因名焉。龙州，黄定宜以为尚、撞音近，疑撞龙即尚龙是也。《读史方舆纪要》引罗氏云洮江即富良江上流，其北为宣光江，南为沱江。案：此即黎崱所云三带江也。洮江即归化江，宣光江即宣化水也。黎崱言沱江自撞龙，此言沱江在洮江南，则撞龙地亦必在洮江南，盖洮江汉时过此地，名尚龙溪，其后遂名其地为撞龙矣。河底江入越南国以下难考，然澜沧江在河底江之西，其下流为洮江、宣化水，在河底水之东下流入洮江，则河底江亦必入洮江可知也。

蒙按：周水，盖今云南保山县潞江，源出西藏。类水，今南甸河，西南流至湾甸土州西境，入潞江。《志》不言其入者，其合流处为汉徼外地也。麋水，西受徼外。徼外当依《水经》作益州，下又脱界字。麋水，今安平厅盘龙江，首受文山县西境乌期河，东南流入越南国，曰苔江，至福安县境，与强江合，曰宣化江，下流入洮江。尚龙溪，即宣化江，不言入僕者，犹泗水、南梁水入沛渠，不云入沛也。《水经·叶榆河篇》注已言其讹误，以此《志》证之，过不韦县东南当属周水，类水出益州界，入牂柯郡西随县北，当属麋水。《经》文自是阙脱，《图说》以为正据所不解也。《华阳国志》云：孝武时，通博南山，度兰仓水、耆溪，置嶲唐、不韦二县。嶲唐、不韦并在澜沧江西，不得移置漾备江东。《新斠注》以周水为今潞江是矣。类水，据《若水注》以为沘江，详注云：兰苍水出博南县东北，流经博南山，类水出嶲唐县，西南流，曲折又北流，东至不韦县，注兰仓水，近出博南，类水自嶲唐、不韦东注，似以今永平县河为兰仓水，县西澜沧江为类水，与《志》不同。《新斠注》说复与《注》异。今澜沧江已定为僕水，江以西惟南甸河，西南流入潞江，源流五百余里，除去下流里数，适得汉里六百，则类水必此水也。《糜水注》无其文，汪氏图附录证合壶水，以为一普梅河，一者赖河。按二水俱至糜伶，入尚龙溪，所行里数亦大略相同，源流自必两相附近。今普梅河已定为壶水，者赖河源不西受下流，又别为市球江，与普梅河同入之水，惟开化府河，河水首受乌期河，正自西而东，知糜水即此水矣。徼外二字必误。濡水、洛水、渐江水，出蛮夷中，此著县道中夷地，浩亹、涧离、湟洮诸水出羌中，此著县道外边塞中夷地，以两郡交界之地为徼外，《志》无此例也。益州界犹牂柯东界。益字，《古今人表》作嗌。注云嗌，古益字。嗌字奇，古作音义者不能尽通其读，比附他水首受之文，破改为徼，因并州字改之耳。《水经》言益州界所据，旧读尚未讹舛，《续书·郡国志》补注引《地道记》作徼外，则东晋本已窜易矣。开化府河下流为宣化江，《明一统志》说如此。《越南地舆图说》云安州府属山川皆自内地发源。苔江自云南开化，经大蛮州，至福安县强江上流，凑合通至我𢈊弩为三歧。巡苔江即开化府河，强江不著所出。蔡尚质《直省图》开化府河下流，左受一水，不发源内地，右受二水，俱出宝宁县南境，一流短，乃为同车河，一流长，则普梅河也。《安南志略》云宣化水自特磨道，与《明一统志》自教化长官司之说不同，当是各举一源。二水合为宣化江，南流至山围县东北境，始与洮江合，又南始合沱江、苔江、强江，俱不与洮江相接。沱江更在洮江下流，无缘远合。尚龙溪必宣化江，其名义不可晓，当阙。疑《越南新图》开化府河下流别为一派，与《旧图》不合，盖误。

都　梦　壶水东南至糜伶，入尚龙溪，过郡二，行千一百六十里。

盖今云南宝宁县南境普梅河南，入越南国曰宣化水，入洮江。《安南志略》云宣化水自特磨道，今宝宁县为宋特磨道地，普梅河出其南，是其水为越南宣化水之源也。广西归化州水，为牂柯东界之驩水，云南元江州河底江，为牂柯郡西随糜水，宣化水源出宝宁县南境，在驩水、糜水之间，为汉牂柯郡地，且特磨即都梦之转音，故疑此为壶水也。

蒙按：壶水，今云南宝宁县南境普梅河，南流入越南国曰强江，至福安县入宣化江。

日南郡　有小水十六，并行三千一百八十里。

未详。

蒙按：小水十六，盖今越南国广南、广义二省西南境德保河及所纳所会诸水也。系于郡下者，所行皆边徼不置县之地。广南为汉日南郡地，旧说无可疑者。《水经·温水注》引《交州外域记》曰：从日南郡南去，到林邑国四百余里，林邑治典冲，汉之象林县也。东滨沧海，西际徐狼，南接扶南，北连九德，是扶南为汉徼外之地。《南齐书·南夷传》扶南广袤三千余里，有大江水西流入海。今越南国中西流入海之大江，惟法兰西属埠，柬埔寨眉（湄）公河则扶南西境，直至西贡界矣。《越南新图》西贡江上流有德保河，南源出广义西山，北二源出广南西山，合流受数小水，西南至暹罗国斯登吞府，东合法拉河，又西会萨拉凡河入江；法拉、萨拉凡二河，亦各受数小水，与《志》所云派数相近。广南、广义西山去省俱不远，必在象林县境之中。法拉、萨拉凡二河会处，虽远入蛮方，然亦在边徼以外，知小水十六必此水也。西贡江自斯登吞以上纳水甚多，今定为九真郡之小水五十二，其南别无行二三千里之水。德保河东南巴河下流，为归仁府高堤河，流派稍长，然不逮此河。又所纳水亦不及十数，故疑非是。

西　捲　水入海。

未详。

蒙按：西捲水，盖今越南国天禄县松宜哈河上流，曰蓝江，出清漳县西茶麟府境，东入海。西捲，汉日南郡治。《水经·温水注》引应劭《地理风俗记》曰：汉武帝元鼎六年，开日南郡治西捲县是也。《越南舆图说》云：义安省，汉日南郡德寿府在，其中领县六，天禄一是，天禄附郭下即西捲旧治矣。《图说》又云：天禄宜春，北傍海滨，疆域相连，以鸿岭为界，青漳在蓝江之右，与茶葵诸州接壤，去海最远。江至鸿岭入海，则蓝江亦行数百里，《水经注》引《林邑记》曰：日南城治二水之间，三方际山，南北瞰水。今蓝江于义安城西分二派，环行南北，知西捲水必此江也。松宜哈河《图说》不具，据姚氏文栋《安南小志》列之。

九真郡　有小水五十二，并行八千五百六十里。

未详。

蒙按：小水五十二，盖今暹罗国排沙格府澜沧江及所纳诸水也。上流即僕水，其首受处在塞外，故《志》略之。云并行八千五百六十里，为大川，明矣。系于郡下所行，亦徼外地。《水经·温水》注说此水，云九德浦内迳越裳究、九德究、南陵究。竺枝《扶南记》：山溪濑中谓之究，小水五十二，并行大川，皆究之谓。其意谓此水行八千五百余里，川派甚大。《志》云言小水五十二，乃所合溪濑水耳。上文云自九德通类口，水源从西北远荒迳宁州界来，则此水正源出晋云南、兴古、建宁、永昌四郡境中。今云南景东厅把边江已定为劳水之源，蒙化以东诸水无缘越此而南，徐氏继畬《瀛环志略》云：澜沧江历暹罗之东北境，至柬埔寨入海。柬埔寨澜沧为云州澜沧分支，上流即漾备江所入之澜沧。《注》所云必此水矣。《越南新图》澜沧江自暹罗普万县垠江口东南至排沙格府，纳水凡数十派，与《志》文亦密合。普万东界接越南拉克郎，证以《注》云咸驩以南渡治口，至九德。《交州外域记》九德县属九真郡，在郡之南，与日南接，则九德故治在义安西咸驩，西境当至拉克郎，故澜沧江在其徼外也。九德去宁州甚远，北隔九真、交阯，西隔蛮荒，水源无由。以意揣合注此文，必有本汪氏失检《志略》，误图九德于卢容、朱吾东南，又以类口上接郎湖于《注》，地形川脉，全不相应。今考定如此。

益州郡滇池 有黑水祠。

黑水，今云南潞江，西南流入缅甸国。其水在汉边徼，故但于今昆明县，望祀之也。考黑水者言人人殊。今案潞江上源曰哈喇乌苏，蒙古谓黑曰哈喇，谓水曰乌苏，言其水黑色也。其为古黑水无疑矣。《五经异义》云以今汉地考之，自黑水至东海，经略万里。《禹贡》导黑水，郑注云今中国无也。合二说观之，则汉地至黑水而尽，故班《志》不著其源流耳。

蒙按：黑水，盖今云南元江州境沅江。汉滇池为益州郡治境地，宜视他县为广，《水经》叶榆河、温水两注所列，东有毋单，北有味县，西有双柏，东北有昆泽，西北有连然、秦臧，东南有同并、漏江，惟西南无县，知境地直至边徼。《明一统志》云：元江军民府，古西南夷极边之地，以无县名可附，而为此说，实则在滇池界中也。《晋书·地理志》滇池上有泠丘，《华阳国志》作伶丘，云主僚即自滇池分出，治极边夷地之县。《宋书·州郡志》无泠丘，而有建都郡，云分建宁立，去州二千，去京都水一万五千，地形亦合，元江所隶可知矣。滇池西南既跨沅江，所祠黑水为此水无疑。郑云今中国无也，承上不记此山水所在，而言《通典·州郡门》引《云地记》曰：三危山在乌鼠之西，南当岷山，又在积石之西，南当黑水祠，黑水出其南胁。详此文，郑所疑者在上源，非下流也。上源不得三危所在，乌鼠以西又无大水行经岷山积石之间，南绝绳水，流至益州，是不在金城陇西蜀郡境内，故以为无。若下流有祠可据，有入南海之水可以证合，不得漫言无矣。《山海经·海内西经》昆仑之虚河水出东北隅，洋水、黑水出西北隅，洋水、黑水与河水东西相直，洋水在黑水西，见《穆天子传》。今金沙江上源那木七图乌蓝木伦，北接戈壁，东直贵德，为汉陇西金城徼外之地，于《禹贡》九州正界雍西。其南一源曰喀七乌兰木伦，东会图哈尔、图哈拉乌苏二水，俱与河源相直，又南为匝楚河，则澜沧江上源，两江并流二千里，入塔城关，一汇东剑海，出为漾备江，一会沘江，又千里而合，源委甚相似，黑水必金沙江，洋水即澜沧江。郑据《括地象》近求之河曲以东，故不得耳。潞江源与鸦龙江相直，乃《山经》青水，非黑水。《志》作周水，亦未尝不具其名异义。自黑水至南海，黑水自兼潞江，言之下云衡山之阳，至于朔方，陈氏寿祺《疏证》亦云：衡山之阳，包交州刺史部之南海等七郡，谓汉地至黑水而尽，于异义说，全非于志，系徼外水于郡下之例亦歧，互不相合也。

〔据清吴承志纂，刘承幹校《汉书地理志水道图说补正》（《求恕斋丛书》本）卷下第13－55页辑录。吴承志（1844—1917），字祁甫，号广文，浙江钱塘人，晚清著名学者，多年从事地方教育，曾任平阳县学训导，才学深厚，涉猎甚广，襄助刘绍宽耗十年之力修撰《平阳志》，以“体例之善，搜罗之善，考据之善，叙述之善”而被誉为“近代方志佳本”。著有《山海经地理今释》《汉书地理志水道图说补正》《今水经注》《唐贾耽记边州入四夷道里考实》等，均收录于《求恕斋丛书》。刘承幹（1882—1963），著名藏书家，字贞一，号翰怡，一作翰贻，别署求恕居士，浙江吴兴人。祖父刘镛，父刘锦藻，官内阁侍读学士。刘承幹自幼嗜书，家富藏书，主要为清末浙东著名藏书家所散出的书，多为罕见之籍。“嘉业堂”是其藏书室名。刘氏好刻书，先后刊行有《吴兴丛书》《留余草堂丛书》《求恕斋丛书》，其中以《嘉业堂丛书》影响最大。清陈澧《汉书地理志水道图说》据今图以求合于古，号称精核。吴氏读其书而善之，更以暇日覃精考索，于陈氏所未详者补之，其疏舛者纠正之，搜其遗略，钩稽隐晦，标着古迹，又广征古籍，参校《大清一统舆地诸图》，条疏所疑，于光绪二十一年（1895年）撰成《补正》二卷，距陈君之殁后十余年。〕

云南山川志

杨 慎

〔……〕

滇　池　在府城南，一名昆明池，一名滇南泽。周广五百余里，合盘龙江、黄龙溪诸水，汇为此池。中产衣钵莲，花盘千叶，蕊分三色。下流为螳螂川。中有大、小卧纳二山。《史记》滇水源广末狭，有似倒流，故曰滇。汉武帝欲伐滇国，于长安西南，穿昆明池象之，以习水战。

瀑布泉　在府城西二十里宝珠寺后。崖高十余丈，泉自上注下，喷珠溅沫，清澈可爱。

〔……〕

西洱海　在府城东，古叶榆河也，一名㴰海，又名西洱河。源自邓川，合点苍山之十八川而汇于此，形如人耳，周三百余里。中有罗筌、浓禾、赤崖三岛，及四洲、九曲之胜。下流合于样备江。浓禾岛形如几案，故又名玉案山。

〔……〕

雪　山　在丽江府西北二十余里，一名玉龙山。条冈百里，峭巍十峰，上插云汉，下临丽水。山颠积雪，经春不消。岩崖涧谷，清泉飞流。蒙氏异牟寻封为北岳。

九隆山　在司[①]城南七里。山有九岭，又名九坡岭，沙河源出于此。相传昔有一妇名沙壶，浣絮水中，见[②]沉木有感，因孕[③]，产九男。后沉木化为龙，众子惊走，惟季子背龙而坐。龙因舐其背。蛮语谓背为九，谓坐为隆，故名九隆。长而黠，遂推为酋长。山下又有一夫妇，生九女，九隆兄弟娶之，种类遂蕃。皆刻画其身，象龙文于衣背，着尾。世居此山之下。诸葛亮南征时，凿断山脉以泄其气。有迹存焉。

哀牢山　在司城东二十里。本名安乐，夷语讹为哀牢。绝顶有一石，如人坐怀中。有二穴，名天井，土人于春首视水之盈涸，以卜岁之丰凶。至者见水溢，以为吉兆。穴下相通，取左穴水则右穴水涸，取右亦然。又山下有一石，状如鼻，二泉出焉，一温一凉，号为玉泉，故又玉泉山。

〔……〕

澜沧江　经司城东北八十五里罗岷山下。汉明帝兵开博南，行者愁怨，作歌“汉德广，开不宾。度博南，越澜津。渡澜沧，为他人。”渡旧处以竹索为桥，后废。本朝洪武末，镇抚华岳铸三铁柱于岸[④]以维舟。

〔……〕

易罗池　在龙泉门外之九隆山麓[⑤]。泉由地喷者九窦，滚滚沸出，不舍昼夜，郡人神

---

① 司　《明一统志》作“府”。

② 见　《明一统志》作“触”。

③ 孕　《明一统志》作“妊”。

④ 岸　《奇晋斋丛书》本作“岸岸”。

⑤ 在龙泉门外之九隆山麓　《奇晋斋丛书》本作“在龙泉门外瞰九隆山麓”。

之，因名九龙池。周遭甃以砖石，内有荷花，夏月盛开。西岸有二亭，其一旧名“观澜”，御史阴汝登[①]重建，题曰“龙池春晓”。其一跨沸泉之上，旧名“偕乐”，副使郭春震重建，题曰“九龙清派”。泉石澄清，游人络绎，足为一方形胜。

〔据明杨慎撰《云南山川志》（《续云南备征志》本）第2－5页辑录。杨慎（1488—1559），字用修，号升庵，四川新都人。明正德年间状元，授翰林修撰，因“议大礼”谪戍云南永昌，足迹遍云南，对云南历史、地理、民族、文学都有研究，诗文精绝。该志是杨氏居滇时所作，盖随所登涉，信笔志胜，足备考征。道光《云南通志稿》卷一百九十一《艺文志·纪载滇事之书上》转引陶珽《续说郛》题作“滇南山川志，明杨慎撰”。民国秦光玉《续云南备征志》据函海本录出。〕

徐霞客游记·溯江纪源

徐弘祖

冯士仁曰：谈江源者，久沿《禹贡》“岷山导江”之说。近邑人徐弘祖，字霞客，夙好远游，欲讨江源，崇祯丙子夏，辞家出流沙外，至庚辰秋归，计程十万，计日四年。其所纪核，从足与目互订而得之，直补桑《经》、郦《注》所未及。夫江邑为江之尾闾，适志山川，而霞客归，出《溯江纪源》，遂附刻之。

江、河为南北二经流，以其特达于海也。而余邑正当大江入海之冲，邑以江名，亦以江之势至此而大且尽也。生长其地者，望洋击楫，知其大不知其远；溯流穷源，知其远者，亦以为发源岷山而已。余初考纪籍，见大河自积石入中国。溯其源者，前有博望之乘槎，后有都实之佩金虎符。其言不一，皆云在崑崙之北，计其地，去岷山西北万余里，何江源短而河源长也？岂河之大更倍于江乎？迨逾淮涉汴，而后睹河流如带，其阔不及江三之一，岂江之大，其所入之水，不及于河乎？迨北历三秦，南极五岭，西出石门、金沙，而后知中国入河之水为省五，陕西、山西、河南、山东、南直隶。入江之水为省十一。西北自陕西、四川、河南、湖广、南直，西南自云南、贵州、广西、广东、福建、浙江。计其吐纳，江既倍于河，其大固宜也。

按其发源，河自崑崙之北，江亦自崑崙之南，其远亦同也。发于北者曰星宿海，佛经谓之徙多河。北流经积石，始东折入宁夏，为河套，又南曲为龙门大河，而与渭合。发于南者曰犁牛石，佛经谓之殑伽河。南流经石门关，始东折而入丽江，为金沙江。又北曲为叙州大江，与岷山之江合。

余按岷江经成都至叙，不及千里，金沙江经丽江、云南、乌蒙至叙，共二千余里，舍远而宗近，岂其源独与河异乎？非也！河源屡经寻讨，故始得其远；江源从无问津，故仅宗其近。其实岷之入江，与渭之入河，皆中国之支流，而岷江为舟楫所通，金沙江盘折蛮僚溪峒间，水陆俱莫能溯。在叙州者，只知其水出于马湖、乌蒙，而不知上流之由云南、丽江；在云南、丽江者，知其为金沙江，而不知下流之出叙为江源。云南亦有二金沙江：一南流北转，即此江，乃佛经所谓殑伽河也；一南流下海，即王靖远征麓川，缅人恃以为险者，乃佛经所谓信度河也。云南诸志，俱不载其出入之异，互相疑溷，尚

① 阴汝登 《奇晋斋丛书》本作“阴汝等”，当以“阴汝登”（四川内江人，时任云南监察御史）为是。

不悉其是一是二，分北分南，又何由辨其为源与否也？既不悉其孰远孰近，第见《禹贡》“岷山导江”之文，遂以江源归之，而不知禹之导，乃其为害于中国之始，非其滥觞发脉之始也。导河自积石，而河源不始于积石；导江自岷山，而江源亦不出于岷山。岷流入江，而未始为江源，正如渭流入河，而未始为河源也。不第此也，岷流之南，又有大渡河，西自吐蕃，经黎、雅与岷江合，在金沙江西北，其源亦长于岷而不及金沙，故推江源者，必当以金沙为首。

不第此也，宋儒谓中国三大龙，而南龙之脉，亦自岷山，濒大江南岸而下，东渡城陵、湖口而抵金陵，此亦不审大渡、金沙之界断其中也。不第此也，并不审城陵矶、湖口县为洞庭、鄱阳二巨浸入江之口。洞庭之西源自沅，发于贵州之谷芒关；南源自湘，发于粤西之釜山、龙庙。鄱阳之南源自赣，发于粤东之浰头、平远；东源自信、丰，发于闽之渔梁山、浙之仙霞南岭。是南龙盘曲去江之南且三千里，而谓南龙濒江乎？不第此也，不审龙脉，所以不辨江源。今详三龙大势，北龙夹河之北，南龙抱江之南，而中龙中界之，特短。北龙亦只南向半支入中国。俱另有说。惟南龙磅礴半宇内，而其脉亦发于崑崙，与金沙江相持南下，经石门、丽江，东金沙，西澜沧，二水夹之。环滇池之南，由普定度贵竺、都黎南界，以趋五岭。龙远江亦远，脉长源亦长，此江之所以大于河也。不第此也，南龙自五岭东趋闽之渔梁，南散为闽省之鼓山，东分为浙之台、宕。正脉北转为小箪岭，闽浙界。度草坪驿，江浙界。峙为浙岭、徽浙界。黄山，徽宁界。而东抵丛山关，绩溪、建平界。东分为天目、武林。正脉北度东坝，而峙为句曲，于是回龙西结金陵，余脉东趋余邑。是余邑不特为大江尽处，亦南龙尽处也。龙与江同发于崑崙，同尽于余邑，屹为江海锁钥，以奠金陵，拥护留都千载不拔之基以此。岂若大河下流，昔曲而北趋碣石，今徙而南夺淮、泗，漫无锁钥耶？然则江之大于河者，不第其源之共远，亦以其龙之交会矣。故不探江源，不知其大于河；不与河相提而论，不知其源之远。谈经流者，先南而次北可也。

陈体静曰：此考原本已失，兹从本邑冯《志》中录出，非全文也。前人谓其书数万言，今所存者，仅千有余言而已。考内“北龙亦只南向半支入中国”下注云：“俱另有说。”其说必甚长，乃一概删去，殊为可惜。

〔据明徐弘祖著《徐霞客游记》（朱惠荣校注，云南人民出版社1999年增订本）第1226页辑录。徐霞客（1587—1641），名弘祖，字振之，别号霞客，江苏江阴人。明代伟大的旅行家、地理学家、史学家、文学家。明崇祯十一年（1638年）五月，徐霞客由黔入滇，穷长江之源，开始了他极富传奇色彩的晚年万里遐征游云南的旅程，足迹遍及今天曲靖、昆明、玉溪、红河、楚雄、大理、丽江、保山、德宏、临沧等10个州市46个县级政区的区域。《溯江纪源》（一作《江源考》）为其游记中一篇著名的研究长江起源的重要科学文献，专门记其入云南境内追踪金沙江，探寻长江源头之见闻。通过作者实地调查，科学考证，正本清源，否定《禹贡》“岷山导江”之说，得出“江源者，必当以金沙为首”的正确结论。此文题名，乾隆《腾越州志》卷十一《记载上·考辨》、道光《大姚县志》卷十四《艺文志》皆同，《滇系》十一之二《旅途系·水路》作“江阴徐宏祖溯江纪源”。〕

增订广舆记

陆应阳

卷二十一　云南

云南府

山川（山略，下同）

滇　池　府城南，一名昆明池，周五百余里，产千叶莲。《史记》：滇水源广末狭，有似倒流，故曰滇。

盘龙江　嵩明，凡九十九泉，合流，南入滇水。

西　湖　府城西，即滇池上流。

星宿河　禄丰[①]，经易门界。

石　淙　安宁。

温　泉　安宁，色如碧玉，可鉴毛发。

大理府

山　川

西洱海　府城东，古叶榆河也，中有三岛、四洲、九曲之胜。

青龙海　云南。

大　江　赵州，一名波罗江。

葡萄江　浪穹，经邓川界。

金沙江　宾川，《水经》谓之若水。

叶镜湖　云南，湖中有石如镜。

南诏潭　邓川，三山环峙，万木阴森，昔人避兵处也。

临安府

山　川

曲　江　府城东北，夏秋多水，烟树微茫。

泸　江　府城南。

浣　江　宁州，绿树春阴，士大夫饯别之地。

异龙湖　石屏，周百五十里，有三岛九曲。

通海湖　通海，源自河西县来，周八十余里。

---

① 禄丰　原本作“绿丰”。《明一统志》卷八十六《云南布政司·云南府》：“星宿河，在禄丰县西，源出武定，过易门县，流入元江。”今据改。

楚雄府

山　川

龙川江　府城北。
捣练溪　府城西，水可酿酒。
大　河　广通，春夏水势汹涌，险不可测。

澂江府

山　川

抚仙湖　府城南，一碧万顷。
星云湖　江川。
明　湖　阳宗，鱼甚美。
巴盘江　路南。

蒙化府

山　川

澜沧江　府城西南，即黑水也。本名鹿沧，今讹为澜沧。
阳　江　府城西。

景东府

山　川

澜沧江　府城西南，源出金齿。
大　河　府城东南，入马龙江。
通华河　源出蒙乐山。

广南府

山　川

西洋江　府城南。
南木溪　富州，其水常温，可浴。

广西府

山　川

盘　江　郡中诸水，惟此为大。
巴盘江　师宗、弥勒界，一名番江。
八甸溪　弥勒。
山　湖　弥勒，产大鱼。

镇沅府

山　川

马涌江

南浪江　禄谷。

永宁府

山　川

罗易江　源自浪蕖，流入府境。

顺宁府

山　川

澜沧江　府城东北。

龙　湫　府城南山之麓，方可一亩，林木蓊郁，至其地者，毛发竦然，相传有龙居此。

曲靖军民府

山　川

白石江　府城北。
潇湘江　府城南。
盘　江　霑益。
交　河　霑益，合盘江、隐溪二水。
喜旧溪　罗雄。

姚安军民府

山　川

金沙江　府城东北。
蛟　江　大姚。
青蛉河　自三窠山流至府城南，潴为石湖，一支曰东卤溪，一支曰西卤溪。
大姚河　大姚。

元江军民府

山　川

元　江　府城东南，一名礼社江。

永昌军民府

山　川

澜沧江　府城东北罗岷山下，汉宣帝开博南渡此。
潞　江　府城北，旧名怒江，蒙氏封为四渎之一。
青华海　府城东，夏秋藕花盛开。
易罗池　府城南，源自池底涌出，即浣絮妇感孕之所。

鹤庆军民府

山 川

金沙江 府城东南。

剑 湖 剑川，周六十里，有可泊所，岁办鱼课。

剑 川 即剑湖之尾，曲流为三折，形如川字，州以此名。

石莱渠 剑川，灌溉甚溥。

温 泉 府城东南，每岁三月，郡人有痞疾者，浴此即愈。

武定军民府

山 川

金沙江 府城北，蒙氏封为四渎之一。

惠嫋湖 府城西北，湖方五里，茂林嘉木掩映其旁，叶落水而即有青鸟衔去，众以为神。

香水泉 府城南，其泉春时则香，土人于二三月祭之，然后汲和酒而饮，谓能疗疾。

掌鸠水 其水绕县三面，凡数十度。

寻甸军民府

山 川

龙 洞 府城北，泉水涌出，灌溉合郡。洞口有一雀，俗呼为龙雀，每遇木叶落水，雀即衔出，岁旱祷此立应。

车 湖 府城西，一名清水海，四面皆山，为诸水交汇处。

丽江军民府

山 川

澜沧江 兰州。

金沙江 巨津，古名丽水，源出吐蕃界，产沙金。

清 溪 源出雪山。

白石溪 兰州。

龙 潭 府城西南，积数十亩，深不可测。四畔草结如牌，履一处则诸处皆动，人或近之，风雨辄起。

北胜州

山 川

陈 海[①] 州城南。相传本陆地，有陈姓者居此，忽一夕沉为海，故名。

程 湖 州城南，郡资灌溉。

金沙江 源自丽江府，由西而东，环州治。一名丽江，即古丽水也。

---

① 陈海 今名程海。童振藻《云南之河湖泉》：“程海，亦名陈海。……相传昔本险地，有陈姓者居此，一夕沉为海，因名陈海，亦曰程湖，溉田可千亩。”见后。

桑园河 州城西南。
龙　潭 州城西，泉有九眼，可灌田。

开化府

山　川

温　泉 府城北彻崇山下，路险，人迹罕到。

澜沧卫军民指挥使司

山　川

罗易江 蒗蕖。

腾冲军民指挥使司

山　川

龙川江
大车湖 湖甚广阔，中有山，望之真琼浪中一点青也。

缅甸军民宣慰使司

山　川

金沙江 缅人恃以为险。

南甸宣抚司

山　川

小梁河

干崖南抚司

山　川

云晃河 司治南。

大侯州

山　川
澜沧江
孟祐河

芒市长官司

山　川

麓川江
金沙江 产金。

〔据明陆应阳辑，清蔡方炳汇辑《增订广舆记》（清乾隆九年光德堂刻本）辑录。陆应阳（1542—1624），字伯生，号古塘，青浦（今上海市青浦区）人，晚居郡城。初为太学生，被斥，绝意仕进，著书立说。蔡方炳（1626—1709），字九霞，号息关，别号息关学者，江苏昆山人，明末山西巡抚蔡懋德之子，明季诸生。清康熙十八年（1679年）举博学鸿儒，以病辞。韬晦穷居，尝绘著书图一幅，名流题咏殆遍。方炳好学不倦，尤留心政治性理，工诗文，兼善隶草，著有《耻存斋集》二十卷，《广治平略》正续四十四卷，《增订广舆记》二十四卷，《愤助编》二卷，《铨政记》一卷，《马政志》一卷，《历代茶榷志》一卷，《长洲县志》二十二卷，《编纲鉴汇》四十卷。《增订广舆记》较陆氏原本《广舆记》十二卷更为详备，是一部以图记名的中国古代地图集，也是研究明清地图史的重要版本。在晚明至清末地图发展史中，处于承上启下的位置，具有很高的收藏和研究价值。卷首有康熙丙寅增辑者蔡方炳序、凡例十则、提要一篇。全书共收图18幅，称为"广舆图"，首绘《广舆总图》，其后为清初15省分图。图后各卷是各省图记。其中卷二十一《云南》首记云南全省总略，次按各府州县记述建制沿革、形胜、山川、土产、祠庙、名宦、人物、烈女、仙释等。山川涉及滇池、盘龙江、西湖、星宿河、石淙、温泉等云南水文献。〕

明一统志

卷八十六　云南布政司

云南府

山川（山略，下同）

滇　池　在府城南，一名昆明池，一名滇南泽，周广五百余里，合盘龙江、黄龙溪诸水，汇为此池。中产衣钵莲，花盘千叶，蕊分三色。下流为螳螂[①]川，中有大、小卧纳二山。《史记》：滇水源广末狭，有似倒流，故曰滇。汉武帝欲伐滇国，于长安西南穿昆明池象之，以习水战。

螳螂川　源自滇池，萦回安宁州治，过昆阳州、富民县，下入金沙江。

渠滥川　在昆阳州东南五里，东北流入滇池。

大池江　一名盘江，一名大河，从澂江府邑市县北入宜良县境，八十里出县界。

大城江　源自阳宗县明河，流经宜良县东，下入盘江。

盘龙江　一名滇池，河源自嵩盟州故邵[②]甸县之东山、西山，凡九十九泉，合流经府城东，又南入滇池。

龙巨江　一名龙济溪，源出寻甸果马山，流经嵩盟州东南，入嘉利泽。

西　湖　在府城西，周五里，蒲藻长青，人多泛舟游赏。

安宁河　源出安宁州东，经富民县南，又东至罗次县为沙摩溪，至禄丰县为大溪，至易门县为九渡河，流入元江府界。

大堡河　源出新兴州界，经晋宁州永兴乡，分流[③]入滇池。

星宿河　在禄丰县西，源出武定府，过易门县，流入元江。

洟札郎水　在富民县东北一十里，西入大溪。

---

① 螂　原本作"蜋"，据《清一统志》卷三百六十九改。

② 邵　原本作"郡"，据《清一统志》卷三百六十九改。

③ 流　原本作"沅"，据上下文意及《清一统志》卷三百六十九改。

农纳水　在富民县北五十里，源出武定府界，北入大溪。

龙泉水　在富民县西五里，俗传中有龙怪，立祠镇之。

弥雄水　出弥雄山南，入罗婆泽。

牧样水　源出嵩盟州牧样涧，西南入滇池。

嘉利泽　在嵩盟州东南一十五里，周百余里，水溉民田，鱼供民食，又名杨林泽。

交七浦　在归化县东北二十里，广二百余亩。

荷花池　在府学后，一名九龙池。

黑龙池　在府城北二十五里，一名黑鱼池，深不可测，人莫敢取。其池[1]傍有龙祠及文殊阁，祷雨辄应。其西有白龙池。

汤　池　在安宁州北一十里，云南温泉非一，惟此为最，色如碧玉，可鉴毛发。

红莲沼　在富民县治东南，泉常涌出，荷花烂熳，上有龙神祠。

清侯井　在布政司内，大理高智昇为鄯[2]阐演习，号“清侯”，凿井得阐演名。

石　井　在昆明县黑林堡东，周回五尺，泉出石窍中，甚清洁。

里仁井　在昆阳州官道傍，其水满井，涉之即涸，渗久乃复旧。

龙　泉　有四，一出商山下，湫傍有祠，祠西有亭，扁曰第一泉，东有龙泉观；一出城西勒甸村山中，水分青、白色，上有祠；一出碧鸡山下，洞内有金线鱼，故又名金鱼泉；一出杨林县。

瀑布泉　在府城西二十里宝珠寺后，崖高十余丈，泉自上生下，喷珠溅沫，清澈可爱。

对龙泉　在嵩盟州西资善里，两泉对流，百余步始合流入嘉利泽。

石洞泉　有二，一在嵩盟州资善里，洞高丈许，泉出其中；一在昆阳州平定乡小山下，有三洞，泉出会而为潭，中有青白大鱼，俗呼随龙鱼，人不敢捕。

罗锦泉　在嵩盟州月丰里，流灌田亩。

海眼泉　在安宁州治北，一日三潮，随涌随涸，俗传僧戒照卓锡之泉。

文殊泉　出文殊山下，流过松花堰，入西湖。

关　梁

溥润桥　在府城东，旧名至正。

龙济桥　在嵩盟州南一十五里。

四通桥　在晋陵州西村。

永济桥　在宜良县汤池巡检司前。

济远桥　在呈贡县治南。

永丰桥　在禄丰县治南。

大理府

山　川

西洱海　在府城东，古叶榆河也，一名洱海，又名西洱河，源自邓川，合点苍山之

---

① 池　原本作“鱼”，据上下文意及《清一统志》卷三百六十九改。

② 鄯　原本作“善”，据《清一统志》卷三百六十九改。

十八川而汇于此，形如人耳，周三百余里，中有罗筌、浓禾、赤崖三岛及四洲、九曲之胜，下流合于样备江。浓禾岛形如几案，故又名玉案山。

样备江 源自剑川州，经浪穹县，过点苍山、西洱海至赵州西南境，下流入澜沧江。

大 江 源出定西岭，北流，经赵州治东南，下入西洱河尾，名波罗江。

白崖睑江 源出定西岭，东南流，经赵州白崖睑至定边县，入礼社江。

葡萄江 源自浪穹县宁河，经邓川州北至州南，入西洱河，今名弥宜佉江。

澜沧江 源出吐蕃鹿石下，本名鹿沧江，后讹为澜沧，今又讹为浪沧，自丽江经云龙州西南，入蒙化府。

礼社江 源自赵州白崖睑，至楚雄合澜沧江①。

叶镜湖 在云南县北三十里，中有石如镜。

明河宁湖 在浪穹县西北五里，周回五十里，水色如镜。

青海子 在云南县东南一十里，又名青龙海子。

周官些海子 在云南县东北一十五里。

药师井 在府城西，此水造纸极洁白。

救疫井 在点苍山下，相传有疫厉者饮之即愈。

玉泉井 在赵州北一十里，元杨庭撰碑。世祖征南驻兵于此，时久旱，军士咸渴，世祖恳祷，以剑插地，清泉涌出。

关 梁

龙尾关 在点苍山南，其右有石长丈余，名天桥。洱河之水过其下，两崖石险，人不可度，又名石马桥。

迎恩桥 在府城外，一名黑龙桥。

双鹤桥 在府城南，桥柱立二铜柱。

狮子桥 在府城北。

进宝桥 在邓川州遵政乡。

祠 庙

海神祠 在洱海北，南诏异牟寻复唐时立此，示示②不叛叛③之意。城内又有洱河庙。

临安府

山 川

泸 江 在府城南，源自石屏州异龙湖，东流入阿迷州南为乐蒙河，入于盘江。

曲 江 在府城东北九十里，源自新兴州，由嶍峨县、石屏州会诸水至河西县，而东入于盘江。

礼社江 在府城西，流经城南，入纳楼茶甸界为禄丰江，经蒙自县为黎花江，东南注于交阯清水江。

---

① 此处言赵州白崖睑礼社江，至楚雄定边县合澜沧江，入元江府，为元江。明代大旅行家徐霞客认为："余按，澜沧江至定边县西所合者，乃蒙化漾濞、阳江二水，非礼社也；礼社至定边县东所合者，乃楚雄马龙、禄丰二水，非澜沧也。然则澜沧、礼社虽同经定边，已有东西之分，同下至景东，东西鄙分流愈远。"从而辨《明一统志》之误，认为礼社江是东流入元江，而澜沧江上游为样备江、黑惠江。

② 示示 疑衍一"示"字。

③ 叛叛 《清一统志》作"复叛"。

婆兮江 在宁州东六十里，源自澂江抚仙湖，经州境汇于婆兮甸，入盘江。

禄皋江 在河西县西五十里，一名霑夷江，源自新兴州，流经县境东入于曲江。

合流江 在嶍峨县南，一源自新兴州，一源自石屏州，俱至本县合流入于曲江。

亏容江 在亏容甸长官司西五里，源自元江，入境，东经车人寨，出宁远州境。

落矣河 在石屏州西八十里，源自元江府，入境，出亏容甸。

高　河 在宁州东四里，周三百步，久雨旱，不涸溢。

鲁部河 在教化三部长官司西南三十里，源自礼社江，经司境，入黎花江。

异龙湖 在石屏州治东，湖有九曲，周一百五十里，中有三岛，曰孟继龙，曰小末束，曰和龙，其水流为泸江。

通海湖 在通海县北三里，源自河西县，流注为湖，周八十里。相传昔水涝不通，有僧于县治东北石笋丛立处，以杖穿穴泄其水，因名通海。

建　水 在府城南，广五五，今湮塞过半。

莲花池 在府治西，广二里，清澈如鉴，每夏莲开如锦。

玉洁井 在府治东，味甘洌，色如玉洁。

大小龙井 在石屏州治西，二井相邻，合流入于异龙湖。

通　井 在宁州治南，水甚洁，而旱不涸。

火　井 在阿迷州东北三十里，其水溢出于田，常有烟气，投以竹木则火燃，夜则有光。

白龙泉 在府治西北，上跨以桥，其水灌溉甚溥。土人祠其傍，岁旱祷之即雨。其东北有甘泉清冽，汲之不竭。

温　泉 在府治西，水有汤。每春暮，郡人浴三日乃归，谓之祛时疫。又西北十五里及三州四县，县俱有之。

灵　泉 在宁治西，其深莫测，谓有有[①]龙物潜焉。

新生泉 在通海县一十里，可溉田百亩。

龙华泉 在蒙自县废龙华寺内，相传有灵物潜焉，岁旱，取水祷之辄雨。

关　梁

泸江桥 在府治东南。

曲江桥 在府城北九十里。

落矣河桥 在石屏州西八十里。

泰安桥 在阿迷州西三十里。

楚雄府

山　川

龙川江 在府城北，源自镇南州平夷川，东南流，经府城西，合诸水至青峰下，为俄碌川。又东合诸水，经定边，下流入金沙江江[②]。

---

① 有有　此处疑衍一“有”字。

② 江江　此处疑衍一“江”字。

马龙江 在镇南州西南一百八十里，源自蒙化，入境西南流，经碍嘉[1]县东，又东南入于元江。

黑龙潭 在南安州东七里，其深莫测，相传有龙潜焉。

石羊井 在定远县北五里，上有石似羊，人不敢动，动则井水泛溢。

龙　泉 在镇南州南三十里，泓深莫测，岁旱，祷之辄应。

城南堰 在府城南三里，可灌田千余亩。又镇南州有南堰、西堰，可灌田二千余亩。

黄莲池 在定远县东南五里，广二里许，相传有黄莲开其中。

龙马池 在定远县西南五里，方广四里，相传有龙现现[2]于此。

捣练溪 在府城西，宜酝酒。

子甸溪 在镇南州东北，溉田甚多。

关　梁

平山桥 在府城北，跨平山河。

龙川桥 在定远县东黑盐井巡检司前。

陡涧桥 在广通县东七十里舍资巡检司前。

平夷桥 在镇南州西一十里。

白塔桥 在镇南州西三十五里，跨平夷川。

澂江府

山　川

铁赤河 在路南州西四十里，源自陆凉州，经邑市县，过瓦渡龙溪、普双龙溪，至州境西南，又过兴宁溪，下流入盘溪。

巴盘江 源自陆凉州，流经路南州邑市、宜良，入广西府界。

抚仙湖 在府治南，周二百余里，一名罗伽湖，一名青鱼戏月湖，渟蓄清澈，其中多石，东流入盘江。

星云湖 在江川[3]县治南，周八十余里，东流五里，入抚仙湖。两湖相通，鱼不往来。

明　湖 在阳宗县北，一名曰夷休，一名阳宗湖，湖源出罗藏山，下流入元江。周七十余里，两崖陡绝，山水黑色，鱼味甚美。

龙泉溪 在府西一十五里乱石中，流入抚仙湖。

大　溪 源出夹雄山，自新兴州东北流绕西南，过罗麽、奇梨二溪，出嶍峨县，入曲江。

空谷泉 在府治东北，汇而为池。春时颇温，浴之可去痒疴。

双井温泉 在江川县海西村，两井皆温泉，流入星云湖。邑市县治北亦有温泉。

冷水泉[4] 在江川县西北七里，源出西山，流入星云湖。旧邑市县东亦有冷泉。

---

① 碍嘉　原本作“嘉碍”。《明一统志》卷八十六《云南布政司·楚雄府》“建置沿革”记载：“碍嘉县，在府城南四百五十里，本夷僚地，曰虚初。元初置碍嘉千户，后改为县，属威远路。本朝因之，编户一里。”今乙正。碍嘉，今碍嘉镇，属楚雄州双柏县。

② 现现　此处疑衍一“现”字。

③ 川　原本作“州”，据《清一统志》卷三百七十二改。

④ 冷水泉　原本作“泠水泉”，据《读史方舆纪要》卷一一五改。下文“冷泉”同。

北坡泉 在府治北。
西浦泉 在府西十一里。
黑龙泉 在路南州东八里。
莲花池 在新兴州北一十里，下流入于大溪。

关 梁

普济桥 在府西北二里。
清平桥 在府西二里。
海门桥 在江川县东南八里。
玉溪桥 在新兴州[①]治西。
板 桥 在路南州治南。

蒙化府

山 川

阳 江 在府城西，源出甸头涧，过定边县，入澜沧江。
样备江 在府城西一百五十里，源自剑川州，过大理西洱河入境，南合于澜沧江。
澜沧江 在府城西南一百五十里，其南岸有马耳渡[②]。

关 梁

蒙城桥 在府治西。
甸头桥 在府城北六十五里。
样备桥 在府城西北一十五里。

卷八十七

景东府

山 川

澜沧江 俗名浪沧，源出金齿，流经府西南二百余里，南注车里。
大 河 源出定边县阿苴村，合三岔河，经府治东南，入马龙江。
龙 潭 在府北九十里，岁旱祷雨[③]有应。
笕 泉 源出蒙乐山，以竹笕引入卫城，凿池潴之，上覆以亭。

关 梁

通华桥 在府治北，跨通华河。

广南府

山 川

西洋江 在府城南八十里，源出本府板郎山、速部山、木玉山，三流相合，东南入

① 新兴州 原本作“新州州”，据《明一统志》卷八十六《云南布政司·澂江府》“建置沿革”改。
② 马耳渡 原本作“马耳坡”，据《读史方舆纪要》卷一一八改。
③ 雨 原本作“南”，据《清一统志》卷三百八十九改。

于田州府右江。

南水溪 在富州东三十里，源出花梁山，其水尚温。

南汪溪 在富州治西，源出麻卯山暨僻令山，流至州南，合南水溪，东行至石洞，伏流十五里，复出入于右江。

广西府

山 川

巴盘江 一名潘江，自澂江府入境，东南流，经师宗州及府之西境，西南至弥勒州，东注普安州界。

巴甸江 源出弥勒州治西北，南流数里，而东入盘江。

矣邦池 在府治南，周三十余里，半跨弥勒州界，水源有二，一出阿卢山麓石窍，一出弥勒州吉双乡，南流入盘江，中有小山，建广福寺。

八甸溪 在弥勒州治北，其源有三，一出阿欲山，一出旧村，一出北倾山。至州治东，合流南入盘江。

山 湖 在弥勒州境内，产大鱼。

关 梁

玉津桥 在弥勒州治南，跨八甸溪。

镇沅府

山 川

杉木江 源出者乐甸，流经府治南，下流入威远州界，江岸多产杉木。

马涌江 源自纳楼茶甸，经禄谷寨东，下流合南浪江。

南浪江 源出纳罗山，经禄谷寨南，下流入宁远州界。

永宁府

山 川

勒汲河 源出西番，流经府治北，东入盐井卫界。

泸沽湖 在府东三十里，周三百里，中有三岛。

鲁窟海子 在干木山下，周回一百里，中有小山，名水寨。

罗易江 源自浪蕖州，北流过府境。

顺宁府

山 川

澜沧江 在府城东北七十里，源自金齿，东南流，经本府入景东府界，石齿嶙峋，波涛汹涌，实为险阻。

漾备江 在府城东北一百八十里，源自蒙化府，流经府界东南，混流百里，合于澜沧江。

顺宁河 在府城东，源出甸头村山箐，流入大侯州孟祐河。

西添河 在府城西北五十里，源出喻甸都瓮村。

温　泉　有二，一在阿柱村，一在西添村，水皆如汤沸。

曲靖军民府

山　川

潇湘江　在府城南，源出马龙州木容箐溪。

白石江　在府城北八里，本朝洪武十四年，西平侯沐英征云南，闻元司徒平章达里麻拥兵十余万屯曲靖，遂进师至白石江，与之大战，擒达里麻，俘甲士二万于此。

盘　江　在霑益州，有二源，北流曰北盘江，南流曰南盘江，环绕诸郡，各流千余里，至平伐横山寨合焉，州据二江之间。

交　河　在霑益州南一百八十里，合盘江、蜡溪二水，故名。

东　河　在马龙州治东。

西　河　在马龙州治西，东流，合东河，入寻甸军民府界。

中涎泽　在邱雄山下，源自南盘江，经府东南，合潇湘江，至是汇焉，十八泉与南涧皆注其中。

喜旧溪　在罗雄州，源出龙甸村，流环州境，西至普安州，入盘江。

灵　泉　在马龙州西南三里，水色清碧，民赖灌溉之利。

关　梁

白石江桥　在府城北八里。

石堡山桥　在府城南二十里。

阿幢桥　在霑益州南一百八十里。

城南桥　在陆凉卫城南。

镇夷桥　在越州卫南。

姚安军民府

山　川

青蛉河　旧名三窠戍江，源出三窠山，流至府南四十里，潴为石地湖，周广二百余亩，分为东泅溪、西泅溪，灌溉田亩，至府城北，复合流至大姚县南，复东入金沙江。

大姚河　源出书案山，西流至大姚县西北，合铁索箐之水，又南流至县西南，合姚州小桥村之水，又东流绕县南，复东北入于青蛉河。

龙蛟江　在大姚县北一百二十里，今名苴泡江，源出铁索箐，合姚州之连场、香水二河，入金沙江。

七　淜　在府城西南，土人称陂堰为淜，凡七，皆前代所筑，潴水以灌田，民甚赖之。

金龟井　在府城西一十里，其水清冽，土人皆汲之。

关　梁

青蛉桥　在姚州治西北。

迎春桥　在府城北一百二十里。

承恩桥　在大姚县治南。

鹤庆军民府

山 川

漾共江 源出丽江，经州东南至龙珠山，入石穴复出，注金沙江。

剑川湖 在剑川州西北七十里，山顶有泉，广可半亩，流注州东为此湖，周数十里，绕流罗鲁城，出赵州境。

牛甸湖 在顺州东二里。

温 泉 在府城东南三十里，每岁三月，郡人有痞疾者浴其中。

关 梁

玄化桥 在府治西南玄化寺前。

济川桥 在剑川州南一十里，跨剑川湖。

乌铺桥 跨乌铺山溪涧。

武定军民府

山 川

金沙江 源出吐蕃共龙川犁牛石下，流经丽江、鹤庆二府，至本府北界，又东入黎溪州，蒙氏封为四渎之一。

西溪河 源出镇南州，经楚雄至元谋县之西境，下入金沙江。

惠媚湖 在府城西北八十里，湖方五里，茂林佳木，掩映其傍，水色清碧，深不可测，叶落其中，有青鸟辄衔去，土人以为有神。

香水泉 在府城南二里，其泉春时则香，土人于二三月具酒肴祭之，然后汲焉。

掌鸠水 在故石旧县，其水绕县三面，凡数十渡。

勒夷水 自故南甸县境，北流入金沙江。

寻甸军民府

山 川

阿交合溪 旧名些丘溢派江，其源有二，一出嵩盟州，一出马龙州，至府东南十五里，合流入霑益州界。

车 湖 在府城西三十里，一名清水海子，周广四里，四围皆山，有灌溉之利。

温 泉 在府城南五十里，俗呼热水塘。

磨浪水 在废为美县西三十里。

龙吸水 在废归厚县东一百里。

关 梁

迎恩桥 在府城南。

通靖桥 在府城东二十里，跨阿交合溪。

温泉桥 跨温泉下流。

丽江军民府

山　川

金沙江　古名丽水，源出吐蕃界犁石[①]下，名犁水，讹犁为丽，流经巨津、宝山二州，江出沙金，故名。元宪宗三年征大理，从金沙济江即此。

澜沧江　源出吐蕃嵯和歌甸，流经兰州西北三十里，东汉永平中，始通博南山道，渡澜沧水即此。

清　溪　其源有二，一出东山，一出雪山。至东圆里，合流绕府城前，灌溉之利甚溥。

白石溪　在兰州治南，中多白石。

关　梁

铁　桥　在巨津州北，桥之建，或云吐蕃，或云隋史万岁及苏荣，或云南诏阁罗凤。后异牟寻置，归唐时断之，以绝吐蕃。其处有铁桥城，吐蕃尝置铁桥节度于此。

元江军民府

山　川

礼社江　一名元江，源自白崖江，合澜沧江，流绕府城东南，入南安州。

温玉泉　在府城西北一十五里石间，迸出如汤。

关　梁

混龙桥　在府城西四十里，跨崀峩河。

古　迹

风伯雨师坛　在府城西，有五小石，土人皆贴以金，遇旱祷雨于此，松柏茂郁，若仙境然。

永昌军民府

山　川

和邱山　在永平县西三十里，高可千余仞，云合即雨。东麓一潭，四时澄澈，流为木里流河。西麓有泉，流为曲洞河。

博南山　在永平县西南四十里，一名金浪颠山，一名丁当丁山，极为险隘，乃蒲蛮出没之所。昔南诏遣将军征缅回师，多赍[②]金宝，经此山遇盗，将军死之，后立祠，曰“金浪颠山神祠”。北麓有泉，流为花桥河。

罗武山　在永平县东北一百一十里，山半有泉，胜备江发源于此。

横岭山　在永平县东北一百三十五里，山极陡峻，驿路经其上。其西有泉，下流为九渡河。

凤溪山　在凤溪长官事东，东西有二泉，合流为凤溪。

---

① 犁石　前“武定军民府”作“犁牛石”。

② 赍　携带。原本误作“齎”，据上下文意改。

秀岩山　在施甸长官司东南二里，小罗窑河源出于此。

澜沧江　经府城东北八十五里罗岷山下，汉明帝兵开博南，行者愁怨，作歌曰“汉德广，开不宾。度博南，越澜津。渡澜沧，为他人。”渡处旧以竹索为桥，后废。本朝洪武末，镇抚华岳铸二铁柱于两岸以维舟。

银龙江　在永平县东，守御城跨其上，源自上甸里，合木里场河，又南合曲洞河，又东南过萨佑河、花桥河，又东南入澜沧江。

胜备江　源出罗武山，南流，经永平县东南境，合九渡、双桥二河至蒙化府，合漾备江。

潞　江　旧名怒江，源出雍望，经安抚司之北，两岸陡绝，瘴疠甚毒，夏秋不可行，蒙氏封为四渎之一。

清水河　一出本府阿隆村①；一出甘松坡下，合流至安抚司城东北，合凤溪、郎义河②，又至府城东南，合沙河诸水，入于峡口洞。

沙木河　源自顺宁府，经府城东北百余里，西北入澜沧江。

坪市河　一出甸头山，一出石甸寨，合流经施甸西，又南，合蒲缥寨涧水，经新栅山口，从陡崖飞下，下流入于潞江。

光明井　在府城东五里。唐大历间，井傍见三角牛、四角羊、鼎足鸡，井中有火烛天，南诏遂塞之。

龙　泉　有二，一在府城北郎义村，析为三派；一在上丛村，皆有灌溉之利。

易罗池　在府城南，周三百余步，源自池底涌出。相传昔有妇沙壶触沉木而感孕，生九子，即此池也。

大诸葛堰　在府城南一十五里，其东有东岳堰及小诸葛堰，皆有灌溉之利。

甸尾堰　在府城南三十里，周广二里。

关　梁

众安桥　在府城南七里，跨沙河。

北津桥　在府城北二十里，为屋其上。又东十里有东津桥，皆跨清水河。

凤鸣桥　跨沙木河。

太平桥　跨银龙江，其东北又有安定、通市二桥。

北胜州

山　川

陈海　在州南四十里，周八十里。相传本陆地有姓陈者居此，一夕沉为海，故名。

金沙江　源自丽江府，由西而东环州治，一名丽江，即古丽水也。

桑园河　源自云南县，经州西南百五十里桑园村，下流入金沙江。

龙　潭　在州西十五里，泉有九眼，溉田万余亩，下流入金沙江。

春水泉　在州西北五里，水清白，每岁三月，居民携酒馔赴泉畔为宴乐，汲泉和盐、梅诸物饮之，谓之吃春水。

---

① 阿隆村　《读史方舆纪要》卷一一八、正德《云南志》卷十三、《滇系》五之二《山川系二》“永昌府保山县”均作“阿隆村”。

② 郎义河　《滇系》五之二《山川系二》“永昌府保山县”误作“节义河”。

温　泉　有二，一在州南枯木村，一在州南沙田村。

呈　湖　在州南五十里，灌田百余亩，下流入金沙江。

关　梁

桑园桥　跨桑园河。

延寿桥　在州治西，跨四城乡之小溪。

新化州

山　川

摩沙勒江　源自大理白崖城，流经本州东南八十里，东注元江，入交趾界。

者乐甸长官司

山　川

景来河　源自景东府，流经本甸，下入马龙江。

澜沧卫军民指挥使司

山　川

罗易江　源出蒗蕖州东，合数溪，北流入永宁府。

白角河　源出绵绵乡，经白角乡，入西蕃界。

关　梁

白角桥　跨白角河。

腾冲军民指挥使司

山　川

土　山　在司城北一十五里，上有龙池，周五十余丈，下亦有龙池，池傍金轮寺，有圆石一尺余，相传昔高僧摩伽陀所遗，天旱祈雨，以石浸此池则雷雨，他池则无验，名“济旱池”，一境赖之无旱。

高黎共山　在司城东北一百二十里，一名昆崙冈，夷语讹为高良公山。极高峻，介腾冲、潞江之间，冬月潞江无霜，其山顶霜雪极为严沍，蒙氏封为西岳。其顶有分水泉，极清冽，行者或掬饮之。

大盈江　有三源，一出赤土山，流为马邑河；一出䢵龍山，滀为小湖，流为高河；一出罗生山，流为罗生场河，绕绕司城，自东而北而西。三水合为大盈江，又名大车江，南入南甸州，为小梁河，至干崖为安乐河，西流为槟榔江。

龙川江　源出峨昌蛮地七藏甸，经越甸傍高黎共山北渡口，古有藤索桥，下流至太公城，合大盈江。

温　泉　有四，一在城北马邑村，一在城东南大洞村，一在城南城左冲村，一在城西缅箐村。水沸如汤，人多浴之。

半月池　在司城北七里，周五十丈。

大车湖　在司南，湖甚广阔，中有山，远观之，真琼浪中一点青也。

关 梁

大盈桥 跨城西大盈江。

藤 桥 有三[①]，一在龙川，一在尾甸，一在回石。俱跨龙川江，盖江水湍急，难以木石为之，编藤为桥，系于岸树，以通人马。

车里军民宣慰使司

山 川

沙木江

木邦军民宣慰使司

山 川

孟养军民宣慰使司

山 川

缅甸军民宣慰使司

山 川

金沙江 《郡志》：地势广衍，有金沙大江，阔五里余，水势甚盛，缅人恃以为险。

八百大甸军民宣慰使司

山 川

老挝军民宣慰使司

山 川

大古剌军民宣慰使司

山 川

麓川平缅军民宣慰使司

山 川

底马撒军民宣慰使司

山 川

孟定府

山 川

---

① 三 原本作"二"，据文意当为"三"，今径改。

孟艮府

山　川

南甸宣抚司

山　川

小梁河　在司东北三十里，源有二，一出腾冲赤土山麓，一出腾冲缅箐山麓。至此合为一，西南流至干崖为安乐河，而合于大盈江。其在司境，流经南牙山西南，又谓之南牙江。

孟乃河　在司东南一百七十里，即腾冲龙川江之源。

大盈江　源自腾冲，流至司境，过镇西，入缅甸。

干崖宣抚司

山　川

云晃山　在司南一十五里，上有瀑布泉，即云晃河之源也。

白莲山　在司北六十里，中有一峰，林峦耸拔，土官居其麓，下有白莲池。

云晃河　在司治南，源出云晃山，下流与云笼河合，灌田千余亩。

安乐河　源出腾冲，经南甸，迤逦至云笼山之麓，亦名云笼河，沿至司治北折流而西一百五十里为槟榔江，至北苏蛮界，注金沙江，入于缅中。

止西河　在司东北三十里，源出云笼山，流十五里，与云笼河合。

陇川宣抚司

山　川

汤　泉　从石罅流出为河，热如沸汤。

威远州

山　川

南堆江

谷宝江　自遮遇甸流至州境，下流合澜沧江。

湾甸州

山　川

镇康州

山　川

大侯州

山　川

澜沧江　在蛮弥山东南之麓。

孟祐河　在州治东。

孟赖河 在州南八十里。

钮兀长官司

山 川

孟琏长官司

山 川

茶山长官司

山 川

麻里长官司

山 川

芒山长官司

山 川

麓川江 在司西，源出峨昌蛮境，流至司境，又至缅地，合大盈江。

金沙江 源出青石山，流入大盈江。

大车江 源自腾冲，流经青石山，下流至江头城，名大盈江，入缅地蒲甘城界。

〔据明李贤等撰《明一统志》卷八十六至卷八十七《云南布政司》（台湾商务印书馆影印文渊阁《四库全书》本第四七二册）第803－851页辑录。〕

钦定大清一统志

卷三百六十九

云南府

山 川

滇 池 在昆明县南、呈贡县西、晋宁州西北、昆阳州北，一名滇南泽，亦曰昆明池。《史记·西南夷传》：楚威王时，将军庄蹻至滇池，地方三百里，旁平地肥饶数千里。《汉书·地理志·滇池县》：大泽在西，滇池泽在西北。《后汉书·西南夷传》：此郡有池，周回二百余里，水源深广，而末更浅狭，有似倒流，故谓之滇池。《三国·蜀志》：诸葛亮征南中，至滇池。《水经注》：池中有神马，家马交之则生骏驹。《九域志》：滇池，周广五百里，盘龙江、黄龙溪诸水之所汇，池中有二岛，曰大、小卧纳，下委为螳螂川。《元史·地理志》：昆明池，五百余里，夏潦必冒城郭，张立道为大理等处劝农使，求泉源所自出，泄其水，得地万余顷，皆为良田。《滇纪》：滇池，受邵甸牧羊山诸泉及黑白龙潭、海源洞诸水，会为巨浸，而泄于稍西一小河，又折而北，不见其去，故又为滇海。《通志》：去府城西南八十里，曰海口，与昆阳州接界，即螳螂川之口也，滇池潆回至此，惟此一河泄之，若咽喉然，沿海财赋，岁以万计，利害由其通塞。《府志》：明初傅友德、沐英驻云南，皆事屯田，资滇池灌溉之利，弘治十四年，抚臣陈金浚治之，自此岁一疏浚，在田赋正供，谓之海夫。本朝雍正九年，总督鄂尔泰题明于盐余项下酌留银两，以作岁修之费，不用则存贮，如届大修，确估不敷，动支司库铜息，与盘龙江等六河俱责成水利同知经理。

盘龙江 在昆明县东五里滇池之上源也，一名滇池河，源自嵩明州故邵甸县之东山、西山，凡九十九泉，合流经府城东，又南入滇池。

大城江 在宜良县东，源自澂江旧杨宗县①，北流入县界，经县西北，东入大池江。按：《舆图》有杨宗海，在杨宗废县北，东北流，绕宜良县西北，经汤池塘南，而东入八达河，即此水。

大池江 在宜良县东五里，一名盘江，一名大河。从曲靖府陆凉州西流入境，经县东南流六十里，出县界，入澂江府界，谓之铁池河。《通志》：有大赤江，在宜良县北五里，源出杨林花鱼潭，东入大池江。按：《舆图》即八达河，其下流为南盘江。

龙巨江 在嵩明州南，一名龙济溪，源出曲靖府寻甸州西南果马山，南流入境，至州东南入嘉利泽，又东经河口北，东北流入寻甸州界。

星宿江 源出罗次县北二十五里之百花山与和曲分界处，南流，经禄丰县北，与金水河合，曰星宿江。又南流，经县西南至易门县西北，曰九渡河。又南流至县西南，与易江水合，曰绿汁江。又西南流入元江州新平县界，又折而西入楚雄府南安州界，南入元江州。按：《通志》禄丰县城北五里有东河，出罗次县分水岭至县入星宿江，亦星宿江之一源，而江名不一，亦曰大溪，亦曰大河，亦曰九渡河、绿汁江，实因地异名耳。

易　江 在易门县东十五里，自罗衣岛入绿汁江。

绿水河 在昆明县祖遍山之左，流出城东，又南入滇池。

金稜河 在昆明县东十里，源自杨花坝。元赛音鄂德齐沙木思迪音筑堤，分盘龙江水由金水山麓流经东乡灌田，堤上旧植黄花，故名。今土人呼为金汁河。《滇说》：大理段素时筑春登、云津二堤，分种黄、白花其上，有绕道金稜、萦城银稜之目，即指此及银稜河也。赛音鄂德齐沙木思迪音，旧作赛典赤赡思丁，今改正。

银稜河 在昆明县西十里，引乌龙潭水由商山麓流过沙浪里南。旧时堤上多白花，俗呼银汁河。《府志》：明弘治中，尝浚金稜、银稜二河，亦谓之东、西沟。

宝象河 在昆明县南二十里。《名胜志》：源出上板桥，分泻金稜河水至官渡，入滇池。

邵甸河 在嵩明州西六十里，河有泉源二，皆发曲靖府寻甸州梁王山西北。一自牧羊村历核桃村至高仓，一自屈泽屯至高仓，二水交流，至回黎湾松花坝，甃石遏流，入于盘龙江，又南汇为昆明池。《通志》：有牧样水，源出嵩明州乌纳山之牧样涧，西南入邵甸河。

大堡河 在晋宁州西，源出澂江府新兴州界，经州之永兴乡，分流入于滇池。

洛龙河 在呈贡县北十里，源从黑、白二龙潭流出，民资灌溉，下流入滇池，上有

① 杨宗县　《明一统志》卷八十六、《云南水道考》卷一、《读史方舆纪要》卷一一五皆作“阳宗县”，下文“杨宗海”皆作“阳宗湖”。

石室。

利资河　在安宁州旧三泊县北，河流自北而南交汇于县，复流入于滇池。《州志》：旧三泊县南有望洋、鸣蚁、利资三河，萦抱县治，为三泊溪，其县得名以此。

金水河　在罗次县南，源自九戍山，北流经县西，复折而南流，经禄丰县界，合星宿河。

青水河　在禄丰县西南平山东二十五里。

螳螂川　在富民县东，即安宁河、滇池之下流也。自滇池潆流安宁州境，又东北入县界，又北历武定州禄劝县境为普度河，入金沙江。《晋书·王逊传》：李骧等寇宁州，逊使姚崇、爨琛拒之，战于堂狼，大破骧等。按刘文徵《滇志》谓螳螂川在县东，安宁河在县西南者，误。

渠滥川　在昆阳州东南五里，东北流入滇池。隋开皇中，史万岁至渠滥川，破蛮落三十余部，即此。

龙泉水　在富民县西五里，其旁有祠，以镇怪龙。

洟札郎水　在富民县北十里，西入大溪。

农纳水　在富民县北五十里，源出武定州界，西南流入大溪。

沙摩溪　在罗次县西，自富民县流入县界，南达禄丰县，为大溪。

西　湖　在昆明县西南滇池上游，即《九域志》所云积陂池也，俗呼曰草海子，又曰青草湖。旧《志》：湖中蒲藻长青，川禽翔集，多产衣钵莲花，皆千叶。《通志》：内有近华浦，为滇名胜。本朝康熙二十九年，巡抚王继文构亭其上，曰涌月亭。

嘉利泽　在嵩明州东南二十五里，众水交会，周百余里，即杨林泽也，或谓之杨林海子，又谓之罗婆泽。《通志》：流入寻甸州，为牛阑江。按：《舆图》下流为车洪江，当即牛阑江别名。

交七浦　在晋宁州旧归化县东北二十里，广二十余亩，滇池下流。

金鲤潭　在呈贡县东北旧归化县南六里。《州志》：其地旧为平原，恒苦旱。明隆庆六年，水涌成潭，金鲤游泳于其中，遂为一方灌溉之利。

九龙池　在昆明县城内，其地蔬圃居半，故又曰菜海子。平为稻田，下为莲池，沿五华之右，贯城西南汇于盘龙江，达滇池。明沐氏有别业在其上，曰柳营。

鸳鸯池　在昆明县西二十里聚仙山下，其水流入清水河为内池，入滇水为外池。

黑鱼池　在昆明县东北二十五里，一名黑龙池①，深不可测，中有儵鱼，人莫敢取。旁有龙祠，祷雨辄应。其东南有白龙池，在城东北十余里，流入银汁河。

瀑布泉　在昆明县西三十里宝珠寺后。

龙　泉　有四，一在昆明县西南碧鸡山下，洞内有金线鱼，故又名金鱼泉；一在昆明县西勒甸村山中，水分青、白色，上有祠；一在昆明县北商山下，湫旁有祠，祠西有亭，扁曰第一泉；一在故杨林县西。

对龙泉　在嵩明州西，两泉相对百余步，合流入嘉利泽。

温　泉　在安宁州北十里，亦名碧玉泉，一名汤池。《滇略》：滇温泉至多，而州之

① 黑龙池　原本作“黑龙江”，据《明一统志》卷八十六改。《读史方舆纪要》卷一一四作“黑龙潭”，今亦名黑龙潭。

碧玉泉为冠，四山壁立，中为石坎，飞泉注焉。[①] 白云时起，水底可拾针芥。明杨慎云温泉在安宁州白崖、德胜间，浪穹、宜良、邓州、三泊凡数十处，而安宁为最，清澈见底，垢自浮去不积。旧有人见其窍出丹砂数粒，乃知其下为丹砂。

海眼泉 在安宁州北十五里。《明统志》：水一日三潮，随涌随涸。旧《志》名圣水泉，在温汤之右一里曹溪寺左。又曹溪寺右一里，有龙泉喷沫而上，莹澈如明珠。

石洞泉 有二，一在昆阳州，山有三洞泉，出会而为潭，中有青白大鱼，俗呼随龙鱼，人不敢捕；一在嵩明州。

龙 淙 在昆明县西二十里，《府志》旧名白龙泉。本朝康熙二十二年，总督范承勋易今名，有龙淙石屋、听瀑楼、墨雨庵、一草亭、宛转溪、石香桥、颠丈、卧石、小巫峡、小龙湫诸胜。

汤池渠 在宜良县西南三十五里。明洪武中，黔国公沐英于云南广开屯田，汤池旧为沟塍，广不盈尺，英令同知王俊因山障隄，凿石刊木，别疏大渠，泄于铁池，其袤三十余里，阔丈有二尺，深称之，灌溉农田，大旱不竭。

清水塘 在宜良县东十五里，溉尖山一带民田。相近又有潢水塘，塘低用水车引之溉田。

堰 塘 在晋宁州界印山左，本朝康熙十一年修筑，山田资以灌溉。

红莲沼 在富民县治东南，泉常涌出，荷花烂漫，上有神龙祠。

清侯井 在昆明县城内。《滇考》：大理时，高智昇领鄯阐牧，建宅于五华山下，凿井得泉，因号"清侯"。

阐西井 在昆明县城内，濯丝织锦，鲜明异于他水，一名阐侯井。又东城外有茜红井，其色殷然，可以染红。

盐 井 在安宁州西，有大井、石井、河中井、大界井、新井，俱产盐。《汉书·地理志》：连然有盐官。《华阳国志》：连然县有盐井，南中所共资。《唐书·南蛮传》：安宁州城有五盐井，人得煮鬻自给[②]。《滇程记》：安宁民食马蹄盐，盐产象池井，明嘉靖中，复浚新井，名曰连然新井，杨慎为之记。按：《唐书》何履光、李宓争安宁，皆以盐井为重。

津 梁

溥润桥 在昆明县东门外，旧名至正桥，本朝康熙三十五年修。

迎仙桥 在昆明县东鸣凤山麓，明万历中建。

云津桥 在昆明县东二里许，跨盘龙江上，本名大德桥。明洪武中修建，以其当云南之要津，故更今名。

翰林桥 在昆明县南坝，本朝康熙二十二年重建。又有永济桥，在松华山麓，锁盘龙江之上流。

永定桥 在富民县南数十步，跨大河，高数丈，上覆瓦屋二十楹，旁有窗壁，旧称天河桥。又有者北桥在县北四十里。

---

① "滇温泉至多，……飞泉注焉" 此句，明谢肇淛《滇略》卷二《胜略·安宁碧玉温泉》作"滇温泉至多，而安宁州之碧玉泉为冠，在城北十里许。四山壁立，中为石凹，飞泉注焉。清可鉴发，香可瀹茗，有坐石正方，碧色如玉，故名。"李春龙、刘景毛主编《正续云南备征志精选点校》，云南民族出版社2002年版，第219页。

② "安宁州城有五盐井，人得煮鬻自给" 此句，《新唐书》卷二二二上《南蛮传》作"初，安宁城有五盐井，人得煮鬻自给。玄宗诏特进何履光以兵定南诏境，取安宁城及井，复立马援铜柱，乃还。"中华书局1975年版，第6270页。

通衢桥　在宜良县城东门外。又通济桥，在县南。

安正桥　在宜良县北一里大闸水口。

太平桥　在宜良县北一里，通陆凉卫。

飞虹桥　在嵩明州东五里。又嘉利桥，在州东四十里。

思利桥　在晋宁州南二里。

通利桥　在呈贡县北二里，明弘治中建。

东　桥　在安宁州城东门外，跨螳螂川，一名永安桥，明弘治中重修。

昌应桥　在安宁州东二十里，明万历中建，后圮。本朝康熙八年重修。

天津桥　在安宁州东南里许，明万历中建，旧名沙河桥。本朝康熙二十三年重修，改今名。

新　桥　在罗次县东七里，本朝康熙十年建，甃石架木，覆屋三楹。

启明桥　在禄丰县南十五里。

普济桥　在昆阳州城南门外，明万历中建。

石龙桥　在昆阳州北三十五里，为迤西通道，本朝康熙七年建。

易川桥　在易门县东八里。又东七里，为易江桥，地名江渠。

堤　堰

松花坝　在昆明县东北，元赛音鄂德齐沙木思迪音经画水利，筑坝分水，一为盘龙江，一为金汁河，并修建六河诸闸，溉田万顷。一为盘龙江八闸，曰铜牛闸、南坝闸、小坝闸、四道坝闸、永昌河闸、堕直闸、王公闸、小西门闸，即松花坝南流之派数十里，入昆明池。一为金汁河七闸，曰戴金箔闸、大韩冕闸、小韩冕闸、桑园闸、金稜闸、燕尾闸、小坝闸，即松花坝东流之派。一为银汁河六闸，曰倮㑩闸、王公偃闸、白龙潭闸、小营闸、文殊寺闸、王俊闸，即白龙池所发顺流而下者。一为海源河四闸，曰左闸、右闸、中闸、鸡舌尖闸，其水由黄龙潭发源，与银汁河同流。一为宝象河六闸，曰石坝闸、杨林沟闸、响水闸、鱼龙村闸、土桥闸、斗舌尖闸，其水由府城东南老雀桥发源，与海源河同流。一为马料河四闸，曰猪圈坝三闸、光村闸、新村闸、秧草闸，其水由东南白土村发源，与宝象河同流。本朝康熙五年，抚臣袁懋功疏请岁支盐课，随时增修。二十二年，抚臣王继文又题请岁筑，自是水利尽复。赛音鄂德齐沙木思迪音，译见前。

石　坝　在富民县西，引安宁河水分二渠以溉田。本朝顺治十八年重修。

大　坝　在呈贡县东五里，其水来自黑、白龙潭，溉田千顷。本朝康熙十一年重修。

小禄丰坝　在罗次县南，秋冬蓄水，春夏溉田。本朝康熙九年，知县马光筑石堤。

旧县坝　在罗次县南二十五里，坝周一里，蓄泄以时，为阡陌之利。

黑龙潭坝　在禄丰县东，初筑于潭之下流，后改筑上流，灌溉甚溥。

清水坝　在昆阳州西。

唐家闸　在宜良县东三里。县东有大闸，障九龙池水。有小闸，障白龙潭水。唐家闸，总东大、小二闸之水，溉田万顷。

分水石闸　在晋宁州西北，本朝康熙十年修浚，溉田甚广。

文公堤　在宜良县北十里，水自汤池流入大赤江。明嘉靖中，修筑水硐七十二所，土田赖以灌溉。

祠 庙

黑水祠 在昆明县城内东南隅。《汉书·地理志》：滇池，北有黑水祠①。《府志》：元时载入《祀典》，一称大灵庙。

盐泉神祠 在安宁州善政坊。

文齐庙 在昆明县东，祀汉益州太守文齐②。《后汉书·西南夷传》：光武徵齐为镇远将军，道卒，诏为起祠堂，郡人立庙祀之。

卷三百七十

曲靖府

山 川

阿幢河 在南宁县北二十五里，一名腊溪水，源出龙华山，与交河汇流。

双 河 在南宁县北三十里，源发岩口，流入阿幢河。

八达河 源出霑益州花山洞，南流，经南宁县东北，为潇湘江，又南至陆凉州，汇为中埏泽，折而西为大赤江，入云南府宜良县界。《通志》：有南河，在南宁县东二十里，众水所汇，下达陆凉。按：八达河上承霑益交河之水，下达陆凉，旋绕府城，会潇湘、龙潭诸水，实一府之巨浸。《通志》以为在罗平州东南九十里。查罗平州东南，系贵州普安州界，不与霑益、陆凉诸州接壤，八达河应在罗平州西，即所谓南盘江也，不应在东南境，而《通志》所载南河源流，与八达河颇相合，疑南河即八达河之误。

交 河 在霑益州南一百七十里，自花山洞发源，经州东北，会腊溪之水，注潇湘江。

块泽河 在罗平州东六十里，自旧亦佐县流入，会矣则江、大渡河诸水，入八达河。

大渡河 在罗平州西南二里。冯甦《滇考》：宋王全斌平蜀，以滇图进，太祖鉴唐之祸起于南诏，以玉斧画大渡河，曰此外非吾有也。由是云南不通中国。

东 河 在马龙州南。又有西河在州西，一名九曲河，东流合东河，入寻甸州界。

螳螂河 在寻甸州北五里，源出白龙洞，磨浪水流合焉，亦名龙洞渠，俗名兔儿河。

可渡河 在宣威州北一百二十里，自贵州威宁州西流入，又东南流入云南府界，为滇黔交界、川陕入滇要路。

木冬河 在宣威州东北一百五十里，即拖长江与可渡河交会，入盘江。

潇湘江 在南宁县南，源出马龙州木容箐溪，绕胜峰山下流入县境，至陆凉州，过石门山，会广西州、师宗县水，达南海。《通志》：夏秋水泛，有洞庭、潇湘之势，故名。按：交河、八达河、潇湘江、南盘江，实一水也。在霑益发源之处曰交河，会腊溪诸水注府城，东北曰潇湘江，至陆凉州曰八达河，经罗平州西北曰南盘江，盖随地而异名也。

---

① 滇池，北有黑水祠 《汉书》卷二十八上《地理志第八上·益州郡》作"滇池，大泽在西，滇池泽在西北。有黑水祠"。中华书局1964年版，第1601页。

② 文齐 《清一统志》卷三百六十九《云南府·名宦》："广汉人，王莽政乱，益州郡夷栋蚕等起兵，杀略吏人，因以齐为太守，造起陂池，开通灌溉，垦田二千余顷。率厉兵马，修障塞，降集夷，甚得其和。及公孙述据益土，齐固守拒险，述拘其妻子，许以封侯，齐竟不降。闻光武即位，乃间道遣使自闻。蜀平，征为镇远将军，封成义侯，于道卒，诏为起祠堂，郡人立庙祀之。"台湾商务印书馆影印文渊阁《四库全书》本第四八二册，第558页。

《通志》：又有北盘江，在宣威州北一百二十里，自贵州威宁州东南流入州界，又东合于南盘江。

白石江 在南宁县东北八里，源自马龙州界，经此东南，合潇湘江。《滇考》：明初傅友德、沐英等征云南，擒元平章达尔玛于此。有白石江桥跨其上。达尔玛，译见前。

矣则江 在罗平州东北六十里，与块泽河合流，入南盘江。

宁革江 在寻甸州南款庄马，西流入云南府昆明县界。

勺诺江 在宣威州东三十里，东南流入北盘江。

车翁江 在宣威州西一百六十里，一名车洪江，上流为牛栏江，自云南府嵩明州流入，北流入东川府境。

清溪水 在平彝县南二里，少西有十里河，合清溪水，入罗平州界。

雅扒箐水 在宣威州西南，州城倚以为堑，北流入车翁江。

东海子 在南宁县东五里，轮广五十余里，夏秋霖雨，浩淼无际。

多罗海子 在平彝县西十三里，广六七里。

太液湖 在罗平州北一里。

车　湖 在寻甸州西三十里，一名清水海，四面皆山，其水澄碧，中产嘉鱼。

傥俸溪 在南宁县西，其源出勇克山，流经此，有九湾绕城而流。

喜旧溪 在罗平州东南，源出州西南龙甸村，环流州境，下流入盘江。

黑龙潭 在南宁县东二十一里，旁有石洞，其上怪石巉岩，林木茂密，潭水泓深，资以灌溉。

龙　泉 在南宁县南十里，泉分两派，灌溉之利甚多。

温　泉 在南宁县南分秦山下，阔二丈许，沸如汤。

珍珠泉 在南宁县北门外，水色澄澈，有泡如珠，累累浮水面。

灵　泉 在马龙州西南三里，水色清碧，引流灌溉。

中埏泽 在陆凉州东南邱雄山下，潇湘江诸水至是汇而为泽，州境十八泉与南涧诸水皆注之。

南　涧 在陆凉州西北，东南注于中埏泽。

冷水塘 在寻甸州东五里，俗名矣部乌泉，发源七里桥，分二派入车翁江。

双　井 在南宁县北，一井两窍，相传诸葛亮所筑。

小龙井 在马龙州东三里。又大龙井，在州南三里。

凉水井 在马龙州南五里。

津　梁

箐口桥 在南宁县东八十里，一名魏家墩桥。

澄清桥 有三，一在南宁县东南七里为中桥；一在南宁县西九里为上桥；一在南宁县西三岔关为下桥。俱明弘治中建，本朝康熙九年重建下桥，又名济众桥。

石堡山桥 在府治南二十里，跨大河。

潇湘江桥 在南宁县南，跨潇湘江，明景泰中建。

白石江桥 在南宁县北八里，跨白石江上，明洪武中建，本朝康熙十一年重修。

新　桥 在南宁县北二十里，驿道所经。

砥道连虹桥 在南宁县北八十里，地名小路口。夏秋水涨，沙岸冲决。明万历中，经历李廷倡众筑堤四百丈，石桥三门泄水，行者称便。

迎恩桥 在南宁县北双沼之间，有闸，明洪武初建。又有迎恩桥，在寻甸州城南，旧为木桥，明成化二十三年易以石。

中政石桥 在南宁县西南二十里，水通潇湘江源，本朝康熙六年建。

柳家坝桥 在南宁县东北五里。

石龙桥 在霑益州东半里。

山塘桥 在霑益州南一百七十里，自塘溪山水经其下。

阿幢桥 在霑益州南一百九十里。又太平桥，去阿幢桥三十里，长八十尺，阔二十尺，交河水经其下。

衍嗣桥 在霑益州南，明御史缪文龙以石易木。

水西桥 在霑益州北三十里。

傥塘桥 在霑益州北八十里，架木为之。

关东桥 在马龙州南二十五里，建于鲁婆伽岭巡司东，因名。

关西桥 在马龙州西南二十五里。

鲁沂河桥 在罗平州西二里，明万历七年建。

块泽桥 在罗平州东北块泽江上，两山壁立，江上又有天生桥、永平桥。

通靖桥 在寻甸州东二十里，长三丈，阔五尺，跨阿交合溪。

七星桥 在寻甸州东二十里，长十丈，阔三尺。

温泉桥 在寻甸州南三十里，长十五丈，阔八尺，跨温泉下流，明嘉靖初建。

引凤桥 在寻甸州南三十五里，跨河水，本朝康熙四十九年建。

靖边远桥 在寻甸州北三里。

南安桥 在寻甸州东南木密所之东二十里，俗呼青石桥。又所东十五里，有代砖桥。

红崖璋河桥 在平夷县东三里，明万历间建。

界牌铺桥 在平夷县北十五里。又界牌桥，在县西北八里，俱明万历间建。

可渡桥 在宣威州可渡河，甚险，本朝康熙二十八年建。

堤　堰

归龙堤 在寻甸州南二里，明万历间，知府李遇春筑石堤三十余丈，民德之，名李公堤。

梅家坝 在南宁县。《府志》：水泻夜作笑声不绝，次日即有淹溺之患。

天生坝 有二，一在南宁县南潇湘江上，一在县北四十里，灌溉甚溥。

西湖坝 在南宁县东北十里，明洪武间凿，有闸，积水灌田。

大　坝 在霑益州东南，明洪武初筑，溉三乡四堡田。又有小坝，在州西五里。

福村坝 在陆凉州东三里。

杨柳坝 在马龙州东七里。

石桥坝 在马龙州东十五里。

龙潭闸 在寻甸州北四里，引水资灌田亩。

祠　庙

白蜡山神庙 在罗平州治，后有龙潭，岁三月上辰日祭。

卷三百七十一

临安府

山 川

礼社江 自大理府赵州之定西岭，流经楚雄旧定边县，合阳江之水，为定边河。东南流，经镇南州为马龙河。又东南，经旧礓嘉县，入新平县界，谓之摩沙勒江。又历元江州东南，入建水县西南境，经纳楼茶甸为禄丰江，历亏容甸为亏容江，过蒙自县为梨花江。又东南流，于交趾界合于清[①]水江。

泸 江 自石屏州异龙湖东流，会三河水，入建水县之阁洞，出阿迷州南，为乐蒙河，入于盘江。

曲 江 自澂江府新兴州至嶍峨县北，有一水自石屏州南来会之，名合流江。自新兴州者曰大河，为曲江正流，自石屏州者曰小河，东南流入河西县之碌碌河。又经建水县之阿迷州，会众流为盘江河。隔十八寨夷人出没要路，乃阿迷、弥勒分界处，下流入于盘江。

婆兮江 在宁州东六十里，源自澂江府抚仙湖，流经州境，汇于婆兮甸，下流广西州境，入于盘江。

浣 江 在宁州南三里，水从州北青龙潭流下，夹岸树木阴森，为行客饯别之地。经州南，又东南会于婆兮江。

丁癸江 在嶍峨县西北二百五十里，源自三泊废县，流经丁癸村，其水深阔，下流亦入于曲江。又有分界江，在县南二百里，江外为新南安平界。

中 河 在建水县西南，源自府东北之塌冲，流入濒河之田，颇获其利。又小河，亦自塌冲流经建水县南，与泸江汇流，入于阁洞。又有北沟河，源自小关山，过石桥，会泸水同流，俗呼窑沟，与中河、小河所谓三河也。

冷水河 在建水县东北四十里，清流不竭，灌溉甚溥。

矣落河 在石屏州西八十里，自沅江州流入境，又东入亏容甸司界，即元江下流也，一作落矣江。

乐蒙河 在阿迷州东，其上源即泸江也。自建水源流入州界，复西折而东汇于盘江，入广西州界。

高 河 在宁州东四里备乐乡，周二百余步，旱涝不涸溢。

东渠河 在河西县东，源自水磨村北山涧中，流经县南，入通海县界。

炼庄河 在河西县北一百里，出胜郎山后，经罗吕乡山麓，灌溉炼庄田地。

碌碌河 在河西县西北，即通海湖源也，一名霑彝江。源自新兴州江川口，流经县界东，入曲江。旧《志》：碌碌河自嶍峨县合流江入境，下流入府境为曲江。

乍甸河 在蒙自县西北七十里，源出建水县之判丈山[②]，东南流入县境，下流汇于梨花江。又县北七十里，有倘甸河，发源木马冲，亦流入梨花江。

---

① 清 原本作“流”。正德《云南志》卷四《临安府》、《明一统志》卷八十六《云南布政司·临安府》皆作“清”，今据改。

② 判丈山 亦作“判文山”。《读史方舆纪要》卷一一五《云南三》：“判文山，府南五十里。高十余仞，中有三峰耸峙。段思平外舅爨判者尝居其上，因名。后以北拱学宫，改曰判文山。嘉靖中又易为焕文山。”中华书局2005年版，第5096页。

建　水　在建水县南，广五亩，今堙塞过半。旧《州志》：今为建水池，广五亩，居人环处。

龙洞水　在阿迷州东数十步，山根出，流入乐蒙河。

南洞水　在阿迷州东南十五里，中有水泉，出洞岐流，灌溉甚溥。持火入洞，有声如雷鼓，又如物形动声，或以为龙。

瓜　水　在宁州南，浣江之水流自北，思永山之水流自西角，转而东南，又有丁矣冲之水流自东，湾环而南，俱会于茶部冲，形如瓜字，流入广西州境。

异龙湖　在石屏州东，有九曲，周一百五十里，俗呼为海，其水流为泸江，入建水县界。中有三岛：小岛曰孟继龙，有蛇虫不可居，昔蛮酋窜罪人于此；中岛曰小末束；大岛曰和龙，蛮酋立城其上，汉名水城。《元史》：至顺初，云南诸王托卜佳等乱石屏，镇将朱宝翼引泉据守和龙岛，贼帅战舰来攻，拒却之。托卜佳，旧作秃坚，今改正。

老　湖　在石屏州南三十里，广阔五里许，筑堤蓄水备旱。

通海湖　在通海县北秀山下，源自河西县，东流注为湖。《唐志》谓之海河利水，周八十里，形如环，而缺其东南。相传昔水涝不通，有僧于县治东北石笋丛立处，以杖穿穴泄水，因名。《通志》一名杞麓湖。

南　湖　在蒙自县南，阔数十丈，亦谓之草湖，时溢时涸。

草　海　在府城南二里。

长桥海　在蒙自县东北二十里，构木为梁，长十余丈。又十里，为黑波海。又西北三十余里，为矣波海，中有菜如莼，产鱼肥美。

山后川　在河西县西二百步李家庄。

龙　川　在宁州东北五十里，源发甸头山涧中，灌田甚溥，北流注抚仙湖。

西　溪　有二，俱在蒙自县西南，一出银矿，一出锡矿。《滇志》：西溪，在县西南二十里，本一溪，分为二。

巅崖溪　在宁州东北十里茶部冲村，两崖相对，下有溪涧，一泉自巅下垂，名巅岩泉。

莲花滩　在蒙自县南，为入安南道，即梨花江所经也。明永乐初，沐晟出蒙自莲花滩，进讨安南。嘉靖中，莫登庸乱，抚臣汪文盛以莲花滩当交、广水陆冲，遣兵据其地，即此。《舆程记》：由莲花滩达安南东都，可四五日。罗洪先曰：自莲花滩入交州石陇关，循洮江右岸为大道。自县之河阳隘入交州，循洮江左[①]岸，山险崎岖，此间道也。

白龙潭　在建水县西北二里，亦曰白龙泉，有桥跨其上，灌溉甚溥。又甸尾龙潭，在县南十里。黑龙潭，在南二十里。

东渠乡龙潭　在河西县西，源出九街子山麓，灌田甚多。

莲花池　在建水县西二十里，清澈可鉴，每夏莲开如锦。

月　池　在石屏州西数百步，形如偃月，不涸。

莲　池　在宁州北十里，居山腹中，无溢涸，多芰荷。

东湖池　在通海县白马山谷内，有二池，东曰东湖池，西曰西湖池。又河西县亦有

---

① 左　原本作“右”，《读史方舆纪要》卷一一二《广西七》：“其一道自蒙自县河阳隘，循洮江左岸，……然皆山径，欹侧难行。其循洮江右岸入者，地势平夷，乃大道也。”中华书局2005年版，第4991页。今据改。

东、西湖池，一在县东南二十里达旦营；一在县北二里戴家屯，俱蓄水灌田。

半月池 在通海县南，月圆月缺，俱映半轮。又有光钵池，在秀山下，流注杞麓湖。

大水塘 在建水县东二里，四时不竭，可备旱涝。

清水塘 在建水县南二十里。又有浑水塘，在县南十五里。

酸水塘 在石屏州西，阔三里许。

鹦哥塘 有二，俱在蒙自县鹦鹉山下，其一可溉。

冷水沟 在建水县东北四十里，灌溉甚多。又有蚂蝗沟，在县西北五里。

五塘沟 在石屏州南，水有五处，俱热如汤。又弥勒沟，在州西南十五里，皆可溉。

溥博泉 在建水县南，雨更清洁，土人呼为大板井，相近者为渊泉，俗呼为小板井。

圣母泉 在建水县北，亦名流泉，其水流入窑沟，左有圣母祠，故名。

有本泉 在建水县东南，居民引以溉田。又有混混泉，昼夜不息。

香林泉 在建水县东北三十里，源出山巅，味极清旨。又有杨公泉，在县东北四十里，明知州杨绪爵凿，济田千余亩。

温　泉 有六，一在建水县东北三十里香林寺山下，一在建水县曲江，发源山麓，有硫气，引为池可浴。宁州、阿迷州，河西、蒙自等县，各有温泉，浴可愈疾。

益　泉 在阿迷州东，刳石井没。

灵　泉 有二：一在阿迷州西一里，旧名龙潭，有灌溉之利；一在宁州西。

冰　泉 在阿迷州西南四里，水净且冷。又脂泉，在州北门外。

新生泉 在通海县东十里，可溉。又有判府泉，在秀山之半，饮之令人肥白。

九龙泉 在河西县西南十里，祷雨处。

法果泉 在蒙自县南十五里。《县志》：地名生山岊，明正德间，土酋那伐乱，官兵讨平之，置新安千户所，疏此水。又有落龙泉，在县东南八里，引以灌溉。

龙华泉 在蒙自县北二十里废龙花寺中，相传有灵物潜焉。

玉洁井 在建水县东，味甘冽，色如玉洁，居民资以造纸。又白沙井，在白鹤铺前，其味为第一。

龙　井 在建水县南回回村，俗传正月一日，其水上朝有二鱼，人利见之。又凉水井，在府城东北八里。

大小龙井 在石屏州西二里，二井相邻，会流入异龙湖。

火　井 在阿迷州东北三十里部治村。《明统志》：其水溢出，常有烟气，投以竹木则燃，夜有光。

通　井 在宁州南。

新生井 在通海县东十里，可溉田。又仙人井，在县东仙人坡下。

津　梁

迎恩桥 在建水县东一里，即大石桥，明正统间建。又城东十里为玉虹桥，桥南有三河桥，三河分流，二桥相望，俱正统间建。

泸江桥 在建水县南一里，跨泸江。又南四里为浣衣桥，跨小河上。又天生桥，在城南婆罗庄哨，有石跨流，自然成桥。

曲江桥 在建水县东北一百里，长三十丈，明万历三十二年建。

顾公桥 在石屏州东门外，明署州通判顾庆恩建。又有化龙桥、通贡桥、福林桥、许家桥，皆集处。

矣落河桥 在石屏州西八十里，跨矣落河，明天顺间建。

通济桥 在阿迷州东，明弘治中建。又城东二里，有永安桥，天顺中建[1]。又有永兴桥、通安桥，俱宏治中建。

新　桥 在阿迷州东北五里，石梁，三空，长十余丈，广二丈，以济东河之险。

卢公桥 在宁州西三里，跨浣江，路通甸苴关，明正德十六年建。

黄澄桥 在宁州西北三十里，路当通衢，涧狭水险，明隆庆六年州人黄澄建，因名。

登瀛桥 在通海县南秀山半，亦亦[2]名昇仙桥，如飞渡。

秀江桥 在通海县西南，跨秀山涧水上。

碌溪桥 在河西县东，长虹三渡于湖。

指南桥 在河西县南二里，明弘治中建。

龙江桥 在嶍峨县东，水大用舟楫，水小设桥。

桂峰桥 在嶍峨县南一里。

永安桥 在蒙自县西门外。

宜民桥 在蒙自县矣渡铺，明洪武间建。又倘甸桥，在县北十七里，天顺二年建，今改名万里桥。

长　桥 在蒙自县北二十里，长十丈，明天顺三年土官禄刚建。

纳更三渡 在建水县。《滇纪》：纳更司撒果山下有陇墩渡，七宝山下有蛮板渡，纳剌山下有蛮江渡，所谓“纳更三渡”也。

龙江渡 在嶍峨县东六十步，水大设舟，水涸建桥。

箐口渡 在蒙自县西南一百八十里。

纳楼三渡 一曰禄逢渡，在纳楼茶甸司南四十里。又司东南百里，有乍甸渡。又百五十里，有呵土渡。

槟榔渡 在亏容司西北五里。又有茶渡，在司北四十里。

堤　堰

泸江堤 在建水县，去县治一里。

化龙桥堤 在石屏州东异龙湖边，本朝康熙七年知州刘维世筑。

西　堤 有二，一在石屏州西一里，即杨柳坝，障宝秀、弥勒沟之水。本朝康熙八年知州刘维世筑堰，长八十余丈，灌田数千亩。一在河西县西。

东　堰 在阿迷州东，水自南洞经东山庄至义来村，郡人王廷表率众为石坝。

西　堰 在阿迷州西，水出乐蒙河，州民赵儒筑堰通之，经桃川庄至甸尾。又有石堰，在州南，其地有小河，明巡抚邹应龙为石堰，民利之。

新龙堰 在嶍峨县境。又有角地堰、大罗河堰、砥柱堰、普龙堰，俱在县境。

大　坝 在建水县东六里。

大石坝 在嶍峨县西北。

九天观闸 在石屏州西三里。明万历间，知州鲁所能移筑为石闸，以时启闭。

---

① 建　原本缺，据上下文意补。

② 亦亦　据文意，疑衍一“亦”字。

卷三百七十二

澂江府

山 川

铁赤河 在河阳县东二十里，一名铁池河，源自云南府宜良县流入，又东南，入路南州界。《汉书·地理志》：俞元县：桥水东至毋单入温，行千九百里[①]。《水经注》：桥水上承俞元之南池，一名河水。《通志》：铁赤河：原自曲靖府陆凉州，流经宜良县至铁赤铺，入山峡数十里，会抚仙湖尾闾，又东入路南州河外，竹山数重，林木深密。

陇邱冲河 在河阳县北，发源陇邱冲，流入明湖。

大冲河 在河阳县东北十里罗藏山下，汇溪涧诸水为河流，入明湖。明隆庆中，水涨堤决，知县文嘉谟浚深之。

上　河 在江川县，源出阿化冲，分灌前广二冲田。

中　河 在江川县，抵乌鹊村。

下　河 在江川县，分中河之流，灌左卫营田。

大溪河 在新兴州北五里，一名玉溪河，源出夹雄山，自州东北绕州西南，过罗麽、奇梨二溪，出临安府嶍峨县，入曲江，即嶍峨县大河上源也。

密罗河 在新兴州西南三十里，一名奴喇河，又名奇梨溪，源出奇梨山，经密罗村，西南流经甸尾，入临安府嶍峨县界，其冲口有坝三座。

罗木箐河 在新兴州西北五里。《府志》：源自晋宁州，流经大堡，又西南流入临安府嶍峨县界，有坝三座，分沟溉田。《明统志》：有罗麽溪，源出罗麽山下白龙泉，流为九曲，入于大溪。《州志》：此即晋宁之大堡河，北流通滇池。

巴盘江 在路南州西，自宜良县流入府境，东南流入广西州界。

抚仙湖 在河阳县南十里。《汉书·地理志》注俞元县：池在南，桥水所出。《明统志》：一名罗伽湖，又名青鱼戏月河，周三[②]百余里，北纳诸溪流，南受星云湖，中多石，玉笋山抚其上，宛如仙人，故名。中产鱇𩾌鱼[③]，可以辟瘴毒，尾闾从东入铁赤河，南折宁州，北绕宜良，会盘江，达于南海。

明　湖 在河阳县东北，一名彝休湖，一名阳宗湖，源出罗藏山下，流入盘江，周七十里，两岸陡绝，水色深黑，境内溪河泉涧诸水，悉汇于此，流入云南府宜良县界。

星云湖 在江川县南，周八十里，东流五里，由海门入抚仙湖。两湖相通处，中央有石，其所产之鱼，各不相越，谓之界鱼石。

东谷溪 在河阳县东六里，出东谷，萦绕城中，旁溉畦陌，入于明湖。

七江溪 在河阳县东四十里七江村，傍两山间，流入铁池河。

罗藏溪 在河阳县西罗藏山南，南流入抚仙湖。

锦　溪 在河阳县西，源出罗藏山，北流经旧阳宗县西。

---

① “桥水东至毋单入温，行千九百里”　此句，《汉书》卷二十八上《地理志第八》作“俞元，池在南，桥水所出，东至毋单入温，行千九百里”。中华书局1964年版，第1601页。

② 三　康熙《云南通志》同，《云南志略》、《明一统志》皆作“二”。

③ 鱇𩾌鱼　《康熙字典》引《字汇》：“澂江有鱼，滇人呼为鱇𩾌鱼，以其乾而中空也。”

龙泉溪 在河阳县西十五里乱石中，流入抚仙湖。

日角溪 在河阳县北，一名芭蕉河。《明统志》：源出化石祖山，东北入明湖。《府志》：源出觉卜山下，伏流至天生桥，复出成溪，又东北入于明湖。

弥勒石溪 在河阳县北，源出罗藏山西麓，合众涧流为溪，出弥勒石口，会于锦溪，溉田甚多。

石涧溪 在河阳县西南，出虎山两峡间，灌溉平阜，绕北而下，入西磬。

朽村溪 在河阳县东北七里，自本村发源，至七里村会于铁村河。

玗劄溪 在河阳县东北二十里，源出玗劄山下，南入抚仙湖。《府志》：玗扎溪自宝鼎山发源，流经玗劄山下，明隆庆筑渠三百七十余丈，民甚利灌溉。

阿件溪 在江川县西北，源出屈颡颠山之南，涌三派，西入滇池，东入抚仙湖，南入阿件溪，余波流入星云湖，溉田为利。

兴宁溪 在路南州东二里，绕州治西南，会于铁赤河，合流会于盘江，有坝。

休柔溪 在路南州南，源出休柔山，南流入于盘江。

西林龙潭 在河阳县西十三里西岩泉之左丛林中，有龙溪。

镜光池 在河阳县东三里，注北波泉水，围筑石堤，旁多柳树。

一碧池 在河阳县西南。又三春池，在府城东北七里钟秀山之麓。

九龙池 在新兴州西北二十里，池聚九泉。又州北十里，有莲花池，下流入于大溪。

北坡泉 在河阳县东，出缺摩山麓，周筑石堤闸水，以时蓄泄溉田。又有空谷泉，在县东北，汇而为池，春时颇温。

令然泉 在河阳县东三里。《通志》：泉出华藏寺后，味甚甘冽。又有玉冽泉，在县东三里金鸡崖下，味甘色莹，流灌阜田，会于镜光池。

西岩泉 在河阳县西三十里蟠龙冈石崖下，左右潭水合流成溪，资以灌溉，一名西浦泉。旧传水自地中接昆明池，双涌于西山之麓，流不百武，南入于海。隆庆二年，开河二道，导泉入海，仍立四坝，以时蓄泄。

矣旧泉 在河阳县东南十里回龙山后，有泉穴三处。

七古泉 在河阳县东北，源出麦田，流经北斗村，入于明湖。

涟漪泉 在河阳县东北七里碌碕山峡，四时清澈，流溉阜田，上有石壁苍翠，下多蒲苇，一名庄镜泉。

关岭泉 在关索岭之麓。

阿化泉 在江川县北十里，源出绿笼山。

双井温泉 在江川县海西村，两井皆温，一流入星云湖。

白龙泉 在新兴州北二十里，亦名白龙潭，有坝四座，溉田甚多。

黑龙泉 在路南州东八里。《滇志》：在州东十五里，每岁正月八月，州人祀之，有黑龙潭坝。

津　梁

青云桥 在河阳县东街，跨玗劄溪上，旧名普济桥。

太平桥 在河阳县西二里，跨罗藏溪上，旧名罗藏桥。

四均桥 在河阳县南廖官营东境内，道路至此适均，故名。

海门桥 在江川县东南八里，为达临安府要路，星云湖水由此入抚仙湖，明天顺中建。

弘济桥 在新兴州南。

观音阁大桥 在新兴州东北十七里，罗木箐河洪涛击石，居民架梁以济。

天生桥 在路南州，有二，一在州北五十里；一在州东北十二里，皆天生石梁。

赛红桥 在路南州西北，通云南府大路。

堤 堰

北波沿堤 在府城北，水出阙摩山之麓，明知府张顺昌筑石堤闸水，蓄泄溉田。

普济堰 在江川县，明隆庆四年筑。

九龙池坝 在新兴州，有坝一十七座。

鱼池坝 在路南州东八里，水发黑龙潭，筑坝灌田，明嘉靖中修筑。

立马闸 在河阳县西北一里，防龙箐冲决。又太平闸，在太平桥下，疏梁王冲溪水，入新河。俱明隆庆间建。

卷三百七十三

广南府

山 川

西洋江 在府城南八十里，源出板郎、速部、木王三山，三流相合，东流经富州西北，又东南流入广西田州界，注于右江。

盘 江 在府城南，自广西州弥勒县流入，又东入富州界。

南木溪 在富州东三十里，源出花架山，其水常温。

南江溪 在富州西，合南木溪入右江。

津 梁

西安桥 在府城西三里，旧为木桥，明万历间易以石。

通津桥 在府城西五里，明万历间建。

卷三百七十四

开化府

山 川

猛奔河 在文山县东三百五十里，来自漫江那楼，下流入交趾普牢河。

赌咒河 在文山县南二百四十里，与交趾接界。旧《志》系蛮夷立誓，各不相侵之处。

济热河 在文山县东安里，烟瘴燥热，居民浴水解毒。《通志》：有绿水塘，在江那里，水如碧玉，可鉴毛发。

鲁部河 在旧教化三部长官司西南三十里。《明统志》：源自礼社江，经司境下流入临安府蒙自县之梨花江。

三岔河 在文山县西南，中流自安南东流至葛布山，左自永平积流成河，向西南流至葛布山下与中流会，右自王弄里大山下流至葛布山下，与中、左二流会，故名。

盘龙河　在文山县西北，源出期乌洞，流府城北开化里，为侬人河。又流经府城，绕城盘曲，潆洄如龙，因名盘龙河。

异龙潭　在文山县西，府境诸流多汇于此。本朝康熙七年，经历李凤昌引流灌田，民被其利。又府境龙潭甚多，此外尚有六十五所，皆资灌溉，曰茶庵，曰水磨，曰热水寨，曰红石崖，曰和尚庄，曰者安，曰平坝，曰杜孟，曰锡板，曰灵秀，曰牛羊，曰南垢，曰韭菜坪，曰革基，曰者庄，曰椄莺坡，曰南抽，曰召布比，曰斗嘴，曰山车，曰阿觉，曰洒戛，曰泥处，曰龙岭，曰别革，曰腰姑，曰老梅，曰马洒，曰以那底，曰戛迭，曰革乃，曰白果，曰革普，曰腊哈，曰洒得，曰舍迷鸟，曰马歇，曰阿黑，曰矣坡，曰革洒，曰革母，曰下寨，曰戛达，曰马白，曰坝地，曰法支革，曰多罗，曰阿峨，曰矣额，曰布足，曰以则期，曰八寨石洞，曰雾露者，曰倮莫，曰乌木，曰耶革白，曰红舍卡石洞，曰著租革，曰渡口，曰大窝子，曰西吐衣，曰木楚，曰猛平，曰猛耗，曰者蓝，凡六十五所，俱在府境内。

浴龙池　在文山县逢春里，其水一日三潮。

岐　渠　在文山县西，本朝康熙十年，知县刘䜣开，灌田利民。

津　梁

镇西桥　在文山县西，本朝康熙十一年，知府刘䜣建。

永济桥　在文山县南，本朝康熙九年建。

三板桥　在文山县北，本朝康熙五十二年，土经历周应龙建。

天生桥　在文山县西北三十里，飞石陡崖，两山相接，盘龙河流其下，人艰于行。本朝康熙四十一年，别建木桥，年久倾圮，乾隆二十一年，知府汤大宾复开旧道于崖上。

卷三百七十五

东川府

山　川

车洪江　在会泽县东一百二十里，源出曲靖府寻甸州车湖，又受马龙州城外嵩明州[①]秀嵩湖水，并汇于此流与牛澜、金沙二江口。

金沙江　在会泽县西一百五十里，自四川会理州流入，又东北入昭通府界，即古绳若水也。《水经注》：若水东南流，鲜水注之，一名州江、大度水，出徼外，至髦牛道南流入于若水，又迳越巂大作县入绳。《明统志》：金沙江，一名纳夷江，又名黑水，源自武定府，下流入济虑部。

牛澜江　在会泽县北一百二十里，源出曲靖府寻甸州，下流合金沙江。旧《志》：牛澜江源出云南县杨林海子，自霑益州流入。

璧谷江　在会泽县西南一百三十里，源出曲靖府寻甸州之白泽河，汇果马、车湖、倘甸、仓溪诸水，合流为江，陡峻深狭，土人结藤为桥，以通往来，西北流入金沙江。

矣濯河　在会泽县南十里，受县南各箐溪水，流入金沙江。《府志》：夷名水曰矣，名交曰濯，河名取水交之义。

---

① 州　原本作“洲”。嵩明，州名。元至元二十二年（1285 年）降嵩明府置，属中庆路。明清属云南府。1913 年改为县。今据改。

义通河 在会泽县西北十余里，源出矣濯河，汇小龙潭水，经府治西门，又经北门，转旧土城东，过石嘴、矣式、梅子箐，抵华宜寨，入中、右两河。本朝乾隆二十一年，知府义宁建分水堰，引以里河水注之，其流益大，用资灌溉。

普渡河 在会泽县西北二百五十里，源出武定州，流入金沙江。

会沙溪 在会泽县北一百里，流入东川甸中，汇而为泽，又流入讬渠溪。旧《志》：会沙溪，源出野木山，下流合麦则夷溪，名曰讬渠溪，下合金沙江。又麦则夷溪，源出南山下，合会沙溪。

蔓 海 在会泽县北，广数百顷，潴水于夏秋之间，冬涸春乾，积年芦苇蔓草朽淤于其中，故名。近岁，已岔为田。

渭齿化溪 在会泽县西南一百里，经绛云露山下必枯热甸北，流入金沙江内。

饮虹潭 在会泽县西十里，汇义通河，灌溉蔓海田亩。

灵璧潭 在会泽县东南翠屏山下，引流入城，用资灌溉，后因旱涸。本朝乾隆十九年，知府义宁重浚。

岩 洞 在会泽县西云弄山腰，阔容四五百人，相传为那姑修炼处。

青龙洞 在会泽县北十里青龙山。《府志》绕山半石室，行上数武，巨石攒簇，中开大穴，梯而下，敞如夏屋，天光微露，水声自出，石乳云飞，中有石几、石榻、石盎诸器，皆自然天成。

缩 泉 在会泽县西三十里云弄山腰，人取之者有铜铁器及人声，则收缩不流。

龙 泉 在会泽县西南，源出石鼓山下，有灌溉之利。

温 泉 在会泽县西南二百里云弄山下，水自石窦中出，热如沸汤，清澈如鉴。又一泉，在葛藤山下，水极热，作硫黄气，土人春时祭之，以祈子。

津 梁

璧谷江桥 在会泽县西一百五十里。

左河桥 在城北门外，一名新桥。

右河桥 在城北五里。

索 桥 在会泽县北一百二十里牛澜江下流，江阔水急，邑人用木筒贯以藤索系于两岸，人过则缚于筒，用游索往来牵渡。

壬申桥 在会泽县北一百二十里牛澜江上，本朝乾隆十六年知府夏昌建。

金沙渡 在会泽县西一百五十里金沙江，夷人凿大木槽以渡往来。

以里河渡 在会泽县西一百六十里，春冬架木为桥，夏秋水涨撤桥，用舟以济往来铜斤、人马。

卷三百七十六

昭通府

山 川

金沙江 在恩安县西北，自东川府流入境，迳永善县城西，又东北入四川叙州府。郦道元《水经注》：绳水自合卑水，又东北至朱提县西，为泸江水。《明统志》：江在府西南二百六十里。

白水江　在镇雄州西北二百三十里，受八匡河、却佐溪、勿食料溪、黄水河诸流，入四川叙州府界。

托洛河　在恩安县东五里，源出乌通山麓，经府治东南，入苴蚪河。

利济河　在恩安县西二里，又名荔枝河，源出龙峒山，绕府城，入擦拉河。

洒鱼河　在恩安县西四十里，发源马鞍山，汇昭通诸水，过大关，入金沙江。

擦拉河　在恩安县南二十里，源出大黑山，南流入府治，合利济河。

沱治河　在镇雄州西一里，源出山涧，流入纳冲河。

八匡河　在镇雄州西八十里，明《地理志》：镇雄府西有白水，亦曰八匡河，源出乌撒界，流经此，境内诸川俱流入焉，下流至叙州府入大江。旧《志》：八匡河，源出却左山箐，又名却佐溪，下流六十里，合勿食料溪，又八十里，入白水江。

讬诺河　在镇雄州西二百五十里，流入府界。《明统志》：蛮语松曰讬，沙石曰诺，以此河畔有松树及沙石，故名。

苴蚪河　在镇雄州南三十里，源出六丈山箐，流经阿赫关，合纳冲河①，入七星关河。

纳冲河　在镇雄州东南，流入贵州威宁府界。《明统志》：在镇雄州东十里，源出乌通山麓，经府治东南，流入苴蚪河。

白鸟河　在镇雄州东北二十里，源出白鸟地界，又南流，入七星关河。

黄水河　在大关同知治东北三十里，入白水江。

勿食料溪　在镇雄州北一百八十里，源出安乐山，西流入白水江。

龙　潭　在恩安县西四十里，澄澈净碧，泻流不竭。

盐　井　有二，皆在镇雄州北一百八十里。

津　梁

利济桥　在恩安县西门外。

秦宁桥　在镇雄州东三十里，旧名板桥。

网袋桥　在镇雄州北一百里，以藤系板。

新　桥　在大关同知治内，宽八尺，长五丈余。

洒鱼河渡　在恩安县西四十里，通四川叙州大道。

黄草坪渡　在永善县西六十里。

副官村渡　在永善县北七百五十里。

盐井渡　在大关同知治内，去豆沙关四十里。

卷三百七十七

普洱府

山　川

猛撒江　在府城南二百四十里，入九龙江。

九龙江　在府城南一千四十二里，为澜沧江之委，自西北流绕山势，九岭相向，矫

---

① 河　原本作"和"，据上下文意改。

若游龙，故名。

小 江 在宁洱县西一百二十里，发源铁厂，入九龙江。

整董江 在宁洱县东南一百八十里，入猛撒江。

谷宝江 在威远西北。《明统志》：谷宝江自遮遇甸流入土州境，下流合澜沧江。正统五年，麓川叛酋思任发遁入威远州，土知州刁盖扼之于威远江，败之。《明史》：威远州西北有威远江，一名谷宝江，下流合澜沧江。

三 江 在他郎通判西南三百里，江流三合，故名三江，即澜沧江下流也，江又迳车里司东北九龙山下。《通志》：上流之东曰阿墨江，发源景东厅无量山之西曰把边江，即阿墨，分流至他郎西，又名九龙江，又东南，合流出车里宣慰司，至交趾，入南海。按：九龙江在普洱府西，未尝东与阿墨江合，三江之名，当以李仙江入之。《府志》：李仙江在城南三百五十里，合阿墨、把边二江，南入交趾，是也。

漫达河 在府城东南九百一十二里，绕六茶，西南流入九龙江。

清水河 在宁洱县南二十里，流入普藤，会漫达河，流入九龙江。

扒泥河 在宁洱县东北一百四十里，东入漫达河。

莫蒙寨河 在威远，汲其水浇炭上，炼之即成盐，土人以为利。

平 湖 在宁洱县南五里，汇纳众流，涟漪澄澈。

南 涧 在宁洱县南四十里，绕西北会清水河，入猛撒江。

平 塘 在宁洱县南二里。

龙 潭 在宁洱县东北五里。

整董井 在府城南二百五十里。蒙诏时，夷目叭细里佩剑游览，忽遇是井，水甚洁细，里以剑测水数日，视其剑化为银。后土官袭职，务求是水沐浴，得者皆敬服焉。

盐 井 在府境者有二，一为乌得井，一为磨者井。本朝雍正七年，设盐课司大使二员，一驻猛乌，兼管乌得盐井，一驻整董，兼管磨者盐井。

按板井、抱母井 俱在威远境，本朝雍正三年，置井大使二员分管及境内各处土井煎办盐斤。

津 梁

普泽桥 在府南门外。

车 桥 在思茅南十五里，系车里孔道。

漫达河渡 在府南九百一十二里，通车里路。

卷三百七十八

大理府

山 川

赤水江 在赵州南四十里，源出定西岭，东南流经白崖川，入楚雄府旧定边县界，合礼社江。

礼社江 在赵州东南，自云南县之溪沟流入，经白崖，会赤水，合流名礼社江，又南至楚雄府旧定边县界。旧《志》：溪沟在云南县西三里，源出宝泉山，为礼社江之上流，一名万花溪，为四时游观之地。

大　江　在赵州东南，州之带水也，一名波罗江。有二源，一出九龙顶山，一出定西岭，合流而北，经州治，又西北流入西洱河。

昆雌江　在赵州西南六十里，源出蒙化厅之巍山，流入州境，合于赤水、白崖二江。

一泡江　在云南县，源出宝泉山，下流绕县城入青龙海，又北流，经十二关司南，又东北流入姚州界。《明史》：嘉靖元年，改十二关长官司于一泡江之西，即此。

漾备江　在浪穹县西一百里，备或作鼻，或作裨，一名神庄江，自剑川州南流入经县境西，有上、下江嘴，又南流经太和县西、赵州西南，又南流入蒙化厅界。《唐书》姚州蛮攻蜀，以铁絙梁，漾、濞二水通，西洱蛮筑城戍之，即此水也。明《地理志》：漾备江自剑川州流经点苍山后，合西洱河，下流至顺宁府东南，合于澜沧江，一名黑惠江，蒙氏四渎之一，亦曰漾濞水。按：《舆图》漾备江首受剑川州之东剑海，西南流经浪穹州西，又南经炼铁街西南，稍屈而东南，经太和县西，绕点苍山西麓，又东南经漾备街南，又南经合江铺西，与西洱河合。《明统志》：浪穹县有罗舍河，即漾备江之上流也。

金沙江　在宾川州东北一百五十里，自鹤庆州流入，与永北厅接界，经厅北境，又东流入姚州界，蒙氏封为四渎之一，又名神川，亦名丽水。《旅途志》由宾川渡江至北胜、蒗渠，可通盐井卫地，属番夷，不可行。《州志》：金沙江，即《水经注》之若水也。有上江渡在州西一百五十里，下江渡在州西南二百里。

澜沧江　在云龙州东二里，世传即古黑水也。源出吐蕃鹿石山，流入滇境，首过旧兰州，故称兰沧，又名鹿沧江，讹为澜沧，又讹为浪沧，自丽江府南流入州境，有苏溪东来注之，南流入永昌府永平县界，详见永昌府。《州志》：自西北来，环绕州前，汪洋潆洄，折西南而出。《志》称云南左右分画界，以大江东北曰金沙，西北曰澜沧，是矣。

沘　江　在云龙州东，即雒马江，又名顺江，自丽江府老君山后发源，入州境名沘江，又南流注澜沧江。

潞　江　在云龙州西二百七十里极边，源出吐蕃哈拉诺尔，入怒夷界为怒江，经州西境，又南流入永昌府界。相传即《禹贡》黑水，蒙氏尝僭封四渎之一。

西洱河　在太和县东，即叶榆水，一曰洱海，一曰西洱海，一曰洱水。源出浪穹县北罢谷山，汇诸溪流，南经浪穹县东，又南经邓川州东，又南入太和县界，名西洱河。西受点苍山十八川而为巨浸，经县东西南流至合江铺，合于漾备江，经赵州西南，南流入蒙化府界。《汉志》叶榆县，叶榆泽在东。《水经注》：叶榆水所钟而为之川薮也。《隋书》：开皇十七年，南宁夷爨翫来降，复叛，以史万岁为行军总管击之，至南中，过诸葛亮纪功碑，度西洱河。《通典》：一名昆瀰川，汉武帝象其形，凿池以习水战，非滇池也。古有昆瀰国，亦以此名。《唐书·地理志》由郎州走三千里，达西洱河。又《南蛮传》：贞观中，松外诸蛮叛，右武侯将军梁建方遣奇兵自巂州道千五百里掩至西洱河。又贞观二十二年，西洱河大首领杨同外、东洱河大首领杨敛、松外首领蒙羽皆入朝①。又昆瀰蛮在爨蛮西，以西洱河为境②。元郭松年《行纪》：洱水源于浪穹，涉历三郡，渟滀紫城，

① “贞观中，……皆入朝”　此段文字，《新唐书》卷二二二下《南蛮传》作“贞观中，巂州都督刘伯英上疏：‘松外诸蛮，率暂附亟叛，请击之，西洱河，天竺道可通也。’居数岁，太宗以右武侯将军梁建方发蜀十二州兵进讨，酋帅双舍拒战，败走，杀获十余万，群蛮震骇，走保山谷。建方谕降者七十余部，户十万九千，署首领蒙、和为县令，余众感悦。……二十二年，西洱河大首领杨同外、东洱河大首领杨敛、松外首领蒙羽皆入朝，授官秩。”中华书局1975年版，第6322页。

② “昆瀰蛮在爨蛮西，以西洱河为境”　此句，《新唐书》卷二二二下《南蛮传·南蛮下》作“爨蛮西有昆明蛮，一曰昆弥，以西洱河为境，即叶榆河也。”中华书局1975年版，第6318页。

东北自河首，南尽河尾，波涛二关之间，周围百有余里[①]。《明统志》：西洱海形如人耳，周三百余里，中有三岛、四洲、九曲之胜，下流合于漾备江。《洱海志》：东岸有分水崖，俨如斧划，渔人谓自崖下分水为两界，南为河，北为海，咸淡不类，河鱼不入海，海鱼不入河，鱼游至此则返。水中有三岛，曰金梭、赤文、玉几。水涯有四洲，曰青莎鼻、大贯淜、鸳鸯、马帘。九曲，曰莲花、大鹳、蟠矶、凤翼、萝莳、牛角、波垰、高岩、鹤翥，皆可田庐。《县志》：形如月抱珥，故又曰洱水。

大营河 在浪穹县东十里，经木皮村，会于宁河，亦为洱河别源。自鹤庆州之观音山河，流入境，会普陀江，而入邓川州界。按：《舆图》有黑水河，自剑川州东南合二水，南流经三营西，又南有梅茨河从东北来注之，又南有白沙河自东来注之，又南入宁湖，其源较宁河稍远，当即《通志》之大营河。

凤羽河 在浪穹县南五里，源出凤羽乡清源洞，至木皮村，会宁河、大营河二水，出于普陀崆。

宁　河 在浪穹县西北五里，即西洱河上源也，亦曰明河宁湖，又曰茈碧湖。《明统志》：明河宁湖，周围五十里，水色如镜。《县志》：洱河发源罢谷山下，数处涌起如珠。世传水伏流别派，经浪穹县北，名宁河，流至普陀崆，名普陀江，或讹曰葡萄江，入邓川州界，分为罗时江、弥苴佉江、怒地江，俱南流注上洱池，入太和县境。罗时江，一名西湖。怒地江，一名东湖。明万历中，于罗时开河尾一道，以资灌溉。

大　河 在云南县北，源出梁王山，合竹泉、横溪二水，东北流，经宾川州西北流为桑园河，又北流入永北厅界，注金沙江。

纳六河 在宾川州北，源自分山峡，北行九十里，入金沙江，平原千顷，赖此河灌溉。

白崖川 在赵州东南，源出白崖西山之宾波罗窟，流入楚雄府界，合礼社江。

十八溪 在太和县西点苍山十九峰之间，源自山椒，悬瀑流注，峰夹一溪，谓之锦浪十八川。元郭松年《行记》：十八溪[②]，悬流飞瀑，泻于群峰之间，雷霆砰轰，烟霞晻霭，功利散布[③]，皆可灌溉。杨慎《游记》：叠崿承流，水色莹澈，其中石子粼粼，青碧璀璨，宛如宝玉。《通志》：溪在马龙峰之南峪，一名三盆涧，亦名翠盆水。曰龙溪，出马龙峰；曰绿玉溪，出玉局峰；曰中溪，出龙泉峰；曰桃溪，出中峰；曰梅溪，出观音峰，一名瀑布泉，在应乐峰之南涧，悬流百尺，其承流处有石如盆，盆中有一石为瀑流所激，跳跃如马，声如雷輷；曰隐仙溪，出应乐峰；曰双鸳溪，出雪人峰；曰白石溪，出兰峰；曰灵泉溪，出三阳峰；曰锦溪，出鹤云峰；曰芒涌溪，出白云峰；曰阳溪，出莲花峰，亦名上阳溪；曰万花溪，出五台峰；曰霞移溪，出苍琅峰。诸溪各夹于十九峰之间，流为十八川，东注洱河，川流所经，沃壤百里，灌溉赖之。

七　溪 在宾川州境，曰钟良溪，曰银溪，曰石宝溪，曰寒玉溪，曰通珥溪，曰赤龙溪，曰丰乐溪，皆有灌溉之利，而丰乐为最。《滇志》：丰乐溪，在州东北。

---

① “洱水源于浪穹，……周围百有余里” 此段文字，元郭松年《大理行记》作“洱水则源于浪穹，涉历三部，渟潴紫城，东北自河首，南尽河尾，波涛二关之间，周围百有余里，内则四洲三岛九皋之奇，浩荡汪洋，烟波无际，于以见江山之美，有足称者。”王云五主编《丛书集成初编》，上海商务印书馆1936年版，第3页。

② 十八溪 《大理行记》作“派为一十八溪”。

③ 散布 《大理行记》作“布散”。

东晋湖 在赵州东北，泉有九孔，一名九龙池。《州志》：春水澄渟，桃花匝岸，若绣湖堤，有闸以时启闭溉田，湖水涸亦可耕植。

叶镜湖 在云南县北五十里，中有石如镜。

清　湖 在云南县西南一里，其深莫测。《府志》：明永乐二年，黄河清，此水亦清，至今不浊。

上仓湖 在宾川州九曲山之南，周围十里，中产鱼，味甚美。《名胜志》：湖产莲花菜。

青龙海子 在云南县东南十里，其地有金龙山，水出其下，一名青海子。

周官些海子 在云南县东北十五里，一名小蒙舍海，即周官陂也。明《地理志》：云南县东北有周官陂，亦曰周官些海子。

穿城三渠 在太和县城中。《通志》：南曰白塔江，中曰卫前江，北曰大马江。三渠穿府城东出，皆有灌溉之利。

莲花渠 在云南县东和甸，广二十里，有二岛。

荒田陂渠 在云南县东南四十五里云南废驿前。旧《志》：县东南平壤千顷，而无水利，嘉靖间，分守参政石简倡议筑陂凿渠，荒原变为沃壤。

罗甸渠 在邓川州境，源出东山，居民引水为渠，垦田自给。

山根渠 在浪穹县南七里，灌田三千余亩，每岁三四月疏浚。又红山渠，在县东北十二里，一名三荣川。

三江口渠 在浪穹县东南九里，有三水，一自宁河，一自三营，一自凤羽。惟凤羽水势驰疾横射，二水不得顺行，常致壅淤。

品甸陂 在云南县东北十里即品甸湾，元尝置品甸千户所，或曰蒙氏尝置品甸县，以县后所分团山坝之水贮于陂中，以灌城北之田，仍归青龙海。《通志》：旧引宝泉山水蓄于周官、品甸二陂，以备农，岁久湮塞。明嘉靖二十二年开，复以时潴蓄为民利。按：明《地理志》谓即清湖者，讹。

双　塘 在赵州东八里，明洪武初筑。又州境有甘陶水塘。

普河鱼池 在赵州东北五里。《州志》：池中多鱼，人不敢捕。

上洱池 在邓川州南十五里。

绿玉池 在邓川州北东山之下，水映山光，色如绿玉，自蒲陀江分流，即罗时江上源之汇。

龙　池 在浪穹县西，俗名鱼子河，水色青碧，有龙居之，其鱼人莫敢取。

乌龙池 在宾川州西南五十里，居民作堰，以溉田。

南诏田 在邓川州西二十里，广十余亩，三山环匝，万木阴森，一面峻壁如石墙，潭深莫测，岁旱州人祷焉。

火龙潭 在宾川州九曲上石钟寺侧。又有红雀潭　在州境龟山之东。

石马泉 在太和县西，水味甘冽，相传其源出自天竺。

卓锡泉 在太和县北三十五里喜洲大慈寺前。

甘　泉 在赵州东南六十里白崖虾蟆口。本朝雍正七年，平地涌泉二股，清冽甘美。

珍珠泉 在云南县南四十五里，涌泉如喷珠，虽大旱不涸。

星鲤泉 在邓川州东十里，源从山麓石岩下涌出，注为池，中产鲤，额上有点如星。

九龙江 在浪穹县佛光山下，泉有九孔，俱自石窍中涌出，其水流入宁河。

金鸡泉 在宾川州鸡足山下，明李元阳《游记》[①]：迦叶门岩半有金鸡泉，仅容一碗。日有异鸟饮之，鸟来必双，至二十双而止。四时皆然，鸟无增减，水无盈缩。

温 泉 在府境，凡十七所，四在赵州，《通志》：一龙尾关，一白崖覆釜山下，一白崖东村，一弥渡东南五里是也。三在云南县，《滇志》：一品甸，一黄矿场，一云南驿是也。三在邓川州，一上塘，一波罗湾，一龙马洞。又脱尘泉，在城北十二里大石坪，引冷暖二水同入浴池，其泉更佳是也。五在宾川州，《通志》：一石马坪，一分山峡，一松明，一小寨，一罗陋是也。一在浪穹县东五里，又名九气泉，《县志》：大理府境温泉甚多，惟此为最，浴之可以愈疾，因筑台于其上，名九气台。一在云龙州东二里骆马山半，《通志》：浴之可愈寒疾。

玉崐水 在赵州东北，流入西洱河。

八功德水 在宾川州鸡足山之巅。《州志》：水出飞崖下，仅容一瓢，四时不竭。其东有石窍，故老云昔有异人，以咒术禁蛇其中，故一山无蛇。

油鱼穴 在邓川州南二十里，亦名油鱼洞，鱼仅长二三寸，中秋而肥，十月望后绝。

金龙湫 在宾川州百里洱河东，林木茂密，泉声混混，祷雨辄应。明《地理志》：州西有金龙湫，流入西洱河。

石马井 在太和县治后，每日午时，见井中有石如马。又药师井，在县治西北，水造纸极洁白。

救疫井 在太和县西点苍山下，疫疠者饮之即愈。

玉泉井 在赵州北十五里，一名御井。元杨庭《记》[②]：世祖南征，驻跸于此，军士渴甚，世祖祷神，以剑插地，清流涌出，因建亭于其上。

雒马五盐井 在浪穹县南三百里、云龙州东一里，明洪武十六年，建五井盐课提举司于此。旧《志》：五井，曰雒马，曰石缝，曰河边，曰石门，曰山井。《通志》：五井，曰雒马，曰金泉，曰河边，曰石缝，曰民居。明天启间，地震卤泄，三井湮没，仅存金泉、河边二井。

白牛井 在宾川州西北三十里，相传有见白牛于其旁者，忽没入井，故名。

诺邓井 在云龙州东北四十五里，盐井也，置盐课大使于此。所辖又有石门井，在州东北三十里；大井，在州东北三十七里；又有天耳井，在大井东三里；山井，在天耳井东二里；师井，在州西北一百一十里；顺荡井，在州西北一百八十里。俱有盐课大使，旧属雒马五井盐提举司。明万历四十二年废提举司，改属州，其井新旧互异，仍与浪穹境内雒马盐课司统为五井云。

津 梁

天 桥 在太和县南三十里下关之西，一名天生桥，又名石马桥。《明统志》：龙尾关右有石，长丈余，名天桥，洱河之水过其下，旧名石关，下断上连。明何钟《记》：取道龙关，南循洱河，往观天桥及石门关，出石关，如行成皋之虎牢，沓嶂巉岩，可百余武，名一线天，为洱河故道险扼之地也。《府志》：天桥下断上连，凭虚凌空，可渡一人，

① 指明李元阳《游鸡足山记》。
② 指元杨庭《玉井亭记》。

故名天桥，桥边激水溅珠，宛如梅树，谓之不谢梅。

清风桥　在太和县下关南，跨海尾，长十五丈，一名黑龙桥。郡境桥梁，此为第一。

孔全桥　在云南县，邑人孔全所建，构木为杠，长十余丈，通盐井路。

银　桥　在邓川州东六里，地名三江头。

通宁桥　在浪穹县东南三里。

桑园桥　在宾川州北七十里，跨桑园河。

云龙桥　在云龙州治前，跨沘江。

苏溪渡　在云龙州西七十里澜沧江渡口。又小渡口，在州西北八十二里。

堤　堰

城西堤　在赵州西三耳山，旧有流水散漫，因筑堤潴水，以备水旱，并资汲饮。

弥苴佉江堤　在邓川州南平川之中，堤高二丈，绵亘四十余丈，障浪穹诸水，溉州境民田，其利甚溥。又有罗时江堤，亦在州南。

大水长堤　在邓川州南，长二百余丈，明嘉靖中副使姜龙筑。

上下登堤　在邓川州西，明正德三年筑。又有圆井堤，在州西北。

横江堤　在邓川州北，灌溉官路西一带田亩，明永乐间筑。又有庙后堤，在州北城隍庙后，有二涧合流。

大场曲堤　在宾川州西大场曲村，旧有陂池蓄水备旱，明嘉靖中修。

新兴坝　在云南县南山下，明嘉靖间筑，周八里。

段家坝　在云南县白塔村，去县治二十五里，东接镜湖，段思平所筑也。明成化间重修。

宝泉坝　在云南县西北二十里，积水御旱，明景泰间，副使周鉴、参政赵雍重修。

乌龙坝　在宾川州乌龙山顶，居民潴水溉田，坝上有庙，亦土人祷雨处。

祠　庙

海神祠　在太和县洱河北。《明统志》：南诏异牟寻复归唐时立此，示不复叛之意。又有南诏碑，在县城西南，唐天宝中，阁罗凤归吐蕃，揭碑国门，明不得已而叛，若唐使者至可指碑澡祓吾罪。

黑水神庙　在云龙州澜沧江滨，素有风涛覆溺之患，建庙以祀江神，遂息，每岁春秋致祭。

卷三百七十九

楚雄府

山　川

大　江　即马龙江，自蒙化厅旧定边县界东，流入镇南州西南一百八十里，又东南流楚雄县南碍嘉州判北，又东南流南安州西南至明直厂西北，会禄丰河南流入元江州东。在镇南州曰马龙江，至楚雄县之永胜厂曰大江，至南安州曰上江，绕卜门山下曰卜门河，亦曰大场河，又曰大厂河。《滇志》：上江河在碍嘉县西五十里，与安南州分界，其地有吊索澜，每春暮雷雨，有老龟据河石吐涎，土人急取蒸之，皆成硃砂，少缓则化为土。旧《志》：卜门河一名大场江，流经新平县界，入元江。《通志》：下流入元江州界为礼社江，又东南流经临安府东南为河底江，东南流出交趾，入南海。

龙川江 上源曰白龙河，自镇南州西之沙桥，东南流经州南，亦曰平彝川，又东南流经府城北，过青峰山，为俄碌川，折而东北，经定远县东南，出石门山下，与定远县南江水合，又东北经广通县北，名大河，又北经黑井司东，又北流入武定州元谋县界，入金沙江。《通志》：苴水一名虹江，源出苴力铺，至镇南州前为白龙江，下流为龙川江。又定远县龙川江，一源出云龙山之右老虎箐，一源出其山左之斗箐，二派合流，自县西北，迤逦而南，又东折三十里，绕石门山，会龙川江而北。

金沙江 在姚州东北一百四十里，自大理府宾川州东流入府境，又东经大姚县北，又东折而南流，府境诸水皆流入焉，又东流入武定州元谋县界。明《地理志》：姚州东北有金沙江，自丽江府流经此，又东至武定州北，而入四川境内，合泸水，入大江。案：今江中有渡，谓之椅子渡口。

羊蹄江 大姚县北一百六十里，发源于麽些村东北，流入金沙江。案：旧《志》误为平蹄江。

一泡江 在大姚县西北一百四十里，自大理府云南县界流入，经姚州之西北，注金沙江。

龙蛟江 一名苴泡江，源出大姚县西北铁索箐，东流合大姚河，入金沙江。案：一泡江与龙蛟江，二水不同，旧《志》误合为一。

平山河 在楚雄县东三里，源出南安州山中，北流经府城东北，入龙川江。按：《图》有青龙河，其流经与此并合，当即是平山河。

泊渔河 在楚雄县西五十里鹅毛岭下，南流入于大江。

清水河 在镇南州东十里，源出多蕨厂龙潭，南流入白龙河。按：《图》清水河即紫甸溪。旧《志》：有子甸溪在州东北，溉田甚多，子与紫，音同而误也。又《滇志》：有紫溪，在府西三十里，亦即是水。

响水河 在镇南州北十里，东合清水河，入白龙河。

妥稍河 在南安州西四十里，流经州东南界，合沙甸河。

黑石河 在南安州南二百里余，流经新平县界，入元江。按：《图》南安州之南有二水，合而南流注元江，又西南流为三江口，当即黑石河也。

沙甸河 在南安州西南八十里，东流与妥稍河合，又东南流经云南府易门县界，入元江。

清水河 在定远县东二十里，又东六十里有苴苗河，又东十里有青场河，东北三十里有大基河，西有紫甸河，南有土木竜河，凡六河，皆清水支流，北会于龙川江。

清风河 在广通县东三里，源出和茶山。

舍资河[①] 在广通县东五十里，源出武定州界，下流入南安州境。《通志》：舍资河东流入元江。按：《舆图》舍资河出广通县东九盘山，西南流与一水合，又东南流，与罗次县流入禄丰县之河水合，其西妥甸、沙甸二河合流亦会焉，又南经乾海子东，又西南经南安州南，与马龙江合，其地曰三江口，又南流入元江州界。《通志》所谓元江当即罗次流入禄丰之河水也。

---

① 舍资河 原本作“拾资河”，万历《云南通志》卷三《地理志·楚雄府·山川》、康熙《广通县志》卷一《地理志·山川》、《读史方舆纪要》卷一一六《云南三·楚雄府》皆作“舍”。舍资驿，位于县东四十五里司堡，明洪武二十四年设。作“舍”是，据改，下同。

立龙河 在广通县西一里，源出马鞍山下，流入龙川江，经县城西定门外。又乙溪河，在广通县东南，源出于阿陋纳香。

关山河 在广通县西五里，一名观山河。《通志》：源出赤摩村东，至元谋县界，入龙川江，注于金沙江。

罗申河 在广通县北五十里，一名罗绳河，源出阿陋雄山，西经定远县之黑井，合龙川江北，入金沙江。

阿陋河 在广通县东北，一名雕龙河，源出阿陋井，流出盘龙山南，溉田。

阳派河 在姚州西十五里，自金秀山发源，东流汇为阳脉河，入西汹溪，而合于蜻蛉河。

蜻山河 在姚州南，旧名三窠戍江，源出三窠山，西北流至州南四十里，潴为大石淜，周广二百余亩，分为东汹溪、西汹溪，灌溉田亩，至州城北复合流，又北至大姚县南，合大姚河，又东流入金沙江。《水经注》：蜻蛉水出蜻蛉县西，东经其县下，县以氏焉。《隋书·史万岁传》：爨翫叛，以万岁为行军总管击之，入自蜻蛉川，经梇栋，次小勃弄、大勃弄，至于南中。

香水河 在姚州城北一百里，出黎武山下，流注大姚河。

土桥河 在大姚县西，源自白盐井香水河，分派东流，合大姚河，入于金沙江。

大姚河 在大姚县城南一里，与姚州蜻蛉河之水合，流经县东书案山下，又东合龙蛟江之水，又东入金沙江。

马鹿塘河 在碍嘉州判西四里。《通志》：在南安州南一百四十五里，流入卜门河。

三道河 在黑井司东南易者村、观音阁、加场村，三水合一，西入龙川江，为行盐通衢。

蓆草湖 在楚雄县南州五里。

曲甸湖 在楚雄县东北三十里，川原平阔，多水族之利，有南坝，本朝康熙中修筑。

零　川 在定远县西三十里，源出赤石山，一名牟苴河，东流经石门山，入马龙江。又《通志》有文龙川，在县西云龙山下。

连　水 在姚州西三十里，源出楚雄府镇南州之木盘山，流经府西二十之连场河，西转七十里，下流合于龙蛟江，入大姚河。

一字水 在姚州境，源出黎武山北，流入一泡江。

捣紬溪 在楚雄县西三十里，流泉三叠，清冷宜酿。

茶山溪 在定远县西十里许，下流入龙川江。

琅　溪 在定远县东南，源自清水溪，从西北分注溪内，东经楚雄县境，入马龙江。旧《志》：高流长堤掩映，游人常集于此，堤左有乐饥亭。

龙门溪 在定远县东北，深阔为一方巨浸，建塔水滨，水不为患。

龙　潭 有四，一在镇南州南三十五里力弋村，水出高山，溉田甚广；一在州西北三十里双甸村；一在阿雄乡七村，潭深不可测；一在州北十五里，水出山限，溉田千亩。每岁二月，知府致祭。

黄莲池 在定远县东南五里，相传有黄莲产其中。

龙马池 在定远县西南二里，相传有龙马现池中。

七局龙池 在黑盐井司之西北，每将雨，山鸣如雷，云雾中有光，闻鼓吹导引之声，春夏水涨，巨石多坠，民相率致祭。

龙　泉　在楚雄县南雁塔山下，水澄洁，应月而潮。

凤　泉　在楚雄县东慈乌山麓，水甘冽，自平地涌出，四时不竭，注而为池。

云　泉　在楚雄县西鸣凤山云泉寺，水甘，为南中第一。

玉　泉　在镇南州东二里，泉温可浴，有灌溉之利。又有丹桂泉、汛泉，俱在州东五里。又旧《志》有热泉，在州西六十里，其水如汤。

白马泉　在姚州东白马山谷。又有黄龙泉，在东山黄龙寺右，流溉民田甚广。

三窠泉　在大姚县北十里，又北二十里，有麽些泉，四时不竭，可备旱。

温　泉　有三，一在姚州西黑泥只村，一在州北交摩村，一在大姚县东。

波罗涧　在楚雄县西一里。《滇志》：其麓有夜合榆，榆下有卤水。

石　井　在南安州东北二里，其泉随取随满。

石羊井　在定远县北五里。《明统志》：上有石如羊。

盐　井　在广通县舍资村，又有阿陋井、猴井、奇兴井、吧喇井、袁信井、袁朝奉井、罗水井、纳甸井，皆环盐课司四旁，今多湮没。

乌牛井　在姚州东十五里。又春郎井，在州东南。

金龟井　在姚州西十里，其水清冽，土人取汲焉。

醉翁井　在大姚县东，相传有人醉没于此，后出泉，清冽不竭。

黑盐井　在定远县东七十里，旧名岩泉，其产盐之井曰复隆井。又有大井、东井，凡三井，俱产盐。元李道源《记》：威楚东北五舍，沿琅山入长谷，有盐井，利甚溥。《名胜志》：唐有李阿台者，牧黑牛饮于池，肥泽异常，迹之，池水皆卤泉。报蒙诏开黑井官之，不受，求为僧，赐袈裟，井民世祀之。

琅　井　在黑盐井东宝泉乡。旧《志》：明洪武中开，寻闭，成化中复开。

盐官九井　在白盐井提举司境。《华阳国志》：青蛉县有盐官。《府志》：司旁有九井，曰观音井，曰旧井，曰桥井，曰界井，曰中井，曰灰井，曰尾井，俱在司治前。后曰白石谷井，在司治南五里，曰阿拜小井，在司治东十里。《滇略》：有羝羊石，在提举司里许。蒙氏时，有女牧羊于此，一羝舐土，驱之不去，掘地得卤泉，因名白羊井，后讹为白盐井。

津　梁

凌虚桥　在楚雄县东三十五里腰站。

白塔桥　在镇南州西三十里，跨平夹川，为迤西孔道。

苴力桥　在镇南州西四十里。

清风桥　在广通县东三里清风河上，相近有明月桥。

关山桥　在广通县西二十五里回蹬关下，通大道。

栋川桥　在姚州南门外。

青跨桥　在姚州西北，跨青蛉河，明弘治中重建。

承恩桥　在大姚县南，跨大姚河，为屋五楹以覆之，明永乐中建。

五马桥　在黑盐井司中街，为行盐要道。怒涛汹涌，筑石基三，洞架木石，上覆以板屋，翼以扶栏。

小石桥　在琅井司西门外，孔道。

椅子渡口 在姚州东北金沙江中。

堤 堰

城南堰 在楚雄县南三里，可灌田千余亩。

梁王坝 在楚雄县东三十五里平山门外，元梁王巴咱尔斡尔密所筑。巴咱尔斡尔密，旧作把匝剌瓦尔密，今改正。

跨苴坝 在楚雄县南四十里。

大琶坝 在楚雄县南七十里。

五排坝 在楚雄县西四十五里。

曲甸坝 在楚雄县北三十里，本朝康熙十年重修筑。

河洞坝 在镇南州东南十五里，有前、后二坝。又索场坝，在州西二十里。两旗坝，在州北二里。东堡坝，在州东三里。

黄连箐坝 在姚州东南九里。

石峡口坝 在姚州南二十五里。

右所卫坝 在姚州西南六里。

阳派坝 在姚州西北七里。

东堡坝 在镇南州东三里。又西堰，在州西。南堰，在州南，溉田二千余亩。

七 淜 在姚州西南，凡七处，曰大石、地摩、乌鲁、阳派、塔镜、小邑、长寿。又在州西，一曰当阳院。在州北五，曰地角、香萦岭、赤额坪、黑坝材、摩苴邑，皆前代所筑，潴水以灌田。

上 闸 在大姚县东二里，又有下闸，离县三里，俱明弘治间筑。

金家闸 在大姚县南一里。又冷水闸、白塔闸，俱在县西。叶家闸、杨家闸，俱在县东。

祠 庙

紫溪龙神祠 在楚雄县西二十五里。明成化中，知府赵敏路过洞庭，舟中梦一方巾蓝袍来谒，曰紫溪龙神也。及抵郡，祀龙，见塑像如梦中所见，遂饬庙宇祀之。

卷三百八十

永昌府

山 川

潞 江 在保山县西百里，旧名怒江，以波涛汹涌而名。源出吐蕃界雍望甸，自丽江府经野人界，经府西北境，过鲁库渡口西，又南为孙足渡口，又南为猛赖渡口，东南流至潞江安抚司西北，为潞江渡口，又东南过司北，又东南经府境，又南经旧镇安所东，又南，南甸河自东北来注之。又西南流经芒市司之东，又西南经孟定土府北，又西南流入缅甸界。两岸陡绝，秋夏瘴疠尤甚，蒙氏僭封四渎之一。《唐书·地理志》：永昌故郡，西渡怒江，至诸葛亮城二百里。《明统志》：正统三年，麓川土酋思任发作乱，断潞江，立栅守，都督方政渡江击走之。四年，复命沐昂等征麓川，败贼于潞江。《府志》：潞江渡，昔以绳桥。明嘉靖间，置巨舟，可渡百人，下流达木邦缅司，入南海。

澜沧江 在保山县东北八十里，自大理府云龙州南流入，经永平县西，又经罗岷山下，又东南，入顺宁府界，达居里，入南海。江广阔二十六丈，其深莫测，其流如奔。《后汉书·西南夷传》：显宗始通博南山，度澜沧江，行者苦之，歌曰："汉德广，开不宾。度博南，越兰津。度澜沧，为他人。"《水经注》：永昌郡澜沧水，出博南县博南山，水出金沙，越人收以为黄金。又有光珠穴，穴出光珠。又有琥珀、珊瑚、黄白青珠也。《唐书·南蛮传》：望苴蛮，在澜沧江西。《滇程记》：自沙木和十亭至永昌府，经澜沧江，介二山之趾，两岸壁峙，固为桥基，缆铁梯木，悬跨千尺，束马以渡，名博南津。又西为江坡，有径新辟，建一亭跨澜沧江上，为霁虹桥。守永昌者往往扼江为险，桥其重地也。本朝康熙四十二年，御赐"飞虹彼岸"匾额悬于上。《府志》：源出吐蕃嵯和哥甸。一云出涉州石下，度云龙江，至于永昌。

银龙江　在永平县东半里，一名太平河，源自县北阿荒山，南流合木里场河，又南流穿县城出，又南合曲洞河，又东南过萨佑河、花桥河，又东南会胜备江，流入顺宁府界。《县志》：每岁孟冬，近晓有白气横江如龙，故名。《通志》：源有二，一出阿荒山，一出罗木山，合流贯城，经打牛坪诸寨，入澜沧江。明万历中，浚西濠为河，分水流城外。

胜备江　在永平县东一百里。《明统志》：源出罗武山，南流经县东南境，合九渡、双桥二河，达于防化，合漾备江。《县志》：源出大罗黑麻山。《通志》：江自大理府云龙州界山箐发源。按：大罗黑麻山，当是罗武山异名，山与云龙州接界。《舆图》：漾备江之西有一水，发云龙州东北，东南流，经黄连铺东，又东南，注漾备江，当即是水也。

碧溪江　在永平县东北二百里。旧《志》：即漾濞江，自大理府浪穹县之罗舍河流入，经县界东南，入蒙化界。

龙川江　在腾越州东八十里，亦曰麓川江，流至芒市司西界，江流湍急，蛮恃以为险，司南有西峨渡，为麓川达木邦之路。明正统六年，王骥征麓川，遣兵守西峨渡，且通木邦之道，即此。《明统志》：源出峨昌蛮地七藏甸，绕越甸界，经高黎共山北，下流至太公城，合大盈江。《通志》：江有三源，一出届头甸马鹿塘，为瓦甸河，下流为固东河，在州正北；一出七藏甸，为明光河，东南合固东河，为怒石江；一出雪山麓，西南流，会曲石江。三水合流，至州东为龙川江，蜿蜒数百里，势若游龙，故名。按：《舆图》东一源出傈僳界，南流入境，经大塘隘马面关西，又西南，流经界头西，又南，经瓦甸西，又南，至曲石街东南，与曲石河合。曲石河，一出明光山之麓，南流；一出滇滩关之西南，东南流，至曲石街西北而合。南流，经街西，有小河自西南来注之，东流，与瓦甸河合，名龙川江。又南，经高黎共山西、橄榄坡东、分水岭西；又南曲，而西经芒市司西北；又西南，经龙川司东南；又南，经遮放司西，左合芒市河；又西南，经猛卯司东南；又西南，流经缅甸界上；又西，经缅国界；又西，经汉龙关北，合岗碗河；又西，流入缅国界。《通志》谓瓦甸河在州正北，似误。

槟榔江　在腾越州西一百八十里，源出吐蕃。南流，经傈僳界流入境，经古勇州西神护关东；又南，经干崖司西北，东会大盈江；西南流，北会盏达河；又西南，北会曩送河；又西南，会腊撒河；又西流，入缅国界。旧《志》：源出野人界，流入州西境，下流会大盈江，入缅甸。

大盈江　在腾越州西南一里，又名大车江。其源有三，一出赤土山为马邑河，一出龍𢗉山为高河，一出罗生山为罗生场河。环绕州城，自东而北而西，合于江流，故曰大盈。又南入南甸小梁河，至干崖为安乐河，西流汇槟榔江。

上水河 在保山县内。曹学佺《名胜志》：城内有上水河，水极清冽，其源出九龙池及宝盖山箐，合流入城，贯穿委港，达于东河。《府志》：东河亦曰郎义河，源出龙泉，流经郎义村，合清水河，南入峡口洞，复西南流，为枯柯河，铁索桥跨其上。

沙　河 在保山县南七里九龙、法宝两崖间，水势盈涸无常，引以灌溉。《明统志》：源出九龙池，东注于峡口洞。

坪市河 在保山县南，有二源。《明统志》：一出甸头，一出石甸寨，合流施甸司西，又南，合蒲缥寨涧水，经新栅山口，陡崖飞下，下流入潞江。

清水河 在保山县北五十里。《府志》：河有二源，一出府北五十里阿隆村，一出府北十七里甘松坡下，合流东至凤溪山下，合凤溪。又南合郎义河，至城东南，合沙河诸水，入峡口洞，伏流数里，出为枯柯河，下流入湾甸土州界。按：《舆图》即南甸河，三源并发县北，合流经县东，汇为青华海，又东南流绕哀牢山南麓，又南入峡口洞，又南流经老姚关东，又南经湾甸土州西北，又西南注龙川江。

小罗窑池河 在保山县东南一百二十三里。《府志》：在施甸长官司东南二里，源自秀岩山下，流入澜沧江。

沙木河 在保山县东北一百二十里，自顺宁府流入，合沿山涧水，汇流三十里，入澜沧江。

双桥河 在永平县东八十里，源发上西里，流经黄连堡东二里许，汇诸涧水，下流入胜备江。

曲硐河 在永平县西三十里，源出河邱山西麓，下流入银龙江。其河之南，有温塘，水暖澄澈，四时可浴。

木里场河 在永平县北三里，又县北四里有桃源河，俱发县西之和邱山。桃源河，即木里场河上源，一水异名，下流入银龙江。

花桥河 在永平县西南三十里，源出博南山下，流入银龙江。《滇程记》：下关石桥至碗水哨，又西为四十里桥，又西为响水涧桥，循涧行，巨石峭崿，鸣若轰雷，近关有花桥，架木飞梯，所谓花桥河也。

九渡河 在永平县东北五十里，源出横岭山，流入胜备江，沿山绕流，上跨九桥。

叠水河 在腾越州西南，大盈江支流，山麓有石崖，断陷百尺，奔流吐注，翻雪惊雷，行人竦视。

小梁河 在南甸司东北三十里，有二源，一出腾越州赤土山麓，一出州之缅箐山麓，至南甸合为一。西南流经南牙山下，曰南牙江；又南经干崖东云笼山麓，为安乐河，亦名云笼河；沿至司治北，折流而西一百五十里，会槟榔江。

云晃河 在干崖司南，源出云晃山，流合云笼河，灌田千余亩。

止西河 在干崖司东北三十里，源出云笼山，流十五里，入云笼河。

青华海 在保山县东五里，汇诸流为池，广十余里。

大车湖 在腾越州南团坡下，湖面广阔，中有小山若浮。

黑龙潭 在保山县北七十里，天旱，以铜牌激龙即雨。

荷花水 在保山县内西北，汇仁寿泉水，多植荷花。

易罗池 在保山县南。《明统志》：池周三百余步，传昔哀牢妇触沉木感孕，即此池。

《府志》：在九隆山下，即龙池泉，泉由地喷者九穴，因甃石为池承之，其下汇为大池，可三十亩。《府志》：明洪武中，度田分水为四十一，号为民利，岁以武官一员司之。

半月池　在腾越州西北七里，周五十丈，流入大盈江。

金鸡泉　在保山县东五里金鸡村，泉出二池，一温一凉，泉畔有石，高五丈，围丈余，石上数孔，聚水澡浴，俗谓之立鎒石，相传吕凯所立。又鸡飞泉，在县东南一百里，有石洞，洞旁二泉，一温一凉，清莹见底。

龙王泉　在保山县北三十里，上有龙王庙，泉由石穴涌出，流为三沟。上流水分七号，道由龙滩流经郎义村，浮于中沟坝。嘉靖七年，龙滩堤决，知府董雍重修。三十一年复决，兵备副司郭春震甃以砖石。中沟初分为七十二号，岁久淤于沙泥，仅存五十三号。本朝康熙初，知府王家相重修二沟，灌田一万二千余亩。下沟则瀰湃入于东河，不利灌溉。又腾越州西三十里，有龙泉，源出打莺山[①]，流于古矛山下，灌溉州以西田亩。

宝峰山　在永平县东四十里，引流灌溉。

马场泉　在腾越州北七里，亦名马常河，灌大宽邑，东至大桥路。

温　泉　有六，一在腾越州西缅箐村，一在州东大洞村，一在州南罗左冲村，一在州北马邑村，一在南甸司，一在干崖司。旧《志》：在陇川司[②]境者，从石罅流出，其热如汤。

黑　泉　在湾甸土州，泉色如黝漆，涨时，飞鸟过之即坠，人犯之立毙。

龙王塘　有三，一在腾越州观音寺，一在大宽邑，一在侍郎坝，皆州境。

黑龙塘　在镇康土州北三十里。

安远井　在保山县，水极清洌。

光明井　在保山县东五里，相传唐大历间，于井见三角牛、四角羊、鼎足鸡，井中有火烛天，南诏以为妖，遂塞之。今建风云雷雨坛于其上。

香泉井　在腾越州东北，水甚清洌而香。

津　梁

众安桥　在保山县南七里，跨沙河下流。明洪武二十三年，指挥胡渊创建，正德、嘉靖中复修治。本朝康熙二十九年重修。

神济桥　在保山县南诸葛营中，明永乐中建，嘉靖中甃以砖石。

血战桥　在保山县南金胜关外，明时官兵与缅战处，参将邓子龙建。新《志》：在腾越州东一百二十里金胜关外。

北津桥　在保山县北二十里。又府城东北一百二十里有凤鸣桥，跨沙木河[③]上。

霁虹桥　在保山县北八十里，跨澜沧江。《府志》：汉诸葛武侯南征，架桥济师，后以索为之。元至元中，额森布哈重修，名曰霁虹。明初，镇抚华岳置二铁柱于两崖以维舟[④]，时遭覆溺，后架木为桥，又为火所焚。弘治十四年，兵备使者王槐构屋于上，贯以铁绳。本朝顺治、康熙间累修。南北往来孔道，亦曰澜沧江桥。额森布哈，旧作也先不

---

① 打莺山　今作“打鹰山”，在腾越镇西北。

② 陇川司　原本误作“陇州司”。陇川司，即陇川宣抚司，明正统十一年置，治今陇川县陇把镇。今改。

③ 沙木河　原本作“沙本河”，《景泰云南图经志书》卷六《金齿军民指挥使司》“山川”条下有：“沙木河，在司治东北一百二十里沙木和村，其源出顺宁府之西北，有灌溉之利。”李春龙、刘景毛校注，云南民族出版社 2002 年，第 327 页。今据改。

④ 舟　原本作“周”，正德《云南志》、万历《云南通志》、杨慎《云南山川志》皆作“舟”，今据改。

花，今特改正。

龙川桥　在腾越州东七十里龙川江西岸，旧编藤施板，名曰藤桥。《州志》：藤桥有三，一在龙川江，一在尾甸，一在回石，俱跨龙川江上。盖江水湍急，难以木石施工，编藤系岸树，以通人焉。明弘治中，兵备使者赵炯缆铁为桥。本朝顺治十六年焚毁，雍正元年重建，坚致整密，一如霁虹桥制。桥外为台，台之外为飞轩十九间，旁维以铁缆五，两端挽以铁缆二，自是坚固如昔，往来便之。

大盈桥　在腾越州西，跨大盈江上。

昌平桥　在永平县治东半里许银龙江，亦曰太平桥，以木为之，长四十丈。其东北又有安定、通市二桥。

漾濞桥　在永平县东北，制如境之霁虹桥。

潞江渡　在保山县南，旧刳木为舟，以通往来。明嘉靖中始制巨舟，可渡百人，两岸各建官厅憩息。

堤　堰

侍郎坝　在腾越州[①]西北五里，明侍郎杨宁征麓川时筑。

沙　坝　在陇川司境，明王骥再征麓川，使郭登守沙坝。

栗柴坝　在陇川司西南，明万历二十年，缅侵陇川，多思顺[②]奔猛卯，会官军大战于栗柴坝，逐缅出境是也。

大诸葛堰　在保山县南法宝山下，周遭九百八十余丈，中深二丈，汉诸葛武侯所浚，岁久淤涨，明成化三年，巡按朱暟修筑，水分口为三，泄以灌田，俗呼为大海子。又有中堰，俗呼为中海子，下堰为小海子。

石花堰　在保山县南十二里，源出本山后之响石洞，土堤周一百十五丈，中为一纂，灌田数十亩。

祠　庙

大官庙　在保山县东哀牢山下，又东村中有小官庙。明傅友德、沐英平大理，擒段氏并其二子至金陵，太祖赐长子名归仁，授永昌卫镇抚，次子归义，授雁门卫镇抚。土人怀段氏旧德，立庙祀之，以正月十六日致祀，水旱必祷。

罗岷山神祠　在保山县东南三十里，祀天竺僧罗岷，或曰即黑水祠也。

卷三百八十一

顺宁府

山　川

顺宁河　在府城东，府之带水也，源出甸头村山箐内，下流经云州东，为孟祐河，会诸水东入澜沧江。按：《图表》有右甸河，源出府城西北右甸城之北，东南流经城东，又东南流经府城南，又东合南北诸水，疑即顺宁河上源。

---

① 腾越州　原本误作“腾川州”，据《腾越州志》改。另，侍郎坝为明礼部右侍郎侯琎驻腾时所筑，与此说有异。

② 多思顺　原本误作“多思任”，据《明史·云南土司二》改。

南糯河　在府城西一百二十里，源出偰山，与阿渡吾山溪水同绕西经百里，合猛筒河，入怒江，水性漭漾，瘴雾中人。

瓮磉河　在府城南一里，源出南山，与浴甸、腊门诸河俱南流，与顺宁河会而东注。

浴甸河　在府城南三十五里，出中阿山，下流入顺宁河。

阿铎河　在府城南一百八十里，源出铎山，水势迅疾，土人构藤而渡。

腊门河　在府城北七十里，南流与顺宁河合，分以溉田。

阿鲁使泥河　在府城北一百八十里，源出阿鲁使泥山，下流入黑惠江。

虎墟河　在府城北一百九十里阿城旧村，与阿鲁使泥河合流，俱入黑惠江，其旁有虎穴。

西添河　在府城西北五十里，源出喻甸都瓮村，东流入澜沧江。

南看河　在云州东，自顺宁河分流至州境东，入澜沧江。

大　河　在缅宁北，流入云州境，为猛赖河上源。又猛麻有大河，南流入腊逊江。猛撒司亦有大河，北入山穴中，出为猛短河。

金水河　在缅宁北，流入猛赖河。按：顺宁一府之水，皆东合于澜沧，惟缅宁水独西流。《图表》所载司南猛准有二水合而北流，经司东，又北有嶍堡河自东来注之，又北有李至河自东来注之，又北为猛缅河，又东受分水岭之水，屈而西流，又南经猛勇西北，虎口河自东南来注之，又西南为南丁河，有南路河自南来注之，又西经孟定土司东北，有南底河、南滚河自南来注之，又西有小南朋河、大南朋河自北来注之，西南流入缅甸界。

黑惠江　在府城北一百八十里。明杨慎《云南山川志》：即漾备江也，亦曰濞溪江，自蒙化厅流入境东百里至泮山下，合于澜沧江，二水合流至云州南，又东南入景东厅界，蒙氏所封四渎之一。《通志》：源出洱海，由下关天生桥至合江铺，为漾备江；又南流三百里，为碧溪江；入府界，为黑惠江；至云州神舟渡，会澜沧江，东流入景东界。

澜沧江　在府城东北七十里，自永昌府东南流入境，与黑惠江合，经云州东北，折而南，东流入景东厅西界，又南入镇沅州西北界，又西南经甸宁东南，又东南流入镇沅州界。其在府境者，石齿嶙峋，波涛汹涌，实为险隘。又江中有宝峰山，江干有三台山，尤险峻。明洪武二十年，诏沐英于澜沧江津要筑垒，置戍以备平缅，即其地也。郦道元《水经注》：澜沧水与禁水合，自永昌而北，迳其郡西北，水旁瘴气特恶，气中有物，不见其形，谓之鬼弹。《名胜志》：每岁五六月，江中有物，黑如雾，光如火，声如折木裂石，中木则折，中人则死，或曰瘴母也。《文选》谓之鬼弹，《内典》谓之禁水。

蕴古泉　在府城西，夷语谓泉为蕴，谓涌为古，有亭曰福寿亭。

温　泉　在府境者有二，一在城南阿柱村，一在城西西添村。

洪　塘　在云州北镇夷山下，有灌溉之利。

龙　湫　在府城南山麓，林木蓊郁，传有龙潜，祈雨辄应。

观音井　在府城北九十里，俗传一老人以杖触地，泉水涌出。又象脚井，在府城北一百八十里，相传象脚所践而成。

津　梁

迎恩桥　在府城东北二里，明知府王政建。本朝雍正三年，改木以石，为永昌、蒙化必经之道。又府东一里，有迎春桥。

祝嵩桥　在府城东五里，跨顺宁河之中流，明土知府猛寅重修为石址，以酾水道，上有扶栏瓦屋。

藤　桥　在府城南，阿铎河河水东注，土人构藤为桥。

靖边桥　在府城砰里村，南跨顺宁河之下流，长七丈，阔二丈。

右甸大桥　在府城西南，明崇祯十五年，通判谢天禄建。本朝康熙三十七年，知府董永芟重建。

济虹桥　在府城西三百五十里，俗呼枯河大桥，明知府李忠臣建。本朝康熙四年重修。

大　桥　在府城北一百六十里，路通蒙化厅，又名猛家桥，明末知府曹巽之建。

来宣桥　在府城北一百八十里，跨漾溪江上，路通蒙化，其渡最险。本朝康熙元年重建，长九丈，挽以铁索，上有瓦屋二十一楹，康熙二十八年、五十四年累修。

掬春桥　在府城北，水出交凤山下流为河，桥跨其上，瓦屋扶阑，居然幽胜。

澜沧江浮桥　在府城东北八十五里，编竹十五丈，广五丈。

石　桥　在云州北，路通蒙化厅。

镇水桥　在云州旧城，系府境河水下流所经。

黑惠江渡　在府城东北赤龟山下。

神舟渡　在云州境与蒙化交界处。

漫乃江渡　在云州阿轮山东五里，往景东厅之咽喉。

卷三百八十二

丽江府

山　川

怒　江　在府城西四百五十里。《通志》：源出西域，经怒夷地，故曰怒江，入府境西，讹为潞江，又南经野人界，入永昌府境。《府志》：澜沧江、怒江俱在蒙氏僭封四渎之内。按：《舆图》源出西二十六度，北极出地三十四度之布喀鄂模，番中大泽也。西北流，折而东南，连汇为泽，东南流，会诸水，经数千里，从怒夷界流入府境。

澜沧江　在府城西南四百五十里。《明统志》：源出吐蕃嵯和歌甸，流经旧兰州西北三十里。李元阳《黑水考》：《禹贡》“导黑水，至于三危，入于南海”，陇蜀之水，无入于南海，惟滇之澜沧江、潞江二水，皆由吐蕃西北，东与雍州相连接，其水皆入南海。然怒江西南流，蜿蜒缅中，内外皆夷，于梁州境若不相属，惟澜沧由西北迤逦向东南徘徊云南郡县之界，至交趾[1]入海。今水内皆为汉人，水外则为夷缅。《禹》之所导，于以分别梁州界者，惟澜沧之水足以当之。《元史》：至元八年，大理劝农官张立道使交阯，并黑水，跨云南，以至于其国，此亦一证。陇蜀滇三方鼎立，雍以黑水为西界，对西河而言也；梁以黑水为南界，又对华阳而言也。惟三危之山，不可考耳。《禹贡锥指》：澜沧居河源之东，黑水自三危而南，则必入于河矣，安能越河而南，与澜沧相接以入南海？澜沧非雍州黑水之下流甚明。《滇志》：澜沧江源出嵯和歌甸之鹿石山，一名鹿沧江，亦曰浪沧江，亦作澜沧水，南入大理府云龙州界。按：《舆图》源出西二十二度，北极出地三十四

---

①　交趾　“交”字，原本脱。交趾，又作“交阯”。汉武帝所置十三刺史部之一，辖境相当今广东、广西的大部和越南北部、中部。东汉末改为交州。今补。

度，土名苦克噶巴。阿林之东北，卓尔长阿林之西，二源合而东南流，会诸水，经蒙番怒界，入府境你那山西，又南经树苗汛小甸塘上江汛西。

金沙江 在府城西北三百二十里，源出吐蕃界，自旧巨津州流入府境，环三面，流入废宝山州境，绕而南入鹤庆州界，又南流而东，折入大理府界，即古若水也，又名神川。《山海经》：南海之内，黑水之间，有木名曰若木，若水出焉。郦道元《水经注》：若水之生，非一所也。黑水之间，厥木所植，水出其下，故水受其称焉。若水沿流，间阙蜀土。《唐书·南蛮传》：贞元九年，南诏异牟寻大破吐蕃于神川，遂断铁桥。又吐蕃破麟州，韦皋督诸将分道出，或经神川、纳川。《元史·地理志》：丽江路，因江为名，谓金沙江出沙金，故云。源出吐蕃界，今丽江即古丽水。宪宗三年征大理，从金沙江济。《明统志》：古名丽水，源出吐蕃界犁石下，名犁水，流经巨津、通安、宝山三州。明张机《金沙江源流考》：金沙源出吐蕃共陇川犁牛石下，谓之犁牛河，即古丽水，其流经吐蕃铁城桥东，经丽江府巨津、宝山二州，又东经鹤庆、永北、姚安，又自武定府北界，经犁溪州，蒙氏僭封四渎之一，即此。按：《舆图》金沙江源最远，其地在西二十七度半，北极出地三十五度零，土名勒写乌蓝打普苏阿林东麓，东南流，会诸水，经蒙番界，入府境西北边界之塔城关东，又东南经巨甸汛东，又东南经桥头汛北，又南经石鼓汛北，又东北经石门关阿喜汛北，又东北绕雪山北麓而东南流，又南经府境东，东北受无量河水，又南流入鹤庆界。其源较黄河源所出，又远过之。

漾共江① 在鹤庆州城东五里，一名鹤川，阔十余丈，自丽江之清溪入州东北，盘折五十余里，溪流众水，趋赴于此。其自西北来会者曰石洱河，自东北来会者曰大水漾泉，自西来会者曰落钟河、长庚河、温水河、银河、桃树河。至象眠山麓，群峰环合，潴而为湖，名漾共湖。入石穴中伏流三里而出，名腰江，东流入金沙江。

老君潭水 在府城西二百五十里老君山下，流入剑川州境，注于剑湖。

鹦哥水 在鹤庆州东南七十里，水自石崖注下，常有鹦哥悬崖仰饮，故名。

岩场水 在剑川州西一里，源出老君山，流入剑湖。

春　水 在剑川州南七十里沙鸡村，每春水盛，有硫黄气，郡人于二三月间，和盐梅椒叶饮之，谓能祛疾。

长康河② 在鹤庆州南十里，源出城西黑龙潭，州南田多资灌溉。旧《志》：在城西南黑泥哨，南至长康里，名长康河，东流注漾共江。

温水河 在鹤庆州南十五里，源出宣化山麓，合州东南三庄河，入漾共江。

南供河 在鹤庆州南二十里，一名银泉，发源金斗坡，濒河为大沟，引水而北者四，引水而南者二，谓之南供渠，溉田数万，亦东流入漾共江。

桑木箐河 在鹤庆州城南一百十里，源出马耳山，流入金沙江。

落钟河 在鹤庆州城西南五里，源出朝霞山之龙湫，截官道而东，上有落钟桥。相传唐时有僧自叶榆昇所铸元化寺钟归及桥，钟坠水中，取之不获，因名。

桃树河 在鹤庆州城西南二十五里，源出豸角山，流入南山岩穴中，居民引水溉田，谓之桃树渠。

观音山河 在鹤庆州城西南一百里，源出黑泥山神二哨，入大理府浪穹县，会天

---

① 漾共江　民国《鹤庆县志》卷一之上作“漾弓江”。一名鹤川。民国十二年（1923年）稿本，第54页。

② 长康河　原本作“长庚河”。民国《鹤庆县志》卷一记载：“长康河，在治西南二十里，即黑龙潭之流东北，入漾弓江。”《读史方舆纪要》卷一一七记载：“又长康河亦在府南五里，源出府西黑龙潭，东流注于漾共江。”据改。

宁河。

石洱河 在鹤庆州城西北十里，源出石寨山，会白龙潭水，为石洱河。

大桥头河 在剑川州东二里，即古之合会尾江，亦曰黑惠江，南入剑湖，遇潦泛溢。

桃羌河 在剑川州南三十里，东南流入于漾濞江。

沙溪河 在剑川州南六十里，源自剑湖流出，南流会弥沙浪河。

弥沙浪河 在剑川州南一百里白水场，与剑湖水汇而南流，入大理府浪穹县界。

西　湖 在剑川州西一里金华山麓。秋水时，与东湖相连，沿湖堤岸，柳烟霏翠，华山倒影；至冬水落，民始播种。下流入大理府浪穹县界。

剑川湖 在剑川州南五里，亦名东湖，周广六十里，尾绕罗鲁城，流为漾濞江，亦曰濞溪江，俗呼为海子，岁办鱼课。《州志》：剑川在州南十五里，即剑湖之尾，曲流三折，形如川字，故名。

罗牧社海 在鹤庆州城西十里观音山西，周回八里，旧有鱼课，隶剑川州河泊所。

清　溪 在府城东十里，即漾共江之上源也，有二源，一出东山，一出雪山，至府东东圆里，合流绕府治南，灌溉甚溥。旧《志》：清溪源出雪山，会清源、渠象二水，流入鹤庆界，为漾共江。

白石溪 在府城西二百里，中多白石，下流入澜沧江。

龙　潭 在府城西南十里，广数亩，深不可测，四畔草结如葑，牌履及一方皆动，人或近之，风雨辄起，故名。

大水潭 在鹤庆州东九里，一名大水漾。泉出东山麓，周二百余丈，溉田甚溥。

龙　潭 在鹤庆州者十五，其流入漾共江者，曰黑龙、青龙、白龙、西龙、龙宝、吸钟、石朵、香米、北渼、柳树，又曰小柳南，曰赤土和，曰宣化。流入金沙江者，曰龙公。停蓄极深者，曰大龙。皆随地衍注，民田赖之。在剑川州者九，曰老君，曰易堤坪，曰仙女炼，曰隔渼，曰建和，曰白难陀，俱流入剑湖；曰花丛，曰白龙，曰青龙，俱流入湖尾。

诸葛泉 在鹤庆州南一百四十里罗陋村，相传诸葛亮驻师之地，泉均二流，甚为民利。

白石美泉 在鹤庆州城北十里。又小柳场泉，在城东北十五里。西墩泉，在城东北三十五里。

温　泉 剑川州境内有二，一在州南五里，一在州西一百五十里。此盈彼涸，互为消长。

灵　泉 在剑川州南五十里，出石宝山顶石岩中，甚寒冽，不涸不盈，每春游人饮之，谓可愈疾。

石菜渠 在剑川州南，灌溉甚溥。

诸葛池 在剑川州北四里，相传诸葛亮南征，饮马于此。

龙马井 在鹤庆州东南一百里，水甘冽。又城西南八里，有菩提井。城南一百三十里，有仙女井。

盐　井 在剑川州西南一百四十里，为桥后井。在州西南一百五十里，为弥沙井，有盐课司。

津 梁

东圆桥 在府城东南五里，跨清溪上，以石为之。

万钧桥 在府城南三里。

金沙江渡 在府城东。旧《志》：府境自铁桥而北，有其琮渡口，今为蒙番所据，自铁桥而东南，有各桥头渡口，又南有喇沙漠渡口，又东有阿喜渡及金沙江大渡口。过雪山而东，至故实山，州北有大具渡口，又东有俸可渡口，俱在金沙江上。今皆禁止，不得私渡，惟府东井里渡口通往来，与永宁土府接界。又鹤庆州有金沙渡口，达永北厅。

东山桥 在鹤庆州城东五里。又东十里，为火龙潭桥。

金灯桥 在鹤庆州城东南二十里。

跨鳌桥 在鹤庆州城南一里。又里许，为新生桥。又南，有迎贵桥。又城南五里，有落钟桥，跨落钟河。

鹤川桥 在鹤庆州城南十里，地名长康里，为往来通衢。又南四里，为石固桥。又南，有永济桥，又有济川桥。又南二十五里，有通济桥。

天生桥 在鹤庆州城南一百二十里。又南五里，为观音山桥。

镇远桥 在鹤庆州城西门外。又西四十里，为清水江桥。

周官屯桥 在鹤庆州城北七里。又北八里，有象跪石桥。又逢密桥，在城西三十里。

劝农桥 在剑川州东一里。又东二里，有平济桥。

罗城桥 在剑川州南十五里。又南十里，为桃羌桥，跨桃羌河。

柳色桥 在剑川州北半里，相近者为岩江头桥。

颠场头桥 在剑川州北十五里，达府城。

堤 堰

龙宝堤 在鹤庆州境龙宝潭下，周四百余丈。

西墩泉堤 在鹤庆州境内。

小柳场坝 在鹤庆州境。

老君水坝 在剑川州西，旧有上下二坝，今废。

祠 庙

水洞祠 在鹤庆州城南象眠山下。

西龙潭祠 在鹤庆州城西。又龙宝、黑龙、白龙诸潭，皆有祠。

卷三百八十三

广西州

山 川

盘 江 自临安府阿迷州境，流经弥勒县，复东北流，经州境入师宗县境，会山箐细流，名八达河，下流入曲靖府罗平州界。

巴盘江 一名潘江，自澂江府东南流入师宗县界，又东南流经州西，又西南入弥勒县界。

清水江 源出邱北山之龙潭，东流，绕师宗县治，会诸水，入八达河。

混水江 在师宗县南一百五十里，即盘江下流，入罗平州。

巴甸江 在弥勒县境，源出县西北，南流数里，东入盘江。

西泸河 在州城西三里，一名西溪，源出源罗山洞中。师宗县诸水伏流于此，流经城西，环城南，与东溪合，入矣邦池。

息宰河 在弥勒县南九十里，明知府张继孟招降普名声于此。

白马河 在弥勒县西南十八寨东五里。

山　湖 在弥勒县境，中产巨鱼。

八甸溪 在弥勒县北，其源有三，一出旧村，一出阿欲山，一出北倾山，至县治东合流，南入盘江。

矣邦池 在州城东南五十三里，一名龙甸海，亦谓之乾海。周三十余里，水源有二，一出泸源洞，一出江头村龙潭，或云出弥勒县吉双乡者，误。南流入盘江。中有小山，明李韶言府南有乾海，后有平壤可开屯田，即此。

龙　泉 在州城西，源出泸源洞，有东、西二泉流入矣邦池，民资灌溉。

河渠温泉 在师宗县南三十里。

温　泉 在弥勒县西十里阿欲山下。

龙江湾 在州城西南和穆村，西流入矣邦池。

弥勒湾 在弥勒县境，自临安府阿迷州陇希寨东流六十里，至弥勒湾。

大河口 在师宗县，南盘江经此，回曲为大河。

津　梁

吉双桥 在州城东南四里。

大石桥 在州城西一里，一名环翠桥，明弘治间，知府朱继祖重建。

金马桥 在州城西十五里，陆凉州大路。

所普桥 在州城西三十里。

晏清桥 在州城南一里，明万历中建。

普济桥 在师宗县大河口。

禄生桥 在师宗县东门外一里。

平政桥 在师宗县南门外。

蚬泽桥 在师宗县南五十里槟榔村。

洪济桥 在师宗县北三十里。

玉津桥 在弥勒县南，跨八甸溪上流。

盘江渡 在师宗县东一百六十里马者笼乡。

巴盘渡 在弥勒县南一百里，两山夹流，为一方险要。

堤　堰

广利坝 在州城东七里，明万历间筑。

永惠坝 在州城西四里，亦万历间筑。

矣龙坝 在州城西三十里。

卷三百八十四

武定州

山 川

金沙江 在州北三百八十里，自姚州东流，经元谋县境，又流入州北界，又东达四川会理州界之旧黎溪州，蒙氏封为四渎之一。沿江多岚瘴，行人以雨中及夜渡可无虞。元李京诗《五月渡泸》即此地。三月九日瘴雾起。

寿胚胎洞 在州西北四十里，《志胜》：洞深十余丈，中有石笋森立，石乳自岩滴笋成，质如拳，又有石如寿星、盆盂、狮、象形者。

西溪河 即楚雄府之龙川江也，亦名纪宝溪。自楚雄府定远县北流入州界，又西北经元谋县西，入金沙江。

乌龙河 在州治北五里，源出禄劝县之乌蒙山，绕流经此，溉田数百顷，下流入金沙江。按：乌蒙山之泉流为乌龙河者，非此水。

鹧鸪河 在州北，南流入禄劝县界。

普渡河 在禄劝县之废石旧县东南，即螳螂川下流也。源自云南府富民县，流入会掌鸠河之水，入金沙江。

龙桥水 在州北，流经府城南，合于掌鸠水。

勒洟水 在州东北，源自废南甸县，与东溪洟皆分流而东北入金沙江。

掌鸠水 在禄劝县废石旧县。《元史·地理志》：掌鸠甸有溪，绕其三面，凡数十渡。旧《志》：水自府境北流入禄劝州东南，与款庄、乐宰二水合，又东入普渡河，以达于江，其合处形如狮子，名狮子口。

惠嫋湖 在州西北八十里，湖方五里，茂林掩映，水深不测，叶落湖中，鸟辄衔去。

应元溪 在元谋县南，源出本州虚仁驿，流经马头山入县，县中田亩，皆资其灌溉，下流合于西溪河。

冷 泉 在州西六里，其水清洁，寒气彻骨。

香水泉 在州南二里。旧《志》：其泉春时则香，土人于二三月祭之，然后汲取。又州西十五里，亦有香泉。

温 泉 在元谋县法纳禾村，其沸如汤，可燖羊豕。又禄劝县温泉有二，一在县南五里，一在小辑麻村。昔凤氏所甓，今变为寒泉。

甘龙泉 在禄劝县城内，自石崖流出，居人汲饮所资。

石 泉 在禄劝县东一百二十里洒交营坡，不溢不涸。

莲花井 在州东北，水颇甘洌，常清不涸。

盐 井 井有二，《滇志》：只旧井距州一百六十里，草起井距州二百里，俱产盐。本朝康熙十年，二井俱封闭。

者吉村渠 在禄劝县，有二，一在县东北，一在县前。又有桃源村、永平村、纳吉村等渠，俱在县境，有灌溉之利。

津 梁

通会桥 在州东大路，明天启中，迁于东城之左，以镇水口，旧又名迎祥桥。

大营桥　在州东南一里，明弘治中建。又东南四十里冷村，有济溪桥，亦弘治中建。

龙潭桥　在州城东北二里，两岸崖壁峭立，跨以木桥，下有龙潭。

惠民桥　在州西北一里，有涧极深。又二里，有便民桥，俱明万历中建。

通远桥　在州西北，路通元谋县，明弘治中建。

大板桥　在元谋县西一里，明正统中建，万历间重建。

鲁虚桥　在禄劝县西北十里，明弘治中建。

卷三百八十五

元江州

山　川

大　江　即摩沙勒江也，一名马龙江，亦名鹿沧江，自楚雄府旧碍嘉县流经州境，为里社之上源。《临安府志》：马笼诸山在江之右，迤阻诸山在江之左，群山夹江，其隘如峡。《通志》：明洪武中平缅，叛结塞于马笼他郎甸之摩沙勒，沐英遣将击却之。

元　江　在州城东南，即礼社江也。《通志》：源自白崖江，合澜沧江流，绕州城东南，经纳楼、蒙自，南达于海。旧制自新平县之三江口流入，沿州治之南，绕东南入临安府纳楼司界。

崀峨河　在州城西四十里河南村，源出府西北崀峨河，东南流入礼社江。

平甸河　在新平县东十里，众流所汇。

大罗河　在新平县东五十里，水势汹涌。

襟带河　在新平县南，自二龙山口出，会入平甸河。

叠水河　在新平县南半里，源高数丈，自上流下，澎湃潺湲，有霞气上蒸，流入大江。

温玉泉　在州城西北十五里。《名胜志》：石间迸出，其色清碧，其沸如汤。

洪本泉　在新城县西一里，邑城内外，资其流灌。

六𡛼塘　在新平县旧新化州屼嘌乡。又有邦那圩及登竜渠，在禄库乡。《县志》：六𡛼塘相近有渺剌塘①。

瑞木井　在新平县东一里许，其味甘冽，源出木下，其木一本三幹，花叶皆异，亦奇品也。

津　梁

南安桥　在州城南门外。又城南德化乡，有石桥。

西成桥　在州城西十五里。

混龙桥　在州城西二十五里，跨崀峨河，长三丈，阔丈余。

藤　桥　在州城西一百里。

康济桥　在州城北门外。

义兴桥　在州城北，本朝康熙十年建。

---

①　渺剌塘　原本作“洲剌塘”，万历《云南通志》、天启《滇志》、康熙《云南通志》、雍正《云南通志》、光绪《云南通志》、道光《新平县志》皆作“渺剌塘”，今据改。

堤　堰

龙王庙堤　在新平县废新化州，明隆庆六年，知州麦天蕙导溪水，甃石堤，以灌近州田。

卷三百八十六

镇沅州

山　川

杉木江　在州治南，源自恩乐县，流经府南，下流入普洱府威远同知之谷宝江，江岸多产杉木。

南浪江　在州东南，源出纳罗山，经旧禄谷寨南，西南流入杉木江。

马涌江　在州境，源自临安府纳楼司，流经旧禄谷寨东，下流入南浪江。

景东河　在恩乐县境，即杉木江之支流。《明统志》：源自景东厅，流经者乐甸司，下流入马龙江。

南堆小河　在恩乐县境。《通志》：源出者岛山，下流归新平江。

盐　井　在州境，有六，俱在波弄山。《明史》：波弄山上下有盐井六所。《府志》：土人掘地为坑，深三尺许，纳薪其中焚之，俟薪成炭，取井中之卤浇于上，越日成盐，其色黑白相杂，而味苦，俗呼白鸡粪盐，交易亦用之。

卷三百八十七

永北厅

山　川

金沙江　在城西，源自旄牛徼外，流入废瓦鲁长官司界，绕喇不山，西流经卜罗村，入永宁土府界，又南流至卜脚，入丽江府，由西而东，环绕厅治，会四川打冲河，东流入武定府。明洪武十六年，傅友德自邓川州过金沙江，攻北胜州，擒伪平章高生，复平丽江、巨津等州是也。本朝乾隆二十八年，移厅知事于金江渡驻扎。

罗易江　在城东北，其上源合数溪诸水，汇流成江，经厅界，又北过旧蒗蕖州东，而入永宁，合泸沽湖。

三渡河　在城东北百二十里，旋绕三回，故名，下流入金沙江。

桑园河　在城南二百里。《通志》：自蒙番来，名五浪河，会走马河、西卜河、西番河、站河、大松河、清水河，入金沙江。旧《志》云自大理府来，又云出四川，二说皆失考。

沙　河　在城北五里，一名观音河，逆入五浪河，归金沙江。

白角河　在城西北。《名胜志》：源出绵绵乡，流经白角乡，逆入于西番界。

勒汲河　在永宁土府北。《明统志》：源出西番，流经永宁北，东入四川盐井卫界。《通志》：河旁有勒汲墩厅地，初近吐蕃，民与番杂居，常为番人所凌，故筑墩为界。旧《志》：勒汲河，一名开基河，源自厅辖二角村山后番界内，流经厅东北，入四川盐井卫前所界。

潘浦海　在城东一百四十里。

陈　海　在城南四十里，周八十里。相传本陆地，有陈姓者居此，一夕沉为海，故名。《通志》：一作程海，下流入金沙江。又有峨峨海，在城东南三十五里，下流亦入金沙江。

草　海　有二，一在近屯西山下，明初系军民田地，正德间，地震累月，随沉为湖，积水经年不涸，雨甚则淹禾；一在顺州，即羊保海，夏秋水积成湖，至春乃涸，后居民捐资挖海尾泄水，至冬即可现地，然其地甚寒，且无源泉，耕者甚少。

牛甸湖　在城东一百二十二里。

程　湖　在城南五十里，灌溉千余亩，下流入金沙江，又名温潭。

泸沽湖　在永宁土府东三十里，周三百里，中有三岛，高可百丈。其近南二岛，一名罗水，一名列格，永宁土官立寨于上，名列格寨。《明统志》：泸沽湖，即鲁窟海子，其水流通四川打冲河。

河头溪[①]　在城东一百四十五里，春时温暖可浴。

九龙潭　在城西北十五里，泉有九眼，灌田万余亩，下流入全沙江。又大龙潭，在城南一百四十里，有泉百眼，赖以灌田。又小龙潭，在城南二百三十里。

温　泉　有三，一在城东十里，一在城南二百里，一在城西北瓦都寨，浴之皆能祛疾。

春水泉　在城西北五里赤石崖，水清味甘。每岁二月，居民宴乐泉畔，汲泉和盐梅诸物饮之，谓之吃春水。布谷一鸣，其味即易。

津　梁

来薰桥　在城南一里。

太平桥　在城南二里，为往来孔道。

桑园桥　在城西南，跨桑园河。

延寿桥　在城西，跨四城乡之小溪。

通川桥　在城北五里，通四川路。

开基桥　在永宁土府城南，其上流又有天生桥。

海门桥　在永宁土府城西，鲁窟海子之水流经此，入四川打冲河。

堤　堰

九龙堤　在城西北三十里。

观音箐坝　在城东三里。

河草坝　在城西南三里。又盟庄坝，在城西三十五里。长沟坝，在城北三十里。

包家闸　在城南八里，为居民蓄牧之利。又海闸，在城南七十里。

① 溪　原本作“鸡”，正德《云南志》卷十《鹤庆军民府·山川》：“河头溪，在顺州东北的里乡十余里，灌田甚多，至春温暖可浴。”作“溪”意长，据改。

卷三百八十八

蒙化厅

山　川

阳　江　在城西二里，源出甸头花判山，南流经厅境西，东南流经旧定边县北，又东南合定边河，又东南流会白崖河，南流入楚雄府界。

漾濞江　在城西一百五十里，南入澜沧江。旧《志》：其上源一自大理府太和县之洱海流入曰漾水，一自永昌府永平县之碧溪江经打牛坪流入，又一源自云龙州境之胜备江亦经永平县流入为濞水。《通志》：源有三，一出大理浪穹罢谷山，由洱海流入为漾水；一出吐蕃可跋海，由云龙州流入；一出剑川，绕点苍山西，流入为濞水。二水合流至府西为备溪江，入澜沧，又南入顺宁府境，为黑惠江。按：旧《志》《通志》所指，濞水二源，各有误处。以《图表》考之，濞水自丽江府剑川州之剑川湖南流，与白石江合；又南经浪穹县、邓川州西；又南经太和县点苍山西；又南至合江铺，与洱水合；又南入厅境西，与永昌府永平县东之胜备江合。胜备江，源出云龙州东北，东南流入永平县东，会九渡、双桥二河，达漾濞江，至碧溪江，即漾濞江别名，更无二水。《通志》谓一出吐蕃可跋海，误。

甸头大圩　在城北六十里。

澜沧江　在城西南一百五十里，自顺宁府境东流入，经厅西南，又南流入景东厅界。

锦　溪　在城南一里，亦曰菜园河，源出捣衣山石窟中，下注阳江，两岸多桃李，花时如锦，故名。

蔡阳河　在城南门外，源出东山，流入阳江。

阿集左河　在城南一百五十里，源发无量山，流经石洞寺，至雀田哨，入景东厅界，为大河。

定边河　在厅北，由罗求场河东流，经旧定边县南，又东入阳江。

甸头河　在城北七十五里。

白崖河　在厅东北五十里，上源即赵州白崖睒（睑）江，经白崖弥渡入厅境，东南流经旧定边县东，会定边河。

东溪渠　渠十有六，曰龙王庙，曰五道，曰白塔，曰教场，曰系马桩，灌负郭之田；曰马广，曰南庄，曰桥头，曰盟石，曰铺边，曰双桥，灌川中之田；曰甸中，曰捉马郎，曰白池场，曰甸头，曰土主庙，灌甸中及甸头之田。

西溪渠　渠十有二，曰三古盘，曰挖钟冲，曰小冲，曰大冲，曰乌保郎，曰贝忙，曰赖郎，曰西蔡[①]，曰天摩牙，曰天耳山，曰龙护寺，曰麻姑冲，诸水灌西山麓附近田地。

垄圩大塘　在城西北三十五里。又有郑家、淑人、南庄、团山诸塘，远近不一，皆利灌溉。

温　泉　在封川山下，相传蒙细奴逻母疾，浴于此水而愈。

---

① 蔡　万历《云南通志》卷三《地理志·蒙化府·堤闸》作“葵”。

泮　井　在学内，水清冽，大旱不涸。

观音井　在城东五里悬珠观内，俗传病者饮之即愈。

津　梁

嵯峨桥　在城东三里，又东有悬珠桥。

锦溪桥　在城东南一里余，又名卫中桥。

济南桥　在城南半里。又南有康济桥，又南十二里有封川桥，皆跨阳江上。

漾濞桥　在城西北百余里。旧《志》名云龙桥，亦曰漾濞铁索桥。

四十里桥　在城西北龙尾关旧漾濞驿之中，与大理府赵州接界。

永济桥　在城北七十里旧甸头巡司南，明万历年建。

永春桥　在城西二里，号阳江，上为西路要津。

卷三百八十九

景东厅

山　川

澜沧江　在厅城西南二百里，自蒙化厅东流入，与顺宁府接界，流经厅境之西，又南流入顺宁府猛缅司东界。《明史》：景东府西南有澜沧江，自兰州入境，东南流经此下流，入交阯，注于南海。或以为即古之黑水，蒙氏封为四渎之一。旧《志》：自蒙化流至上羊街保甸，入厅界，流出顺宁府之猛缅司，归车里江。

大　河　在厅城东，一名中川河，源自蒙化厅虎街，东南流经安定关西，又东南经新街西，又东南经厅城东，又东南经中所西，又东南流入镇沅州旧者乐甸界，即把边江之上流也。《明统志》：源自定边县河茝村，合三岔河，流经厅治东南。

通华河　在厅城北，源出蒙乐山之南，东流入大河。

清水河　在厅城北，源出蒙乐山之北，亦东流入大河。按：《舆图》大河自虎街而南，抵者乐甸，所受共十二河，曰安定，曰沙罗，曰板桥，曰灰窑，曰大坝，曰蛮谢，曰中所塘，曰品秀，曰蛮冈，曰怕莫，曰河萨，曰大弄。以地势推之，灰窑、大坝二河，即清水、通华二水也。

水寨渠　在厅城东十五里。又者孟渠，在城南五十五里。者干渠，在城南七十里。

龙　潭　在厅城北九十里，祷雨辄应。

笕　泉　在厅城北卫城内。《明统志》：源出蒙乐山，以竹笕引入卫城，凿池潴之，上覆以亭。

盐　井　新《志》：磨腊井在城南二百六十里，磨外井在城南二百八十里，大井在城西南二百四十五里，小井在城西南百四十里，四井俱产盐。

津　梁

大河桥　在厅城东二里，跨大河，上覆瓦屋四十九楹，今水溢倾圮。

平川桥　在厅城南十里。

兰津桥　在厅城西南，跨澜沧江上。后汉永平中建，明永乐初修。广高千仞，两岸峭壁，飞泉急峡，镕铁为柱，以铁索系南北为桥，古称巨险。

通华桥　在厅城北，跨通华河。

新　桥　在厅城北八十里，水泛冲没，往来病涉。本朝康熙九年重修。

徼外附见

旧孟艮土府

旧木邦军民宣慰使司

喳哩江 在木邦司西，详见《永昌府》。自芒市流入境，又西南入缅甸界。

旧猛密安抚使司

金沙江 在猛司南，与磨勒江俱环司治流入缅甸。此江达南海，与丽江之金沙江名同而流异。

旧孟养军民宣慰使司

旧钮兀长官司

〔据和珅等奉敕撰《清一统志》（台湾商务印书馆影印文渊阁《四库全书》本）卷三百六十九第545－568页、卷三百七十至三百八十九第1－208页分别辑录云南各府州及徼外之山川、祠庙、津梁、堤堰等与水有关文献。《大清一统志》四百二十四卷，初于乾隆八年（1743年）纂辑成书，每省皆先立统部，冠以图表，首分野，次建置沿革，次形势，次职官，次户口，次田赋，次名宦，皆统括一省者也。其诸府及直隶州又各立一表，所属诸县系焉。皆首分野，次建置沿革，次形势，次风俗，次城池，次学校，次户口，次田赋，次山川，次古迹，次关隘，次津梁，次堤堰，次陵墓，次寺观，次名宦，次人物，次流寓，次列女，次仙释，次土产。各分二十一门，共成三百四十二卷。而外藩及朝贡诸国，别附录焉。迨乾隆二十年（1755年），天威震叠，平定伊犁，拓地二万余里，为自古舆图所未纪。而府州县之分并改隶，与职官之增减移驻，亦多与旧制异同。乃特诏重修，定为此本。嗣乾隆二十八年（1763年），西域爱乌罕霍、启齐玉苏、乌尔根齐诸回部，滇南整欠、景海诸土目，咸相继内附。乾隆四十年（1775年）又讨定两金川，开屯列戍，益广幅员。因并载入简编，以昭大同之盛轨。盖版图廓于前，而蒐罗弥博，门目仍其旧，而体例加详。一展卷而九州之砥属，八极之会同，皆可得诸指掌间矣。昔唐分天下为十道，陇右道本居第六，李吉甫《元和郡县志》乃退列为第十，以其地已陷入吐蕃故也。宋之疆域最狭，欧阳忞《舆地广记》于所不能有者，别立化外州之名，已为巧饰。至祝穆《方舆胜览》，则并淮北亦不及一字矣。盖衰弱之朝，土宇日蹙，故记载不得不日减；圣明之世，畈章日扩，故编摩亦不得不日增。今志距诏修旧志之时仅数十载，而职方所隶已非旧志所能赅。威德遐宣，响从景附，兹其明验矣。虞舜益地之图，仅区九州为十二，又何足与昭代比隆哉!〕

鸡足山志

范承勋

卷三　山水下

水

鸡足山源泉喷流不下百十余，咸奔为大溪，界山而下。其南面诸溪水皆由雪阴桥合河子孔水，东折过拈花寺前蹲象山北麓，合石蟆江水，又东南流，会观音箐及宾居、大王庙、龙泉诸水，同归大罗河，北行，过达旦哨，入金沙江。金沙之下流即孔明征孟获所渡之泸水也。此水东北流，注马湖，入川江，归东海。又山北面诸溪水，出和光桥，合佛光寨罗川水，亦出金沙江。惟西南山外诸溪水，则流入西洱海，由大理玉龙关西流至合江铺，会漾濞河水南折，西合澜沧江水，又西南流，由顺宁、景东、沅江、交阯竟出南海。

澜沧江即黑水也，《尚书》云黑水西河惟雍州，华阳黑水惟梁州。其源出南吐蕃鹿石山，本名鹿沧江，后讹为澜沧。今人以澜沧卫近金沙江，遂呼金沙为澜沧，而又讹澜沧为浪沧矣。天下之水皆东流入东海，惟云南澜沧水西南流入于南海。尝疑滇中必有山势隆起，界划东西之处。今穷考鸡足一山之水，其支流汇归，遂分金沙江、西洱海两处，然金沙、洱海相去不过二百余里，而两水之归，一东北流向东海，一西南流向南海，则滇中地脉界划东西二流之处，实在于此。可知鸡足一山由西域雪山而来，发脉崑崙，自西北而行，东南地势独隆，为东西最高处，故一山之水东西分赴，关系地脉，政匪轻也，回附若水、黑水两江之考于后，以俟博学者论定焉。

按：金沙江原名若水。考之《水经》，若水出蜀郡旄牛徼外，东南至故关，又考旄牛徼在丽江西北吐蕃雍州，界崑崙之东南，即佛经所谓四兽口中流出者是也。《山海经》曰：南海之内，黑水之间，有木名若木，若水出焉。郦道元《水经注》曰：若水南经云南郡之遂久县，即今金沙江北岸巡检司地是也。此水出吐蕃，经雪山之北，过丽江，经鸡足北，合绳水、孙水、泸水、大渡水诸水，沿注通为一津，即若水也，东流注马湖江。诸葛征南，曾渡此水。又金沙江有二，在缅甸者流而南，出丽江者流而北，人多混混，故樊绰又以丽水为黑水也。

按：澜沧江即黑水也。此水自丽江雪山之西，经云龙州东南，流入蒙化、顺宁、景东、沅江、交阯，乃入南海。郦道元《水经注》：汉武帝时，通博南山道，渡澜津，行者苦之，歌曰“汉德广，开不宾。度博南，越兰津。渡澜沧，为他人”，即此水也。黑水之说，本于《禹贡》，从来辨论纷纷，终无确据，以郦道元注《水经》，锐意寻讨，亦不能知黑水所经之处。《地志》以为至僰道入江，其言与《禹贡》不合，孔郑诸儒考究不得。蔡氏作《传》，引《地志》出犍为郡南广县汾关山，《水经》出张掖笄山，南至燉煌，过三危山，南流入于南海。樊绰以西南彝水南流，入于南海者有四，曰丽水即黑水也。郦道元又以叶榆水西南流，而水以榆叶所清，其色深黑，遂欲以当黑水，然叶榆水出浪穹县罢谷山，止在大理境内，遂入南海。若《尚书》雍梁之界皆曰黑水，则黑水当自雍之西北，以经于梁之南，岂叶榆可当？惟澜沧之水，源出吐蕃嵯和哥，自西而南，经雪山西至丽江兰州，入云龙州，南过永昌，又南过车里大甸，入于南海为是。且《甘肃志》载甘州西十里有黑河，流入居延海，肃州西北有黑水，东流荒远，莫穷所之。是其源出雍州西北而流入梁州之西南，其正西则流绕西极之外，而不可穷。盖地势西北最高，故水径西而西南也。总之，《禹贡》曰“黑水西河惟雍州”、华阳黑水惟梁州”，又曰禹“道黑水，至于三危，入于南海”。夫陇蜀无入南海之水，惟滇之澜沧、潞江二水皆由吐蕃西北来，与雍州相连，并入南海，但潞江西南流，竟趋缅中，与梁州不相涉，惟澜沧由西北而南，至交阯入于南海。水内皆汉，水外皆夷，则禹之所导，分别梁州界者，其为澜沧江无疑也。《地理志》谓南中山曰昆弥，水曰雒，《山海经》曰洱水西流入于雒，故澜沧江又名雒水，言脉络分明也。梁雍之间，黑水非一，然皆枝水而流，不入南海，如孔明笺所谓“朝发南郑，暮宿黑水”之类，皆非也。

云南为西域之地，前朝虽通中国，封号羁縻而已，至宋竟与中国绝，故汉宋诸儒考辨黑水，终不得其要领。余自己亥避兵蒙化，亲见洱水西流，合澜沧。及庚子春纂修《山志》，考鸡山水势，半出金沙，东流归东海，半入洱水，西流入南海，始知鸡足一山，水分两派，则此山为滇之冈脊，地脉遥远，其与他山偏在一方迥不同矣。因博考方舆载志诸书，及详问土人故老，为著若水、黑水之辨，以见鸡足之地势，其来脉高远，关系匪轻，可知迦叶祖师之入定此山，亦自有因缘，未可草草视也。

三献水　在仰高峡中，一出滴雪崖下，一出兜率庵左石洞下，一出真武洞右。危崖万仞，怪石嶙峋，绝壁悬空，傍无宿土，而洪泉争涌，联络奔会，汲资千钵，溉澍百区。世传迦叶尊者敕七十二龙拥护此山，故飞泉灌洒，无峰不润，虽孤崖峭壁，亦注悬泉。迄今梵刹星布，佛会佳辰，香客游人，时盈数万。香积笕水，钵飘涤濯，率皆沾注盈足，未尝累汲也。

曹溪水　出悬崖下，在八功德水西，涌注不息。宋直指建庵崖间，题曰曹溪精舍。今屋宇倾圮，惟故址存焉。

八功德水　一名八德溪，在曹溪水华首门之间，飞崖二临，迸石而出。《滇志》云迦叶尊者于石上卓锡成泉，故涓流不竭。

珠帘水　一名万珠帘，又名四谛泉，在狮子林中观音崖之东隅翠屏石南崖。危石矗起，上突下嵌，崖上多竹树杂卉，水从树根石隙乱流而下。崖窟若廊若榻，而悬流虚幂其外，展冰绡于林杪，挂珠箔于云端，溅注霏微，令人逊目怡心，不能自绝于其际。

河子孔水　一名圣母泉，在雪阴桥南。上有大石横偃，空如张吻，阔一丈六尺，高可半，寻左右复有石数块，名云鹤石，大小差等，撑拒支亘，势甚危险。诸乱石下，众水奔涌，回注斜射，与山中诸水相汇，奇发齐泄，东注大涧。夏秋澍雨后，溪水皆浊，而孔水独澄净如故，虽与诸水合流，而清浊不杂。世传此水自大理西洱海透山而来，故水独别。再诘其故，则云昔时有人朝山在西洱海边，午餐所携食盒落水流去，其人既至山下，小憩此水之傍，则见原盒由此孔中流出，以为神异。知其地脉潜通，于时俗呼此为盒子孔。后蒙氏得国，建号大理，乃封其水为河子孔，盖西洱海故名洱河也。

三道水　一道水在金华庵下三里许，其源出白鹿寺之西。由一道水西去半里余，即二道水也，其发源威音寺之傍，由西而北合一道水，并入于三道水。三道水之源，发自木香坪，后流出大圣寺之下，自南而北，从翔龙寺之右循崖而下。三水汇合，并注一溪，清流激湍，奔泄数里，总由松鹤桥下，又合和光桥水，出罗川河，入于金沙江。

溪

九子龙王溪　在迦叶殿东五十步。此溪源最高，水最涌，合三献诸水而下，注于栴檀诸溪。

鸣琴溪　在白云寺、补处庵二刹之东。

柟檀溪 在寂光寺左。深窅回曲，树石笼映，众水奔赵，湍浪激荡。上有大桥名曰响雪。

花石溪 在幻住庵、兰陀寺之中。溪不甚大而回曲清浚，树石蒙绕，实为幽僻。

檀花溪 在木香坪檀花箐中。此地旧有大青檀树，可数十围，远近瞻异，故此峰名青檀顾虎峰。

黄沙溪 在华严寺前。窈窕层折，竹树茂密，冲涛啮石，声乱钟板。上横巨桥题曰德水。

倚杖溪 在大乘庵之左，上有逍遥桥。大错和尚尝独行至此，倚杖听流水声，移时忘归，故有斯称。

赤蕨溪 在山后西北金华庵、大圣寺、翔龙寺诸刹之中。

涧

虎跳涧 虎跳涧即四观峰西折下山处。两傍峭石突起，倚崖并蹲，各具咆哮之势，相去丈许，下临深涧。按:《滇志》驯虎涧在鸡足山，两崖峙立，霞围霰集，昔迦叶驯虎之处。相传有二虎出入，故此地有伏虎庵。

集流涧 在传衣寺傍。众流汇集，高下欹折，乍大乍细，叠注支流，汇而为瀑。

秋涛涧 在山南河子孔边，上有雪阴桥。此涧汇山南诸水，合河子孔泉东折南出，过拈花寺前，出石螟江。

双水涧 在九重崖后。雨水交流，险峻层折。

葫芦涧 在大龙潭下。由龙潭下至水露庵，崖石攒空，卉竹蒙杂，涧势阻险，溪路幽折。

石钟涧 在接待寺之左。万水奔赴，树石窅冥，猿栖鸟呼，行者感动。

壑

龙吟壑 在盘陀石之右崖。壁天险剖为大壑，人迹罕经。

吞天壑 俗名大箐，在中峰、右峰之间。长数十里，宽四五里，众水奔流，长风振树，实具吞天之势，即大觉寺山庄也。

腾蛟壑 在猴子洞左。幽折险峻，故为龙蛇之窟。

瀑

玉龙瀑 在牟尼庵西。其源自仰高峡，来会华严诸流下奔，而峡中有巨崖水自崖上飞流，如崩涛舞雪，游人从解脱坡对壑而观，真有玉龙走潭之势。盖当登山之始，层峰冠云，殊壑拥翠，而松崖萝壁之间，飞流漱玉，响答钟磬，奇秀森灵，实厌众目。

梅林瀑 在玉霖轩左崖。横斜下注，激涌作势，上更有东西两瀑，尤为佳胜。自崖面临空平铺，旁无所挠，前无所障，牵曳烟风，摇荡林影，遥睇旁睨，各具胜趣。

软　瀑 在小华首洞西。其源自八功德水，流下叠书崖。

东峡瀑 在鲁摆静室下猴子洞东。其源自曹溪水来，东从藏头庵下湊泊萦旋，曳雾搴烟，喷嗽变幻，盖当两崖回合之中，又极上嵌下削之势，所谓落银河于九天，控珠帘于双阙，未足形其胜概也。

苍龙瀑 在体一桥上。源自悉檀寺前大龙潭，渡伏龙桥，汇诸细流而成。曳练垂珠，溅石作态。

潭

大龙潭 大龙潭一名乌龙潭，原名软石香芹。溪在悉檀寺前，昔时水深林翳，阴森寒悚，樵采者不敢斧斤，其旁或有犯者，即风雷聚至，盖有黑龙窟其中也。自潭上建悉檀寺，林间渊碧，素流澄解，灵物似亦有归依之意。然山中夏秋霖雨，必有浓云自此潭兴，升至山巅，即风雷交作，倾泻如注，僧众每以此为占，其细霖微沾，即不然矣。或云当悉檀寺未建，此潭水涌如潮，昼夜崩腾。建寺时，僧释禅着衣杖锡，作文祝之，龙遂移赤石崖。每夏秋之交，一归此潭。来则风雷震荡，飞沙偃木，合山僧众皆知为龙归也。旧传迦叶入定，有七十二龙来护此山，事虽难稽，然此山之龙虽多，而绝无横潦崩突之害，则佛法无边，天龙驯伏，固有然也。

小龙潭 小龙潭一名柳枝泉，在悉檀寺后冈上五华庵前。晶碧一泓，杞柳樵竹，丛茸杂映，清流远引，澄泛无际。

石洞上潭 在后山华藏洞左侧一里许。潭上有大椿树二株，大数十围。潭北有龙王庙，祈祷者尝见有龙作小蛇，游于潭中，青红五色，随时易形，土人崇敬，不敢轻亵。

石洞下潭 从上潭南行二里，即下潭。水出乱石下，迸涌作声，噌吰可听。潭上杂树交映，希见曦景，激湍奔流三十余步，又汇为小潭，清深可掬。

小石洞潭 在山后岭下小石洞中。

泉

金鸡泉 金鸡泉即眼药水也，在华首门东。按：李逸民《游山记》曰：金鸡泉仅一碗水，日有异鸟饮之，其来必双至，二十双而止，四时皆然，鸟无增减，水亦无盈涸。有僧倚崖构阁，汲此水以供香积，梦神语曰：此是金鸡泉，尔不宜溷扰。越日，阁灾。

太极泉 在飞凤岭之右。

碧云泉 在碧云寺左峡。其水自石间出，其味甘冽，缁素资之。

阴阳泉 一在双泉岭南，一在岭北。南阳北阴，岭亦以是名也。

一泓泉 在隆祥寺之左。清洁香美，逾于他水。

清凉泉 在无住庵左侧。

石 漏 石漏即白云泉，在念佛堂后。青壁千仞，杂树倒垂，傍突一石，支崖凌虚，上实下虚，宛若悬钟。水自石腹中散缀而下，不见泉脉，飞珠喷霰，如刻漏之垂注。余故改题为石漏。闻万历间，有僧白云结庐崖畔，礼诵华严，精勤不息，感石窍灌滴下注，涓涓不绝。其石高三尺，阔如之，高处中空，渐上渐隘，水从空顶中坠下，为方池一泓，四旁皆崩崖巉石，欹曲倚侧，乃水不溢于坎而溢于舂，不溢于舂之外崩而溢于舂之中管，管中之液又不溢于旁伏而溢于中垂，其灵异如此。至九重崖东石缝迸沥分级而下，列为三派，各悬注丈余，资给诸庐，甚为甘冽。

天乙泉 在清凉泉右隆祥寺，所引即此水也。

环侍泉 在圆觉庵，左右两泉并侍，水脉潜通。

湿云泉 在会云庵之右峡下。

万佛泉 在罗汉壁太华静室内。削崖危耸，如刺空劈云，而崖下剜潭，广可五尺，深亦如之，半入崖根，半露崖外，澄然不竭。始僧广传持诵《法华》，如此咒钵迎八功德水倾注坎中，水仅盈勺，资给未广，后太华更加开凿，遂成渊泉。

三沸泉 在狮子林下，有泉三孔涌出如沸。

云涌泉 水出法云寺之左。莹洁腾涌，不啻白云出洞。

青龙泉 在华严寺左腋，去寺里许。

暗香泉 在聚仙崖之下。泉上有古梅一株，疏影横斜，堪入图画。

望台泉 望台有泉，自岭脊沥石而下，东会狮子林水，同发齐泻，涓涌不息，栴檀比丘引流资引，多于崖端架木，曲折横斜，度岫穿峰，以代运汲。

初地泉 在接待寺之左。

三极泉 在山顶后冈，云罗城二里许。泉有三孔，涌出作品字形，上有屋三楹，榜曰休歇处。山顶比丘咸汲此水，以资佛供。

涌莲泉 在放光寺前七十余步。其泉周围多产木莲花。

木香泉 在青檀山东北峡中。

女灯泉 在慧灯庵左菜圃之上。水从纵横石中泄出，虽遇久旱，而此泉盈注如常。

潜龙泉 在片云居左岭下，每天将雨则泉中云起。

饮马泉 在撒马场西南，下山路左峡。

洁　泉 在沙址女僧继周庵中。

捉月泉 流自猴子洞侧，出于削壁绝壑之间，其源不可穷也。

琉璃泉 在碧云寺路旁，去观彻静室百余步，水从三大石中沁出。

浣石泉 在狮子林二殊比丘弹轩之西，水从大石下涌出。

伽音泉 在狮子林顶相静室左涧中，危石之下。

涌　泉 出自狮子林支秋广傍。流灌栴檀林，诸修静之士咸资汲焉。

四歌泉 在狮子林下林泉静室左边，石孔流出，及天香师所凿。

金龙泉 在兰陀寺内佛殿后，相传昔有金龙潜伏于此。

天乳泉 在幻住庵东涧中。泉水清莹，浮花泛彩，故名天乳。

白露泉 在兰陀寺门首，离寺一百八十步。

香樟泉 在止止庵旧址。

醉象泉 流自九重崖东石窟中，去道本静室三十步，从一衲轩流过。

筲括泉 在蕉鹿崖下，即本怀禅师书《华严经》处。

金刚泉 在九重崖河南大定禅师住静处。其水逆流，自东至西二百步许下泄，过法易禅师静室，分笕支引，大小由（之）。

射鼓泉 在九重崖西，从大石孔中流出，去醉象泉数十步。

碧绀泉 其泉自静居林左涧流出，去静室六十步，水作青碧色，迥异他泉。

崩雪泉 在鸣歌坪左涧中。

鹨鹉泉 水出凌霄庵左涧中，去庵三百步。

摩罗泉 在补处庵左鸣琴溪中，水从三大石中流出。

石鹿泉 在补处庵前，水自二大石下流出，其石蹲立，作势有似鹿之饮川也。

树手泉 流自法明寺左涧中，去寺半里许。

盘龙泉 在法明寺门首，水从盘龙庵故址下流出。

狮尾泉 水自首传寺右深箐中流出，下注止水静室左涧中。

四论泉 自首传寺右涧中出，去寺四十步。

水莲泉 在寂光寺后麓左涧，有小山突起，复凹如缺，水自此中出，离寺半里许。

弄珠泉　从大觉寺左涧浸流，相去一里，分注过白花山潮音阁。

铁骨泉　自庆云庵后麓流出，此水注泻甚长，资给广远，缁素汲引，前后不辍。

五云泉　从庆云庵路旁泻出，流过龙华寺。

莲须泉　在龙华寺右涧中泄出。

笔花泉　在西竺寺门外。其池形如半月。寺门内原有旧泉，久而渐湮，此即旧泉所注也。

鹅眼泉　水自净觉庵后小涧中无节树下流出，去寺七丈许。

雨香泉　在大乘庵左侧大石下流出。

青鸟泉　青鸟泉出法界庵溪边，下泄无我庵，去庵一百六十尺。

染　泉　出自龙泉庵后麓，流至庵左，其水与土相渍，染布作色甚宜，缁流山中赖之。

停云泉　此水自白云居石窟流出，内外两池，方广略等，大约可八九丈。涓流甚涌，昼夜不舍，兰若汲溉之外，犹复下注溪潭，归纳江海。

点雪泉　自古雪斋左崖下流出，西汇黑龙潭水泄为悬瀑。

庄严泉　出自悉檀寺藏经阁东，去阁半里许。

浴塔泉　浴塔泉出西顾山东岭，飞流泄云，倾涛溅雪，尊胜塔院僧体极治瓦为筒，自西顾山南麓引渡文笔山北冈，两山对峙，各处高阜，中夹成沟，自卑而升，下注上迸，逆流不息，汇而为池，畜鱼资汲，巧具神工，不啻禹凿。庚子年，其徒妙济复易瓦以铜，引入院内，另凿方池，中构小亭，池水平绕，俨然蓬岛之胜，羁游宦子，莫不留连信宿，用相娱慰。

菩提泉　从菩提场右涧泄出。

般若泉　一名灵湫，水出般若庵溪左。

涌雷泉　出雷音寺前路旁，相去百步许。

岚影泉　从慈云庵后溪泻出，下注开化庵。溪中多产榛栗。

万松泉　在菩提场上，出古树根下。

问津泉　出白石庵卧虎洞前，去洞九十步。其水涌出路旁，旱涝无异。

天女泉　出木香坪。此处多产天女花，花似玉兰，面微小，其香胜之。山中比丘移植庵寺，春初盛开，色净香清，堪宜佛供。

天眼泉　在玄雪峰西南隅，去伏虎庵二里许。

鹿野泉　在白鹿寺西岭之麓。此处为宾、邓二州交界，去大路百步许。

碧落泉　一名双林泉，在翔龙寺左涧两大树中。乱石离离，清流迸涌，双树交映，故又因以著名。

天隐泉　在翔龙寺后，山冈回复，林树蒙翳，虽久居者未能探其源脉也。

药叉泉　在觉林寺傍，去寺半里许。

清碧泉　在无声吼之右，从大石间流出，鼻峰、舍雪、岸居诸比丘咸引之，以宽负汲。

慈云泉　在八角庵菜圃之下。

云友泉　在净云庵门外涧中。

浣衣泉　水出传衣寺右腋。

让　泉　让泉原在开化庵内。有龙居焉，人不敢犯。后建开化庵，龙移居庵门外，僧众赖之，泉之得名由是矣。

莲子泉　在九莲寺之右。

受记泉　在华首门右，与眼药水相对，古传为迦叶尊者授记僧处。

玉井泉　在绝顶之北，去罗城三里。

喷珠泉　在罗城正北下山五里许，有崖数丈，斜挂飞泉，形如喷珠。

一滴泉　在龙吟壑中，由放光寺右流过。

一叶泉　在放光寺叶子蓬之前。

穿石泉　水出岳山洞前。

回龙泉　出回龙冈下。

浴凤泉　在飞凤岭之上。

潮音泉　出飞凤岭下，其声汹汹，如海潮之奔涌。

池

抱月池　在传衣寺北坡侧，寺僧德华所开。山势闲旷，崖影遥连，平淩云麓，倒漾翠微。周围环以小垣，不碍山色，傍构一小室，挹兹光影，致堪清玩。

洗砚池　在宝莲庵内。担当、把茅师徒居庵内，俱好画，恒于此池洗砚。道友德音为题是名。

软碧池　在大觉寺门内。方池甃砖，周围九丈，畜金鱼数百尾。荇藻交横，翠微掩映，澄碧荡漾，横桥而渡，凭栏啸咏，足澄心怀。

半月池　在水月庵前，形如偃月。

锦莲池　在悉檀寺门外。昔年莲花盈沼，花皆锦边，故名。

秋月池　在白云居门内。池面方平，周以青砖，上横板桥，泉从其中涌出，水色清映，独胜他池，蘋藻鲜澄，竟池涵碧，俯视游鱼，恍若乘空。

倒影池　在白云君门外。空净明莹，绿卉丛生，鸡山峰顶影倒此池，良亦地脉相依，不止波光澄洁也。

照花池　在拈花寺门内。离离漾碧，恍若映花。

云涌池　在云海庵前二百步许。每山中欲雨，则云从池出，故庵与池皆因此得名。

灯明池　在燃灯寺外。

春草池　在龙泉庵门外。水色鲜澄，芳卉丛映，恍入谢公诗梦矣。

宝华池　在华严寺之左青龙桥下。

烟水池　在德水桥上。

数息池　在息阴轩之前。

天水池　在西竺寺门外。此池原在本寺大门内，有龙潜焉。建寺后，住僧祝之，遂移门外坎下。

塘

茨菰塘　在檀溪崖下。广可数亩，有流泉涌出其中。

湖

上仓湖　在鸡足山之南。周回十里，中出嘉鱼，有丙穴之称焉。其傍产莲花菜，味甚鲜美，土人珍之。

〔据清范承勋撰《鸡足山志》（清康熙三十一年刻本）卷三《山水下》辑录。范承勋（1641—1714），汉军镶黄旗人，大学士范文程三子，福建总督范承谟之弟，官云贵总督，后调两江总督，迁兵部尚书。鸡足山，在云南宾川州东一百里，一顶三支，俨如鸡距，在苍山、洱海之间，相传为迦叶尊者入定处。〕

滇游记

陈　鼎

〔……〕

昆明池，方数百里，跨昆阳、安宁、晋宁三州郡，水如倒流，故曰滇，水无泄处，或曰由西南流入金沙江以趋蜀，未知是否。

安宁州有温泉，甲于诸泉，称三绝：第一无硫气；二则身有垢，不假浣濯，入水俱浮；三有疥癣者，一澡即痊。

〔……〕

芒涌溪，在郡北二十五里，昔有三十八庵，岩壑幽秀，天风海涛，时震林木。苍山中岩号雪山，有盘石径丈，为释迦苦行地，草、石皆作旃檀香，亦名香石。岩傍有凤眼洞，有天生木桥，其木半月一换，四季长新，人迹罕到，惟樵径耳，与毕钵罗窟相近，皆点苍古迹也。然天生木桥，神力半月一换，永昌、鹤、丽皆有之，不止大理也。灵鹫列刹相望，盖在天竺幅员之内，为阿育王故封，曾建八万四千塔，大理塔基数百，皆有旧址。唐[①]乾德二年，诏沙门三百人入天竺，求舍利及梵书，至开宝九年始归，其记录行程曰巍峰，曰鸡足山，曰优波掬多石室，曰王舍城，曰鹫峰，曰阿难半身舍利塔，曰毕钵罗窟，以今考之，皆大理古迹也。盖当日由西番行入天竺，而转东行以达大理者，缘南诏为蒙氏地，而黔、蜀之道不通也。《白古通》载释迦在洱海证如来位，而藏中载释迦于灵鹫山说《法华经》，其说相合。又释迦死时，迦叶尊者在耆阇崛山，后入鸡足，鸡足与灵鹫相望，而毕钵罗崛舍利塔见存，与《通纪》《酉阳杂俎》《吴船录》《旧唐书》俱同一辙，然则世之所谓佛国者，即在滇南矣。

〔……〕

洱海，源出下关，北流合金沙江，江属丽江府，所谓恒河也。海产大头鱼，食之皮脱，土人不忌。苍山绝顶有高河菜，七八月生，红茎碧叶，味辛如芥。〔……〕洱海朝东风，暮西风，四季不爽，故舟航来去，皆张帆而行，不假篙橹。至八月望夜，海中出珊瑚树，高数丈，渔者尽见。冬日大风，海水倒卓，起火光如山。

金沙江，两岸皆白沙，佛书所谓恒河沙，即此也。上流即狗头国，今年大水漂一狗头人至岸，上下衣服同中国，口耳眉目皆狗也。逾日得土气，狗人复生，问其言，答之如狗吠，与之饮食，大嚼也。土官解来大理军门府，因得寓目。后军门命土官解还原处，解人行一百二十余日，始抵其国。国中无城郭，有宫室，国王朱冠皂履，跨白马佩刀，

① 唐　当为“宋”之误。乾德、开宝，均为宋太祖赵匡胤年号。乾德二年，即公元964年。开宝九年，即公元976年。

官吏皆如之。服食起居，中国同也，婚嫁则非。金沙江，《水经注》所谓西洱河也。洱水合漾水、濞水，西南行三日八十里，至澜沧江，即黑水也。自黑水东北行九千里，达于北京。东行七千里，绕于河宁大理，盖中国之极西而迤南矣。

〔……〕

金沙江，有二，在缅甸者流而南，在丽江者流而北，南趋南极，北则绕西极，合黄河而入中国，皆发源大理之洱海①，即叶榆泽也。黑水源出吐蕃嵯和哥界，而流为澜沧江，以西洱为黑水者非也。故足迹不到，尽信《书》不如无《书》也。

〔……〕

〔据王云五主编《丛书集成初编》(上海商务印书馆1936年版) 第3142册第7－9页辑录。牌记题："本馆《丛书集成初编》所选《学海类编》及《龙威秘书》皆收有此书。龙威本作《滇黔记游》二卷，上黔下滇；学海本则分《黔游记》别为一书。又学海本在前，故据以排印。"《滇游记》凡一卷，初名《洞中风土记》，一名《云南纪游》，约成书于康熙三十三年（1694年）前后，多记云南山川、草木及古迹，略于人事，凡50余条。其中大理地区资料较详，约占全书之半，系录自《洱海丛谈》，对研究大理白族地区史迹有参考价值。或与《黔游记》合刊，称《滇黔游记》。陈鼎，江苏江阴人，字定九，或字子重，号理斋，书室名文则楼。倦游归隐，以耆寿终。〕

两河志

何其偀

屏治周四里，一石盘结，而城其上。北枕三台，隆冈杰出；南望钟秀、玉屏诸山，如帏帐列戟；东南环以异湖。又东北二十里，则建水之焕泮诸山，苍蔼拔出于湖东南之上，其东南绕湖之山稍下于焕山，而视焕山之在其上者，如群老之排闼而请谒焉。西三十里则秀山柴岭横峙其上，秀湖之水自西匝于城北，东注于异湖。又东出于海门北百二十里则为曲江，南北五十里，元江界焉。二江东注，屏之南北山水纳于二江者，则州之两河逆之，又自东而西合流，而南注于元江，实畇町之上游，滇以南之奥区也。

北河起少冲之阴、石坎之右腋也。左右二里，合诸涧之淤，北走为涧；二里，东汇夏家庄之右涧；又二里，而北流于路兔格；十里，而西入于河头，叠作之水入焉。水经石洞，洞朗然可坐百夫，山蓊蘙，多熊猕，三里，而东会于牛期旦之水，三里，又东纳石坎之水，流旋如磨，而西趋于湾子寨，河流浚邃，皆高泻濑鸣、土田、火耨焉。湾子之南，断壁幽藤，经涯子截河而仰取道叠作，诸蛮出剽之一途也。河又三里，而入于腊左寨北，汇新河而入于阿泥寨，故寨临河，今徙于山北之麓矣。又五里，西出于阿乌寨南，吞长岭之水，南北之山，互河为折，而少东，并杉木之箐水，复西流三里，而至于长德寨，折河者龙朋道之所由经也。产鯱类小鳅，朱尾而广颡，居人淘石得焉，河以西咸有之。又五里，并长德之瀿，而西奔于大田母仰箐山出，亦龙朋之西道也。五里，入于乙白勒；四里，达马鞍山，六谷之水出焉。山当谷口，中坦而前后锐似鞍形也，又西，入于磨鸿冲，五里，而三岔之水入焉。

① 合黄河而入中国，皆发源大理之洱海　此说有误。在缅甸之南金沙江即流入印度洋安达曼海的伊洛瓦底江，东源恩梅开江发源于中国西藏察隅，西源迈立开江发源于缅北山区。在丽江之北金沙江发源于青海省，流至四川宜宾之下即称长江，并未与黄河汇合。

三岔河者，龙朋诸水会而入流也。发于巴阿叠作，东至河头关岭，缘龙朋之土城木瓜车下甸尾六十里而入于谷。谷磴有洞，去水百尺，磴腰可径而入。土官龙世荣尝结宇其内，当滇土扰乱，黔国公天波死缅甸，天波子忠显，世荣匿置洞中。忠显，世荣女赘也[①]，生子神保，后土司叛，欲以为主事，败，送京师。今庖榻厨厕，宛然在也。

自洞谷行二十里，阿戛陇之水汇于三岔，东入于河，河又西，出卫家冲之彝朵抹。朵抹，故冶铁处也，入谷如入瓮然。又五里，而阿戛陇之水出焉，西出于假河磨古寨，两山夹其泄口，嵬穹恶立，若呵之遏其流。东则白得团山之水出焉，西入于桥头，土田之沃壤，甲于他所。西则昌明之水入焉，奔出石间，春雪怒流，土人谓之雄河，凡声阳也，澎湃震谷，谓之雄宜焉。河又携其雄而达撇坡墁赛，十里，入于白得，南北山间之积澌底泽，漭瀁咸怒而趋于河，二十里，入于小鲁奎之下，季母白坡头甸之水出焉，两岩壁立，河不怒而默流小鲁奎，若崒嵂千仞，多乱石，茂松楸，四起中陷，潴潭千丈，近潭竦然，土人谓有神驹其中，震电或见之。

河又五里，出于大鲁奎，扒泥之水出焉，水倍于北河，其源出新平之乐里乡。山石壁立，有河曲巨鳞居之。居民入窟捕鲤，窟横径二丈，纵不知其修[②]，值巨鱼以手扪之。山动，洞隘不能回旋，其人惊遁，几为若[③]啖云。予至其处，人告之如此，真妄未之审也。

河又西而南，过龟枢十里，至撮科盐冲，倘坝之水出焉，达于张林。又二十里，而泡竹之水并其黑石之水而西入于河，产卤，撮科居人竢河涸瓮汲而煮焉，河溢则卤没矣。河又十里，而至小河底；又十里，而芦柴沟水西入于河；又十里，而大、小哨之水东注于河，产鳖，多竹箭，河亦西折而少东；又二十里，北岩之水出其南，阿溪诸水出其北，二水南北相望而下哈糯以注于河。哈糯者，往顺治己亥，元江那氏作叛，平西吴三桂之掩师，所由济河而上也。河又十里，而东汇于南河，以南入于江。

南河者，五郎沟之总号也，不知其得郎之谓。其源东出于暖耳山，而附于山南之北者，源有五焉：一出于假巴，一发于三家，一发于淤冲，一发于白龙潭，合暖耳则五河也。五河异派，而皆会于鸡街，自暖耳而西注于他克母，又出于者那，假巴之水入焉，河五并而四矣。由假巴五里而出于捲槽冲，崇山断立，多蛇蛤。又五里，而出于牛屎寨，三家之水入焉，河四并而三矣。又五里，而出于舍母糯，崇冈之箐浏多入之。产飞鼠，类小犬，飞树稍而啖松实。多獐。河又西出于旧寨五里车家城，城一斗大耳。车，故龙氏兵目胁其民而筑之者，产橘柑。又三里，而出磨扇结，二里，而出鸡街，乾冲之水出焉。乾冲者，即温汤之河，上并白龙潭之水而下，则五河自此而一矣。乾冲北岭，即异龙湖之白浪也，水南奔十里而至于黄沙有厂焉，石金星而火色。又五里，而至热水塘，水可熟鸡子，春时人争浴之，以为可瘳疾也。池左有石洞，窍上而虚中，中有积石，浴人求子者意祷之，纳手其中以探石，得石而别男女，此犹夷教之尚鬼而好怪者。河又三里，而响水洞之水出焉，泉发玉屏之右腋，山阴暗，少人至者。水出于大寨，合冠子之涧水，而入于双箐，奔响泉悬瀑百尺，有滩黝黑，土人言水怪伏其中，状如小豝然者。河又二里，而至于温汤之河，走乱石三里，而至于鸡街，此五河之所并也。

又二十里，而至于糯五，经胖别砦，过正阴砦，下红牙齿，又十里而至普通，又五

---

① 忠显，世荣女赘也 《滇系》作“以女赘之”。
② 修 《滇系》作“几”。
③ 若 《滇系》作“所”。

里而达于金竹林河岩。二里有虾洞，居人以罶置其口，虾缘河入洞得之。虾朱色长须，身可六寸，非河所能产，或由南海溯流寻江而上者，然独见于此洞，岂水之气召之耶？

南河又十里，而大会于北河，以南入于江。南河之派虽五，计其流自屏治东南而西，至于西南才五六十里，源短而势下。北河数倍于南河，自屏治之东北而旋至于西南，吞吐携并者三百余里，其势最高而渐下。然两河南北各去治三四十里，西去百里，环而逆流于外，如磨之有槽，然而皆合于西南，以入于江。

洞虚子曰：余闻此两河之入江也，其窦甚怪，尝偕友人戴德三往观之，见水划山石而下者，瀑湍奔放，怒波礫石，有撼峰拔岳之势。瀑鸣岩动，则蛟舞龙泣，云飞雪走，雷声而地折，使人惊神骇目而摧心者，五六十里。自今思之，魂梦渺然，犹冀其一观，惜当日之骇焉，不终日而即去也。[①]

〔据清管学宣纂修乾隆《石屏州志》（清乾隆二十四年重刻本）卷六《艺文志·志》第44－48页辑录。何其僎（1674—1723），字天成，号六谷，别号洞虚子，康熙时廪贡生，何憷第三子。弟其伟，康熙时石屏州贡生，事迹见乾隆《石屏州志》卷四《文学传》。子何朗，入翰林院检讨。何其僎平生好游览，凡滇中名山大川，经历几遍，外域亦加考据，复细核其脉络，别其源委，著《迤江图说》《元师平滇道路考》《西藏指掌》各一卷，精详明确。《两河志》为作者实地考查所记之地理志。两河，指石屏境内的北河、南河。北河，今龙朋甸中河、白花龙河、大桥河。南河，即郎沟河。两河之水，汇入小底江。文中对河水源流、流经地、各水域物产等，记述甚详。另见《滇系》八之十七《艺文系》第17－22页，仅个别文字有异，文末附师氏跋语。〕

乾隆府厅州县图志

洪亮吉

卷四十五　云南布政使司

云南境众水归合表

绳水、若水、旱水、青蛉水、滇池水、鸦龙江、漾共江、一泡江、龙川江、无量河、枯木河、三道河、答旦河、大罗河、大姚河。又河底江等水，并入安南国界	金沙江	即古绳、若水所会，又名神川，又名丽水，一名泸水，入四川境，为马湖江
苏溪、漾濞江、罗梭江、辣蒜江、沘江、沙木河、永平河、顺甸河、猛麻河、巴景河、康郎河、猛赖河。又马龙江流至交阯，入南海；龙川江、槟榔江皆西南入缅国界	澜沧江	本名兰仓水，一名黑水，下至安南国入海
蒲缥河、八湾塘水、回环河、南甸河	潞江	一名怒江，下入阿瓦国界
桥水、杨宗海水、白龙潭水、仙湖水、分水岭水、小曲江、乐蒙河、清水河、九龙河	温水	一名八达河，下流名盘江

① 此段文末，《滇系》师范跋语曰："是合《考工记》《水经注》而为之者，其条分缕晰处，令人一览而得，又不使人一览而尽，绝世奇作，必传无疑。"

云南府

昆明县

滇池，在县南及呈贡、晋宁、昆阳三州县界，亦曰昆明池。《史记》：楚威王时，将军庄蹻至滇池，地方三百里，旁平地肥饶数千里。班固云：滇池县，滇池泽在西，北有黑水祠。《元史》：昆明池，五百余里，夏潦必冒城郭。张立道为大理等处劝农使，求泉源所自出，泄其水，得地万余顷，皆为良田。又盘龙江，在县东五里，滇池之上源。

富民县

堂狼川，在县东，即安宁河，滇池之下流。《晋书》：李骧等寇宁州，王逊使姚岳、爨琛拒之，战于堂狼，大破骧等。

宜良县

大池江，在县南八十里。大赤江，在县北五里，东流注大池江。

罗次县

星宿江，源出县北二十五里百花山与和曲分界处。

曲靖府

南宁县

温水，今名南盘江，上流为八达河。源出霑益州花山洞，南流入县东北为潇湘江，又南至陆凉州汇为中延泽，折西为大赤江，下流至广西南宁府境合郁水。班固云温水东至广郁入郁，过郡二，行五百八十里。

寻甸州

三稜山，在州西六十里。上有九十九泉，俱入昆明县，为盘龙江上源。

宣威州

可渡河，在州北一百二十里。为云南、贵州交界，川陕入滇皆由于此。

临安府

阿迷州

乐蒙河，在州东，其上源即泸江也。

通海县

秀山，在县南六十里。宋开禧元年，段氏就秀山建启祥宫，山下有通海湖。《新唐书》谓之海河，利水周八十里。

嶍峨县

曲江，在县北。自澂江府新兴州流入，有一水自石屏州南来会之，名合流江。

澂江府

河阳县

桥水，今名铁赤河，在县东二十里。班固云俞元县池在南，桥水所出，东至毋单入温，行千九百里。郦道元云桥水上承俞元之南池，一名河水。按：南池、铁赤，声之转。又抚仙湖，在县南十里，东流注铁赤河。

东川府

会泽县

金沙江，在县西百五十里。自四川会川卫流入，又东北入昭通府界，即古绳若水。郦道元云若水东南流，鲜水注之，一名州江。大度水出徼外，至旄牛道南流入若水，又迳越嶲大作县入绳。

昭通府

恩安县

金沙江，在县西北，自东川府流入，迳永善县城西，又东北入四川雷波厅界。郦道元云绳水自合卑水，又东北至朱提县西，为泸江水。

镇雄州

八匡河在州西八十里，源出乌撒界，汇州境诸水下流至四川叙州府入大江。

普洱府

普洱县

大川，原在县境。《图经》自光山行二日至大川，原广可千里，蛮人豢象于此。

盐井有二，雍正七年设盐课大使二员，一驻猛乌，兼管乌得盐井，一驻整董，兼管磨者盐井。又威远厅有按板抱母二盐井，有抱母井盐课大使。

大理府

太和县

叶榆水，今名西洱河，在县东。一曰洱海，源出浪穹县北罢谷山，汇诸溪流经浪穹县东，又南经邓川州东，又南入县界。西受点苍山十八川而为巨浸，至合江铺合于漾濞水。又迳赵州西南入蒙化厅界。班固云叶榆县，叶榆泽在东。

浪穹县

漾濞水，在县西一百里。自丽江府鹤庆州流入，又南经太和县及赵州入蒙化厅界。《唐书》：姚州蛮攻蜀，以铁絙梁漾濞二水，通西珥蛮，筑城戍之，即此水也。蒙氏四渎之一。

雒马五盐井，在县南三百里、云龙州东一里。明洪武十六年建五井盐课提举司于此。天启中地震卤泄，三井湮没，仅存金泉、河边二井。

宾川州

金沙江，在州东北一百五十里。自丽江府鹤庆州流入，又东流入楚雄府界。

云龙州

兰仓水，在州东二里。自丽江府流入州境，有苏溪东来注之，南流入永昌府界。又潞江在州西二百七十里。

诺邓盐井，在州东北四十五里，置盐课大使于此。外又有石门井、大井、天耳井、山井、师井、顺荡井，俱有盐课大使。

卷四十六

楚雄府

楚雄县

马龙江，在州西南一百八十里，一名大江。自蒙化厅流入，东南流出交趾，入南海。

姚　州

金沙江，在州东北一百四十里。自大理府宾川州流入，又东经大姚县北入州境，州境诸水皆入焉。又东流入武定州元谋县界。

青蛉水，在州南。《图经》源出三窠山西，东流注金沙江。应劭曰青岭水出西，东入江也。

永昌府

保山县

九隆山，在县西龙泉门外十里。《后汉书·哀牢夷》：妇人沙壹居牢山，捕鱼水中，触沉木，有感怀娠，十月产子男十人。后沉木化为龙出水上，九子惊走，小子不能去，背龙而坐，龙因舐之，其母鸟语谓背为九，谓坐为隆，因名子曰九隆。

潞江，旧名怒江，在县西北。源出吐蕃界雍望甸，西南流入阿瓦国界。《新唐书》：永昌故郡西渡怒江至诸葛亮城二百里。蒙氏僭封四渎之一。

永平县

兰仓水，今名澜沧江，自大理府云龙州界流入县西及保山县东，又东南流入顺宁府界，达车里入南海。《后汉书》：显宗始通博南山，度兰仓水。郦道元云水出金沙，越人收以为黄金。

顺宁府

顺宁县

兰仓水，在县东北七十里。自永昌府东南流入，与黑惠江合，又经云州东北入景东厅界。黑惠江，蒙氏封四渎之一，即漾濞江下流。

丽江府

丽江县

金沙江，在县东北一百五十里。自永北厅流入旧巨津州，又东南经鹤庆州入大理府界，即古绳水下流，打冲河入之，即古若水也。

兰仓水，今名澜沧江，在县西南三百里。源出吐蕃鹿石山，又南流入大理府界，旧说以为黑水。又潞江，在县西。

剑川州

盐井，在州西南一百四十里，为桥后井。又十里为弥沙井，又府境有丽江井。并有盐课大使。

景东厅

兰仓水，在厅西南二百里。自蒙化厅东流入，与顺宁府接界。

蒙化厅

兰仓水，在厅西南一百五十里。自顺宁府境流入。又漾濞江，在厅西，注兰仓水。

永北厅

金沙江，在城西。源自旄牛徼外流入，又南入丽江府界。

武定州

金沙江，在州北三百八十里。自楚雄府姚州流经元谋县入州境，又东入四川会理州界。蒙氏封为四渎之一。沿江多岚瘴，行人以雨中及夜渡可无虞。州境诸水皆注金沙江。

盐井有二，只旧井距州一百六十里，草起井距州二百里，并产盐。康熙十年，二井俱封闭。

镇沅州

盐井有六，俱在州东南一百里波美山，有按板井盐课大使。

〔据清洪亮吉撰《乾隆府厅州县图志》（日本早稻田大学图书馆藏清光绪五年授经堂刊本）辑录。洪亮吉（1746—1809），初名莲，又名礼吉，字君直，一字稚存，号北江，晚号更生居士。安徽歙县人，生于江苏阳湖（今江苏常州），清乾嘉时期著名诗人、学者，因人口方面的学说而著称。清乾隆五十五年（1790年）进士，授翰林院编修，充国史馆编纂官，后督贵州学政。清嘉庆元年（1796年）回京供职，以越职言事获罪，充军伊犁。五年赦还，从此家居撰述至终。本《图志》五十卷，于乾隆五十三年（1788年）刊刻，嘉庆七年（1803年）付梓。系洪亮吉地学方面的重要著作，是研究历代建置沿革、人口、物产、贡赋的重要文献。其中卷四十五至卷四十六为云南布政使司，卷首有《云南全图》，统计十四府三厅四直隶州。《云南境众水归合表》列金沙江、澜沧江、潞江、温水四大水系及众支流名称。〕

滇系·山川系

师　范

五之一　山川系（山略）

其大川则有金沙江

金沙江　金沙江源出丽江府西北旄牛徼外，以产金沙而名，亦曰丽水。流入巨津州北境，唐时谓之神川。天宝以后，吐蕃有其地，置神川都督于此。贞元五年南诏破吐蕃于神川。十年南诏复击吐蕃于神川，大破之。《载记》云南诏之地，北至神川是也。东南流，环丽江府境之三面，流入宝山州境，经州南而入鹤庆东北境，又经顺州之南而入永北界，从南而东入姚州之北境，又东历武定州之北境，又东达四川之会理州，西南而合泸水，于是金沙江亦兼泸水之名。由会理州而南，即武侯五月渡泸处也。两崖峻极，俯视江流，如在井底。烟瘴拍天，冬月行人过此亦皆流汗，惟雨中及夜渡乃无虞。元李京云从汉地①至越嶲，道经金沙江，计程一千三百里。由会理而东北流，经东川、昭通府境，又东北经马湖府南为马湖江，又东流至叙州府东南而北注于大江。蒙氏封为四渎之一。蒙古宪宗三年，太弟征大理，过大渡河②，至金沙江，乘革囊及筏以济处，盖在丽江府之北。又至顺初，搠思班讨云南叛者诸王秃坚等，夺金沙江，遂直趋中庆，云南平③，所夺盖在武定、姚安间也。《志》称云南左右分画，界以大江，东北曰金沙，西北曰澜沧是也。

澜沧江样备江附见

澜沧江 出吐蕃嵯和哥甸鹿石山。一名鹿沧江，亦曰澜沧江，亦作兰仓水。流入丽江府兰州境南，历大理府云龙州西，又南经永昌府东北二十五里罗岷山下。两崖壁峙，截若垣墉，缆铁飞桥，悬跨千尺，亦曰博南津。《后汉书》：永平十二年，得哀牢地，始通博南山，度兰仓水，行者苦之，歌曰“汉德广，开不宾。度博南，越兰津。渡兰仓，为他人”，指此也。《志》云澜仓江迳云州入永昌，广仅三十余丈，其深莫测，其流如奔，有大瘴，零雨始旭，草立叶脱时，行旅忌之。自永昌东流入蒙化西南界，又流经顺宁府东北，至府东南二百二十里之半山下，合于黑惠江。黑惠江者，即样备江也。源出西番境内可跛海。一云出剑川州南五里之剑川湖，亦曰漾濞江，亦曰濞溪江。流经大理府浪穹县西，又南过府西之点苍山，复会西洱河，程大昌曰：唐樊绰以丽水为黑水，恐其狭小，不足为雍、梁二州界，惟西洱河与《汉志》叶榆泽相准，广处可二十余里，既足以界别二州，其流又正趋南海。昔人谓此泽以榆叶所积得名，则其水之黑，以榆叶积染所成，尤为确验。大昌误④以样备水为叶榆泽也。流入赵州西北，亦曰神庄。经永昌府永平县之东境，经蒙化之西境，又南至顺宁府东北境，南流至漳山下，合于澜沧江。《志》云：澜沧江中有物，黑如雾，光如火，声如析木破石，触之则死。或曰瘴母，《文选》谓之鬼弹，又谓之禁水。惟顺宁江中有之，他所绝无。二水合流至云州南，又东南经景东及镇沅，西南过者乐甸长官司南界，达元江西南境、车里宣慰司东北境，又东南为富良江而入于南海。蒙氏以黑惠江、澜沧江皆列于四渎。洪武二十年，诏沐英于澜沧江津要树垒，置守以备平缅是也。李元阳《黑水考》云：《禹贡》“黑水西河惟雍州”“华阳黑水惟梁州”，又曰“导黑水，至于三危，入于南海”。释经者拟议其说，而卒无所据。夫黑水之源，固不可穷，而入南海之水则可数也。何则？陇蜀北入南海之水，惟滇之澜沧江、潞江二水，皆由吐蕃西北来与雍州相连，水势并汩涌，皆入于南海，是岂所谓黑水者乎？然潞江西南流，蜿蜒缅中，内外皆夷，其于梁州之境若不相属，惟澜沧由西北迤逦而东南，徘徊云南郡县之界，至交趾入海。今水内皆为汉人，水外则为夷缅。禹之所导，于以分别梁州界者，惟澜沧足以当之。孟津之会，曰髳人，在今北胜。濮人，在今顺宁，皆在澜沧江内也。《地理志》谓“南中山曰昆，水曰洛”，《山海经》“导水西流入于洛”，故澜沧江又名洛水，言脉络分明也。《元史》“至元八年，大理劝农官张立道使交阯，至黑水，跨云南以至其国”，亦一证也。夫在今⑤郡县之名不可纪极，而山川之迹则不可移，不据不可移之迹，而据易变之名，末矣。所以然者，论者但知陇在蜀之北，蜀在滇之东北，故以《禹贡》

① 汉地 《读史方舆纪要》卷一一三《云南》作“滇池。”

② 大渡河 原本作“大度河”，据《读史方舆纪要》改。

③ 云南平 《读史方舆纪要》作“抵南平”。

④ 误 《读史方舆纪要》作“盖”。

⑤ 在今 《读史方舆纪要》作“古今”。

黑水为梁、雍二州界，又入南海为疑。不知陇、蜀、滇三方鼎立，陇则西南斜长入蜀，滇则西北斜长近陇，蜀则尖长入滇、陇之间，故雍以黑水为西界，对西河而言也，梁以黑水为南界，对华阳而言也。惟三危之山不可考，或谓近在丽江，夫《禹贡》明言三危为雍州山，且三苗所窜，岂在南夷之地乎？姑置之阙如可也。

潞 江

潞　江　在永昌府潞江安抚司东北五十里。源出吐蕃雍望甸，南流经司北，两崖陡绝，瘴疠甚毒，夏秋之间，人不敢渡。本名怒江，以波涛汹涌而名也。《滇记》诸葛武侯六擒孟获，驻兵怒江之浒，即此。又东经永昌府南百里，复东南流经孟定、芒市界，达木邦、缅甸，入于南海。潞江源委，诸志皆以荒远界之。元人朱思本《图》[①]稍悉，亦难尽据。蒙氏封为四渎之一。正统三年，麓川土酋思任发作乱，遣兵断潞江，立栅以守，官军讨之不得渡，都督方政渡江击走之。四年，复命沐昂等征麓川，败贼于潞江，进抵陇把，今陇川宣慰司治此。不能克而还。或曰潞江自孟定府西入于麓川江，而麓川江自陇川宣抚司西南入于大金沙江。三水源异而归同也。麓川江者，即龙川江。源出腾越州徼外峨昌蛮地之七藏甸，绕越甸而东南，经高黎共山下，其渡处地名夹象石，在江之东岸，南流至南甸宣抚司东南境为孟乃河，经芒市西界，入陇川司东为麓川江。川流湍迅，蛮人恃以为险。思任发之乱，方政击败之于潞江西岸，别将高远追贼度龙川江，败贼于高黎贡山下，乘胜深入，与方政等逼贼于上江。上江，贼重地也。远力惫无援，败。政亦西度龙川追贼，遇伏战死。继而王骥督大兵进讨，遣总兵刘敘[②]自下江夹象石径进攻上江城垒，破之。于是骥引大军由夹象石度下江，通高黎共山道至腾冲，由南甸捣贼巢，平之。上江、下江者，土人以江近麓川城为上江，而近腾越为下江也。由陇川而南接芒市西界，西南流入大金沙江，即大盈江也，亦名大车江。源出腾越州西徼吐蕃界，流入州境，南流径南甸及干崖司之西境，有槟榔江，亦出吐蕃界，东南流合焉。朱思本曰："大车江、槟榔江[③]，二水合流，始名大盈江也。"大盈江又东南流，绕芒市西南界、陇川西北界，又南而麓川江西南流合焉，并流经孟养宣抚司东境，方谓之大金沙江。江合众流，水势益盛，浩瀚汹涌，南流入缅甸界，阔五里余，迳江头、太公、蒲甘诸城，而入于南海。盖云南境之巨津，又与东北之金沙江异流而同名也。龙川、麓川、大盈、金沙诸川，志皆错杂不可考，今略为定正[④]。

滇 池

滇　池　在云南府城南。一名昆明池，亦曰滇南泽。战国时，楚将庄蹻灭夜郎，至滇池，以兵威略定其地，又使部将引兵收伏西南诸蛮。汉元封中，欲讨昆明，以昆明有滇池，方三百里，乃于长安西南穿昆明池象之，以习水战。汉蜀建兴三年，诸葛武侯征南中，至滇池。常璩《南中志》：滇池县有泽水，周回二百余里，所出深广，下流浅狭如倒流，故曰滇。长老相传池有神马，交则生骏驹，俗称之曰滇驹，日行三百里。《南行录》："滇池又名积渡池[⑤]，周广五百里，盘龙江、黄龙溪诸水之所汇也，称南中巨津焉。

---

① 指元朱思本《广舆图》，有明万历七年海虞钱岱刊本。

② 刘敘　《读史方舆纪要》作"刘聚"。

③ 大车江、槟榔江　《广舆图》作"大居江、槟榔江"。车，亦音jū。

④ 定正　《读史方舆纪要》作"是正"。

⑤ 积渡池　《读史方舆纪要》作"积波池"。

池中大、小卧纳二岛，水之下委为螳螂川，萦回安宁州治，过富民县而北达武定东北界，注于金沙江。今城西南八十里为海口大河，即滇池导流处也。”《滇记》云：“郡城金马、碧鸡二山，东西夹护，旁山北来而环列于前，中开一大都会。滇池受邵甸、牧羊山诸泉及黑白龙潭、海源洞诸水，汇为巨浸，延袤三百余里，军民田庐，环列其旁，而泄于稍西一小河，又折而北，不见其去，故又名滇海。”《元史》：“至元中，张立道为云南劝农使，以昆明池夏潦必冒城郭，乃求泉源所出，泄其下流，得良田万余顷。”明初，傅友德、沐英驻守云南，皆事屯田，而滇池之水皆首为灌溉之利矣。

西洱河

西洱河　在大理府东。源出邓川州浪穹县北二十里罢谷山，汇山峪诸流，又合点苍山十八川而为巨浸，下流合于样备江，即古之叶榆泽也。相传黑水伏流，别派自西北来会于太和县东，而为洱河。《后汉志》注谓之冯河，亦曰榆叶河。《水经注》“诸葛平南中，战于榆水南”是也。亦曰珥水，以形如月抱珥也。一云如月生五日，亦曰珥海，亦曰西洱海。杜佑谓之昆瀰川。汉武帝象其形凿池，以习水战，非滇池也。古有昆瀰国，亦以此名。隋开皇十七年，史万岁击南宁叛蛮，至南中，过诸葛亮纪功碑，度西洱河，入渠滥川，行千余里，破其三十余部。唐武德四年，嶲州都督韦仁寿检校南宁，将兵五百，循西洱河，开地数千里，置七州十五县。贞观二十二年，梁建方讨松外蛮，破走之，于是遣使诣西洱河，谕其酋帅归附者七十余城。复遣其奇兵自嶲州道千五百里，掩至西洱河，蛮帅杨盛骇惧请降，其西洱河蛮酋杨栋、东洱河蛮酋杨敛等俱入朝。或曰即一洱河，而蛮分东、西为界也。《新唐书》：由嶲州走三千里达西洱河。天宝九年，鲜于仲通伐南诏。十一年，李宓又伐之，皆败于西洱河。形如人耳，周三百余里，有三岛四洲九曲之胜。三岛者，一曰金梭，一曰赤文，一曰玉几。金梭岛，亦名罗筌岛，洱河东北岸有[①]青颠山，岛在其南。玉几岛，以形如几案，故名。亦曰玉案，在洱河东岸。赤文岛，亦名赤崖岛。四洲者，一曰青沙鼻，一曰大贯淜，一曰鸳鸯，一曰马帘。九曲者，一曰莲花，一曰大鹤，一曰蟠矶，一曰凤翌，一曰罗莳，一曰牛角，一曰波屽，一曰高岩，一曰鹤翥也。皆可田可庐，而大淜洲随水浮沉，冬夏不改。河绕城而西南流，会于样备江，波涛千顷，澄泓一色，因谓之西洱海。《志》云洱河绕城西南，由石穴中出。石穴即天桥，东岸有分水崖，石[②]如斧划。渔人谓自岸下分水为两，南河北海，咸淡不类，河鱼不入海，海鱼不入河。元郭松年《行纪》曰洱水涉历三郡，渟蓄紫城，东北自河首，南尽河尾，汪洋浩荡，周回百有余里。今西洱河袤百里，广三十里，盖汇群流而成也。

云南府

昆明县

滇　池　在府城南。府之西南八十余里为海口，池水由此北入于富民县，会于广翅塘[③]，通金沙江处也。海口财赋，岁以亿计，咽喉通塞，利害最大。元至元中，张立道浚之，以泄滇池之泛溢。弘治十四年，抚臣陈金亦浚治之。岁一疏浚，出赋田正供，谓之

① 有　原本无，据《读史方舆纪要》补。
② 石　《读史方舆纪要》作“俨”。
③ 广翅塘　《读史方舆纪要》作“广超塘”。

海夫。余详见《大川・昆明池》云。

西　湖　在府城西，即滇池上游也。亦名积波池，俗曰草海子，又曰青草湖。周五里有奇，蒲藻常青，为游赏之地。又九龙池在城内，中多废圃，亦曰菜海。其平者为稻田，下者为莲池。沿五华之右，贯城西南流入顺城桥，会于盘龙江，以达滇池也。

盘龙江　在府治东十五里。源出嵩明州故邵甸县之[①]东、西二山，凡九十九泉，合流西注，曲折而南入于滇池。

金稜河　府治东十五里。俗名金汁。引盘龙江水，由金马山麓流经春登里，灌溉东乡之田，为利甚广。蒙段时，堤上多种黄花，名绕道金稜。元赛典赤赡思丁复修筑为堤。又府西十里有银稜河，俗名银汁，亦引盘龙江水，由商山麓流过沙浪里，南绕府治。蒙段时，堤上多种白花，名萦城银稜。弘治中，尝浚二河，亦谓之东、西沟。

宝象江　在府治南。源出杨林之上板桥，分泻至此，注于滇池。

松花坝　在府城东北，为滇池之上流。元赛典赤赡思丁增修二堰，灌田万顷。又有南坝闸，在府城之南。东北诸泉旧由银稜河入于滇池，恐其泛溢，故筑此以障之。

富民县

螳螂川　在今县治东。源自滇池，萦流安宁州境，又东北入县界，又北历武定境，入金沙江。晋大宁[②]二年，蜀李骧寇宁州，刺史王逊使督护姚岳与战，大败之于螳螂川，或以为即此地也。

安宁河　在县西南。《志》云河出安宁州，入县界，又经罗次县为沙摩溪，至禄丰县为大溪，至易门县为九渡河，流入元江州界。

洟札郎水　县东北十里，西入大溪。又县北五十里有农纳水，源出武定界，亦西南流入于大溪。

宜良县

大池江　今县东八十里。一名盘江，一名大河。从曲靖府陆凉州流入境，六十里出县界，入于澂江府界，谓之铁池河。

大城江　在今县东。源自澂江府杨宗海[③]，流经县界，下流入于盘江。

罗次县

沙摩溪　在县西。自富民县流入境，即安宁河也，流入禄丰界谓之大溪。

星宿河　在县西北。自武定流入境，又西南入禄丰。

晋宁州

大堡河　在今州之西。《志》云其源出于澂江府之新兴州界，流经州之永兴乡，分流入于滇池云。

呈贡县

交七浦　县西南四十里，广二百余亩。《志》云滇池之下流也，有金鲤。潭在治南卅里之白马勃村，旧为平原，恒苦亢旱。隆庆六年九月，田中忽水涌成深潭，有金鲤游泳

① 之　原本作“至”，据《读史方舆纪要》改。
② 大宁　大，同“太”。《读史方舆纪要》作“太宁”。
③ 杨宗海　《读史方舆纪要》作“阳宗县”。

其中，遂为一方灌溉之利。

白龙潭 在县治西十里。

滇　池 县西南三十里。烟云万顷，支流环绕，邑中资以灌溉。又落笼河，在县北十里，南流入于滇池，上有天生石室。

安宁州

螳螂川 在州南。源出滇池，萦迴州治，东北流入富民县界。州中有沙洲，形似螳螂，因名。又有安宁河，在州西，亦流入富民县界。

汤　池 州北十里，亦名碧玉泉。《滇略》云滇温泉至多，而州之碧玉泉为冠。四山壁立，中为石坎，飞泉注之焉。

禄丰县

星宿河 在县西北。源出武定州，过易门县，而入元江州境。

大　溪 在县东。其源即安宁河也，自罗次县流入县界，又南流入于易门县界。

昆阳州

渠滥川 州东南五里，东北流入于滇池。隋开皇中史万岁为行军司马，自青蛉川至渠滥川破夷落三十余部，即此。

三泊溪 《县志》云望洋、呜矣、利资三河萦抱焉，是为三泊，下流亦入于滇池。又有乌蚁河在北，流合于三泊溪。

易门县

九渡河 在今县之西。即禄丰县之大溪也，流入于县境为九渡河。

嵩明州

龙巨江 在今州之东。一名龙济溪。源出于寻甸之西南梁王山，流入境至州东南，合流于嘉利泽。

牧样水 在州西南。源出乌纳山之牧样涧，其西南入于滇池也。

嘉利泽 在今州之东南十五里。周百余里，水可以灌，鱼可以食，即杨林泽也。或谓之杨林海子，又或谓之罗婆泽。《志》云州西中和里有两泉对流，名对龙泉，流百余步，复合流入嘉利泽中。

邵甸河 在州西六十里。杨慎云：河有泉流二，皆发寻甸梁王山西北，一自牧羊村历核桃村至高仓入河，一自崛泽屯入河，二水交流，至迴犁湾松花坝，甃石遏流，入于盘龙江。襟带滇池，浸灌腴田，殆万余顷。

武定直隶州

金沙江 州北三百八十里。自姚安流入界，又东达四川会川卫界之废蔡溪州，有金沙江巡司戍守。杨士云曰自府境金沙渡即北达会川卫，不过七十余里。蒙氏四渎之一也。详《大川·金沙江》。

乌龙河 在州北五里。源出禄劝之乌蒙山，绕流经此，溉田数百顷，下流入于金沙江。又西溪河，在州西北，即楚雄府之龙川江也。自定远县北流入界，又西北至元谋县西而入于金沙江。又勒洟溪，在州东北，出佐邱山，与东坡溪皆分流而东北出，注于金沙江。

惠娴湖 在州西北八十里，湖方四里，茂林掩映，水色清碧，深不可测。广翅塘亦在州西北。《志》云安宁州螳螂川，经富民县境，又北入武定州界为普渡河，汇于广翅塘，入于金沙江。

虎市桥 州东北一里。相近又有龙泽桥，两崖石壁削立相对，跨以木桥，下临龙泽，深渊莫测。又仙人桥，在州西北三十里地，名龙三藏，水出巨壑间，涧边有石，两隅拥出相接而成梁。

元谋县

金沙江 在县北百八十里。自姚安东流经此县境，群川悉流入焉。

西溪河 在县西。其上流为龙川江，自州境北流经县境，又东北流入金沙江。

应元溪 在县南。《志》云自武定之虚仁驿流经马头山下，合于纪宝溪。

纪宝溪 出楚雄府定远县界之苴宁山，北流入县境，合注应元溪，居民多引以灌溉，下流皆注金沙江。

禄劝县

乌龙河 在县北。源出乌蒙山下，流入金沙江。

普渡河 在废石旧县东南，北流入于乌龙河。

掌鸠水 在石旧废县，绕县三面，凡数十渡，东流合普渡河。其合处形如狮子，一名狮子口。

大理府

太和县

西洱河 在府城东。亦曰叶榆水，源出浪穹县罢谷山，流经府西北而至城东，点苍山十八川之水皆会于此，又西南流于样备江。详见《大川·西洱河》。

样备江 在府西。源出剑川州之剑川湖，流经浪穹县，过点苍山后，会西洱海，出天桥而入赵州界。详见《大川·澜沧江》。

天　桥 府西南三十五里，一名石马桥。下断上连，绝壑深险，洱河之水从此泄，而南注郡境，无泛溢之患。《志》云天桥石梁横亘，凭虚凌空，渡者仄足而过，称为绝险。

赵　州

样备江 在府西北。自太和县流入界，又南流入蒙化厅境。

波罗江 在州治东南。有二源，一出九龙顶山，一出定西岭，合流而北经州治，又西北流入西洱河，一名神庄江。

白崖睑 在州东南。《志》云出白崖西山之毕钵罗窟，流经蒙化厅之南涧，为礼社江之上源，亦曰白崖川。又赤水江，在州南四十里。源出定西岭，东南流，亦入蒙化厅界，合于礼社江。又昆雌江，在州西南六十里。源出蒙化厅之巍山，流入州境，合于赤水、白崖二江。

云南县

叶镜湖 县南三十里。中有石如镜，因名。又清湖，在县西南十里。湖水恒浊。永乐七年，黄河清，此水亦清，自是不复浊，因名清湖。

品甸陂 在县西三十余里。《志》云唐初尝置波州于此，其地川原饶沃，亦名清子川，甸中有池，亦曰清湖，灌溉甚溥。

溪　沟　在县西三里。源出宝泉山西，流入弥渡，夹溪十里多花卉，亦名万花溪。

一泡江　在司南，渡流湍急，自归山而东，历司城南北流入姚州界，注于金沙江。

邓川州

鼎胜山　州东南十里。孤峰特竦，洱水为襟，登山一望，波光万顷，实为奇胜。〔……〕在州东十里山麓下，有泉注为池，深不可测，谓之星鲤泉。

普陀江　在州北。其上源即浪穹县之穹河，东流经州北，折而南流入于西洱河。一名弥苴佉江，或谓之葡萄江，即普陀之讹也。

上洱池　州南十五里，即普陀江之旁出者。又南五里有油鱼穴，皆流入西洱河。

南诏潭　在州西南二十里。广十余亩，三山环匝，其一面峻壁如石墙，潭深莫测，昔人尝避兵其中。

浪穹县

佛光砦　〔……〕又有九石窍泉出其中，名曰九龙泉，流入穹河。

罢谷山　县北二十里。《水经注》：罢谷之山，洱水出焉。其山空洞，泉涌起如珠树，乃澜沧江之伏流也。

样备江　在县西百里，自剑川州流入县境，有上、下江嘴。又南流入太和县界，亦曰漾鼻江，或谓之漾濞，二水盖同流而异名也。唐景龙初，吐蕃及姚州蛮寇蜀，使唐九澄为姚嶲道讨击使击之，虏用铁梁，漾、濞二水通，西洱蛮筑城戍之。九澄自嶲入永昌，战皆捷，尽据其城垒，毁垣焚桥，勒石于剑川，建铁柱于滇池，俘其魁帅而还，吐蕃渡处盖在县境。《志》云上江嘴东去罗平山麓五里，下江嘴东去罗坪山二十里。

宁　河　县西北五里。《通志》：罢谷之水注于宁河，亦曰明河。又云穹湖下流即葡萄江也。《一统志》：明河、穹湖周回五十里，水色如镜。

鱼子湖　在县西。水色青碧，合于穹河，一名龙池。

宾川州

金沙江　州东北百五十里。自永北厅东南流，经此入姚州境，有巡司戍守。《志》云金沙江东北有汉遂久废县，古称白门，谓入白果国之门也。白果，即白崖矣。

金竜湫　在州西百里洱河东。《通志》：大理之龙潭有三，在赵州乾海子哨者曰乾龙潭，在邓川州钟山寺鸡足石侧者曰大龙潭，在宾川州西龟山东者曰红崖龙潭。今引潭为渠，溉田万顷。

云龙州

澜沧江　州东二里。自丽江府南流入州境，复折而西南入永昌府境。详见《大川·澜沧江》。

苏　溪　在州西北。与浪穹县五盐井课司接界，下流入于澜沧江。

丽江府

丽江县

金沙江　一名丽江，从巨津州流入界，环府境之南，流入宝山州界。详见《大川·金沙江》。

清　溪　在府城东南。其源有二，一出东山，一出雪山，至府城东园里而合流，绕府城之前，灌溉甚溥。今城东五里有东园桥，跨青溪之上。

龙　潭　在府西南十里。阔数十亩，深不可测。

澜沧江　州西北三十里。源出吐蕃，流入境，又南入大理府云龙州界。

白石溪　在兰州南。中多白石，下流入澜沧江。

金沙江　在州北，亦谓之神川。唐贞元五年，南诏异牟寻破吐蕃之神川，遂断铁桥，吐蕃溺死者万计。十年，异牟寻复击吐蕃于神川，大破之，取铁桥十六城是也。《元志》：江为南诏、吐蕃交会之大津渡，故以津名州。

铁　桥　在州北百三十余里，跨金沙江上。或云隋〔史〕万岁所建，或云南诏阁罗凤与吐蕃结好时建，或云吐蕃尝置铁桥节度使，是其所建。《唐史》：天宝初，南诏叛唐，于麽些九赕地置铁桥，跨金沙江，以通吐蕃往来之道。贞元十年，异牟寻归唐，袭破吐蕃于神川，取其铁桥十六城。十五年，吐蕃复袭南诏，分军屯铁桥，南诏毒其水，人畜多死，乃徙屯纳川。《志》云时吐蕃置铁桥城于此，为十六城之一，今有遗址。其所跨处皆穴石镕铁为之，冬月水清，犹见铁环在水底。又旧《志》：铁桥在施蛮东南，一云施蛮在铁桥西北，居大施赕、锁赕、寻赕。又顺蛮在铁赕西北四百里。《新唐书》：异牟寻大破吐蕃于神川，并破顺、施二蛮，虏其人，置白崖城是也。又《元志》：汉裳蛮，本汉人部种，倚铁桥而居。今有古宗蛮在铁桥之北，一名西番，一名细腰番。云明初裂吐蕃二十三支，分属郡邑地，土官辖之，丽江控制，古宗余州部各有所辖，盖制蛮夷之善策也。

鹤庆州

漾共江　在州治东南，即寉川也，阔十余丈。源出丽江界，流入境至象眠山麓，群山环合，水无所泄，潴而为湖，入城东五里之石穴复出，名为腰江，东与金沙江合流。

落钟河　在城南五里。源出朝霞山之龙湫，截官道而东北入漾共江，昔尝坠钟于此，因名。又长康河，亦在州南一里，源出州西黑龙潭，东流汇于漾共江。

白龙潭　州北七里。潭之上最高一峰名金顶，下为白鹭山，势若骞凤，泉源甚远，至白龙祠下，有泉百派，汇而为潭。又西龙潭，在州西七里，源出覆釜山，东流溉农田，亦名上潭。其东北有龙宝潭，一名下潭，周五百丈，堤曰万年堤。石闸之下，有会济池，东分一小闸为波流山，亦金灯山脉也。《志》曰府境龙潭凡十五，流入漾共江者十三，曰黑龙，曰普龙，曰白龙，曰西龙，曰龙宝，曰吸种，曰石朵，曰香米，曰北漾，曰柳树，曰小柳南，曰赤土和，曰宣化，其流入金沙江者曰龙公，而停蓄极深者曰大龙。

诸葛泉　在城南百四十里罗陋村。相传武侯驻师之地，泉均二流，甚为民利。

温　泉　有二，一在观音驿南二里，一在驿南十里。

牛甸湖　顺州东二里，其下流合于河头溪。《志》云溪在顺州东二十里，出石岩下，周八十余里。又有浴海浦，在顺州东二十余里。水中分界，西畔属顺州鱼课及剑川州河泊所，东畔属永北厅，广可三十里。

剑川州

剑　湖　州南五里。湖广六十里，罗鲁城南流为漾濞江，俗呼为海子，每岁纳鱼课于州。《一统志》：湖在州西北七十里。山顶有泉，广可半亩，流经州东南而为此湖。又剑川在州南十五里，即剑湖之尾，曲流三折，形如川字。

弥沙浪河　在州南百里白水场，与剑湖水汇而南流。

大桥头河 在州东二里。古名今息尾江，下流入剑川湖，每遇洪潦辄泛溢害稼。又桃羌河，在州南三十里。东南亦入于漾濞也。

诸葛池 州北四里。相传武侯饮马处。《志》云州有龙潭凡九，曰老君，曰易堤坪，曰仙女炼，曰隔渼，曰建和，曰白难陀，俱流入剑湖；曰花步，曰白龙，曰青龙，俱流入湖尾。

楚雄府

楚雄县

龙川江 在府城北。源出镇南州平峨川，东流经府城北，合诸水至青峰下而为峨碌川，又东合诸水，经定远境而入武定界。

平山河 在府东三里。源出南安州山中，流经府北而入龙川江，跨河有平山桥。

波罗涧 在府西八里。《志》云其麓有夜合榆，榆下有卤水。元至正间设官开井，煎盐输课，今废。又捣练溪，在府西三里。水宜酿酒。又凤泉，在城东，四时不竭。

广通县

舍资河 县东五十里。源出武定东，流入南安州界，至元江境下，流入交趾河。今有铺有堡，有驿有村，皆以舍资为名。前有陡涧桥，跨舍资河上。《志》云舍资在县东七十里。

立龙河 府西一里。源出玉鞍山下，流经城西，又北会于大河。大河，在县北三十里，自府境流入，汇县境群流而西北出流，而入定远县境之龙川江。又罗绳河，在县西南三十里，流经定远县之黑井，亦入于龙川江。

蒙七塔溪 县东二十里。有翠微桥跨其上，其后即蒙七塔铺。《志》云县东三里有清风河，发源于县东北之赵普关，流至枯木村，有清风桥跨其上。又城东北十里有雕龙河，源出阿陋雄山。又有龙泉，出县东北之蟠龙山，山势蜿蜒，出泉甘洌，环绕县治，交会于大河。

定远县

龙川江 在县东。自府界流入，又东北入武定州元谋县界，而为西溪河。

黄莲池 县东南五里。广二里许，常产黄花如莲。又龙马池，在县西南五里。方广四里，相传有龙马见池中。《志》云近城有溪，溪产盐泉。

南安州

黑龙潭 在州东七里，水深莫测。州东三里又有白沙泉，土人资以灌溉。又石井，在县东北二里，其泉出，随取随满。

卜门河 在卜门山下。州西四里有马鹿塘河流合焉，二河合流之处，有西龙桥跨其上。在州北十里，又东北入于马龙江。

马龙江 在州北。自镇南州流入境，又东入新化州界。又有上江河，在州西三十里，与镇南州分界。

镇南州

马龙江 州西南百八十里，其上流即定边河也。自定边县流入境，东南流经碍嘉东，又东南入于元江。

平夷川　州西三十里。源出重山中，经州城西，东南流至府城西南，入龙川江。《志》云州西四十里有直武桥，州西三十里有白塔桥，州西十里有平夷桥，俱跨平夷江上。

南　堰　在州南。又州西有西堰，可溉田二千余亩。子甸溪在州东北，亦溉田至数千亩。

姚　州

金沙江　州东北百四十里。从永北厅流入界，州境之水皆流入焉，又北入武定界。详见《大川·金沙江》。

青蛉河　在州南，旧名三穿戍江①。源出三窠山，流至州南四十里，潴为石池，周广二百余亩，分为东泅溪、西泅溪，溉田亩。至州城北复合流至大姚县南，合于大姚河，东入于金沙江。

阳派河　在州西。自金秀山发源，东流汇为阳派河，入西泅溪，合于青蛉河。

连　水　州西十三里。源出楚雄府镇南州北之磨盘山，流经此，亦曰连场河。西北流七十余里，入大姚县之龙蛟江。又香水河，源出州北黎武村，与白盐井提举司之观音箐步水合流，亦入龙蛟江，而注于金沙江。

大姚县

大姚河　在县北。源出书案山，流经县西北合铁索箐之水，又南流至县西南，合姚州山桥村之水，又东流绕县南，复东北会于青蛉河，或以为即《汉志》所称僕水也。

龙蛟江　县西北百二十里。源出铁索箐，合姚州连场、香水二河，东北注于金沙江，俗名苴泡江，音讹也，水产金。

铁索箐　在县西北。逶迤千里，山阿水隈，溪径深险。夷人每聚于此，恃险出没剽掠，凡百余年。万历初，铁索箐力些夷畔，抚臣邹应龙讨之，七十二村悉平，因置戍守此，四境乃安。

永昌府

保山县

九隆山　城西南七里。山势突兀，分为九岭，一名九岐岭。其麓有泉，自地涌出，凡九窦，土人甃石为池。其下会为大池，可三十亩，名曰九龙池，或谓之易罗池。相传蛮妇沙壹②者浣絮池中，木浮水面，生九隆，种类遂繁，世居山下。诸葛武侯南征时，尝凿断山脉，以泄其气，有迹存焉。

澜沧江　在城东北八十五里罗岷山下。广二十六丈，其深莫测。《滇程记》：自沙木和十亭而畸至永昌，途经澜沧江，江流界二山之间，两崖壁峙，截若墉垣，因为桥基，缆铁梯木，悬跨千尺，束马以渡。西为江坡，有途新辟。《志》云跨澜沧江者为霁虹桥，旧以竹索渡，后废。明初，镇抚华岳铸铁柱立两岸以维舟，弘治中，备兵使者王槐始贯以铁绳，构屋其上，行者若履平地。守永昌者，往往以扼江为险，桥其重地也。余见《大川·澜沧江》。

---

① 三穿戍江　正德《云南志》卷九、万历《云南通志》卷三、天启《滇志》卷二、《明一统志》卷八十七皆作“三窠戍江”。

② 沙壹　《华阳国志·南中志》作“沙壶”。

潞 江 在府南百里，旧名怒江。源出吐蕃，经潞江安抚司北，又东南经府境，复南流入孟定府境，两岸陡绝，夏秋间瘴疠尤甚。详见《大川·潞江》。

上水河 在城内。又有下水河，源出九龙池及宝盖山箐，合流入城，贯穿委迤而达于东河。东河，亦曰节义河，源出龙泉，流经节义村，合清水河，南入峡口洞。

沙 河 在城南七里。源出九隆山南河，入于峡口洞，有众安桥跨其上。

清水河 城北二十里。《志》云河有二源，一出府北阿隆村，一出甘松坡下，合流至城东北，折而东合凤溪、节义河，又经府城东南，合沙河诸水，入峡江洞。今府北二十里，有北津桥，为屋其上。又东十里，有东津桥，咸跨清水河。

沙水河 在城东北百十里。自顺宁府流入，合铅山涧水会流三十里，入澜沧江，有凤鸣桥跨其上。

青华海 在府东五里，合诸流为池。又九龙山麓南北龙池，泉有九穴，亦曰易罗池。又响水湾，在府北九十里，泉如瀑布，声若鸣金，即澜沧江回折处也。

龙 泉 有二，一在司城北节义村，析为三派。一[①]在右丛村，咸有灌溉之利。刘寅《记》：永昌之城右倚嵬山，下有泉流涌出，修蓄为池，洞深数百步，折而东南，藻田千余顷，谓之龙泉，或曰即九龙池也。

大诸葛堰 在城南十五里。其东有东岳堰及小诸葛堰，咸有灌溉之利。

甸尾堰 在城南一十里，周广二里。

清水关 在城西北卧佛山之西，扼清水河之要。元时建，今设清水驿于此。小建关，在城东北七十里，其处又有河章岩。

霁虹桥 府北八十里，跨澜沧江。武侯南征，孟获架桥济师，以索为之，修废不一。元至元中，也先不花重修，名曰霁虹。明初，镇抚华岳置二铁柱于两岸以维舟，时遭漂溺，后架木为桥，又为火所焚。弘治十四年，备兵使者王槐构屋于上，贯以铁绳，南北往来。此为孔道，亦曰澜沧桥。

永平县

银龙江 在县治东半里，守御城跨其上。源自县西上甸里，合木里场河，又南合曲洞河，又东南过花桥河，又东南入澜沧江。《志》云银龙江每孟冬时近晓有白气横江，盘旋如龙，因名。一名太平江，有昌平桥跨之，长四十丈，高二丈五尺，广二丈，凡亭十有二，亦曰太平桥。又东北有安定、通市二桥。《志》云曲涧河[②]在县西三十里，其西十里，有桃源河，咸注于银龙江。

胜备江 在县东北百里。出罗武山，引流而东南合九渡、双桥二河，至蒙化合漾备江。《志》云九渡河在县东北五十里，出横岭山，沿水绕流，上跨九桥，故名。

花桥河 在县西南三十里。源出博南山下，流入银龙江。《滇程记》：出下关石桥，至碗水哨，又西为四十里桥，又西为响水涧桥。循涧行，巨石哨鸡鸣岩轰霆，类嘉陵散关。近关有花桥，桥咸架木飞梯，横柱悬渡，行人战慄[③]，所谓花桥河也。

---

① 一 原本缺，据上下文意补。

② 曲涧河 《清一统志》作“曲洞河”，《读史方舆纪要》分别作“曲洞河”、“曲涧河”。

③ “循涧行……行人战慄” 此段文字，《滇程记》作“循涧行，巨石峭崿，鸣若轰霆，类嘉陵散关。近关有花桥，桥皆架木飞梯，横楮悬度人，人上之慄。”

腾越州

大盈江 在州西。又名大车江，出吐蕃界，流入州境。州西之水有三，一出赤土山，流为马邑河；一出龍樅山，流为高河；一出罗生山，流为罗生场河。环绕州城，自东而北而南，并注于大盈江南，入南甸、干崖之境。详附见《大川·潞江》。

龙川江 源出峨昌蛮地六藏甸，绕越甸界，经高黎共山，北下流注南甸、干崖及陇川境，合于大盈江。其渡口有桥，旧编藤铺板以渡，名曰藤桥，在州东七十五里。《一统志》：藤桥有三，一在龙川关，一在厓甸①，一在回古②，俱跨龙川江上。盖江水湍急，难以木石施工，编藤为桥，系于岸树，以通人马。或曰龙川，盖麓川江之别名也。

叠水河 在州西南，大盈江之支派也。山麓有石崖，断陷百尺，水势奔蜚，吐珠喷沫，观者毛发为竦。

大车湖 在州南团坡下。湖面广阔，中有小山若浮石。温泉有四，一在城北马邑村，一在城东南大洞村，水沸如汤。

龙川江关 在州东七十里。江之西峰有龙川桥，江上旧编藤铺板，名曰藤桥。弘治中备兵使者始缆铁为桥，嘉靖中潘润复修之，为往来要道。

潞　江 在司北三十里。本名怒江，以江流汹涌不平也。源出吐蕃，流入司境南，流经司城东，又南经孟定、芒市而入缅界，下流入南海。蒙氏封为四渎之一。江之两岸咸陡绝，瘴疠甚毒，夏秋之间，人不敢渡。详见《大川·潞江》。

坪市河 在司西。有二源，一出甸头山，一出右甸塞，合流经司西，又南合蒲缥砦涧水，经新栅山口斗崖蜚下一流，入于怒江。

澜沧江 府东北七十里。自金齿东南流入府境，并黑惠江，合南过景东、元江、交阯，乃入南海。石齿嶙峋，波涛汹涌，实为险阻。有澜沧浮桥，编竹为之，长十五丈，广五丈，人马渡之，如卧虹然。《府志》云：澜沧江东有宝峰山，奇胜处也。江幹又有三台山，至为险峻。余详《大川·澜沧江》。

黑惠江 即样备江也，亦曰漾溪江，又名墨惠江。在府东北五十里，自蒙化厅流入府界南，混源百里至半山下，合于澜沧江。详见《大川·样备江》。

顺宁河 在府城东。源出甸头村箐内，流入云州孟祐河为府玉带水。又瓮碌河，在府南一里，源出南山，流合于顺宁河。又腊门河，在府北十里，亦南流合于顺宁河。

白虎塘河 在府北一百九十里河城旧村口南，以河旁旧有虎穴而名，其水流入黑惠江。又龙湫，在府治右山之麓，方一亩，林木蓊蔚，相传有龙居其中。

云　州

澜沧江 在州南。自顺宁府流入界，又东入景东厅界。

孟祐河 在州治东。顺宁府境诸水合流于此，入于澜沧江。又州南八十里有孟赖河，又南有河在州东，自顺宁河分流入州境。州西有南修河，合流于南有河，其下流，俱注于澜沧江。

金水河 在猛缅境内。又有大河北流入于猛赖河。

猎逊江 在猛猛境南。《志》云猛猛有大河，南流入于猎逊江。

---

① 厓甸　《清一统志》作“尾甸”。
② 回古　《清一统志》作“回石”。

五之二 山川二

蒙化直隶厅

阳 江 在城南。源出甸头山花判涧，南流至甸尾巡司，又东南流九十里入定边县界。又有锦溪，在城东一里，西北流达于阳江。

样备江 厅西百五十里，一名神庄江。自大理府赵州西境，流经永昌府永平县之打牛坪，又厅西北百二十里之样备驿有样备桥跨其上，为蒙化、永平之界，又南流入顺宁府，而会于澜沧江。本名漾濞江，讹为样备云。

澜沧江 在厅西南百五十里。自永昌府流入境，又东南入顺宁府界，江之南岸有马耳渡。

蔡阳河 在城南，源出东山县，流入阳河。又教场河，在厅北二里。又北二里，为系马桩河。又有五道河，在厅南七里。俱流注于阳江。

定边河 在县南。其上流一自赵州流入，即礼社江也；一自蒙化罗场流入，即阳江也。合流经县之和木村，五六月间，涨水汹涌，人不敢渡。县东又有环川，县西又有牟沮河，一名零川。相近又有剌崩下流，俱合于定边河，入元江州界。

永北直隶厅

金沙江 在厅治西。自丽江、鹤庆流入境，由西东环绕于厅治，一名丽江。洪武十六年，傅友德自邓州遏金沙江，攻[①]北胜府，擒伪平章高生，复平丽江、巨津等州是也。详见《大川·金沙江》。

陈 海 厅南四十里，周八十里。相传昔本险地，有陈姓者居此，一夕沉为海，或作程海。又程湖，在厅南五十里，溉田可千亩。又厅东南三十五里，曰[②]浪峨海。下流俱入于金沙江。

桑园河 在厅西南。源自大理府云南县，行厅西南百五十里之桑园村，下流入金沙江。又有五浪河，在厅西五十里，自浪渠州流入界。又有三渡河，在厅南百四十里，其水旋绕三面，下流俱入于金沙江。

九龙潭 厅西十五里有泉九眼，溉田可百余亩，其下流亦入金沙江。又大龙潭，在厅南百四十里。又南九十里，曰小龙潭，居民俱引以灌溉。

罗易江 在浪蕖东，合数溪而流入永宁界。白角河，源出绵绵乡，经白角乡而入于西番。

泸沽湖 永宁东三十里。湖周三百余里，中有三岛，高百丈。又鲁窟海子，在千木山下，周回一百里，中有小山，名水寨，或曰即泸沽湖也。土官筑水砦于岛上云。又有海门桥，在永宁治西，鲁窟海子之水流经此，通四川打冲河，达川江桥外，入盐井界。

勒汲河 在永宁北。源出西番，流入境东，流入四川盐井卫界。

罗易江 在永宁南。自澜沧卫蒗蕖州北流，迳永宁境入于泸沽湖。

景东直隶厅

澜沧江 厅西南二百里。自云州流入境，又东南入镇沅界。详见《大川·澜沧江》。

---

① 攻 原本作“改”，据《读史方舆纪要》改。

② 曰 原本作“同”，据《读史方舆纪要》改。

大　河　在厅东。其上流即定边河也，自定边县南之阿笠村流入境，又合三涂河引而东，蒙乐山之清水河、通华河俱合流焉。又东入楚雄府镇南州境，流入于马龙江。

笕　泉　在厅北卫城，为洪武中建。卫城中无井泉，指挥袁贤以竹笕引蒙乐山泉入城，凿池潴之，上覆以亭，取汲于此，因曰笕泉。又有土井，产盐。

兰津桥　《滇记》云旧在厅西南，跨澜沧江上。后汉永平初所建，永乐初修。高广十仞，两岸峭壁林立，飞泉急峡，危峰森罗，上下镕铁为柱，以铁索系南北为桥，自古称为巨险。

大河桥　在厅东二里。跨大河上，覆瓦屋四十九楹。

普洱府

宁洱县

整董江　在城东南一百八十里，入于猛撒江。

猛撒江　在城南二百四十里。合威远江，入九龙江。

小　江　在城西一百二十里。发源铁厂，合威远江，入九龙江。

清水河　在城南二十里。流入普藤大开河，合瘴气河，会漫达，入于九龙江。

九龙江　在攸乐南五里。为澜沧江之委，自西北流绕，山势九岭相向，矫若游龙，故名。

扒泥河　在攸乐东北一百四十里，东流入漫达河。

漫达河　在攸乐东北一百八十里，绕五茶山西南流入九龙江。

南　涧　在思茅南四十余里。绕西北会清水河，入猛撒江。

平　塘　在思茅南二里。众水所归，遂成巨浸。

临安府

建水县

泸　江　在府南。源自石屏州异龙湖，东流经府境，入阿迷州南为乐蒙河，入于盘江。

曲　江　在府东北九十里。源出澂江府新兴州，由嶍峨县、石屏州会诸水流入境，又东入于盘江。夏秋水溢，洚洞可畏。

礼社江　在府西。源出大理府赵州之定西岭，流经楚雄府，合阳江之水为定边河，东南流经镇南州为马龙河。又南经磸嘉而入新化界，谓之摩沙勒江，又历元江州东南入府西南界，经纳楼茶甸为禄丰江，历亏容甸为亏容江，过蒙自县为梨花江，又东南流入交阯界，合于清水江。

建　水　在府城东。广五亩，今堙塞过半。《元志》：建水城每秋夏之间，溪水涨溢如海，夷谓海为惠麽，故以惠麽名城，盖即此水也。

白龙潭　在府西北二里，灌溉甚溥。亦曰白龙泉，有桥跨其上。又东北有甘泉，甚清冽，汲之不竭。又莲花池，在府西二十里，广二里，波涛壮阔，民引以溉田。

石屏州

曲　江　在州东。自河西县流入界，又东入建水界。

落矣河　在州西八十里。阔三丈，源出元江州，南流入亏容甸。今有落矣河桥。又五塘沟在州南，有五温泉注其中，资以灌溉。

异龙湖 在州治东。有九曲，周百五十里。中有三岛，其次岛曰孟继龙，有蛇虫不可居，昔时蛮酋每窜罪人于此。中岛曰小水熟[①]，蛮居其上，筑城曰小水东城[②]，今名挖断山。其大岛曰和龙，立城其上，汉名水城。元至顺初，云南诸王秃坚等作乱，攻掠郡县，石屏镇将朱宝以和龙岛有垒堑可保，引众据守，贼帅战舰来攻，宝拒却之。三岛环峙皆巨浸，东流至府境为泸江。

阿迷州

盘 江 州北二十里。府境之水自澂江府新兴州经建水县界流至此，俱汇为一江流[③]，浩荡奔轶，乃十八砦夷人出没之限隔也。州与弥勒亦即此分界，又为南盘江之别源也。

乐蒙河 在州东北。上源即泸江也，自建水流入境，回折而东入于盘江。

火 井 在州东北三十里。其水溢出于田，常有烟气，投以竹木则火然，夜则有光。

宁 州

婆兮江 州东六十里。源自澂江府抚仙湖，流经州境，汇于婆兮甸，下流入盘江。

浣 江 在州西南三里。水由州北晴龙潭流下，夹岸林树阴森，为行客饯别之所，经州南，又东南会于婆兮江。《志》云州南有瓜水。浣江之水自北至，思永之水自西至，转而东，则丁矣冲之水与之俱会于茶部冲，形如瓜字，故名。

思永河 在城南四里。即海眼，泉水甚清，海口有池，曰汤池。

高河泉 在州西南四里团山顶。外窿中洼，周二百余步，不涸亦不溢。又州东北十里有岭岩泉，两岸相对，下有溪洞，一泉自山巅下，如瀑布然。

通海县

通海湖 县北三里。源自河西县界，注于此，周八十里，似环而缺，一名杞麓湖，俗名海子。

新生泉 在县东十里，可溉田百亩。

河西县

曲 江 在县东。自嶍峨县流经此，又东入石屏州界。

禄平江 在县西五十里，一名治夷江。源自新兴州，流经县境，东入于曲江。

碌碨河 在碌碨山下。自县北水磨村入，周回八十里。中产鱼族，甚美。流经通海县为通海湖。

东 湖 在县东南二十里。延四百步，袤三百步。其北自西湖，延百步，植堤蓄水，资以溉田。又县北有三龙泉，其西南一里有九龙泉，延百步，皆有灌溉之利。

嶍峨县

曲 江 在县东。自澂江府新兴州流入境。又合流河，在县东南南里[④]。一源自新平县流经县北为大河，一源自石屏州流经县南为小河，合流入于曲江。

---

① 小水熟 《读史方舆纪要》作“小末束”。

② 小水东城 《读史方舆纪要》作“小末束城”。

③ 江流 《读史方舆纪要》作“江”。

④ 东南南里 《读史方舆纪要》作“东南二里”。

丁癸江 在县西北一[①]百五十里。源自三泊，流经丁癸村。其水深阔，居民刳大木为舟，下流入于曲江。

蒙自县

梨花江 在县东南。由纳楼茶甸境，流入县界，其上源即礼社江也。又倘甸河，在县东南七里，流入梨花江。

长桥海 县东二十里。架木为梁，长十余丈，四面皆水。又二十里为矣波海，中多鱼虾海菜。《志》云县西南二十里之水曰西溪，有二，一出银矿，一出锡矿云。又有草湖，在县治南百步。

莲花滩 在县南。为入安南之道，即澜沧江下流，交趾洮江之上流也。永乐初，沐晟出蒙自莲花滩，进讨安南。嘉靖中，莫登庸作乱，抚臣汪文盛以莲花滩当交、广水陆之冲，遣兵据其地，为诸夷声援，登庸大惧，即此。《舆程纪》由莲花滩达安南之东都，可四五日而至云。

元江直隶州

礼社江 一名元江。自新化流入境，绕州城东南而入临安府界。

崀峨河 在城西四十里阿南村，跨有混龙桥，其下流入礼社江。

新平县

平甸河 在县东十里，众流所汇。又东五十里有大买河[②]，水势汹涌。

洪水泉[③] 在县治西。流灌郊郭，为利甚溥。又西里许有端木井[④]，源出端木下，味甘冽。

摩沙勒江 在县东南八十里，即马龙江之异名也。自楚雄府流经此，又东南经元江境为礼社江。《元史》谓之鹿沧江，秋潦有瘴气。《志》云马龙江在山之右，迤南合铁赤河，东南流入广西界。

铁赤河 县西四十里。自临安流入，过瓦渡、双龙溪至县西南，又过兴宁溪下流入于盘江。

兴宁溪 在县东二里。绕治西南流入于铁赤河。

天生桥 有二，一在县北五十里，一在东北十二里。皆石梁可渡，不假人力，因名。有韦泥巡司及和摩驿。

镇沅直隶州

杉木江 在治南。源出者乐甸，流经境下流入威远界，合于谷宝江。江岸多杉木，因名。

南浪江 在司南。流出纳罗山下，流经司治南，又西南流合于杉木江。马涌江，在司东。源出临安府纳楼蔡甸长官司，流入司境，又西南合于南浪江。

恩乐县

景来河 在县东。自景东流经县境，下流入乌龙江。以自景东来，因名。

---

① 一 《读史方舆纪要》作“二”。
② 大买河 《读史方舆纪要》作“大罗河”。
③ 洪水泉 《读史方舆纪要》作“洪本泉”。
④ 端木井 《读史方舆纪要》作“瑞木井”。

曲靖府

南宁县

白石江 在府北八里。源出马龙州界，流经此，东南合于潇湘江。洪武十四年，沐英征云南，故元将达里麻拥兵屯曲靖。英倍道而进，未至白石江，忽大雾四塞，冲雾前行，雾霁则两军相望矣。达里麻大惊，亟涌兵陈水上，英别遣一兵溯流前渡，出其阵后，鸣鼓角，树旗帜，为疑兵山谷间。彼军乱，我师遂济，使善泅者斩其军师，毕济整列，而鼓喊声震天。英从铁骑，捣其中坚，生擒达里麻，俘斩无算，遂入曲靖。今有白石江桥，跨于其上。

潇湘江 在城南。源出马龙州木蓉箐山，流经此，秋水时至，有若洞庭、潇湘之势，因名。其下流入于东山河。

东山河 在府东南。亦谓之南盘江，即潇湘、白石所汇流也。《志》云河旁有洲，可百余顷，平坦肥沃，旱涝无虞。南流入陆凉州境。

东海子 在城东五里，广有二十里。夏秋之交，雨水汪洋，称为巨浸。又东二十余里有黑龙潭，旁有石洞，其上怪石巉岩，林木茂密。潭水泓深，资以灌溉。又龙泉，在府西南十里，泉分二派，灌溉甚多。

块泽江 县南十五里。发源白水驿，南流达于罗平州境。又有小黄河，在县治旁，四时色黄，因名。

霑益州

花山洞 在城北一百里，为交河源。

沙　河 在城东五里，南流会交河。

交　河 城东十五里。自花山洞发源，经州东北，会腊溪水，南流入潇湘江。

宣威州

盘　江 在州北一百二十里，即可渡河也。自昭通府流经贵州毕节卫南入州境，又东南经贵州安南卫界。《志》云州据南、北二盘江之间，其南盘江即府境之东山河，流经州西南界，而入陆凉州界。

交　河 州南百七十里。《志》云南盘江与蠕溪之水合流于此，故名。又十里为交水坝，其地为平蛮乡与块部水合，交水税课使置于此。天启二年，官兵讨霑益叛贼，自交水进，为贼所败。又有车翁江，在州西北二十里，流下合北盘江。

陆凉州

中延泽 在北雄山下，即南盘江也。自府东合潇湘诸水，至是会而为泽，州境十八泉与南涧诸水皆注之。《志》云南涧在州西北，东南注于中延泽。

马龙州

木蓉箐山 在州东南六十里。下有木蓉溪，流注于府之南境为潇湘江。

东　河 在州治东。治西又有西河，东流合于东河，入寻甸界。

灵　泉 在州西南二里。水色青碧，引流灌溉，居民赖之。

罗平州

盘　江 在今州之东南九十里。自广西州之师宗流入界，下流入于贵州之永宁州境。《志》云州西南二百里有大渡河，又有矣则江，在今州之东南五十里，俱流入于盘江。

喜旧溪 在州西。其源出于州西南之龙甸村，环流州境，下流入于盘江。又有太乙湖，在今州北一里。

平夷县

十里河 在县西南三里。会清溪河入罗平州界，注于盘江。

寻甸州

勇尧山 《志》云在州城西。峰峦峭拔，林壑高深，夏月恒有积雪，俗呼雪山，下有泉，流为傥俸溪。

果马山 在今治西之六十里。其下有泉，流为果马溪，其派别流入于昆明县，注于滇池，一名龙巨江。

三稜山 在治西南六十里。与嵩明州废邵甸县接界，上有九十九泉，其水流入昆明县，即盘龙江之上流。

龙 泉 在城西十里。周回石如砌，就其泉穿山而出，面对一洞，可容千人，地名法果山。

阿交合溪 州东十五里，旧名些邱溢派江。其源有二，一自嵩明州，一自马龙州，流至此又合流过宣威州界，或曰即交河上源也。跨溪有桥，曰通靖桥，为四达之地，在州东之二十里。

车 湖 在州西三十里，一名清水海子。周广十四里，四面皆山，有灌溉之利焉。又府西四十里，有三龙泉，居民亦因之以溉田。又有冷水塘，在城北四里，一名矣部乌泉，流入于州东北之沙林甸云。

傥俸溪 在废归厚县旁。源出涌尧山，流经此有九湾，绕城而流。又磨浪水，在废为美县西。其北五里，曰螳螂河，源出龙洞，磨浪水流合焉。又东南流经州东南三十里，入阿交溪，为三岔河，河旁有排额洞，颇幽深。

澂江府

河阳县

铁池河 在城东三十里。自陆凉、宜良流至路南铁池铺，因以名。河受抚仙湖水，流入宁州。

大冲河 在城东北旧阳宗县南五里。汇溪涧诸水，下流入于明湖。

陇邱冲河 在旧县西北十二里。发源陇邱冲，流入明湖。

抚仙湖 在城南十里，一名罗伽湖。周三百余里，东南属宁州，西属江川，西南受星云湖水，汪洋澄澈，泄入铁池河。

明 湖 在旧阳宗县北一里，一名逸休湖。周七十余里，水色深碧。境内溪河泉涧诸水汇此，下流由汤池东绕宜良，入铁池河。

东谷溪 在城东六里。水出东谷之麓，绕旧治南入抚仙湖。土人以此卜岁，消则丰，长即歉。

冷然泉 在城东阙摩山之阿，味甘冽。又金鸡岩下有玉冽泉，味甘色莹。

西礐泉 在城西七里，一名西浦。双泉并出，左清而右浊，合流纳诸山溪，注抚仙湖。

濯缨泉 在城东北旧县西一里夹浦山麓。自石罅喷出，上有龙洞。

江川县

下　河　在城西十里。分中河之流，经旧城南，入星云湖。

中　河　在城西十里。源出阿花冲南，入星云湖。

上　河　在城北十五里。源出关索岭南，入星云湖。

星云湖　在城南十里。周八十余里，东由海门小河入抚仙湖。两湖相通，中有界鱼石，星云之大头鱼、抚仙之鱇𩽼鱼，两不相越。

阿件溪　在城西北，即阿花冲。源出屈颡巅山之南，流入星云湖。

白龙潭　在城北十里。中有巨石，一人摇之则动，众人摇则不动。

新兴州

密罗河　在城西南三十里。源出密罗山，流入大溪。

大溪河　在城西北五里，一名玉溪河。受诸溪之水，下入曲江，资以灌溉。

罗木箐河　在城东北二十里，可溉田。

玉　湖　在城南旧研和县之西南二里。涂潦既尽，镜水浮空，佳景也。

九龙池　在城西北二十里。又北十里，有莲花池，下流俱入于大溪。

路南州

巴盘江　在城东南郊外。发源黑白龙潭，屈曲盘旋，流入盘江，形类巴字，故名。又云濛山。

铁池河　在城西三十里。自宜良流入州境，下入宁州。

兴宁溪　在城东二里。绕城西南，会铁池河，流入盘江。

休柔溪　在城东三十里。源出休柔山南，流入盘江。

叠　水　在城西南三十里。岩高千仞，瀑布飞流，声如霹雳。

温　泉　在城西北五十里民和乡。其水温和，有硫磺气。

广南府

宝宁县

西洋江　府南八十里。源出府东南境之板郎山、速部山、木山[①]，三流相合，东南入于广西田州之左江。

玉泉山　州西北七十里。山顶有泉，飞流如素练。下有石池，清碧回旋，溢流于西洋江。

楠木溪　州东三十里。源出州境之花架山，其水常温。又南汪溪，在州治西。源出州西北之麻卯山，流至州南合楠木溪，东行至石洞伏流，十五里复出，下流入于粤江[②]。

开化府

文山县

期乌石洞　在城西一百三十里安南里。水从中出，即盘龙河之源也。

济热河　在城东二百里东安里。炎蒸酷热，居民浴水解毒。

赌咒河　在城南二百四十里。与交趾接界，蛮夷于此立誓，各不相侵，故名。

---

① 木山　《读史方舆纪要》作“木王山”。

② 粤江　《读史方舆纪要》作“右江”。

鲁部河 在城西南一百八十里，下流入梨花江。

盘龙河 在城西。源出期乌石洞，流至开化里为依人河。又经城北、东、南三面，潆洄环绕，盘曲如龙，故名。

浴龙池 在城南二十里逢春里，水一日三潮。

绿水塘 在城东北二十里江那里。水如碧玉，可鉴毛发。

异龙潭 在城南十五里逢春里，诸流多汇于此。

东川府

会泽县

车洪江 在城东一百二十里，即牛栏江下流。过七星桥，达昭通，入金沙江。

璧谷江 在城西南一百三十里。源出寻甸州，汇果马、车湖、倘甸、仓溪诸水，合流为江。陡峻深狭，土人结藤为桥，以通往来。

金沙江 在城西二百五十里。自武定流入府境，经昭通，入马湖府。

以濯河 在城西五十里。源自待补西，经府治过纳雄山下，入金沙江。

新　河 有三，在城北。知府黄士杰、罗得彦相继开浚，皆灌溉民田。

蔓　海 在城北。广数百顷，潴水于夏秋之间，冬涸春乾。积年芦苇蔓草朽于其中，以丈六竹竿插之尚未至底，出之仍无纤土，故名。

滑齿化溪 在城西南百里。源出云弄山下，流入金沙江。

温　泉 在城西南三十五里。水自石窦中出，热如沸汤，清澈如鉴。

缩　泉 在城北五十里云弄山腰。人取之者有铜铁器及人声，则收缩不流。

龙　潭 有三，一在城东六十里南山下，一在城西五里，一在城西二百余里，为黑龙潭。

犀牛潭 在城东南八十里者海。周里许，汇山溪水，深不可测。传有犀牛出没，人或见之。

昭通府

恩安县

擦拉河 在城南二十里。源出大黑山，流为擦拉河，南入府治，会利济河，出虎跳岩，归撒鱼河①。

利济河 在城西二里，又名荔枝河。发源龙硐山，绕府城入擦拉河。

洒鱼河 在城西四十里。发源雄溪，出马鞍山后，汇诸水，过大关，入横江，归金沙江。

八仙海 在城东二十里。夏秋雨集，弥漫数十里，中有怪石，参差布列，宛似八仙。

老里渡河 大关五里。发源利济河，经卜乌蒙，历盐井渡，入四川横江。产细鳞鱼，水有毒。

横水河 大关东北三十里。

牛栏江 鲁甸西八十里。

金沙江 鲁甸北一百五十五里。来自东川，流入永善。

黑山河 鲁甸南五十里，流会擦拉河。

---

① 撒鱼河 下文及《清一统志》卷三百七十六皆作“洒鱼河”。下同。

镇雄州

白水江　在城北二百三十里。受八匡河、却佐溪、黄水河、勿食料溪诸水，流入四川叙州府。

托洛河　在城东五里。源出乌通山麓，经府治东南，流入苴蚪河。

苴蚪河[①]　在城南三十里。源出阿黑关，合纳冲河，入七星关河。

永善县

金沙江　在城西四十里。水势奔腾，环绕如带。

广西直隶州

巴盘江　在州西北百里。一名潘江，亦作半江。自澂江府流入，又东至师宗界，而入曲靖府罗平州境。又有盘江，在治西五十里，自临安府阿迷州流经弥勒界，复东北流经州西，至师宗而合于巴盘江。

西　溪　在州西。《志》云师宗诸水多伏流于地，至阿卢山洞始出而为溪流，经城西，环抱城南，与东溪合，下流入于矣邦池。

矣邦池　在州西南。一名龙甸海，亦谓之乾海。周三十余里，半跨弥勒之界。有二源，一出阿卢山麓石窍，一出弥勒吉双乡[②]，南流入盘江，中有小山。弘治十二年，李韶言州南有乾海，复[③]有平壤一带，有水利可开屯田是也。

师宗州

巴盘江　在治西北五十里。自州境流至此，又东北入曲靖府罗平州界。又治西二十余里有盘江，亦自州境流入，而合于巴盘江。《志》云近治有大河口，盖盘江经此，迴曲而为大河也。

弥勒县

盘　江　在治东南。自临安府阿迷州流入境，又东北入州界。

八甸溪　在治北。其源有三，一出旧村，一出阿欲山，一出北倾山。至治东而合流，南入盘江，或谓之巴甸江。治前有桥曰玉津桥，跨溪上，长五丈，阔七尺。

宝宁溪　在东北一百二十里。出宝宁山，南流合万年龙溪及折角溪之水，流入广南府界，汇于右江。

〔……〕

十一之二　旅途系　水路

入边各路　自永昌过蒲缥，将至怒江，有屋床山，乃百夷界限也。高山夹箐，地险路狭，马不能并行。过是山三里许，即怒江、潞江，数十里，上高黎共山，路亦颇险，上二十里，下一陡涧，又上三十里，至山顶，夷人立栅为砦。过砦，又下四十里许，平地，乃麓川江上流，过此则无险隘之地矣。一路从怒江西上，二日程，至腾冲府。七日许，到麓川。一路自白崖过景东，从木通甸，至湾甸渡河，入茫施，约十日程，到麓川。

① 苴蚪河　《明一统志》卷七十二“芒部军民府”作“苴斗河”。

② 吉双乡　原本作“吉双绵”，据《读史方舆纪要》改。

③ 复　《读史方舆纪要》作“后”。

又一路自怒江上流蒙来渡至景线、沿河、小渡十数处，皆可入境也。

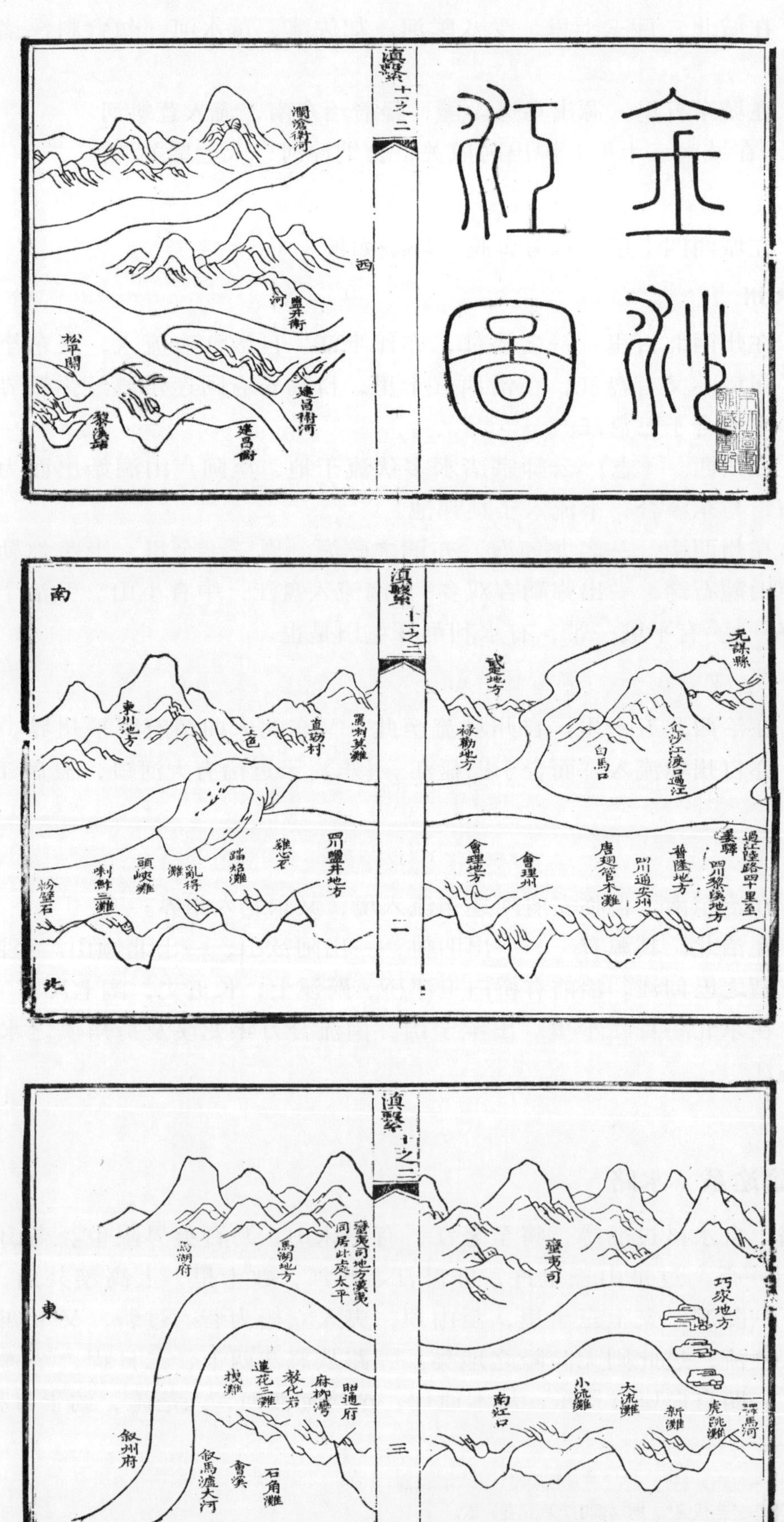

十二之一 杂载

董潭龙 明嘉靖二十六年，夏不雨，赵州知州潘嗣冕忧甚。或曰汤颠村董秘密僧潭中有龙，能兴云雨。公洁诚往取之，将至，龙见于道左，形圆类工鱼，长不满尺，吻左右有金线二道直至尾，尾似鳅而末两分，腹下四足有爪如龙，惟三鳞，碧色光泽。不畏人，视之，入瓶中。行近州，大雨如注，三日乃止，放之野，雷雨而去。

溜筒江 普渡河、金沙江岩险水汹，不可舟楫，以藤絙缚于两岸树上，絙上架一木筒，渡者以绳缚身系于筒上，两手握筒，缘藤溜而过。所谓渡索寻橦是也，俗名溜筒。

温 泉 东坡诗纪所经温泉，天下七处，以骊山为最。滇中宁州、白崖、曲江、德胜关、浪穹、宜良、邓川、三泊、江川、罗次、曲靖所在，皆有不止数十处，而安宁为最。凡温汤皆有硫磺气，而安宁则无。旧有人见其窍出丹砂数粒，乃知其下有丹砂，故泉甲于他处，明杨慎称为“天下第一汤”。传闻徽州黄山温泉亦类此。后周王褒《温汤铭》曰：“白矾上彻，丹砂下沈。华清驻老，飞流莹心。”乃知温泉所在，必白矾、丹砂、硫黄三物为之根，乃蒸为暖流耳。

龙 潭 滇南多龙潭，入夷地更甚。佛家有《孔雀与龙问答经》，虽借托言之，然出孔雀地多龙潭，亦一证也。龙行雨，朱子说最好不是龙口吐出，只是龙行时便有雨随之也。唐刘禹锡尝言有人在一高山上，见山下雷神龙鬼之类行雨。此等之类无限，实要见得破龙，亦有应龙、夷龙之别。梁志公记武帝时，震泽洞庭山南有洞穴，有瓯越罗子春兄弟上书愿入取宝。武帝命志公问之：“汝家制龙石在否?”答曰：“在。”取至，志公曰：“此石能制征风召雨戎虏之龙，不能制海王珠藏之龙。昔桐柏真人教杨羲、许谧、茅容乘龙，各赠制龙石一片，今应在。”帝命求之于茅山，华阳隐居陶宏景得石两片，志公云是矣。据此，则征风召雨戎虏之龙非海王之龙，理固有之。

赛龙神 七月二十三日，西洱河滨有赛龙神之会。至日，则百里之中大小游艇咸集，祷于洱海神祠。灯烛星列，椒兰雾横。尸祝既毕，容与波间。郡人无贵贱贫富，老幼男女倾都出游，载酒肴笙歌，扬帆竞渡。不得舟者，列坐水次，藉草酣歌，而酒脯瓜果之肆，沿堤布列，亘十余里。禁鼓发后，踉跄争驱而归，遗簪堕舄，香尘如雾，大类京师高粱桥风景。

怒江非潞江 《唐地理志》安南通天竺道，自羊苴咩城西至永昌故郡三百里，又西渡怒江至诸葛亮城二百里。羊苴咩，今在大理。怒江，今在腾越。怒江，江波汹涌如怒也，或作潞江，非。

黑 水 “华阳黑水惟梁州”、“黑水西河惟雍州”。黑水自有两，必以为一，宜其愈解而愈离也。雍州之黑水，由西北以归北；梁州之黑水，由西南以归南。雍州不言导黑水，而言至于合黎，黎亦黑色，安知其不并弱水而入流沙乎？蔡蒙旅平，蒙即禄劝县之蒙岳；蔡即蜀之峨眉；旅，众也；和夷底绩，夷语坡陀为和也[①]。唐有太和城，而丽江亦有十和，盖高者既治，而卑者随之，如注疏家之释旅为祭，读和为洹，凿矣。

再渡大金沙江 王少司寇昶征缅时，《再渡大金沙江即事》云：“南荒经南空未凿，谁

---

① 夷语坡陀为和也 《新唐书》卷二二二上《南蛮传》：“开元末，皮逻阁逐河蛮，取大和城，又袭大釐城守之，因城龙口，夷语山陂陀为和，故谓‘大和’，以处阁罗凤。天子诏赐皮逻阁名归义。”中华书局1975年版，第6270页。

考江源溯曰霍。蛮暮南来大展拓，断岸长天莽寥廓。何为冲风振长薄，不见轩然大波作。野田秋鹤长于人，盘云忽落呼其群。大鱼跃水苍无鳞，丙穴石首非其伦。小船三人槊礴裸，自注：时与阿补堂制府、诸肇仁臬使同渡。数尺斜阳射林逻。杀气如山蔽空堕，激电一声飞砲火。”

〔据清师范纂辑《滇系》（清光绪十三年重刻本）五之一《山川系》辑录。师范（1751—1811），字荔扉，云南赵州（今大理凤仪）人，乾隆三十六年（1771年）举人，官安徽望江知县，学识渊博，与檀萃交游甚厚。《山川系》按大山、大川分别叙述云南境内名山大川之名称、位置、分支、流向等详情，其中“大川”有金沙江、澜沧江、潞江、滇池、西洱河等，各府州县下则分别记载西湖、金稜河、安宁河、盘江、大堡河、龙巨江等。十二之一《杂载》有董潭龙（第9页）、溜筒江（第9页）、温泉（第9页）、龙潭（第25页）、赛龙神（第40页）、怒江非潞江（第75页）、黑水（第88页）、再渡大金沙江（第92页）等条。另，十一之二《旅途系·水路》第39页收录《入边各路》，今一并辑录。〕

云南地志

刘盛堂

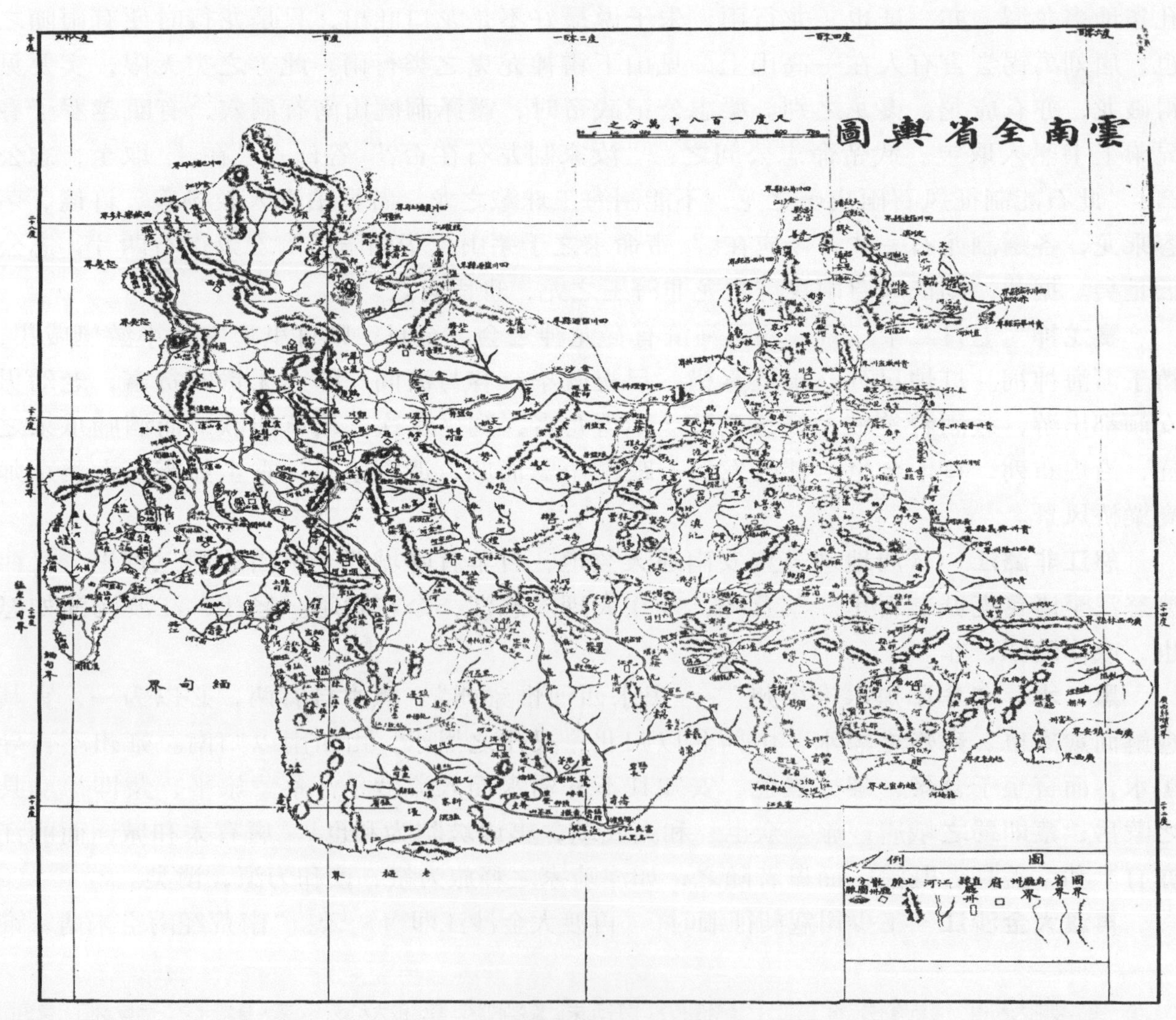

云南全省舆图

卷　上

地　势

水源一

云南之水，自西藏发源入境者四：曰龙川江，曰潞江本名怒江，曰澜沧江又名九龙江，曰金沙江。自内地发源之大者有三：曰礼社江，曰南盘江即八达河，曰李仙江。其它小水则随地附见，兹不载。

龙川江，即薄藏布河。自腾越滇滩关东北入境，专走本厅，南北行四百余里，由天马关出缅甸至太公城，入大金沙江。大金沙江即鸦鲁藏布河，源出西藏达木绰克喀巴布山，历后中前三藏地，五千余里，折南至孟养北境陆阻地。大盈江，一名大车江，即奈楚河。槟榔江即朋楚河，均发源西藏，西北来会，西南流经宦猛、莫暾、莫即，至戛鸠西，为戛鸠江。又南流至猛掌，受西来一水，又南经昔朴怕鲊、猛莫、猛外，至蛮暮，则发源腾越之大盈、槟榔、西江合流东来会之，又南流经蛮法、鲁勒、孟拱、遮鳌、官屯、大小莒蒲、峡户、董鬼、哭山、戛撒，至缅甸太公城。龙川江西南流，经猛乃、猛密为莫勒江，东北来会之。又南经猛吉、準古至温板，又名温板江，又名流沙河。又南经猛戛、马哒喇至江头城，猛办江南来入之，又南经止即龙、大马革、底马撒、跻马。自孟养土司北境至此，约六千余里入海。按：此江自蛮暮以下，江面阔十五六里，轮舟可通，缅人呼为伊拉瓦底江，滇人别金沙而加以大字，即《禹贡》所导之黑水。佛书称为跋提河，马撒即跋提转音，亦曰跋撒。至太公城以北，昔皆为我孟拱、孟养诸土司地，今并入缅界，故略注于此。

潞江，即喀喇乌苏河。自察木多南入境，走丽江、大理、永昌，南北行一千五百余里，由龙陵、芒市土司，东南出阿瓦界，入海。潞江南流至木邦，名喳哩江，可通舟楫。又南流八百余里至摆古，东入海。

澜沧江，即布楚河。自维西塔城关，西北入境，走丽江、大理、蒙化、顺宁、镇边、普洱、临安，南北行二千余里，至车里土司，折而东，经临安诸猛，出老挝，至越南入海。

水源二

金沙江，即木鲁乌苏河。自巴塘南入境，走丽江、大理、永北、楚雄、武定、东川、昭通，东西曲折二千余里，至永善西北出四川，合岷江。其自内地出者礼社江，发源云南县梁王山，走蒙化、楚雄、元江、临安，行一千四百余里，出越南，入富良江；南盘江，发源霑益花山，走曲靖、澂江、临安、广西州，行一千二百余里，出粤西，至粤东入海；李仙江，发源旧定边县安定关，走景东、镇沅、元江，行千余里，入黑江。澜沧江经车里九龙山为九龙江，至猛赖为黑江。

区　划

云南流经各府之水，自西藏入者金沙、澜沧二江最长，自内地发源者南盘江最长。今以各府分隶于最长之流域，庶于形势利害，按图瞭然，惟首府云南为幹脉行度之地，水源四出天然，省治特冠于前，于三迤实有建瓴之势也。凡金沙江流域之府厅州七：丽江、永北、大理、楚雄、武定、东川、昭通；澜沧江流域之府厅州八：永昌、顺宁、蒙化、景东、普洱镇边附、镇沅、元江、临安；南盘江流域之府州五：曲靖、澂江、广西、开化、广南。

省　治

云南府

〔……〕水则发源梁王山，在嵩明邵甸。其东即嘉利泽，嵩明南十五里，周百余里，一名杨林海子。东北流经曲靖、东川为牛栏江；其西为盘龙江，合邵甸、牧养诸河。南流，汇海源、源出昆明西北六十里花红洞。宝象、源出屼峴山。马料、源出昆明东六十里黄龙潭。金汁、源出昆明东北三十里松花坝。银汁源出昆明北二十五里黑龙潭。诸河为滇池。斜长一百二十余里，广三四十里不等，历昆明、呈贡、晋宁、昆阳境，西北为草海，东南为水海。出口海口，昆明西南八十里，昆阳东北二十里。即螳螂川，经安宁、富民达武定，为普渡河，入金沙江。星宿江源出罗次南二十五里九涌山，即九成山。走罗次、禄丰，会易江，源出安宁西四十里禄脿西山中。西南流入木奔江，又西南入嶍峨为丁癸江，又西南入新平会礼社江。大池江即南盘江，详澂江府。自陆凉西流入宜良，会汤池源出旧阳宗县北一里明湖。诸水，西南入路南。安宁州有盐井。

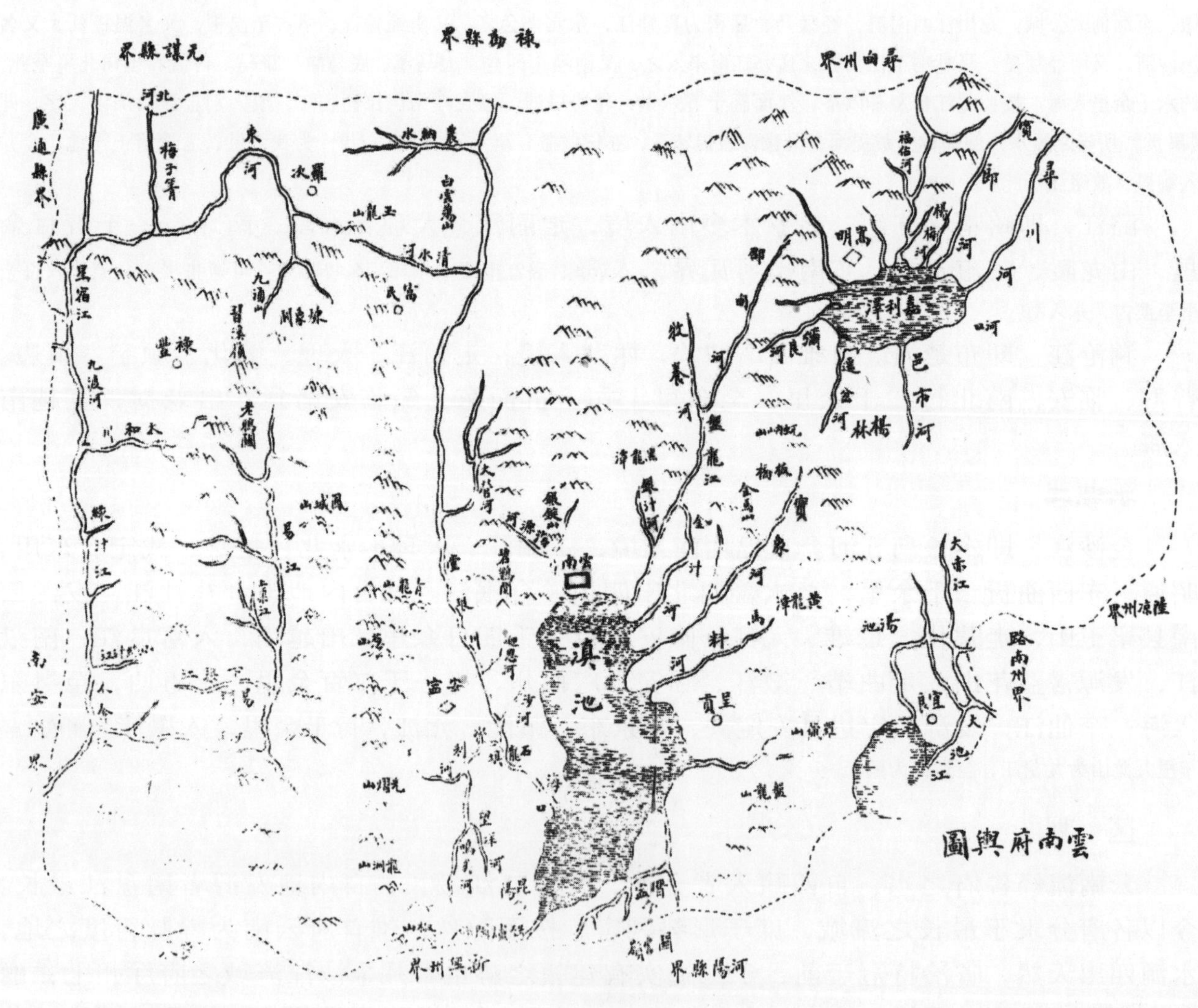

云南府舆图

金沙江流域一

丽江府

省西北一千二百四十里，东界永北，西界怒夷，南界大理，北界四川，东西六百七十里，南北七百八十里。县一州二：丽江县，府治。鹤庆州、府南三百四十里。剑川州。府西南二百四十里。分防同知驻中甸，府北二百三十里。通判驻维西，府西北一百五十里。鹤丽镇总兵驻丽江。

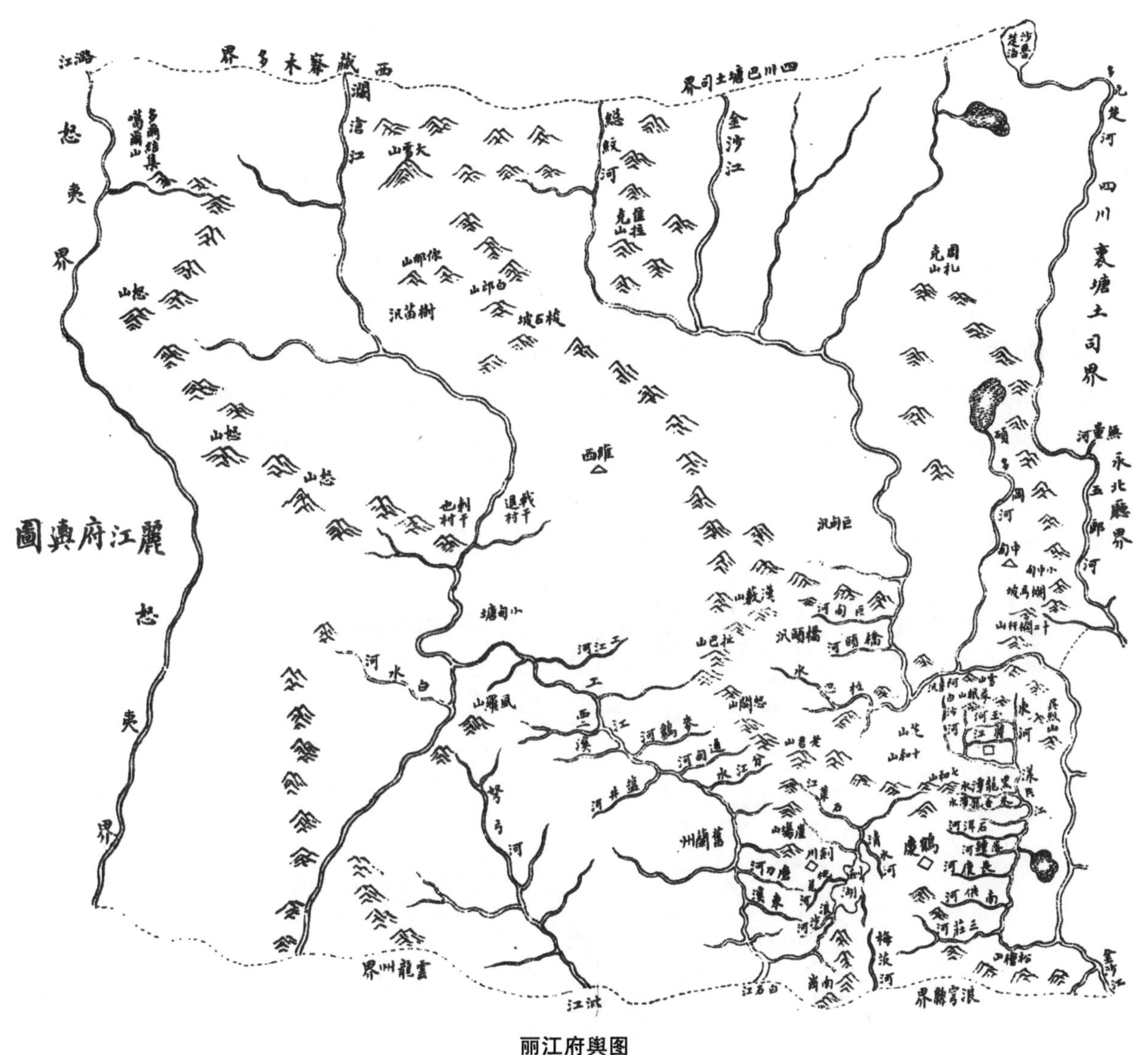

丽江府舆图

〔……〕

水则西有怒江，源出西藏喀萨北布喀池。东有金沙江，源出西藏巴萨通拉木山，在黄河源西径一千五百里。而澜沧江源出西藏喀木匝坐里冈城西北格尔吉匝噶那山中。直贯其中。西隔怒江，仅百数十里，中多连山相接。怒江上流即哈喇乌苏，自四川巴塘南入边，东南流经怒山西，又东南至树苗汛府西北四百里。南百里，受上怒东来一水，又南二百余里，受东北来一水，又南百八十里，至下怒，折东南，流入云龙。澜沧江上流即鄂穆楚河，自巴塘南入边，经怒山东，右受怒山水，维西西北五百里。左纳你那山水。维西西北五百余里，西南入江。又南经戟干退村西、剌干也村东，又南经树苗汛，左右纳二溪水。至小甸塘西分为二派：一东为工江，一名白石江，亦曰漾鼻江。一南流经风罗山府西七百余里，山高路险，沿澜沧直达永昌，与怒夷分界。西，折西南，又纳白水河，源出西北大山，东南入江。又南入云龙。金沙江上流即木鲁乌苏，自巴塘南入境，经佳拉克山，东折西南，总文河亦自巴塘来会，又南经巨甸汛，维西东北五十里。右纳巨甸河。源出丽江西北四百里，会鲁甸雪山诸水东入江。又东南至桥头汛，府西北四百八十里。右纳桥头河。源出府西北二百余里汉薮山东南，东流入江。又东南，右会石鼓冲江，源出府西北三百五十里拉巴山，东北流入江。折东北，经阿喜汛府北五十里。北，右纳硕多冈河。源出中甸西北。又东北，经雪山东南流，右纳玉龙黑水。源自雪山流下。又南至鹤庆东南，又纳鹤川水。一名漾共江，源出丽江北三十里雪山西。又东南，右会枯木河，源出邓川洱海东北青颠山北麓。又南入宾川。

金沙江流域二

永北直隶厅

〔……〕

水则金沙江，自丽江雪山南入境，环其西南。五郎河即无量河，源出襄塘。自中甸入境，合走马、源出蒗蕖土舍东南倮㑩关。观音源出光茅山。诸河，西南入之鸦砻江、乃过水。凡厅境北流之水，如盐井、三岔等河，均归鸦砻。至四川，与金沙江会泸沽湖，中有三岛，广二十余里，源出左所山。北入打冲河，归鸦砻。程海厅南四十五里，源出坝箐河，自鸡鸣山伏流东南出。西南合刘官河，入金沙江。西山草海地震成海，周二十余里。东北入观音河，合五郎河，入金沙江。

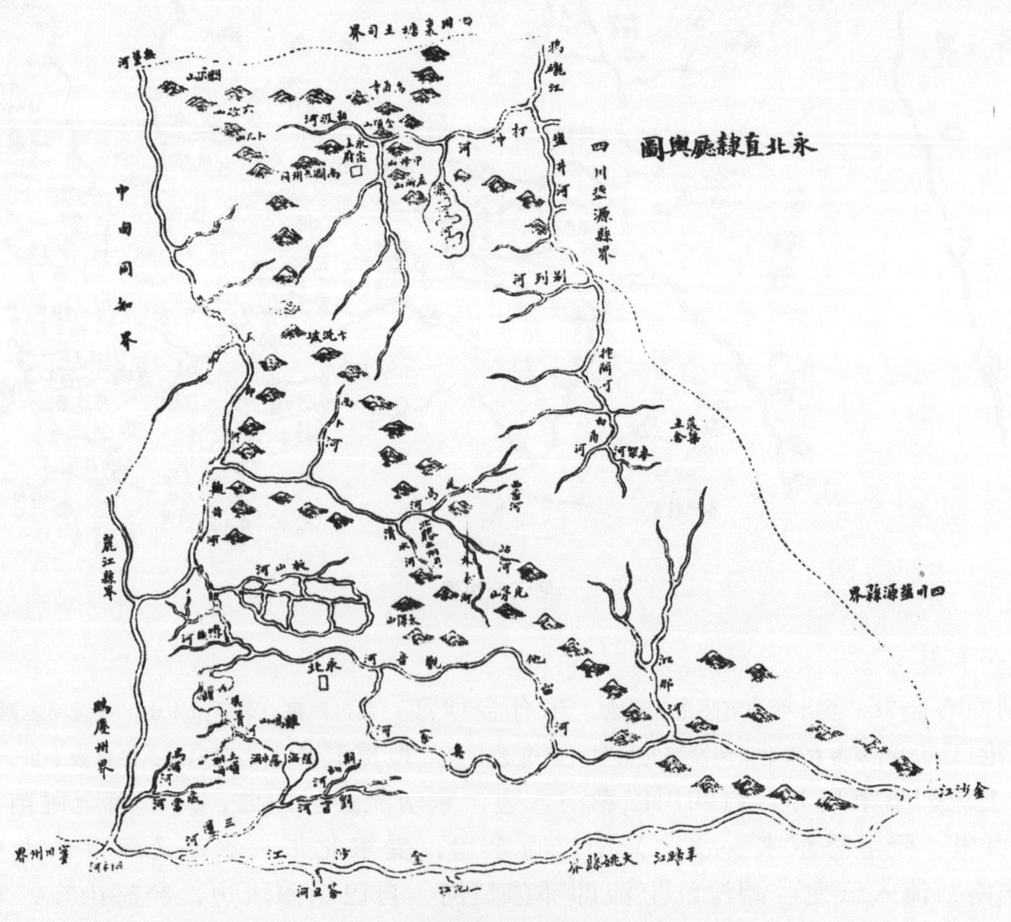

永北直隶厅舆图

金沙江流域三

大理府

〔……〕水则潞江，自表村西南流入，经三崇山。澜沧江，自表村北流入，右纳表村河，会沘江，源出丽江西南山中，曰弩弓河。均入永平。漾鼻即白石江。江自弥沙井流入，至浪穹为黑穗江[①]，南经邓川，又南至太和漾鼻街，始名漾鼻。会西洱河、源出鹤庆西南五十里黑泥哨山中，会观音河、九龙池、大营河诸水，入浪穹。洱海源出罢谷山，会罗凤溪、大营河、凤羽河，南流为弥苴佉江。至上关，左纳罗时江，右会闷地江诸水，会为洱海。长百三十里，阔三四十里，形如偃月。诸水，西南流入永昌、蒙化界。金沙至枯木河见丽江。口流入，东纳六溪、源同，出宾川曰钟良，曰银溪，曰石宝，曰寒玉，曰通洱，曰赤龙。苔旦河。即六溪合流者。又东会一泡江，源出云南县梁王山石隙。入姚州。一泡江与礼社江同源梁王山，一南流，曰万花溪，下迷渡[②]，即礼社江源也；一东流，经云南县城南，东南流，会青龙、品甸、周官些诸海，东北流，即一泡江源也。礼社则自九鼎山云南县西北二十里。南下，入蒙化。云龙州，有盐井。

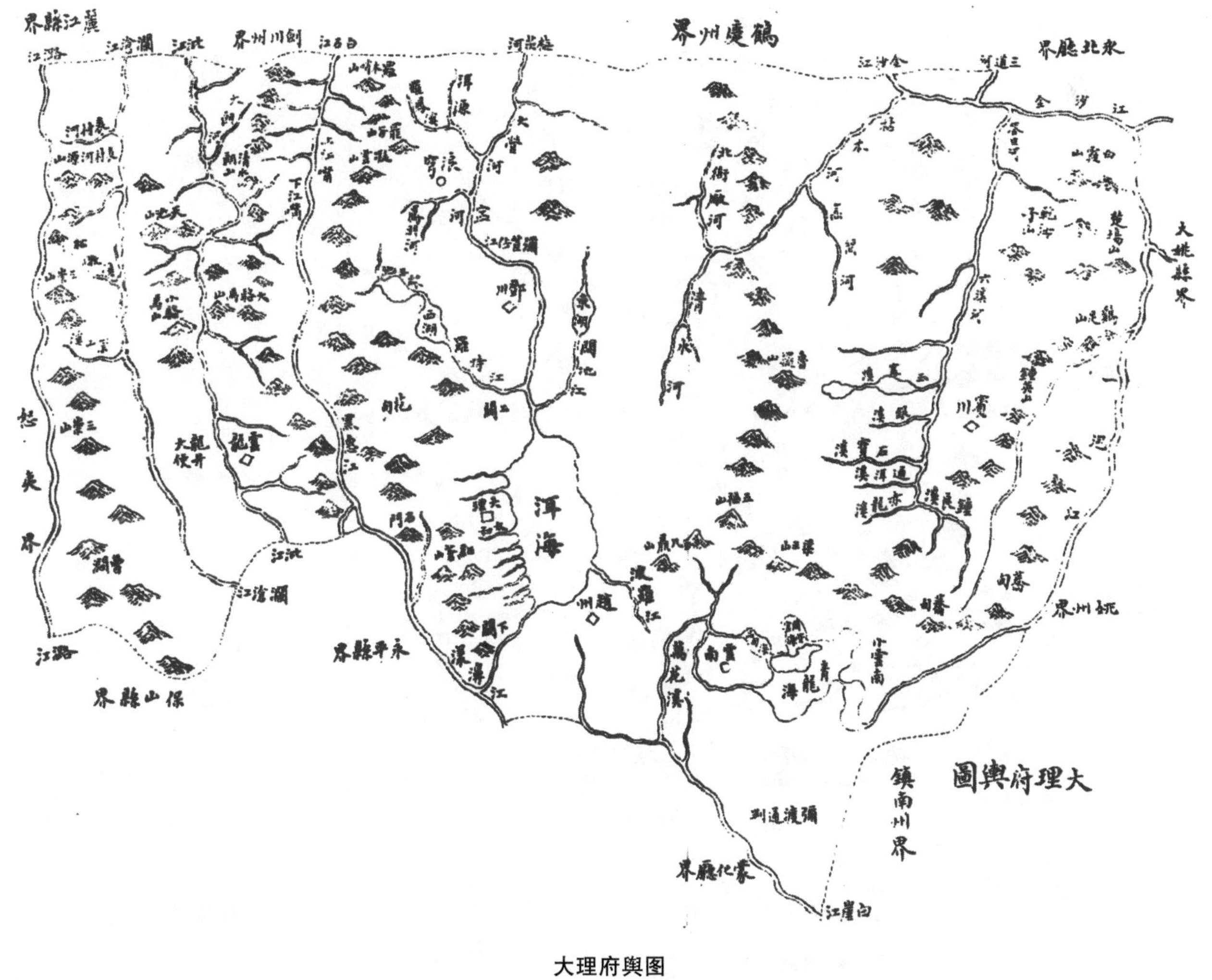

大理府舆图

① 黑穗江　通作“黑惠江”。《读史方舆纪要》卷一一八《云南》：“黑惠江即样备江也，亦曰漾濞江。”

② 迷渡　今名弥渡。据民国《弥渡县志稿》卷十二《艺文志》载，“迷”之易“弥”，其说不一，然自昆弥山发源之水南流至境，为三江二十四沟坝，众水汇聚，汪洋若海，一派弥漫，行人失路，故言“迷渡”。又，民国《云南行政纪实》：“古时溪沙横流，行人迷渡，因名迷渡，后以迷字欠雅，更名弥渡。”下同，不再出校。

金沙江流域四

楚雄府

〔……〕水则金沙江，自宾川东北入大姚境，一泡江自云南县东入姚州，合一字水。源出姚州北一百里黎武山北。南来会之金沙，又北而东，大姚河源出姚州南四十里三窠山北。合姚州诸水。西南来会之金沙，又东流至武定。龙川江即青龙河，源出南安城北，合楚雄县南界诸水，为平山河，北流经府东北，入龙川江。合白龙河镇南、广通诸水汇入。诸水，东北至法纳禾武定地。会之。礼社江自云南县经蒙化，会阳江，即白岩江。入镇南境，南流至碍嘉州判治。东，左纳马龙河，源出镇南阿雄乡，合白鱼河，至三江口入礼社。折南入元江、新平，与丁癸江源出禄丰羊溪。会。丁癸自禄丰县西流过境，九盘山水源出广通东北五十里九盘山南。及舍资、源出阿陋雄山南。妥稍源出南安东南四十里山中。诸河入之。

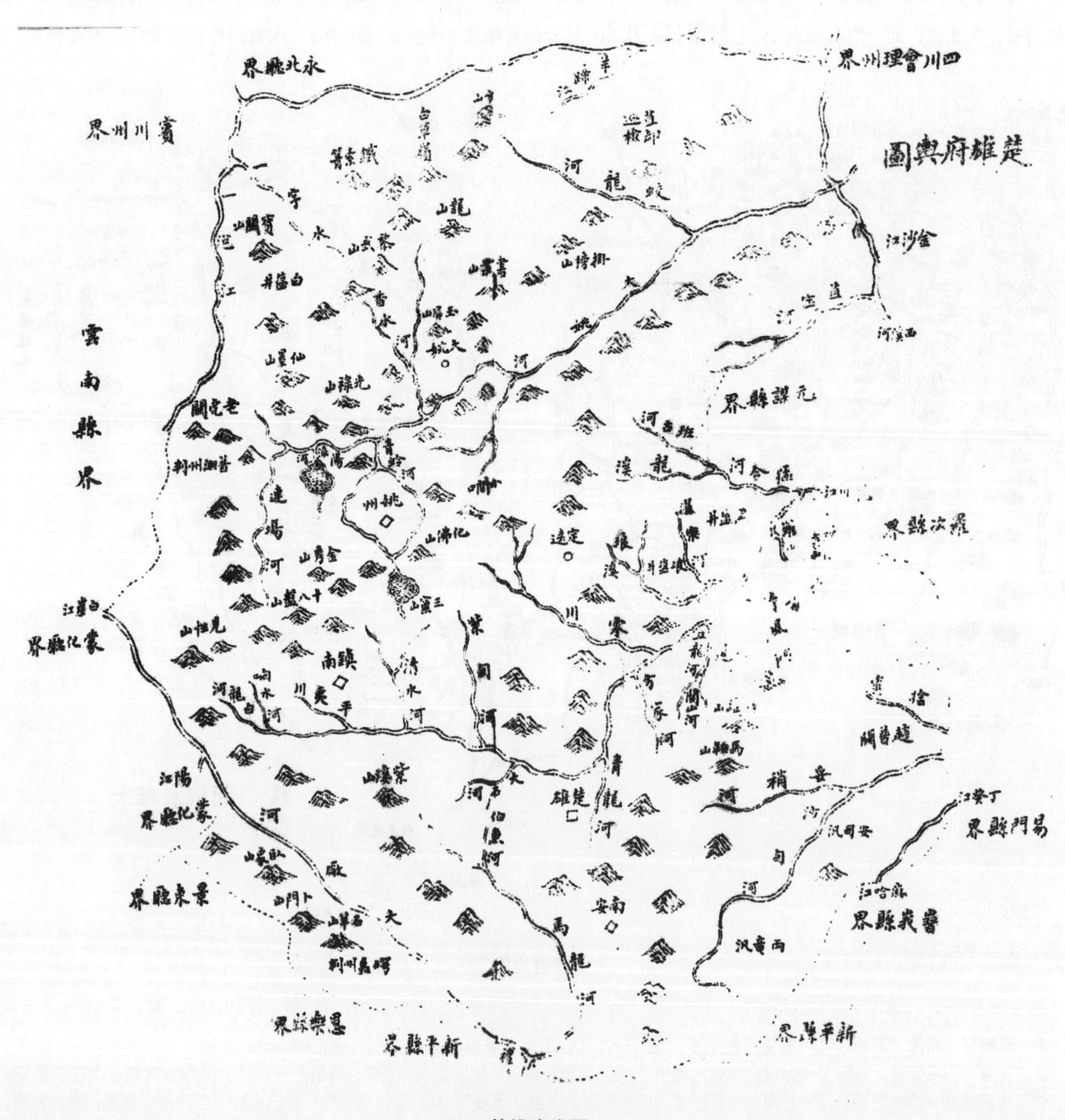

楚雄府舆图

金沙江流域五

武定直隶州

〔……〕水则金沙江，自会理州黎溪口入境，至姜驿元谋北百五十里。南，西溪河即龙川江，见楚雄。右纳南号河，源出元谋东南三十五里六初郎。左纳猛令河，源出黑盐井山涧中。北流，右纳元马河，源出虚仁驿。左纳多克河，源出白盐井，即苴凝河。南来入之。金沙江又东至白马口环川，源出州南大麦地各箐水。合插甸、源出州北老母坝。高桥源出州南各箐水。诸河南来入之。金沙江又东至狮子厂，普渡河见云南府。自富民入禄劝界，合掌鸠源出禄劝北二百二十里撒甸西北核桃箐，南流至上易龙为三道河，又南至中易龙为二道河，又南至下易龙为鹧鸪河，又南至县城，右会盘龙江。诸河，南来入之。金沙江又东合乌龙河，源出乌蒙山。东北入巧家。玉虹、东安两河，则自会理州北入金沙也。

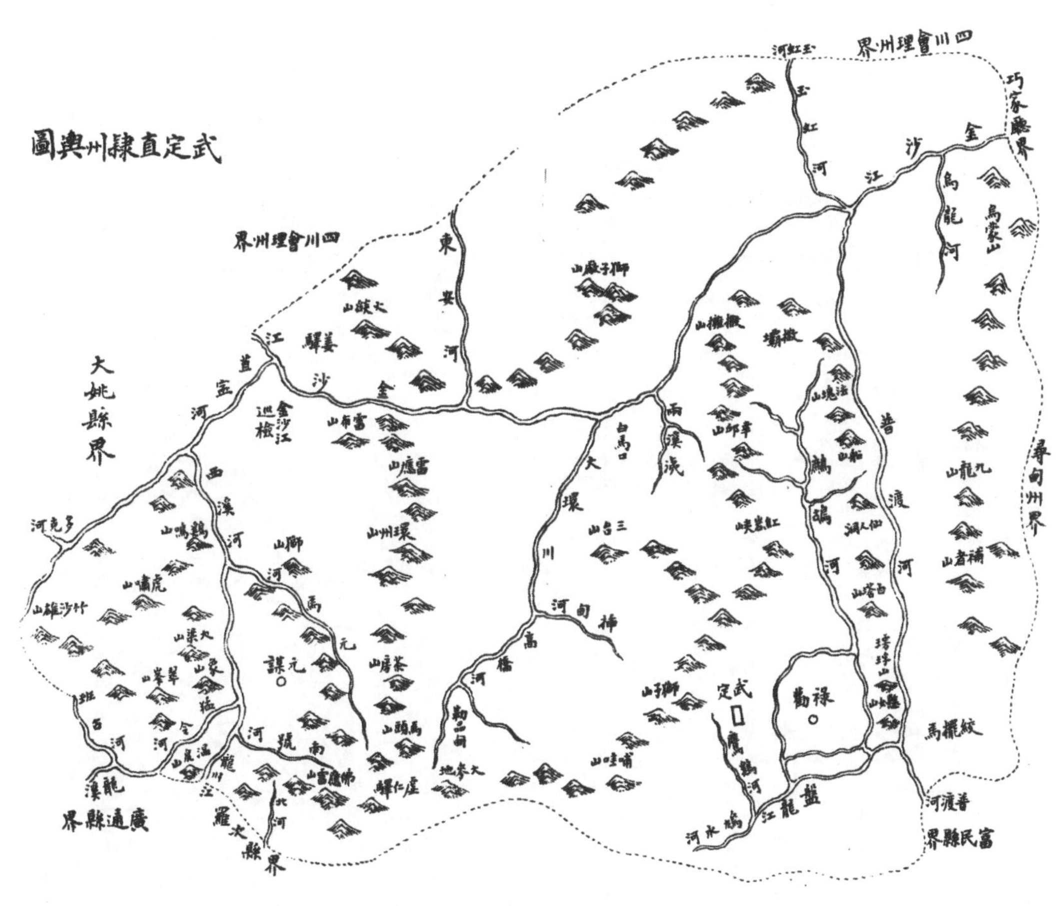

武定直隶州舆图

金沙江流域六

东川府

〔……〕水则金沙江，自禄劝北普渡河口入境，东北行，左纳会通河，源出会理州，南流至梁山南，折东南，经普毛厂东阿木可租西入江。右纳小江。即壁谷江，源出寻甸清水海（一名车湖），东北入境，会普翅、中厂、花沟、侻俸诸水，西北至曲处入江。又东北，左纳披沙水，源出会理州，东流至披沙南入江。右纳迤里河。源出府西南一百三十里饮马川及鹧鸡以上诸山箐水，合洛泥、惠沙诸河水，西北入江。又东北，左纳木期古水，源出木期古土司山中。右会牛栏江。一名车洪江，自霑益入境，会沙河、车乌、小河，东入贵州威宁，折北复流为会泽、鲁甸界，硝厂河南来合之（硝厂源出卡狼箐及大麦冲诸山水）。又北入昭通鲁甸。

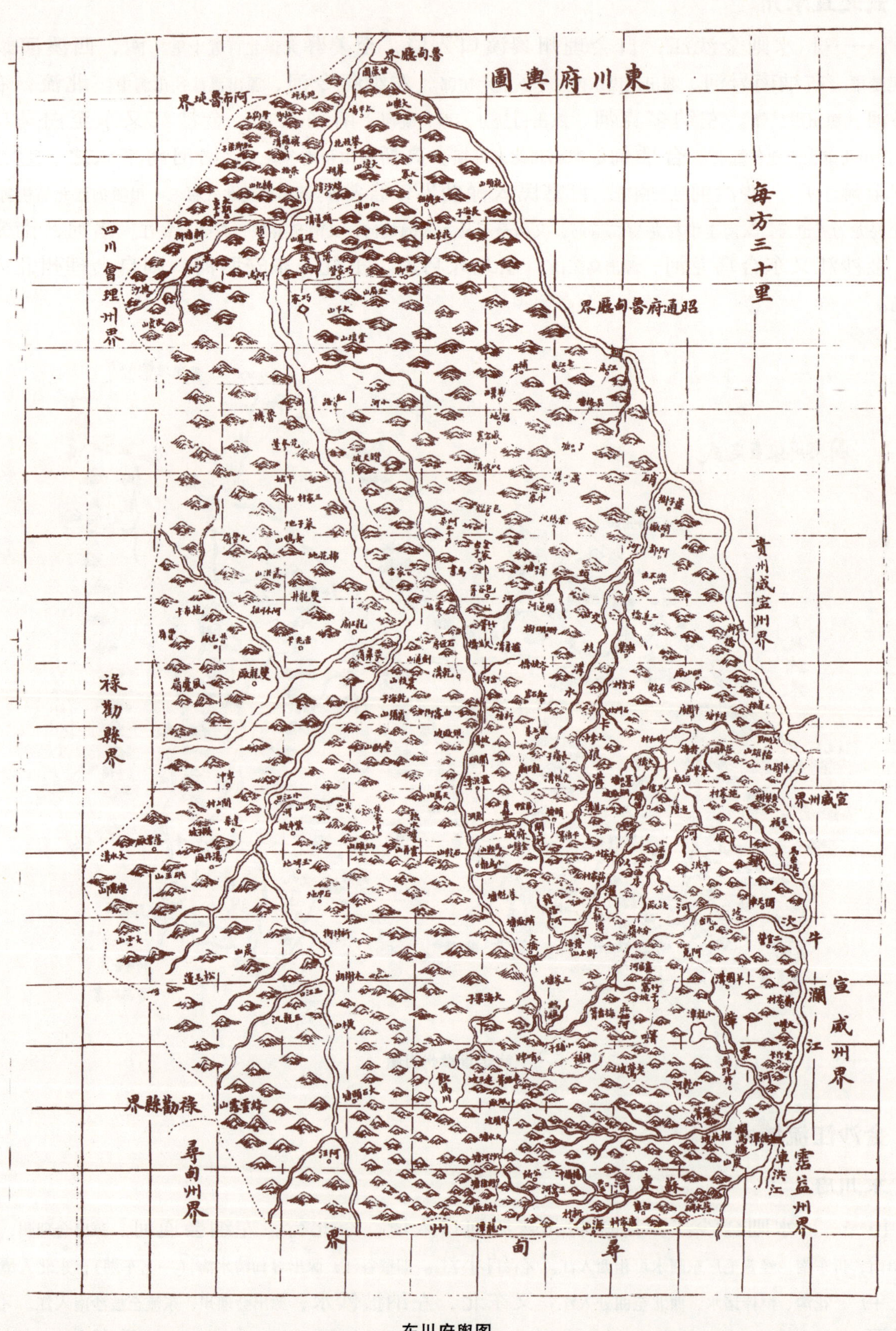

东川府舆图

金沙江流域七

昭通府

〔……〕水则金沙江，会牛栏江，经其西，右纳大鹿溪，源出永善北大鹿山。入四川屏山县。金沙江以东为洒鱼河，源出大凉山东麓。左会普五、源出府南四十里普五寨。擦拉源出鲁甸西南四十里大黑山箐。诸河，右纳八仙海、源出府东二十五里龙洞山。利济河，源同上。北流至大关，左纳永善诸水，右纳戈魁河，源出贵州威宁。为大纹溪，下流即横江。戈魁上流即洛泽，自威宁入境，龙塘、镇雄西三百七十里，广百丈，深亦如之。威洛镇雄西二百五十里。诸水东来会之。又东为八匡河，即乾河，源出威宁。自威宁入境，左纳九股水。北至五眼洞，伏流过天生桥，左纳杉树块，源出镇雄西杉树汛北。右纳黄水、源出镇雄北二百里罗汉林西南。小溪河与黄水同源。诸水，经牛街为白水江。又北入四川筠连县，为宋江。黑礅、源出镇雄北二百二十里。玉贵源出威信东北长官司汛。两河，则宋江上源。至四川罗星渡西会宋江。沱洛、源出镇雄东北乌通山。白鸟源出镇雄东三十里黑折寨。诸河，则苴虬河上源。东南入贵州威宁，下流至七星关为六归河。母享、源出镇雄东北母享山中。洛甸、源出镇雄东北三十里洗白。雨洒、源出镇雄东北一百一十里簸卧山中。厂丈源出镇雄东北一百二十里窝洛泥。诸河，则赤水河上源也。

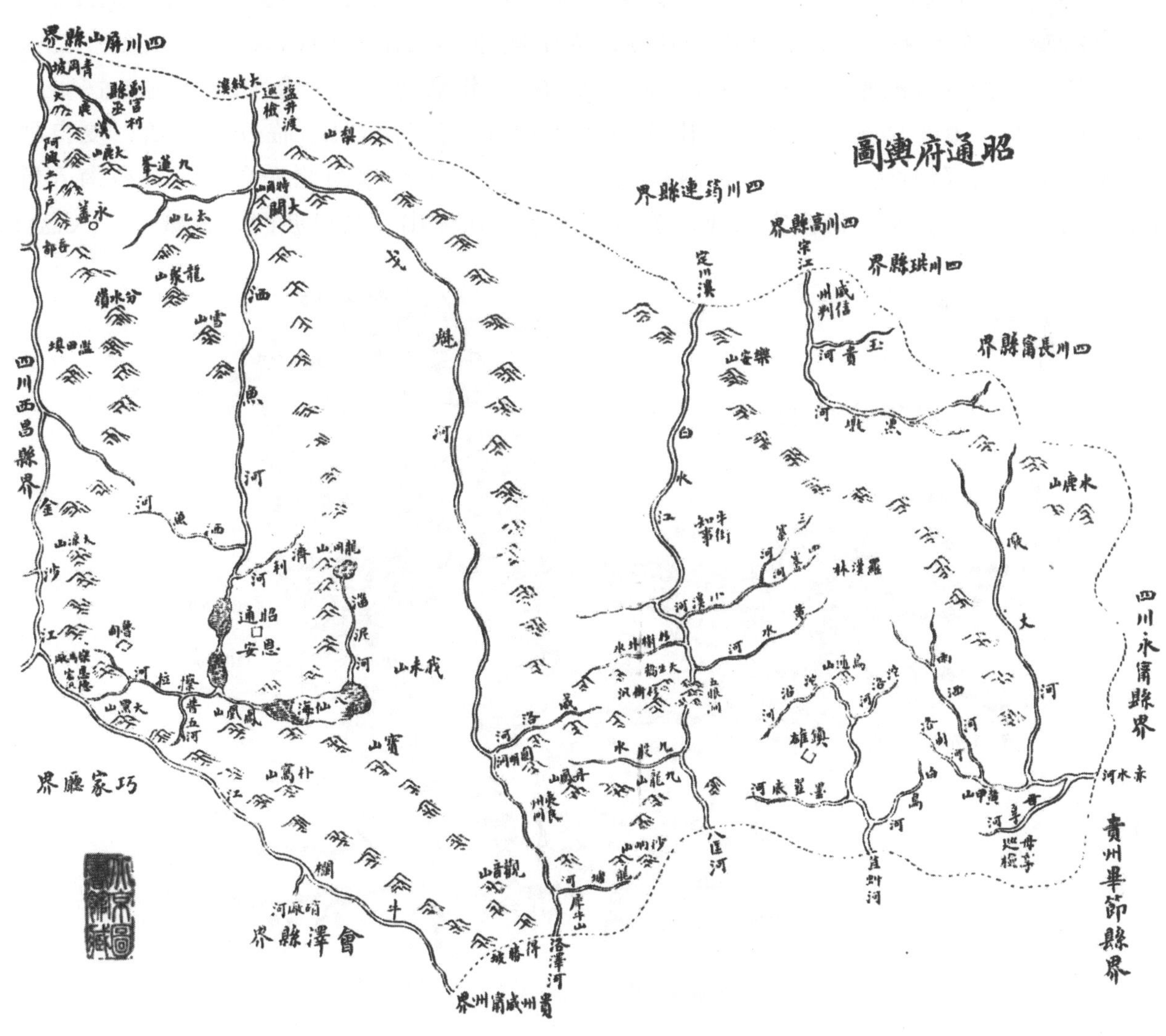

昭通府舆图

卷　下

南盘江流域一

曲靖府

〔……〕水则车洪江即牛栏江。界其北，其源自嵩明嘉利泽，流为寻川河。入寻甸境，左纳洗马、源出寻甸北十里凤梧山麓冷水塘。螳螂俗名兔儿河，源出州北五里白龙洞。诸河，至阿交合溪，上流为白蟒河，源出马龙州东松溪坡山洞中及小龙井，西南流至中和山，合九股龙潭水，折西北至七星桥，与寻川河会为阿交合溪。马龙水东南来会之，东北流至打鸟哨。寻甸东北六十五里与霑益界。西江之西为会泽，东为霑益，又北经宣威，右纳赤水、源出宣威西南火石坡。西泽源出宣威西北三十里分水岭南。诸河，又北至仙鹅抱蛋，为牛栏江，仍入会泽。车洪之西为清水海，源出寻甸花箐哨北。即车湖，合五里箐、源出寻甸凤梧山东麓。仓溪源出寻甸西北百里奴勒峰温泉东。诸水，入会泽阿汪，为小江。见东川府。南盘江源出霑益花山洞，见前。出为交河，左纳腊溪、一名阿幢河，源出南宁西北三十里翠峰山西盘龙山堰口北。白石江、源出马龙东二十五里石崖间及乾海子，一名扎海子。潇湘江，源出马龙东南木容箐。右纳玉光溪、源出霑益东玉光村西，入交河。沙河，源出霑益东五里高桥。旋绕霑益、南宁，西南流经旧越州，龙潭河源出霑益东二十五里分水岭东。东北来会之，又西南至陆凉，为中埏泽一名云岩泽，俗呼东海子，周广百余里，交河水至此汇成。出口。西山大河源出马龙东四十里大栗树、汤郎两涧中。北来会之，至叠水滩，陆凉西五十里，一路平衍，至此两山壁立，悬崖二百余丈，飞瀑如雷。出宜良为大池江，流经澂江、临安、广西，复自师宗入罗平南境。块泽河源出霑益东二十五里分水岭东。合平夷、罗平诸水西北来会之，又东南入贵州普安，为八达河。宛水，源出宣威北，流经淌塘东北伏流出，会可渡河，达威宁，入盘江。

曲靖府舆图

南盘江流域二

澂江府

〔……〕水则全境皆归南盘江，惟大溪为曲江源，见椒山注。历临安各州县，然后入焉。大西源出江川兽头山，折北西流，左纳撒喇溪，源出新兴东南二十里乾海子。右纳香柏河、源出蒙刁山。罗木溪。源出新兴东北三十里响水。折南至新兴城，西河源出新兴北五十余里昆阳酸水塘。西北来会之。西南行，左纳窑沟、源出新兴东南八里平顶山后窑山东麓。牟溪，源出新兴东南和尚湾牟溪冲。右纳良江、源出新兴西北三十五里良江村。清水河，源出新兴西七十里光山。入嶍峨铁池河，即大池江。即南盘江。自陆凉西流入路南境，右纳龙洞水，源出宜良北贾龙东南山中。西入宜良，右纳十八盘水，即大池江。西南经席家渡河阳七江溪源出县东北三十里九岐山。东来会之。又西南，经竹子山，路南西南五十里。西折而东南入境，巴盘江、源出路南东北十五里白龙潭。休柔溪源出路南东南十五里九盘山。自路南西来会之。又南，抚仙湖东来会之。抚仙源出屈颡颠山，南流为东、中、西三河，南汇星云湖，由海门直达抚仙出海口，会铁池，入宁州，为婆兮江。星云周八十余里，抚仙周三百余里，界河阳、江川、宁州之间。自星云至抚仙中有界鱼石，星云之大头鱼、抚仙之鱇㓥鱼各抵界石而回，两不相越，亦奇事也。抚仙湖东岸有温汤池，河阳东四十里。杨宗海在河阳东北，即明湖也。源出罗藏山，在旧阳宗县北五里，周七十余里，与宜良接界。

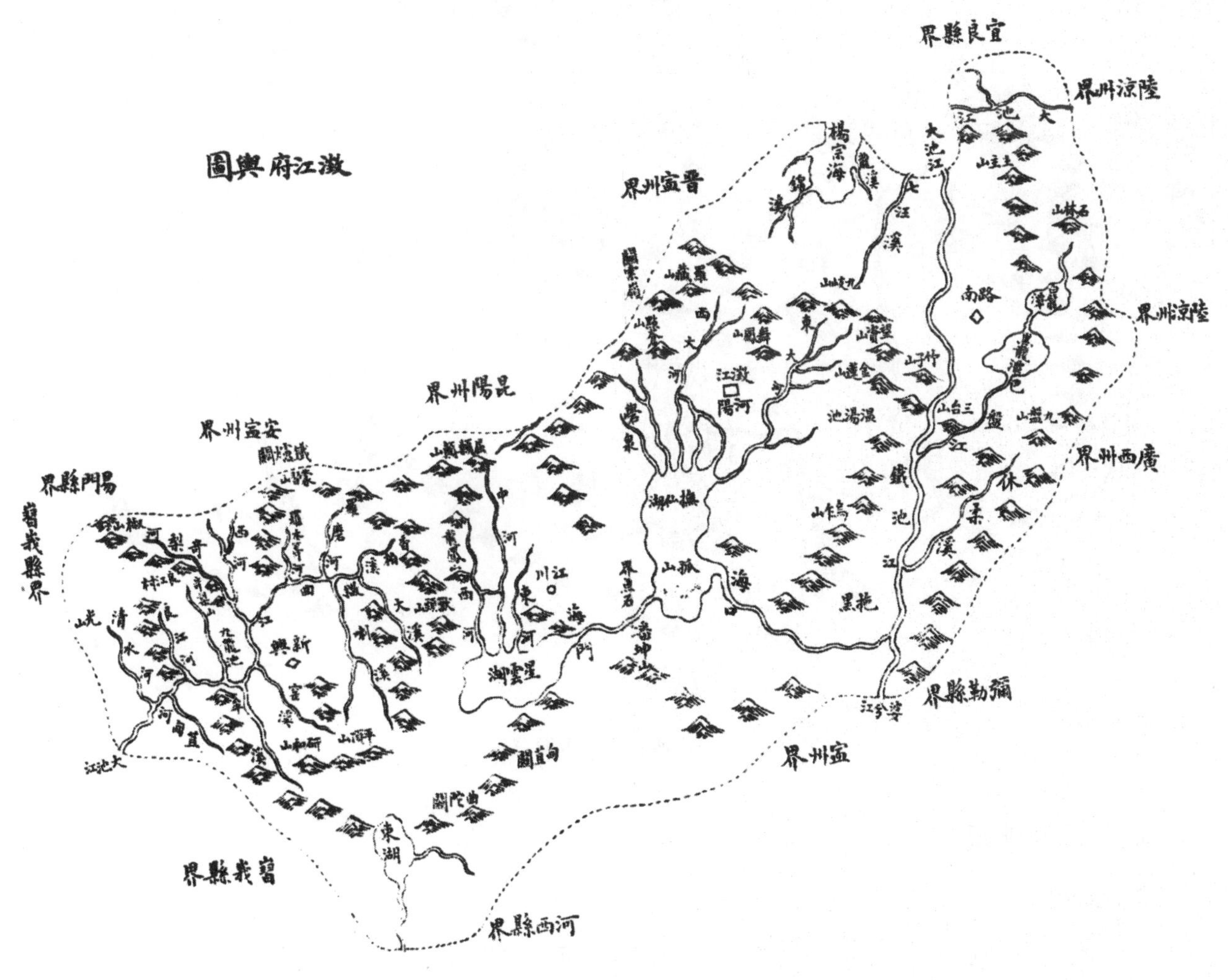

澂江府舆图

南盘江流域三

广西直隶州

〔……〕水则八达河，即南盘江。自宁州入弥勒，西南行，巴甸河北来会之。巴甸亦名巴盘江，又名息宰河，源出师宗额勒哨州北四十里。东西度脉处。南流，经阿卢山州西三里。西、大龟山东，弥勒之水皆入焉。东南流入阿迷境，复由阿迷东北折入，东北流，矣邦池一名龙甸海，周三十余里，矣戈河、东河汇成。（矣戈源出州北三十里矣戈河桥东北两山间，南流至阿卢后洞，伏流由前洞南出，东南流，绕翠屏山西麓为鳌岛，又东流，绕翠屏东麓为邱岛，又东南至蝠岛，会东东河。东河源出州东北江头村，龙湫数处，汇而西南会矣戈河，入矣邦池，东南流为支酺塘，伏流南出，入盘江。）自支酺塘溢出西来入之。又东北至五罗寨，五罗河源出难当坡北来入之。又东，清水河源出盘龙山。自邱北南来会之。又东北入罗平。师宗县水亦北流至罗平，入蛇场河。

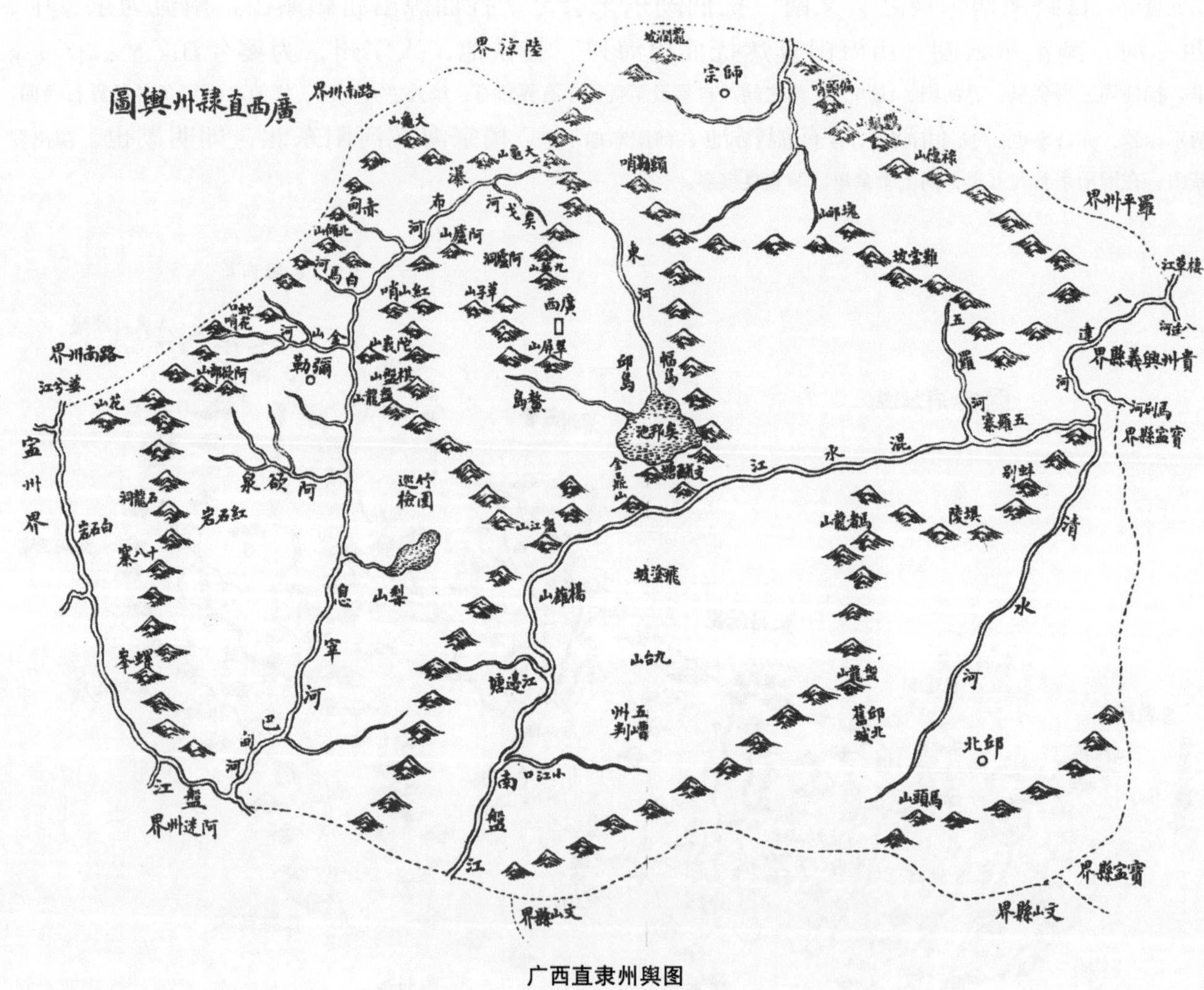

广西直隶州舆图

南盘江流域四

开化府

〔……〕水则白期河，源出阿迷界上山。自阿迷流入西境，南行，左会那木果河，源出府西四十五里者安山。右纳新安河，一名钻天箐水，源出蒙自法果山。为三岔河。南入越南，会鲁部河。见前。鲁部河自蒙自东来，会新现河。源出蒙自白母孔寨。府大河源出府西南百里蓑衣山下邪革白龙潭，伏流二十里，北至乌溪石洞，流出为乌期河。上源为乌期河，北流至大石牙，折东行，右纳弥勒、源出乐龙南山中。顺甸、源出化乙山。路梯源出府西七十里山中。诸水，为盘龙河。东南流，右纳磨底河，源出府西五十里山中。至天生桥，伏流数里，出东南，经府城，又东南至天生洞，复伏出而南行，左纳同车河。源出府东七十里锡版龙潭，合南邱、革基两龙潭，流至彩云洞南，为牛羊河，西南流百余里，右会马扎冲河。马扎冲，源出沙尾冲。又南至天生桥，右纳赌咒河，源出府西南百数十里山中。伏流数里南出。又东南为藤桥河，抵越南境，入清水江。普梅河上流即那楼江，下为猛奔江，东与广南界，南流入越南。马别河源出府北诸山中。北流经广南、广西，入八达河。

开化府舆图

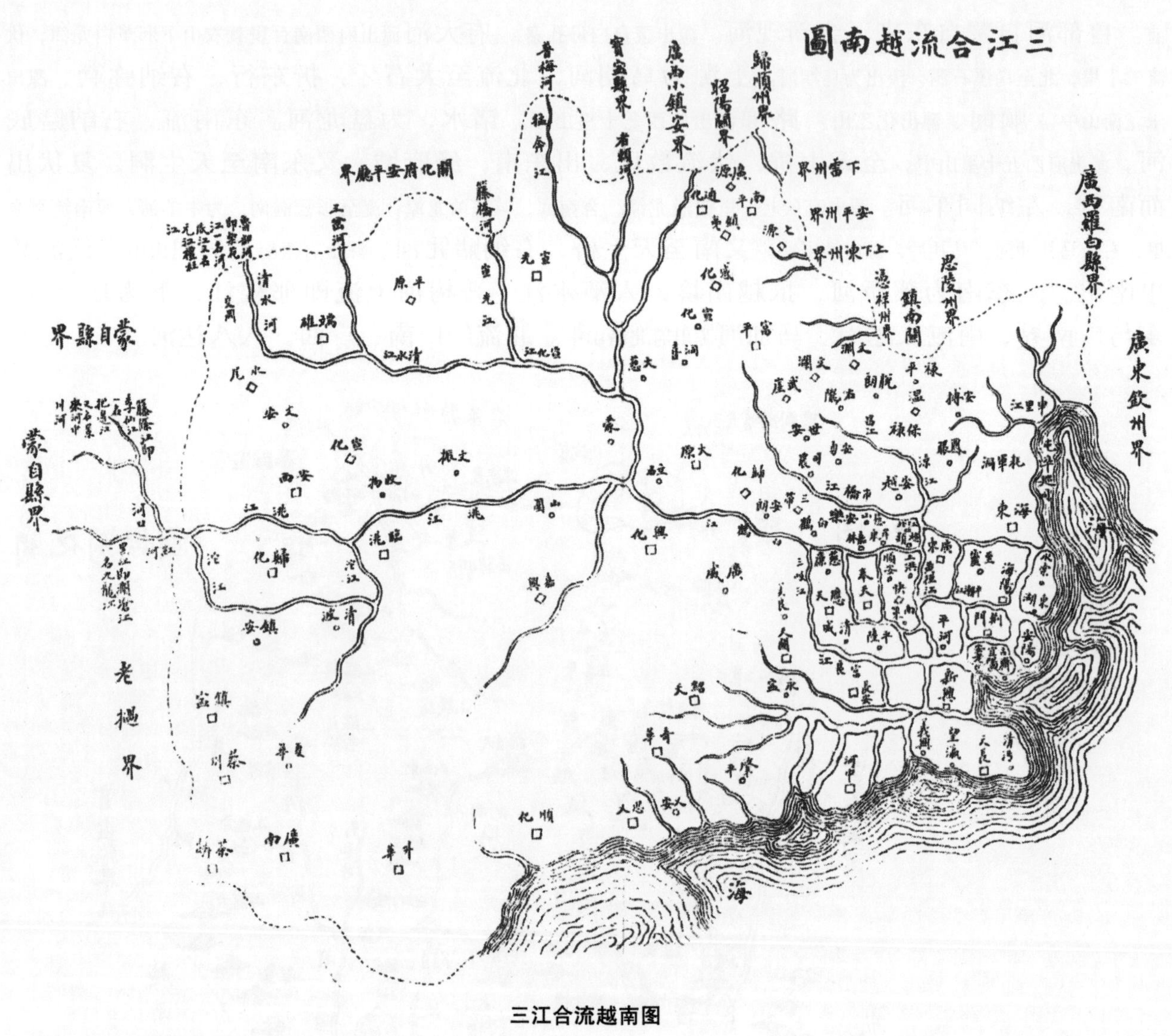

三江合流越南图

南盘江流域五

广南府

〔……〕水则马别河，自开化入境，北流会者种河、源出府西北者种山中。下安排水，源出府西北六郎东北山中。入师宗普梅河，西与开化界为过水。者赖河，源出府南普厅塘，曲曲行二百余里，入越南。西洋江源出府西北六十里板郎、速部、木王等山。为府治大水，自江源东南流，左纳松木岭水，右纳东北水，折南，响水河源出府西南八苗寨。西来会之。东流至西宁村北，左纳同舍河。一名土黄河，两源：一出府东北分水岭，一出府北者洪汛。同舍东北流至粤西西林境，驮门江源出府东南山中。东流至西林会之，又东南复入境，入西洋江。西洋江即会同舍河，东南流，剥江源出府东南达板塘西南山中。合者桑河源出洞耶、戈革诸山中。西来会之。又东至剥隘，者郎河一名楠木溪，源出花架山。合南江溪诸水，西南来会之。又东入粤西，为郁江。

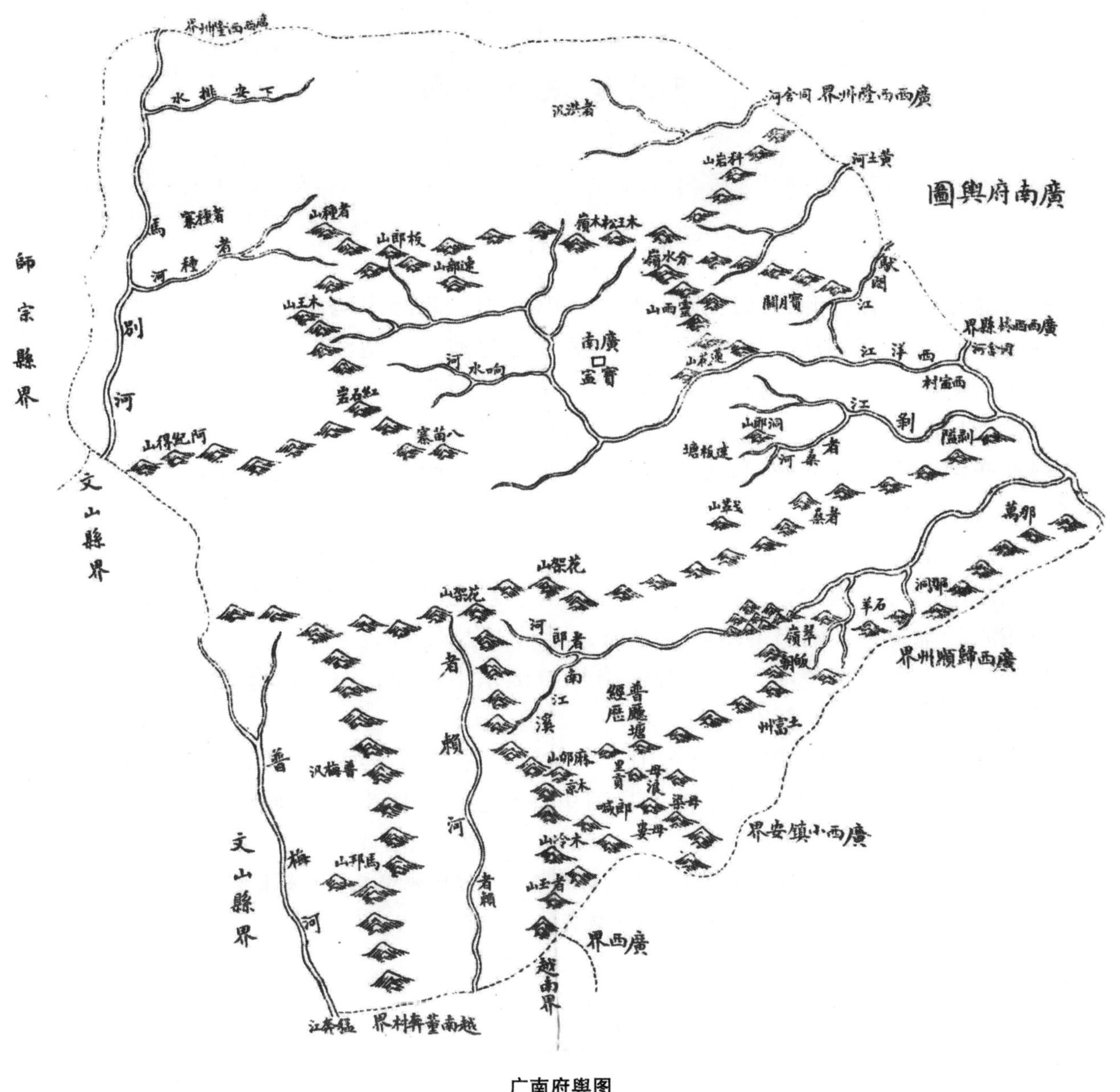

广南府舆图

〔据刘盛堂编《云南地志》（国家图书馆藏清光绪三十四年石印本）辑录。刘盛堂（1860—1923）字克升，号希云，云南会泽人，清光绪进士。1904 年留学日本，加入同盟会。曾任昆明贡院督学、广东开平县知县。《云南地志》三卷全三册，卷首绘云南省全省舆图、各府州厅舆图。该书是作者留学日本时见证了明治维新后的日本，为清光绪年间其家乡学堂编写的一份乡土教材。按《凡例》所言："是书以通志为主，凡参考之书，如《天下郡国利病书》《方舆纪要》《乾隆府厅州县图志》《圣武纪》及古今人著述之有关于云南，如《滇系》等，并界务交涉问题之见诸文牍报章者，无不远搜旁采，借资确证，其他耳食无据之言，概不敢著于篇。"分疆域、地势、山脉、水源、天气、物产、人民、建置、区划、土司、边防等条目，以此展示家乡丰富的自然资源和人文资源，借此阐述作者地舆学重要性之观点，他认为："云南昔日疆域，远至大金沙江西岸，槟榔、大盈二江，即西藏之朋楚、奈楚二河，东流至孟养陆阻地，合大金沙江，非发源腾越之槟榔、大盈也，不知何时张冠李戴，致无故坐弃数千里边地。界务失败，其初未必不远，因于此兹详考来由，分注于水源大金沙江下，使学者知地舆之学，切不可苟简迁就，贻误大局。"〕

中国地理教科书

王　达

西藏　水道

雅鲁藏布江　有二源，南源出达木殊喀巴普山，北源出玛尔裕穆岭。合而东流，左受萨噶藏布河、多克楚河、拉萨河，右受萨尔喀楚河、年楚河、隆阡河；折东南，流经貉貐，入阿萨密境，左受布拉玛普拉特河；又折而西南流，名布拉玛普拉特河，右会恒河，入孟加拉海。

薄藏布河　上源曰桑楚河，出拉里城之西北，东南流，左受雅隆布河，又出南境曰伊洛瓦底江，至仰光入海。

怒　江　上源曰喀喇乌苏河，出布喀池，北流汇为额尔吉根池，又东北溢出汇为吉达池，又东南汇为喀噶池，又东，左受沙克河、索克河，又东南曰卫楚河，左受鄂宜楚河，南流入云南境，又南出境曰萨尔温河，至马尔达班入海。

澜沧江　上源曰杂楚河，出青海境格尔吉山东南入境，右受鄂穆楚河、孑楚河，左受楚楚河，南入云南境，至安南入海。

印度河　源出阿里境僧格喀巴布山，西北流，左会象泉河，又西北出境，折西南流，有萨特里日河，即狼楚河。源出郎噶池，自阿里境来会，又西南入阿剌伯海。〔……〕

〔据清王达编述《中国地理教科书》（清光绪木刻本）卷四《西藏水道》第33页节录雅鲁藏布江、怒江、澜沧江。王达，湖南善化（今长沙）人，时任师范传习所地理教员。本书是湖南较早编写的地理教科书，对地势、水道的记载尤详，对考察清末教育制度亦有一定参考价值。〕

西徼水道

黄楙裁

西徼水道小引

扶舆磅礴之气，聚为山阜，流为江河，所以滋育物汇，界分疆域，为大地之纲领。绘图者于水道尤当详考源委枝派，曲折分合，水道既明，而后地面城邑可以从容位置，有条不紊。西南徼外，诸水僻在远方，古今图志，遗略无考，即西人精于地图，独至此段，谬误实多。盖隔绝于野番山寨，人迹罕到，大抵以意为之，依稀恍惚，无所实据也。余此次出游，仅携《海国图志》一部，藉资印证。顾于大金沙及印度恒河，皆沿西图之误，其他西域水道亦未尽合，盖坐一室而谈九州，固然其无足怪也。余亲履穷荒，博咨遍访，先将徼外诸钜流疏述梗概，以释千古之疑团，而救西图之讹舛，惟冀博雅君子相与商榷而教政之。幸甚！幸甚！

金沙江源流考

金沙为长江之远源，滥觞青海，经流西南徼外，南至滇中，折而东北，至四川叙州，与岷江合，凡五千余里。余别著《江源考》，兹不复赘云。惟是汉番译语，节节异名，图经志乘，今古参差，不得不参考互证，衷于一是。又支流别派，汇纳良多，原委分合，不可不辨。《明一统志》：金沙江即古丽水，源出吐番巴萨，过拉木山，译言乳牛石也，谓之犁牛河，讹犁为丽，一名神川。《唐书·南蛮传》：贞元五年，南诏异牟寻大破吐番于神川，遂断铁桥，溺死以万计。又《西域传》：多弥，亦[①]西羌，属吐番，号难磨，滨犁牛河，土多黄金。又《地理志》：渡西月河二百一十里，至多弥国西界。又经犁牛河，渡藤桥百里至列驿。旧《志》指此为古若水，不知若水即今鸦龙江也。或谓此即绳水。按：《水经注》若水经越嶲大筰县入绳，绳水出徼外。《山海经》曰巴遂之山，绳水出焉。东南流，亦为二水。其一水枝流东出，经广柔县东，流注于江；其一水南流，经旄牛道，至大筰，与若水合，自下亦通谓之绳水矣。

明僧宗泐《望河源》诗自记云：河源出自抹必力赤巴山，番人呼黄河为抹处，犁牛河为必力处。赤巴者，分界也。其山西南所出之水，则流入犁牛河。东北所出之水，是为河源。今自黄河源至金沙江源，仅三百六十余里，中隔巴颜喀喇山。宗泐之言，与今颇合。必力处即布垒楚，声相近也。蒙古呼水为乌苏，吐番呼水为楚，或译作楮。故此江上流，在青海境则称木鲁乌苏，至吐番境则称布垒楚，至巴塘则称巴赖楚，入云南丽江府境则称丽水。夫犁也，鲁也，垒也，赖也，实皆丽之转音，非有异也。沿江产金之区，亦在维西、中甸境内，此又金沙江之所由得名也。

旧说皆言源出吐番，盖唐宋以上，青海氐羌诸部落，悉并于吐番耳。据今之疆域，则此江首尾未尝涉唐古特界。其上流凡五源，俱在青海，正源木鲁乌苏出巴萨通拉木山，即犁牛石也。东南流，折而东北百余里，与西北源喀齐乌兰木伦河合。源出勒科尔乌兰达布逊山，东流二百里，折南流百里，又东南二百里，入木鲁乌斯。又东北三十里，与西南源拜都河合。源出蛮箐中，北流二百里入木鲁乌斯。又东北百里，左受一小水，又东六十里，与南源阿克达木河合。源出阿克达木山，从小海子东北流出，折而西北，屈曲三百余里入木鲁乌斯。又北流二十里，与北源托克托乃乌兰木伦河合。源出锡津乌兰托罗海山，东南流五百里入木鲁乌斯。又北流，转东百里，有匝伯辉河自南来会。源出上格尔吉土司，北流三百里，入木鲁乌斯。又北流，转东二百里，右受玉树土司二支流。又东南三十里，有那木齐图乌兰木伦河西北来会。源出那木齐图山谷，东流七百里南入木鲁乌斯。又南流百里，左受库库乌斯及图哈尔图二支流。又南流，折东三百里，右受齐齐尔纳河。有二源：一出阿拉克硕土司，东北流；一出阿移尼喀察木山，西北流，合而北流入木鲁乌斯。又南流，转东南四百里，右受隆布土司一小水。此以上皆青海境也。

又南流，经札武[②]土司，折东南，至纳夺土司，入四川边徼，乃名布垒楚。又东南，经德尔格忒宣抚司，有支流发源春科土司，南流二百里来会。又东南，至上瞻对，左受一小水，折而西南流，至峪纳土司，有多克楚河发源桑昂巴野番山寨西北来会。又南流，经瓦述国陇、麻里诸土司。又南流，至上临卡石，入巴塘境，名巴赖楚河。自纳夺至此，

---

① 亦　原本及《小方壶斋舆地丛钞》、《续云南备征志》皆作“木”，《新唐书·西域传下》：“多弥，亦西羌族，役属吐蕃。”今据改。

② 札武　《续云南备征志》作“扎武”。

约七百余里。又西南，经上下稣阿三百里，至牛古，巴塘河东北来入之。巴河，二源：一出小巴冲，西流三十里，经巴塘民堡之旁；一出上临卡石之北，南流二百四十里，至巴塘丁零寺前。二水相合，西南流三十里，至牛古，入布赖楚。又南流六十里，至竹巴笼汛，有渡船，为入藏之大道。沿江两岸，皆悬岩峭壁，水势汹涌，桑昂巴野番往往乘皮船顺流而下，劫掠商旅。又南流，少西九十里，至过隆。又西南百余里，右受宗俄之水。又南流四十里，左受六玉宗杂之水。源出邦乂木，南流，经东拉、多不、日工，至六玉、宗杂，折西南入布赖楚。又南流，转东南二百里，经茶利大山，入云南维西厅界，乃名金沙江。

又东南二百里，至奔子滴[1]汛，巴隆达河西北来会，有渡船，为滇人入藏之大道。或指为古之兰津，非也。又东流五十里，有交界河东北来会。源出里塘，南流至耿中桥，为巴塘、中甸之分界，设有桥头汛。此河深广，不亚巴隆达河，首尾千里，其名称无所考，自来图志皆遗之，惟《卫藏图志》有交界河，当指此也。折南百余里，经塔城关之东，沿江两岸，土人多穴地取沙以淘金。又东南百余里，至巨甸。自奔子滴以下，水势平缓，两岸多有村落，田亩膏腴，人烟稠密，土人号曰摩梭，为六诏之一也。又东南流，经石鼓营阿喜汛二百里，至木笔湾，折而东北，环绕大雪山之三面。南诏蒙氏僭封大雪山为北岳，金沙江为四渎之一。中甸境内，硕多冈河西北来入之。源出中甸东北海子，西南流至小中甸青香树，折而东南入金沙江。又南流，经永北厅西境、丽江县东境，左会无量河，右受漾弓江。源出丽江县东北大雪山，南流经府治，又南经鹤庆州，折东入于金沙江。又南流至宾川州西境，右受枯木河。源出小浪穹土司。折而东下，程海之水自北来，笞旦河自南来入之。笞旦河发源宾川州南境，北流至州治，经鸡足山，又北少东入于金沙江。又东流至白盐井，右受一泡江。源出云南县北界，东南流，转北，至白盐井入金沙江。又东流少北，左受泚那、大罗二河合流之水。又东流，与打冲河即鸦龙江之下流。相会，折南，经红卜苴土司，左纳二小水，右受大姚河。源出姚州东，北流至大姚县，又东北入金沙江。又东南流，左纳黎溪州土司一小水，右受龙川江。源出镇南州西境，东南流经楚雄府治，折而北会定远河。转东流，历广通县，又东北至元谋县，又东北入金沙江。又东流至白马口，车安河自北来，源出会理州东北境，南流至州治，又南受四小水，又东南入金沙江。大环水从南来源出勒品甸土司，北流经环州土司，入金沙江。并会。又东经通安州土司，转东北至法戛，会普渡河。源出昆阳县西南境，北流经安宁县治东，曰安宁河，滇池之水自东来会。又北流转东北，经富民县治南，又东北与掌鸠河合，又东北入金沙江。又东流，会玉虹河。源出苦竹土司东，南流受三小水入金沙江。折东北，左受一小水。又北流，纳会通河。有二源，俱出者保土司，合而东南流经会理村，折东入金沙江。又北流，右纳璧谷河。源出寻甸州西南，北流转西北，入金沙江。又北流，经会泽县西境，受以礼河。源出会泽县南，西北流入金沙江。又北流，左纳一枝河。源出阿都土司，南流历天久、披沙诸土司，转东南至洼鸟，入金沙江。又北流，经木期古二十一寨，至巧家营，与车洪江相会。源出嵩明州南嘉利泽，名牛栏江。北流合马龙州之西河，折东北，历霑益州西境，名车洪江。又北流，历宣威州西境。又北流，阑入贵州威宁州西界，至索桥，折西北流入金沙江。又北流，左右各受一小水。又北流，历永善县西境，至黑米壳土司，纳一枝河。源出竹黑土司。又北流，经沙骂土司，折东北，至千万贯土司，受一小水。又东流，经雷波厅治南。又东经黄乡、蛮夷二土司，至平夷，受马湖之水。源出马湖，东流，名石角河，折南入金沙江。又东流，至泥溪土司，左右各纳一小水。又东经屏山县治南。又东流，左右各受二小水，至安边，受大、小纹溪之水。大纹溪，源出鲁甸厅，合恩安之水，东北流经大关县治，折东流入四川筠连县界，与小纹溪合。又会定川溪，东北流入金沙江，一名横江。又东北，至叙州府城东，与岷江相会，此后不复称为金沙江矣。

---

① 奔子滴　通作“奔子栏”，即今德钦县奔子栏镇，清设有奔子栏千总。下同。

自丽江至叙州里数，未敢遽定。其曲抱建昌之三面，等诸河套，李穆堂先生所云“南北二干如黻文亚字”者是也，约计二千五六百里。自发源至此，则已六千里而遥，然山峡紧束，急溜奔泷，怪石危滩，不通舟楫。至叙府以下，然后帆樯络绎，水驿远近，枝派分合，固昭昭在人耳目，无俟重述焉。

鸦龙江源流考

鸦龙江，即古若水。《水经注》“若水经越嶲大筰县入绳”，而不言其源所从出。一名西月河。《唐书·地理志》云：“渡黄河四百七十里至众龙驿，又渡西月河二百一十里至多弥国西界，又经犁牛河。”按：黄河、犁牛河二水中间，别无他水，然则西月河当即今之鸦龙江是矣。其里数亦相合。源出巴颜喀喇山东南，名玛楚河，木鲁乌斯经流山之阳，星宿海正当山之阴，其地为青海部落固祭土司。玛楚河东南流百余里，经称多土司，折南流四十里，经拉布土司，受一小水。又东南流二百里，左受二枝流，右纳三泊水。三泊者，南曰拉木错泊，中曰囊必泊，北曰噶拉木泊，相连如贯珠，西北流入玛楚河。又南流百里，经春科土司，入四川边徼，乃名鸦龙江。又东南流，左右各受一小水，经蒙葛结土司。又东南二百里，右纳杂楚河。又东南百里有一枝河，发源青海卓作克阡通拉山，东北来会。折南流百五十里，谢楚河东来，源出東暑土司。鄂衣楚河西来，源出林总土司，南流百里，转东南，经霍尔百利、甘赍麻书二土司，二百余里，南入鸦龙江。并会。又南流，少西百二十里，至纳林冲，左受一枝流。有二源：一出東暑，一出绰布斯甲。西南流，经瓦述更平、霍尔章谷，三百余里，入鸦龙江。又南流五十里，右受楚穆河。源出坫对，东流四百余里，入鸦龙江。又南至上渡，为喀木番商运茶之道。转东南，经喇滚土司，而西南，而南流三百里至中渡汛，为进藏驿道，设外委一员管理渡船。江之东为明正宣慰司所辖，江之西为里塘宣抚司所辖。左纳八角楼之水，右纳麻盖宗之水。又南流百二十里至下渡，入宁远府界，屈曲二百里至赶到底，与打冲河会。源出泸沽湖，东南流，经左所，合浪蕖、盐源、白盐井三水。又瓦述曲登之水自北来会，东流入于鸦龙江。自此以下，遂名打冲河。又东经怀远营，折南流，五百里至迷易土司，与安宁河会，源出冕宁县北百余里，南流，经县治东。又南流二百里，经府城西。又南二百里，至永定营，转西南百五十里，入打冲河。西南入于金沙江。《丽江府志》指鸦龙江为古泸水，引《元史》云水源广而多瘴，鲜有行者，春夏常热，可焬鸡豚。诸葛武侯五月渡泸，即此水也。元李景山云：《益州记》《水经》俱以泸水在永昌不韦县，《寰宇记》以为在嶲州会川县。景因出使越嶲，考泸水源，盖建昌泸川驿有孟获城，又有泸古州。孔明渡泸，由嶲州入益州，此名渡泸为有验。余按：鸦龙江上、中、下三渡，在唐宋之世，为吐蕃入寇之道。至于武侯南征，由嶲入益，先逾大渡河，后渡金沙江，不必经由鸦龙。汉时嶲州即今宁远，永昌即今会理，虽置郡日久，尚取道于马湖，其北路隔绝于旄牛国，不能通也。

澜沧江源流考

后汉显宗时，通博南山道，渡兰津，行者苦之，歌曰“汉广德，开不宾。度博南，越兰津。渡兰沧，为他人”，兰沧之名始于此。《水经注》《华阳国志》皆不能考其源。《滇志》澜沧江源出吐蕃嵯和歌甸之鹿石山，一名鹿沧江，一曰浪沧江。南入大理府云龙州界。按：嵯和歌甸，即今察木多之转音也。明人李元阳著《黑水辨》，史秉信著《冈脊[①]黑水辨》，俱以此为《禹贡》之黑水。元阳云：澜沧、潞江皆由吐蕃北来，盖与雍州相连，水势并汹涌，皆入南海。然潞江西南趋缅中，内外皆夷，其于梁州之境，若不相属，惟澜沧由西北向东南，徘徊云南郡县之间，至交阯入海。今水内皆为汉人，水外皆为缅夷，则禹之所导，于分别梁州界者，惟澜沧足以当之。《元史》：至元二年，大理劝农官张立道使交阯，并黑水，跨云南，以至其国[②]。观此，则澜沧江之为黑水，益彰彰明矣。后人驳之，谓澜沧源近，难界雍州，又绝无黑水之名，不如潞江源远而本有喀喇乌稣之名为可据也。夫澜沧、潞江二水并发源于藏地，东南流入云南维西厅界，相距甚近，中隔一山，南流至永昌以下，乃复分开。潞江折向西南，由缅甸以注南海，澜沧折向东南，经顺宁、普洱由南掌、暹罗以注南海。论其首则潞较远于澜沧，论其尾则澜沧又倍于潞，其远近大小，无所区别，彼此各执一辞，迄无定论。二者皆可指为黑水，其实二者皆非《禹贡》之黑水也。《禹贡》之黑水惟雅鲁藏布江足以当之，余别著论，今不复述，姑就澜沧之原委与所纳之支派详考之。按《卫藏图志》，澜沧江二源：一源发于匝坐里冈城西北一千余里格尔吉匝噶那山，名匝楚河；匝楚河源出青海格尔吉土司，东南流二百余里，折南，受二小水。又东南三百余里，经隆庆土司。又东南三百余里，至洞巴土司，左右各纳二小水。折南流，少西入喀木界。又西南流二百里，至察木多寺，左名曰昌河，有四川桥，为通蜀之大道。一源发于匝坐里冈城西北八百余里巴喇克拉丹苏克山，名鄂穆楚河。鄂穆楚河，有两源：一出拉尔古东查山，一出索克布索克谟山，东南流二百余里，二水相合，名鄂穆楚。又东南三百里至俄洛桥，为入藏之大道。又东流四十里至察木多寺右，名曰都河，有云南桥，为通滇之大道。俱东南流，折而南，至匝坐里冈城东北三百余里察木多庙前，二水合流，名拉克楚河。《唐书·地理志》：经犁牛河、度藤桥百里至列驿，又经截支川四百四十里至婆驿，乃渡大月河罗桥。准以今之地望及西宁进藏驿站，所谓截支川、大月河者，即昌都二水之上流也。拉克楚河南流百四十里至包敦，入乍了界。又南流二百里至兄衣，折而西南二百余里至撒金拉，复折而东南二百余里至察瓦寺，有甲仓河东北来会。甲仓河源出官角，西南流，经草里工，又西南至洛加宗，合洛楚河。又西南至乍了寺前，与猛楚河合。猛楚源出打仔，西南流，经哈甲峡口。又西南至噶噶，折南流，经昂地雨撒，与甲仓河合，而西南至察瓦冈入于拉克楚河。又东南百余里，左受色尔恭河，色尔恭河源出桑昂巴，西南流至阿足，合上春朋之水。又南流经石板沟、拉尔塘，转西南，合下春朋之水。又西南入于拉克楚河。折南流入江卡境，百余里至角占，有左贡河西北来会。左贡河源出喀木杂楚库工山之南麓二海子，名杂楚河，东南流至梭罗桥。又东南经左贡境，转东流入于拉楚河。番商运茶之道由此过皮船渡，或有紧急之事，则用溜筒渡之，故土人皆呼曰溜筒江云。又东南流三百余里至盐井，土人取水倾注碉楼之上，少顷，风干成盐。河东之盐色白，河西之盐色红。或谓蛮盐性热，食之多喉病，是以番民男妇，往往项负赘疣者十居六七，盖未经熬炼之生盐，且搀杂不净也。拉楚河又东南流三百里，经茶利大雪山，入云南界，始名澜沧江。又东南经阿敦子，为滇人进藏之大道，设有税卡。又东南流三百余里，经塔城关，折南流二百余里，经维西厅西境。又南至兰州土司，东别为沱，曰漾濞江。东南流，至上江嘴土司，左受剑川河。又南流，经浪穹县西境，至漾濞巡检司，左右各纳一水，有铁索桥，广八丈。又东南至合江铺，受大理洱海之水。转西南，流经蒙化厅境，受永平胜备河之水，南合于澜沧江。澜沧正幹，由兰州西南流五百余里，至云龙州治，西纳沘江之水。又南流，

① 脊　原本及《小方壶斋舆地丛钞》皆作“春”，误。据康熙《云南通志》卷二十九《艺文八》改。

② 至元二年……以至其国　据《元史·张立道传》：“立道并黑水，跨云南，以至其国”为至元八年事，“使交趾”为“使安南”。

少东二百余里，至霁虹桥，两山壁立，耸拔千仞，因石基以建桥，铁絙十六，上覆平板，广十有五寻。摩崖多擘窠大字，皆明以后款识，有残碑云：国初，平西亲王进剿金齿，李定国拆[①]断此桥，我军编筏以济。事定之后，亲王乃捐赀重建。后又改名永济，桥端设有税局鳌卡。按：永昌为汉博南道，疑此即古之兰津也，控驭诸蛮，最扼形胜。又东南流二百余里，受永平银龙江之水，经顺宁府北境，合漾濞江，折南流，经云州[②]东境，顺宁之水自西来会。又南流，转西南，经孟戛、孟班诸土司境，右纳耿马河，左受威远江。又东南流，左右收二小水，至孟养土司，名曰九龙江。又东流折南，经车里、孟龙、孟仑诸土司，罗梭江自东北来会。从此南流，出滇徼外，入南掌国。自发源至此，历五千余里，两岸皆崇冈叠巘，无一隙之坦途，急溜奔泷，如银河倒泻，舟楫罔通。下游经历南掌、暹罗，又五千余里，亦复如是。

潞江源流考

旧说西番之西，大流沙之南，涌出一泽，名曰嘉湖，南流为潞江。《明一统志》：潞江一名怒江，源出雍望，经潞江安抚司之北。蒙氏僭封为四渎之一。《卫藏图志》云：潞江发源于卫地之布喀大泽，渊澄黝黑，又多伏流。蒙古呼黑为喀喇，水为乌斯，故名喀喇乌斯。以此为《禹贡》之黑水，则名称犹旧，较之指澜沧、叶榆为黑水者，犹略有依据也。今考《图经》，前藏拉萨北二百八十里有池，名曰布喀，椭圜形，广六十里，袤一百五十里。从此池西北流出百余里，入额尔吉根池，转东北流八十里，入集达池，又折东南流八十里，入喀喇池。三池俱纵广五六十里，中有二山，四池环抱，其外不合如玦。复从喀喇池东南流出四十里，纳布伦河。《一统志》：布伦河在喀喇池南一百五十余里，东有工噶巴噶马山之哈拉河，鱼克山之鱼克河，俱西北流百余里与西南来之说木池水合。又东北流五十余里，入喀喇乌斯。又东流五十里，受北来之二小水，折南转东流二百里，至喀喇乌斯，为西宁进藏大道，皮船为渡。转东北流，经蒙古三十九族地境，三百余里至伊库山，有沙克河西北来会。《一统志》：布克沙克河源出拉萨北七百余里喀尔占古察岭，南流三百余里，西合都回山之水，名沙克河。又东南流二百四十里，西受库兰河，北受布喀河。又东南流百余里，入喀喇乌斯。按《图经》，布喀河与索克河合流，未知孰是。又东北流二百里，经苏鲁克土司，有索克河自北来会。《一统志》：索克占旦滚河源出伊克诺莫浑乌巴什山，数水合而东南流二百余里，西南有巴汉诺莫浑乌巴什岭布喀山插汉峰流出之四水，与此相会。历两山间，入喀木地，又流二百余里入喀喇乌斯。折南流二百里，左右各受一小水，转西南百余里会卫楚河。源出伊库山，三溪合而南流二百余里，东纳一溪，西纳二溪，折东南入于喀喇乌斯。折而东流，左受二溪，右受一溪，八十里受雄楚河。源出达尔宗城南，三海子相联如贯珠。东北流出百余里，经拉子山，左右各纳一溪。转东流二百里，入喀喇乌斯。又东流二十里，左受一小水，右纳硕布楚河。源出中义沟，北流经硕般多城，西合三溪，而东北流二百余里入喀喇乌斯。又东流六十里，纳沙隆锡河。源出洛隆宗西南海子，北流合一溪，六十里入喀喇乌斯。转东南流三十里，有类伍齐河自北来会。又东南经必蚌山至嘉玉桥，为滇、蜀入藏之大道。又东南流七百余里，江之阳为巴克硕游牧，江之阴为波密野番。又东南会鄂宜楚河。《一统志》：源出匝坐里冈城北三百里纳兰岭，南流四百余里至家拉穆地入潞江。又东南流经桑昂曲宗入江卡境，江之外悉为怒夷，故名怒江。又东南三百余里入云南维西厅界，折而南下，经云龙州西徼，右纳俅江。源出俅夷山寨，故名。江之外皆俅、怒诸夷及倮、俞野番，人迹不到。历六百余里，入保

① 拆 《续云南备征志》作“折”。

② 云州 原本及《小方壶斋舆地丛钞》皆作“营州”。云州，即今云县，作“云州”是，今据改。

山县界，乃名潞江。南流经潞江安抚司，两岸稻田平衍二十余里，俱摆夷耕种。河宽二十数丈，建铁索桥，往往怪风陡起，铁絙齐断。桥端墟场，五日一集，茆棚摊子，大半汉人。四月以后，颇有瘴疠，汉人皆散去。凡过此者，必策马前进，不敢停留也。摆夷多居于山顶，男妇勤力耕作，远胜藏番矣。潞江又南流，少东百二十里，左纳沙河。源出保山县东北清华海，南流，经湾甸①土司，镇康河自南来合，而西流入潞江。转西南百余里，至遮放土司，从此出滇境，流入缅甸国，名曰撒路音江。南流百余里，与南江会。源出顺宁所属猛缅土司，南北二溪合，向西南流三百余里，经耿马、孟定诸土司出缅甸国。又西南入于潞江。又南流八百里，阑入南掌、暹罗二国边隅，转西南三百余里，入麻塌班，昔属缅甸，今为英人占踞。又南流四百余里至摸儿缅，注于南海。其地舟车辐凑②，为通商马头。潞江自入缅境以来，左右所受支流大小凡十有数水，其名不可得而悉考也。

龙川江考

徼外诸水，因隔绝于倸、俞野番，人迹罕到，遂致原委淆乱，莫可究诘。《一统志》误以薄藏布河为龙川江之上源，其实薄藏布河乃槟榔江之源，非龙川江也。《云南通志》云其源有三，一出明光山，一出阿幸山，一出南香甸山。三水合流，名龙川江。余考《图经》，江卡之南，潞江之西，有绰多穆楚河，实为龙川之的派。有二源，左源出巴哈里山，曰罗楚河，东南流，受二小水；右源出桑昂曲宗城，南流二百余里。二源相合，名绰多穆楚河。东南流经俅夷境，约四百余里至明光隘，入腾越厅界，有曲弓河西北来会。源出滇滩隘。南流经向阳桥，转东南流百二十里，至龙江铁索桥，设有税局厘卡。又南流四十里，经龙江练，转西南流，经龙陵厅西境，二百里至芒市土司，有芒市河自东来会。又西南流，右纳龙抱柱之水，有二源，左源出南甸山中，右源出河东拃。二源相合，南流，经龙抱柱，入于龙川江。左纳遮放之水，百五十里经汉龙关，江以外为木邦境。前明时，木邦宣慰司与麓川、南甸称为三宣，自后，木邦沦入于缅，仅余二宣矣。又西南流六十里，至猛卯长官司，有南宛河③自东北来会。源出南甸西南山麓，西南流经陇川宣抚司，有虎踞关之水自西北来合，南流至猛卯，入龙川江。转西流四十里，出天马关，入缅甸境，又西流少北三百余里，至格沙，合于大金沙江。

槟榔江考

槟榔江之源，自来无考。或云出后藏阿里冈底斯山，盖误以雅鲁藏布江为槟榔江也。中西地图，皆从腾越边徼绘起，而略其上源，盖隔绝于野番山寨，人迹罕到，无从臆度。然准以地望，考其道里，寻其山川之脉络，知雅鲁藏布江之为大金沙江，则界限分明，徼外诸水，自有条而不紊矣。今考雅鲁藏布江之东，其间源远而流大者，惟薄藏布河。《一统志》误以薄藏布河为龙川江之上源，于是不得不以雅鲁藏布为槟榔江。西人地图则误以雅鲁藏布江连于亚山之蒲兰蒲达江，故以薄藏布河为大金沙江之上源。或一水而误分为二，或二水而混合为一，源委错乱，彼此岐异，迄无定论，皆以意为之，不能考其实也。《一统志》：薄藏布河在薄宗城南二里。有二源，一源发于薄宗城东北三百余里春

① 湾甸　原本作“弯甸”，明永乐元年设湾甸长官司，治今昌宁县湾甸傣族乡，据改。

② 辐凑　《小方壶斋舆地丛钞》同，《续云南备征志》作“辐辏”，皆可。

③ 南宛河　原本作“罔宛河”，据实改。南，傣语“水”的音译，也可指河流。

多岭，名鸭龙河，合六水西南流；一源发于薄宗城西北五百余里东拉岭，名厄楚河，合十余水东南流。至薄宗城前二水合流，名薄藏布河。西南流经噶克卜部落及罗克卜札所属之门布部落，入云南腾越厅界。《卫藏图志》：前藏拉里之桑楚河，左右二源，合而南流百余里，有阿咱、山湾、常多、宁多四水合而自西来会。又南流转东南百余里，卫楚河东北来会。源出郎吉宗，西流经阿南多、甲贡，受二小水，转西南流入桑楚河。又东南流二百余里，左右各受二小水，至薄宗城前与鸦隆[①]布河会，即鸦龙河，源出春多岭，南流经波密野番，合四小水，西南至薄宗城。入桑楚河。乃名薄藏布河。南流经刷宗城，折东南，经偣、俞野番及茶山、麻里至古永隘，入腾越厅界，沿江设有七十二练卡。折西南，经展西[②]猛豹隘，至干崖宣抚司，与腾越之大盈江会。源出腾越厅北境之清海、北海，西流折南至厅治西，转西，流至小河底，左右各受一小水。南经囊宋关，折西流经南甸宣抚司，又西流至干崖，合槟榔江。至此地势开旷，水流平缓，宽至数十百丈不等，土人呼为海珀江。沿江两岸皆平畴沃衍，颇有富庶之象。西流六十里，至盏达宣抚司，盏达河自北来会。又西流经弄璋街，六十里至蛮允。又二十余里，户宋河自北来，户撒、腊撒诸水自东来入之。又西流经铁壁关，两岸皆野人山寨，出没无常，劫掠商旅，有红奔河自东北来入之。自此以西为缅甸国境，地势平洋[③]，豁然开朗，另是一番景象矣。至蛮慕，有汉人街，临于河干三十余家，为寄顿货物之所。天气炎热，暮春之初，无异内地盛夏，兼之蝇蚋丛集，烦扰可厌。缅人刳木为舟，联二舟为一，覆以草蓬，驳运棉花。西行百数十里至新街，合于大金沙江。腾人商于此地者三百余家，建有关神庙。缅地皆板屋，独此为砖瓦，颇为轩厂。缅国设有蕴几一员，英吉利设有亚叶板一员。火船至此而止，每月往来两次。槟榔之北，有曰札赖江，一名麻里江。自东而西，经流巨石、万仞、铜壁诸关之外，首尾六七百里，亦至新街合于大金沙江。

《禹贡》黑水考

《禹贡》“华阳黑水惟梁州”、“黑水西河惟雍州”。周文安《辨疑录》云：《甘州志》甘州之西十里有黑水，流入居延海，肃州之西北有黑水，东流遐远，莫穷所之。是其源出雍州之西，流入梁州之西南也。唐樊绰以丽水为《禹贡》之黑水，云与㵎诺江合，经缺国东入南海。程大昌疑其源流狭小，不足以合雍、梁二州疆境，然今丽水自与岷江合，经流中国，注于东瀛，不入南海也。明人李元阳著《黑水辨》，史秉信著《冈脊黑水辨》，俱以澜沧江为《禹贡》之黑水。元阳云澜沧、潞江皆由吐蕃北来，盖与雍州相连，水势并汹涌，皆入南海。然潞江西南趋缅中，内外皆夷，其于梁州之境，若不相属。惟澜沧由西北向东南，徘徊云南郡县之间，至交趾入海。今水内皆为汉人，水外皆为夷缅，则禹之所导于分别梁州界者，惟澜沧足以当之。《元史》：至元二年，大理劝农官张立道使交趾，并黑水，跨云南，以至其国。观此，则澜沧江之为黑水，益彰彰明矣。至若以潞江为黑水者，则因上流有喀喇乌斯之名，蒙古语称黑为喀喇，水为乌斯，近人多宗之。《一统志》《卫藏图志》皆主是说，惟张机、黄贞元独指大金沙江为《禹贡》之黑水。张机曰大金沙江发源崑崙山西北吐蕃地，即禹所导黑水也。虽与云南小金沙江及澜沧、潞江皆发源吐蕃，然大金沙江之源，较三江最荒远，其下流亦十倍于三江之水。《云南志》

---

① 隆 《小方壶斋舆地丛钞》同，《续云南备征志》作“龙”。

② 展西 光绪《腾越厅志稿》卷三有“盏西练”，今盈江县有盏西镇，当以“盏西”为是。

③ 洋 《小方壶斋舆地丛钞》同，《续云南备征志》作“衍”，当以“衍”为是。

载：大金沙江出西番，流至缅甸，其广五里，得非黑水源出张掖，流入南海者乎？黄贞元曰大金沙江、澜、潞三水，虽皆入南海，大小远近迥不同。澜仅潞四分之一，大金沙江十倍于澜、潞，澜、潞所出地名在鹿石山，在雍望，俱可穷源，上源亦狭。大金沙江上源相传近大宛国，自里麻、茶山至孟养极北，不闻有所往，号赤发野人境，峭壁不可梯绳，弱水不任舟筏，土人惟远见川外隐隐有人马形，殆似西羌之域也。或驳之云：此水虽大，但远在西南荒徼外，与雍、梁二州之境，杳不相属。

余按：徼外诸水，澜、潞二者，其源流远近大小，彼此均同，无所轩轾，俱发源于前藏，东南流经江卡，二水相距甚近。南流至永昌以下乃分开，一向西南趋缅甸，一向东南入暹罗。论其源则潞远于澜沧，论其委则澜沧又大于潞，安得举其一而遗其一乎？《禹贡》三言黑水，当以“导黑水至于三危，入于南海”为正文。夫禹治徼外之水，必择其最大者而施功。康熙五十八年上谕：“《禹贡》‘导黑水，至于三危’，旧注以三危为山名，而不知其所在，朕今始考其实，三危者，犹中国之三省也。打箭炉之西南、拉里城之东南为喀木地，达赖喇嘛所属为卫地，班禅额尔德尼所属为藏地，合三地为三危耳。”夫澜、潞二江，仅涉喀木之境，惟雅鲁藏布江发源阿里，遍历后、中、前三藏之地五千余里，折而南下，经缅甸国又五六千里，注于南海。首尾万余里，大小枝流汇纳数百，水势浩瀚，无与为匹，实西南徼外第一巨流。然则《禹贡》黑水，舍此更无足以当之者。后儒拘于疆域，以去雍、梁二州太远为疑，不知西北诸胡，迄于流沙，皆统于雍州；西南诸夷，尽于南海，皆统于梁州。是以天文井鬼为梁州分野，而西羌、吐蕃、吐谷浑及西南徼外诸国皆占焉。即如今时西藏统于四川，驻藏文武关防悉冠以四川二字，岂得谓川省疆域无此荒远哉？《唐书》吐蕃赞普居跋布川或逻逖川，《地理志》跋布川在逻逖川西南，渡藏河乃至其地，即今之雅鲁藏布江是也。源出藏之西界卓书特部落西北三百四十余里打木朱克喀巴珀山①，东流百余里，左纳嘉克嘉河。有四源，合而南流，入雅鲁藏布江。又东流受一小水，又东流四十里，乌克藏布河东北来会。《一统志》：在卓书特西南三十里，源出东北桑里池，西流二百五十余里，北受尚里噶巴岭、木克龙山流出之二水，南受拉主客山、祖伦山、羊巴木山流出之三水，由羊巴木岭西转，南流八十余里，又受西北牙拉岭、达克龙山流出之二水。又南流六十余里，入雅鲁藏布江。转东南流五十里，郭永河西南来会。《一统志》：在卓书特部落东南，源有四，一出昂则岭北，名龙列河；一出盖楚冈前山，名盖楚河；一出塞丹山，名朱克河；一出拉鲁冈前山，名拉出河。俱东北流二三百里，合为一水。又东北流六十余里，入雅鲁藏布江。又东流十余里，右纳苏穆朱池流出之水。又东流八十里，右受作噶尔河，左受萨楚藏布河，《一统志》：在萨噶西南一百余里，源出岳图、冈阡诸山，流出六水俱南流，百余里会为加巴兰河。又南流五十里，其西北有拉祖克、祖楞、羊巴木山流出之三河，西南有昂色、昂勒宗山流出之二河，俱流入加巴兰河。东南流，又折西南，与东北查萨、公噶尔他拉山流出之二水，西南捏木出六色立羊古山流出之二水，会为萨楚藏布河。又西南流七十余里，入雅鲁藏布江。转东南二十里会翁楚河。《一统志》：在萨噶西南二百余里，源有四，一出西南查木东他拉泉，一出冈克马尔他拉泉，一出正南那木噶山之北，一出东南他克拉泉，俱北流百余里，合为瓮楚河。又北流二十余里，入雅鲁藏布江。又东流十余里，满楚藏布河自北来，《一统志》：在萨噶西南，北有斜尔充山、放龙山流出二水，南流二百余里，东有冈充查达克山流出三水，西有拉克藏卓立山流出一水，六水合流为满楚藏布河。又东南流四十余里，入雅鲁藏布江。式尔的河自南来，《一统志》：在萨噶西南一百余里。源有三，一出西南沙盘岭，一出正南舒拉岭，一出冈拉洼干山，俱北流百余里，合为式尔的河。又北流九十里，入雅鲁藏布江。并会。又东流四十里，右受萨布楚河。《一统志》：在日喀则城西百八十里，源出城南楚拉米、洪罗、绰尔莫三山，流出三泉，北流百

① 山　《续云南备征志》作“出”，误。

余里，合为拉楚河。又北流百余里，旁有二水，一自西南来，名桀河，一自东南来，名当出河，合为萨布楚河。北流一百二十余里，入雅鲁藏布江。又东流经宗喀，折而北流三十里，左受萨尔格河。《一统志》：在萨噶东南，其水出于拉布池，西南流四百余里，东有拉布冈允山流出一水，西有拉冲、温必普、达克拉克诸山所出八水分流，与拉布水会，名萨尔格河。又南流三十余里，东有萨出河，西有鲁河，俱汇于此。西南流三十余里，转东南流百二十里，入雅鲁藏布江。又北流，折而东二百四十里，至列克隆，受一小水。源出舒尔穆藏拉山。转东南二百五十里，至札布桑堆，左右各受一水。折而东北八十里，至章拉孜，为四达之孔道。又北流转东，经科颇拉、日东巴，受二小水。二百里至嘉汤，有达克楚河西北来会。《一统志》：源出章阿布林城西北一百八十里札木楚克池，南流百余里入龙冈浦池，又有三水西来会，流为达克楚河。又东流一百八十余里至穆克布查克萨木马桥北，受北来之鄂宜楚河。又东南流六十余里，入雅鲁藏布江。折而东北，经彭错岭，八十里至花寨子，左受结特楚河。又东北流，转东六十里，经得尔敦庙前，北受邹索克布山之水，南受当楚河。有二源，出于九山九沟，北流百余里，至塔克相合。又北流，经人进孜百二十里，至那尔汤，东西各受一水。又北流，经冈坚寺东八十余里，入雅鲁藏布江。又东流，经后藏札什伦布之北八十里至拉古，会年楚河。《一统志》：源出朱母拉母山及顺拉岭，北流二百余里，合而为一，名章鲁河。又北流八十余里至娘娘庙东，有八小水从东北来，合流入此河。又经江孜城南，折西北流六十里，过人进冈。又西北七十里至巴浪城之西，有二水从西南来，亦入此河，始名年楚河。北流绕日喀则城东四十余里，入雅鲁藏布江。折东北而东南流，百五十里至年木，哈达商河自北来会。《一统志》：在商那木林城南，源出西北绛查拉及达索克布二山，流出二水，东南流二百四十余里，合东北佑山之水，南流五十余里，入雅鲁藏布江。又东流百六十里，从噶木巴拉岭北入卫地，左纳宗木汤之水。又东流八十里至甲马卡，左右各受一水。又东流八十里，经乌裕克林哈城南，受一小水。又东流七十里至曲水，喀尔招木伦江自北来会。《水道提纲》：雅鲁藏布江经楚舒尔城南，又东南至日喀尔公喀尔城。北有喀尔招木伦江自东北合诸水，西南流经卫地拉萨来会，疑即古吐蕃之藏河也。喀尔招木伦江源有二，一曰米底克藏布河，出墨竹工卡城之东北三百里米底克池，西南经蓬多城东北；而西南一源来会，曰达穆河，出蓬多城东北二百里之查里克图岭。二源既合，乃名喀尔招木伦江。又东南流，受西来二水之合东注者，又东南折而东流，受北一小水。又东，折而南，而西南百里，又折而东百数十里，经敖那庙北。又东，乃折而东南，受东来冈噶拉岭水，乃西南流过鄂纳铁索桥。又南经墨竹工卡城西，又南折而西，曲曲百余里，经噶尔鞫庙北。又西经第巴达克城南。又南稍西，有一河，西北自温主普宗城合三水东南流来会。又南数十里，经得庆城北。又折西流，曲曲经拉萨之南，即唐时吐蕃国都，今为达赖喇嘛所居也。又西北流十余里至董郭尔城，东南受东北来一小水。又西南流数十里，经日噶牛城北，有羊巴尖河合楚普河自西北合四小水，东南流三百余里来会。又南流八十里，折西南流，受西北来二小水。又西南经楚苏拉城东南，又西南至日喀尔公喀尔城之北，合于雅鲁藏布江。转东南流，左右各受四小水，二百五十里至奈布东城。折南流百余里，经桑里城西南、野尔占城东北，左右各纳一水。转东南四十余里，有鄂噶达克萨之水东北来入之。又东南流六百余里，至工布泽布拉冈城南，与匝楚藏布江会。《水道提纲》作年楚必拉江，源出沙羽克冈拉山，即喀尔鞫庙东南山也。有水东流三百里，曰马木楚河，与南来巴拉岭之巴隆楚河会。又东北百里，与北来乌山之乌斯江会。又东经鹿马岭百八十里至顺达，有水曰佳囊河，发源过拉松多，东南流经江达城东，折而南流，合东二小水来会。又东南，曲曲流三百里，至工布什噶城南，有水东北自巴麻穆池南流，合东一水而西南流来会。又东南折而西南，有西来齐布山之牛楚河合而南流，经工布珠穆宗城东、底穆宗城西，又东南至泽布拉冈城东，合于雅鲁藏布江。东流四十里，底穆宗河北来入之。又东流少南五百余里，出唐古特界，入倍、俞野番境，其间道里无可考。大约东南流千有余里，然后折而南下，至孟拱之东北入缅甸国境。盖自金沙江之西，雅鲁藏布江之东，江卡之南，腾越之北，中间纵广千有余里。群山周遭，众水荟萃，若澜沧，若潞江，若龙川，若槟榔，皆发源藏地，东南流，至此紧束，各隔以一山，相距不过数十百里之遥。其附近潞江者，有怒夷、俅夷二种，时与外人相通，稍具人性。至于内山倍、俞野人，则以树皮木叶蔽体，蛇虫鸟兽为粮，见人则攫而坐啖之，《卫藏图志》所谓戳猓乌尔鲁兔族是也。旷古以来，路径不通，人迹罕到，是以诸水原委错乱，首尾混淆，异说纷歧，迄无定论。西人地图，误以雅鲁藏布江连于亚山之蒲兰蒲达江，并误以大金沙江为潞江，于是《海国图志》遂谓大金沙江下游与恒河会而入海。移缅甸之江于东印度，混二水为一水，岂知大金沙江经流阿瓦都城，再南流至跋散入海，西北去孟加拉之恒河五六千里，何缘相会乎？且孟拱、孟养西北一带，崇冈叠巘，联绵千余里。山阴之水，悉汇于蒲兰蒲达江，山阳之水，悉汇于大金沙江，界限分明，绝不相蒙。山势经孟奈布尔部落至俺来刊，即古柯枝、盘盘等国。蜿蜒南下，直达跋散海口，今山外皆英吉利属部，山内皆缅地。又大金沙江者乃滇人之所名，对丽江之小金沙江而言也。滇人经商，皆在缅甸境内，无一至印度者，此乃西图之误，中土从来无有言大金沙江会恒河者也。顾西人地图，未敢遽指为实，但用点线连之，亦缺疑之义云尔。去岁在大理府城，有法国教士出示地图，则以雅鲁藏布江连于大金沙江，盖其人久居滇中，往来蛮方缅地多次，确知非雅鲁藏布不足当大金沙江之上源也。此江既定，而后徼外诸水，有条不紊矣。雅鲁藏布江南流入缅甸东北界，缅人称为伊拉瓦底江，转西南流千余里，孟拱、孟养二水合而西北来会。又南流百余里，麻里河东北来会。又南至蛮慕、新街，合槟榔江。自此以下，地势平旷，水流漫衍，宽七八里或十余里不等。按：新街即赵宏榜所败绩处。正统中，蒋雄率兵追思机法，为缅人所压杀于江中，亦此江也。郭登自贡章顺流不十日至缅甸者，亦此江也。转西流而西北百数十里至磨太，折而西南，经老官屯百余里至格沙，龙川江自东来会。又南流而西南，至灭末微切。硐西岸，见有冈阜绵亘数十里，有一水自北来入之。又南流，左纳二小水及磨打河。又南流，至阿瓦城东北，有抹能河自东来会。源出木邦，西南流，合四小水，至阿瓦城东，半蒙河自南来合，而北入于伊拉瓦底江。阿瓦城之东五里曰安拉普那城，滇人居此者三千有余，多娶缅妇为室。东北十里曰孟得俐城，乃缅王所居，环以木栅。自新街至瓦城约计千有余里。伊拉瓦底江环绕三城，折向西流，少北百余里，有磨河北来入之。转西南流百余里，有更的宛河西北来会。源出孟拱北境。西北流，合十数小水。而西，而西南千余里，合东北之呵洛河。又西南二百余里，合西北之卖龙河。转南流，左纳二小水。二百余里有孟奈布尔河自北来，抹打河自南来，二水合而东北流来会。又屈曲南流而东，而东南，左纳二小水，右纳一小水。四百余里入伊拉瓦底江。江中有大洲，水分为二，南流六十余里，复合为一。折而西南，而南，而东南，左右受十数小水，至扪纳，为缅南界①，设有蕴几一员。从此南流入英国境。至别牟一作别罗模。为大马头，商贾云集，有火车铁路，一日可达漾贡，轮船水程则须三日也。自此以后，江愈宽，流愈巨，轮船往来络绎，两岸多建洋楼。曲曲南流，分为数派，其正幹则折向西南，由跋散以入海，故又称曰跋散江云。东南分一枝至漾贡，为海滨一大都会，英吉利有巨酋镇此。闽人商于其地者不下万人，粤人亦有数千，滇人则仅十数家而已。自瓦城至漾贡，轮船水程凡八日，约计二千四五百里。按：英人所占缅地，广袤千数百里，即昔之袐古国也。田土膏腴，物产丰盛，其民多文莱族，唐人所谓巫来由是已。道光初年，英、缅构兵两载，英军水土不服，往往挫衄，本欲退师，反声言水陆并进，直捣阿瓦，缅王大惧，乃割地请和，并偿兵费九百万。夫元明以来，中国屡次用兵于缅，俱不能得志，而英人取之顾易如反掌，何也？中国由云南出军，山路崎岖，转饷甚劳。兼之时值暑雨，瘴疫多病，蛮慕②、新街一带，今时犹然。每至四月以后，则商旅绝迹，必待秋凉而后可行。英人印度之地与之

① 为缅南界 《小方壶斋舆地丛钞》同，《续云南备征志》作“为缅甸界”。
② 蛮慕 《小方壶斋舆地丛钞》同，《续云南备征志》作“蛮暮”，即今八莫。

毗连，轮舶航海，溯流而上，劳逸迥殊。缅人水师战船，非英之敌，所居皆板屋，环木栅以为城，尤不足以当西洋巨炮，是以日侵月削，沿海精华繁盛之区，蚕食殆尽。元代征缅，亦以舟师制胜，然必至新街，临时造舟，亦非仓猝可办也。魏默深尝言造舟藏地，从雅鲁藏布江顺流而下，可以直攻印度，此因误以蒲兰蒲达江为藏江之下流故也。然藏地河道，怪石森立，奔涛倒泻，岂能通行舟楫？故滇省全境，如金沙、澜、潞诸水，虽经流数千里，不闻一苇之可航，非若三江、两湖地势，三百里水源即可鼓枻而占利涉也。坐一室而谈九州，不知天时地利之悬殊，事势情形之各别，遂有此臆度之论，何异扣盘扪烛之贻诮乎？或谓《禹贡》之言黑水实有三流，非一江也。出居延海者为雍州之黑水，泸为梁州之黑水，此大金沙江则三危之黑水也。必欲合三者而一之，求其贯穿二州，遍历三危，则徼外实无此水。且雍州在中幹之外，隔于南山，故水皆北注，无缘南流。夫考古证今，未可拘文牵义，分之则通，合之则窒，要惟实事求是而已。

阿耨达四水（略）

恒河考上（略）

恒河考下（略）

印度河考（略）

〔据清黄楙裁（又作黄楙材）撰《西徼水道》（清光绪十二年梦花轩重校刊本）辑录。黄楙裁(1843—1890)，字豪伯，江西上高人，清末知县。熟于地理测量之术，清光绪四年（1878 年），奉川督丁文诚命由滇往三藏五印度考察，撰滇、蜀、西藏、缅甸道里各《图说》及《游历刍言》《西徼水道》。西南诸水，僻在远方，人迹罕到，古今图志，遗略无考，即西人精于地图，独至此段，谬误实多。《西徼水道》对源于我国的大金沙江、雅砻江、澜沧江、龙川江、槟榔江、阿耨达四水以及恒河、印度河等江河支系进行考证，对史籍中记载不实之说进行纠误。其言《禹贡》黑水即今潞江，与前人异。由缅甸注入南掌、暹罗边界，入于南海，中过野人山，华人未尝至，故不能详。《西徼水道》系黄楙裁《得一斋杂著》四种之一，民国秦光玉《续云南备征志》收录。清王锡祺辑《小方壶斋舆地丛钞》第四帙第十三册第 893－905 页收录，缺开篇《小引》一段。黄楙裁在书中提出《禹贡》黑水系指雅鲁藏布江而非澜沧江、怒江，自成一家之说，指雅鲁藏布江为伊拉（洛）瓦底江，仍为谬误。清李荣陛《黑水考证》集诸家之说甚备。按汉代以来云南地域考察，应以澜沧江说比较符合实际。〕

滇南山水纲目

赵元祚

赵藩识语

言舆地山水之书，后出者胜，征实与课虚之别也。顾昔人于交通未便，勘测未审之会，苦心孤诣，有所著录，其成之也綦难，而其同异是非，亦正足以资后来之参证。故我常谓先辈成书之存者，未可整置，非徒曰抱残守缺，寄思古之幽情而已。昆明赵我轩先生《滇南山水纲目》一书，吾乡同人一再重刊，用意有足尚者。于汔工也，欣喜而弁其首简。剑川赵藩识。

序[1]

天地大矣，两大间所包涵者，复有两大焉：曰山，曰水。其余尽山水所包涵者而莫灵于人。人身五尺，犹蠹鱼耳，蠹鱼入五车四库之中，茫乎莫辨其东西南北，渺乎不知其上下古今，饱其零墨碎楮，忽而终身焉。亦偃鼠饮河，不过满腹；蚯蚓食壤，不过充肠。其与能几何？

余半生为蠹鱼矣，而渺茫益甚，潦倒途路，足迹虽交错于五岳四渎间，而百不及一，亦与饮河食壤者等，其于山水也能几何？归而读《山海经》，奇其书，四海内外、山川名色，诸怪诞不经之物，言之凿凿，不知何人所为，郭璞亦未言其姓氏，意上古开辟之所传，不则周秦间托于仙者之所为与？旋取桑钦《水经》、郦道元《注》，互相参证，多所未合。而郦《注》钩荒索远，摭拾古今，于叙水外，复描写山水人物、城廓都邑、兴衰治乱之感，自成一家言，亦奇书也。其言九州水道，与《禹贡》间有未合，而不大剌谬，后之言水者多征焉。

余滇人也，取滇之山水，证之二经，多所未解，岂古今名称不同，以致山水变易而不能吻合？抑当日越在西南，传闻考据未尽当与？澜沧分南北，金沙殊大小。昔议开通水道达滇，博物君子亦著为论辨，然多未详，且于全滇诸水阙焉弗备。余心憾之，又癖嗜山水，足迹所经，察以目力；目力未经，穷以口力。考诸古书以耳为食，摹诸图版以手为食者，已非一日。欲作山水知音，传之好事。终不敢自信轻出，贻亥豕之羞。

会今天子绘《广舆图》，遣使四出，以西洋算法，按度布格，丈量踏绘，其法之精，从古未有。适析津蒋怡轩来守路南，延余至署，因谈山水，出其所携西洋新绘十五省图并外国诸图，余神游焉。按之足迹所经，无不吻合，其于滇之山水，百不失一。因取余所旧纪者，详考互证，为《滇南山水纲目》二卷。书成，客有观者，曰："蛙不知井外，蜉蝣不知朝夕。外虽有望者，不能见垣外。强夸父之足，夺离娄之明，展三万六千之期，不能穷六合之山川。子何言之广也？"曰："以五尺游八方则不足，以方寸游八方则有余。天犹可游，而况于地乎？不见夫测天者，晦朔、弦望、剥蚀、躔次，不爽毫发，较之地似更难矣。夫山一本而万殊者也，水万殊而一本者也。探本寻支，穷源竟委，虽问天下之山水可也，滇犹一隅耳。"书之卷首，以俟大章、竖亥之能步者。

三刻《滇南山水纲目》序

曩读师荔扉先生《滇海虞衡志序》，谓檀白石"以所纂《滇南山水纲目考》命校，删繁正误，为补辑数条，分编上下卷"，后白石卒，荔扉往吊，向白石子吉夫索此册，答以未知。盖《滇南山水纲目考》已散佚而不可复得，余常感慨系之。

前清宣统纪元，友人搜获昆明赵我轩先生《滇南山水纲目》二卷刻之，板存学务公所。三年九月，义军反正，板片毁失净尽。今岁秋，余绾学篆，复取旧藏本付图书馆庶务员何君筱泉刻之，嘱图书科科长秦君璞安、科员王君聚五为之校雠。工既竣，问序于余，余惟书之。

---

[1] 此序，师范《滇系》八之十二《艺文系》第65－67页全文收录，文末附师氏跋，曰："文亦磊落自喜。檀白石辑有《滇南山水考》，寄予参订，予增置数条，分上下二卷，留箧中者逾岁。后有时宦子以善价购刊，遂检归之，事竟未成，而稿亦遗失。今忆其所述，较我轩更觉详核。滇之山水，细者无论矣，南龙分幹于老君，大江发源于丽水，皆予耳目所及者，因录此序并记之。"

传不传，盖有天焉！白石所著之《山水纲目考》，距今仅百年耳，而书不传。我轩所著之《山水纲目》，去今已二百年矣，而从残煨烬之余，卒能重刻、三刻以流传于无穷。呜呼，岂非天哉！岂非天哉！顾余读我轩《山水纲目》，反覆披阅，窃以为有宜增订者三条：大金沙江，源出西藏，东流三四千里，折东南，流经腾越边外，由缅甸入海，关系滇事，良非浅尠。而《滇水纲目》于大金沙江独付阙如，此宜增补者，一也。澜沧江下流，由云南南入暹罗境，自越南西南隅、柬埔寨入南海。而《滇水纲目》乃谓澜沧江入阿瓦国之东北界，由阿瓦国入南海，此宜订正者，一也。八达河下流，至广西梧州府，始与桂林之桂江会合。而《滇水纲目》乃谓八达河经桂林府城东而南入于海，此宜订正者，二也。昔荔扉先生著《滇系》，谓白石《滇南山水纲目考》较我轩更觉详核。夫既曰"详核"，则余所标举之三条，白石殆已增补而订正之耶？抑所增补而订正之者，尚不仅此三条耶？惜乎其书不传，无由参稽而互证之也。然檀氏之书不传，而我轩先生之书传，且传之于民国成立之后，愈当珍如拱璧矣。愿与全滇人士共护惜之！

民国元年十二月，剑川周锺嶽序于云南军都督府之教育司公廨。

卷上 滇山纲目

凡山皆祖崑崙。崑崙，四海之中山也。中夏，崑崙东南之大地也。言中国山脉者，断自崑崙始，其来旧矣。言两戒山河者，河以南为北戒，江以南为南戒，是矣，而河北之山不与焉。言三太幹者，河以南、江以北为中幹，河以北为北幹，江以南为南幹，亦是矣，而三幹之来踪去脉，多未确焉。如近云云岭实为发轫，崑崙在其北，中隔大河，不与华通，反谓祖崑崙为讹者，此妄论也。如云岷山为南幹，衡、庐、武夷、天目、会稽、钟山诸山之祖山者，此亦妄论也。如云岐山之脉，自朔方绝河而东，为壶口、太岳，转而北为太行、恒山，则是中与北同为一幹，而黄河之流不能界矣，此疑论也。《禹贡》蔡注谓："孔氏以为荆山之脉，逾河而为壶口、雷首者，非是。"其说是矣。尝读蔡九峰《禹贡》岷山之注曰"岷山之脉，其北一支为衡山，而尽于洞庭之西；其南一支，度桂岭，经袁、筠之地，至德安，所谓敷浅原者"云云，是以岷山为南龙之来脉矣。又见刘伯温南龙之论曰："中国地脉，俱从崑崙来。北龙、中龙，人皆知之，惟南龙一支，从峨嵋并江而东，竟不知其结局处。顷从通州泛海至此，乃知海盐诸山是南龙尽处。"因与客论"天目虽浙右镇山，然势犹未止"云云，是以峨嵋为南龙之来脉矣，此亦皆非确论也。山脉变幻难定，必以水为断，总缘不知有大渡河、鸦砻江、金沙江故也。岷山之脉，行大江以内在蜀，其南既为黑水所隔，又为大渡河所隔，又为金沙江所隔。峨嵋在蜀，其东即为大江所隔，其南既隔于大渡河，又隔于鸦砻江、金沙江，俱不应为南龙，明矣。总之，三幹之来龙不清，则五岳之出处不明；五岳之出处不分，则万山之脉络不的。

窃考崑崙三支入中国，其东北一支，发星宿海之北，东北走西番界，又东走西番，又东北入陕西长城西凉州界，循黄河外东北走，起贺兰山，又循河套外东北走，起瓮金朔龙山，东北走起蒙古部落，至山西右卫大同长城之北，折而南走。一支起云中山，朱子谓冀州山脉从云中来，是矣。为山西省诸山之祖，并太行、河北诸山，彰德、卫辉等山。一支自雁门东走，至浑原州，起恒山。恒山南走一支，为五台诸山。恒山东走，至居庸，为燕然、天寿诸山，而钟燕京；其西则为西山、常山；其东尽于碣石。又东走为医无闾，逾塞度辽，为长白山，讫于朝鲜之域。此北幹也。正东一支，发大星宿海南、小星宿海北，东走为岷山，自岷州卫分水岭入陕西界，分两支：一支从渭源县鸟鼠山东北走，折而东，为秦陇，为岐山，别分为陕北诸山，在渭河之北；一支东走宁远，为老君山，为嶓冢山，循渭河南而东走为太白山，为终南山，北即西安。又东为秦岭，又东北为华岳，又别南而东走入河南为熊耳山，其南为桐柏，为河南、汉东、江北诸山，又东北为嵩山，伏而起为岱岳，今河南徒穿其脉。东讫于山东。此中幹也。自岷、峨山南走为蜀诸山，并小星宿海东，一支为打箭炉、黎、雅诸山，讫于峨嵋、嶓冢，脉为武当，讫于荆襄；其南支即东南入滇而为云贵、湖南、粤西、粤东、豫章、闽浙、江南之南幹。今详于后。

滇之山脉，起于崑崙山南支。自诸莫浑五巴什达巴罕。番部山名。分一大幹，脊左即金沙江源，脊右即澜沧江源。二水夹送，东南走千三百余里，始至塔城关西、你那山东入云南界。金、澜二江之水，东西相隔不过百里，此即幹龙之行踪也。东南行百余里，又转而南行五十余里，至拉巴山过峡。分水处不过数里，东分水东行，至石鼓，归金沙江；西分水即麦鸠河，归工江，即漾濞江之入澜沧江者。又南行四十余里，转而东行三十余里，起老君山。此滇山之太祖也。南分小支走剑川州，尽于弥沙井。又东行三四十里至石鼓。分一枝西北走五十余里，南落丽江府治，而左循金沙江，南走百余里，尽于落水洞地方。又南行四十余里。东分一支走鹤庆府。又南行百余里至剑湖东。西分一支南走百余里，过浪穹县，起点苍山，东落大理府治，尽于下关合江浦。又南行百余里，起天马山，又起白牙厂山。又东南行五十余里，起鸡足山，此滇山之太宗也。又南行百余里，西分一大支走三十余里至白崖（东南分一支走蒙化府，尽于定边县界）。大支西走赵州，自合江浦之南，转而循漾濞江南行，至定边县河南。自凤皇山分一支，东南走景东府，又南走镇沅土府。又分支走普洱茶山土司一带地方，而南入老挝。自虎街分一支东走，转而南走百七八十里，至碍嘉废县（分小支南走者罗甸一带）。大支东转，起哀牢山，南走二百余里至沅江府，东南走甸索坝，分支南走土司一带地方，而东南走入交趾界。大幹至梁王山。分一支，北折入宾川州，尽于金沙江之答旦河。南行出云南县迷渡，转而东行四十余里，分一支北走三十余里，东落姚安府治。北分一支，走白盐井，又走大姚县苴却一带地方，尽于金沙江。自姚安府东南分一支，过镇南州，北折而走定远县琅井一带地方，尽于金沙江边。南转而东行至楚雄府。北分一支而东北结府治。又东南行，至南安州之南。分小支东南走至接官厅，钩而东北走，尽于乾海子。又由南安州东北走广通县，过舍资，起九盘山，东折而入罗次县。自九盘山之北，分东西二小支：西一支，从虚仁驿北走元谋县，尽于金沙巡检司；东一支，从大麦地东北走，起狮子山，东落武定府，走禄劝州，又从白马口，顺金沙江东走上撒甸，折而南走，逆普渡河，尽于撒马邑。又东折而南走富民县。又南行四十余里，西分小支，从羊溪冲、老鸦关之间，西走禄丰县，而尽于易门县。逆普渡河直走安宁州之西。东分枝，起大龙山，落州治，并虎邱诸山。南走三泊县，逆新兴北古城之后山北来之水，南行百余里。西南分一大支，为南幹之南大支。自怕念乡之北，南走嶍峨县西，分一支西南走新平县，西转起鲁魁山，横亘百余里，南衍二百余里，而尽于沅江之东与北。石屏怕念乡河之西与南，山势峻险，贼巢也。又四十余里，转而东，由老鲁关东南走百余里，分一支东南落临安府治。又东一支走阿迷州，而北尽于小曲江南。自白花箐西走。分小支落石屏州。又西走三十余里，起宝秀山。南走百余里，至河底江。分小支东南尽土司地方。大幹东走五六十里，分一支东南走蒙自县，南走二百余里，入交趾界。又分一支东南走开化府，又南走百五十余里，入交趾界。又东走百余里，分一支北走邱北，东北走衣落寨一带地方，尽于八达河南。又东走五十余里，转南至开化天生桥之北。东走法土箐五六十里，东南分一支南走百余里，入交趾。又东南分一支入广西土富州界。又北走五六十里，自红石岩北而东走分水岭，岭东北之水，入八达河为乌泥江；岭西南之水，即西洋江，入广西为右江。东走入广西界。南幹东转，至北古城而北行分小支至昆阳，尽于六街子滇海口。又东南折至江川县。南落分东西二小支：西小支南走，结新兴州而尽于河西县；东小支走甸苴关，东去结宁州，而南尽于曲江驿。自江川之北，起尖山，至晋宁州铁炉关，东走澂江府，起梁王山，此省龙之近祖也。南落澂江府治。东分小支北走阳宗海，东分支北结宜良县治，南分支走府城东，起乌乍山，尽于拖黑村。大幹北走七甸，过峡西分小支，为归化、呈贡县。分一大支为省幹，北走板桥，西落而北走杨林之西。分一支西走而南折，为呼马山、省城之东山一带，而尽于老催桥之西。省幹自嵩明州西之梁王山北分一支走年长西、可郎东，北走果马。自果马分东西两支：东一支走寻甸州，又北走空山，而尽于蜀之东川府；西一支，由柯度西走黑山，折而北走亦郎，而尽于普渡河之法戞。自果马北分一支，走倘甸，而尽于金沙之五竜雪山。又西走猴街，至鲁南折而东南行三十余里，至小哨。西分一支，折而北走清水塘，起南极山（余先人之墓在焉），而尽于庄子。又西分一支，北走厂口、散淡，而尽于款庄普渡河之东。大幹又南行，起马头山。东分小支，尽于松花坝；西分一支，尽于桃源沙浪东。又南行二十余里，起陑山。西分一支走普吉，西南折为玉案、太华、碧鸡诸山，而尽于海口，北折为富民县以东东山。陑山，即滇省龙之少祖也。大断过峡，复起山，西南行，折而东南，连起银锭十一山而结五华山焉。此南幹北大支分来支中之幹也。

其南幹，自汤池与省幹分而东北走易隆。西南分小支走陆凉州。又西北走曲靖府，折而走马龙州，又折而东北走新霑益州花山松林驿。分一支，东走白水驿，而南走越州，至师宗州北。分一支东南走偏头山，而尽于罗平州八达河边；一支南走广西府，尽于竹园八达河之北。自召夸西南，分一支走弥勒州，尽于十八寨八达河之东。又自和摩站西南，分一支顺八达河走路南州，而尽于鹦哥嘴。又自白水，一支东走平彝县，入贵州界普安州。大幹自松林驿折而东南走镇宁州，北走旧霑益州，入威宁府。又折而东北走安顺府，又折而东南走安顺土州，又折而东北走贵阳南之中曹司，分一支北走，转而落贵阳。又折而南走龙里之南，又折而东北走贵定县，又折而北走瓮安县之南，又折而东走黄平州，为金凤山。东走施秉旧县，折而东南走黎平府永从县，折而东走入湖广、广东、广西三省交界之处。岭以南之水，尽归广东，一支分落广东诸府。又东走湖广灵武县，为东春岭，又东为羊婆岭。又东走楚粤、江西交界之处，至桂阳县分一支而北走湖广、江西之界，约七百里，至黄龙山折而东走，尽于庐山。自花桥北走，尽于武昌。自黄龙山东走至南康府，约四百余里，脊南之水，尽归鄱阳湖；脊北之水，尽入大江。脊南之支，分落德安、南康府治一带地方；脊北之支，落武昌府治一带地方。大幹又东，为大梅岭。自梅岭东折而稍南，又折而东走为盘古山，乃江西、福建、广东三省交界之处。自湖广东南界至此，约五百余里。岭北之水，尽入赣江，归鄱阳湖。岭南之支，分落广东诸府；岭北之支，分落赣州府一带地方。折而东北走为诸岭，绵亘约八百余里，至浙闽、江西交界，为仙霞岭。自盘古山东北，走至仙霞岭，八百余里。岭南、东之水，分流福建诸府，归于南海；岭西、北之水，分流入赣江，入建昌、抚州之东江，尽归鄱阳湖。岭南、东之支，分落福建诸府，而尽于南海；岭西、北之支，分落建昌、抚州、南昌三府一带地方。其东走大岭之脉，直至闽之东海，伏脉而讫于台湾。自仙霞岭北走，起常玉山，折而东北至黟县，折而东走，起黄山。过绩溪县，而东走浙之开化县，起西天目山。自西天目山东走中天目山，转南过於潜县，折而东走筱岭，至杭州吴山，而尽于海盐。东天目山，落湖州嘉兴一带地方。自西天目山北入江南界，折而西北走，起茅山。北走镇江府，逆大江而西，起华山，又起钟山。又逆大江而南落狮子山，为江南省，此南幹之正结也。余东走苏州，而尽于海。仙霞岭北来之左右支脉，东则分落浙东诸府为会稽诸山，各尽于沿海天台一带诸山；西则分落徽、宁、池、太诸府，又西则分落江西之广信、饶州一带地方，而尽于九江府。此南幹之大略也。因论滇山而述其概，余不能详。

永昌山脉，另为一支，亦昆嵛南支南走而东分之第二支也。第一支即南幹。左澜沧江，右黑水江，相夹东南，走蒙番千五百余里，始至怒山，入云南界。东澜江、西怒江，南走五百余里，至永昌而东落府治。东南起哀牢山，按：元江有哀牢山，永昌亦名哀牢山，西北距东南千余里，中隔澜沧江，山不应跨永昌、顺宁、景东、沅江四府之地。意古哀牢，国名，故通称之，非指定一山也。东南走顺宁府，而尽于云州。南分一支走右甸城，又分支走镇康并猛缅等土司地方，西南走孟定土府，入阿瓦国。

腾越山，孤悬潞江西南外，脉自怒彝南，走治州，分支走南甸诸土司地方，西南入缅国。

永北府山，孤悬金沙江东北外，脉自西番东南来，为府治，而尽于金沙江。

卷下　滇水纲目

金沙江，滇之北界大水也，即古丽水，产沙金，故名金沙。发源犛牛石，即蒙番之阿克达母必拉，番部水名。在巴颜哈拉母鲁即崑崙山。南四百余里。东南流，经乌斯藏诸部落，连纳六水，约行千三百余里，始至塔城关，入云南界。南流二百余里，关南山水东入焉。又东南流三十余里，至巨甸汛，鲁甸水东入焉。又东南流三十余里，至桥头汛，溪水东入焉。又东而南流六十余里，至石鼓汛，拉把山以东之水，会老君山以北之水而东入焉。又东北流六十余里，至丽江府雪山之北，转而东南流四十余里，溪水西入焉。又东流四十余里，至永北府土顺州西北界，无量河西南入焉。无量河，发源永宁土府西北蒙番波罗南，东流二百五十余里，东纳永北之西卜河。麦架河、走马河、西番河、站河、大松河、清水河（六河系永府北与东之水）共会为五郎河，又西南流三十余里，南纳府东南观音河之水，经城之东之北，同为无量河，入金沙江。又南流五十余里，至江边村，土顺州城西之水西南入焉，漾弓江东入焉。漾弓江，发源丽江府雪山南，二源东西夹府城而会于城东南角，南流七十余里，至鹤庆府城东南，次第西纳三水为冲江河，行四十余里，东入金沙江。又南流六十余里，折而东南三十余里，至枯木河口，枯木河东北入焉。枯木河，发源白牙厂，为白牙河，东流而南纳芦济河、清水河、高间河，即枯木河，约行七十里入江。又东流三十余里，至陶营巡检司，三道河南入焉。发源永北府，南流二十里，东纳大冲河二水，西纳一水，行三十里入江。又东流十余里，答旦河北入焉。答旦河，即宾川之绿溪河。发源州南山下，二水合于城西南，经城西而北流，西纳鸡足以东之水，东纳片角河，经答旦村东而西纳村南之水，约共行百四五十里入金江。又东流五十余里，泡江东北入焉。泡江，发源云南县北山，经县城东北而东南流四十五里，又折而北流七十余里至人投关，西南纳你甸河水。又北流三十余里，东南纳白盐井之水，北流七十余里入金沙江。又东流三十余里，二小水北入焉。又东北流五十余里，苴却方山以西之水北入焉。又东流五十余里，至四川界乌喇、倮果地方，永北界东南之沘那河、大罗河会而东南入焉，蜀之鸦砻江会安宁河南入焉。鸦砻江，发源蒙番巴颜哈拉母鲁之正东，即崑崙山东小星宿海，蒙古名七察尔哈那，番名查楚必拉。东南流，左右纳蒙番十余大水。行千有余里，至四川西南界，纳占对与喇滚二安抚司、盐井卫以东诸水。又南行八九百里为打冲河，将入金江，未四五十里地，会安宁河。安宁河，发源宁番卫瓦剌河，南流，经建昌卫西，纳建昌东西诸水，约行五六百里，至倮果，入鸦砻江，以入金沙江。又东南流六十余里，大姚河东北入焉。大姚河，即弄栋之蜻蛉川，发源姚安府府东南界、镇南州之北界，北流，经郡城东，纳光禄乡西来之水、小关口东南来之水。经大姚县城东，纳县城西北来之水，折而东北流，约共将二百里入金沙江。又东南二十里，四川黎溪站水南入焉。又东流四十余里，至巡检司北，龙川江东北入焉。龙川江，即元谋县大河。一源发镇南州西界山中，东南流经州城南六十余里，至吕合，北纳紫甸河水，西南纳楚雄府西界北流之水。又东南流经郡城北约四十余里，至郡城东北角，南纳南安州青龙河水。折而东北流二十余里，东纳腰站水。又折而北流三十余里，西纳琅井自定远县西北经县城南东流之水。又折而东北流三十余里，南纳经广通县城西北流之水。又东北流四十余里，西纳琅井北山以东东流之水。又北流四十余里，至元谋县西北角，东纳经县城西流之水。又北流三十余里，西纳河西一带诸山东流之水。又北流三十余里至龙街子，折而东北入金沙江。又东流四十余里，至白马口狮子厂南，大环州之水东北入焉。发源元谋县大麦地山，北流经狮子山以西约百里，经环州城东，东纳幕连西流之水，折而东北入金沙江。会川卫水，北流，会东安河北入焉。又东流百十余里，至东川雪山之西北，普渡河北入焉。普渡河，发源云南府滇池，即土昆明池。池周三百余里，东北纳嵩明州邵甸、木央九十九泉之水为盘龙江源。西南流五六十里，至松花（华）坝，分为金汁河，循东山南流，经金马山西，折而西南入滇池。盘龙江，自松花坝西南流十余里，北纳黑龙潭水。南流十余里，西纳陋山东白龙潭水。又西南流二十余里，经会城东至禹王庙，分为二：一南流经南坝河入滇池；一西流至西岳庙，分永昌河西南入滇池。又绕而北经小泽口，分西坝河入滇池。又北流为城河，绕小西门而入滇池。此皆以人力环城郭资灌溉也。又西北纳海源河水，东北纳杨林以南板桥之水，东纳呈贡、归化诸水，南纳晋宁之水，西南纳昆阳之水，汇为昆池，周三百余里，源远流狭，此滇之所由名也。自昆阳州六街子石龙坝西泻而北折，约四十余里，至安宁州东南。南纳新兴州北、古城以北、昆阳以西、三泊以东北流之水。又经安宁州城，东北流二十余里，东纳温泉水，即杨升庵题“天下第一汤”者。又北而稍东，流五十余里，经富民县城南。又东北流八十余里，至款庄，东纳寻甸州西南界可郎、柯渡入蟒蛇河之水，西纳禄劝州上撒甸掌鸠河南流之水，武定府城南香水泉、城北惠姻湖、狮山以东之水。又北流百十余里，至法戛，东纳亦郎九龙山北流之水、倘甸雪山西流之水，为普渡河，入金沙江。

金沙江自是入四川界矣。又东流四十余里，玉虹河东南入焉。玉虹河，发源会川卫分水岭，东南流百十余里，入金沙江。又北流四十余里，会通河东南入焉。会通河，发源会理州北百余里山下，南流至州东，东纳梁山以东之水，又三十余里，入金江。又东北流二十余里，小江水北入焉。小江水，发源云南寻甸州西南清水海，经州之西北而稍东，流五十余里至空山，东纳山溪。经四川凉水井塘西，转而西北流六十余里至必古坝，会仓溪、花沟、五竜北流之三水，同为小江，入金沙江。又东北流八十余里，以礼河北入焉。河发源东川府南界反补之潭水，东纳以濯河、洛泥河，北流四十余里，经府西，又北流七十余里入金江。又北流百二十余里，牛栏江西北入焉。牛栏江，即滇车洪江，发源云南嵩明州嘉利泽，即杨林海。南纳杨林水，西纳州城西南三水，北纳州城东北二水。由小河口东流，折而北流，经易隆驿之西八十余里，至寻甸州城东南角，西纳城南之水。又东北流十六七里，东南纳马龙州城南龙潭河自东而西北流之水。又东北流，经花山之西百余里，西纳沙河水。又东北流六十余里，经倘唐驿山之西，折而西北三十余里至江边塘，为三省交界之所，东纳贵州威宁府南界可渡河西来之水。又北流六十余里，东纳威宁府西界瓦擦、松树二小河之水。又西南流三十余里，南纳黑土溪头道河之水。又折而西流三十余里，南纳铁索桥之水。又西北流七十余里，在蜀为牛栏江，入金沙江。又北流二百四五十里，东西次第入者七水焉，源俱不过二三十里。又折而东北流二百余里，至马湖府城南，马湖水、黄钟溪、芭蕉溪自西而东约百七八十里，转而东南入焉，大鹿溪又东北入焉，三乂水北入焉。又东流六十余里，至安边铺，横江东北入焉。横江，发源乌蒙土府东、龙洞山之西，自东南经府城西面为撒油河。北流百三四十里，东会各魁河自南来之水，西纳小雪山北东来之水。又北流二十余里，西纳会通溪为大文溪。又东北流八十余里，西纳小文溪同为横江，东北五十里入金沙江。又东北流五十余里，至叙州府城东来复渡，宋江东北入焉。宋江，发源镇雄之北百里大山下，北流百余里，至高县东北，西会筠连县东北流之水。经庆符县西，又东北流八十余里，入金沙江。至是，金沙江与岷江会而为一焉。

岷江，发源岷山，西番界。稍东而南流三百里，至黄胜关始入四川西北界，经松潘卫城，西南流三百余里，至长宁堡，黑水东南入焉。黑水，发源西番马尔隆必拉、雅尔隆必拉二水，中隔大山。一西南流二百余里，一南流百五六十里，会而为一。又东南流五百余里，始入四川界。又东南流百七十余里，入岷江（附《黑水辨》于后）。又东南四十余里，经茂州城西。又折而西南流五十余里，经威州城西。又西南流三十余里，经汶川县城西。又南流七十余里，茂、威二州，汶川保县诸水东西入焉；至娘子岭南尤溪口，纳兕河、龙池，发源三江口河二水东南入焉，白沙河西南入焉。经灌县城南，分为十余河，在白塔山以东、成都府以西之内分流，广二百余里之地，东南流百五六十里，至新津县城南始合为一水焉。又东南流三十余里，成都城南南流之水西南入焉。又南流二百余里，至嘉定州城东南，大渡河水东入焉。大渡河，发源大金川、小金川，左右纳蜀西一带之水，西南流三百余里至大冈，西纳打箭炉诸河之水。南经泸定桥二百余里，西连纳松林、鹿子、老鸦、漩河诸河之水，折而东流百五十余里，至大峨山之阳，西南纳越嶲之水。又东流，经三峨山之阳，同为大渡河，又为阳江，入岷江。又东南流，经犍为县城东，左右十余大溪东西次第入焉。约二百余里，至叙州府城东，与金沙江会而为一焉。穷江之源，则岷山犹近也，《禹贡》“岷山导江”，盖自九州言之耳。若穷江源，则金沙之源，在崑崙之南；鸦砻江之源，在崑崙之东。似与河源在崑崙之东北者可以配飨，未知是否。此后，凡支流、小水之入江者，以诸家自有经注，各处自有水考，无与滇水，故不悉载，只记所经城廓，源远流长之大者，以终金沙江“朝宗于海”之意。大江由是曲折而东北流约二百余里，至泸州城南，过城东，内江东南入焉。发源绵竹县北，不止一源，诸水会为大江，经成都以东一带地方，历经简州东、资阳县西南、内江县北、富顺东南，折而东南流约千余里，至泸州城北而东入大江。又折而东南流经约百余里，至合江县城西。又曲折而东北流约二百三四十里，经江津县北至綦江口。又东北流百十余里，至重庆府城东，左渠河，中嘉陵江，右涪江，至合州会为一江，南流而转东入焉。嘉陵江，一发源陕西岷峨山东，折而南流，至七盘关西入四川界；一发源陕西分水岭，至昭化合，亦为岷江。南流经朝天关，西纳剑门诸水。约三百余里，历经广元县城西、昭化县、苍溪县城西，至保宁府城西转城南。又南流经南部县城北而东南流约百余里，经蓬州东。又折而西南流百余里，经顺庆府城东。又曲折南流二百余里，至合州与涪江合（支水入者不详）。涪江，发源川陕交界摩天岭西，西南流百余里，经龙安府城西，会仙女山以西诸水。曲折南流二百余里，经江油城东南角。又西而南流百余里，经绵州城东。又东南流百五十余里，经潼川州城东，至射洪县城东。又曲折东南流百二三十里，经遂宁县城东。又东南流百五十余里，从合州城南而东与嘉陵江合（支水入者不详）。渠河诸源，俱发蜀东北川陕交界。东一源，发九龙山、金城山，为前江；一源发白支山，为中江；一源发太平县太黄山，为后江。三江为一派，西南流，历经东乡县城南、达州城，约四百余里，为渠河。西一源，发南江县。北一源，发通江县北。二江为一派，南流三百余里，同为渠河。西南流，历经渠县城南、广安州城南约三百余里，至合州，入嘉陵江，合涪江（支水入者不详）。又曲折而东流，历经长寿县城南、涪州城北，约二百二三十里，至酆都县城东南角。又折而东北流约三百余里，历经忠州城南，至万县城南。又东流二百四十余里，经云阳城南，至夔州府城南。又东流八十余里，经巫山县城，入湖广界。又东流，历经巴东县城北、归州城北约二百余里，至彝陵州城西。又东南流百余里，经宜都县城东，至支江县城北。又东百余里，经松滋县城北，至荆州城南。又折而南流百五十余里，至石首县城北。又东流百十余里，至监利县城南。又曲折而南流百二三十里，至岳州府城北，洞庭湖东入焉。又东北流，经临湘县城北约三百余里，至嘉鱼县城北。又东北流二百里，经汉阳府城之南、之东，武昌府城之西，至汉口，汉江东入焉。又东流百余里，折而南流四十余里，经黄州府城西转府城南，经武昌县城北，东流四十余里。又折而东南流，经蕲州城西约百五十里，折而东流百余里，至马脊山北，入江西界。又东流，历经九江府城北、湖口县城北、彭泽县城北约三百余里，折而东北入江南界。东北流，历经望江县东、东流县城西、安庆府城南、池州府北、铜陵县城北、芜湖县北、太平府北、江浦县东约共七百余里，至江宁府。经省城西而转北，经钟山北而东流。经仪真县城南约百五十里，至京口金山为扬子江。经镇江府北折而东北，绕而东南流，经靖江县城南、江阴县城北约三百余里，朝宗于海。

澜沧江，滇西界内之大水也。发源蒙番阿克必拉，番部水名。与金沙江源仅隔诸莫浑五巴什达巴罕番部山名。东南来幹龙之山脊。南流五百余里，窝七河屯之水东入焉。又东南流百余里，呼拉因郭儿之水南合焉。又东南流七百余里，始至你那山入云南界。南流三十余里，怒山小水东入焉。又东南流十余里，你那山下小水西入焉。又南流二十余里，二水东西对入焉。又南而少西流八十余里，白水河东南入焉。又东南流十余里，小水西南入焉。又西南流二十余里，一水东入焉。又南流五十余里，一水西南入焉。又南流二十余里，至表村东，表村河二水东入焉。又东南流五十余里，松牧溪东入焉。又南流十余里，一水西南入焉。又南流二十里，一水东南入焉。以上入者十三水，源俱不远。又东南流五十余里，至云龙州南界，沘江西南入焉。沘江，发源弩弓河，东南流五十里，至白地坪东北，纳小盐井南来之水，西连纳二水。又南流四十余里，经顺荡井西，东纳二水，西纳二水。又东南流五十余里，至大波浪东，纳大朗河，西纳一水，东连纳二水。又南流，经诺邓井西五十余里，经云龙州城东，又四十里至乾海子，次第东纳四水为沘江，入澜沧江。又南流五十余里，沙木河西入焉，小水东入焉。又东南流百余里，永平县东之水南流百余里而西入焉。又东南流九十余里，漾濞江南入焉。漾濞江，发源拉把山之西，合工江汛诸水为工江，南流，东纳通甸、分江塘、磨刀河等七水，西纳旧兰州以东二水，为白沙江。经弥沙井西约二百余里，东北纳剑川州之老君河、乾水河、螳螂河，共至州东，汇为剑湖。西南流，经沙溪约百二三十里，与白石江合，同为漾濞江。又东南流百五六十里，至合江铺，与洱海之水合。西洱海，即古叶榆河，以其形似耳，故名洱。在大理府城之东，纵百余里，横三十余里。东纳鸡足山以西之水，西纳苍山十八溪诸水，东南纳赵州城东波罗江水，西北则浪穹县北之黑水河、梅茨河、白沙河，合而南入县城东芘湖。南流，经邓川州城东，合弥苴河，南入洱海。既汇而西南流，过下关，至合江铺，合为漾濞江。南流四十里，西北纳黄连铺之水。又南流八十余里，东纳溪水，西纳乐可巧水。又流四十余里，南入澜沧江。又东流二十余里，凤皇山水南入焉。又南流七十余里，顺甸河东入焉。顺甸河，发源右甸城，为右甸河。东南流百五六十里，经顺宁府之南，折而东北三十余里，至云州城南，北纳顺宁府城东北流来经州城西之水，南纳永镇关水，又北纳猛郎河经州城东之水，为顺甸河。东行四十余里，入澜沧江。又南流四十余里，一溪东入焉。又南流三十余里，猛麻河东南入焉。又西南流二百余里，至仙人山之东南，辣蒜江东入焉。辣蒜江，发源耿马，东纳南别河水，西南纳董河诸水，为猛渗河。南流，折而东流，北纳南猛河，南纳猛伊河，同为辣蒜江，约百余里，入澜沧江。又东南流七十余里，巴景河西南入焉。巴景河，发源镇沅土府东树根河、府西猛统河，南流四五十里，至抱母井，合而东纳思更河，西纳正统河，西又纳景谷河，东纳难可河。经威远土州城东，又西纳猛戛河，为巴景河。约行百四五十里，西南入澜沧江。又东南流六十余里，康郎河东入焉。又南折而东流四十余里，普洱追栗河会猛赖、闸马、暖裡、铁厂四河，约二百余里西南入焉。又东南流百余里，至车里宣慰司，为九龙江。又东南流，经橄榄坝百余里，至猛沦，梭罗河西南入焉。又东南流四十余里，入阿瓦国之东北界，由阿瓦国入南海。阿瓦水道未详。

怒江，亦滇之西界大水也，即黑水江。非《禹贡》所云华阳黑水。以其来自怒彝，故名怒江，发源于蒙番哈拉努尔色楞格、哈拉乌苏衣色禽。之湖中。其流南少东多，连纳诸达巴罕六七水，约行千余里，入怒彝地方。东南流，又四百余里，始至怒山，入云南界。循怒山西，俱纳山溪小水而南流五百余里，至永昌府正西之蒲缥河口，蒲缥河西入焉。又南流五十余里，经潞江安抚司东，司在腾越正东。为潞江。一水西入焉，分水岭之水东入焉。又南流三四十里，邦卖河东入焉，施甸水西入焉，镇安所回还河西北入焉。又少东，而南流百余里，南甸河西入焉。南甸河，分南北二派：北一源，发永昌府北哀牢山，三水合而南流三十余里，经府城东，汇为清华海，南流，西纳府城南河水。稍折而东流三十余里，又折而南流百余里，西北纳老姚关水。又东南流三十余里，至湾甸土州城南，与镇康北流之水，合为南甸河。南一源，发镇康土州南、无量山之北乌木龙河、怕江河，各北流三十余里，至镇康城西，合而北流。东纳一水，约八九十里，至湾甸土州城南，与永昌南流之水，合为南甸河。西行四十余里，入潞江。又西南流百余里，折而西流八十余里，入阿瓦国之西北界，入于南海。

附腾越州二水

龙川江，在潞江之西，发源傈僳。自大塘隘入腾越州北界，南流，经马面关约百十余里，至曲石街东，瓦甸水西入焉，曲石河自北折而东入焉。又南流，经橄榄坡，东折而西南流，又折而南流，约百四五十里，经清凉山西至猛弄，二水西入焉。又西南流八九十里，沙木龙山东之水入焉。又南流五十余里，芒市河西南入焉。又西南流百二三十里，至汉龙关东，龙山宣抚司蛮胆、景坎河、南澜河，共为岗碗河，南入龙川江，至天马关，而西入缅国之东北界。

大盈江，发源腾越州城东北半月池，经城北、城西南流，东纳城南之水，西纳一水。经南甸宣抚司西，约北流二三十里，至干崖宣抚司北，入槟榔江。槟榔江，源自古湧州，南流百余里，至此与大盈江会，而西南流四百五十余里，入缅国之东北界。

景东河，即李仙江，澜沧江南半截以东之水也。发源定边县西南界凤皇山东、虎街西，二源合而东南流四十余里，至安定关，定安河西南入焉。又东南流三十余里，至新站街南，沙罗河西南入焉。又折而南流四十余里，至景东府北，板桥河、灰窑河、大顿河以次东入焉，为景东河。又经府城东而东南流三十余里，约百二三十里，至者乐甸，南历有蛮谢河、中所塘河、品秀河、蛮冈、怕莫河诸水以次西入焉，阿萨、大弄河以次西入焉。又南流五十余里，至镇沅新府汛东，凹必河、蛮莫河以次东入焉。又南流二百余里，至把边塘，少折而东为把边江，麻黑河北入，慢冈河南入焉。以上所入水源俱不远。又曲折而东南百余里，至三江口，阿墨江南入焉。阿墨江，发源哀牢山（哀牢山，说见《滇山纲目》中）。经三家坡汛，西南流二百余里，至墨江塘西，东纳慢会河，又东北纳甸索河，合他郎河之水，又南流百余里，入景东河。又东南流十余里，萨普河西南入焉。故名三江口，同为李仙江。又东南流百三十余里，入交趾之西北、老挝之东北交界处，由交趾入于南海。

杨瓜江，即河底富良江，乃大理漾濞江以东，景东阿墨江以东，临安曲江以西，云南县洇江、楚雄龙川江以南，贯穿滇腹而归正南界之大水也。发源赵州西南界山阳，东南流五十余里，经蒙化府城西折而城南。又东南流六十余里，经定边县城北，至城东，定边河东入焉。河发源罗求场西北山，东流百余里，经县城南而东入杨江。又东流七十余里，弥渡水东南入焉。水发源白崖，东南流四十余里，经弥渡西，西纳一水。又东南流八九十里，北纳一水。复东南四十余里，入杨江。又东南流百五十余里，大厂河南入焉，马龙河，发源楚雄府正西界紫溪山下，二源合而东南流，经旧哨汛西约百三四十里，至三江口入杨江。禄丰河水西南入焉，禄丰河，发源羊溪冲山北，北流三十余里，东纳富民县西大山以西之水，并罗次县南之水。又北流二十余里，经罗次县城西至羊圈，折而西南流五十余里，至禄丰城北，北纳响水河。又西南十余里，北纳九盘山之水。又西南流四十余里，北纳舍资河二水，合而南来之水。又南流十余里，西南纳的禄村南沙甸河、的禄村北妥稍河合而东北流之水。又东南流十余里，至太和街之西，东纳炼象关西来之水。又曲折南流八十余里，东会易门县水。易门水，发源老鸦关，东与关西水合而南流二十余里，至矣栖村之西，西纳旧县并易门庄之水。又南流三十余里，至县城东，西纳县北之水。又西南流五十余里，与禄丰河会。又西南流五十余里，南纳新化废州北流之水。折而西北流二十余里，北纳李海、大橄榄二水，折而西南入杨江。即沅江之上游也。又南，循哀牢山而流七十余里，折而东南流百五十余里，经沅江府城东北，城水东南入焉。又经府城东南，城南清水河东入焉。又东南流八十余里，至末竜塘，南昆河、南充河、思陀河三河以次西北入焉。又东流十余里，新平亚尼河南入焉。亚尼河，发源新平县东北山中，南流四十余里，西纳县城南襟带河水。又东南流四十余里，经鲁魁山东窝泥塞西北，纳怕念乡河水。合而南流四十余里，东纳宝秀自白花竜西来之水。又南流百余里，西纳鲁魁山以东之水，东纳石屏州山界以西之水，入沅江。沅江至是为河底江。又东流六十余里，思陀、瓦渣、溪处三司之水以次东北入焉。又东南流四十余里，纳楼司水南入焉。又东南流百八九十里，清水河东入焉。至坝西汛，入交趾国北界，由交趾入于南海。

蒙自之白期河，经县东界，东会那木果河，西会钻天箐河，为三岔河。南流百六十余里，入交趾界。

开化之乌期、迷勒、路梯、磨底四河之水，自西会而穿府北天生桥，东南流，经府城东南。从府城东又穿天生洞南流，复穿天生桥，约共二百里，而入交趾界。

八达河，滇之东界大水也，即赤江河。古番禺牂牁江之上游，以其周回多方，故名八达。发源霑益州松林驿花山之东而南流，经新州城北。又经城东三十余里，至州东南，磨刀溪水东入焉。又东南流二十余里，至曲靖府城东南，府南水东入焉。又南流百二十余里，至陆凉州东南，薛官堡水北入焉。又折而西流百余里，至宜良东北为赤江河，阳宗海水合汤池水东入焉，县城北水亦东入焉。又折而南流百余里，至席家渡，又折而东南流三十余里，至鹦哥嘴，路南巴盘江西入焉。巴盘江，发源州城东北白龙潭，南流，会黑龙潭水，经城东而西南流九十余里，入赤江。又西南流十四五里，至拖黑村南，澂江水东南入焉。澂江，发源府南抚仙湖。湖周百余里，西南纳江川县南应星河流入海泄门之水，西北纳西浦黑龙潭之水，北纳梁王河之水，东北纳华藏寺下发源之水。湖水东南泄而流，循乌乍山南五十里，入八达河。又南流经十八寨西、分水岭东八十余里，至旧甸东南，曲江东入焉。曲江，发源新兴州北古城之北山，西南流，经古城西北三十余里，至新兴州北，东纳城北之水。又曲而西南流三十余里，西纳嶍峨北界之水。又曲而东南流三十余里，至嶍峨县城东，西纳城南老鲁关来之水。又曲而东南流四十余里，西纳棚茸之水。又东南流经河西县南界，又曲而经通海县南界，又曲而东流约百余里，至曲江驿南。又曲而北流四十余里，至丁老庄北，纳宁州南来之瓜水。又曲而东流为小曲江，四十余里至旧甸，乃入八达河。此江蟠绕五州县，周东西南北，曲之名当矣①。通海城北双湖，相传伏流于江川湖，不入此江。又东南流三十余里，竹园河南入焉。竹园河，发源弥勒州东北，三水合于城东，而西南流经竹园西百余里，入八达河。又东南流五十余里，至阿迷州东北界，泸江河东北入焉。泸江河，发源石屏州异龙湖，西北纳宝秀山水，经城南而东汇为湖，周二十余里，中有二城三岛，称极秀焉。东南泻而流为泸江河，五十余里，经临安府城南，将折而东北二十里，南纳象冲河水。穿岩洞而东流三十余里，穿燕子洞折而西北流三十余里，经阿迷州城东，东纳南洞水。又折而北流三十余里，入八达河。又东流四十余里，开化之北界一水西北入焉。又折而北流八十余里，至小江口，小江水西入焉，江边塘水东入焉。又折而东北流二百余里，至广西界，清水河东北入焉，清水河，发源邱北汛西，二源合于汛东，东北流百余里入之。马别河北入焉。马别河，发源开化府北法土竜，北流五十余里，至衣落寨，西纳二水。又东北流八十余里，至别河塘，东纳者种河。复北流八十余里，入八达河。又折而北流六十余里，至新寨，九龙河南入焉。九龙河，发源白水驿之南，而东流五十余里，至平彝县西凉水井，折而东南流五十余里，至大水井，西纳思勒村来之水。发源得勒坡为蛇伤河，曲折而东南五十余里。又东流，经罗平州城北七十余里，至大水井，共会为九龙河。南流八九十里，入八达河。八达河自此遂东入广西省西隆州界。又东流二百余里，至西隆州北，贵州盘江南入焉。又流为红水河，经泗城土府之北，约三百余里，至那地土州城南，折而东南流，为乌泥江。经思恩府之北界，约二百五六十里，至安定土司南。又曲折而东流，经庆远府之南、迁江县城北，约三百余里，至来宾县城南。又折而东北流，历经象州城西，经雒容县城东，为洛清江。经永福县城南、城东，为白石江。经桂林府城东，而南入于海。

附广南府西洋江

滇东南之界水，即粤右江之源也。发源府西北者兔塘、红石岩并城北诸水，合而南流四五十里，折而东流百余里，至西宁村。会剥隘土富州之水，东入剥色埠，经田州府南”，为右江。循广南界自西而东，经南宁府南、浔州府西、梧州府南，东入广东。至肇庆府，为西江，南入于海。

黑水辨②

黑水之名，不一而足，而必求《禹贡》雍、梁二州之黑水于滇，则误矣。雍、梁二州之黑水，不能合而为一，而因“导黑水，至于三危，入于南海”之经文，遂疑澜沧江之入南海者，为《禹贡》之黑水，则支离之甚者也。《经》曰“黑水西河惟雍州”，《传》云“西据黑水，东距西河”，以东西而言南海是矣。而“导黑水，至于三危，入于南

---

① 当矣　原本作“当夹”，据文意改。

② 黑水辨　此文原本注云：“原文无存，姑阙之。”今据云南省图书馆藏清光绪间钞本补入。

海”，《传》云黑水出犍为郡南广县汾关山，其水之黑，以榆叶积渍所成。三危山临峙其上，则不能无误。《经》曰“华阳黑水惟梁州”，《传》云“东据华山之南，西距黑水”。导黑水，《传》又云雍、梁二州西边皆以黑水为界。亦不能无误。窃疑雍州之黑水，以东西言则可，梁州之黑水不能以东西牵合也。雍州黑水，按《水经注》云“出张掖鸡山，南流至敦煌，过三危山，南流入于海”。道元注各水，皆详叙其入海处，而此亦未详言。《括地志》云“源出伊州伊吾县北百二十里，又南流千里而绝”，《通典》云“孔、郑通儒，莫知其所”，杜氏谓今已湮涸。自三危以南，则水行徼外，亦莫知其从何处入南海也。樊绰《蛮书》谓西夷之水入于南海者，凡四：其一曰丽水，与瀰渃江合，亦称金沙，即古黑水，而非丽江之金沙也。明正统中，王骥征麓川，兵抵金沙江，诸酋震怖，曰“自古汉人无至此者”也。其源在河源之西，又称大盈江，或疑即雍州黑水之下流亦不可考，而可以为梁州之界乎？韩汝节疑梁州自有黑水，与导川之黑水了不相涉[①]。薛士龙曰梁州，北界华山，南距黑水。黑水，即泸水也。郦道元说黑水，亦曰泸水、若水、马湖江。则是非为雍西界也，似华阳黑水以南北为界者近是。盖古之若水即打冲河，绳水即金沙江，而泸水、孙水、马湖水、长宁堡入江之黑水，异水沿注，通为一津，求梁州南界之黑水，更无别川可以当之。近见《禹贡锥指》，亦主此说。盖以滇为古梁州，《天文志》亦谓占同梁州，非即《禹贡》梁州界内也，而谓澜沧江为雍、梁之黑水，可乎？澜沧江不可为《禹贡》黑水，则漾濞江、西洱河、叶榆泽之纷纷称黑水者，皆非矣。

开滇水路议[②]

滇无水路，南路闽广由粤西水路达西隆州之剥隘，起旱几一千八百余里，方可至省。□路[③]由湖广水路抵贵州之镇远，起旱二千余里，方可至省。□路[④]由川东水路抵永宁之可渡桥，起旱千余里，方可至省，行者以为艰。

昔人议由普渡河达金沙江，以达大江。明正统、嘉靖、隆庆间屡议开通，而不果行。毛凤韶等议已载《滇志》。至天启安酋倡乱，贵阳道阻，复议开通。按察使庄祖诰议云：自金沙江巡检司开由白马口，历普隆、红岩石、剌鲊，至广翅塘，皆禄劝州地。其下有三滩，水溢没石，乃可放舟，涸则跻岸，缆空舟以行。又历直勒[⑤]村、骂刺、土色，皆会礼州地。其下有鸡心石，石如堆者三叠[⑥]江中，舟者相水势缓急可行。又历踏照[⑦]、乱得、头峡、剌鲊，至粉壁滩，甚驶，皆东川地[⑧]。又历驿马河新滩，至[⑨]虎跳滩、阴沟洞，皆巧家地。虎跳湍泻陡石，不可容舟。阴沟二山[⑩]颓集，水行山腹中，皆从陆过滩，易舟而下。又历大小流滩，为蛮[⑪]夷司地。又历黄郎、木铺、贵溪寨业滩，至南江口，为乌蒙府

---

① 涉　云南省图书馆藏清光绪间钞本缺，据《禹贡集释》引补。

② 开滇水路议　此文原本注云：“原文无存，姑阙之。”今据云南省图书馆藏清光绪间钞本补入，钞本空缺处，则据《滇考·议开金沙江》补。

③ □路　原文缺一字，疑为东路。

④ □路　原文缺一字，疑为北路。

⑤ 行又历直勒　此5字，原本缺，据《滇考》补。

⑥ 叠　原本缺，据《滇考》补。

⑦ 照　原本缺，据《滇考》补。

⑧ 东川地　原本缺，据《滇考》补。

⑨ 滩至　原本缺，据《滇考》补。

⑩ 沟二山　原本缺，据《滇考》补。

⑪ 滩　为蛮　原本缺，据《滇考》补。

地，始[①]安流。自广翅塘至南江，木商行之可十日。又至文溪、铁索、江边[②]数滩，历麻柳湾、教化岩，为马湖府地。又历泄滩、莲花三滩、会溪[③]石角滩，至叙州府。

其说甚明，然明末徒托诸空言而已。祚□□议只言白马口而下，若普渡河，又禄劝而上，经富民、罗□□[④]县直达安宁州而至昆阳州海口。沿途去其阻碍之石，用□蓄水，皆可用小舟拨浅以达滇池矣。岂非滇之大利哉！然□功不易举，运会良有待也。

〔据清赵元祚撰《滇南山水纲目》（《云南丛书》本，民国三年刊）辑录。卷首有赵藩识语、作者自序、周锺嶽序。赵元祚，字霞湄，一字永锡，号我轩，昆明人，寄武定学。清康熙乙酉（1705年）举人，雍正间官浙江金华知县，事迹见道光《金华县志》、光绪《金华县志》。生平以文章著名，有《我轩诗集》《滇南山水纲目》等，《滇南诗略》收其诗18首，《滇南文略》收其文16篇。亦以政务、农事为重，又嗜癖山水，如《滇南山水纲目自序》曰："足迹所经，察以目力；目力未经，穷以口力。诸古书，以耳为食；摹诸版图，以手为食者，已非一日。欲作山水知音，传之好事。"康熙四十七年至五十七年间（1708—1718），曾派西洋传教士绘制各省地图，"以仪器定山川高下远近"，康熙五十七年，析津人蒋怡轩（蒋元楷别号）来任路南县令，邀请作者至署畅谈山水，出其所携西洋人新绘直省十五图并外国诸图，赵元祚得见后，认为"足迹所经，无不吻合，其于滇之山水，百不失一"。在此基础上将自己所掌握的资料详查互证，于康熙末年编纂成《滇南山水纲目》二卷，上卷为"滇山纲目"，概述云南山脉状况，首论全国山脉，次言崑崙山南支入云南境后分的南北两干，附录永昌山脉、腾越山、永北府山等；下卷为"滇水纲目"，记载云南各江河概况，以金沙江为滇之北界大水、澜沧江为滇西之大水、怒江为滇之西界大水，叙述它们各自的流向及沿途支流，其中以金沙江叙述尤详，龙川江、大盈江、杨瓜江、八达河等附录于文后。此书乃赵氏据自身实地调查、游历之所亲见，并参考当时较为先进的西式绘制地图而撰写成的一部地理著作，后人称此书"于滇南山脉水系已得其要"。另，云南省图书馆藏有清钞本《滇南山水纲目》，卷末附《黑水辨》《开滇水路议》。此文据清钞本补全，附于文后。〕

江道编

齐召南

〔……〕

金沙江，即古丽水，亦曰绳水，亦曰犁牛河，番名木鲁乌苏，亦曰母藟乌素，意之转也。岷江最上源也。出西藏卫地之巴萨通拉木山东麓，山形高大类乳牛，即古犁石山也。西二十五度四分，极三十四度六分，在黄河源之西，迳一千五百里，若岷江源则相去二千八百里矣。山脉自冈底斯山蜿蜒而东，至此为诸山祖。其西麓水为牙尔加藏布河，西流入喀齐国；东麓水为金沙江，土人一名犁牛河，一名布顿楚河，又名巴楚河。东北流，折而东南，又东北流，凡三百余里。其西北一源最远，出巴萨通拉木之西五百里，山曰勒斜尔乌蓝达普苏阿林。西二十七度五分，极三十五度六分，山高大，石多赤色，两崖产紫色盐，在黄河源西二千余里也。水曰喀七乌兰木伦，东南流，曲曲凡九百里，东流来会，又东北流。其南一源出拜都岭，北流曰拜都河，自南行三百里来会，水势始盛。拜都岭，在巴萨通拉木山东南三百里，西二十四度二分，极三十三度九分。其西为噶尔占古义岭，又西即巴萨山。三源既合，东北曲曲流，有

① 府地　始　原本缺，据《滇考》补。
② 索江边　原本缺，据《滇考》补。
③ 会溪　原本缺，据《滇考》补。
④ □□　原本缺，疑为"次二"。

阿克打木河，合二水，自南来注之。阿克打木河，源出布哈山东北衣克诺木浑乌巴什岭北之忒门、他拉二池，东北流百余里，有二水：一自东北来，名衣克阿克打木；一自西来，名巴哈阿克打木。合为一水，西北曲曲东北，源五百数十里，入金沙江。北流，稍折而西北，有托克托乃乌蓝木伦，自西北九百余里，曲曲流来会。托克托乃乌蓝木伦，源出勒斜尔山东北四百里之西金乌蓝拕罗海山，西二十六度，极三十五度九分，东流曲曲八百里，与金沙江会。自此山绵亘，而东绕木鲁乌苏之北千数百里，皆名巴颜喀喇山，自北而东南，此山之阴即西南部界，黄河之源也。又北百余里，折而东流。又东南，有波罗必拉，会枯蓝诸水，自南来注之。波罗必拉，源出衣克阿克打木河北之察苏拉图山，二水西流而合，又西北，而北流二百里，有乌蓝必拉及枯博浑必拉，自东南合而来会。乌蓝必拉，出格尔吉匝噶那山之西麓，有乌蓝池，池周七十余里，自西流出，为必拉，曲曲流百余里，有巴图拉水，南自多伦巴土儿岭来会。又北流，有枯博浑必拉东北自二池南流，合而西南，而西百余里来会。又西北，会波罗必拉。又西北五十里，有郭汝克必拉南自察苏拉图山之西北麓，北流来注之。又西北，折而东北流，曲曲四百余里，入金沙江。乌尔池东格尔吉匝噶那山，其东即澜沧源也。又北而西北，折向东流，有洞布伦山左右二水，北流合而来注之。洞布伦山，在枯博源二池之东北，自格尔吉匝噶那山而北，有赛因苦博浑山，连冈相接，其北即洞布伦山，蜿蜒而北二百余里，有二水，一出其西，一出其东，夹山而北数百里，合而西北流，入金沙江。又东百余里，至那木唐龙山北、孤罗板波罗济山之西南，西二十二度，极三十六度，自源东北流至此，已迳一千四百里。始折东南流，有土虎尔河及乌捏河，自南合诸水来注之。此水三源：西南源出格尔吉匝噶那山之东北，同布勒西洛西山，一曰空楚河，一曰和秦河，南水北流，而合东北，经好勒岭及活阿洛好勒查罕峰之东北，有水南自卓尔长山之北麓来注之。此山西南麓，即澜沧北源也。又北流百余里，东南源出厄尔儿根岭，西流，折而北，合一水，北百余里，西流来会，曰乌捏必拉。北流，经巴木巴那岭西，曲折流，至萨拉龙塔拉山北，入金沙江。又东南，屈曲流，有那木七图乌蓝木伦，西北自巴颜哈拉得里奔山，东南曲曲流八百余里，折西南流来会。巴颜哈拉得里奔山，在西金乌蓝拕罗海山之东北四百余里，西二十四度五分，极三十六度四分，山甚高大，水东南流，其北岸连山叠岭，相接不断，至阿木齐齐山之西南，孤罗板波罗济山之东北，折而南，有小水自东北来注之。又南，折而西南，与金沙江会。金沙北岸，有三大水来会，指喀七乌蓝木伦及托克托乃乌蓝木伦与此河也，水皆深阔难渡。又东南流，折而西南。又南，歧为数派，二十里复合。东南有济渡。土人曰多伦鄂罗穆衣多昏水，至此分为七歧，故名。衣多昏，华言济渡。又东流，有枯枯乌苏东北自巴颜喀喇西伦衣山来注之。山西北自阿木齐齐山来，甚高大，西二十一度，极三十六度，即昆崙之祖山也。又东南三百余里，为黄河源之巴颜喀喇山矣。山南有池泉水，西流，曲曲西南流二百余里，入金沙江。又东，有济渡。土人曰巴木布勒衣多昏。此及金沙源之呼尔哈渡、拜都渡及阿合打木河之哈拉乌朱尔渡，皆马渡也。折而西南，有小水，自西来注之。又南，歧为二派，三十里复合。南流，左受一小水，当殷得勒图西勒图山及特门乌朱山之西南麓。山脉自巴颜山东南行百余里，一支西南为殷得勒图，又南而西，为特门乌朱，皆高大相连。又一支东西为古尔板。有水东自古尔板图尔哈图山，合诸水来注之。此水源隔山之东南，即黄河源也。古尔板拕儿哈图山南麓，有水西流，曰图哈尔图哈拉乌苏，西南流九十里，折西北，曲曲六十余里，有可苏七老河，东南自阿拉儿巴颜喀喇达巴罕之西北麓来注之。此水源隔山之东，即黄河之南源也。此水西北流百二十余里，合北流，折而西南，有毛伸和尔和河，自南来注之。又西南五十里，有噶布拉河，自东北来注之。又西南三十里，入金沙江。此二水，真在昆崙西麓，与黄河二源止隔一山。折南流，有水自西来注之，曰衣克苦苦色必拉，二源合，东流，入金沙江。有船济渡。曰衣克苦苦赛儿衣多昏。又南百里，有水自西南来注之。又东南，折而东，有池水自东北来注之。地广二十余里。又东南，有水自西南来注之，有船济渡。水曰巴哈苦苦赛必拉，济渡处，冬春用马，夏秋用皮船。又东，折而南，曲曲百余里。又折向东百五十里，有水东北自杂佛洛巴颜喀喇达巴罕来注之。水曰你林喀喇乌苏，此山西北，即拉木拕罗海山，又西即乌哈那哈达。此山之东北，即哈拉儿达拉克阿林。其东南即萨喀喇勒拉克山，北隔星宿海者。又东七十里，有七七尔哈纳苦苦乌苏自南合诸水来注之。苏克布苏克木山，自澜沧源诸岭绵亘而东南至此，有七大山流出七大水。又有威衣母揸鄂模、色勒醋模二池之水，俱东北流，近者八九十里，远者百余里，会而为一，名齐齐尔哈纳苦苦乌苏，三十里，入金沙江。此河颇大，无船可渡。又东五十余里，有忒墨图水自南来注之。水出打克木喀木杂噶山，二源俱西北流六十余里，合而北七十余里，入金沙江。又东三十余里，折东南流百里，有小水自北来注之。水出巴颜喀喇达巴罕之东南山，东南流，折而北，而西南入金沙江。又南，有小水自南来注之。水西南出查阑打租山东麓。又东南百里，有小水自北来注之。水出匝巴颜喀喇山之西南麓，南流百余里，入金沙江。此水隔山，东北即雅砻江源，西去达巴罕百五十里。又南流百七十里，东北有小水西北有角拉克池水来会。角拉克池，周六十余里，在苏噶莽河屯北百六十里，水南流，折东流七十余里，入金沙江。水如十字。又东南二百数十里，入喀木境，有水两源，自西北合而来会，始名布赖楚河。亦曰巴里楚必拉，自那木唐龙山东南至此约千二百里，所会水二源，西南源在苏噶莽河屯之东山噶拉达巴罕之北，有泉十数泓，汇为一水东流，曲曲百五十余里，西北水二源，东南流，合而东南二百里来会。又东二十余里，入金沙江。亦曰布伦楚必拉。又东南六十里，依山麓折西南流一百四十里。又东南流二百里，经冲郭庙北，有水自北来注之。水出朗朗普格山，东南流，折而西南，曲折三百里，入金沙江。又东七十里，折而南，有济渡。曰单冲郭里多昏，其西即冲郭里庙境。又南二百里，有水自东北来注之。水出里辽达巴罕，西南流，折而西北，又西南，共二百余里，入金沙江。始少折而西南流二百余里，至里木山之西南拉都格巴之东北，有水自西北合二水，东南流来会。水流四百余里，入金沙江。又正南流三百里，至达拉阿达之东，越里拉达巴罕之西，又少折西南流二百余里，至巴城西境，有水自东北合二水来会。一水出越里拉达岭南麓，西南流二百余里。其东南一水，西流来会，经巴河屯南，西入金沙江。又南，经巴塘他拉西，折西南流，始名巴楚河，有济渡。曰萃多昏，亦曰巴出必拉多昏。自巴里楚至此，南流稍西一千□百余里。折南而东，稍北而南，而西南百数十里，有水自西北合三水来注之。水出巴河屯西北百里重山中，西南曲曲流三百里，有一水自东北山来会。又南，折东南流百余里，有一水自西南山来会。又东稍南九十里，入金沙江。又东南流百里，有敦楚、麻楚、硕楚三河，自东北合而来注之。敦楚河，亦名登来必拉，源出冈里拉麻尔山西南，曲曲流二百余里，折而东南流百数十里，有札木哈达山流出之马出必拉，即麻楚河也，自东北来会。硕楚河，即缩初必拉，源出冈里拉麻尔山东北之噶木布乃哈达山东北麓，南流，曲曲二百数十里，经萨木品灵庙东，有池水自东北来注之。又南百余里，折西南百五十里，又西九十里，与敦楚河会。又西南八十里余里，入金沙江。又东南九十里，有水自东北来注之。在布木匝喇叭西南。又东南，有水自东北来注之。水源出八突马郭楚山，西南流，经东噶里河屯南桀达马他拉北，又西南，汇为圆池。又西南流，南入金沙江。又东南百数十里，流入云南丽江府北边界塔城关之东。自巴楚渡东南流至此，计六百余里。又东南，右受一小水。又东南，经巨甸汛、桥头汛东，又受小水二。一西北自鲁甸北山，东南流，经巨甸汛南，东注之；一自桥头汛西南，东流注之。又东南，至石鼓汛北，右受一小水。水二源：一出拉巴山，东南流，有一水自西南来会；东流数十里，又受南来一水，东北流，经石鼓汛，西北入金沙江，正当江之曲处。此汛以北，金沙之东岸、北岸及无量河，皆蒙番境。始折而东北流，经阿喜汛北。又东北，经丽江府北境雪山之北，曰金沙江。自塔城关东南，至石鼓二百数十里。自石鼓东北，至雪山，又百余里。始折而东南八十里，左受小水。又南流，经府东南境，有无量河，北合里楚河诸水，东自永北府来会。无量河，上源曰多克楚河，亦曰多喀朔河，源出阳顶文庙西北之沙里楚诺尔池。东南流，折而东北百七十里，又东南数十里，折西南流三百余里，折东南流百余里，有里楚河自东北来会。里楚河，最远源北出里母山东麓，东流，折而南，而东南二百余里，有沙鲁齐山之水自西南来会。又东流百里，折而南九十里。又折东流，而东南二百数十里，至里塘城。东南二水，北出波多拉达巴罕，一东南流，一西南流，凡数百里，合而南，又百余里来会。又西南流四百里，至米黎拉冈地，会无量河。又东南七十里，入云南边界。经永宁土府西北之波罗、西南之大地，凡二百里，其西岸为蒙番界也。又东南，折而南，有小水自西来会。折东流，而东南俗曰五郎河，有六河合为一水，自东来会于永北府之北境。六河在府东北境，曰走马河，三源合，西南流；曰站河、大松河，西北流来会；曰清水河，西流而北来会；曰西卜河，南流注之，又西南入无量河也。又西南流，有观音河，南自府城，东合诸水，绕城北流来会。又西南，入金沙江。此水源流千数百里，颇大。又南百里，一水东北自土顺州来，一水西北自鹤庆府来，并会。鹤庆府水，即鹤川，亦曰漾共江。源北出丽江府西北之玉龙山，即雪山也。南流，经府城西，折而东，经城南，有一水北自雪山东麓，南经城东来会。折西南流，经鹤庆府城东而西南，有一水西自城南来会。东南流，经落水洞，有二水自西南来注之。又折东北，至江边村，流入金沙江，至对顺州水口。又南流，折而西南。又东南流，有枯木河，合诸水自西南来注之。枯木河，源出邓川东境洱海之东北大山，二水东北合流，曰清水河，至坪得村北，有白牙河西北自白牙厂来会。又东流，有高间河，自南来会。又东北，流入金沙江。又东，经宾川州北境陶营巡司前，有三道河，自西北合来注之。三道河源，一曰程海，在土顺州东南境海腰铺之西，长四十里，阔二十里，水南流；有北水东北来，与东来之大冲河会，而西流与合；又西南流，合一小水。又南，于巡司之东南，入金沙江，曰三道河。稍东，有笞旦河，南自州城来注之。笞旦河，上源曰绿溪河，出宾川州南境山，两水北流，合而东北，经州城西。又北，经蔡官营西北，有鸡足山水，自西南来会。鸡足山，即九曲岩也。又北，至片角，西有一水自东来会。又北，有一水自西来会，经笞旦，东北入金沙江。又东流，折而东南，经姚安府北境，有一泡江，西南自云南县来注之。一泡江，源出云南县西北梁王山，东南流，经县城北。又东南数十里，折东北流二里余，有你甸河，西南自宾川州东南境，合数水东北流，至人投关南来会。又北流六十里，有白盐井水，东南自大姚县西北境来会。又折西北流，经铁锁营西。又折东北，流入金沙江。此水于梁王山南流处，又分一派，经云南县城西而南，为河底江之上源。又东，经大姚县北境，有小水二，皆自南来注之。又东北，经苴却营北山，有大罗河，自北合永北土府东南境诸水，东南流注之。大罗河，出永北府东境山，东南流，有一水自西南来会。东北流百里，有泚那河，自西北合四小水，曰泚那河，东南流来会。又东南，流入金沙。此水东北岸，即四川界。又东三十里，雅砻江自北来会。南岸云南界，北岸四川会川卫界也。

雅砻江，即古若水，一名泸水，又名打冲河。源出西番里塘城西北九百里之匝巴颜喀喇山，东南流，曰杂楚必拉。西十八度九分，极三十四度三分。其山西北自金沙北岸、黄河源南岸之阿拉巴烟喀喇岭东，为杂佛洛巴颜喀喇岭。又东南，此山高大，东麓水南流数十里，折而东，而东南流二百余里，有一水自西来会，亦出此山之南阜，实南源也。又东南，有一水自东北来会，番人呼为匝七其哈纳必拉，亦曰齐齐尔哈纳河也。此山西北去河源仅一度五分，其西北即萨喀勒拉克山，其正北即杂普通古查哈苏拕罗海山。自此而东千余里，山北水皆入黄河，山南水皆入此河。又南流百里，一小水自西山来注之。自此而东南，凡西南岸山相连，西南流者入金沙江，东北流者俱入此江。又曲曲东南百余里，有二水自北来注之。其东水曰马木七其拉哈纳必拉，水颇大。又东流八十里，有水自南山中三池东北流注之。水在朗朗普格山之西南，其山脉西北自雅砻江源南行，曲曲而东南七百余里，当巴里楚河。折向西南之东岸山中，一水东北流，汇为拉木楚池，广五十余里。东北流出，为囊必池，广六十里。西北流出，为噶拉木池，广五十余里。两旁皆山，东北流百里，有一水自西南来会。又东北数十里，入雅砻江。又东，有小水自北来注之。又东南流，有水自西南来注之。又东南，有水自西北来注之。水出巴颜秃呼马达巴罕之西重山中，东南流二百余里来注之。又东南，有水自南来注之。又东南百数十里，有一水自西北注之。水出巴颜秃呼马岭之东山，南流，折而东南，曲曲行三百余里来注之。又东南，至巴颜喀拉巴林之南，山西南百余里。折而南流。又东南百余里，有二水，自西南合而来会。又东流百余里，土人名为匝楚七其拉哈纳必拉，折东南流，至马木巴颜哈拉山之西南地，有一水自北合诸水来会。水曰马木齐齐尔哈纳河，一源出山东南流百数十里，有两源水，西南流，合自东北来会。又东南流百数十里，有弥那个出必拉，自东北来会。又西南流七十里，入雅砻江。又南，稍东百五十里，有谢楚河，自东北来会。谢楚河，出年尼茫起山，南流，曲曲三百里，折西南流百余里，入雅砻江。折西南流四十里，有鄂宜楚尔古河自西来会。鄂宜楚尔古河，亦曰敖楚里必拉。源出泽塞冈岭之北大山，南流，曲曲西南流二百余里，折东流二十里，有尼雅克楚河，自东北来会。又曲曲东南流三百余里，折东北流八十里，入雅砻江。又东南流百六十里，有水东北自噶义哥拉岭来会。噶义哥拉岭甚高，水南流，折西南二百里，与东南来一水会。又西南百里，入雅砻。折西南流百七十里，有水自西北来注之。又南流八十里，至马拉木冈岭之东北地。折东南流百余里，又折西南流七十余里，至济渡处。曰八拉马朱苏多浑，亦曰毕尔麻诸速穆渡，即喀木诸番人东往打箭炉贩茶路也。渡在打箭炉边外西二百七里。又西南百里曰鸦砻江，南入四川，占对界有小水，自东北来注之。南经安抚司西而南，自此而南，江之东岸为四川边界，江之西岸为番地。有三小水自东北来注之。又南，有霸湓河自东北合诸水来注之。水出打箭炉西南境山，西南流，合南北数小水，经占对东南境，西南流注之。又南，经喇滚司西，有水自东来注之。又西南流，折而东南，有二水合自东来注之。又南，有二水俱自东北来注之。又东南，西十五度四分，极二十八度，自源至此已，迤一千八百里。自占对至此，南北经五百里。有打冲河自西来会，折而东流。盐井河，亦自西南来会，俗俱名打冲河。打冲河有四源，南源出云南永宁土府南境山，东北流，曰开基河，行百里，折而北流，经甲母山西麓，有一水自西南来会，又北，至府城东南，又有一水自西南来会，曰三坌河，北经城东，而北有一水，西自无量河东岸高山来会。东北流，经乌角寺，东南入四川盐井卫。西北界甲母山之北东数十里，有水西北自番界来，又有泸枯湖①水，自西南来并会。又东数十里，入雅砻江。泸枯河，如曲项葫芦，在永宁土府东南境，甲母山之东，尾广二十五里，迤而东北，经川界甲母山之南，左所山之东，中有三洲，东北曲曲流百余里，入打冲河。打冲河，即古泸水，其北即西番界，番人名黑惠江，一名纳夷江，既入雅砻，又名雅砻江，为打冲河也。盐井河，源出盐井卫南境山之龙塘，西北流，折而东北六十余里，至卫西南，有二小水东北自卫东山，合经卫南西流来会。又西流百三十里，会南来一水，折西北流，有水自云南浪渠土州界合三水来会。又北八十里，有水自东来会。又东北流百余里，入雅砻江。浪渠土州东南二水合流，曰麦架河。西北流，经州西境而北合三小水。又西北流，曰挖开河，有小水自西来会。东北入四川界数十里，有别列河，西自永宁南界东流来会。又东北，有一水自西来会。又东北数十里，与东来之盐井河会。自盐井卫西北界，折而东流，曰三渡水。又东有二水自北合，而东南流注之。又东，有瓦尾山水，自东北来注之。折东南流，经建昌府西南境，右受小水二，左受小水二。东流至此二百余里。始折正南流三百余里，左受一小水，右受五水。曰左所河，自盐井卫东南流注之；曰得石河，亦东南流注之；曰淑崖河，自卫南出东南流注之，此水稍长；曰那噶河，西自云南界山东流注之；曰红果河，亦自界山东南流注之。又东南有安宁河，北自宁番卫，经建昌，合诸水南流来会。安宁河三源，北源出宁番卫北山，南流，合三水，曰瓦那河。又南，合西北来一水，南经卫东而南。其西源自卫西南来会。西源三水，一东南流，一东流，一东北流，约二百里始合，曰小村河。东北流，折而东，经卫南，与北源会。又南经三家营东、冕山营西，至松林西北，有东南源水自东来会。东源二水，一西南流，一西北流，百里余合。西流，经冕山营东南，有小相岭水自北来注之。又西南流，曰泸枯，至松林北，与二源会。又南流，曰安宁河，右受一小水。又南，经礼州所西，有热水河自东北来会。又南，经建昌西境，有水自东北来，经府城南，合南来之热水塘，北来之城西水，而西来会。又折东流，复南流，经河西所东禄马站西。又南，有高桥河，合三水自东北来注之。又南，经德昌所东南，有苦马河自西南来注之。折向东南流，一小水自北来注之。又东南，有落腰河自东北来注之。又折西南流，有梁山河，东北自阿泥来注之。又西南，至公母营西北，有水自东来注之。又西南，经会川卫西北，有一碗水东自分水岭来注之。又西南，经迷易所东。又西南，与打冲河会。此水南流八百里，自大渡河以南，越嶲河以西，诸山之水并会。打冲河既会安宁河，折西南流，经乌喇倮渠南，金沙江自西南来会。会处在会川卫西百十里南岸，云南大姚县东北界也。西十四度六分，极二十六度五分。此江源远不及金沙，流盛相似，亦大江一源也。

金沙江既会雅砻，水势甚盛，又东南流百余里，东北岸四川会川界，西南岸云南大姚界。有大姚河自西南来注之。大姚河，出姚安府南境山。北流，经府城东而北，西北流，至光禄乡，有小水自西来注之，亦曰螳螂川。折东北流，有小关口水，自东南来会。又东北，自大姚县南，有蛟龙江，自西北山经城西来会。又东北流百七十里，有一小水自西来会。又东北八十里，折东南流，入金沙江。又东南数十里，有黎溪水，自北来注之。水出会川卫西南山，经黎溪站口，西南流注之。又折南流，经姜驿西南，折而东流，经和曲州西北之巡司北，有龙川江西南自镇南州、楚雄府、定远、广通，合诸水来注之。龙川江，出镇南州西北山，二源合东南流，经州城南，又东南至吕合西，有柴甸河，二源合，自东北来会。又东南，有一水自西南来会。东南，

① 泸枯湖　通作“泸沽湖”。下“泸枯水”同。

经楚雄府城北，而东有青龙河，南自南安州西南来，经府城东而北注之，折东北流，至腰点北，一水自东南来注之。折北流，至琅井东南，有定远县西北水自西来会。又东北，经广通县北，有水南自县城西来注之。又东北九十里，有水西自山中来会。又北流，经元谋县西境。又北，有水自县城北西北流注之。又北数十里，有水合两涧，自西南来注之，亦曰西溪河。又北，至龙街子，西北折东北流，入金沙江。又东，经武定府北境之白马口南岸，有和曲州水自西南来。北岸有会川卫水自北来并会。大环州水，出南境大麦地。西北流，折而东北，合东南来一水，东北流百余里，经州城东，有暮连水自东来会，折而东北数十里，至白马口，入金沙江。会川卫水，出卫北分水岭，两源，一南流，一西南流，合而南，经卫东，又曲曲南流，合西北来一水，又南，有东安河，东北自鲁魁山姜州堡来注之。又南流，入金沙江。又东北，经狮子厂南府境及禄劝州境之北洒马基。南岸云南界，北岸四川界。又东北有普渡河，南自云南府治昆明县之滇池，汇呈贡、晋宁、昆阳诸水，北流会安宁、富民及武定、禄劝诸水来会。滇池在云南府南，西十三度七分，极二十五度一分。自府城西，迤东南，至呈贡县西南，折而西南，经晋宁州北，又西南，至昆阳州东北，斜长百二十余里，东西广三四十里不等。其上源即府城东二河，源出东北嵩明州接界之山，二水合，南流，又分为二，俱南流，经城而南注滇池。又一源在府西境山中，东南流入池，在碧鸡关北三十里。关之南，即太华山，当池西岸。滇池，即古黑水，亦曰昆明池也。呈贡县北，有水西南流，经板桥驿西。又南，折而西，受北来一小水。又西南，入池。池经县城西稍南，又有二小水自东来合注之。池又西南，经晋宁州北而西，有一水自西南山北流，经城西而北注之。池又西南，经昆阳州东北，有小水自南来，经城东而北注之。池于州东折而北，经六街子东，始西北流出一河，至安宁州东南，有一水自西南经三泊废县南，又东北流来会。又北，经州城东。又北，经太华山西。又北，循西岸山麓曲折稍东，经富民县城东南。又东北百里，至禄劝州东南境，有乌龙江，合掌鸠河自西来会。乌龙江，即武定府西南水。掌鸠河，即府北境白马口东山所出，南流，经上撒甸南杉松营，东而南，经州城之东者也。又北曲曲，曰普渡河，行二百余里，入金沙江。正武定府东北，与四川东川府接界处。

金沙江既会滇池水，东北入四川东川府界。经雪山北，有玉虹河，西北自苦竹坝来注之。水出会里州西北山，合数水。又东数十里，折北流八十里，有会通河，西北自会理州城，合诸水来注之。水两源，出州北山，南流百五十里，其西北一水东南来会。又东南流八十里，自州北有芦那山水，自西南来会。经城而东南流四十里，有一水自东北来会于梁山之麓。又东南七十余里，入金沙江。又北折而东流，有小江自南来注之。小江，源出云南寻甸州西南之清水海，形如悬瓠，周二十余里。东北流，经州西境百里空山西，有小水自东来会。又东北，入东川府南界，经凉水塘西北，折而北流，经阿汪东。又西北，有沧溪自南来，花沟自西南来，俱会沧溪，南出寻甸西北界山。北流，经花沟村东。花沟出南山，北经玉龙村东者也。三水即合，经必古坝西，又西北流，受西南来一水。又折北流，经府西北境，有小水自则补汛西流来会，西北入金沙江，江亦折而西北流也。又折西北流四十余里，折东北流六十里，有以礼河，东南自东川府城来注之。以礼河，源出府南境。有池泉西北流，折而东北，有反补地南北二水，自东南来会，曰以濯河。北流，又有洛泥河自东来会。折西北流，经府南境，而北经城西，又北百余里，入金沙江。又东北五十余里，折西北流百余里，有牛栏江，自东南合云南、贵州界上诸水来注之。牛栏江，上源即云南寻甸州南之车洪江也。车洪江，源出云南府东北之嵩明州，有数水。西南有四源，西一源，西北一源，东北一源，或经州城东，或经城西，至东南境河口合而东流，折东北百余里，至寻甸州东南有一水西自城南来会。又东北有龙潭河，东南自曲靖府马龙州合一水来会。又东北百余里，至霑益州北界，有沙河水西自东东川界东流注之。又东北，为两省界，乃余里，折而西北入东川界。又北，经者海汛东，江边塘西。又北，有水自东来注之。自此东岸为贵州界，百余里有水自东来注之。又北至乌蒙土府南境，曰牛栏江，西北流，有小水自东北来注之。又有头道河，西南自东川东北之墨土溪合数水来会。又西，曲曲数十里，至索桥南，受一小水。又西北百五十里，入金沙江。出贵州界者，南曰瓦擦河，出威宁州西南境，两水合西流，入沙河；又有松树河，西北流入沙河。北曰乌蒙菁河，自府西北境二水合，西流入沙河，以下为牛栏江。又北三百余里，左右受数小水，经乌蒙西北境，马湖府今叙州府屏山县。西南境，西十三度四分，极二十八度三分。折东北流二百七十里，至蛮夷司南，有马湖水自西北来注之。马湖西自黎州山，东南流八十里，有水自西南来会，曰黄钟溪。东北流百里，有二水自西北合而东南流来会。又东北百余里，曰芭蕉溪，折东南流至中都西南，有水自北来注之。又东南七十里，至蛮夷司北，有水自北来注之。又南经司东南，入金沙江，在府西八十里。折东南流三十里，经平彝司南，有大鹿溪，自西南合二水来注之。又东流六十里，经泥溪司南，又东至府城南，有三渡水自南来注之。又稍东北流，北岸受小水二，俱府东水。南岸受小水一。又东至安边铺南，有横江，西南自乌蒙土府合诸水来会。横江，源出乌蒙土府东南龙洞山下之大湖，西南迤延五十余里，西流，折而北，有二水自西南合而来会。又北汇为一湖，经府西南。又西北流，有梁山水自西来会，折东北流百余里，又北流，曰撒油河，经雪山东百余里，有一水自西南来，一水合二溪自东南来，曰各魁河，并会。又北流数十里，有会通溪自西来会。又折东北流，经筠连县、高县西境，曰大文溪，有小文溪自西来会。又东北经庆符县西境，始曰横江。又东北九十里，至安边铺南，北入金沙江。此水源流曲折行五百余里，亦曰石门江。叙州府治，宜宾县西南境也。又东北八十余里，经府城南，又东北，岷江自西北来会。西十一度八分，极二十八度七分。会口在城东数里，其南有来复渡水，自西南来注之。来复渡水，上源曰宋江，有六溪，皆出南大山，流至平寨而合。东北流，经高县城东，折西流，而北有羊落沟、黑桃湾二水自西南来。东北流，经筠连县城西北，又东北流，至高县城西北来会。又西北，曲曲经庆符县城南，而西而北。又东北，曲曲百五十里入江，正对岷江口。

按：金沙自犁石发源，东北流，折而东南，又西南折而东南，至丽江府界已四千二百余里。自雪山北折而南，经鹤庆东。又南折，而东经永北南、姚安北。又折而南，而东北，经会川南、武定北、东川西。又折而北，至马湖南。又折而东北，至叙州府城东，与岷江会，又二千五百余里。源远流长，所受大水数十，小水无数，虽滩多石险，舟楫难行，其为大江上源，无疑也。

〔……〕

〔据清王锡祺辑《小方壶斋舆地丛钞》（清光绪十七年上海著易堂排印本）第四帙第二十四册第629－634页辑录。齐召南（1703—1768），字次风，号琼台，台州（今浙江临海）人。清乾隆举人，官内阁学士、礼部侍郎等。〕

水道提纲·云南诸水

齐召南

中国滨东南海，故直省巨川，未有流出于外者，惟云南南界交阯，其水自北归金沙，东归盘江而外，水之入南海者越境尚多，澜沧、潞江乃最大也。今自东而西，编次自者赖、普梅二河始。

者赖河，出广南府南二百余里土富州之西南山。南流，稍西，曲曲行两山间二百里，南入安南国界。

普梅河，出广南府南百八十里大山。二源，一自山西南流，其源在者剌河源西北六十余里。数十里；一自山东南流，其源又在①东水之西北五十里大山。合而正南数十里，折东南，曲曲又六十里，南入安南国界。又西为开化府河。

开化府河，上源曰乌期河，出府西北百五十里大石牙之西南山。东北流，经村南，又东北数十里，折东南流，经乐农寨北，稍东，有迷勒河自南来会。又东南，合东北来一水，折正南流数十里，有路梯河自西南来会。河出府西十里山中。又东南流，至府西北二十里，有磨底河自西南来会。河出府西五十里山。又东至高山下，伏焉，数里复出，曰天生桥。在府西北十五里。东南流，经府城东北，又东南十里，折西流，经城东南，又南折而东南，

① 在　《小方壶斋舆地丛钞》作“出”，意近。

伏于山下数里，从东南山洞复出，曰天生洞。洞在府东南约十七八里。又东而南，曲曲百三十里，有一水自东北合二溪，西南流二百里来会。此水在普梅河之西百五十余里。又南曲曲数十里，至大山北麓伏焉，复从南麓涌出，是有三天生桥也。未伏时，有赌咒河西自山中东南流数十里，东伏于大山下，数十里复出，而会开化府河俱伏，故南麓涌出之水益壮。又东南，曲曲百八十里，南入安南国界。此水行五百余里，过三天生桥，而赌咒河亦然。又西为三岔河。

三岔河，正源出蒙自县东五十里山中。蒙自县，临安府之东南邑也。西北三十里有长桥海，广数十里，二角向东北及东，四时不涸。东南流曲曲百五十里，有钻天青河，西北自县南境山，东南流百余里来会。又南有那木果河，东北自开化府西南境者安塘之南山下，西南流百五十里来会，曰三岔河。又西南流百余里，受西北来一水，折东南流百六十里，南入安南国界。此水行四百里，又西为河底江。

河底江，二源，俱出大理府南境。东源，出云南县西北六十里之梁王山，即赵州东北界。东南流，至县城西北，分为二派：一支东经城北，折东南流，为一泡江，即东北三百余里，于铁锁之北入金沙江者也；见前金沙江下。此水，源一流分，似与广西湘漓及相思江相类。其一支南流，经县城西境，东南流二十里，折而西南，至迷渡巡司之西，有一溪西北自白崖站北，合二水东南流，又合西南一水而东来会。白崖站北二十余里大山，即赵州东南境云南县之西界也。其山北麓二水，合而西北为赵州北之波罗江，西北入珥海者也。山东南麓，一水东流，一水南流，合焉，又南经站东。又东南四十里，有一水，西南自蒙化府北山，东北流来会。又东至迷渡西岸南，会梁王山水。折东南流百八十里，受东北来一水，又南而东南七十里，而蒙化府水自西来会。西源曰杨江，即蒙化水也，出赵州南境山。在州南五十里。三溪合而南，折东南流，东去白崖站八十里。数十里，经大山西麓。又东南数十里，经蒙化府城之西，折东南曲曲百余里，经旧定边县城北。又东南，有定边河，西自罗求场西北山东南流，东经城南来会。又东曲曲百五十里，会云南县水。两源既合，东南流百余里，折而东而南曲曲百六十里，至碍嘉废县之北。景东府东北境也。折东流百里曰大厂河，受北来一水，又东南流，受西南来一水。又东流，有马龙河自北来会。马龙河，出镇南州南境山中，一溪南流，一溪东南流，俱数十里，合而东南曲曲经楚雄府南境，及南安州之西南境，至旧哨汛西。又东南数十里，折南流，经两山间，又南来会大厂河。此水，源流四百里。又南流，至元江府北境之三江口，有一江，自东北会富民、罗次、安宁、禄丰、易门，西会广通、南安诸州县水，西南流，折而西北，会邦汉水，而西来会，水势大盛。源曰羊溪，出云南府西北富民县之西南山，山之东麓即滇池北流之水，为普渡河，北入金沙江者也。山西麓有溪，西北流，至羊溪冲东北。有一溪，西南自禄丰县东南境山，东北流来会。又北流数十里，经富民县西境，有一溪，东自县西山来会。又北稍西数十里，经罗次县城西稍北，折西流，经羊圈村北，又西南流百余里，经禄丰县城北，有响水河，自北来注之。又西稍南，受西北来九盘山水。又西南流九十里，有舍资河，北自广通县东境山，合二溪东南流来会。折东南流二十里，有妥梢河，西南自南安州南境山，东北流，合南来两龙汛之沙甸河，俱二百里，而东北来会。又东南流，有一水，东北自禄丰县南之炼象关，合二溪，西南流，经太和街前而西来会。又南流，曲曲经易门县西境山中二百里，又东南，而易门水自东北来会。易门水，出安宁州北境山西麓，其东即云南府之西，从滇池北流之普渡河也。此水二源，从西麓西南流而合，又西南流，有一溪，北自老鸦关之西南流来会。又南流，经县西境，至矣栖村①东，有旧县水，西自易门庄，合南二溪，东北流，折而东南，经旧县东来会。又西南，经易门县东北，受西来城北之水。又南，经县东。又西，折而南流百里，与羊溪会。既会易门水，又西南百六十里，经新平县北境，有一水，合二溪，南自县西山北流来会。又西南至新化废州北，折西北流数十里，有一水，东北自李海汛，北自两龙汛至大橄榄，西北自官厂所，三溪合而南，经邦汉汛西，而南来会。又西南二十里，至三江口，与大厂河会。此水汇云南、楚雄二府之半诸水，源流六百余里，实河底江之东南源也。既合，西南流六十里，受西北来一水。又西南

① 矣栖村 《小方壶斋舆地丛钞》作“野栖村”。

五十里，经哀牢山东，折东流，又东南受东北来一水。又东南流百三十里，受东北来一水。又正南曲曲百四十里，至元江府北，曰沅江，有一水西北合三溪，东南流百余里，经府北而东来注之。又东南经府城东北，又东南，有清水河，西自城南来注之。清水河，出元江府南百数十里山中。北流，折而西北数十里，合西来一水，又正北流数十里，折东流数十里，经府城南，合西南一小水，又东入元江。又东南百二十里，受西南来水二，经南昆寨北，又东南有南充河，南自落恐司北流来注之。又东南，经宋龙塘北，稍东，有一水，南自左能司北山东北流，经思陀司北，而东北来注之。稍东，有一水，北自新平县，合数河，南流来会。水出新平县东北山，两源合而南流，曰亚泥河。百里至东境，有襟带河，出县西南山，亦合两源，东北流，折而东，经县城南，又东四十里来会。又东南流三十里，有一溪，自西南来会。又东南，折东流，有怕还乡河，东北自嶍峨县西境山，西南流，合北来一水，正南流百余里，又合东北来罗吕乡水，而南来会。又东流，折而东南，至窝泥寨西，正南经鲁魁山东麓。又南数十里，有白花龙北水，自石屏州东北境山，西北流，折而西南来会。折西南流百里，有一水，自西北合二溪来注之。又南流五十里，折东南，有一溪，东北自石屏州西南境山来注之。又东南曲曲百余里，入元江。此水，源流五百里。东流曰河底江，经阿巴寨北。又东南经亏容甸北，有一水，西南自瓦渣司来注之。又东南，有一水，南自溪处司东北流，而东经亏容司南来注之。又东经六蓬寨北，又东数十里，折东南流百数十里，有一水，北自纳楼长官司，合二溪东南流，折而南，又合东北一水，南流来会。纳楼，在临安府西南百二十里。又东南五十里，经纳更司东，又南百六十里，有清水河自西北来。此水南即安南界。又有一水，自东北来，并会，成三叉形。又南百里，经新寨之西，其西南，为安南国界。折东南流八十里，经坝洒汛之南，又东南，入安南国界。河底江，即元江。源流千八百里，受纳大理府东南，楚雄府南，云南府西南，蒙化、元江全府及临安西南诸水，凡水之不北会金沙江，西会珥海、澜沧，东会八达河、盘江者，俱汇此河。故论云南南出之水更大者，曰澜沧，曰潞江，其次即河底江也。自河底江而西，为李仙江。

李仙江，即景东河，源出蒙化府东南境山。在旧定边县之南三十里大山。西南流，有一溪西北自凤皇山东麓东南流。山西麓水，即西南流入澜沧者。合而东，经虎街南，又东南流，有安定河自东北来会。又东南，经安定关南，又东南，经景东府北境，有沙罗河自东北来会。又东南，东流，经新站街南，又东，折南流，有板桥河自西来注之。又南，有天窑河自西来注之。又南，有大顿河，合二溪，自西来注之。又东南流，经府城东北，又东，折西南，经城之东南，又折东南流，有蛮谢河自东北来注之。又东南经中所塘西，稍南受北来一水。又东南，受东北来之品秀河。又南流，受东北来一水。又南，折而东，有蛮冈河自东北来注之。南流，有阿萨河自西南合二溪来注。稍南，有怕莫河自东北来注之。又东南，经者乐甸西，有大弄河西自镇沅府北山东流来会。又南流，折而西南，经跨泥村西稍南，有四必河自东来注之。又南，有蛮莫河自东来注，即镇沅东境也。又东南，经新府汛东，又正南曲曲流百九十里，经威远州东境，曰把边江。又折东南，复西南数十里，南流，有麻黑河南自麻黑塘东北流来注之。折东流，经把边塘南，又东，有慢冈河自北来注之。又东南，折正南流而西南，又东南，而东流，而南而东南，共二百五十里，有阿墨江自北合数水来会。阿墨江，出旧碍嘉县南百余里大山，与蛮冈河源相近。此水自山东南流，合东北一水，又东南，经三家坡汛西。又东南，经哀牢山西麓，其东三十里，即河底江也。又南百六十里，折东流数十里，又南曲曲经元江府西境二百里，折东南流，有漫会河，自东北来会于阿墨塘之南。又东南曲曲八十里，有他郎河，合三水，自他郎汛南流，合东北之甸索河水，西南流来会。他郎甸索，即元江府南境水也。又南曲曲二百里，至三江口，而把边河自西北来会。此水，源流几六百里。又东南，有萨普河，自东北合三溪，西南流二百余里来会。又东南流，曰李仙江，二百里，有一水自北合二大溪，南流二百余里来会。又东南百五十里，流入安南国界。水北为安南国界，南为老挝界，此水源流千四百里。又西，为澜沧江。

澜沧江，即古兰苍水，疑即《禹贡》黑水，番名拉楚河。有二源，一出西藏喀木之匝坐里冈城西北千余里格尔吉匝噶那山，名匝楚河，即古鹿石山也；山在诺莫浑乌巴什山东北三百余里，卫之东界，喀木之西北界，甚高大，即古所指吐蕃嵯和甸之鹿石山，番名格勒济杂噶拉那阿林。其麓水，东南流，百数十里，会北来之苦克噶巴山之水。又东南流，会左一池右三池水，形若花吐瓣。又东南百数十里，而南而东南曲曲有一水，自西来会，始曰匝楚河。又东南，折而南，会西南来一水。又南流百里，折东南流三百里，会西南来一水，又曲曲东南百数十里，经苏噶莽城西南。又东南二百余里，会东北来一水，又南，会西北来一水，又东南会东北来一水，折正南而西南流百余里，会西北来一水。又南数十里，经叉木多庙东境，又西南，与鄂穆楚河会。一源出匝坐里冈城西北八百余里巴喇克拉丹苏克山，名鄂穆楚河。亦曰敖母渠河。山下十数池，若星宿海，汇西南流八十里，有一水自西北山，曲曲东南流二百余里来会，实别源也。南流，折而东而东南百八十里，又一源曰普陀戎他拉，水源更远，自西南大山南流，折西南，又折东南流三百里，会西北来一水。又东流，折东北流，曲曲三百余里，与巴里喀他水会。二水既合，东北流，折而东南百余里，受北来一水。又东南流二百里，折南流二百余里，受东北来一水。又南，折而东南，经叉木多庙西，又南，与东北来之匝楚河会。二水俱东南流，折而南，至匝坐里冈城东北三百余里叉木多庙前而合。又南流，受东北来一水，始名拉楚河。又南数十里，折东南流二百里，折西南流，经贾庙西北。稍南，有一水，自东北合二河，西南流，汇东南来之滚兆宗城，叉木多庙前水，与南一水北流来会，至此番名默楚必拉。又西南数十里，过札史达克匝穆木桥。在匝坐里冈城东北百二十里，澜沧江自源至此，已□千□百□里①。喀木，境之大桥也。又南数十里，折东南而南百里，有自楚河，自西北来会。罗隆宗城东北百二十里，有楚充千两池水，番俱名布多哥鄂模，合向东南流，会匝楚果公阿林之水。又东南，经灵涡车庙前。又东南流曲曲八百余里来会，亦曰匝楚河。又南，受西来一水，又东南百余里，受东北来一水，又西南，受西来一水，又南流，过占失打哥萨马桥。又西南百里，折向东南，而西南，经察喀罗巴西，又西南，受西来之耶尔马巴山水。又东南百里，受西来之喀他噶里布岭水。又东南数十里，经屈虫帝鲧庙西南。又东南百数十里，经蒙番怒夷地，折而东北，而东南，有一水自西来会。番名拉出必拉。又南，折而曲曲东南二百余里，折而南数十里，自此以前，东为蒙番境，西为怒夷界。至云南塔城关西，入丽江府界，曰澜沧江。江源西已迳七度。

澜沧自入边，经徐那山之西，怒山之东北。西十七度三分，极二十七度四分。东北去塔城关金沙江入边处百七十里，西南去潞江入边处百二十里。南流二十里，受西来一水。自西边界东流，经怒山南麓而东注之。折东南流，受东北来一水，出徐那山东北大山者，西南流来会。又南，经树苗汛西。又南，有一水自东来，一水自西合二溪来并会，形如十字。西二溪，一东流，一东北流，合而东注之。又南，折西南，经小甸塘西，折东南流，分为二派，一支东流至工江汛，合东一水，折而东南，曰工江，曰白石江，又曰漾备江。其正派，南流经风罗山西，折西南流曲曲二百里，有白水河自西北合三水东南流来注之。折东南流四十里，受东北来一水。又折西南流五十里，受西来一水。又南流百二十里，受东北来一水。又南六十里，有表村河自西北来注之。东南流，经表村东，有一水自西来会。又东南，经云龙州西北境山麓，折南流，有松牧溪自西来注之。又南，受东来一水。即云龙州北山水西南流者。南经州西南境，受西来一水。又折东南曲曲百里，有沘江，东北自州城北合小水无数来会。沘江，源曰弩弓河，出北大山，合两涧东南流，至白地坪西百余里。又东南，有小盐井山水，南流合东一溪，西南流经坪东来会。折西南流，合西来水二，东北来水一。又南流，合西来水一，又南，经顺荡井西，折东南流，受东北一水。又东南，受西一水。又东南，有大朗河，

① 已□千□百□里 此处原本疑脱3数字，然概称“已千百里”亦可通。

东北自盐路山，西南流百余里来会。大朗河源隔山而东，即白石江也。又有一水，自西来会。又南流，受东北水一。又南经大波浪村西，又南，受东北来二溪合流之水。折西南流，受西北来二溪合流之水。又西南折东南流，经诸邓井西。又南，受东北来水二。又南流，穿云龙州城而南受东北来一水。又东南流，受东北来二水。至乾海子西，折西南流，经山麓，又西南，入澜沧江。此水，行澜沧之东、白石之西，自北而南，合诸山小水，源流曲曲五百里。又南折西南而南，经永平县西境，又东南受西一小水。出永昌府北境山，东流。又南，有沙木河自东合二水来注之。二水出永平县南山，西流，合而西，经沙木河汛南，又折西北而西注之。又东南曲曲，经永昌东境而东二百里，有一河北自永平县合数水南流，折西南来会。永平县河，出县北境山，在乾海子东南，二源，南流而合东南流，受东北一水。又南，经县城中，稍南受东北来经城东水。又东南，受西北来一水，有锡厂河，自东北来会。又东南，曲曲百七十里，受东一小水。又受东南来狗街水，折西南流六十里，入澜沧江。此水，源流长三百里。又东南百二十里，经顺宁府北境，受南来二溪合流一水。即出顺宁北山北流者。又东曲曲经山麓，又东经云州北境，而漾备江北自大理府南流，汇东剑海、珥海诸水来会。

漾备江，即澜沧之沱江也。北自小甸塘南，分澜沧一支，东流，受东南来一水。又东至工江汛西北，受东来一水。折南流，曰工江，有拉巴山水自东来会。又西南，受西南来二水，折而东，经河西汛北，又东南流，折而南，受西南来一水。又东南，有麦鸡河自东北大山来会。即拉巴山南山也，其东麓水，东北流，至石鼓会金沙江者。又东南，经通甸西北，有一水自西南来，即小盐井西北水东北流者。一水自东合二溪来，并会。即通甸东北山水，两溪西流合而经通甸北者。又东南，至通江塘西，受东北来一水，又东南受东北一水。又东南，经剑川州西境之旧兰州东，有一水自东北来注之，即剑川北山西麓水也。稍南受西北来一水。即旧兰州西北山水，东南流经州南者。又东南，有磨刀河自东北来注之。即剑川州西境水。又东南，受东北来一水。即州西南山水。经大山东麓，曰白石江，又南，经弥沙井西，又东南受西一水，又东受北一水。又东南有东剑海，北自剑川州合数河，西南流来会。东剑海，在剑川州东，上源有三：西北源曰老君河，出州西北百里大山，东南流；其东北源曰千水河，出丽江府西南石鼓汛之南大山，西南流百数十里，至州北境会而南；其东源曰螳螂河，出鹤庆府西北山，西南流百里，与二河合，潴为大泽。又有州北一水，东南流，经州城东北会焉。湖阔二十里，南经城东南，有水自西来，经城南注之。又受东南来一水，湖长四十余里，自西南流出，至沙溪村东，有一溪自西北来注之。又西南，受东北来一水。又西南，入白石江。此水，源流三百里。自东剑海以东诸水，皆于鹤庆府入金沙。又南流，受西来水二，东来水一，即浪穹县西境也。又南，经炼铁街西，受西来一水。县西南境。折东南流，经邓川州西南境，受西来一水，始曰漾备江。又东南而南，经大理府治太和县西北境，又南稍西，至漾备街西，受西来一水。街在府西南六十里。又东南，至合江铺西南，有洱海东北自府城汇北来浪穹、邓川诸水，南流经赵州而西南来会，亦巨川也。珥海以形似名，北自邓川州东南，南经大理府城之东。又东南，经赵州西北，阔三四十里，长百三十里，其大与滇池不异。其上源，即浪穹县之黑水、梅茨、白沙三河也。黑水河，出浪穹县北与剑川州东南界山，两源，一南流，一西南流，合而南，经二营西，又南，而梅茨河自东北山西南流，经二营之东，而西南来会。又南，而白沙河自东来会，南至县东北，潴为巨泽。有西北一水，东流，潴为大池，经城北来会。又东南十余里，有凤羽河，南自邓川州西南山，北流经县南境，折东北流来会。湖自东流出，经巡司北，折而东南，至邓川州北境，分为二派：一南流，稍东，经州城东；一东南流，折而南，曰弥苴河。又南复合，遂潴为巨泽。有芦济河，自东北来，亦潴为泽，西南合焉。此洱海之首也，东西阔四十里。又南，经上关之东，即邓川州城南十五里、大理府城北百里也。又南，受西来山水三，东来山水一，即鸡足山水西流者。鸡足山，在府城洱海之东北九十里。洱海又南受西来一水，即府西北山水也。又南，受西南来经府城北一水。又南，经府城东，至此渐狭，东西仅十余里。南又渐阔，受西来城南及南境三水。又东为小湖、大湖相连，东南经赵州西北，有波罗江，合二水自南而北，经州城东，而西北来会。又西南流出，经下关之南（下关，在府东南六十里，赵州西四十里，北至上关百二十里），此洱海之尾也。又西南四十里，经合江铺南，而西会漾备江。洱海，源流三百五十里，自海而东北，诸山水皆入金沙江，自海东南，诸山水皆入河底江，亦滇省之大分水地也。漾备江既会洱海水，稍西南，折南流百余里，有一水，西北至黄连铺合数水来注之。水出云龙州东北山，东南流二百里，至永平县东北境黄连铺东，受东北一水。又南，受铺前二流合而东流之水。又东南百余里，入漾备江。又南，经蒙化府西境，曲曲而南百八十里，受东北来一水即蒙化府西境山水西南流者。及西来一水。即乐可巧村西北山水，东南流，合南来二溪，又东流入漾备江。又东南，至云州北境，复与澜沧江会。首受澜沧处，西十七度一分，极二十七度一分。会处，西十六度一分，极二十四度七分。亦曰漾濞江，分澜沧，会剑川州、浪穹县、邓川州、大理府、赵州诸水，源流共千余里。

澜沧江既会漾备江，东流八十里，有凤凰山水自北来注之。折西南流，稍东，曲曲百余里，折西南流，云州东南境，即景东府正西百三四十里。有顺甸河西北自右甸城东南流，经顺宁府南、云州城南，合数水来会。顺甸河，上源曰右甸河，出右甸城北大山。东南流数十里，经城东，又东南曲曲百六十里，至顺宁府西南境，有一水自西南来会。又东南百余里，至府东南境，合西南来一水，折东北流，至云州西南，而府城北水东南流，合北二溪、西一溪南流来会。又有永镇关水，合二溪北流来会。又东北，经州城东南，有猛郎河，东北自猛郎司西北合二溪，西南流，经州城东而南来会，曰顺甸河。又东南流百余里，入澜沧江。此水行四百里。又南数十里，折而东二十里，又南流五十里，受东北来一水，即景东府西南境水西南流者。又南，有猛麻河西北自巡司来注之。又南，折西南流百余里，受东南来一水。又西南百余里，受西北来分水岭水。分水岭，在猛缅长官司南九十里猛准之东南。其水北流者，折而西南，为孟定土府南丁河之源。又西南二百里，有棘蒜江，西自孟定土府东南境合诸水东流来会。棘蒜江，上源有二：一曰孟定土府东境之耿马河，合北来、西来二溪。又南流，合东北来二溪，会之南别河。又南流，而东南。一曰土府东南境之南董河，自猛董东北流，合西北来一水。又东北，经猛角南又东流，合南来大溪。又东北流，至猛渗北，与耿马河会。既会东流，折东南，曰猛渗河，曲曲百余里，有一水自西南合二溪来注之。又东流，有南猛河，北自猛库，合二溪西南流。又合东来二溪之会一水者，经猛猛村西北，又南，合西北来二溪之会一水者。又南，经腊门村西，又南，合东来一水，折西流，合西北来一水，又南流百里来会。既合南猛河，又东有猛尹河，南自邦董山，东北流，合东南一水。折而北，经上下二猛尹，又合东西二水，北流来会。又东流，折而东北，曰辣蒜江，有一水北自仙人山，南流来注之。又东，入澜沧江。此水，源流三百余里。折东南曲曲流百八十里有巴景河，东北自镇沅府，合诸水西南流，经威远土州，而西南来会。巴景河，二源：一曰树根河，出镇沅府东北山及北山，二溪。南流而合，经府城东，有二溪，自东南合而来会。又南，西南流，经城东南，又西南五十里，经抱母井南流，折而西南。一曰猛统河，出府西北山，合两涧西南流，经府西境而南百数十里，与树根河会。既合，西南流，有恩更河自东来，正统河自西北来，并会。又西南，有景谷河，自西北百余里，合三溪，东南流来注之。又南，有难可河，自东来注之。又西南，经威远土州城东南，曰巴景河，自西南流曲曲二百数十里，有一水合二溪，北自猛戛，西南流而南，稍东共二百里来注之，水亦大。又西南百里，入澜沧江。此水，源流五百余里。自树根河源山以东水，俱东入把边江，下为李仙江者也。又东南百里，有康郎河自西北合诸水来会。康郎河，出康郎村西北百余里边界大山，有二溪出山合东南流，二溪自西南合而东北来会。东至村西南，折东南流，合西来一水。又南，有蛮河，自西南合二溪东北来会。又东南，折而东流，合北来一水。又东南百六十里，入澜沧江。此水，源流三百里。又南经巨洲，分复合，折而东，有猛赖河，东北自普洱府，合数水西南流来会。猛赖河，出镇沅府南境山。两源，一南流，一西南流，合而南百里，有阑马河，自东北合二溪，西南流，又合南一水来会。又西南流，有暖里村河，西北自威远土州东南山，南流来会。又南流，曰暖里河。有铁厂河，东自西萨村东南，北流，折而西，合北二水，而西南流来会。又西南曲曲百七十里，有追栗河，东北自那库里，西南流百余里，合北来之普洱河，而西南流来会。又西南百六十里，入澜沧江。此水，源流四百余里。又东南，折正南流数十里，又东南流，受南北各一水。又东南，经车里宣慰司西北，有巨洲，分而东复合，至司北，折东南流，曰九龙江。又西南，至橄榄坝西，折东南，至猛沧南境，有罗梭江自东北合数水，南流来会。罗梭江，上源有二：一曰大开河，出那库里南山，南流百里，经小猛罕西，又南六十里，经普藤东，又东南曲曲二百里；一曰龙谷河，出小猛罕东北百余里大山，南流曲曲百九十里，与西北来之大开河会。既会，东南流数十里，有一水合二溪自东北来会。又西南流百六十里，有一水西北自猛养之东北大山，东南流百余里来会。

又西，折而南，经莽支西，又南流，折而西南，曰罗梭江，百余里，经猛沦东，又南数十里，入九龙江。此水，源流七百里。又东稍南流百里，入阿瓦国界。西十五度，极二十一度七分。澜沧自入云南界至此，迳六度，曲折行二千五百里。又东南经老挝界，又东南经安南国，为富良江，入于海。又西，为南丁河。

南丁河，出猛准东南之分水岭，北流，有西南一水来会。东北流，折而北，合东来一水，经猛缅长官司东北，有一水合二溪自西来会。又北，合西南一水。又北，有嵧堡河、李歪河，俱自东来注之。经腊丁西，又北，曰猛缅河，折西北，有分水岭一溪及永镇关南水，合而西南流来注之。即云州及顺宁府南境。折而西流百余里，受北来小水一，大水二。又折西南流，有一水东自猛回合三溪，西流来注之。又南，受东南一小水，即猛勇东水也。又西南，有虎口河，自东来注之。虎口河，出猛撒东南山。两源合西北流，合西南来一水，折东北流，有一水自东南来会。又西北流，经虎口村西，有一水自东来会。又西流，入猛缅河。又西，受北来无梁山水及南来一水。又西南百里，受北来一水及东南来之南路河。又西南百里，至孟定土司土府东北，有南底河自东南来、南滚河自南来，并会。又西流，经土府城北稍西，有小南朋河自北来注之。又西，有大南朋河自北合二溪来注之。南朋河源隔山，即潞江南流也。折南流，入阿瓦国界。西十七度四分，极二十三度六分。在孟定西南二十里。此水，行曲折七百里，不知其入阿瓦后并入何江。南丁河之西，为潞江。

潞江，疑即《禹贡》黑水，蒙古名哈喇乌苏，番名鄂宜尔楚。源出卫地喀萨之北二百八十里，四围大山，中为平野，有巨泽，曰布喀鄂模，当大流沙之东南，泽广袤环曲二百三十里。西二十五度，极出地三十二度至五分。其水从西北流出，百数十里，又成一泽，曰厄尔及根鄂模，广百余里。又从东北流出，八十里，又成一泽，曰衣达鄂模，广长百余里。从此池，转东南流百五十里，为喀喇池，广百二十里，水色深黑，其地即古雍望之嘉湖也。从南流出，曰喀喇乌苏，又东南流曲曲百余里，受西来一水，又南，有布伦儿河自南来会。布伦河，在哈喇池南百五十里，其东有公噶巴噶马山之哈拉河、鱼克山之鱼克河，俱西北流百余里，与西南来之说木池水合。又东北流数十里，入哈喇乌苏。始东流百里，有一河自北合三水及骇拉池水南流来会。又东南数十里，折东北流，经巴楚山麓。又东北曲曲，受南来二小水、北来一小水，凡四百余里，有沙克河合布克河，自西北来会，亦巨流也。沙克河，源出喇萨北七百余里之喀尔占古察岭，南流三百余里，西合都回山之水，始名沙克。又东南二百五十里，北受布克河水。又东南流，西受枯蓝河水。又东二百余里，入哈喇乌苏。布克河，出自布喀山，山甚高大，形如野牛，连峰而东，为诸莫浑乌巴什山，其阴水入金沙，阳水入哈喇。又东北百里，出卫地，入喀木境，折东南流，有索克占旦索河合诸水，自北西南流来会。索克占旦索河，源出衣克诸莫浑乌巴什岭，数水合流，绕诸莫浑乌巴什山麓，东南流二百余里。其西南，有巴哈诸莫浑乌巴什岭及布喀山查汉峰流出之四水来会，历两山间，入喀木地，又流二百余里，入哈喇。诸莫浑高大，自此连山，界金沙、哈喇二江而东南，直抵云南之境。既合三巨流，水势始盛，南数十里，过索克萨马木桥。在索克宗城南八十里。又东南，折西南流，始名鄂宜尔楚河。又西南，受西北来一小水，又折东南流曲曲，受东北及西北小水各一。又东南，受西南来一小水，折而东流，有一河自北合数水，南流至色里苏木拖巴来会。此水长五百余里。又东南百里，受东北来一小水。又东，有一河西南自打里土宗城之敦错池，北流合数水来会。此水亦盛。又东，受南来一水，又东，经罗隆宗城北境，受北来一水，又折东南流百里，过沙布衣萨木巴桥。亦曰札木牙萨母巴桥。又数十里，受北来一小水。又南流稍西，曲曲二百余里，受西来水。折东流，又南百里，折西南流，受西北来一小水。又东南流，经喀所突庙西，又东南流百里，受北来一水。又西南数十里，折东南流，受西来一小水。又南，有敖楚河自东北来会。敖楚河，亦曰鄂宜楚河，在匝坐里冈城西，源出城北三百里纳兰岭，南流五百余里，至家拉穆地，入哈喇乌苏，长八百里。又南曲曲三百余里，受东来一小水，又折东南流，经米喇隆地，亦曰米纳隆巴。又二百余里，入怒夷界，始曰怒江。又南流三百余里，入云南界，曰潞江。计自源至此，横八度，纵五度强矣。潞江自怒夷界南流，入云南丽江府边境，西十七度五分，极二十七度三分。东北去怒山澜沧江入边处，百二十里，在树苗汛西百三十里，东岸有大山。南曲曲流百里，受东一水。又南二百数十里，受东北一水。又南百八十里，至大山东麓，在表村西南百五十里。折而东南流。自入边至此五百里，云南西北以此水为边，其西岸即怒夷界也，故曰怒江。东岸与澜沧相去仅百三四十里之间，中则连山相接，凡东流水俱入澜沧。又百里，至傈僳界东南，全流入云南境，西十七度五分，极二十五度九分。地在云龙州西二百里，松牧溪源西六十里。有一水自东北来注之。又东南，折南流曲曲，经大塘隘东、四十里。马面关东，六十里。又南，折东南流，有一水合二溪自东北来注之。又西南流，经永昌府治保山县西境，稍南，有蒲缥河自东南来注之。即府西南七十里蒲缥站水，西北流，入潞江。又东南，受北一水及西来八湾塘一水，经潞江安抚司东北，其西八十里，即高黎共山也。八湾塘水，出高黎共山东麓，东流，经塘南，至安抚司北而东，入潞江。高黎共山之西麓，即腾越州之龙川江也，山南有分水岭。又南，受西来二溪合流一水。又东南，有一水自东北来注之。水出府正南百九十里施甸巡检司山，西北流八十里，合东北来一水，折西南流百里，入潞江。又南流，有迴环河，合二水自西南来注之。迴环河，出镇安所东南山，西流，经所南，而西而北，又东北经所三面，又东北合西来一溪，又北有邦卖河自西来会，又东北流入潞江。又东流四十里，折正南流曲曲百九十里，有南甸河，东自湾甸土州，合北来永昌府河及南来镇康土州水，西流来会。南甸河，上源出永昌府西北山。东南流百里，合北来一水。又东南，合东北来一水。又南流，经府东，有巨洲，中分复合，曰青华海。稍南，有水自西经城南来会。又东南，经哀牢山西南麓，折东流数十里，经落水洞，又折西南流曲曲二百余里，有姚关水自西北来会。又南六十里，至湾甸土州城西北，又南经城西，有镇康河自南来会。镇康河，上源曰乌木龙河，二源：一出无梁山，西北流；一出其西山，东北流。合而北，有一溪自东来会。又北，折而西，经镇康土州城南而西，有怕红河自西南山北流来会。又北，经土州西，又北百里，合东南来一水。又北，经湾甸土州城西南，又北，与永昌府河会。既合，曰南甸河，折西南流八十里，入潞江。此水，源流五百余里。又西南八十里，受西北一小水。又南，折而东南，受东北一小水。又西南流，受东南来一小水。又西流，受北来一小水。又西南流，入阿瓦国界。西十七度半强，极二十三度九分。地在孟定土府西北百五十里，腾越州南稍东三百余里。自入云南境至此，迳三度半。潞江，在云南行曲折千四百里，其下流，入南海。潞江之西为龙川江。

龙川江，番名薄藏布河。源有二：一出薄宗城东北三百余里春多岭，名鸭龙河，合六水西南流；一源出城西北五百余里东拉岭，名厄楚河，合十余水，东南流至城南，二水合，西南流，曰薄藏布河，经噶克部落及罗喀卜札所属之们布落，入云南腾越州界，为龙川江。自傈僳界南流，入云南边大塘隘之西北，西十七度六分，极二十五度六分，东去潞江仅五十里。南流，经马面关西，又西南流，经瓦甸西，有一水自东来会。即瓦甸东山水西流经瓦甸南者。又南流，折东南，经曲石街东，有曲石河自西合西北二水来会。曲石河，二源：一出西北边与傈僳界之滇滩关南山，东南流，曲曲百余里；一出关东北之明光山，南流，曲曲百里，合而东南，有一溪自西南来会。折东北流，经曲石街南，而东入龙川江。又东南流经高黎共山西麓，其西岸即橄榄坡，腾越州东境也。又南，折西而东南，又西南流，复东南，受东北来镇安所西南山水。又南，有猛弄水自东来注之，又西南流二百里，曰龙川江，有沙木龙东水自西北来注之。水出南甸宣抚司之南大山，两源，南流而合，西南流百余里，经沙木龙山之东北，折东南流入龙川江。又南流，经龙山宣抚司东境，又西南，经遮放司西南，有芒市河，东北自芒市宣抚司合诸水西南流来会。芒市河，二源，出猛弄，南流，合而西南，合西北一水。又西南，经芒市宣抚司北。又西南，有一水自东经司南而西来会。又西南，有南歌朗河自东南来会。又西，经怕底寨北。又西南，受东一水。又西南，经遮放副宣抚司南。又西南，入龙川江。又西南，经猛卯安抚司东，有碗顶河，自东来注之。自此而西，水之南岸，为阿瓦国界。又西南百八十里，折而西，至南喜寨之东南境，汉龙关之东北境，有冈碗河，自北合诸水来会。冈碗河，出龙山宣抚司东北沙木龙山。两源，合西南流，经司西，又西南，合东北来一水。又南，合西北来一水。又南，有蛮胆河，自东来会。又西南流，有景坎河，自东南来会。又西南，经屯兴寨北。又西，受西北来一水。又西南，有南澜河自东来会。又西南，折而正南曲曲，经虎踞关东境（东五十里），又南，经南喜寨东，又东南，入龙川江。此水，源流三百余里。又西，至汉龙关北，有一水西南自天马关外缅国界东流入，合西北小水来会。又西南流，入缅国界。西十八度六分，极二十三度七分。在汉龙关西十里、天马关东南二十里，云南之西南极边，其东南阿瓦国界，其西南缅国界也。龙川江，行九百余里。又西，为槟榔江、大盈江。

槟榔江，出腾越州西北境傈僳界山。地在古勇州之南四十里，神护关之北六十里大山。东南流，合东北来一水。西南流曲曲百数十里，而大盈江东北自州城来会。大盈江，出腾越州北境之半月池。西南流二十里，有龍嵸山水自西北来会。南流至州东北，有一水自南合东南二溪北流经城东来会。折西流，经城北，又西南流数十里，合北来一水。又南，有桥头河自东来注之。又西南，经南甸宣抚司北，又西南，经猛送南，受北来一小水。又西南，与槟榔江会。大盈江，源流三百里。既会大盈江，又有一水自西北来，会于干崖宣抚司之西北。司在大盈江之南，槟榔江之东。又西南流，有盏达河，北自盏达副宣抚司南流来会。盏达河，两源：一北出万仞关与傈僳界山，西南流；一出其西南与缅国界山，东流，俱数十里而合。又东南流，折而西南，经司东南，合西来一水。又南流数十里，入槟榔江。又西南，经翁冷南，又西南，有曩送河西北自巨石关合二水南来注之。巨石关，在万仞关西南百九十里。又西南二百里，为铜壁关，云南极西地，其西缅国也。又西南，有腊撒河自东来注之。河出户撒之东北山，西南流，经腊撒南，折西北流，入槟榔江。又西南流，入缅国界。西十八度二分，极二十四度四分。地在铜壁关之东南百里，虎踞关之北二百里，槟榔江行五百余里。自龙川江而西，边外藏地。最大者，曰雅鲁藏布江，即大金沙江也[①]。又西，曰冈噶江，即冈底斯山水也。池最大者，曰滕格里池。见后。在潞江源布喀池之西隔山。

〔据清齐召南撰《水道提纲》（日本早稻田大学藏清乾隆四十一年刻本）卷二十一《云南诸水》辑录。该篇分论云南境内各江河来源、经过、注入位置等情况，论有者赖河、普梅河、开化府河、三岔河、河底江、李仙江、澜沧江、漾备江、南丁河、潞江、龙川江、槟榔江、大盈江等。另，《小方壶斋舆地丛钞》第四帙第816－822页《云南诸水篇》收录。〕

云缅山川志

李荣陛

川

《滇游记》云：云州东界兰沧江，西界潞江。按：云西为湾甸、镇康，潞江犹在外，然西南有南丁河，亦其水之左支也。兰沧、西洱，唐人有名黑水者，宋程大昌直指为《禹贡》黑水，明李元阳益张之源，西出蒙番，入云南，南经大理、顺宁、云州、缅宁、威远、普洱，折而东，趋老挝、交趾，入于南海。逶迤云缅境内几八百里而右入之，支亦不一，今并志之。

兰沧江西北来，离顺宁县境，而水衷两郡，左蒙化，右云州，互为天堑焉。水环州

① 此说疑有误。雅鲁藏布江流入印度，大金沙江为伊洛瓦底江，各不相干。

北东二方，从此首入，右切习弥之山，东南行，经神舟渡。《府志》云：古渡在下游朝阳寺侧，土寇蒋朝臣围州城，分兵据之，州人潜于此，结筏夜渡，以速援兵。贼骇，以为神，解围遁。今渡名神舟，以此。

右过丙老河水，绕阿轮山麓，而东经阿古止渡，过习宜水。又东，经普明湾渡，至平掌，过丫尾水。又东，左岸入景东境，经羊街渡，渐转南，微东行，经温慎渡，过习腾水。又南，经戛旧渡，过蛮槐水。《征缅图》：神舟渡下游有蛮叠江渡，未详。又南，过佑顺河口。又南，经叶蒲芦渡，过其水。又南，绕龙马塘麓，过蛮弄水。又南，绕波罗山麓，过其水，南经乌言渡，转东，微南行，绕葛蒲塘麓，过其水，入猛麻境。转南行，过蛮蚌箐水、《征缅图》：其口名蛮白江。邦感水、温卜水，南绕丙乾山麓，经罗罗渡，过其水。又南，过打黑水，又南，过南麻河口，迳昆睦山之东。又南，过那戈水，绕行八道箐。以属于缅宁，计其长约三百余里。渡子云：自神舟沿江下四十里，阿古止二十里，普明湾三十里，羊街五十里，温慎一百二十里，戛旧九十里，叶蒲芦九十里，乌言一百八十里，罗罗渡长几六百里，江路纡回，倍于乌路耳。神舟、羊街、乌言、罗罗皆官为船济行旅，余五渡民自为之。然渡子利过客之钱，率不以闻。顷年，奉李制府公文设卡于神舟，以书役主之江楚，游民之入州者并禁焉。兰沧江从缅宁东首入其境，曲折南行至戛里，过上渡，转而西南，右过那限河。河西出猛麻界，接天山山之水四分，西为嵋堡河，北为那戈河，东为那限河。那限河左抱邦东山麓，东南入于江。又西南行，左岸离景东境，全江入于缅宁。西行转微南，右过蛮槐大水、蚌练水。水并西北出，接天山，东南入于江。又西南，过南掌箐水至虎掯，过下渡。又西南，右过蛮顶河，左过沈家砦河。又西南，右过等蹇河、那摩河、那笋河，南行，左过蛮茂河口。河东北出景东界分水岭，西南行，迳上、下蛮茂村，过慢丫水，于其左折而西，又收那玉水、那板水，西南入于江。又西南，右过护蒜河口。河北出于南们山，山西北连体南岷，西南幹所经也。其水东南行，过圈答，又南，右合宁安水于大雀山之东，东行过护蒜汛，为护蒜水，入于江。转南，出缅宁境，入威远地，其下游转而东，左过缅宁之乃泊河，值南东西去。河东北出景东之界，其山北与蛮茂河分水。西南行，右过蛮丫水，而南至乃泊，出缅宁境，下游迳威远，入于江。

兰沧江，自东迤南，斜贯缅中，乌路约二百余里。按：兰沧为黑水之副，中区自江河外，无与絜长者。然在云缅间，广率不能半里，逼处万山，无十丈之平，上下千里，无城郭、村落、田畴，故无行船，非人不能通，无所用之也。右岸阿轮山、八剌山，接天山左岸，无量山并连，亘与州司相终始。其高造云，冬夏雪积山之半，气清无暑，蒸岚浥其下为毒淫，故边发瘴尤厉。《滇志》云：岁五六月，江中有物，色如霜，光如火，声如析木破石，谓之瘴母，人触之则死。又云：起于春末，止于秋杪，岸上草相结为草头瘴时，则行旅皆绝，土风凶恶如此，故非其土夷及附近之为客者，不敢问津焉。

孟佑河，导源府西北右甸之董瓮山，为右甸河。东南行，合猛佑水，为孟佑河。绕阿度吾里，折而东，右带万岷，左带雪山，纳其水。东北由州境西首入小孤山，峙于右，迳昆奔箐，东行，左过大雀山，右抱白石崖，过两温汤水。北转，过衙珠箐、猛麽箐。又东行，抱下衙废墟而下，过螃蟹之口。其水南出头道箐、黑马塘山，与昆奔分水。黑马之泉北流，合众源，过永镇关，为螃蟹河。又北，过蛮培水、荷花海子水。水出东山顶，物怪守之，其荷人不敢取，常有盗水荫田者，云雷暴起，几毙山下，其水并堕于螃蟹河。又北行，过蛮槐，左抱下衙村，入孟佑河。又东，左过南辛河口。河一名小龙河，西北出大雪山。过河中村，南行，右合冷箐，左合琼南箐，薄于线天之岩，其口耸壁，绝高有石室，翳深木中。又南，过担簦桥，有村曰丙布，据南辛之心田，胜一牛平冈，回合可念。其水曲折出山，入孟佑河。东行，迳旧城南，大侯州奉氏土城也，亦谓之上衙焉。奉氏有土之始不可详，万历中，兄赦为知州治此，弟学为目治下衙。既而设流官，治新城，故目此为旧城。河水绕城，散为数汊，南草桥联其上，谓之南河。其桥旧名新惠，康熙中州人以铁索架梁为之，后圮于水。转北行，右负玉案山，至锁水桥阁之左，与顺宁河会。其桥，明季名砥柱，见于《滇游记》，康熙中知州刀飞龙复成之，更名广德。以无坚岸，亦就圮。

顺宁河，导源府城北之腊门箐。东南行，过衢亭桥，桃源水、董永水自左来会。过迎春桥，右转，趋交凰山尾，合瓮桑水，为顺宁河。南行，左带乐平山、九龙山，右带郁密诸山，收其水。南微东行，过洛甸河。河西南出中阿山，东北流，至洛党，入顺宁河。又南，过昙花山箐，转而东，右合于大箐。东南，穿把边山峡以出。又南，右过石头箐，收琼岳、阿苴之水，左合于龙潭，由州境西首入，右绕象山之嘴。出旧城北，北草桥跨其上，为北河，一名南坎河，盖夷语，不识其义。北河，东至锁水阁之左，入于孟佑河。《府志》：复出顺宁衢亭，又谓腊门，失考；而以洛甸为浴甸，皆误。入州境亦然，诸水虽土人号为河，实细流也，近绕城下，《志》尚昧其首尾分合，况他乎！

两河既合，为顺甸河，一名顺佑河。东北行，右过黄草坝诸箐，左过新城河口。河北出猛卯山之首，经丙龙而南，地多沙砾，夏水暴，田辄坏。又南，迳新城之东，云州城也，明万历中，改流建州，治于此。河水又南，过乾海口，海蓄西坡，上广可十顷，其初，水澄深有物潜焉，州人为楼市其侧，航舟以游赏。后或传为龙徙，海渐不盈，城中瘴亦作，而地墟矣，其水下注新城河。又南，东入于顺甸河。穿其东桥，桥一名富春，雍正知州吴元鳌所修，今仅余右趾。又东，右过北麻河口。河南出蛮乃大箐南，与南麻河分水，北麻水北流，西带长坡黄草坝，东带猛稿通，为小猛麻，对南大猛麻为名也。箐内支水十数，翕聚成川，北至俱扎地，入顺甸河，土人亦目为俱扎河。北微东，过猛郎河口。猛郎河，出分水凹北，与丙老河分水，故名。其水南行，绕挨罗哨而东，左会马四河于会掌村口。又东南，带猛郎街，穿其桥，左合于牛楼之河，河北出阿轮山。南流，降于村，有水濆出，平地石穴间，广圆数亩，其气上冲如黑雾，半里外硫腥逆鼻，其热不可探。流稍远，温凉平，土人幂以浴，男女异次焉。水侧有庙，绕柱龙如生，僧云常乘风雨出浴，故锁系之。其水南附牛楼，而入猛郎河。猛郎河又东，右合温奔之水，水西出习弥山蛮冒箐，东行，过温奔，有桥横其上，四巨木为底，长七八丈，覆以石亭，其坚可任数百岁。有杨生者语予云：州地多浮砂，夏潦攻其岸，桥辄坏，故猛郎之工，新旧相接，然如四木者，亦尽林宅之选矣。吁！四木皆大厦材也，而绌为村杠，以待牛马之走，又不能保夏潦之不侵，惜乎！其水东入猛郎河，猛郎河又东折而南，左过蛮著水而甸，入顺河。东南行，左过丙边河、定喜河，右过昆业河、昆票河、昆掌河，左水并出阿轮山、桤木岭，右水并出蛮赖山，犬牙相加，以入于顺甸。又东南，至漫乃，入于兰沧江。其水自西境东，横贯云境，而最纡折，鸟路二百里，江行倍之。总其支派所经，几半云地焉。

南麻河，导源州南之蛮乃山。山南与缅宁分水，东有大龙潭，其水东行，入猛底境，左合蛮况之水。折而南，绕新街于其右，过蛮速水、新村水。又南，右过南满箐水，曲折行，穿柳树桥，迳蛮朵、蛮挨、邦别，而出于司治之东。其地为上圈，奉氏袭土职于此四百余年。下圈绕其外，民户才百余，逼处穷箐，如鳖蹈坎。其水东南行，右过南辛河，夹回龙寺而左转，与南引河合。南引河，亦导源蛮乃山。其西与蛮况分水，南引水东南行，右绕陶幹山，左带菖蒲塘，入猛麻境。折而南，迳锡宜村、白水村。村西大山巅有龙潭，其水东悬流数十丈，并东入于南引河。河又南，右过习元河，导源邦别箐，与龙潭相连，悬岩亦高，或回风激吼，雨则旋至，土人以为候焉。其水东南，入南引河。又东南，合南麻河。东入于兰沧江，鸟路长一百六十里。

南丁河，导源司南之分水岭。其山西于猛猛分水，故以名。南丁源东北行，过其汛，左会猛准水、猛托水，于岭北为南丁河。北行，经昔本里，左过南本水、温汤水。汤在积峡间，四无人径，高岩为扃，深树为帐为哔，泉声清奏盈耳。圆、方二井相承剂，水凉热人之。夏冬盎盎，长如春暮，奉氏有土时逃暑之地。其水东注南丁河。又北行，右过蛮滚水，穿鸳鸯桥，河中石差池为两屋，相抱乃得过，故以名。又北，右过南辛水，出于峡，平豁十数里，迳缅宁城之东，故猛缅司治也。奉氏有碑存缅寺，记其历年九百有余。乾隆十一年，改流为缅宁，其城东距南丁河半里，宁远桥横其上。河水北出，右过南布水，折而西，至蛮判村，南角河自左来会。河导源猛猛界南岷山西与猛托河分水南角源，东行北转，穿铁索桥，邦买水左来会之。水导源西境之分水岭，岭西水入猛回岭，东水迳邦买。东北行，左合猛外河，河北出捧丁渎。东南流，经猛外村，而合邦买水。又东，合南角水东行出峡，入于南丁河。又北行，右带白塔，过南蚌水，入于峡。右过南赖水、南柯水、南梗水。又北，迳邦杰塘，过嶍堡水。水导源雪山，西合众箐水，穿昔甫桥，入南丁河。昔甫，程《图》作嶍堡，夷以音近者写之。

南丁河，西北行，右过蛮顷水。水东出猛麻官房箐，经蔓荆砦，西南入南丁河，即蛮顷也，亦通为梗。折而西，左过遮赖水。水西出邦帕箐，东北行，入南丁河。北经腊丁，即南之转也。右过坝抗水、李歪水、乐腊塘水、蛮毫水，李歪，亦通为狸尾焉。西北行，右过邦海水、迤乃水。水出东北猛麻境之迤乃箐，故名。乃，俗字也，合馁乃为音，行于文。案：其水西南行，入南丁河。折而西，右过伯练诸箐水，西南行，丫河大水自右来，出于峡，入云州猛赖境。丫河，出州西南头道箐，与螃蟹河分水高源，西注折而南，当云缅要道，间关委曲，行者苦之，目为四十八渡水，登于《志》。其后改道北趾箐，愈翳，当午如昏，戒心不能免也。南逾汛，至篾笆桥，水石并险，无民户，一把总驻此，率数十兵，以诘行旅。水穿桥而南，左会蛮乃山箐水，为丫口，又南穿缅宁界，入南丁河。

南丁河，西南行，右过红坡水。水出黑马南岭，其西与色麼分水，东为悬胆形，左通安如、蛮者，右通蛮卡、唐庄，总为一箐。其水东南行，迳回兴山西，为红坡水。山顶有天池，广数亩，味甘冽，行人利之。红坡水，南入南丁河。又西南，右过南便水、丫尾水，左过昆布水、海冬水，迳猛头街之东，名猛赖河。穿木角桥，南行，过张腊水、蛮馁水。旧有藤桥横其上，雍正中易以木石，后圮于水。

猛赖河，西南行，左逼象扒山，右逼乾坡。折而西，过盘河之口。盘河导源州西万岷山，山北水为草坝河，即黄坝河。其南源，总为色木漕水，西南行，迳梨树街、邦别箐、蛮龙箐、大蛙箐，出盘村之右，为盘河。又西南，迳旧口西，红冈水自右来，其水出顺宁之那多砦。东南行，逆入于盘。猛底河自右来，其水西出，顺宁之□□□①，南行入州，过邦信水、安答水。折而东，迳猛底街之南，东绕宝红厂，入于盘。盘河东南入南丁河，此河所历皆深箐，惟猛底稍辟。又西南，左过邦红水，右通新厂水。水出耿马界上蛮弥，山极高大，春夏积雪，其水东南入南丁河。穿其桥，接耿马界矣。又西南，绕白石汛而出，猛回河自左来会。河有二源：象鼻水出缅宁南南岷大山，山东为南丁、南角正源，西南为猛勇、虎口源，西入于南丁，而象鼻水出其西。西北行，至烟地塘，右会箐门水、邦帕水，左会丙一水、张度水。又北行，左会南邦凤水，为邦忽河。《古迹志》云：猛缅邦凤山有诸葛碑，文剥不可辨。其水右绕象鼻岭，而西罢老河自右来绕其岭，合为象鼻水，入云州猛回境。西南行，夹岸皆壁，行者穿河十八渡，乃至街子。其水右绕猛回街，而与象扒水合。象扒水出蛮乌箐，西南行，左合南乌水、昆康水，右绕象扒之山。前时箐塞无路人迹，野象迳以行，故山氏之其水，左过赖河水，而南与象鼻水合为猛回河。南行，左过滕山，水折而西；右过邦糯水，入耿马境。又西南，入南丁河。下游为孟定府境，入于潞江。潞江，本汉类水，唐转为怒水，今人犹名哩江。《山川考谕》云即《禹贡》黑水，西出乌斯藏，入云南，南经大理、永昌，趋缅甸，左挟南丁河，入南海也。此河合云缅，观之，东自头道箐支源，西尽白石汛河口，如丁字之横画；北自缅宁水口，南溯分水之曲源，如丁字之直钩。河以丁为名，云得其横，缅得其纵，大地奇文也。山随水转，云地自猛麼，迄干坡，皆束于水内，其画停匀精好如飞白；惟缅地直钩之背，距南麻差远，有似偃笔而书耳。予尝谓古人制字精六义，而巧附之说亦兴。如“江河”，字固多象形谐声，“河”文从“可”，篆体作“[illegible]”。起自西南而趋北，复南转止于东北，与《禹贡》导河之文叶计。《水经》所注诸水，非古河形，不足以当之，然后世楷体改挑向内，河势亦适南徙。今南丁出于夷疆造化之所流衍，蒲蛮之所循诵，皆出无心，而亦与楷体内挑丁文同。天下事多如此冥合者，

① □□□ 此处原本缺。

不须巧附也。《庄子》“丁子有尾”，音义云世人谓右行曲波为尾，今丁、子二字，虽左行曲波，亦是尾。南丁自南至北，鸟路二百余里，中蟠缅腹，以注于脑。其支派所占，略得五之三，屈而西南，斜贯云州三乡之境，长一百五十里，头道箐以南水皆归焉。

图说附

云缅相连，其图刻于志，摹于科，然粗缪无足征。庚子岁，予兼摄两地，尝令乡约各记其名物，以授工师而嚾民昧于方位，彼此隔乖不能合一。其后，予西赴顺宁，东过猛麻，南极底回之边，颇能条贯其大势，其未及到者，复令人分道以往而精审之。解任后，三儿光宁开方为全图，凡方隅之广狭，山水之附离，道路之曲直，官署、民房、军屯、隘口、墟市多寡远近之数，既详于尺素矣。州有九里三乡，隶村数百，以督赋均徭，虽半出夷语，亦宜略知其概，而图未登也。今春邛河守冻无事，爰发分图所载，准以经见访闻之实界而聊之，校勘仅数日而毕，吁！使是图成之于官，则凡有所期会发遣，可以杜奸欺而预为处，亦与民省事之一端矣。夫在官常苦于日不暇给，及其无事也，追而记之，宜有以益于将来，不可视为蘧庐而愬置之也。壬寅正月十三。

荣陛，字厚冈，乾隆时官云南知县最久，好治舆地之学，其纪述多得诸亲历，非东原、北江诸老空谈考据者可比，檀默斋《滇南诗话》极推服之。此书多纠正志乘之误，尤可宝贵。原刻本《志》“南掌山”一条，紧接上文，混而为一。《志》“澜沧江”一条，按语误与正文平列，今悉釐正。自撰小注，不必别加注字于上。前后各节皆如例，唯中数节有之，当系传写衍文，悉以意删去。据厚冈自记，当时尚有分图，备载山水、道路、军屯、隘口、墟市，与此《志》并行。予询诸袁人，无知者。注中两引《征缅图》，亦不知何人所作，姑存其目，以俟异日之搜求。

光绪丁未腊月，新昌胡思敬记。

〔据清李荣陛撰《云缅山川志》（又名《云缅山川考》）（《问影楼舆地丛书》第一集，新昌胡氏京师排印本）第107页辑录。文末附录光绪丁未胡思敬撰《图说附》一卷，简介李荣陛之生平，充分肯定了其在舆地学研究上重视实地考察，重视史料来源可靠的求实精神。李荣陛（1727—1800），字蓂基，号厚冈，江西万载人，清代文学家。乾隆二十八年（1763年）进士，官湖南永兴县知县，后权署云州（今云南云县），兼缅宁（今云南临沧市临翔区）通判，先后任呈贡、恩乐（今镇沅县）、嵋峨（今峨山县）知县。乾隆四十八年（1783年）、五十四年（1789年）两任云南乡试同考官，后称病返，卒于乡。万载知县黄河清撰《云南嵋峨知县李厚冈先生墓志铭》，较《清史列传》述其生平著述尤详。其一生著作甚富，有《禹贡山川考》《黑水考证》《江源考证》《年历考》《易考》《尚书考》《地理考》《古今体诗文集》等梓行于世，未梓者有《论孟类》《济水辨》《国风解》《地脉地图说》《运铜记》《滇南花卉记》《沅江三录》等。〕

滇南闻见录

吴大勋

上　卷

天　部

风

云南多风，贵州多雨，此确说也。东南风多，西北风少，故能长养万物，生意常早，至冬草木不尽凋。风尤大于清明以后，风虽大不甚凉。按：易卦巽为风，先天卦巽位西南，滇西南也；后天卦巽又位东南，节属立夏，其位与时，固各有宜尔者耶？

雨

三春无雨，小满以后农田需雨之时，则雨泽常沛，五、六、七月晴少雨多，虽当盛暑天气反凉爽，所谓一雨便成秋也。滇地山多，田塍间每有溪涧，泄泻颇易，雨虽多不至成潦。九月以后则长晴矣。我乡谚云：夏雨北风生。滇中暑雨必乘南风，天地之气运行，有不齐者如此。

雷

仲夏之月，雷乃发声，季秋之月，雷始收声，此常道也。乾隆三十八年冬，余在永昌，岁除前一日，忽然阵雨大作，迅雷轰击如盛暑时。彰制军按：彰宝时驻永昌。云：极边地方，天地人物俱不依常度也。

雹

雹，阴胁阳也，阳气暖，阴胁之不能入，则相搏而成雹，而夷人往往托于绝不相关之人事，如谓黑龙潭之鱼，取之则致雹。余在丽江，禁民火葬，一生员遵谕葬其亲于官山，舁棺将至葬所，附近夷民云集，哗然云此山系龙脉，葬之必有雹伤禾稼。该生来具禀，委参军往谕之，人众弗能夺。因一面出示晓谕夷民，以致雹之无理，阻葬之有罪，仍隐谕该生另卜葬。盖夷人识见愚蠢，而其性强悍不可回，顺而驯之则易从，逆而制之则易扰也。事后廉得为首者两人，饬县以聚众滋事拘案，枷责以示惩儆。

雪

滇中气候，南北悬殊，极南之普洱、永昌，其气偏燠，冬不见雪；至东北之东川、昭通，西北之丽江、永北，其气偏寒，雪早而大且多。丽江冬、春时间有微雨，山上即成雪，中甸、维西冬月以后，雪大封山，行旅竟不能通。惟省城气候中和，冬间雪花飘洒，不甚堆积，偶有冰凌，亦微薄。

冷音另

霜雪之外，更有一种似霜非霜，似雪非雪者，其名为冷。纯是细小冰片，蓬松净白，极可玩，阴寒之气甚于霜雪。查楚白《黎峨道中》诗云：马滑前岗冷未消。吾乡檐间垂冻曰冷泽，冷作平声，此则去声。黔中多冷，迤东近黔之处常有之。查自注云：黔中雾雨结成冰也。余以冰雪目之。

气 候

滇中气候中和，夏不甚热，纱葛不用，惟三、四月干旱之时，稍觉躁热，五、六月雨多故凉爽，冬亦不甚冷，拥羊裘可以御寒。居滇既久，适他省殊不耐也。各郡惟普洱、元江为最热，热故多瘴，乃地气之恶劣，非关天时也。东北之东川、昭通，西北之丽江为最冷，冷则水土平和，无有瘴毒。

地 部

潮 湿

江南为泽国，每以潮湿为患，滇中遍地皆山，乃不能因高而燥。在易艮上坎下为蒙，其象曰：山下出泉。山多则随处有泉，流水被道。城市中掘地尺许，水即满注。润泽之功因乎山，即潮湿之气亦因乎山。故衣服易生霉，皮毛易脱，须不时收拾检点。然江南卑湿，往往侵入肌肤，受病者大半由此，滇中无是患也。

〔……〕

放水洞

丽江嶰头岭喇嘛庙按：即解脱林福国寺。后，有一洞在岭下，岭傍有溪涧，集众山之水会流于此，喷薄而来，径至洞口，坌涌而入，伏流山下。逾岭又有洞口流出，仍归溪湖，俗呼之曰放水洞。寺僧于其前建一楼，俾游者得以凭栏观眺焉。使其地无此洞，则水至山下壅阏散漫，无所归着，一切田禾庐舍，皆受其害矣。是何啻黄河之有龙门束其奔腾之势，洵造物者之奇巧哉！

川泽以下水属

川之大者金沙江，《水经注》所谓西洱河，佛书所谓恒河也。按：此大误。源出于吐蕃，自西而东，由永北、丽江，历姚安、楚雄、元江至交趾入海。按：此说亦误。澜沧江源亦出于吐蕃，自北而南，由丽江历云龙、蒙化、顺宁、景东、元江至交趾入海。其潴而为泽者，云南府之滇池，纳省城诸山之水，即所谓昆明湖，汉武帝仿之以习水战者也，西南流按：北流。入金沙江。大理府之洱海，汇点苍山下十八溪之水，南流入澜沧江。二者咸周围数百里，跨连数州县，为滇中大泽。其余水道不一，大约川则沙壅石阻，泽则支流细微，虽有舟楫，就近驶驾，不能远适也。

黑 水

《禹贡》“华阳黑水惟梁州”，又“黑水西河惟雍州”，又“导黑水至于三危，入于南海”。按：《山海经》“昆仑之邱，黑水出焉”，又“三危之山，有三青鸟居之”。注：今在敦煌郡。《尚书》云“窜三苗于三危”，是也。《水经注》：三危在敦煌南，与岷山相接，山南带黑水，是黑水发源于西域昆仑，南流至敦煌，过三危山，经雍州，曰黑水。西河河水出昆仑之东北隅，黑水出昆仑之西北隅，故曰西河，即河西也。窦融为西河大将军，敦煌、张掖、酒泉、武威、金城五郡属之。又经梁州，曰华阳黑水，华阳今属四川成都府。西河为雍之初境，华阳为梁之初境，皆举其初以概其全也。若夫由三危而至南海，中隔甘肃、陕西、四川、云南诸省，一切经行之地，俱略而不书，以至论者聚讼纷纷。《水经注》曰与岷山相接，盖岷山连峰接岫，重叠险阻，自陕西岷州卫以西，绵延起洑，直抵四川成都府之西境。凡茂州之雪岭，灌县之青城，皆其支派。实雍、梁二州之境，跨连甘肃、陕西、四川三省之地也。宋毛晃《禹贡指南》云：观先儒所刊《禹迹图》，黑水在雍州西北，而西南流至云南之西南，乃有黑水口，东南流而入南海，中间地理阔远，不复图其所经，盖即古人略而不详之遗意。愚按图及云南之黑水口，已不为略，盖云南亦梁州之域，其距南海不远。至《禹贡》原文“至于三危，入于南海”，亦非径略之也。雍州统陕、甘二省，在三危之南；梁州统川、滇二省，在南海之北。曰黑水西河，曰华阳黑水，已详叙于前，故只以前后两头稳括之，此正古人文字精密处，若重复铺叙，便索然无味。再按：《汉书·地理志》益州郡滇池按：应作滇池县。有黑水祠。古为梁州，汉改益州，合川、滇属之。黑水自川入滇，合流之水当即金沙江为是，诸葛武侯五月渡泸，亦即此水。黑色为卢，泸水即黑水，亦即金沙江。杨升庵《丹铅录》谓川、滇交界之所也。盖自成都西南流，历叙州、昭通，趋会川，入滇省界，与吐蕃发源之金沙江合流，至元江入交趾达于海。因《禹贡》入于南海之文，系由滇省而入，为详考其源流而辨证之，以俟质诸博雅之君子。按：所说不清晰，因实无此水也。

潞　江

潞江亦发源于吐蕃境，在澜沧之南，按：南字应作西。流至保山县西南。江面甚宽，水有瘴毒，日中不可过，惟寅、卯、辰可渡。南岸为九隆山，山高而险，曲折盘旋，名曰五十三穿。江浒甚热，山上则甚凉，逾此即为野人地，实为中外之界。其水流至孟定、猛密入海，或疑即泸水。黑色为卢，有毒之水名之曰泸，其理近似。泸与潞音相近，沿讹未可知。但武侯南征由越嶲入滇，未必逾永昌，似不可以强为牵合。又丽江西北有怒江，江浒夷人即为怒子，疑即此潞江，怒讹为潞，容或有之。

倒流水

水之顺下，其性然也。惟滇中之水，每有倒流。其最著者，省东四十五里之板桥驿，为自黔入滇孔道，往来于滇者，每于此顿宿。其地溪水自东而西，向内流澌。土人云：饮此水者，去必复来，往往而验。惮远者临去时，至携水自给焉。

绿水湖

五华山麓有绿水湖，不甚大，长约数十丈，水绿色，想以不通流故也。蜿蜒曲折，周围筑堤，跨以平桥，两岸皆平冈，民居罗列，颇有秀色。设有有力者布置辟造，俾成园林，有山有水，天然胜趣，可为省城一名区也。按：亦名绿水河，早年已无水，填湖建屋也。

近华浦

省城西郊十余里，有水泽一区，名近华浦。水甚清浅，当盛涨时，舟亦可通，在太华山麓，故名。泽畔有禅房数楹，可以游憩。凭栏观望，烟水迷离，清气袭人，渔艇咿哑，凫鸥上下，颇有湖水佳景。四时皆可游玩，于夏日尤宜。

温 泉

滇中温泉，所在多有，宁州、白崖、德胜关、寻甸、保山、邓川凡数处，皆可浴，而安宁州云涛寺傍之碧玉泉为最。泉温而净，垢污不停，山石斜覆，景致幽胜，内清外浊，往来不杂。内一池封闭甚严，水极清洁，外另设一池，任往来行人洗濯。按：《居易录》云温泉有三种，朱砂水光赤，硫黄有硫气，乳石则流白而无气，此殆乳石也。寺傍建屋，为上官往来憩息之所。寺前有横峰屹立，高数丈，宽数十丈，嶜岈嵯峨，最为奇特，名环云岩。岩之外为浯溪，又名螳螂川，水声淙淙，昼夜不息。溪之南岸为曹溪寺，寺中有碑，系杨升庵先生所撰文。寺僧云：天雨时，碑面不沾水，颇为奇事。升庵先生，名慎，字用修，蜀人，明大学士杨廷和之子。学问淹博，经术湛深，正德辛未，以第一名及第。世宗朝为议礼事，伏哭左顺门，谪戍金齿，流寓滇中者数十年。往来各郡，所至辄有题咏，滇中能文之士，从游者甚众。尝于临安教授生徒，多所造就，故临之文风甲于诸郡，至今滇之人士尸祝之。

珍珠泉

滇、黔之地，多珍珠泉。永昌西关外之龙泉池，广数十亩，水由地中出，其源如线，旋转而上，如万斛珍珠，随地涌出。水极清冽，中多小鱼，五色皆有，深蓝者最佳。凭栏赏玩，甚足移人。有闸口，农时启之，田亩藉以灌溉，水利尤溥焉。凡珍珠泉，人静时起发甚微，人众喧杂，则芷珠喷薄甚多而不息，有试之者，殊不爽也。

黑龙潭

黑龙潭在省城东郊外二十里许，乃水泉也。潭不甚大，极清冽，有闸口，流入银汁河，省城东北田亩藉以灌溉。潭之上筑室三楹，可以凭眺。山迳清幽，林木茂密，颇足怡情。潭之中有鱼，或一二尺，或数寸，其色黑，游人以粉食投之，群鱼争来吞食，唼唼有声。渔人不敢取，游者亦不敢垂钓，云取之则致雷雹。天旱祷于潭，能得雨。昔吴逆叛时，有薛姓武职，矢志不从，一家数口溺于潭内。按：清兵入滇，薛尔望全家跳此水死，今有祠、墓。

洱海渔火

洱海中渔舟最多，每当暮夜，施网取鱼，数百艘衔尾而行。船有一灯，水中映之，灯有一影，星彩摇曳，湖光浮动，真美观也。闻中秋夜海中出珊瑚树，渔者偶得见之，未知果否。按：《岭海见闻》云铁树生海底石上，干似珊瑚，尾如慧（彗），千年则成珊瑚。渔舟所见者，或是铁树耳。

花桥水月

永平西去六十里至花桥，为征人顿宿之所。桥跨澜沧江，当月晦时，水中间有月影，行者见之则吉。此系学使者吕公告余，据伊云曾两见之，并以诗见示，当不诬也。吕公名光亨，旌德人，辛未进士，今为庆阳郡守。

昭通水

昭通城中无水，只有一井，水臭不可食。城外五里许，有山出泉，去地数丈，喷薄而下，散漫无纪。昔人于泉口凿石为龙，水自龙口喷出，朝夕不息。下造大沟，迤逦流至南门外，构一大石池蓄之，以供居民取携。天地养人之术，固甚神妙，而昔之人肇造之功，亦非浅鲜，郡之人民宜何如尸而祝之也。

天生桥

去下关里许，山行右侧，别有一隅，状如裂，相距约两三丈，而山之面两相凑合，如环桥然，中断不及尺，可跨而行，名曰天生桥。过桥有一小庙，僧人栖止其中，出入则缘桥行。桥高数丈，其下溪水潺湲，石磴林立，捕鱼者列坐其上，真正仙境绝妙画图。赴永昌必经之路，余过此者数矣，至今梦寐中时复遇之。

铁索桥

铁索桥不一，唯永昌霁红桥[①]为最大最奇。两山相去数十丈，高亦如之。桥则倚两山之石，先砌成墩块，架以屋，用大铁索数十根，络木板于上。铁索长逾桥，穿于屋之枋，盘旋至桥之两块穴石，贯之。桥长约五十丈，板屋三十八楹，南北为关楼，有司启闭者。板上行走，铁索摇动，不能稳步。其下为澜沧江，奔流激湍，声彻于耳，足软心悸，所不免也。

溜　桶

溜桶最为危险，东川、丽江皆有之。两山相去数十丈，下则激湍奔驶，无可渡越，而铁索桥工程浩大，无力为之，则有溜桶焉。设一巨索贯于两山之石，用木桶络于索上，人坐其中，前半下垂，直溜如矢过，中须两手攀索以进。或云马亦可渡，万一有失，则化为乌有耳。呜呼，险哉！闻此索系附近居民集众力而为之，岁一易，择吉日宰一牛，众共食之，而成此索不逾宿也。

培风束水

丽江府署倚象山之阳，山水从署右流注于西关，内辟沟道，会流于县署之右，出南关，趋入溪湖，堪舆家谓不利于城内。三十九年，余于南关外沟口上建束水桥以锁之，又于桥之左建培风寺以镇之。寺之前殿为财神庙，后则构杰阁奉奎宿，于名与利均有裨焉。是役也，余为创捐，商民绅士咸踊跃乐输，不三月而告竣。郡城乡闱已脱七科，是年甲午周之松中式，庚子李廷俊、李慎中式，风水之说，颇有因也。

丽江街市

郡城西关外有集场一所，宽五六亩，四面皆店铺。每日巳刻，男妇贸易者云集，薄暮始散。因逼近众山，山水流澌入市，然后东注于溪湖。市廛之民向以泥泞受困，余思另辟一沟，使水从市外行，非不便，民惧于街市风水不利。因谕街傍众铺，各就门面铺砌石街，于进水之口筑一小闸，晨则下闸阻水不得入街，暮则启闸放水涤场使净，俾入市者既免于泥泞，又免于尘埃。而水仍由市流行，当无所碍，各铺家所费无几，而便益无穷，城乡之民，无不感惠焉。

水　碓

或遏溪湖之水，或承山水，构一沟，阻其傍流，使奔注沟内，傍立碓房，内设碓臼，

---

① 霁红桥　通作“霁虹桥”。

如人踹者。沟上设一水轮，与房内众碓相联络，水流激其轮使转，碓身辄自上下昼夜不息，弗用则梗其轮，使弗传，此桔槔之智也。其法川、楚皆有之，盖惟滩湖急流之水乃可行，平水则不能也。黄山谷诗："掘地与断木，智不如机舂。"机舂，即水碓。黄诗本孔融《肉刑论》。

盐 井

滇盐产于地中，穴地为井，汲卤煎盐，盐井俱在迤西南一带。普洱府属之威远地方，竟于淡水河内探得卤穴，甃成盐井。闻以马之喜饮验之，盖马性喜咸，故滇中之马日啖盐少许。倘遇雨水连绵，河流泛涨，溢入井中，可以提而去之，卤复咸。卤水不时有咸淡之分，犹禾稼之有丰歉也。闻卤淡有移补之法，偷取别井好卤倾于井内，则能引之使咸，而被取之井反至于淡。故好卤之井，防守甚严，其理殊不可解也。

〔……〕

求 雨

民间求雨之法甚恶，率数十人披发衣白，如新丧然。舁一神，前后拥挤神轿，故使摩轧作声，势甚汹涌。如此者率数十起，于城市中穿街走巷，任人皆须让避，不则肆行呵斥，虽官长舆马，亦为所辟。此风省中为尤甚，竟未闻有禁之者。

〔据清吴大勋撰《滇南闻见录》（方国瑜、林超民主编《云南史料丛刊（修订版）》第十二卷，云南大学出版社2023年版）上卷第3-26页辑录。吴大勋，字建猷，江苏青浦人，清乾隆三十年（1765年）任寻甸知州，三十八年（1773年）任丽江知府，官于云南十年间，往来奔走，审案办差，边防军务，各郡县游历过半。《滇南闻见录》卷上《天部》之风、雨、雷、雹、雨、雪，及《地部》之川泽、黑水、潞江、倒流水、近华浦、绿水源、温泉、珍珠泉、黑龙潭、洱海渔火、花桥水月、昭通水、天生桥、铁索桥、溜桶、培风束水、丽江街市、水碓、盐井、求雨等皆涉及云南水文献。〕

云南水道考

李 诚

云南水道考序

同里李静轩先生，本其父平斋之学，为戚鹤泉再传弟子，以嘉庆癸酉拔贡，官滇中，历十余任，绰有政声。制府阮文达公令纂《云南通志》，书成授简，其子焕焘摹绘《全省舆图》，称为名作。尝撰《万山纲目》，同人刻入《台州丛书续编》，又为《水道提纲补订》，今佚不传。盖先生殁后，家遭回禄，著述残毁不完故也。

此《云南水道考》，殆亦修滇志时所作，其地理之学，可与顾景范、胡震沧、戴东原、洪稚存、李申耆相埒，而与同郡齐息园后先辉映矣。惟是边徼山深箐密，往往人迹所未经，番夷译语每易传讹。如魏默深以雅鲁藏布江为金沙江源，人尝非之。黄楙材游历印度，著书谓旧图误以藏江连蒲兰布达江。近年，《英缅界约》云大盈江即槟榔江，湄江即澜沧江，厄勒瓦谛江即大金沙江，萨尔温江即潞江，皆滇水之大者。若非亲历其源流，固未易以臆决欤？余从友人得先生遗书，已刻其《古礼乐述》入《丛书后集》。以此编寄翰怡京卿，京卿欣然许为刊布，必将博访周咨，以赏奇而析疑也，因系数语于后。阏逢摄提①腊月，后学杨晨。

云南水道考卷一

北盘江

北盘江，即古存水，《水经》“存水出犍为郁鄢县”是也。今为贵州威宁州，有二源，一出大梨树，一出赐得田。合流为瓦岔河，东流至云南宣威州围幛，为围幛河，右会得吉河水。得吉河源出宣威州西北三十里分水岭，北流经備开村西，又北流，左会断山口水。断山口水源出宣威州西五十里大幞山北，北流经断山口，又北流会得吉河。两源既会，东北流入瓦岔河。又东流经打厂夸都，又东北流至可渡西，为可渡河。又东流经可渡河桥，又东流至皂卫，右会皂卫河水。皂卫河源出宣威州北六十九里倘塘驿西北山，为三岔河。东北流至皂卫，为皂卫河，北流会可渡河。东流为杨柳河，又东流经鹧鸪山北，又东为女儿河。又东入贵州界，而宛温水自西南伏流来会。

宛温水亦盘江西南源也，源出宣威州南四十里束屯，北流经长冲，又北过龙山铺，又北为龙津，又北流至双坝，左纳乾河水。乾河源出宣威州西南水洞头，东流为归沙河，又东至箐门前为乾河。又东流经洪桥铺南，东流至双坝，入龙津。又东北流为宛水，右纳温泉水。温泉一名温水塘，在宣威州东南六里，西流入宛水。汉《地理志》宛温，名县以此。又北流，左纳老浦冲水。老浦冲水源出宣威州西老浦冲，东南流，左纳费冲水，又东南流，至州南右纳遥坡水。遥坡水源出州西遥坡，东流，经庙山北，东入老浦冲水。又东北入宛水。又北，右纳龙潭水，为龙潭河。又折北，左纳朱屯水，又北，左纳何屯水。又北，经大屯东，左纳龙洞水。龙洞水源出宣威州西北龙洞，东流入龙潭河。又北经以把罗南，左纳平川水。平川水，两源，一南流，一东南流，至凹凹路南而合。东南至以把罗南，入龙潭河。折东北流为革香河，右纳勺纳河水。勺纳河源出宣威州东八十里，西北流入革香河。又东北而伏经大山数重，东北出，会可渡河，为盘江。

盘江既在贵州威宁州地会可渡、宛温二源，又东南，经普安、安南二县北境纳拖长江，又东南会马军、宁谷诸河，又南，经安顺、兴义两府境，又南，入广西泗城府北把兰村境会南盘江，为红水江。

南盘江

南盘江，即古温水。《水经》温水出牂柯夜郎县，又东至郁林广郁县，为郁水。又为古豚水。《前汉志》郁林郡广郁县郁水，首受夜郎豚水，东至四会入海，过郡四，行四千三十里。豚水，即温水。夜郎，即今霑益州。今南盘江之源出霑益州西九十里花山洞，曰交河，其隔山即车洪江也。河东流经白浪三川，又东流至松林，东南流经石佛停舟，有巨石如舟，屹立中流。又东南流经九龙山下，有石窍九。水由石窍人，出大谷中十余里，经天生坝，层岩历级，其第三级高数十仞，中有洞曰仙人洞。昔人引水分为二，东流者稍狭，流抱数山，至抱觉庵而涸；西流者曲曲三十里，折而东北至黑桥，折而南至太平桥，玉光溪自东来注之。玉光溪源出霑益州东玉光村，西流入交河。又南，沙河自

① 阏逢摄提 甲寅年之别称，此指清咸丰四年（1854年）。

东北来注之。沙河源出霑益州东五里高桥，一名高桥河。西南流至太平桥，入交河。折西南流至州城西南梅家闸，而西北源腊溪南流来会。

腊溪，一名阿幢河，交河西北源也。源出南宁县西北三十余里翠峰山西盘龙山隁口北。北流，折东南流为双河，合半个烟子冲。两源东流，经凤皇山麓，又东南流为腊溪。二十余里，经阿幢铺为阿幢河。南流至霑益州西南梅家闸，会交河，交水得名以此。交河既会腊溪水，又南流入南宁县境，右会白石江，为北河。白石江有两源，一出马龙州东二十五里石崖间，为响水河，东北流至冯家桥，左会札海子水；一为札海子水，源出马龙州界乾海子，东北流经茶亭哨，至王家屯会西山河、西屯河水，又东北至三岔堡会三岔河水，东南至冯家冲会响水河。两源既会，东流至白石江桥，旧东流入河。嘉庆十五年，改折南流至柳家坝入北河。又南流，经曲靖府城东，又南流至城东南，潇湘江自西北来注之。潇湘江源出马龙州东南木容箐。东北流，绕胜峰山西麓，折东流，经胜峰山北麓、曲靖府城南，过潇湘江桥，旧东流入河。乾隆十年，改折南流至陶家坝入北河。又东南流经上桥，入山峡中，折西南流，龙潭河自东北来注之。龙潭河源出霑益州东二十五里分水岭东，平彝县西四十里白水铺西山峡中。南流经曲靖府东山，会东山龙潭水，又西南流至天生坝入北河。

西南下天生大坝，亦曰响水坝。又西南趋亮子口，西南走越州下桥，又西南流入陆凉州界，板桥河自西北来注之。板桥河，一名北涧，源出陆凉州北境竹子山，东南流经芳华废县右坝，又东至郭官堡，又东流至白塔东入大河。又南折西南，又折而东绕古城堡，折南流，汇为中埏泽。中埏泽，一名云岩泽，俗名东海子，在龙海山麓，周广百余里。交河至此汇为巨泽，极目汪洋。折西流，关上河自西北来注之。关上河一名陆凉关河源出陆凉州东北山龙潭。东南流为瀑布，又东南至白鹤铺，东南入东海。又西，乾冲河自西北来注之。乾冲河源出陆凉州西北普山，合大小乾冲并新发村各溪涧之水，东南至三棵树会流，东经陆凉城北，东南流至城东土桥，东流入东海。又西流至永凝桥，左纳大龙潭水，为赤江河。大龙潭源出陆凉州东三十里山下，一名黑龙潭，西流至城南桥，即永凝桥，西北流入赤江河。又西流，洗马河自西北来注之。洗马河，一名西门河，源出陆凉州西北十余里周官庄山，东南流经串桥，又南流经城西宏济桥，又南流至西华寺前，为洗马河。东南流达晃桥，又东南流至会津桥，即永凝桥，南入赤江河。又西至云南桥北，云南桥河自东南来注之。云南桥河源出陆凉州南爱卫山龙泉，西北流经左所坝，又西北经云南桥北，入赤江河。又西，西山大河自北来注之。西山大河源出马龙州东南四十里大栗树、汤郎两涧，南流而合南入龙洞伏流，砯转如雷，中成巨泽，由南洞涌出，南流为龙洞河。经纳章村，泻为瀑布，南流为迤泽河。又南四十五里，经红石崖至浙宗村，为浙宗河。又南流入浙宗洞，一名三脚洞，伏流如龙洞，南出入陆凉州。南流经古城东，又南流至小百户村南，左纳水箐河水。水箐河源出陆凉州西北桃花山，南流，经小百户村东，又南流，西南入西山大河。又南流至黑飞，左纳关门箐水，关门箐水源出铁山，东流至黑飞，入西山大河。东南入赤江河。又西南流，铺上河自东南来注之。铺上河源出陆凉州西南七十里石子厂，北流经雾露顶，又北流经大地，西北流经阿油铺，右纳横水沟水，横水沟近新哨之溪流。又西至阿泥夷村入河。又西南为叠水滩。叠水滩在陆凉州西五十里，河流一路平衍，至此两山壁立，悬崖二百余丈，翻瀑如雷。又西南，左纳清水沟水。清水沟近天生关之溪流。又西南至大小河口民和乡獐子村南，入澂江府路南州境，为大池江。又西经大村北，又西经茅草房，又西经蔡家营北，又西经护国庵南，又西经土主山北，又西经半月山南，又西经密河城北，又西经大河洲，又西经安家桥，又西经陈家渡，又西龙洞水自西北来注之。龙洞水源出宜良县北贯龙东南山中，又南流宜良、陆凉、路南三界中，南至宜良小薛营西九仓，东南入大池江。又西南入云南府宜良县境，西南经县东北，右会大城江水。大城江源出旧阳宗县北一里明湖，一名阳宗海子。源出罗藏山东支峰西麓，曰弥勒石溪。合众涧流出弥勒石口，左会锦溪，锦溪源出罗藏山北麓，东流入弥勒石溪。潴为湖。周围七十余里，东西两岸山势陡绝。自弥勒石溪口迤北，有七古泉，东北入湖。七古泉，在阳宗旧县西北七里，源出麦田冲，流经北斗村，入明湖。又迤北有日角溪，东北入湖。日角溪，一名芭蕉河，源出阳宗旧县西十五里觉卜山下，伏流入天生桥山腹出为溪，东北入明湖。又迤北，陇丘冲河东入湖。陇丘冲河，在阳宗旧县西北十二里，源出陇丘冲山间，流入明湖。又北为海口，自弥勒石溪口，迤南大冲河自南来注之。大冲河源出阳宗旧县南五里罗藏山之麓，聚众涧为河，北流入明湖。折迤东北，龙池溪自西南来注之。龙池溪源出阳宗旧县东五十里炒甸，会大黑两龙潭、双树泉诸水入湫水洞，西北流，过狮子、象鼻两山，西北至宜良，入明湖。又北为海口，北流入宜良县境，北流为汤池渠。又东北经汤池东，又东北经靖安哨北，为大城江。折东南，分为二流，其北支东北流，左会大赤江水，大赤江，源出杨林花鱼潭，东南流入大城江。东南流入大池江；其南支东南流，滉桥河自西来注之，滉桥河源出宜良县西土潦冲，会九龙池水。九龙池源出宜良县西岩泉寺后，东流合滉桥河。既会东流，东折，入大池江。折东流，白沙河自西南来注之。白沙河源出宜良县西七里黄保村白龙潭，东北流，入大池江。东流，又分为二，其北流，东至龙王庙北，东入大池江；其南流，东经城北，折南流，经城东至城东南，又分为二，东一支东至陈所渡西，东入大池江，南一支南至狗街子北，南入大池江。

大池江，自龙王庙东纳大城江流折东南，三台山水自东来注之。三台山水源出宜良县东十里三台山西麓，西流入大池江。又折西南流经陈所渡，又西南经狗街子北，两纳大城江南分水。又西南经红石崖，西南入路南州境，经席家渡，七江溪自西南来注之。七江溪源出河阳县东北三十里九岐山南麓，东流经九村为九村河，又东流经七江村为七江溪，东流入大池江。又南至竹子山北，黑泥河自东南来注之。黑泥河源出宜良县南四十里竹子山，西北流入大池江。又西南经竹子山西，折东南绕竹子山三面，巴盘江自东北来注之。巴盘江源出路南州东北十五里白龙潭。西南流十里，左会黑龙潭水。黑龙潭源出路南州东南十余里，西北流数里，与白龙潭会。两源既会，西南流至城东兴凝桥，为兴凝溪。又西南经城南板桥，又西南至竹子山，南入铁池河。大池江至此为铁池河，又东南，休柔溪自东北来注之。休柔溪源出路南州东南十五里九盘山，西南流入铁池河。又南，右汇抚仙湖水。抚仙湖源出江川县西北二十里屈颡巅山南绿龙山，为阿件溪，亦曰阿化冲。南流为中河，分一支西流，会冷水泉水。冷水泉源出江川县西二十里西山黑龙潭，东南流为冷泉，会中河水为西河。南流，中河亦南流，并会为星云湖，周八十余里，双井温泉亦会自中河口，东北纳东河水。东河，源出江川县北十五里关索岭，分流左、广二卫，南入星云湖。三源既会，自中河口东南入临安府宁州境，李杞河自西南来注之。李杞河源出江川、新兴界之普妙，东流至宁州浪广东北，入星云湖。又东，纳宁州西北诸山水。又东北，至海门桥，流为港河。东流至河阳境，又汇为抚仙湖。一名罗伽湖，周三百余里，界河阳、江川、宁州之间。自星云至抚仙，中有界鱼石，星云之大头鱼、抚仙之鱇䲠鱼，各至石而回，两不相越。抚仙湖自港河口南入宁州境，龙川河自西南来注之。龙川河源出宁州东北五十里甸头山龙潭村路居龙潭，东北流，经路居乡，又北流，入抚仙湖。折东北，右纳宁州东北诸山水，又东北入河阳境为海口，抚仙湖自港河口北东迤，自玉笋峰东南，西浦泉自北来注之。西浦泉即磬泉，源出河阳县西五里蟠龙冈，石崖如巨螺壳覆山麓，左右双湫夹出。左湫自明湖由罗藏山伏流而来，名燕窝塘，四时常清，挠之不浊；右湫自滇池由海宝山下伏流而出，四时常浊，澄之不清。两泉合流，汇为巨塘，南流，左纳立马溪水。立马溪源出河阳县西北二十里玉印山，南流至兀峪岭，左会剑岭水。剑岭水源出河阳县西北剑岭，西流入立马溪。立马溪又东南流，绕竹园坡，折西南，入西浦泉。泉又南流，右纳石涧溪水。石涧溪源出河阳县西南十里虎山，北流入西浦泉。泉又南，右纳清水涧水。清水涧源出河阳县西南十五里云溪山左，官涧岩山右，两溪会东流，绕蟠龙冈西南，东入西浦泉。泉又南流，入抚仙湖。又迤东，西大河自西北来注之。西大河即罗藏溪，源出河阳县西北十五里罗藏山，绕罗藏左臂，屈曲而东，绕竹园坡，东至塔浮舞凤山前，左纳两山涧水。东南纡折至棕树村，一由旧街子水碾团营入湖，一由十里亭后至立马溪左所入湖，一由青龙庙下东北至瓦窑村大平桥、四均桥、马房村入湖。又迤东，东大河自东北来注之。东大河，即玗札溪，源出河阳县北二十里宝鼎山东。东流经玗札山南，折南流至青云桥，会东谷溪、庄镜泉、北坡泉诸水。东谷溪源出县东六里东谷之麓。庄镜泉源出县东北二十里碌崎山，西南流。北坡泉，即东浦泉，源出县东五里华藏寺。并西南流，入玗札溪，为东大河。又西南流，入抚仙湖。又迤东至海口流出，东入铁池河。又南入临安府宁州境，为婆兮江。右为宁州境，左为广西直隶州弥勒县境，分水岭水自西来注之。分水岭水，在宁州东北四十里。岭西水为龙珠河，南流会瓜水岭东水，东北入婆兮江。又南流经弥勒县阿欲山西，又南至宁州东南婆兮乡，右纳七犀潭水。七犀潭，即大龙潭，冬春澄如镜，夏秋有浑水出焉，流入江。

杞麓湖自落水洞不知泄往何处，想亦入婆兮江，因并著之。杞麓湖源出河西县西北三十里曲陀关，为长河，东流纳甸心村后小河水。甸心村后小河水源出河西县北二十里黄草坝山，东流入长河。又东流，经碌溪山麓为碌溪河，南经东渠诸村，过碌溪三渡，东南汇为杞麓湖。周一百五十里，如环而缺，自碌溪口迤西南，普应溪自西来注之。普应溪源出河西县西南十里螺髻山，东北流经普应山东、河西城西，又北，旧自琉璃山南折东行经城北，今改从琉璃山西引北流，至琉璃山北，折东流而东南，至河西城东南入杞麓湖。又迤西南，大河自西来注之。大河源出河西县西南、通海县西北九冲子山，东流入杞麓湖。又折迤东南而东，右纳通海县西北诸山水。又迤东，黄龙山水自南来注之。黄龙山水源出通海县西三里黄龙山左腋，北流入杞麓湖。又迤东，秀山左沟水自南来注之。秀山左沟水源出通海县南三里秀山，左会温水塘、冷水塘二潭并秀溪水，北流入杞麓湖。又迤东，秀山右沟水自南来注之。秀山右沟水源出秀山右，北流入杞麓湖。又迤东，白马泉自南来注之。白马泉源出通海县东二里白马山，北流入杞麓湖。杞麓湖又自碌溪河口迤东为四军营诸处，纳通海县北境诸山水。又东，左纳甸苴关诸山水。折迤东南，左纳易广铺诸山水。又折迤东南，东华溪自南来注之。东华溪源出通海县东十五里东华山乌龙潭。北流，受冷水洞诸水。经沈家桥，会小新庄大龙潭水、金家渡中龙潭水、姚家湾小龙潭水，北流入杞麓湖。又东为落水洞，洞水由此泄，不知所往，想伏流东入婆兮江。婆兮江自婆兮乡，又东南，而曲江自西曲曲源流四百里来会。

曲江，源出澂江府江川县西南兽头山，曰大溪。南流折西流，经河西县夹雄山北，折东北流经江川县普妙乡，行三十余里至小矣资，香柏河自东北来注之。香柏河源出新兴州东北七十里蒙习山东麓与晋宁州分界处，西南流经安花村，又西南经芋苗村，又西南经大矣资，又西南流至小矣资，西入大溪。折西流，经王鸣喜，撒喇河自东南来注之。撒喇河源出新兴州东南二十里乾海资，北流经灵照山西，又北折，东北经灶君坡北，左会哨河水。哨河源出新兴州东南十里石灰窑。北流经平顶山东，又北折，东流至灶君坡，入撒喇河。又东流入大溪。又西流至戴家屯，罗麽溪自北来注之。罗麽溪源出新兴州东北二十五里罗麽山下。

白龙潭由白塔山后会小龙潭水，北流经普具笼城，折西又折而南，为罗麽溪。南流至戴家屯，南入大溪。折南流至新兴州城西北康阜桥，罗木箐自东北来注之。罗木箐源出新兴州东北三十里响水，西南流蒙习山阴，南流经北山白云寺前，折西流经龙门村，又折南流过康阜桥，南流入大溪。又西南流至通年桥，为玉溪，西河自西北来注之。西河源出新兴州西北五十余里昆阳酸水塘，西流会铁炉关水，折南流会母猪箐龙潭水。又南流经刺桐关西，又南流至陈家屯，右会奇梨溪水。奇梨溪源出铁炉关西十五里椒山南麓。南流为乾河，南行三十五里至蚂蟥箐，南折东北流矿塘箐七里，至黄草坝落水洞，而伏东行八里，至奇梨山下涌出，为奇梨溪。九泉分灌，聚为一泓，亦曰九龙池。南流至陈家屯，会西河。两源既会，东流至通年桥，入大溪。又西南，窑沟自东南来注之。窑沟源出新兴州东南八里平顶山、后窑山东麓，北流经徐家大山东，又北折，西流经徐家大山北，西南流经州城南，又西至金官屯，西北入大溪。又西南，牟溪自东南来注之。牟溪源出新兴州东南、和尚湾西南牟溪冲，东北流折西流，经梁王山南麓，又西流至凤皇山西北，左会奴喇河水。奴喇河源出新兴州西南三十里奴喇山后，北流经密罗村，过禄匡城东，又北至大营村，会牟溪。两水既会，西流入大溪。又西南经甸尾村，流两山间，黑龙潭水自北来注之。黑龙潭源出新兴州西十五里龙吟寺，南流入大溪。又西南，甸苴河自南来注之。甸苴河源出新兴州西南三十里尖山，受甸苴山谷水，北流入大溪。又西南，良江河自西北来注之。良江河源出新兴州西北三十五里良江村，东南流受两山潦水，又南流入大溪。又西南，清水河自西来注之。清水河源出新兴州西七十里光山东北，东北流经桤木岭，折东南流，南入大溪。又西南至嶍峨县西北十余里，入嶍峨县境，曰猊江。南流折东流，经嶍峨县城北，又折南流经嶍峨县城东，又南至城东南，练江自西南来注之。练江源出嶍峨县西六十里胜郎山东麓，东北流经新平县练庄，为练庄河。又东北经石屏州境，为龙车河。又东北至嶍峨县西十五里大麦地，左会老鲁关水，老鲁关水源出嶍峨县西六十里老鲁关山东北麓。东流数十里，至大麦地东南入练庄河。又东北流，为练江。东北至嶍峨县东南，入猊江。

猊江既会练江，为合流江。东南流经河西县西五十里碌碑乡，东山河自北来注之。东山河源出新兴州南三十四里、河西县西三十里曲陀关，南流折西流，过梁海村，右会东山湖水。东山湖，一名玉湖。源出故研和县东南东山之西，周三里，南流入东山河。折东南流，过古城山下，又南折西南入碌碌河。猊江至此，为碌碌河，又东南，舍郎河自西来注之。舍郎河源出河西石屏境上山，东流经舍郎村，又东流经木加沙东，入碌碌河。又东南，右纳六村河水，至此为曲江。六村河源出嶍峨县大鱼口，东流经通海阿嬢村，又东北入曲江。折东流至馆驿西北，右纳馆驿西北流水。又东至馆驿北，石壁泉自北来注之。石壁泉源出建水县北百二十里，自颜家坡南流，至侯家箐十余里，南入曲江。又东流，东山龙泉自南来注之。东山龙泉源出建水县北九十里，北流入曲江。折东北流，瓜水自西稍南来注之。瓜水，一名浣江，源出宁州北三十里青龙潭。南流经州西南，右会恩永河水。恩永河源出宁州西山中，东流分为三：一灌西郭田，一灌南郭田，其中流东会瓜水。两源既合，东南流，右会丁矣冲水。丁矣冲水源出宁州南丁矣冲，西流折北会于瓜水。又东南，至宁州南，恩永山水自南来注之。恩永山水源出宁州南六里恩永山，北流入瓜水。折东北流，二龙河自东北来注之。二龙河，一名龙珠河，源出宁州北四十里分水岭。西南流，经城东，又南流会瓜水。折东北流，入曲江。又东北流至婆兮乡，入婆兮江。

婆兮江既会曲江，折东流为盘江，巴甸河自东北来注之。巴甸河，一名八甸河，亦曰巴盘江，又曰息宰河，源出广西州北四十里额勒哨东西度脉处。南流额勒哨北水北流。经阿庐山西龟山东，又南流至弥勒县界，为瀑布河。南流至赤甸，右会赤甸泉水。又南流，白马河自西北来会。白马河源出弥勒县北三十里北倾山。东南流，会步阙温泉。步阙温泉源出弥勒县北三十里步阙寨，流北倾山下，会白马河。白马河又东南流三十里，至弥勒县东北五里，入瀑布河。又西南流，至弥勒县城东，山金河自西北来注之。山金河源出弥勒县西二十五里蛇花山口。合柏枝、古黑箐二水，东南流经城北，环城分注八甸，东经郭家山北，东南流至涌甸、南抚甸，北入八甸河。又西南流，至弥勒县南，阿欲泉自西北来注之。阿欲泉源出弥勒县西十里阿欲山。东流，右会梅花温泉水。梅花温泉源出弥勒县西五里梅花岩，东北流会阿欲泉。阿欲泉又东流，左会阿当泉水。阿当泉源出弥勒县西七里山中，东南流入阿欲泉。阿欲泉又东流，至城南东入八甸河。又南流经鳌头山西，又南流，竹园村龙潭水自东北来注之。竹园村龙潭水源出弥勒县南五十里嶍冈哨山中，南流潴为龙潭，又西南流入八甸河。又西南经构甸坝西，为息宰河。又南经十八寨东，又南经溯普西，翠微温泉自西北来注之。翠微温泉源出溯普西北翠微山，西南流入八甸河。又西南入盘江。又东南流入阿迷州境，泸江自西南曲曲源流三百余里来会。

泸江源出石屏州西三十里宝山南麓，其北麓即六谷冲源。会关口横冈以东诸山水，东流为宝秀湖。一曰西湖，亦曰赤端湖。延袤二十余里，东流，左纳大松树泉水。又东流为九天观大塘，右纳旧坝水。又东分为二流，南北绕城，而东纳四面诸山溪涧之水。至城东合流，经番卜竜北，出化龙桥东汇异龙湖。异龙湖广袤一百五十余里，中有三岛：小岛曰孟继龙，亦曰马阪陇，旧建浮石庵，今废；中岛曰小末束，亦曰小水城；大岛曰和龙，亦曰大瑞城，有九曲，即五爪山插入湖中者。东流为湖口，王家冲自南来注之。王家冲源出石屏州东南王家冲南山中，北回流至白家寨入湖。沙河自北来注之。沙河源出石屏州东五十里回龙山，西南流回曲至王家地入湖。东流为泸江河，旷野河自北来注之。旷野河源出石屏州东北四十里芦子沟，为泸江北源。南流会异龙湖水，为泸江河。又东流，黄龙潭水自北来注之。黄龙潭源出建水县西十五里绍和山，南流入泸江。折南流，又折东流经临安府城南，又东北流，白沙河自西北来注之。白沙河，一名北沙河，亦曰北沟河，源出建水县北十五里晴山，俗呼窑沟。南流经碗窑，纳圣母泉，圣母泉在建水县西北二里圣母祠右，一名半天井。绕城东流折东南流，入泸江。又东流，象冲河自西南来注之。象冲河，一名小河，源出建水县西南九十里、纳楼土司西南八里曲通山。北流至纳楼司北，入仙人洞。洞右有黑龙潭，北流为象冲河。又东北至拖泥坝，草湖自西南来注之，草湖源出白水河。北流，为草湖，在建水县南十五里，广八九里。西连西湖，广二十余里，东北入象冲河。小河自南来注之。小河源出建水县南四十里黑龙潭北，入象冲河。又东北流，塌冲河自西南来注之。塌冲河，一名中河，源出石屏州南百余里松子园。东北流，会象冲河。象冲河既会塌冲河，东北流至三江口，入泸江。又东北流，赛公河自北来注之。赛公河源出建水县东北四十里云龙山左冷水沟，南流经南庄村，为南庄河。又南流，右会青云桥河水。青云桥河源出建水县北十余里马家冲，东南流，过青云桥，会南庄河。又东南过赛公桥，为赛公河。经中所马军营，南入泸江。又东北入岩洞，伏流十余里，至阿迷州界万象洞流出，为乐荣河。东流绕样田山麓，东流至燕子洞，又伏东出，鸡街河自南来注之。鸡街河源出蒙自县西八十里建水县界内白云山，东北流经蒙自县西五十里建水县界上之乍甸，又东北经蒙自县西之鸡街，为鸡街河。又西北至万里桥，左会倘甸河水。倘甸河源出蒙自县西七十里之木马冲，北流至城西六十里飞霞洞，左纳洞泉。又东北流至石岩寨南万里桥，会鸡街河。两河既会，北流至阿迷州南十五里，南洞水从洞中伏流北出，为清水河。北流至冰泉山，西北入乐荣河。又东流经阿迷州城南，折东北流，东山水自东来注之。东山水源出阿迷州东十五里龙洞，西流入乐荣河。又东北流入盘江。

盘江既会泸江，折东北流，经溯普南，入广西州境。又东北至弥勒县东南盘江山南，石穴中混水自北来注之。盘江至此，为混水江。石穴中混水 泸川源出广西州北三十里矣戈河桥东北两山间，西南流为矣戈河，又南经平沙哨西，又南流二十里至阿卢后洞，伏流穿洞，由前洞南出，为泸源。东南流绕翠屏山西麓为鳌岛，又东流绕翠屏山东麓为丘岛，又东南至蝠岛下会东河水。东河源出广西州东北，江头村。龙湫数处汇为河，南流，折西南至蝠岛下会西河。两河既会，为矣邦池，一名竜甸海，周三十余里。东南流，汇为支醎塘，由尾闾泄入伏流，至盘江山涌出，南入盘江。又东北流经丘北县北上下彝嶆中，五罗河自北来注之。五罗河源出师宗县东南难当坡南，南流经五罗河寨，西南入盘江。又东北至师宗县东南境，东与广西西林县分界，曲曲二百八十里，清水河自西南来注之。江至此为八达江。清水河源出丘北旧城盘龙山盘龙寺龙潭，东北流经罗马坡北，又东北流经罗鹅南，又东北流，凡二百余里，入八达江。折北流入罗平州境，马别河自西南开化、广南曲曲源流四百余里来会。

马别河源出开化府文山县北凤皇山北麓。东流为一字桥水，又东流经法土竜故城麒麟山，北折东北，经诸葛山西，又东北经狮子山西，江那水自西来注之。江那水源出文山县北、江那县丞西南山中，东流经江那县丞南，又东入马别河。又北流经江那县城东，又北流经新塘东，又北流经乾河塘东，又北流经阿鸡塘东，曲曲百余里，入广南府宝宁县西界，维摩塘水自西来注之。维摩塘水源出广西州五嶆州判西南山中，东流经维摩塘南，又东流入马别河。又北流经维摩塘东，又北，维摩塘北水自西来注之。维摩北水源出五嶆州判西北山中，东流入马别河。折东北流经衣落寨东，又东北经弥勒湾东，又东北经杨伍东，又东北经长冲西，曲曲百余里，法白水自西北来注之。法白水源出法白北山中，南流经法白东南，入马别河。折东流至安排营西，者种河自东南来注之。者种河源出宝宁县北者种北山中，南流经者种西南，左会者种南山西来水。折北流，经六郎下安排南，又西北入马别河。又东北流，下安排水自东来注之。下安排水源出六郎东北山中，西流至下安排西，入马别河。又东北凡曲曲一百三十余里，入师宗县境，东北入盘江。

盘江又曲曲西北，折东北一百里，至罗平州东南境新寨，为云南、贵州、广西三省界。块泽河西北自霑益纳众流，曲曲源流几五百里来会。

块泽河源出霑益州东二十五里分水岭东，东流至白水关，出响水洞，为响水河。又东流至多罗铺南，河北有多罗海海。又东至平彝县城西，为十里河。清溪河自北来注之。清溪河源出平彝县西北十五里落水洞。有窍九十九，汇西北山中水从窍入，东南至蒙洞山下洪源洞流出。会众流入紫泉洞南，自清溪洞流出，为清溪河。又南流经霑益州羊场，为羊场河。又南入响水河。折南流经旧亦佐县西北，明月所水自西北来注之。明月所水源出贵州普安厅小洞岭，西南流经明月所，又西南流至亦佐废县北，西入块泽河。又西南经块泽坡，为块泽河。又南至罗平州东北，恩勒河自西北来注之。恩勒河，一名乾河，源出罗平州北恩勒村北山之北水槽汛西。西南流经黄泥沟汛北，又西南至峭壁仙锄东，折南流，又折东流经乾桥，又东流经上河汛南，又东流经羊场汛南，又东流经恩勒汛南，又东流经马把山北，又东南流，清水沟水自西北来注之。清水沟源出罗平州北回窖坡。东流经桃源寨，折南流入乾河。又东南入块泽河。又东南流，蛇场河自西北来注之。蛇场河源出平彝县南蛇场山，西南流经陆凉州东北，右纳东南来一水，折南流，又折东南，师宗水自东南来注之。师宗水源出师宗县西南四十里额勒哨分水冈北。北流至师宗县东南，会落竜洞水。落竜洞水源出师宗县东南落竜洞，北流会额勒哨水。两水既会，又西北流至大河口，左会通源洞水。通源洞水源出师宗县西三里通源洞。南流折东，经城南，又折北流，折西北流，至大河口，会落竜洞水。三水既会，西北流入罗平州境，北入蛇场河。又东北流经竜甸南，历三峡，为三峡江。东北流经罗平州城西北，鲁沂河自南来注之。鲁沂河源出城南龙王庙。北流，经城西，又北流，入三峡江。又东北流经城北，为喜旧溪。又折东南流经九龙桥，又东经喜旧汛南，又东南走淑龙山北，东流至块泽村，会块泽河。折东南流，为栖革江，亦曰以则江。东南流至旧亦佐县东南界，黄泥河自北来注之。黄泥河，一名小黄河，源出贵州普安厅乐民所，南流至平彝县、旧亦佐城、罗平州各东南界，入栖革江。又东南流入贵州普安厅境南，入八达河，亦曰八达江，即南盘江。盘江折东流，走贵州、广西两省界东南，至广西泗城府北把兰村，会北盘江。南盘江至此，源流千八百余里。北盘江至此，源流九百余里；两盘江既会，东流会郁江、桂江，东至广东四会入海，源流共四千六百里。

西洋江

西洋江，亦曰南盘江，《水道提纲》以为即古夜郎豚水，其实非也。豚水，盖即温水耳。江源出广南府宝宁县西北六十里板郎、速部、木王三山。合流，东北折而东，经者兔塘西北，又折而东南，曲曲四十里至府西北，松木岭水自北来注之。松木岭水源出保宁县西北松木岭，南流入西洋江。又东纳东北来一水。东北水源出宝宁县北山中，西南流入西洋江。折南流经望龙桥，又南，红石崖水自西北来注之。红石崖水源出宝宁县西七十里红石崖。两溪合流，东南入西洋江。折东南流，为西洋江。至府城东南，响水河自西来注之。响水河源出宝宁县西南八苗寨，东流入西洋江。又东南折东北，经西洋江塘，又东北经乃安西，又东北经板蚌凤西，又东北经坝下塘西，又东北经威泌塘西，又东北经洞柴塘西，又东经西宁村北，曲曲一百五十里，同舍河自东北来注之。同舍河，一名土黄河，有两源：一出宝宁县东北分水岭，两涧合流而北，又东北入广西西宁县界，经剥贯村东；一出宝宁县北者洪汛，两涧合流而东，经科岩北，又东入广西界，经剥贯村北。又东，两源合流，又东北受西南一水。折东流，又折东南流，受西北一水。又东南流，受东北西隆水。又南流经西林县东南，驮门河自西来注之。驮门河源出宝宁县东南山中。合二溪，西北流入广西界。折东南，合绿驮河，入同舍河。折东北，又东南至广南府界上，入西洋江。折东南流，经达板塘东，又东南经者丙塘东，剥江自南来注之。剥江源出保宁东南、达板塘西南山中，两涧合流而东，者桑水自南来注之。者桑水源出洞耶戈革诸山中。两涧合流，北经那尾西者桑东，又北会剥江。又北，入西洋江。又东，经剥莪北，者郎河自西南来注之。者郎河，一名楠木溪，源出宝宁县东南八十里花架山。东流至普斤塘北，南江溪自西南来会。南江溪，一名南汪溪，源出麻卯、僻令二山，东北流至普斤塘，合楠木溪。两源既合，东流至石洞而伏流十五里，复出东流。经归朝北，又东北至平洋村北，广西归顺州水自南来注之。广西归顺州水，曰小镇安溪，曰下劳村溪，合而东北流；曰那旺村水，曰东水，合而西北流。两源既会，东北流入者郎河。又东北至那洞北，又纳广西西北来水。又东北经那万西，又东北至剥隘西入西洋江，源流曲曲三百里。又东经剥隘北，又东经北濑北，东入广西界，会左江，为郁江。

云南水道考卷二

金沙江上

金沙江，即古绳水，《汉书·地理志》绳水出徼外，东至僰道入江，亦即古淹水。《水经》江水又东南，过僰道县北，若水、淹水合从西来注之。又云若水南至会无县，淹水东南流注之。旧《志》仅云出吐蕃犁牛石下，不知其处。今按：金沙江源出西藏衙地北境巴萨通拉木山，番名木鲁乌苏。在岷源西二千余里，东北流，折而东南，又东北流，曲曲三百余里。有喀齐乌兰木伦河，源出巴萨通拉木山西北五百里勒斜尔乌兰达布逊山，东南流曲曲九百里来会。又东北流，有拜都河南自拜都岭北流行三百里来会。又东流，纳南来一水，又东北流，有阿克达穆河南自阿克达穆山，合众流东北曲曲五百余里来会。折北流，有托克托乃木兰木伦河，西至锡津乌兰托罗海山，东流曲曲八百里来会。又北折东流，有帀伯辉河，南自阿克达穆山，北会众流西而北流，曲曲四百余里来会。又折北流，又折东流，有玉树四土司水自南两源合流来会。又东稍南流，有玉树三土司水自南两源合流，西折北流来会。又东南流，有那木齐图乌兰木伦河，西自大戈壁东，东流千里，经玉树二土司南巴颜喀喇山西南，折东南而南来会。又东南分为四流，数十里而合。又东南有库库乌苏河，自玉树一土司西南流二百里来会。又折西南而东南，有图哈尔图河，两源，一自固尔班图尔哈图山西南，一自噶达素齐老山，合西南流二百里来会。其东噶达素齐老为河源重发之地，即古之大积石，非今松潘厅北、洮州厅西、和硕特旗西南之积石山也。木鲁乌苏又折西南流，受西北来一水。又折东南流，南纳中格尔吉土司水。又东南流，南纳下格尔吉土司水，其南即帀楚河源也。又折东流，纳东北来一水，其北即鄂敦他拉。又东有齐齐尔纳河，南自拉里山合数流，曲曲百余里来会。又东折东南流，经尼牙木错土司西南、白利土司东北，纳南来阿穆尼喀察穆山水。又东南流经阿萨克土司北，北纳固察土司水，而固察土司东南玛楚河之源出焉，其下流为鸦砻江木鲁乌苏。又东南经称多土司南，又东南经拉布土司南、阿永土司北，折南流为木垒楚河，纳西来一水。又折东南而西南，经隆布土司东，又南经吹冷多尔多土司东，其西则帀楚河也。受西南来一水，又折东南，经班石土司东、札武土司南，纳西南一水，又东纳北来一水。折东南又折西南，又折东流，经上纳夺土司北，折东南经松阿土司北，纳北来一水。又东南经桑隆石土司东，折西南，受东北来一水。又西南经密尔根托特巴山东、德尔格特土司西，又西南经郭布土司南，有多克楚河，西北自宗噶多山东南流，曲曲四百里来会。折南流三百余里，经穆尼恭多山东、达穆普拉山西，又西南流二百余里，至巴塘土司西，有巴楚河东北自达穆普拉山东北麓西南流二百余里，会东南一水，西入木垒楚河。又西南，其源流四千二百里，入云南维西厅边界，曰金沙江。南流，折东南百数十里，经佳拉克山东，折西南，总文河自北来会。总文河源出巴塘土司西、巴河屯西北百里重山中，西南曲曲三百里，会东北来一水。又南，折东南流百余里，会西南来一水，又东稍南九十里入金沙江。又折东南流百里，经舒玛年冈春冈里山西南，敦楚河会麻楚河、硕楚河自东北来会。敦楚河源出巴塘土司南、冈里拉麻尔山西南，曲曲流二百余里，折东南流百数十里，有麻楚河自东北来会。又西南百余里，有硕楚河自冈里拉麻尔山东北，南流曲曲二百数十里，又南百余里，折西南百五十里，又西九十里来会。又西南八十余里入金沙江。又东南流九十里，经巴特玛郭赤山西，又东南流，右纳一小水。

又南流百数十里，经巨甸汛东，巨甸河自西北来注之。巨甸河源出丽江县西北四百里汉薮山，会鲁甸雪山诸水，东南流经巨甸汛南，又东入金沙江。又东南至桥头汛东，桥头河自西北来注之。桥头河源出丽江县西北二百余里汉薮山东南山中，集诸山箐中水，东流经桥头汛东南，又东入金沙江。又东南流，石鼓冲江河自西来注之。石鼓冲江河源出丽江县西北三百五十里拉巴山，东南流会西南一水，又东流数十里，纳南来一水。东北流经石鼓汛西北，正当金沙江东曲处入江。折东北流经阿喜汛北，硕多冈河自北来注之。硕多冈河源出中甸厅北山中，南流百余里，南入金沙江。又东北经雪山北，折东南又南流，玉龙黑白水自西来注之。玉龙黑水源自雪山流下，东行二十里，与白水会。玉龙白水，在黑水之南，亦自雪山流下，会黑水。又东流入金沙江。又南，无量河自东北曲曲合众流一千六七百里来会。

无量河，亦曰五郎河，其上源有二：一曰多克楚河，源出四川巴塘土司之泥替山，曰沙鲁楚泊，旧名沙里楚诺尔池，东南流六百余里至云南边外；一曰里楚河，源出临卡石土司境里穆山东麓，东南流至里塘土司境，会源出沙鲁齐山之札穆楚河。东流折南流，又东南流四百里，至里塘城东南，有二水自硕古里山北，一东南流，一西南流，夹硕古里山数百里南流，又南百余里来会。又西南流四百里会多克楚河，又南七十里入云南永北厅边界，曰无量河。南流经永宁土府西境二百里，其西为丽江府中甸厅界，又东南折而南，右纳一小水，折东流而东南，左纳中甸厅一小水。又东南，曰五郎河，六河自东来注之。六河，其源最远者曰走马河，出永北厅蒗蕖土舍东南、倮㑩关东北。两源合西南流，会东来西番河水。西番河源出永北厅东北境山中，西流会走马河。两水既会，西南流数十里，左会站河，合大松河水。站河源出永北厅东境阿剌山西南麓，西北流数百里，会大松河水。大松河源出永北厅东北山中，西北流会站河。两河既会，西北流会走马河。四河既会，西流，左会清水河水。清水河源出永北厅东北光茅山北山中，西北流，会四河。五河既会，西南流，西卜河自西北来会。西卜河源出永北厅北二百里山中，东南流，会五河。六河既会，西南流入五郎河。折西南流，观音河自西南来注之。观音河源出永北厅东北六十里光茅山。一源二流：其南流者为他留河，东南合沘那河，入金沙江；其西南流者为观音箐，分一支西出，西北流为麼廖沟，流灌北山田亩而止。其正流又南折西南，又南，一支南出西南流，又折西流，又分一沟西流，又分为三：一沟西流经城北为北门沟，西至西山而止；一支西南流，西经城北为中沟，至城西而止；一支南流为西门沟，折西流经城中出西门，分流南北而止。分支正流折南流为南门沟，折西流经城南至城西，又折东南流为矣察河，东南流入他留河。观音箐正流西经北山桥，折西南流经红石崖，出崖峡中。又西南经明川桥，为桥头河。又西南至上坝，分一沟南出，西南流为殷家沟，折西流至梁家营，入坝箐河。桥头河正流又西南至中坝，分一沟北出，北流为东山沟，折西流至中洲沟南而止。又自中坝分一沟南出，西南流为陈家村沟，西南流而止。桥头河正流又西南至下坝，分一沟北出，西北流为高官沟，西北至中洲街西，合中洲沟，西流入观音河。桥头河又西南流，又分一沟北出，西北流为袁官沟，西北至永清桥，入观音河。又自分流处分一沟南出，西南流为乾地沟，西南而止。桥头河正流又折西流，为沙河。又西过梁官桥，折西北过马伍桥，为观音河。折北流，右纳袁官沟水，又北过永清桥，又北右纳中洲沟水。又北过永顺桥，折西流至观会桥，左纳西山草海，合坝箐河水。坝箐河源出旧顺州西北白草坪，东流经顺州北，又东流经的里山，受秋霖瀑布。折北而西北流，分一支东流至鸡鸣山，入落水洞伏流出程海。其正流西北分一沟西流而止，其正流又西北至梁官南桥，右纳殷家沟水。过桥，又西北经张家桥，折北流入西山草海。西山草海在永北厅近屯西山下，本系平田，明正德六年地震成湖，周广二十里，南纳坝箐河水，北流出东北至观会桥，入观音河。观音河正流，折东北流，陆家湾河自西南来注之。陆家湾河源出永北厅近屯西山外，东北流入观音河。正流又东北至杨百户桥，南泥河自东北来注之。南泥河源出永北厅近屯东山下九龙潭，有九穴，因以为名。有南北二闸，其由北闸出者为北泥河，由南闸出者为南泥河。西南流，分一沟南出，西流为中洲沟，至中洲街，西南通高官桥，北通李时伍沟，西入观音河。南泥河，又折西北流，分一沟西出，为李时伍沟，西流至中洲街近，北通张象乾伍沟，南通中洲沟而止。南泥河，又西北分一沟西出为张象乾伍沟，西流至中洲街北，北通过仁伍沟，南通张象乾伍沟而止。南泥河，又西北分一沟西出，为过仁伍沟，西流又分一沟，北通南泥正流，又西流，南通张象乾伍沟，北入南泥河。南泥河，又西北分芮官沟与北泥河通，折西流，东北分顶官沟与北泥河通，又西流，东北分十字水沟与北泥河通，又西流，东北分杨官沟与北泥河通，南纳过仁伍分沟水。又西流，东北分黄官沟通北泥河，又西流，南纳过仁伍沟水，又西过九眼石桥东北，分金官沟与北泥河通。又西流，折西北至杨百户桥，折西北过前所桥，又西北，会板山河，合北泥河水。板山河源出永北厅北核桃园板山，西流经石龙坝，分一沟西南流，通北泥河。正流又西南，又分一沟西南流，通北泥河。正流又西南至金官街北，又分一沟，西南经金官街南，通北泥河。正流又西南至杨百户村西，左会北泥河。北泥河源出九龙潭，自北闸北流，折西南流，西南分芮官沟，通南泥河。又西流，西南分顶官沟，通南泥河。正流又西北，纳板山河、石龙坝分流水，西南分十字水沟，通南泥河。正流又西，西南分杨官沟，通南泥河，又西流，西南分黄官沟，通南泥河，又西流，北纳板山河分流水，西南分顶官沟，通南泥河。又西流，北纳板山河、金官街西分流水，南分金官沟，通南泥河。又西流至杨百户村西南，折西北流，会板山河。两河既会，西流至马军桥，南入观音河。观音河，又西北，左纳陈广河水。陈广河源出黑龙潭，东北流，会西北流两源合流水，折东北流至马军桥，南入观音河。观音河，又西北过马军桥，又西北入五郎河。又西南流入金沙江。

金沙江既会无量河，又南流百里，当永北厅西、鹤庆州东，顺州水自东来注之。顺州水源出旧顺州土州同东南底当龙洞，西流为底当河。西流至旧顺州南，会西北来乌浦河水。乌浦河源出旧顺州西南乌浦山，东南流会底当河。两源既会，西流至中江渡口，入金沙江。鹤川自西来注之。鹤川，一名漾共江，源出丽江县北三十里雪山西麓。南流经白沙坞西，为白沙溪，又南流经黄山西，折东流会白马潭水。白马潭，在黄山南麓，水从石缝流出，中有金鱼，长三尺，见之则吉。南流，会玉溪。又东流至东圆里西北，会玉河水。玉河水源出丽江县北五里象眠山西北象鼻水，南流分为三支：一支循黄山东麓南流，与白沙溪会；一由八和；一由城内折东流，与东河会。白沙溪既会玉河水，东流经东员冈北，东与东河会。东河源出丽江县东十五里吴烈山。东南流至城东南会玉河水，又南会白沙溪水。三河既会为清溪，南流经东员冈东，又南流经邱塘关东，为漾共江。又南经七和东，又南经三岔黄泥冈，又南，黑龙潭水自西北来注之。黑龙潭，在鹤庆州北二十八里逢密后山，东南流入漾共江。又南，香米龙潭自西来注之。香米龙潭，在鹤庆州北二十五里逢密山，东流入漾共江。又南，四庄龙潭自西来注之。四庄龙潭，在鹤庆州北二十里四庄山中，东流至小板桥，入漾共江。又南，石洱河自西来注之。

石洱河源出鹤庆州北十五里石寨山，汇白龙潭，东流，至大板桥，入漾共江。又南，大水美潭自东来注之。大水美潭，在鹤庆州东九里，周二百余丈，西流入漾共江。又南，落钟河自西南来注之。落钟河源出鹤庆州西南十里朝霞山吸钟潭龙湫，东北流入漾共江。又南，长康河自西南来注之。长康河源出鹤庆州西南二十里宣化山北麓黑龙潭，东北流，经长康村东北入漾共江。又南，南供河自西南来注之。南供河，一名银河，源出鹤庆州西南五十里山神哨。北流，经黑泥哨南折东北，入南甸川，东北流入漾共江。南流，入龙珠山下水洞，洞成一百零八。又南，出龙山南，为腰江，三庄河自西来注之。三庄河源出鹤庆州西南二十五里宣化山南麓，曰温水河。东南流，一源出丽江县南二十里天马山麓，东流；一出三庄河底村，北流。至三庄村西北，并会东流入腰江。折东流至江边村北，入金沙江。

金沙江既左右会鹤川、顺州水，又南流，折西南又东南，枯木河自西南来注之。枯木河源出邓川州东南、洱海东北青巅山北麓，北流为清水河。又北流，桃花箐自东南来注之。桃花箐水源出宾川州西北鸡足山西麓，西北流，折而西，入清水河。又北流至坪得村北，北衙厂水自西来注之。北衙厂水源出鹤庆州南七十里七坪南麓。南流二十里，至北衙厂河底，右纳西溪水，又南会南衙南坳水。东流穿峡出，又南流，经中所屯东，又南经千户营西，会南来西山湾水。折东流，经千户营前，又东经百户营南，又东经罗武村北，折北流，至坪得村北，东入清水河。折东流，右纳高间河水，高间河源出鸡足山北麓，北流入清水河。为枯木河，东流入金沙江。折东流经永北厅南境、宾川州北境，三道河自东北来注之。三道河，一名三渡河，源出永北厅南四十五里程海，一曰黑雾海。源出坝箐河，自鸡鸣山落水洞伏流，东南至此出汇为海。周八十里，自东南海闸流出，为海河。东流经海河桥，又东流至清水驿西，折西南流，为满官河。又西南，刘官河自东北来注之，刘官河源出东冲山，西流合文官河水。文官河源亦出东冲山，西流入刘官河。又西南，右纳期纳河水。期纳河源出稗子田，西南流至刘官村，入刘官河。刘官河既纳期纳河水，又西南流入海河。为三渡河。又西南流入金沙江。又东流至苔旦北，苔旦河自西南来注之。苔旦河，一曰六溪河，其源有六：曰钟良溪，源出宾川州东南四十里、云南县北三十里梁王山东北麓荞甸，会回龙山双箐龙泉、观音箐龙泉、李节村龙泉、雄鲁摩龙泉、罗五阻龙泉，北至钟英谷，会谷中青龙湫水，西流合帽山北麓水，西北为六溪河东源；曰银溪，源出宾川州西三十里官坡，自山涧中奔放而行，其地多石，水势冲激，甚驶；曰石宝溪，源出宾川州西一百里炎凉岭；曰寒玉溪，源出宾川州西北百里鲁摆山，为上沧湖，东为下沧湖，又东为观音箐，东流经崆峒山下；曰通洱溪，洱水伏流，出宾川州西五里宾居大王庙下；曰赤龙溪，源出宾居三家村黑树龙潭；五溪并东流，会为六溪河西源。至宾川州西南，两源会为纳六河。北流经大罗城西，又经干果村，寒玉溪至此会。又北至金牛街东、蔡官营西北，丰乐溪自西来注之。丰乐溪源出宾川州西四十里鸡足山西南盒子孔东。北流，合鸡足山瀑布、龙潭二水，东流经炼洞村，又东经金牛溢井，又东至金牛街，东流入纳六河。又北流至片角西，右纳片角东山下龙潭水。又北，左纳片角新街北龙井溢水。又北，至苔旦东北，入金沙江。又东流折东南，入姚州境，经铁索箐西北，当永北厅南境、姚州北境，一泡江自西南来注之。一泡江源出云南县北二十五里梁王山下，石穴中涌出。合蚂蝗箐、三眼井、五福山诸水，南流至九鼎山下茨平村团山坝，分为三：一南流溪沟，亦曰万花溪，下迷渡，为礼社江源，见澜沧江下；一东流经云南县城南，东南流，又东南汇为青龙海，东南会品甸水；一东流经云南城北，东至品甸，汇为品甸王海，一名小蒙舍海，又东北会青龙海。两源既会，南流出板桥，又东南至小云南白塔村段家桥，潴为陂塘。出炼厂，东流经小云南驿南，又东折北流，为一泡江。东北至胭脂坝，你甸河自西南来注之。你甸河源出云南县东四十里禾甸耳朵底大姑者一带，为菉萝河。北流，东纳矣摩山大松坪江、品甸明角镫温水龙泉，又西纳莲花科、大溯头诸海，又北流，纳七莽诸山水，至楚场，为楚场河。又折而东北流为赤城江，东北至人投关东南入一泡江。又东北，白盐井一字水自东南来注之。一字水源出姚州北一百里黎武山北麓，北流经白盐井，又西北入一泡江。折西北流，至铁索营西，折东北流入金沙江。又东南，纳铁索箐北水，折东北，羊蹄江自西南来注之。羊蹄江源出大姚县北百六十里麽些村，东北流入金沙江。又东北流，他留河自西北来注之。他留河，一作大罗河，源出永北厅东北六十里光茅山。与观音河一源，其西南流者为观音河，东南流者为他留河。南流经他留村西，又南，矣察河自西北来注之。矣察河，即观音箐分流之南门沟，自城西南折东南流，入他留河。东流，泚那河自西北来注之。泚那河源出永北厅东境阿剌山。两源合南流，右纳西来二源合流水，东南会他留河。折东南，入金沙江。又东北流，经大姚县东北境、四川盐源西南境，鸦砻江自北曲曲源流二千余里来会。

鸦砻江，即古若水，源出里塘土司西北九百里固察土司境。两源东南流百余里而合，经灰瑚尔巴颜哈喇山南，其北即鄂罗库河入鄂凌海为黄河源者，其南即金沙江。经流又东，经称多土司北，折东南经拉布土司北，纳西来一水。又东南有水，北自永沙普土司西，东南流来会。又东南，受北来一水。又东南，有古杂泊自南北来会，西来一水来会，为玛楚河。又东南，受西北来一水。又东南，有水自朗朗普克山北流来会。又东南，有齐齐尔哈河，自西北东南流二百里来会。又东南，有杂楚河自南两源，一东北流，一西北流，各百里而合，北经杂、竹二土司，西北入玛楚河。又东流经泽巴彦哈拉山南，又东经东署土司南，又东经玛竹土司北，有玛穆河北自玛穆巴彦哈拉山西南流百余里，合东南来一水。又西南八十里，入玛楚河。折东南，经霍耳八土司，西南有谢楚河北自尼穆约玛克山西南流，纳自东南西北流一水，曲曲三百余里来会。折西南流四十里，有鄂伊楚河西北自格赍土司东北大山中南流，曲曲西南流二百余里，折东流二十里，受北来一水。东南流，经蒙格结土司南，曲曲三百里，折东北八十里，入玛楚河。又东南流百六十里，经明正土司西南，有噶察克拉河，东北自四川杂谷厅西北山中，西南流二百里，经明正土司东，会东南来之恭噶拉河。折西流，经明正土司南，西入鸦砻江。玛楚河至此为鸦砻江，东为四川界，西为西藏察木多喀木界。折西南流百七十里，经喇衮土司东南，有楚穆河，南自喇衮土司南来会。又南流八十里，至瓦述土司境，有水自东北来注之。又东南百余里，经高日土司西，受高日北西南来一水，又受高日南西南来一水，又西南百七十里，受东来一水。又西南七十里，有霸莅河，东北自明正土司两源合，南流三百里会东自打箭炉两源，合西来一水。又南数十里，会东来一水。又南，曲曲二百余里，至东四川盐源县西北境西、永北厅东北境，打冲河自西来注之。打冲河源出永北厅东北二百余里永宁土府南，为开基河。北流，左会西河，为三岔河。西河源出永宁土府南山中，东北流至甲母山西，东北会开基河。又北走甲母山西、永宁土府东南，左会土府西南水，为勒汲河。土府西南水源出永宁土府西南山中，东北流入三岔河。又北流至永宁土府东北，永宁北水自西来注之。永宁北水源出永宁土府西北、无量河东岸山东麓。东流金顶山南，又东流入勒汲河。折东流，经乌角寺东南、左所山北，为打冲河。又东北，泸沽湖自西南来注之。泸沽湖源出永宁土府东、左所山南麓，形如曲顶葫芦尾，广二十五里。南流，折而东北，中有三岛，东北流曲曲百余里，入打冲河。又东数十里至四川界，入鸦砻江。鸦砻江至此，亦名打冲河，折东流，盐井河自西南来注之。盐井河源出四川盐源县山中，西北流折东北，折西流，共二百里，至云南永北厅界上，蒗蕖水自西南来注之。蒗蕖水源出永北厅东北、蒗蕖土州东南绵绵乡绵绵山。两源合流，西北经白角乡白角山麓，曰白角河，亦名麦架河。左右纳三小水，曰它开河，纳西南一小水。又东北流数十里，别列河自西来注之。别列河源出蒗蕖西北山中，东流入窑开河。又东北，左纳一小水，又东北会盐井河。盐井河既会蒗蕖水，东北入打冲河。折东流二百余里，又折正南流三百余里，受水无数。又东南流，会北来曲曲源流八百里之安宁河，折西南至大姚县方山东北，会金沙江。

金沙江既会鸦砻江，折东南流，经四川会理州西南境、云南大姚县东北境百余里，大姚河自西南来注之。大姚河源出姚州南四十里三窠山，北流至州南，潴为大石湖，广四百二十余亩。北出，分为东汹溪、西汹溪，分绕城东西，北流至城北，而合为蜻蛉河。北经两山间，北绕龙凤山东麓，又北，阳派河自西来注之。阳派河源出姚州西十五里金秀山北麓，北汇为阳片湖，广二百三十三亩。北出，流至光禄乡南，左会连场河水。连场河，一名连水，源出镇南州北十五里十八盘山。北流，经姚州西二十里之连场，会西北来之观音箐水。观音箐水源出姚州西、普淜州判西南观音山，东南流，为普畅河。又东南，会连场河。又北折东流，会阳派河。阳派河会连场河，东流入蜻蛉河。蜻蛉河又折东北流，香水河自西北来注之。香水河源出姚州北一百里黎武山南麓，其北即一字水源所出也。东南流，至大姚县西南，入大姚河。又东流，为大姚河，经大姚县南，又东，右纳小关口水。小关口水源出小关口，北流，经仡傍村北，东流，又折北流，绕妙峰山西麓，东北流，会赤草峰水。赤草峰水源出赤草峰西南山中，东北流经赤草峰街，又东北流，经赤草峰村，又东北会小关口水，北流入大姚河。又东北，流经大舌甸村，过独木桥，又东北，蛟龙江自西北来注之。蛟龙江源出大姚县西北一百二十里铁索箐，一名苴泡江，东流百余里，东南入大姚河。又东北流百数十里，至苴却巡检司南，东南入金沙江。又东南流数十里，北纳四川会理州黎溪水。又折南流至武定直隶州界姜驿西南，折东流，龙川江自西南源流曲曲三百余里，历楚雄、武定两府州来会。

龙川江，源出镇南州西七十里英武关之苴力铺山中，曰白龙河，亦曰苴水，一名虹江。东南流，响水河自西北来注之。响水河源出镇南州西北十五里见性山龙潭，东南流入白龙河。又东南流经镇南州西南，又东南流经镇南州东南，平夷川自西北来注之。平夷川源出镇南州西三十里众山中，合流至州东南入白龙河。又东南，清水河自西北来注之。清水河源出镇南州东北蕨蓍厂龙潭，南流会龙王庙岔河等水，出干家坝，经州城东南入白龙河。又东南流，左会紫甸河，为三道河。紫甸河源出定远县西三十里紫甸乡化佛山，西南流至吕合，入白龙河。又东流，大石河自西南来注之。大石河源出楚雄县西三十里紫溪山北麓，东北流入白龙河。折东南流经楚雄府城，折东流，南纳青龙河，为大河，亦曰龙川江。青龙河源出南安州城北，北流汇楚雄县南界诸水，北流经楚雄府东，为平山河。又北流，经楚雄府东北入龙川江。又折东北流至腰站北，方家河自西南来注之。方家河源出楚雄县东三十五里腰站南山中，经腰站东过凌虚桥，北入龙川江。折北行，至广通县西北，零川自西北来注之。零川，一名直苴河，源出定远县西三十里赤石山，东南流会龙文川。龙文川源出定远县西二十里云龙山。有两源：左源出斗箐，右源出老虎箐。二源合南流，会零川。两源既会，东南流经定远县西南，茶小溪自北来注之。茶小溪源出定远县西十里，南流会龙文川。又东南流，绕石门山麓东南入龙川江。又东北流，琅溪自西北来注之。琅溪源出定远县东二十里山涧中，东南流至琅井，为琅溪。北纳濯乐河水，濯乐河源出琅井东北山中菖蒲潭，南流入琅溪。东南流，经鳌峰山麓东南入龙川江。又东北流，立龙河自西南来注之。立龙河源出广通县南一里马鞍山，北流经县西安定门外，关山河自西南来注之。关山河源出广通县西五里回蹬山赤摩村，东北流会立龙河。又东北入大河。又东北流，清风河自西南来注之。清风河源出广通县东十五里赵普关，西北流，经县东北入大河。又东北，罗苴甸河自西南来注之。罗苴甸河源出楚雄县东六十里，为罗麽河。南流会云甸河水，云甸河源出楚雄县东六十里，南流入罗麽河。又南流汇为罗川。折东流，又折北流，入龙川江。又东北流，经黑盐井，罗申河自西南来注之。罗申河源出广通县东北十五里阿陋雄山，西流经黑盐井入龙川江。又东北流，龙沟河自东来注之。龙沟河源出黑井西菖蒲潭，亦曰龙门溪。东北流，凤山夹其左，七局山夹其右，又东南流入龙川江。又东北入元谋县境，曰西溪河，南号河自东来注之。南号河源出元谋县东南三十五里六初郎，西流合章波罗水，西入龙川江。又北流，猛令河自西南来注之。猛令河，一名猛冈河，源出姚州东六十里文龙、者石诸山。东北流二百里，经炉头村，为炉头河，班古河自西北来注之。班古河源出大姚炉头，东南流入猛令河。又东北流数十里，入龙川江。又北流，元马河自东来注之。元马河源出武定州西虚仁驿，北流经马头山，名应元溪。又北流绕午茶山之左，为元马河。折西流，经元谋县城北，又西折北流，又折西流入龙川江。又北流，多克河自西南来注之。多克河源出白盐井，北流经大姚县山中，又东北经炉头，又东北至苴凝为苴凝河，入龙川江。又北入金沙江。

金沙江又东，经武定州白马口北，大环川自南来注之。大环川源出武定州之勒品甸，东北流经只苴、阿河诸处，一百五十里至汤郎，右会大麦地各箐水。大麦地各箐水源出武定州南大麦地诸山中，北流，西北会大环川。又北流至高桥成河，又名高桥河。又北流至拖木格，插甸河自东南来注之。插甸河源出武定州北、老母坝东北，会各箐水，成小河。西流，经插甸诸处。又西北，至拖木格西，入大环川。又东北流，至白马口，入金沙江。会川卫水自北来注之。会川卫水源出四川会理州北分水岭。两源合而南，有东安河，东北自姜州堡来注之，又南至武定州白马口北，南入金沙江。又东流，南纳两溪洟水。两溪洟水源出禄劝县北二百里幸邱山，一曰勒溪洟，一曰东溪洟。并北流，入金沙江。又东北，经武定州狮子厂南、禄劝县洒马基北，又东北会普渡河，南自嵩明州会滇池，昆明、呈贡、晋宁、昆阳、安宁、富民、禄劝、武定诸水，曲曲六百余里来会。

普渡河源出嵩明州西北六十里东葛勒山一名梁王山西南朵格卧宗龙黄龙潭，南流，经牧养村为牧养河，又南流共六十里至高仓，由过洞流出，邵甸河自东北来会。邵甸河源出嵩明州西北三十里梁王山，西南旧邵甸县之甸头冷水洞龙泉百泓，旧《志》所谓九十九泉也。西南流十余里，由甸尾至高仓，与牧养河会。牧养河既会邵甸河，为盘龙江。折西流又折南流，为汇流塘。西南曲折流经三家村南，又折南流至松华坝，分一支东出为金稜河。见后。其正支又西流，至云南会城东北、商山东南，会北来银稜河水。银稜河源出昆明北二十五里龙泉山黑龙潭。西流，东分一沟曰东龙须，南流里许入盘龙江。西分一沟曰西龙须。西流里许入盘龙江。又西流至蒜村，由大闸分流入盘龙江。其正支又西流半里，北纳五龙山水，由流沙闸南分水入盘龙江。又西流分一沟，南流为一瓦水；又西流分一沟，南流为牛吃水。两沟并南流入盘龙江。又西流，西北纳白龙潭水，由白龙闸分水南入盘龙江。又折东南流，有王俊闸；又折西流，有小营闸。并右纳箐水左分水，入盘龙江。又西南流，经文殊寺闸。又折南流二里，过分水闸。并西北纳箐水南分水，入盘龙江。又折西南流，汇莲花池南入盘龙江。又南至会城东南分水岭西，分为玉带河。见后。又南流至螺蛳湾，西分为采莲河。见后。又南流至南坝，折西流一里，分三支为太家河，为杨家河，为金家河。见后。又自杨、金、太三河南，西流至雄川阁，出罗公闸，源流共一百三十里，汇为滇池。滇池亦曰昆池，唐昆州因水为名。斜长百二十余里，东西广三四十里不等，历昆明、呈贡、晋宁、昆阳境，西北为草海，东南为水海，其形上广下狭，有似倒流，故曰滇池。或曰从螳螂川西出，北流入金沙江，实倒流也。滇池自盘龙江口折东南，左纳明通河水。明通河自昆明县东十里三元石闸，分金稜河。西流，左纳小白龙潭水。又西流，左纳白沙河水。白沙河，由北响水闸分金稜河水，南流至白沙桥，会明通河。又西流，经先农坛前、太平桥、塘子巷、穿牛房至金稜桥，分一支由吴井桥归金稜河。其正支又西流，经十字闸，左纳金稜水，右泄盘龙江。又西源流共三十里，入滇池。又东南，左纳金稜河水。金稜河自昆明县东北三十里松华坝分盘龙江水，东出西流，左纳莲华箐水。又西至大将村下，折南流至桃园村，左纳村水，右由戴金箔闸分水入盘龙江。又南流至漫水闸，左纳清水河水，折西流五里，右由大、小韩冕二闸分水入盘龙江。又折南流，左纳青龙潭水，又南，左纳黄龙潭水，又南，左纳杨妈妈河水，右由小坝分流入盘龙江。又南，左纳杨清河水，右由小坝南闸分流合小坝河，入盘龙江。河又南流一里，左纳白龙潭水，白龙潭在城东八里白龙寺，西流入河。右由三元石闸分一支为明通河。又南流五里至金马山西麓，折西南流，经漫水闸分水南流，入王宝海。见后。又西流一里，又分一支南流为广南卫沟。见后。又由迎恩桥折北流二里，折西南流至地藏寺；折南流二里，至吴井桥。又西南一里，右由金稜闸西分一支，由明通河十字闸西北入盘龙江。其正支又南流十里，至燕尾闸分为二支：一支东南流入三塘下游，入于滇池；一支西南流，源流六十里入滇池。又东南，左纳金稜分支水。见前。又东南，左纳王宝海水。王宝海源自漫水闸，分金稜河水南流。又自广南卫沟，分金稜河水南流，并汇为海，西流入滇池。又东南经苴蔬厂南，左纳马溺河水。马溺河源自五马桥西头闸，分白沙河水北出西流，经勤浚、香条村、杨家、保丰四桥至苴蔬厂，入草海。又东南，左纳白沙河水。白沙河源出昆明县东二十里金马山左右沟涧之水，出三家村、黑村，至黄土坡，两涧水会，南流，经十里铺、牛街庄至响水闸，左会西鸳鸯沟水。西鸳鸯沟自大石坝分宝象河水，北流十数里至响水闸，会白沙河。西流三里至五马桥，右纳桃源坝水。桃源坝水源出北山中，南流过坝，入白沙河。又西流经头闸，分一支为马溺河。见前。又西流至二闸，分一支为岔沟，南流四里入旧门溪。又西流至三闸，分一支为小白沙河。南流，又分一支合岔沟，南入旧门溪。一支西流折西北，至七星桥复入白沙河。其正支自三闸，又西南流三里至七星桥，左纳三闸分流水。见上。又西流十六七里，入草海。又东南，左纳泥鳅沟水。又东南，左纳旧门溪水。又东南，左纳清水河水。又东南，左纳倮㑩河水。又东南，左纳沧沟、芦包沟水。又东南，左纳官渡四河水。又东南，左纳毛家塘水。诸河皆宝象河分流也。宝象河源出嵩明州西南四十里乌纳山西小龙潭，西南流六十里，经板桥驿东南，折西流至明阴寺前，右会分水岭水。分水岭水源出板桥驿北三十里分水岭。南流至驿北，左会黄龙潭水。黄龙潭水源出板桥驿东北黄龙潭，西流五里，合三十亩箐水。南流五里，至板桥驿西，又南至明阴寺前，入宝象河。南流曲曲十五里，西纳小龙潭及高坡山水。折西流十余里，至祭虫山。又西流一里，至大石坝，分一支，西流为西鸳鸯沟，北流会白沙河。其正支南流至小石坝，又分一支，东南流为东鸳鸯沟。折西南流只七里，仍归正河。又南流山蹊中四里，折西流一里，过老崔桥。又西流一里，分麻线沟西北流十里，入旧门河。其正支又西流，左纳东鸳鸯沟水，又西流，分一支为羊堡头沟。又西流，分一支为广济沟。又西流，分一支为杨柳沟。俱西南流入毛家塘，合西流入滇池。其正支又西流至小板桥街之广济桥，分一支为官渡河。官渡河自广济桥分，西南流七里，至迎官坝，又分三支：一曰余家河，一曰姜家河，一曰小村河，各西流，入滇池。其正河折西南五里，至石龙桥。又西南八里，至龙化桥，入滇池。其正支折西北流为旧门河，至宝阳桥折西流，分一支为芦包沟。又西流，分一支为沧沟，并西南入滇池。其正支又西流，分一支为倮㑩河。倮㑩河，南流由李金甘桥、永顺桥十里，入滇池。又西北流，又分一支为清水沟，西流二十里入于海。其正支又西北流，北分一支为泥鳅沟。泥鳅沟西北六七里，折西流十里，入滇池。又西流三十里，源流共一百三十里入滇池。

滇池又东南，左纳亮塘水。又东南，左纳枧槽沟水。又东南，左纳渔村沟、木笼沟水。又东南，左纳马料河水。又东南，左纳罗家沟水。又东南，左纳左卫、上坝两沟水。并马料河支流也。马料河源出昆明县东六十里白土村黄龙潭，南流四里，至白水塘水海子。折西南流十里，左纳豹子山水。又西南七里，左纳鼠尾山水。又西南三里，曰漾水沟。漾水沟南流二里，入羊落堡堰塘，左纳山涧水二，折西北流，仍入河。折西流六七里，汇万朔堰塘。又西流一里至猪圈闸南，分一支出南闸，为左卫沟。又分一支出南闸，为上坝沟。两沟并南流十余里，入滇池。北分一支为清明沟。清明沟北流十余里，入亮塘，合河沙沟，入滇池。其正支由中闸西流一里，又北分一支，曰河沙沟。河沙沟北流六七里，入亮塘。又西流二里，南分一支，曰罗家沟；北分一支，曰枧槽沟。两沟并西流入滇池。又西五六里至新村闸北，分一支曰老杨沟。老杨沟西流四里，又分为二支，曰木龙村沟，曰渔村沟，并西流三里，入滇池。又西流四里至矣苴堡，折西南流四里至光村闸，又西南流一里至回龙村，折南流。源流共五十里，入滇池。

滇池折西南，经呈贡县西、炼朋村西北，左纳落龙西河分流水。又西南，经斗南村西北，左纳落龙西河水。又西南，经江尾村西北，左纳落龙中河水。又西南，经可乐村西北，左纳落龙东河水。落龙河源出呈贡县东十二里白龙潭，西流，有黑龙潭水自东北来会。黑龙潭在呈贡县东北八里新册村石崖下，源深流广，西南入白龙潭。又西，有黄龙潭水自北来会。又西南出大小坝，分一支北出为西河，西北折西南流至呈贡县城外；又分一支入城经县治前，又西北流出城西北，经王家营西、炼朋村东、狗街子西，西北入滇池。西河正支绕城南，又分为二支为西河，为中河。西河北折绕城西，经梅子村东、斗南村东，西北入滇池；中河自分支处西北流，经石坝村东北、江尾村北，西北入滇池。东河自大小坝分支处西南流，绕城南折西北，经可乐村、乌龙浦北，西北入滇池。又西南折南，经大河口西，左纳南冲河水。南冲河源出呈贡县东南姚平坝，西流经白云村，有清水河自县西南来会。又西北至大河口，入滇池。又南折西南，经安江村西，左纳盘龙河水。盘龙河源出晋宁州东南五里五龙山五龙潭。五溪分流，汇为二派：一西北流，经海溪山麓，入大坝河；一东北流，又分二派，岭东者流注澂江抚仙湖，岭西者流入达摩坝，注昆池。又西南经海宝山北麓，又西南左纳大坝、大堡二河，新江坝东分流子河水。又西南，左纳杀虫坝东分子河水。又西南，左纳吕家坝东分子河水。又西南，左纳大坝、大堡二河正流水。又西南，左纳白龙坝西分子河水。又西南，左纳唐家坝西分子河水。又西南，左纳孙家坝西分子河水。又西南，左纳映洪坝西分子河水。又西南，左纳石臼坝西分子河水。又西南，左纳石美坝西分子河水。大坝河源出江川县北关索岭。其东南流者入星云、抚仙二湖，其西北流者经晋宁州石碑村牧羊山麓，左会大堡河水。大堡河源出新兴州东北屈颡巅山山半。泉涌三派，其东南二派，分流注星云、抚仙二湖；其西北流者经晋宁州永宁乡，至石碑村，会大坝河。大坝河既会大堡河水，北流至小寨，有石子河源自盘龙江山后，西北流来会。又北流出四通桥，至石美坝西分子河一道，西北流入滇池。其正流又北至石白坝，又西分子河一道，西北入滇池。又北流至映洪坝，又西北分子河一道，北流入滇池。又北流至新江坝，东分子河一道，东北流入滇池。又北流至杀虫坝，又东分子河一道，东北入滇池。又北流孙家坝，又西分子河一道，北入滇池。又北流至吕家坝，又东分子河一道，东北入滇池。又北流至唐家坝，又西分子河一道，北入滇池。又北流至白龙坝，又西分子河一道，北入滇池。又南经牛恋石，折而西，经赤峒里，又西南纳渠滥川水。渠滥川源出新兴州界山中，北流，纳清水河、小河口、罗武河、老王坝河诸水，东北流入滇池。又西折北，经昆阳州东，又北至昆阳东北二十里为海口。又自盘龙江口折西北，右纳杨、金、太三河水。杨家河、金家河、太家河自昆明县南五里南坝盘龙江折西流，分三支并西流入草海。又西北，右纳采莲河水。采莲河自昆明县南螺狮湾分盘龙江水西流，西入草海。又西北，右纳永畅河水。永畅河自昆明县南分玉带河水西流，出马蹄闸，西流入草海。又西北，右纳板坝河水。板坝河一支自城南中和宫后分玉带河水，为中沟；一支自蜈蚣岭前分玉带河水，为丰家沟；一支自柿花桥分玉带河水，为板坝河。并西流，至三圣庵会，西入草海。又西北，右纳茨塘河水。茨塘河，一名摆渡沟，自柿花桥北分玉带河水，西流至西坝南，西入草海。又北，右纳西坝河水。西坝河自城西鸡鸣桥小泽口下分玉带河水，西流入草海。又北，右纳涌莲河水。涌莲河自城西北分玉带河水，西入草海。又北右纳玉带河水。玉带河自城东南分水岭分盘龙江水西流，又分一支西流，为永畅河。见前。折北流，至中和宫后，分一支西流为中沟。见后。又分一支为龙须河。龙须河，由垛垛闸通济桥入护城河。又西北流至蜈蚣岭前，又分一支为丰家沟。见前。又西北流至柿花桥，分一支西流为板坝河。见前。又北流，分一支西流为摆渡沟。见前。又北流至鸡鸣桥，分一支北流为西坝河。见前。又自盐店后北流至烧珠桥，与护城河会。合流北过瓦仓庄，至小西门西楼外，右纳九龙池水。九龙池，一名菜海子，在会城内五华山右。旧名柳营，沐氏别业。水由通城河流入玉带河。又西北分一支，为涌莲河。见前。又西北至红庙，为鱼翅河，西流至土堆，西南流入滇池。

草海为滇池上游，一名西湖，又名积波池，俗名青草湖。中有近华浦诸胜，自板坝河口，又西北中有一堤，西通石鼻，为明巡按傅允献筑。又北纳海源河水。海源河源出昆明县西北六十里花红洞，会龙打坝水，伏流山中十余里，至城西二十里聚仙山下涌出东流，经海源寺前，分一支出左闸，为东龙须。东龙须自左闸分，北流经莲花塘，折东流出十字闸，又东流三里，为江沧河。东流，北汇马军、南甸、茨通、新闸、玉峰各沟水，折东南流二里，过许家闸，又二里，入草海。又南分一支出右闸，为西龙须。西龙须东南流四里，右会筇竹寺水。筇竹寺水源出棋盘山北白龙泉，一名龙淙，亦曰宛转溪。两涧至寺前合流东出，入西龙须。西龙须又折东南流五里，至十字闸，折西南流二里，入草海。其正流由中闸东流五里，至板桥关。又东流三里，西分一支，为梁家河。梁家河源出梁家营闸，南流四五里至海源桥，又南流六七里入草海。其正支又东南流至鸡舌尖，左会沙河水。沙河源自昆明县西北六十里清水塘，南分水，山中南流，右会三华山水。三华山水源出三华山西南麓，东流，合北来一涧，东入沙河。又南合诸山水，经海源涧东。又南，于金川桥分南甸茨通水沟，于玉峰桥分新闸玉峰沟水。南流，合江沧河，入草海。又南至鸡舌尖，右会海源河。两源既会，东南流，入滇池。折而南至石鼻山东北，右纳棋盘山水。棋盘山水源出昆明县西三十里棋盘山东南麓，东北流经三家村东，又北流至赤甲壁山北即石鼻，折东流入草海。又南经碧鸡山东，又南历太华山东，折东南经罗汉峰东，折西南经大小鼓浪山、观音山东，又南经昆阳州北诸，山东至龙王庙滩为海口。

海口在昆明县西南八十里、昆阳州东北二十里外，为老埂横塞，西有牛舌洲、牛舌滩，又西有龙王庙。洲在河心，龙王庙在其上。滇池当豹子山右，越埂凌洲，西出为海口大河。经海门村南，又西经茶埠北、海口村南，北纳小渡沟、珥琮箐诸水，南纳尖山箐、瓦泥箐、罗武箐、天自箐、云龙箐诸水，又西，川渐狭。又西经紫厂南，折西北十数里，经平定哨东，又北折东流。又折北经九子母山东，又折西流经九子母山北，过石龙坝，又折北流过青鱼塘，又北折西流为武趣河，又折而南经武趣村西，又折西流，折西北至通仙桥北，左会鸣矣河水，为螳螂川。鸣矣河源出安宁州南一百二十里龙洞，北流九十余里至双村，右会望洋河水。望洋河源出安宁州南四十里白鹤山，东北流，至双村，折西流，入鸣矣河。又北流至施家庄，左纳利资河水。利资河源出旧三泊县南，南流，折东北至施家庄，入鸣矣河。折东北流十五里至通仙桥北，入螳螂川。折东北流至天津桥南，沙河东北来注之。沙河源出富民县南清水关，西南流，绕昆明县西三十里棋盘山西南麓，西流经进耳山西，又南流经龙马山东，又南流经团山东，又南流过天津桥南，西入螳螂川。又北流，迎恩桥水自东北来注之。迎恩桥水源出棋盘山西南，南流经龙马山西麓，又南流经岱晟山东麓，又南流至迎恩桥南，西入螳螂川。又北川中有石淙，明杨一清故里在其上。又北经龙山圣泉东、岱晟山温泉西，又北流七十里，经富民县西南，折东流，经富民县东南，彝札郎水自东南来注之。彝札郎水，一名大营河，源出昆明县西北八十里梁王山西行牧养村隔山。西南流数十里至沙朗东，左会清水塘水。清水塘水源出昆明县北四十里清水塘。北流，至沙朗东，会牧养隔山水。折西南流经天生桥，伏流西出，左会陡坡水。陡坡水源出昆明县西北三十五里三华山北牛圈哨。西流，折北流数十里，至天生桥西北入沙朗水。又西流经头村、二村、三村，又西经阿夷冲南，折西北流，南纳洞溪水。洞溪水源出富民县东南、黄土坡南山中。北流，过洞口山，至易竜村北，入阿夷冲河。折西流至彝郎闸北，西入螳螂川。又折北流经富民县东，又东北至富民县东北，清水河自西来注之。清水河源出罗次县东南十里分水岭，东流经富民县西北，又东至富民县北八里入螳螂川。又北至武定州界，农纳水自西南来注之。农纳水源出富民县西北二十里白云荡山西南，北流经山西，又北流折东北至者坊关北，左纳西来一溪水，又左纳西北一溪水，东北流入螳螂川。又北入武定州境，至大弥陀，掌鸠河自西北来注之。掌鸠河源出禄劝县北二百二十里、旧撒甸同知西北二十五里核桃箐，南流三十里至上易竜，为三道河。又南流五十里至中易竜，为二道河。又南流五十里至下易竜，为鷓鸪河，纳左右溪涧之水。又南流一百里至县城东，为掌鸠河，会西南来盘龙河水。盘龙河源出罗次县白花山，为鸠水河。经王名等九厂东北六十里，至武定州城东，会西来鷂鹰河水。鷂鹰河源出武定州西乾河，会鷂鹰、古柏各箐水。东流至红土田东，绕州城，入鸠水河。鸠水河既会鷂鹰河，为盘龙河。东流下虎跳滩，分一支为广济沟，东北流二十里，经禄劝县北，又东过莺子竜东，入掌鸠河；又分一支东南流为盘龙沟，经马家庄、永平、吉纳诸村至小缉麻东，入掌鸠河。其正流自虎跳滩东流至禄劝县城南，又东与掌鸠河会。掌鸠河既会盘龙河，南流二十里至大缉麻，西纳冷村河水。冷村河源出武定州东南石板桥，会罗家庄小龙潭各箐水，东流合冷村水，又东经铺西陈至大缉麻，入掌鸠河。又南至陁拨村，出狮子口，又西四十里至大弥陀，入普渡河。又北，东纳罗衣山水。又北，东纳花椒园南水。又北有龙箐水西流石城村北，南合花椒园北水，西流来会普渡河。并会各水，北流共二百余里，北入金沙江。

云南水道考卷三

金沙江下

金沙江既会普渡河，东流至普毛厂东，老口河自西北来注之。老口河，一名会通河，源出四川会理州。南流至梁山南，折东南流，经普毛厂东、阿木可租塘西，东南入金沙江。又东流经双龙厂南，小江自东南来注之。小江，一名碧谷江，源出寻甸州西三十里清水海，一曰车湖。北流至功山，龙头山水自东来注之。龙头山水源出寻甸州北龙头山，西流至功山，入车湖。东北流入境，折北经阿汪东，为阿汪河。又西北，南纳沧溪水。沧溪源出寻甸州北卑庄界岭大山。北流为沧溪，会奴勒峰温泉。又北流至阿汪西、花沟村东，入阿汪河。又西北，花沟自西南来注之。花沟源出会泽县西一百五十里绛云露山五竜村，东北流经五竜村东，东北入阿汪河。又西北，会西南来中厂河水。中厂河源出会泽县西百五十里雪山，东流西会普车河水。普车河，一名普翅河，源出向化里乐隐山，东北流会中厂河。既会，东流入阿汪河。又北，东纳尖山河水。尖山河源出会泽县西四十里尖山。西流，经小江塘北，又西入碧谷江。至此曰小江。北经碧谷坝，曰碧谷江。又西北，傥俸溪自西南来注之。傥俸溪源出会泽县西二百里勇克山。东北流，经象鼻岭南，东北入小江。又西北，至金沙江曲处入江。折北流经金沙渡口，又北，以礼河自东南来注之。以礼河源出会泽县西南一百三十里饮马川，西北流折东北，南会歹补小河水，歹补小河源出会泽县南鲁租村，北流合三十里箐水。三十里箐水在会泽县南一百一十里，北流合梅香箐、雉鸡箐水。梅香箐在县南九十里。雉鸡箐在县南八十里，并北流合小河。歹补小河，又合麦则夷溪水。麦则夷溪源出县南一百里麦则夷村，北流合惠沙溪水。惠沙溪源出县东北一百里，入甸中潴为泽，合麦则夷溪。两溪合，西北流入歹补小河。歹补小河既会诸水，北流会饮马川。为以濯河。又北流，东会洛泥河水。洛泥河源出东川府城北山中，西流入以濯河。又北经马鞍山东北，分一支东流为新河，亦曰义通河，东流会饮虹龙潭水。饮虹龙潭源出县西饮虹山，南流入义通河。又东流经城东，折西北流经城北，为街子河。又西流会梅子箐水，梅子箐水源出东川府城南翠屏山五溪。五溪者，翠屏山九箐所汇。东北流，至府城东北会义通河。北流至以山村，会东山东北来水。折西北流蔓海中，至马场分为二流，里许复合为一，西北流，右会中河水。中河源出会泽县东北华宜寨山中，西流入街子河。又西北流，右会右河水。右河源出县北十里青龙山中，西流会街子河。又西流，左会义通河分流水。义通河分流水自府东钱局东北分流，西北又左会以濯河分流水。以濯河分流水，自分义通处，又分东北流，合东分流。两分流既合，又西北流蔓海中，与诸江会。又西北，左会以濯河分流水。以濯河分流，自五龙募均分为义通河处，又分一支东流，合义通分流水。其正流北流蔓海中，与以礼河并流至此，合义通诸河。又西北，复会以礼河。以濯河自分义通河处，又北流经石鼓山东，又北流经以礼村东为以礼河。又东北流，右会义通诸河水。见前。又东经鱼洞西，为鱼洞河，右纳蔓海水。蔓海在东川府城北，一名濯缨湖，自西至东长二十余里，自南至北阔十里，一望芦花，今垦成田。其尾闾由鱼洞泄入以礼河。又西北折西流，经则补北，南纳则补河水。则补河源出则补北山，北流入以礼河。又西流，入金沙江。又东北流，披沙南水自西来注之。披沙南水源出四川会理州山中，东流经披沙坝南，又东入金沙江。又东北流，木期古水自西来注之。木期古水源出木期古土司山中，东流入金沙江。又东北，木期古北水自西来注之。木期古北水源出四川会理州山中，东南流，经木期古土司北，又东流入金沙江。又东北，而牛栏江会众流，曲曲五百余里自东南来会。牛栏江源出寻甸州西南六十里果马山，泉流为果马溪。南流，为龙巨河，一曰龙济溪。东南流，花箐哨水自东北来注之。花箐哨水源出寻甸州西三十里花箐哨横冈南，冈北即清水海，北流入金沙江。水自花箐哨南流，会诸山水南至羊街子，西南流入果马溪。又南间易屯水自东来注之。间易屯水源出嵩明州东、秀嵩山西北麓，西流经间易屯，又西入果马溪。又东南至嵩明州城北，福祐河自西来注之。福祐河源出嵩明州北十五里梁王山白草龙潭，东南流至常汪冲，两水交合，东至嵩明州北丹凤桥，东流入龙济河。又东南至城东罗锦村，罗锦溪自东北来注之。罗锦溪源出嵩明州东北十五里罗锦山凤岭下，西南流入龙济河。又南经王四坝南，汇为嘉利泽。

嘉利泽在嵩明州南十五里。一名杨林海子，周百余里，众水交会。嘉利泽自龙巨河口东南纳杨梅河水。杨梅河源出嵩明州东十里马厂，流灌日足、效古二里田，至汪官村入嘉利泽。又东，宽郎河自东北来注之。宽郎河源出寻甸州之三岔，西流至吉矣龙，分为二，东流效古里，西流日足里，灌各处田，各入嘉利泽。又东南，为海口。

嘉利泽自龙巨河口西至白马庙南，右纳弥良河水。弥良河源出嵩明州北二十里梁王山东弥雄山南麓，南流经金鸡山白马庙，又南经万里桥南入嘉利泽。又西南，右纳天生桥河水。天生桥河源出嵩明州西北三十里梁王山东南，东南流至黑倚牌，伏流入山，至覆苓洞复出。东流，过天生桥东入嘉利泽。又西南，对龙河自西北来注之。对龙河源出嵩明州西三十里梁王山分水岭，两泉对出百余步，合流东南入嘉利泽。又南，遥岔河自西来注之。遥岔河，一名老贯河，一名西冲河，源出屼峋山东。东流至河尾，入嘉利泽。又南，右纳玉龙河水。玉龙河，一名杨林河，源出嵩明州西南三十五里屼峋山一朵云下。东南流经棂口村，又东南经渣子沟，又东南过天生桥，南流经南冲村，为南冲河。分流为三，流二十五里至河尾，入嘉利泽。折东南经宜良县北，邑市屯河自南来注之。邑市屯河源出宜良县北山中，北流入嘉利泽。折东北至杨高桥为河口，经秀嵩山南，为寻川河。又北流，纳西来南谷温泉水。南谷温泉源出寻甸州南三十五里塘子屯，一池清浅，东流入寻川河。又东北，归龙河自西来注之。归龙河源出寻甸州西十余里卧云山挖脚坡左三龙泉，亦名洑溆水。南流折东流，经城南，为归龙河。又东入寻川河。又东北，螳螂河自西北来注之。螳螂河，一名北溪，俗名兔儿河，源出寻甸州北五里白龙洞。会摩浪水东流，纳虾蟆塘水。又南流三十里，经城东南入寻川河。又东北，洗马河自西北来注之。洗马河，一名矣部乌泉，源出寻甸州北凤梧山麓，为冷水塘。东南流，为洗马河，入寻川河。又北至七星桥，白蟒河自东来注之。白蟒河源出马龙州东，为东河。其源有二：一出州东松溪坡山涧中，西流经西河流等村；一出州东小龙井，西流经龙家庄等村，并曲折数十里至城州南而合，又西流，为缪家河。又西流，右会西河水。西河源出马龙州北高坡，西南流经伯刻山下，又西南流合东河。两河既会，为龙潭河。西南流经龙阳洞，又西南流经土官寨，纳址堵龙潭水。址堵龙潭在马龙州西北三十里。周百余步，左右多林木，泉自树根涌出，会滥泥坪龙潭水，西南流至土官寨，与龙潭河会。又西南流，为白蟒河。西南流至中和山东，会九股龙潭水。九股龙潭源出马龙州西南五十里香炉山后。有九源，流出中和山，入白蟒河。折西北流，至寻甸州七星桥，与寻川河会。

寻川河至此为阿交合溪，又北流经土地坡西，又北流经白土坡西，又北流经打鸟哨西，又北流为车洪江。江之西为东川府界，江之东为霑益州界木冲。又北流经平溪西，又北流经歹扯西，俱流万山中。又北，其东为宣威州境，又北经得扯西，又北，赤水河自东来注之。赤水河源出宣威州西南火石坡西，亦名雅扒箐。西流经跌水崖，会三塘及二道河。又西流经奴晶坪北，又西流经得扯北，西入车洪江。又北，沙河自西来注之。沙河源出会泽县西南百六十里，一名苏东河。东流经白革村，合海山河水。又东流过卡竹三家村，合几落河水。又东流纳白土泥水，又东流会三岔河。又东流经杨桥冲东至木多尹五苗子村，入落水洞，东入车洪江。又北流至江边，西泽河自东来注之。西泽河源出宣威州西北三十里分水岭南，南流会后海子水，又南流经马街子，又南流至近外，入山中四十里之仙人洞流出，右会西泽北山水。西泽北山水源出者革等村山中，南流合诸山水，南入西泽河。西流经瓮得南，又西流经江边南，西入车洪江。又北流经仙鹅抱蛋西，又东北，右为贵州威宁，左为东川，折西北流为牛栏江。又北经者海东，车乌小河水自西来注之。车乌小河源出歹补多著村，东流四十里，东入车洪江。又西北流，入东川境。又北，又西北，右为昭通府鲁甸通判境，左为东川境，头道河自西南来注之。头道河亦名硝厂河，源出会泽县东八十里犀牛塘。会各山箐水，周里许，西为头道河，西入箐口。又西行箐中数十里，左会卡狼沟。卡狼沟在会泽县东三十里，北流，入头道河。又西流，会大麦冲，出石门坎，折北流至硝厂，名硝厂河。又北流折西北，左会索桥水。又北至那戛，入牛栏江。又西流经江底村北，又西流入金沙江。

金沙江既会牛栏江，北流经永善县西北，又北至四川屏山县境，大鹿溪自西南来注之。大鹿溪源出永善县北大鹿山东，经平夷司北入金沙江。又东流八十里，至四川宜宾县北安边铺，横江自南北流，曲曲五百余里来会。

横江，其上流曰大纹溪，其上源曰擦拉河，源出鲁甸厅西南三十里大黑山箐。东北流，左会鲁甸各山水，又东北流，右会普五寨水。普五寨水源出恩安县南四十里普五寨东南山中，西北流会擦拉河。又东北流，淄泥河会八仙海自西南来注之。淄泥河源出恩安县东五里龙洞山南麓，东流折南会八仙海水。八仙海源出恩安县东二十里龙洞山后，春夏雨集，弥漫数十里，东南流会淄泥河。两源合流，西南五十里绕凤皇山北，折北流至擦拉桥，会擦拉河。又北潴为湖，利济河自东北来注之。利济河源出恩安县北龙洞山，南流绕城西南，入擦拉河。折西北流，洒鱼河自西来注之。洒鱼河，源出鲁甸厅北一百里、恩安县西四十里大凉山东麓雄溪，东流至柳树湾，会居乐河水。居乐河源出鲁甸厅北九十里、恩安县西五十里古寨，合市初、小黑箐、拖著诸水，南流北折入洒鱼河。洒鱼河既会居乐河，又东经马鞍山北，又东流入利济河。又折东北流，为旧圃河。又北流，经雪山东百余里，永善水自北来注之。永善水源出永善县诸山中，会东北流经雪山北，东北入利济河。角魁河自东南来注之。角魁河，亦曰戈魁河，源出贵州威宁州山中。合诸水北流，为洛泽河。西北流，经彝良州同洛泽汛西，又西北流，西纳龙塘水。龙塘，一名绿荫塘，在镇雄州西三百七十里，状如荷叶，广百丈，深不可测，久雨不涨，久旱不消，清泉溢出，东流入洛泽河。又西北，东纳威洛河水，威洛河源出镇雄州西二百五十里彝良东北山中，西流经花硚、戈魁，又西流入洛泽河。为戈魁河。又西经法窝关南，又西北经大关厅北，西北入府河。又北流数十里，有会通溪自西来会。又折东北经四川筠连县、高县西境，曰大纹溪，有小纹溪自西来会。又东北经庆符县西境，曰横江。又东北九十里至安边铺南，北入金沙江。

金沙江既会横江，又东北八十余里，经叙州府城南，又东北，宋江自西南来注之。宋江，其上源曰白水江，源出镇雄州西杉树块汛西南山中，为九股水。南会乾河水，乾河源出镇雄州南威宁界上山，北流入九股水。折北流至五眼洞伏流，亦曰天生桥。由洞北出，西北流至罗坎关，南纳东北来黄水河水。黄水河源出镇雄州北二百里罗汉林，西南流，经华斗、倮㑩坝、柴家井，西南入河。折西流，南纳杉树块水。杉树块水源出镇雄州西杉树块汛北，北流入河。又西北流，左纳一北来水。又西北，右纳小溪河水，为白水江。小溪河源出镇雄州北罗汉林，西流经倮㑩寨，至三寨，名三寨河。又南至者豪，会东来四寨河水。四寨河源亦出罗汉林，西流经四寨，又西流会三寨河。三寨河，又西南流至小溪，西南流入白水江。又西北经牛街知事南，又西北至四川筠连县界罗星渡北，为宋江。黑墩河自东南来注之。黑墩河源出镇雄州北二百二十里白水、黑阳河、陶坝黑林子三处，合西北流经黑墩，会东来玉贵河水。玉贵河源出威信州判东北长官司汛，西流经威信州判南，又西流，会黑墩河。北流入四川界，西北流至罗星渡北，西会宋江。下流，北至岷江口对处，入金沙江。金沙江自会宋江处，北会岷江，为大江。

六归河

六归河为乌江上源，源出镇雄州南境浪朵块墨车，为苴虬河，东流经河免寨女撒岩，为墨翟底河。又东流，汜洛河自西北来会。汜洛河源出镇雄州东北乌通山后，东南流，左会沱沿河水。沱沿河源出镇雄州西南山涧中，北流经城西，又北流折东，经乌通山北，东北入汜洛河。东南流，经土坝、平坝、阿黑关诸处，东南入苴虬河。又东南，白乌河自北来会。白乌河源出镇雄州东三十里黑折寨，南流经阿黑寨阿黑密，又南会苴虬河。又东南入贵州威宁界，下流走七星关为六归河，下流为乌江，入大江。

赤水河

赤水河，其下流入大江，其上流曰洛甸河，源出镇雄州东北三十里洗白，曰板桥河。东南流，会西北雨洒河水。雨洒河源出镇雄州东北一百一十里簸卧，东南流经乐利溪、上五当、下五当、大茶园、小茶园，西会妥泥河水。妥泥河源出镇雄州北一百一十里。东流，经妥泥河东，会雨洒河。又东南，入洛甸河。又东流，厂丈河自西北来会。厂丈河源出镇雄州东北一百二十里窝洛泥，东流会洛将水河水。洛将水河源出洛将水北山。南流，经洛将水，又南会厂丈河。又东南流会洛普河，洛普河源出洛普北山。东南流，至洛普，入厂丈河。又东南会洛甸河。又东，母享河自西南来注之。母享河源出镇雄州东北母享山中，东北流经天生桥，又东北入洛甸河。又东流入四川永宁界，为赤水河，下流至四川合江县，入大江。

澜沧江上

澜沧江，即古兰仓水，源出青海格尔吉土司南格尔吉帀噶那山。曰格尔吉河，即古之吐蕃嵯和歌甸鹿石山。东南流，经三格尔吉土司南索克音里山拉冈穆彰玛山北，又东南，经哈尔受土司南、索克布索克谟山北，受西来一水。又东南，经隆坝土司南、拉尔古东查山北。又东南，经隆东土司、绰火尔土司南，岳罗山北。又东南，经觉巴拉土司、叶尔吉土司南，桑巴尔土司北。又东南，经列玉土司、安图土司南，巴颜囊谦土司北。又东南，经典巴土司、拉尔吉土司南，折南稍东流，经隆布土司西南，受东北来一水。又南，经吹冷多尔多土司西，受西北来一水。又南稍东，经洞色土司西鄂穆阡作布拉山东，受东北来一水。折西南，经僧额色尔都山西、郭普克山东，受北来一水。又西南，经察木多城南，鄂穆楚河自西北来会。鄂穆楚河源出索克布索克谟山西麓。南流，折东南，会西北来索克布索克谟山南麓水，又东南，经杂楚库恭山、查尔瓦拉赛山北，又折南流，经鄂穆阡作布拉山西南，经察木多城西，折东流，经察木多城南，东会帀楚河。格尔吉河至此为帀楚河，折南流，又折东南流，经作尔支博冈里山北，又东南，而楚楚河自东北来会。楚楚河源出冈里土司西北、僧额色尔多山东麓。东南流，折西南，而猛楚河西北自裕隆山东南流来会。又西南，而色尔恭河东北自密尔根托特巴山西南流，折西北来会。又西南，而勒楚河东南自尼穆恭多山西流，折北流来会。折西流，会帀楚河。帀楚河折西南流，而子楚河西北自杂楚库恭山东南流来会，为澜沧江。又东南至巴塘寺南，入丽江府维西厅境。自发源至此一千八百里，东南曲曲流经怒山东，受西来怒山水。怒山水源出维西厅西北五百里怒山西南麓，东流经怒山东南，入澜沧江。折东南流经你那山，西纳东北来你那山水。你那山水源出维西厅西北五百余里你那山东北，西南流入澜沧江。又南经维西厅西，又南经戟干退村、西剌干也村东，又南经树苗汛西，左纳一溪，右纳二溪，合一溪，形如十字。又西经小甸塘西，分为二派，一支东流为工江，亦曰白石江，亦曰漾备江。

漾备江，自小甸塘由澜沧江分派东流，纳西南来风罗山水。风罗山水源出丽江县西五百里风罗山东北，东北流入漾备江。又东，至工江汛西北，左纳上江河水，为工江。上江河源出丽江县西北三百里东大幹大山中。西流，经工江汛北，西入工江。折南流，拉巴山水自东来注之。拉巴山水源出丽江县西北二百里拉巴山西麓，西流入工江。其东麓，石鼓冲江河源所出。又西南，西二溪自西南来注之。西二溪源出丽江县西三百五十里风罗山东南，并东北流入工江。折东流经河西汛北，又东南流折南，右纳一溪水。又东南，纳西北来麦鸡河水。麦鸡河源出丽江县西二百里拉巴南山，东南流入工江。又东南经通甸西北，盐井河自西南来注之，通甸河亦自东来注之。盐井河源出丽江县西三百里加贝山，东北流经小盐井，又东北流入工江。通甸河源出丽江县一百九十里怒关山后，西流经通甸北，西入工江。又东南流，至分江塘西纳东北来分江水。分江水源出丽江县西南二百六十里老君山西，西南流入工江。又东南，左受一溪水。又东南，纳东来剑川北水。剑川北水源出剑川州北山中，西流入工江。又南，白石溪自西北来注之。白石溪源出丽江县西南四百里旧兰州西十里山中，东南流经旧兰州南，东入工江。又东南，磨刀河自东北来注之。磨刀河源出剑川州西四十里莽蝎岭西麓，西南流入工江。又东南，左纳东溪水。东溪源出剑川州西南五十五里石宝山西麓，西南流入工江。又东南，曰白石江。又南经弥沙井西，又东南受西来一溪，又东南受东北来一溪，又东南剑川自东北来会。剑川源出剑川州西北七十里老君山顶老君潭，广可半亩，东南流，为石莱江，亦曰老君河，东南合千木河水。千木河源出丽江县南五十里七和山西麓，西南流，会石莱江。两源合南流，东会清水江水。清水江，一名螳螂川，源出剑川州东南三十五里白山北麓，西会石莱江水。三源既会，曰合惠江，亦曰桥头大河，南流汇为剑湖，周四十余里，西纳崖场河水。崖场河源出老君南山中，南流至崖场村东，东流入剑湖。又南，西纳白难陀潭水。白难陀潭源出剑川州西二十里，东流入剑湖。又南，西纳西湖水。西湖在剑川州南二里金华山麓。秋水泛涨，与东湖相连，冬春水涸，民作秧田播种。南经城南，右纳桃羌河水。桃羌河，一名驼强江，源出剑川州南五十里石宝山东南麓驼强村，北流至城南，折东流入剑湖。又左纳建和潭水。建和潭源出建和山南麓，西流入剑湖。又南，左纳隔㟁潭水。隔㟁潭源出东山，西流入剑湖。又南，左纳仙女炼潭水。仙女炼潭源出剑川州东营村，西流入剑湖。又南，左纳易堤坪江水。易堤坪江源出剑川南三十里易堤坪龙潭，北流入剑湖。南为湖尾，自西南流出为沙溪，亦为剑川，纳花丛、白龙、青龙诸潭水。南至沙溪村东，弥沙浪河自西南来注之。弥沙浪河源出剑川州南百里弥沙井北山中，东北流入剑川。又西南，受东北来一水。又西南，入白石江。此水源流三百里。

白石江自弥沙井南，入大理府境，右纳水二，左纳水一。又南经炼铁街西，右纳一水，折东南流经浪穹县西北境，右纳西南一水，为上江嘴，曰黑惠江。又南经邓川州西境，曰下江嘴。又南经太和县西北境，又南稍西至漾备街西，始曰漾备江，横岭铺水自西来注之。横岭铺水源出永平县东一百二十里横岭铺，东流至漾备街，入漾备江。又南经金牛屯，南过亨水桥，东受点苍西山水。点苍西山水源出太和县西五十里点苍山背笔架峰下，西流出石门，会诸山水，西南流入漾备江。又南至合江铺南，西洱河自东北西南流来会。西洱河源出鹤庆州西南五十里黑泥哨山中，西南流会诸山水，西南经观音山西，曰观音河，亦曰梅茨河。又南经三营西，又南，东受九龙池水。九龙池源出佛光寨山西麓，西流入大营河。又南，为大营河，出洞鼻至浪穹县东北，右纳洱源海子水。洱源海子在浪穹县东北十五里罢谷山下，三面环山，水从海底涌出，南为茈碧湖，湖中有九炁台。又南流会罗凤溪水，为宁河。罗凤溪源出城北八里凝雪山下，东南流入宁湖。而大营河已于红山口来会。又南合凤羽河水，为三江口。凤羽河，亦曰闷江，源出浪穹县西南四十里清源洞，北流，纳凤羽、乡舍、上盘各处水。又西，纳铁甲场水，铁甲场水源出铁甲场山中，东流至闷江哨，会凤羽河。曰闷江。东北流至天马山北，折东流入宁河。三源既会，南出经巡检司东，至炼城南入蒲陀崆，行六里南出，为弥苴佉江。经中流所，又南经德源城北，折东流至德源山东，折南流经邓川州东，又南至上关西，会罗时江水。罗时江源出邓川州北八里钟山石穴中，东出为绿玉池，南流为罗时江，右纳溪始水。溪始水源出溪始山顶，东坠为溪来会。又南流，潴为西湖，南出经德源山西、卧牛山东。又南流，经邓川州城东南至上关，入西洱河。东会闷地江水，闷地江源出邓川州东北焦石洞下，沿东山南流，经龙王庙前，汇为东湖。又南流至上关，入洱海。汇为洱海。北自邓川州东南，南至赵州西北，长百三十里，阔三四十里，形如月生五日，首尾抱点苍云弄、斜阳二峰，中虚其腹，纳十八溪之水。十八溪并出点苍。海东纳东山一水，出海东诸山中。东西纳波罗江水。波罗江，一名大江，源出赵州南四十里定西岭。北流至州南，折东流，绕赤佛山东北，经州治东，会玉阆泉、乌龙双塘、东普湖诸水，北流入洱海。西南流出经下关，东南流过天生桥，折西而西北，绕苍山后五十里，至合江铺西北入漾备江。

漾备江既会西洱河，为碧鸡江。西南流入永平县、蒙化厅界，胜备江自西北来会。胜备江源出云龙州南境、永平县东北境之罗武山，东南流，折南又东南，经黄连铺东，会东来九渡河水。九渡河源出永平县东百二十里横岭铺西南山中，沿山流经九渡桥，西流经太平铺，又西流，至胜备村入胜备江。又南，会西来双桥河水。双桥河源出永平县东七十里观音山东北麓，合山中诸水东南流，经永平铺，又东经黄莲堡南，东入胜备江。又东南至蒙化境，入碧鸡江。又南流入顺宁县境，曰黑惠江。折东流至新牛街西北，折南流，牛街水自南来注之。牛街水源出顺宁县北百六十里乐可巧村，东流至阿鲁司西南，纳南溪水。折北流经阿鲁司西北，又纳左右各一溪水。又北，右纳一溪水，北流至新牛街北，入黑惠江。折东北流，绕赤龟山麓东北，抵猛蝶者石山麓，折而南流，诸始河自东北来会。诸始河源出蒙化西北三十里诸始河哨山中，西流会西北来一溪，合南流六里，复会南来一溪。合西流十余里，经鼠街子，又西二里，折南流三里，又折西流二里，合西北一溪。溪大与东源相等。折南流五里，纳西来一溪。又南流十里，纳南来一小水。折西流十里至瓦葫芦，折西南流，纳西来、南来各一水。又西南经旧牛街、杪松哨，流数十里至猛蝶者石山西南蚂蟥箐，西入黑惠江。又南经公郎东，又南绕泮山东麓，南与澜沧江正流会。

澜沧江正流自小甸塘西漾备江分流处，南流经凤罗山西，折西南流二百余里，白水河自西北来注之。白水河源出西北大山，两源合流，东南右会一溪，又东南入澜沧江。又南入云龙州境表村北，表村河自西北来注之。表村河源出云龙旧州西北山中，东南流至表村北入澜沧江。又南经表村东，右纳西溪水。又南，松牧溪自西来注之。松牧溪源出云龙旧州西北山中，东流入澜沧江。又南，云龙州西北水自东北来注之。云龙州西北水源出云龙旧州西北山中，西南流入澜沧江。又南崇山溪自西来注之。崇山溪源出云龙旧州南三崇山，东流入澜沧江。又南至云龙州南境，右纳一小水，左纳沘江水。沘江源出丽江县西南山中，曰弩弓河。合两涧，东南流至白地坪西百余里，又东，东纳小盐井水。小盐井水源出云龙州北界小盐井山中。南流，合东一溪，西流入沘江。折西南流，右纳二溪，又左纳一溪水。又南流，右纳西溪水。又南经顺荡井西，折东南流，左纳东北溪。又东南右纳西溪水，又东南纳东北来大郎河水。大郎河源出剑川州西一百二十里盐路山，西南流百余里，西南入沘江。又右纳一溪水，又南流，左纳东北溪水。又南经大波浪村西，又南，左纳东北二溪合流水，折西流，右纳西北二溪合流水。又西南折东南流，经诺邓井西，又南，左受东北二水。又南流经云龙州旧城，小雒马河自东北来注之。小雒马河源出云龙州东八寨，西南流入沘江。又南流，受东北二水，至乾海子西，折西南流入澜沧江。此水源流五百里。又南流经保山县东、永平县西，南流纳西来罗岷北山水。罗岷北山水源出保山县北百里北冲东蒲蛮寨东，自北山南度脊东，东流经天井、罗岷诸山北，东流入澜沧江。又南流，纳东南沙木河水。沙木河源出保山县东北百八十里宝台山西南山中。西流折北流，经竹沥寨，会三汊溪水。三汊溪源出阿牯寨西，出北流，三源合，名三汊溪。西流，会沙木河上源。又北经狗街子西，又北经沙木和驿，过凤鸣桥，又北经湾子村东，又北流折西流，入澜沧江。又南折东南流，经宝台西南麓，又东南至永平、顺宁界上，银龙江自东北来注之。银龙江源出云龙州乾海子南、永平县北阿荒山，一名太平河。每岁孟冬近晓，有白气横江，恍若银龙，故名。南流至永平县东南，会罗木场河水。罗木场河源出永平县西三十里，合丘山东麓木卓盘山，东流经罗木山南麓，折南流至永平县东南，会东源。两源既会，南流，纳西北来曲洞河水。曲洞河源出和丘山西麓，南流，折东流至永平县南二里，入银龙江。又南，纳西北来花桥河水。花桥河源出永平县西四十五里博南山北麓，泉流东经花桥山，为花桥河。又南流至永平县南五里，入银龙江。又南流经门槛村，过门槛桥。又南，左纳狗街子南北两水。狗街子两水源出顺宁县北百六十里狗街子山中，西流入银龙江。折西南流，经顺宁县北水泄厂，西南入澜沧江。又东南至顺宁县高枧槽北，纳东南来高枧槽河水。高枧槽河源出顺宁县西北二十里白沙铺西南，东北流至高枧槽西南，左纳西南来溪水，北流至高枧槽西北，入澜沧江。又东北纳三台箐水。三台箐源出顺宁县北百二十里三台山左右腋中，一西南流，一东南流，会于三台山东南，南入澜沧江。又东，而黑惠江即漾备江自西北来会。

澜沧江既会黑惠江，又东流，公郎河自东北来注之。公郎河源出蒙化厅西南百二十里凤皇山西麓，南流百里至公郎巡检司南，入澜沧江。折南流至云州东南，顺甸河自西来注之。顺甸河源出顺宁县西北二百数十里之董瓮山，流为右甸河，会甸中诸水，出东南峡，东流至大桥东南，转折西流过大桥西，折南流，纳北来水塘哨水。水塘哨水源出顺宁县西北百二十里之水塘哨，西南流，折东南，入右甸河。又南，纳西北来小桥水。小桥水源出小桥东北山中，东南流经小桥村南，入右甸河。又东南经锡铅驿南，纳东北来锡铅溪水。锡铅溪水源出锡铅东北山中，西南流至锡铅驿南，入右甸河。又东南至孟祐村南，左纳孟祐西溪水，为孟祐河。孟祐西溪源出孟祐西北山中，南流至孟祐村南，左会一溪，入孟祐河。又南流，纳猛峒水。猛峒水源出猛峒北，北流，会杜伟山东麓诸水，东流入孟祐河。又东南，右纳南桥河水，为顺甸河。南桥河源出永镇关西，西北流入顺甸河。又东南，右纳永镇关小河水，永镇关小河发源永镇箐，北流至小官庄，会北桥河，北流入顺甸河。左会顺宁河水。顺宁河源出顺宁县西北五里甸头村，东南流至城北，为衢亨河。左会桃源、董永二河，折东南流经城东，又南，西纳瓮磉河水。瓮磉河源出县南山中，流经龙泉寺前，东入东河。衢亨河既会瓮磉河，为东总河。又东，会西北来温沙河水。温沙河源出顺宁县东十五里之九龙山，东南流至归化桥北，入顺宁总河。总河既会温沙河水，又南，西会浴甸河水。浴甸河源出县西南之中阿山，东流入顺宁河。顺宁河既会浴甸河水，又东南至云州旧城，东南入顺甸河。顺甸河既会顺宁河，又东经云州城，南纳东北来猛郎河水，猛郎河源出云州北一百里挨罗箐，南流四十里至猛郎，会猛崩河、马四河二水。猛崩河源出云州蛮冒箐，马四河源出云州会掌村，并会猛郎河。又南折西南，至云州东南入顺甸河。又东流入澜沧江。此水源流四百里。

澜沧江既会顺甸河，又南左受景东水。景东水源出景东厅西南境山中，西南流入澜沧江。又南右受猛麻河水。猛麻河源出大猛麻西北，东南流入澜沧江。折西南，右纳分水岭水。分水岭水在猛准南，南流入澜沧江。又西南流经猛猛南二百里，棘蒜江西至孟定土府东南境，会众流，曲曲东行三百余里来会。棘蒜江有两源，一出耿马土司北山中，南流，为耿马河，右会西北二溪水，又南，左会南别河水。南别河源出耿马土司东，合双溪，西南流，入耿马河。又南流而东南，而南董河自西南来会。南董河，棘蒜江南源也。出猛董西南，东北流，合西北一溪，又东北经猛角南，又东，右会南溪水。南溪源出猛董东南山中，合两溪东北流，至猛角东南入猛董河。又东北至猛渗北，与北源耿马河会。两源既会，为猛渗河，东南流曲曲百余里，右纳西南溪水。西南溪水源出猛渗南大山中，两溪合流，东北流入猛渗河。又东流，南猛河自东北来注之。南猛河源出猛库东北分水岭西南，西南流至猛库南，会西北来一水。又西南，至猛猛西北，左纳一水，合两溪来会。又西南，经猛猛西南，右纳西北一水，合两溪来会。又西南经腊门村西，又西南经仙人山西北，左纳两溪，合一水，右纳西北一溪。又南流百里，入猛渗河。又东，猛尹河自南来注之。猛尹河源出康郎北之邦董山。东北流合东南一水，北流经上下猛尹，左纳一西来水，一东来水。又北流入棘蒜江。又东流，仙人山水自西北来注之。仙人山水源出仙人山南麓，东南入棘蒜江。又东入澜沧江。

澜沧江既会棘蒜江，折东南流经普洱府猛班南，杉木江自东北曲曲五百余里来会。杉木江源出景东厅西九十里无量山南麓，合两涧，西南流经猛统巡检司西，曰猛统河。又南曲曲百数十里入镇沅州境，与东源树根河会。树根河亦曰蛮况河，源出镇沅州东五十里树根坡，西流会东北来蛮贵、由里二河水。蛮贵河、由里河二河并源出镇沅州树根坡北山中，西南流会树根河。又西流至镇沅州东北，会南祝河水。南祝河源出镇沅州北五十里乐板山分水岭南，南流会茂度河水，茂度河源出分水岭西山中，南流，东南会南祝河。南流会树根河。又南经州治东，过殷春桥，由州治南山之麓围绕而西，又西南五十里，经抱母井南流折而西南，与北源猛统河会。两源既会，为巴景河，又西南流，会西北来正统河水。正统河源出景东威远界上山中，东南流入巴景河。又会东来恩更河水。巴景河至此，为杉木江。恩更河源出镇沅州南山中，西流入杉木江，与正统河口相对如十字。又西南，右纳景谷河水。景谷河源出景东界内，东南流入威远境，又东南流入杉木江。又南纳东来难可河水。难可河源出威远东南山中，西流入杉木江。又西南流百余里，纳西北来宝谷江水。宝谷江源出猛戛北山中，两两合流曲曲百余里，东南入杉木江。又西南入澜沧江。

澜沧江既会杉木江，又东南流，康郎河自西北来会。康郎河源出康郎村西北百余里边界山中。二源出山而合，东南流，西溪水自西南来注之。西溪源出康郎河源南边界山中，二溪合东流，与康郎河会。又东南流经康郎寨南，又东南，西纳蛮河寨北水。蛮河寨北水源出蛮河寨西山中，东流至蛮河寨北，东入康郎河。又东南，西纳蛮河水。蛮河源出蛮河寨西南边界山中，两源合流，东至蛮河寨南，东入康郎河。又东南流，纳北溪水。北溪源出邦董山南麓，南流入康郎河。又东南流百余里，东南入澜沧江。此水源流三百里。又南，经巨洲分复合折东流，猛撒江自东北合数水，曲曲西南流四百余里来会。

猛撒江，一名猛赖河，源出威远厅西南镇沅州新抚西南山中。两源，一南流，一西南流而合，曲曲南行百里，拦马河自东来会。拦马河源出镇沅州新抚西南山中。两源合西南流，折西流，纳南来一溪，西入猛赖河。折西南流，暖里村河自西北来会。暖里村河源出暖里村西北山中，东南行折南流入猛赖河。为暖里河，亦曰威远江。又西南流，会东北来铁厂河水。铁厂河源出威远厅南铁厂，一曰小江。两源合流而西南，左会西萨河水。西萨河，源出西萨东南山中，北流折西流，经西萨村北，又西与铁厂河会。铁厂河既会西萨河，又西南流与猛赖河会。又西南流百余里，左与普洱河会。普洱河一曰三岔河，源出宁洱县西二里天笔山龙潭，会金龙河水。金龙河又名水碓河，源出天笔山之龙潭，南入三岔河。南流至普洱府城南，右会西河水。西河源出宁洱县西慢令村龙潭，至城南入三岔河。又东南，右会东河水。东河源出宁洱县东北五里坡，流经城北海南庄，绕东而南入三岔河。又南，右会南蕴河水。南蕴河源出宁洱县东北十里南蕴箐，由土锡寨龙潭入三岔河。折西南流，经双星、仁寿、太乙诸山北，又西南会东北来追栗河水。追栗河源出宁洱县东南那库里西，西南流百里入三岔河。又西南流，会东南来南涧河水。南涧河源出思茅厅南山中，西北流入普洱河。又西南，与猛撒江会。猛撒江既会普洱河，西南流入澜沧江。

澜沧江既会猛撒江，折南流数十里，又折东流，右会南溪水。南溪源出车里西南山中，东北流入澜沧江。又东，左会北溪水。北溪源出小猛养西山中，西南流入澜沧江。

云南水道考卷四

澜沧江下

澜沧江既会南北溪水，又东南折而南，绕九龙山麓，经旧车里宣慰司北、新车里宣慰司南，又东北，南流为九龙江。又南折西南，经橄榄坝西，又折东南，经猛沦南，猡梭江自东北合数水，曲曲南流七百里来会。

猡梭江源出思茅厅西北那库里西南山中，为清水河。南流经思茅厅西，又南百余里，经小猛罕西，又东南经普藤东，又东南，为大开河，亦曰补远江。又东南经猛旺东，曲曲二百里，会东北来龙谷河水。龙谷河，一曰慢达河，源出思茅厅东南山中。南流曲曲一百九十里，入大开河。折南流会东北溪水。东北溪源出猛腊数十里山中，两源合西南流，入大开河。折西流经猛腊、易武，北绕革登、莽支五茶山，为猡梭江，会西北官铺河水。官铺河源出普藤西南官铺西南山中，东南流，至莽支北入猡梭江。又西折南流，经莽支西，又西南曲曲百里，折南流经猛沦东南，入九龙江。

九龙江既会猡梭江，又东南流，右为缅甸猛竜，左为暹罗猛辛。自入边至此，曲折二千五百里，又东南走南掌界，为南龙江。右为南掌，左为临安、三猛，为黑江。东流经茨通坝南，又东流，为烈吗渡。东流经把哈南，又东流经猛丁南，又东为猛蚌渡。经猛蚌南，又东经猛赖东南，而藤条江即李仙江，西北自蒙化会众流，曲曲东南流一千六百余里来会。

藤条江，其上流曰李仙江，亦曰把边江。其上源曰阿集左河，源出蒙化直隶厅西南一百二十里凤皇山西南麓，东南流至虎街西南，北会虎街河水。虎街河源出虎街北山中，南流会阿集左河。又东南，会东北来牛街河水。牛街河源出牛街东北山中，西南流入阿集左河。又东南至安定关西，会东北来安定河水。安定河源出安定关东北山中，西南流至安定关左，西南入阿集左河。四源即会，东南流入景东直隶厅境，为中川河，亦曰银江。东南流，会西北来老仓河水。老仓河源出景东厅西北九十里无量山东麓，东南流入银江。又东南，会东北来沙罗河水。沙罗河源出安定关东山中，西南流入银江。又东南，东经新站街南，又东折南流，西纳板桥河水。板桥河源出无量山东麓，东流至板桥东入银江。又南，西纳灰窑河水。灰窑河源出无量山东麓，东经灰窑东入银江。又南，纳西来大坝河水。大坝河即通化河，一名菊河，源出无量山东龙潭。合二溪东流，经御笔山北，又东入银江。又东南，经景东厅城东北，又东折西南，又折东南，西纳孔雀河水。孔雀河源出无量山东麓，东流经孔雀山麓，又东入银江。又东南，纳东北来蛮谢河水。蛮谢河源出蛮谢东山中，西南流入银江。又东南，经中所塘西稍南，纳东北来中所河水。中所河源出中所东山中，西南流入银江。又东南，纳东北来品秀河水。品秀河源出品秀东山中，西南流入银江。又南流经蛮骂西，纳东来蛮骂河水。蛮骂河源出蛮骂东山中，西南流经蛮骂南，西流入银江。又南流入镇沅直隶州境，为景来河，纳东北来蛮冈河水。蛮冈河源出恩乐县北山中，西南流入景来河。又南，西纳阿萨河水。阿萨河源出镇沅州北山中，合两源东流入景来河。折东南，纳东北来怕莫河水。怕莫河源出恩乐县北山中，西南流入景来河。又东南流经恩乐县西，西纳大弄河水。大弄河，一名浦麻河，源出镇沅州东界山。东流，经恩乐县乐仁乡东入景来河。又东南折西南流，经跨泥村西，折东南，东纳凹必河水。凹必河源出恩乐县南跨泥村东南山中，西流经跨泥村南，西南入景来河。又南流，至新抚东北，为新抚河，蛮奠河自东来注之。蛮奠河源出镇沅州东南百余里新抚东山中，西流入新抚河。折东南流经新抚巡检司，东南流，为把边江。入普洱府威远厅境，又东南复折西南数十里，南流，会北来磨黑河水。磨黑河源出宁洱县东南那库里东北山中，北流经磨黑塘东，又北流折东流，东入把边江。折东南流，经把边江塘南，又东南纳东北来慢冈河水。慢冈河源出宁洱县通关哨北山中，西南流入把边江。又东南，折正南流而西南，又东南而东流，而南，而东南，共二百五十里，而阿墨江自东北曲曲西南流四百余里来会。

阿墨江源出南安州碍嘉州判西、景东直隶厅东八十里之火石哨，为者干河，亦曰者东河。南流经者干村东，又南流，经哈噌噜南，又南流入恩乐县境，为鲁马河。经三家汛西，又南流至新平县谷麻，为谷麻江。经上、下谷麻，又南流至他郎西，为阿墨江。又南至阿墨江塘，南纳东来慢会河水。慢会河亦曰鱼凫小河，源出他郎西八十里南北村，西流入阿墨江。折东南流，曲曲八十里，会东北来他郎河水。他郎河源出他郎北山中，南流经他郎厅西南，东会水癸河水。水癸河源出元江州境坤勇村，西流会他郎河。他郎河折西流，右会小河水。小河水源出他郎西北中寨箐，绕东南来会。三源既会，折南流曲曲数十里，东会甸索河水。甸索河源出元江直隶州甸索塘东南山中，北流，折西流，经甸索塘，又西，右会一溪，折西南流数十里，入他郎河。他郎河，又西南会阿墨江。阿墨江既会他郎河，为布固江，又南流而西南至三江口，会把边江。

把边江既会布固江，又东南会东北来萨普河水，为李仙江。萨普河源出元江州南鄙山中，三源合，西南流百余里，西南入李仙江。又东南流百数十里，纳北来无名河水。无名河源出元江州东南诸山中。两源，一南流，一西南流，数十里而合南流，折西南又数十里，共百余里，入李仙江。又东南流入临安土司境，为阿流江，纳北来腊密河水。腊密河源出临安府西南三百五十里溪处山中，曰白那河。西流，纳北来者贡河水。者贡河源出瓦渣司龙孟山中，南流数十里入腊密河。又西，纳北来他嘴河水。他嘴河源出左能山，西流，折南入腊密河。又西，纳北来浪水河水。浪水河源出左能西山中，南流入腊密河。又西，纳东北来他泥弄河水。他泥弄河源出左能西北山中，西南流入腊密河。折南流，北纳虎街河水。虎街河源出溪处山，西南流入腊密河。又南流入阿流江。又东流，为藤条江，东南流经瓦遮、宗哈、各掌寨南，又东南流经那黄渡，又东南至猛喇北，纳跳鱼河水。跳鱼河，其上流为金厂河，伏流南出，东南流入藤条江。又东南，纳西北赛江河水。赛江河源出纳更司南腊纵，南流经慢们东，会诸水。又南经猛梭东南，入藤条江。又东南，纳西南金子河水。金子河源出猛喇东，东流至猛赖北，北入藤条江。又东南，至猛赖东入黑江。

黑江既会藤条江，又东南为拦马渡，又东南入越南国界，为洮江，亦曰洪水江。江以南为老挝界，江以北为交趾界。又东南全入交趾境南，别为沱江。又东南流经宣光道南、归化府北，又东流，沱江复会。又东流经临洮府南，又东至嘉兴州蒙县，而清水江即河底江，亦即礼社江，西北自大理府云南县会众流，曲曲东南二千余里来会。

清水江其上源曰礼社江，有二源，其东源曰白崖睑江，出大理府云南县北二十五里梁王山后宝泉。山石穴中涌出，西南流，而帽山龙泉自帽山北西流，会五福山、嵩山坝、铁窑箐、毛栗各龙泉南流，会松子哨、蚂蝗箐诸涧水，南经九鼎山东南来会。又南流，至茨平村团山坝，分为三流：其二东流，经云南县南北为青龙海、品甸海，下流合为一泡江，入金沙江；见上。其一由团山坝南流，案：梁王山泉南流者，其正支东流者青龙、品甸二水，系明兵备沈桥、朱荃、李先著等凿成，筑坝障使东注，以资灌溉。今旱，则尽东而南流，无水潦，则以其余者下溪沟，故反不如东流者为大。为溪沟，亦曰万花溪，卧龙冈夹其左，金龙山夹其右。南流经清华洞西，又南流经赵州石虾山西，左纳虾蟆口甘泉水。虾蟆口甘泉水源出赵州南六十五里石虾山下，平地涌出，西流入大河。又西南，纳东北来菖蒲沟水。菖蒲沟源出云南县南三十里水目山，南流经天桥山，出天桥，西流经弥渡城北，西入大河。又西南，会西北来赤水江、昆雌江合流水。赤水江源出赵州东南七十里水磨坪，当白崖北二十里，其山北即波罗江源。会两源南流，经白崖站东，会西北昆雄江水。昆雄江源出赵州南四十里定西岭。东南流至白崖站东，会赤水江。又东南四十里，而昆雌江自南来会。昆雌江源出蒙化厅东北十五里武衙山山顶平冈峡中，水自巍宝山南来。北流峡中，经龙庆关北流，东下经石佛哨，又东经桃园哨，折东北出峡，北流至弥渡北，东北会赤水江。两源既会，东入白崖睑江。又南流至弥渡，左纳鼻窗厂水。鼻窗厂水源出云南县东南四十里水盆铺，东南流姚州界内山中，西北流经水盆铺，折西南流经鼻窗厂，又西南流至弥渡南，入白崖睑江。又南入蒙化厅境，流百余里会西源。西源曰阳江，源出蒙化厅西北八十里花判山，南流，合两溪东南流，东去白崖八十里。又东南至盟石西，左纳盟石河水。盟石河源出蒙化厅北二十里蒙舍山中，西流入阳江。又南至蒙化厅城西北，左纳教场河水。教场河源出蒙化厅东十里武衙山西麓坳中，折西流西入阳江。又东南经蒙化厅城西南，又东南至蒙化城南，纳东北来锦溪水。锦溪，一名菜园河，源出蒙化厅东十里捣衣山之坳，一泓喷涌，神物凭焉。流出成溪，会大、小黄草坝之水。西流至龙王庙，又南经石龙山采花村，西南入阳江。又东南，五道河自东南来注之。五道河源出蒙化厅东南十五里巍宝山，西北流合玉屏山水，又西北合玉屏、鸡鸣山水，经含春洞，为鸣珂水。又西经梅雪岭下，为白塔河。又西入阳江。又东南经废定边县北，又东南至废定边县东南，纳西北来定边河水。定边河源出蒙化厅西南罗求场，东南流，纳东北来牟苴河水。牟苴河源出今南涧巡检司西十里，曰零川，西南流入定边河。又东南流经废定边县南，又东南至废定边县东南，入阳江。又东南纳西来窝接河水。窝接河源出旧定边县南十里麻栗树，东流入阳江。又东南至蒙化厅东南境，与白崖睑江会。两源既会，曰礼社江。东南流入楚雄府境，为府大河。南流经碍嘉州判北，为大厂河，亦曰大场江，一曰卜门河。折东流，北纳大厂东北水。又东南，右纳界牌汛北水，又东纳西北来马龙河水。马龙河源出镇南州阿雄乡之一街，东南流，会西北来伯鱼河水。伯鱼河源出镇南州之洒坡武，东南流经鹅毛岭，东南会马龙河。又东南流经旧哨汛西，又东南流至三江口北，入礼社江。折南流，经新平县西北四百里与南安州分界之界牌西，入新平县境。东南流经斗门乡南，东南至三江口，亦曰三岔河，与东南源东北来合众流，曲曲六百里之丁癸江会。

丁癸江，其上源曰星宿江，源出罗次县南二十里九涌山，一名九成山。东北流至羊溪冲北，会东南来分水岭水。分水岭水源出罗次县东南二十里上甸分水岭，岭东水入螳螂川。西北流至羊溪冲，北会九涌山水。折北流，右会碧城河，为东河，亦曰金永河。碧城河源出罗次县东十五里穹荡山山箐中，西流数里分为三沟，曲折绕城，西入东河。又北经罗次县西，又北折西流经羊圈北，又折西南流，右会梅子箐水。梅子箐水源出罗次县西北四十里梅子箐龙潭，东流成河，经乍乌南，折入金水河。又西南流，右会北河水，为星宿江。北河源出武定州境河底厂山中，南流十五里至阿勒，又南十五里至法尾，又南三十里，会星宿江。星宿江既会北河水，又西南纳东来南河水。南河在禄丰县南十里，合县南山涧之水，西北流过启明桥，入星宿江。又西南，纳西北来九盘山水。九盘山水源出广通县东北五十里九盘山南麓，东南流入星宿江。又折南稍西流，舍资河自西北来注之。舍资河源出广通县东北十五里阿陋雄山南麓，西南流，一名阿陋河。南流，会西北来雕龙河水。雕龙河源出广通县东北十里之阿纳香山，东南流，与阿陋河会合东南流，入星宿江。为九渡河。折东南流，会西南来妥梢河水。妥梢河源出南安州东南四十里山中，东北流至的禄村北，折东南，右会沙甸河水。沙甸河源出南安州东南百余里雨竜汛，南北流经竜汛西，又西北流至妥甸汛西。折东流，又折北流经乾海子西，西北与妥梢河会。两河既会，折东北流入九渡河。又东南流，纳东北来太和川水。太和川源出罗次县西南百一十里炼象关东北山中，西南流，左会东南山水，合西南流经积食村，又西南，经石门哨西南，经太和街前，西入九渡河。又南，左纳迷末水，为绿汁江。迷末水源出易门县西十五里永靖哨。西北流经迷末，又西北入绿汁江。折南流，纳东北来大小绿汁水。大小绿汁水源出易门县西六十里诸山中，两山相夹一线，西南流入江。又南流经木奔西，为木奔江，又南纳东北来蚂蝗箐水。蚂蝗箐水源出易门县西南三十里蚂蝗箐山中，西南流入木奔江。又南，会东北来易江水。易江源出安宁州西四十里禄腠西山中。西南流，左会东南山西北流水，折西流，会北来老雅关西北水。老雅关西北水源出禄丰县东七十里老雅关西北山中，南流数十里，南会禄腠水。折南流，经禄丰县迤栖村西，又西南，右会易门川。易门川水，为易江西源，源出易门旧县西六十里老黑山东麓黑龙潭。东流合扒齿岭西水，又东北流合罗衣岛、积食村诸水。折东南，经窝德，会西南热水塘水。热水塘水源出易门县西十五里葛根箐西北，东北经白衣关，又东北至窝德，入易门川。又东，左会禄丰田坝诸水。禄丰水源出禄丰炼象关内田坝中，汇西南流南入易门川。折东南，至旧县南，会东源。两源既会，为易江。折南流，经小山凹东，又南经杨堡庄东，又南至上江口，会西北上江渠水。上江渠源出易门县北二十五里黑松林山中，南流经云龙寺东，又南流经仙人洞东，会东来一溪。又东南经刘家营东，又东南经韩家营东，又东南经海子营东，又东南过黑龙潭，右会潭水，东南流入易江。又南流至下江口，会西北下江渠水。下江渠源出易门县西五里大龙泉。水自洞中涌出，东流至县西，绕城北流，经城东北，左会小龙泉水。小龙泉在易门县东北四里，水出截壁中，西南流至城东北，入大龙泉。大龙泉既会小龙泉，折东南，经城东，右纳二会水。二会水自二会西南山中，东北流入下江渠。下江渠又东南经三会北，又东南右纳罗所水。罗所水自罗所南山中北流，经罗所西北入下江渠。下江渠又折东，经戴所、曾所，又东至下江口，东入易江。易江既会下江渠水，又南流，左纳苗茂水。苗茂水源出赵普村东南嶍峨县山中，西流经苗茂南，西入易江。折西南流至甸末东，右纳沙丈水。沙丈水源出沙丈北大小沙衣山中。南流经沙丈东，又南流经普贝东，又南流经马头山东，又南流入易江。又西南，经甸末南山北，又西纳北来老吾南山水，水从老吾山中南流入易江。南纳甸末南山水。水出嶍峨县甸末南山中，北流入易江。又西南经脚家店西北，西入木奔江。

木奔江既会易江，折西南流，入嶍峨界，为丁癸江，亦曰小江。西南经新平县北，纳南来七曲河水。七曲河源出新平县西四十里竜鸡山北麓，即鹦哥山之东北麓。北流经七曲村，又北流经新化山东、迤陑山西，又北经彻崇山东北，入嶍峨小江。又西南经太和山北斗门乡南，为麻哈江。又西南至太和山西南，西与礼社江会，为三江口，亦曰三岔河。

礼社江既会丁癸江，东南流为戛赛江，经哀牢山东麓，纳东来化龙河水。化龙河源出新平县西北百三十里老铁厂山中，西南流，左纳六乃河水。六乃河源出象山西麓，西流至他甸邑西，左会漫干箐水。漫干箐源出迤阻山中，西流经漫干坝，又西与六乃河会。六乃河既会漫干箐水，西南流入化龙河。又西南流，右纳宾橘河水。宾橘河源出太和山中，南流，东南入化龙河。又西南流经黄土坡，又西南流经东磨南，西入戛赛江。又东南，西纳南仓河水。南仓河源出新平县西百六十里南仓山顶。在哀牢山东，半会各山水，东流至戛赛江。又东南，西纳南茂竜河水。南茂竜河在哀牢山东，源出南茂竜山顶，会诸山水，至戛赛入江。又东南，纳东来鹅得河水。鹅得河源出新平县西二十里分水岭，西流经鹦哥山黑味南西牙甸北，会诸山水，西流入戛赛江。又东南，纳西南来丫味河水。丫味河源出哀牢山东，东北流至丫味入戛赛江。又东南至磨沙，为磨沙江，纳西南来马龙河水。马龙河源出哀牢山东，东北流至马龙山麓，入磨沙江。又东南，纳东北来杨家冲水。杨家冲水源出敌军山西南，西流经倚楼山北麓，西南至磨沙北入江。又东南，纳东北来树布拉河水。树布拉河源出镇元山西南麓，西南至脚底母，西南至树布拉西，入磨沙江。又东南，纳西来挖窖河水。挖窖河源出新平县西南三百里哀牢山东南挖窖山中，东流经挖窖塘，又东流经舍叠龙东北，至磨沙南入江。又东南，纳东北来南麻河水。南麻河源出他克西山西麓，西南流经大南麻，又西南入磨沙江。又东南，为元江，纳西来漫线河水。漫线河源出元江州西北百三十里之弥陀山，东北流入元江。又东南，纳东北来甘庄河水。甘庄河源出元江州东北四十五里之黄茅岭，西流经甘庄坝，又西南入元江。又东南，纳西来南淇河水。南淇河源出元江州西无量山，东流会南北中寨诸山水，东流入元江。又东南经元江州城东，又东南，纳西南来清水河水。清水河源出元江州南八十里列播山，一源二流，其东北流者为南侻河，其西北流者为清水河。又北流数十里，折东北经戕崀山麓，为戕崀河。又东北流至州城西南，折东流经城南，东入元江。又东南，左纳双渠沟水。双渠沟源出马龙山，一清一浊，西流入元江。又东南，纳西南来南侻河水。南侻河源出列播山，与清水河一源二流。东北流经大羊街北、小羊街南，又东北流至坝罕东北入元江。又东南，纳东北来矣落河水。矣落河源出元江临安界上山，西南流入元江。又东南，走临安府思陀土司境，纳西南来屏山溪水。屏山溪源出思陀乡北屏山，在临安府西南二百八十里，东北流入元江。又东南，纳西南来清水河水。清水河源出临安府西南二百五十里左能司北山，东北流经落恐司东、左能山西，又东北入元江。又东南，纳西南来末竜塘水。末竜塘水源出左能司东北山中，东北流经末竜塘南，东北入元江。又东南，左纳三百零八渡河，即龟枢河西北自易门、嶍峨、新平、元江会众流，曲曲东南流五百余里来会。

龟枢河，其上流为腊猛河，源出嶍峨县北、易门县南甸末南山南麓。南流经嶍峨县甸中，又南经甸头，又南经兴衣乡，纳兴衣龙潭水。又南至青龙寨北，纳东来小河水。小河源出嶍峨县西北五十里老鲁关山西北麓，东流经王家哨西麓，又南折西流，西入腊猛河。又南流经青龙寨，又南经怕念乡东北，为怕念河，纳西南来怕念乡水。怕念乡水源出怕念乡西南山涧中，东北流至怕念乡西，会西北来庆远塘北麓水。东流至怕念乡，又东北入怕念河。又南流，纳东来罗吕乡西山水。罗吕乡西山水源出怕念乡西北，会诸涧水，西流入怕念河。又南流入境，折东南至甘棠，为甘棠河，纳东北来罗吕乡水。罗吕乡水源出新平县东北百二十里化皮冲，当老鲁关东度脉再分支处。西南流会牛尾冲水。牛尾冲源出老鲁关东度脉分支处，南流会化皮冲。又西南流会羊毛冲水。羊毛冲源出老鲁关东度脉处，西南流，合西涧水。西涧水源出老鲁关西南鹅膊子与王家哨分支处，南流会东涧，又东南会两冲水。南流经罗吕乡西，左纳罗吕乡水。罗吕乡水源出罗吕乡东北窝泥寨山中，西流经罗吕乡北，又西入大水。又南流至甘棠，入甘棠河。又东南至鲁魁山北麓，而亚泥河自西北来会。亚泥河源出嶍峨丁癸乡山中，其山北即丁癸江。东南流入新平县境，又东南至康者康南，会西来清水河水。清水河源出新平县西北迤陑山东南麓，东南流会各山箐水，折东流经桃孔南、石子哨北，又东流至康者康南，入亚泥河。折东流经双龙桥，又东南流至洒树衣，会西北来平甸河水。平甸河源出新平县南五十里镇元山北麓，北流会上、中、下他拉诸水。北经团山西麓，又北至者甸冈南，会西来青龙水。青龙水源出新平县西二十里分水岭，东流经大、小方达，又东会纳溪、青龙坎诸水，东入平甸河。折东流为襟带河，经县城西关外，左纳洪本泉水。洪本泉源出新平县北上官箐山顶，南流四，引灌溉近郊田亩，南入襟带河。折东南流经城南，又东南，纳北来太和宫水。太和宫水源出新平县北太和宫旧址，南流经城东，过迴龙桥，又南流，过鸣凤桥，南入襟带河。又东，左纳马家箐水。马家箐水，源出新平县东北二里马家箐山，南流经魏家桥，折西南入襟带河。又东南过太平桥，又东南过马密南，窑房箐水自北来注之。窑房箐水源出新平县东北五里窑房箐山中，南流经马密，又南入襟带河。至此为平甸河。又东南经土地塘北，纳西南来头道箐水。头道箐水源出叠戛山中，东北流，会二道箐水。二道箐水源出叠戛东南，隔山东北流，与叠戛水会，入平甸河。又东经大观塘南，又东南经麻栗树北，纳西来大箐哨水。大箐哨水源出新平县东南二十里山中，北流至麻栗树，入平甸河。折东南，纳西南来得勒箐水。得勒箐水源出新平县南二十五里得勒箐西南山中，东北流入平甸河。又东南，至洒树衣，会亚泥河。又东南流，纳西南来高梁冲水。高梁冲水源出新平县南磨盘山东麓，两源至县南六十里高梁冲，合流东北，西会母苴鲁河水。母苴鲁河源出县南五十里丁苴西南山中，东流经母苴鲁寨，又东会高梁冲水。又东北入亚泥河。又东南流经大开门，为大开门河，纳西南来锅厂河水。锅厂河源出新平县东南八十里赵密克南山中，北流经赵密克东，又东北流，右会杨武河。杨武河源出杨武坝西大黑山，东流经杨武巡检司城北，又东北流与赵密克水会。两源既会为锅厂河，东北流至大开门，入大开门河。又东流至鲁魁山北麓，与怕念河会。

怕念河既会亚泥河，折东流，绕鲁魁山北麓，又折南流经鲁魁山东麓，迤络河自东来注之。迤络河源出石屏州东北石坎右少冲，合左右诸涧之水，北流二里，右会夏家庄之右涧。又北流二里，经路兔格，又北流折而西十里，左会叠作水。又西流经石洞三里，会东南牛期旦水。牛期旦水源出石屏州北，西北流入少冲河。又西三里，纳东南石坎水。石坎水源出石屏州西北石坎，西北流入少冲河。又西三里经湾子寨北，又西三里经腊左寨南，为白花竜河，右会新河水。又西经阿泥寨北，又西五里经阿乌寨北，左纳长岭水，折而东纳杉木箐水。又西流三里经长德寨，又西过大田母，经仰箐山麓，又西五里经乙白勒，又西四里经马鞍山北，纳南来六谷冲水。六谷冲水源出石屏州西三十里宝秀湖水，北流经神童山麓，又北行谷中，北经马鞍山，北入白花竜河。又西经磨鸿冲，纳西北来三岔河水。三岔河源出龙朋里北巴阿叠作，东流经河头关岭，绕龙朋土城，东南经木瓜单下甸尾六十里，行山谷中又二十里，右会阿戛龙水，东南至三岔河，东入白花竜河。又西经卫家冲之彝朵抹，又西五里，经偎河磨古寨两山间，纳白得团山水。又西经大桥，至此为迤络河。又西，昌明里水自北来注之。昌明里水源出里中两山间，南流出石间，怒流南入迤络河，土人谓之雄河。又西经撒坡慢赛，又西经白得南北两山间，左右纳两山涧水。又西二十里，经小鲁魁山，右纳坡头甸季母白水。又西五里至大鲁魁山东，西入亚泥河。又折西流经鲁魁山南麓，为龟枢河，纳西来藤子箐水。藤子箐水源出新平县南百里老白甸东山东麓，东流经藤子箐塘南，又东流至鲁魁山南，入龟枢河。折东南流过龟枢，奔洪十里至撮科，右会倘坝水。又东南十里，纳西南来厂沟水。厂沟水源出元江州北七十里青龙山南麓，北流经青龙山东，又北流至马鹿塘南，左纳马鹿塘南箐水。南箐水源出马鹿塘西南山中，东北流至马鹿塘南，入厂沟。又北流经马鹿塘东，又北流至马鹿塘东北，纳西南相见沟水。相见沟源出马鹿塘西南他克东山东麓，东北流经马鹿塘西，又北流经相见坡下，又东北会厂沟。又东北流入龟枢河。又东南十里，左纳泡竹会黑石水。又东南十里至小河底，纳东来小河水。小河源出石屏州西三十里关口横冈西，会南北两山箐水。西流经黄香老地西十五里，至八抱树，右纳大龙潭水。又西经回龙山北麓，又西流至小河底西，入龟枢河。又东南十里，左纳芦柴沟水。又东南十里，纳西南来大小哨水。大小哨水源出元江州东北四十五里黄茅岭东南麓，东北流经大小哨，又东，入龟枢河。又东南二十里，右纳西北来哈糯河水。哈糯河有两源：北源出石屏、元江界上阿溪，东南流；南源出北岩，东北流。相望而下，东流至哈糯会。北源为哈糯河，东入龟枢河。又东南十里，五郎沟自东来注之。五郎沟，亦曰五塘沟，源出石屏州东南四十里暖耳山。西流经他克母北，又西流至者那左，纳假巴水。又西流五里经卷槽冲，又西流五里至牛矢寨，右纳三家水。又西五里经舍母糯，又西五里经车家城南，又西二里经磨扇结，又西二里至鸡街，纳北来温汤河水。温汤河源出石屏州东南二十五里白浪岛南隔山乾冲，南流十里经黄沙厂，又南十里经热水塘，又南三里右纳响水洞水。响水洞水源出石屏州南二十里玉屏山右，东流至大寨，合北来冠子坡水，过双箐响泉，又二里，入温汤河。温汤河，又南二里至鸡街，入五郎沟。又西流二十里，经糯五，经胖别寨，过正阴寨，下红牙齿。又西十里至普通，又西十里至舍竹林，又西十里，入龟枢河。又东南为三百零八渡河，又东南走亏容司境内，南入元江。

元江既会三百零八渡河，至此为河底江。又东南流，会西南流兔街河水。兔街河源出临安府西南二百四十里瓦渣司北苴撒山，一名南昆河。东北流经亏容司北，又东北流，入河底江。又东南经亏容司三尖山北，又东南纳西南来龙孟河水。龙孟河源出瓦渣司喇博山，东北流经亏容司南，又东北，入河底江。又东南经六蓬寨北，为六蓬渡。又东南经纳楼司南，为乍腊渡。又东南流经慢车乡北，又东南，为施格渡。又东南经五亩北，为五亩渡。又东南经阿邦乡南，为阿邦渡。又东南，纳西北来曲通山水。曲通山水源出临安府西南九十里纳楼司西南八里曲通山，其北麓水为象冲河。东南流六十里，入河底江。又东南经纳更司南稿吾卡北，又东南至蒙自县南，右纳西来清水河水。清水河源出越南国交冈北，东流经纳更司南，又东流入河底江。左纳东北来個旧厂水。個旧厂水源出蒙自县個旧龙树各厂中，南流，西南入河底江。又东南，经蒙自县东南，为梨花江。经花丈城南，东南入开化府界，为鲁部河。东南流至坝洒汛，北纳新现河水。新现河源出蒙自县白母孔寨，东南流经开化府大窝子，南流入鲁部河。又东南流入越南国界，北会三岔河水。三岔河源出蒙自、阿迷界上山，为白期河，亦曰白溪河，亦曰白谦河。南流经蒙自县美衰山村东，又南流经白溪塘，又东南至芷村，为芷村河，西会新安河水。新安河，亦曰法果泉，一名钻天箐水，源出蒙自县南十五里法果山。会洒鸡泉、生三岜泉，东北汇为南湖，亦曰学海。东流为新安所河，北会长桥海水。长桥海源出蒙自县西三十里大屯坝，曰鲤海，亦曰矣波海。北流汇为长桥海，分一支北流，折东北至诇西里，又分为二：一支折西流，走蒙自、阿迷界上，又西经雷公哨南，折东北走阿迷境，汇为三脚海而止；一支自诇西里折东行，汇为蒙自、阿迷界上之波黑海，又东流至仙人沟而止。其正流自长桥海汇流东行，过长虹远霁桥，又东折南流经城东，又南经新安所，会新安河。新安河折东流，至山中而伏数十里，东至芷村，由天生桥出，会芷村河。芷村河既会新安河，为三岔河，会东北来那木果河水。那木果河源出开化府西四十五里者安山，西南流至葛布山下，会三岔河。三河既会，南流至坝洒汛南交趾界，入鲁部河。此水源流四百里。又东南，经交冈东为清水河，又折东流为清水江，而藤桥河即盘龙河曲曲五百余里自北来会。

盘龙河，一名开化府大河，源出开化府西南百里蓑衣山下邪革白龙潭。伏流二十里，北至乌溪石洞流出，为乌期河。北流经小石牙西，又东北流经大石牙南，又东北流数十里，折东南流经乐竜北，又东，纳西南来弥勒河水。弥勒河源出乐竜南山中，东北流入乌期河。又东南纳西来顺甸河水。顺甸河源出开化府西百里化乙山北麓，东流入乌期河。又东南，纳西南来路梯河水。路梯河源出开化府西七十里山中，东北流经路梯塘，又东北入乌期河。又东南流，为盘龙河，至开化府西北二十里，纳西来磨底河水。磨底河源出开化府西五十里山中，东流入盘龙河。又东至天生桥，伏流数里出，东南流经府城东北。又东南十里，折西流经城东南，又南折而东南，至府东南十七里天生洞，伏流数里，从东南流，又东而南，曲曲百三十里会东北来同车河水。同车河源出开化府东七十里锡板龙潭，合南邱、革基两龙潭水，流经彩云洞南，出为牛羊河。又西南流百里，右会马札冲河水。马札冲河源出沙尾冲，南流经新后、克夕诸处，左会牛羊河水。两源既会为同车河，西南流入盘龙河。又南流数十里，至天生桥，会西来赌咒河水。赌咒河源出开化府西南百数十里山中，东南流数十里，而伏数十里复出，东流，入盘龙河。伏流数里南出，又东南，为藤桥河。曲曲百八十里南入越南国，又南入清水江。

清水江既会盘龙江，又东流为宣化江。宣光江即普梅河合者赖河，广西末山水自北南流来会。普梅河源出开化府东，一曰那楼江，一曰漫江河。南流为藤条江，又南为木奔江，南入越南国境，会者赖河。者赖河源出广南府南二百余里普厅塘西南山中。南流稍西，曲曲行两山间二百里，南入越南国界，会普梅河。普梅河既会者赖河，又南，而广西末水来会。广西末水源出广西小镇安末山中，南流会者赖、普梅二河，为宣光江，南流入宣化江。

宣化江又东南折南流，为龙门江，南流至越南国嘉兴州蒙县，南入洮江。

洮江既会龙门江，又东南至白鹤县西南，为白鹤江。又东至白鹤县南，分一支南流，为三岐江，其正支东南为富良江。又东南至岸东县南，又分一支南流，又东至超类县南，而市桥江会昌江、耗军洞水南流分支南来来会，折南流至南策县东入海。自三猛至入海，源流曲曲七百余里。

云南水道考卷五

潞 江

潞江，《蛮书》名禄䍩江。禄䍩，潞字双声也。番名喀喇乌苏，源出前藏布达拉城西北诺莫浑乌巴什山西北腾格里池东北布喀池。西北流，为额尔吉根池，折东北流，为集达池，又折东南流，为喀喇池。又东南，纳西南来一水，折东流，裕克河合喀喇河说穆池自南来会。又东流，绰诺河自北来会，折南而东南流，经裕克山北，又折南，东北经三纳拉巴土司、三渣土司、纳克书六土司北，又东北经米克底池北，又东北经伊库里山北，又东北经纳克特山北，而沙克河西北自木鲁乌苏源巴萨通拉木山西南流数百里，纳库兰河来会。又东北流，而索克河西北自阿克达穆山南东南流，会布喀河，又东北流，经青海苏鲁克土司北，会多增尔池水，折东南来会。折东南流，经齐布玛尔雅布穆苏穆山西南，又东南纳东北来一水，折西南流纳西北来一水，又西南而卫楚河自西北库伊山东南流，纳众水来会。折东南流，纳东北冈苏穆山西麓水，又东南，雄楚河南自巴里朗山北流，会诸水来会。又东南纳东北冈苏穆山南麓水，又东南硕布楚河南自硕般多城两源夹城北流，至城北合流来会。又东南纳东北杂楚库恭山西南麓水，又东南纳南来沙隆锡河，又东南纳北来杂楚库恭山南麓水，折南流经尼和山、莽阿山西，西纳穆冬山水，又南纳西北雅隆山水，又南纳东北一小水。折少东而南，经纳博拉山西，又南经裕尼穆塞山东，而鄂宜楚河自东北南流折西南来会。又南折东南，入怒夷境，为怒江。南流至四川雅州府巴塘土司南，入云南维西厅边界，源流一千三百余里。东南流至怒山西，又东南流经树苗汛西，又南曲曲流百里，受上怒东来一水。又南二百余里，受东北来一水。又南百八十里至下怒，折东南流，全入云南境，为潞江。自入边至此五百里，其西岸即怒夷界，其东岸与澜沧相去仅百三四十里，中多连山相接。西南流至云龙州北表村，入大理府境。经三崇山西，又南至云龙州曹涧西、保山县西北十五喧、北崩、戛东、腾越厅东北大塘隘东四十里，入保山境。又南沿马面关东六十里，又南经蛮边东、猛赖西，纳东北来西溪水。西溪源出保山县北百里北冲、东蒲蛮寨南山。两源合而西流，会北冲西北山中南流一溪，西南流经王尚书寨，东南流经猛赖东，折西流入潞江。又南，纳西来雪山水。雪山水源出雪山东麓各处山中，会流入潞江。又南至罗明，纳东来蒲缥河水。蒲缥河源出保山县西南六十里蒲缥村南山中，北流会乾海子水乾海子在保山县西北六十里。大可千亩，泉从北山中出，海中菁芜，不能载水，亦不能通行人，人以足撼之，即四面振动。南崖有池在菁芜中，清澈异他处水，从东南破峡出为三瀑，经玛瑙山西四窠崖，过水帘洞西出会蒲缥河，至罗明入潞江。及松坡水，松坡水源出松坡各山中，西南流会蒲缥河，入潞江。至罗明入潞江。又南，纳西来八湾塘水。八湾塘水源出保山县西百四十里高黎贡山南分水岭，东流经八湾塘南、潞江安抚司北，东入潞江。纳东来坪市河水。坪市河源有二，一出保山县南甸头，一出石甸寨。合流而西，纳蒲缥南涧，经新栅山口陡崖下，入潞江。又东南，经潞江安抚司东北，入龙陵厅界。自此，江左为保山，江右为龙陵，西去高黎贡山八十里。又东南，纳西来野猪河[①]水。野猪河源出龙陵厅北、潞江安抚司南山中，二源合流，东入潞江。又东南，纳东来施甸河水。施甸河源出保山县南百里施甸南姚关北，北流经大石桥，至老邓桥西入潞江。又南，纳西南来回环河水。回环河源出

---

① 野猪河 原本作“野豬河”，据《清史稿·地理志二十一》改。

龙陵厅东北镇安所东南山，西流经所南，自西而北，又东北经所三面，又东北合西来一溪，又北有邦卖河自西来会，邦卖河源出龙陵厅北七十里邦卖，西流会回环河，东入潞江。折东北流入潞江。又东流四十里，折正南流曲曲百九十里，而南甸河自东北西南流曲曲五百余里来会。

南甸河源出保山县北九十里北冲南山东麓，东南流经清水关东，为清水河。又东南至板桥北三里，与东源会。东源出保山县东北阿隆村，西南流至板桥北，与西源会。两源相等。南流，会郎义河水。郎义河源出保山县北二十五里龙王塘，东南流经郎义村，为郎义河，又东南流入清水河。三源既会，为东河，过板桥，会清华海水。清华海在保山县东十里，广十余里。雨则盈溢，旱则乾涸。水归东河。南流经县东南，会西北来沙河水。沙河源出保山县北一百八十里北冲南山南转之交椅山，西南经虎坡东，又南经九龙冈西，又南，东折出九隆、法宝两山间，东流纳九龙池水。九龙池源出太保山西南易罗池。池水满溢，南流下汇大池，为九隆。四面筑堰，资灌溉，下流入沙河。沙河既会九龙池，东流过众安桥，又东经诸葛营北过神济桥，东流入东河。

东河既会沙河水，折东流经哀牢山西南，又东经笔架峰南，又东经落水洞东出阿思郎，经枯柯桥，为枯柯河。经小猎彝东，又南经大猎彝东，又南会都鲁、哈思两凹中水，南入哈思凹，为哈思河。又南经亦登、鸡飞西、上湾甸东，右会姚关水。姚关水源出姚关北、施甸南，东南流经湾甸土州界，东入枯柯河。又南经下湾甸，至土州城西北，左会镇康河水。

镇康河源出孟定土府北界无量山北麓，东北流。其东源出镇康土州南乌龙山北麓，西北流。两源合为乌木龙河，折北流，又会镇康东南溪。折西北流至镇康土州城南，会西南来怕红河水。怕红河源出镇康土州西南无量山西北，东北流至镇康城西南，入乌木龙河。折北流，为镇康河。又北经镇康土州西，又北至湾甸土州东南，纳西南响水河水，响水河源出镇康土州西北境山中，东北流入镇康河。纳东来杜伟山水。杜伟山水源出哈思凹隔山南麓凹中，南流经杜伟山西，会山中诸水。又南至猛峒北，东会南糯河水。南糯河源出顺宁县西百二十里稧山，合阿度吾西溪水。西至猛峒，会杜伟山水。折西流，穿峡会诸峡水，西流入镇康河。又北流至湾甸城西，会枯柯河。

枯柯河既会镇康河，折西流为南甸河。又西流至姚关西南龙陵厅东北，入潞江。

潞江既会南甸河，又西南八十里，受西北一小水。又南折而东南，受东北一小水。又西南流，受东南来一小水。又西流，受北来一小水，至孟定土府境，为渣哩江。又西南，当孟定土府西北百五十里、腾越厅南稍东三百余里，出边流阿瓦地。折南而东南，经木邦、孟乃等处，南丁河东北自猛缅曲曲西南流七百里出边来会。南丁河与渣哩江出边相去不远，至入海处尚须千里。南丁河既不能自入海边外，又无别江可归，自应与漫路等河尽归渣哩江，亦理之必然，非同臆断。如李仙、河底两江，向不知其归何处，今实验之，实皆归澜沧①。此等可以理测，不必身履其地，而已知其莫能外也。

南丁河源出顺宁府属猛准东南之分水岭，岭南水入澜沧江。北流，右会西南溪水。西南溪源出猛准西南，东北流经猛准北，又东北会分水岭水。东北流，折而北至旧猛缅长官司，东纳东来内邦、蛮布二河水。内邦河源出缅宁厅东山，蛮布河源出缅宁厅东七十里大雪山中，并西流入猛缅水。又北经猛缅东北，纳西北来蛮巩河水，为猛缅河。蛮巩河源出缅宁厅西高岚山中，东流合二溪，折东南入猛缅河。又北流，纳西南溪水。又北流，右

① 此说仍为臆断。李仙江下游为沱江，河底江（元江）下游为红河，于越南境内汇合，于海防附近入海，并未归于澜沧江。

纳嵋堡河水。又北，右纳李歪河水。嵋堡河、李歪河，源俱出缅宁厅东猛麻土巡检西，西流入猛缅河。又北经腊丁西，又北纳东北永镇关小河水。永镇关小河源出云州西南六十里永镇关南分水岭，岭北水入顺甸河。西南流，会西北水，西北水源出永镇关西南，东南流与分水岭水会。西南入猛缅河。折西流，右纳四十八道水。四十八道水在云州南一百里。自永镇关起，至猛赖大河止，五十里浅水曲绕入大河。又西至猛赖南，为猛赖河。又西，纳北来猛赖西溪水。猛赖西溪水源出云州西南猛赖西北山中，东西两源合而南流，南入猛赖河。又南流，纳北来阿铎河水。阿铎河源出顺宁县西南百八十里阿铎山，一曰藤川。南流入猛缅河。折西南流，纳东北来邦怕河水。邦怕河，一名猛回河，源出缅宁厅西北猛回东北象鼻岭。西南流至猛回西，会东南溪水，又西南会东南溪水，西流入猛缅河。又西南，纳东来猛勇河水。猛勇河源出缅宁厅西猛勇，东北流，折西经猛勇北，西流入猛缅河。又西南，纳东来虎口河水。虎口河源出猛撒东南山，两溪合流，西北至猛撒北，合西南来一溪。折东北流，右纳东南溪水。折西北流经虎口村西，右会东溪水，东溪源出虎口村东，西流经虎口村北，西入虎口河。又西流入猛缅河。又西，右纳无量山[①]水，左纳一溪，为南丁河。无量山水源出孟定土府东北境无量山南麓，其北麓水，为怕红河源。南流入南丁河。又西南流百余里，纳东北来南卡河水。南卡河源出镇康土州南南孟定土府北山中，西南流入南丁河。左纳东南来南路河水。南路河源出耿马土司北山中，西北流入南丁河。又西南，左纳东南来南们河水。南们河源出耿马土司西孟定土府山中，西北流入南丁河。又西南至孟定土司东北，左纳东南来南底河、南滚河二水。南底河、南滚河，源并出孟定东南山中，并西北流，会入南丁河。又西经孟定土司北，又西纳东北来小南崩河水。小南崩河源出孟定土府北山中，西南流入南丁河。又西流，纳东北来大南崩河水。大南崩河源出孟定土府西北山中，两溪合流，隔溪即渣哩江，西流南折，南流百里入南丁河。折南流，当孟定土府西南二十里，走阿瓦境内，西南入渣哩江。

渣哩江既会南丁河，又南而东南流，漫路江会孟连河自东北西南流注之。漫路江源出顺宁府属猛尹西南募乃西南山中，东流，折东南会东北来猛朗东北山水。又东南流会东北来一水，折南流会东来一水，折西南流至猛宾西北，会西北来水。西北来水，两源合流，东南流曲曲四十里来会。又东南折西南流，会西北来送丙河水。送丙河源出耿马土司西南边界上山，两源合东南流八十里，入漫路江。又东南，会西来小猛朗水。小猛朗水源出小猛朗西北边界山中，东流七十里，入漫路江。东南流，又折南流，折西南曲曲二百里出边，西南流，会西北孟连河水。孟连河源出孟连土司北五十里山中，南流经孟连土司东，折东南流出边，会漫路江。又西南，在阿瓦境内会渣哩江。渣哩江既会漫路江，又南，至摆古东入海。

大金沙江

大金沙江，番名雅鲁藏布河，源出西藏阿里冈底斯山东南三百里卓书特西北达穆楚克喀巴布山。东南流二百余里，纳西南库奔冈阡山水。又东，嘉克嘉河一自东北莽尔玛冈阡山，一自西北穆苏丹山，两水并南流而合。又南，会西北来沙经玛尼雅住尔山水，又会东北来一小水，南流会西来一水，折东南流来会。又东，纳北来阿拉楚河，又会南来一小水，又东有那乌克藏布河自桑里池西北流，会南来一水。又西，会北来商里噶布山水，折西南流，会东北来穆克隆山水。又西南，会西北来隆玛谟、隆佳尔山两源合流

---

① 无量山 原本作“无梁山”，据《清史稿·地理志二十一》改。下同。

水，又南流经杨班山西南来会。又东南，郭永河会龙列河、盖楚河、朱克河东北流来会。又东南，纳西南古结尔冈阡山水。又东南，作噶尔河西南自巴鲁冈穆山东北流来会。又东南，经尼雅穆山东南，珠萨楚河三源合东南流会诸水。又南，会加巴兰河南流来会。又东，经拉克卓藏里山南，翁楚河会佳隆鲁河，并自冈绷尖山北流来会。又东，式尔的河自南北流，满楚河自北南流来会。又东，经宗喀城西北，萨布楚河自舒尔穆藏拉山西流，会济咙城北来合流水。又西至宗喀城北，会南来郭阡当钟山水西北来会。折东北流，而萨尔格河源流千里来会。

萨尔格河源出东北拉布池，伏流复出，西南流曲曲四百余里，有一水北自巴鲁达克拉克山东南流，合东北来一水。又西南百数十里，合西北来一水。又西南百七十里，有拉布冈冲山水自东北来会。又西南百里，有冈阡山水自西来会。正南流六十里，又西南流，合北来一小水，又西南，合西来一水。又南，有东北冈隆山流出之二水、觉马尔冲山流出之二水，合而西南流，又合东南一水，又合东一水而西来会。又西南数十里，折东南百数十里，入雅鲁藏布河。

雅鲁藏布河又北流四十里，折西北三十里，又东北而东南曲曲三百余里，纳南来舒尔穆藏拉山水。又折东北百余里，又东南流百里，纳北来阿穆楚池水。又东南而南六十里，纳南来玛沁巴山水。折北流百五十里，折西北流，又东北流四十里，纳南来拉尔古东杂山水。又东北，纳东南桑马冈阡山水。又东北百数十里，多克楚河自西北曲曲七百余里来会。

多克楚河源出西藏札什伦布西北九百里楚拉里山。西南流百余里，纳东来水。又西南数十里，汇为阿穆珠克池水，北又汇多藏冈山水，周百余里。西南流出二百里，折而东南，又汇为龙冈普池。数十里又东流出，有三水自西来会，曰多克楚河。又东有江楚河自西南来会，又东曲曲三百里，有隆拉山水自西北来会。折东北流六十里，有北来阿克底河南流四百里来会。折东北而东南六十余里，入雅鲁藏布河。

雅鲁藏布河又东北，纳南来绰隆河水。又北流，有结特楚河自北曲曲四百里来注之。又北数十里，折而东流曲曲百数十里，有达克楚河自北邹索克布山曲曲四百余里来注之。又东南流，有当楚河三源南北流百余里而合。又北百余里，会西南、东南各一水，东北流百九十里，经札什伦布城西来会。又东百余里，经后藏札什伦布城北，又东，有年楚河自南曲曲八百余里来会。

年楚河有二源：一出绰拉穆山东北，曲曲流四百余里；一出达巴里山，十数池汇为一水，北流曲曲二百余里。两源会，又东北九十里，有八水从东北诸山又南穆昌山等水合西南流来会。折西北流，过江孜城西，又西北八十里，受西南来一水。又北数十里，纳西来合两水一河，又北，名年楚河。经札什伦布东南四里，过大桥，长七十丈十九洞，又北流四十里，入雅鲁藏布河。

雅鲁藏布河又东北经佳布拉山北，有商河，源出西北绛查拉山，东南曲曲流四百余里，会西来邹索克布山水。又东南百里，会北来佐山水又东南来会。又东北，纳布克什里山西麓水。又东，有隆干河，源出查谟哈拉山，西南流百余里，与西南二水会西北流来会。又东北曲曲百余里，纳布克里山东麓水。又东南流六十里，走札什城南牙母鲁克池北。又东稍南，经前藏布达拉城西南，噶尔招木伦河自东北曲曲千二百里来会。

噶尔招木伦河，源有二：一曰米克底河，出纳克书六土司东南米克底池，广数十里，西南流出数十里，合东南来一水，西流，又折西南，行诺穆浑乌巴什山中百余里，又合东南一水，又曲曲西南，经三渣土司、三纳拉巴土司南二百余里，受东来一水，又西经前藏布达拉城南，折西北六十里，纳西北东南流合五水而南者会，又西流百八十里，而西南源来会；西南源曰纳穆河，源出纳穆山，东流会带裕尔山两水，东南会西来一水，又东南会米克底河。二源既会，东南曲曲四五百里，入雅鲁藏布河。

雅鲁藏布河既会噶尔木伦河，又东经布达拉城南来钟山北，又东纳南来雅拉沙穆布冈里山水。又东纳北来一水，又东又纳北来一水。折东南纳南来一水。又东南流，纳南来杂里山水。又东南流，冈布藏布河自西北东南流，曲曲一千二百余里来会。

冈布藏布河源出章阿尔松山，南流，自江达城西北会西来巴隆楚河，又东百余里会北来乌楚河。又东八十里，折东南流百余里，经江达城东南，佳曩河自北合二水南流，经城东而南来会。又东南曲曲三百余里，巴麻穆池东北自西南流出，东南流折西南来会。又东南折而西南，有源出齐布山之牛楚河自西东流来会，名冈布藏布河。又南而东南二百余里，入雅鲁藏布河。

雅鲁藏布河又东南流百数十里，纳北来底穆宗河。又东南折南流，东怒夷，西孟养，又南，全入孟养陆阻地，为大金沙江。大盈江即奈楚河，自西东南流，曲曲一千六百里来会。

大盈江，亦曰大平江，番名奈楚河，源出牙母鲁克池西南札穆达山西般布唐山。东南流，折东南五百里，至谟尔冈克山北，叶额河自北牙母鲁克池东南两源南流百余里而合，又东南流百里来会。又东南流数十里，会北来一水。又东，折东北流二百余里，穆楚河自西北曲曲七八百里合两水来会。又东南流五六百里，至孟养陆阻地，会大金沙江。大金沙江又南，而槟榔江亦曰朋楚河，自西曲曲二千里来会。

槟榔江，一名朋楚河，源出舒尔穆藏拉山。两源，一东南，一东北，合而东流，会北来舒尔钟马山南流水。折南流，会东来二源，合西流，走布拉山南，穆拉穆山北水东南流，受西一小水。折东流，纳西北绰罗克河，又东折东南，纳西来绰尔蒙东纳山水，折东流百数十里，受南北水各一。又东折东南流百八十里，受西南来水二。又东流百二十里，纳南来一水。又东北五十余里，受西北来一水，又结楚河自北合三水东流来会。又东北，隆冈河自西北来注之。又东绕隆冈阡山北，折南流，长楚河自北桑乌冈阡山南麓南流，合三水东南流二百余里，有红罗山水自南北流折西北来会。又东南折西流，入朋楚河。朋楚河又南曲曲二百数十里，有雅尼河西自杂里穆布山、珠穆朗玛山两源，合东南流折东北会西北一水，又东北会西北三源，合一水折东流来会。又东南，受怕里河，源自绰拉穆山，南流，汇为噶拉楚池，南流而西，又汇为札穆楚池。又西南流百余里，折东南数十里，会东北来一水。又西南，会西北来一水，又西南受东一水，折西流，受北一水西流来会。又西南百里，纽楚河西北自郭阡当钟山南麓东流至济咙城西南，一水自济咙城西北南流，经城西而南来会。又东南流，会西南来布拉穆苏山水。又东南流百余里，至聂拉木城西北，会北来冈札穆山水。又东南，经聂拉木城北卓鄂拉冈阡山南，又东南，经杂里穆布山南，又东南五百里，至哲孟雄部落，与朋楚河会。朋楚河折东流，走哲孟雄界七八百里，至孟养陆阻界，会大金沙江。

大金沙江既会大车、槟榔二江，又西南，经宦猛、莫瞰、莫即，至戛鸠西，为戛鸠江。又南流，至猛掌，受西来一江。又南，经昔朴、怕鲊、猛莫、猛外，至蛮莫，又南流，而腾越大盈、槟榔两江合流来会。

大盈江，一名太平江，本为西藏奈楚河。槟榔江，本为西藏朋楚河。自明筑八关，弃关以外至大金沙江之内地，于是大盈、槟榔两江皆非中国有，乃取腾越内地两江，名之曰大盈、槟榔以当之，其实与本来奈楚、朋楚两河不相涉也。大盈江源出腾越厅东四十里之赤土山赤土铺南，北流经罗武村，折西流，经马邑村，为马邑河。西流至厅东北飞凤山麓，右会马场河水，为大盈江。马场河，一名高河，源出腾越厅北三十里巃嵸山。南流，右纳上干峨山上海子水。一名澄镜池，在厅北二十五里。上干峨山，又名清河，周五百丈，环以花草，入至则雷雨交作，俗传龙滚其中，流入马场河。又南流，左纳下海子水。一名半月池。在城北七里，周五十丈，下流入马场河。又南流，左会马邑河，为大盈江。又西南流，左纳黄坡溢泉水。黄坡溢泉源出腾越厅东南十里罗生山之黄坡，旧称罗生山水，举其大者而言。其实罗生山罗汉冲本西南出水，尾非北流之源。此源从黄土坡平地中溢出，北流经雷打田，北至厅东北，入大盈江。

三源既会，折西流，右纳饮马河水。饮马河，明时土人于厅南二十里之罗汉冲开支河分引北流，挖断黄土坡西度来凤之脉，北经城东，又北入大盈江。又西流，经城北，折西南流，至城西南，为跌水河。出龙光台、来凤两山峡中，过河上屯，右纳缅箐水。缅箐水源出腾越厅西北二十里宝峰山西麓。南流会缅箐山中诸水，南入大盈江。又西南，左纳桥头河水。桥头河源出腾越厅东南二十里罗生山东北罗汉冲，西流出大洞、长洞两山间，折北流，有分流北去，乃饮马河。又折西流，经绮罗村，为绮罗水。出水尾，罗生、来凤两山相夹。西南流经半个山，为罗苴冲。经硫磺塘，纳诸水西入大盈江。又西南，左纳曩拱河水。曩拱河源出腾越厅南四十里清水朗西南山中，西流入大盈江。又西流至南甸北，为小梁河。又西经南牙山北，伏流经猛送南，右纳猛送水。猛送水源出腾越厅西北五十里冠子坪龙潭，西南流经鬼甸，南流经鹅笼至猛送，西南入大盈江。又西经云笼山麓，为云笼江。又西经干崖土司东，为安乐河，而槟榔江自西北来会。

槟榔江，有两源：其西北源在腾越厅西北境傈僳界旧古勇废县南四十里，神护关北六十里，东南流，会东北源；东北源出古勇隘口东南六十里山中，西南会西北源。两源既会，南流百数十里，南至干崖，北会大盈江。

大盈江既会槟榔江，西流经干崖土司北，又西北纳北溪水，又西南至盏达土司东南，北会盏达河水。盏达河，两源：一北出腾越厅西境万仞关之猛弄山，西南流；一出其西南与缅国景麻界山，东流俱数十里合。又东南流，折而西南，经盏达土司南，合西来溪水。又南流数十里，入大盈江。又西南，经冷翁南，又西南，右纳曩送河水。曩送河源出腾越厅西南境巨石关，在万仞关西南一百九十里。两源合流，东南入大盈江。又南经腊撒西，又西南，左纳腊撒河水。腊撒河源出户撒东北山中，西南流经腊撒，折西北流入大盈江。又西南流至铜壁关东南百里、虎踞关北百里铁壁关北出边，经缅甸蛮莫境，入大金沙江。此水源流七百里。

大金沙江又南经蛮法、鲁勒、孟拱、遮鳌、官屯、大菖蒲山峡、小菖蒲山峡、课马、孟养、怕崩山峡、户台、鬼哭山、戛撒，至缅甸太公城，龙川江自东北西南流，源流一千五百里来会。

龙川江，番名薄藏布河，源出拉里城西桑建桑楚山南麓，曰桑楚河。东南流经拉里城南，而东南会东北来公楚河水。又东南，会西北来一水。又东南，会西北自章阿尔松山东南麓汇为池，东南流出百数十里来会。又东南，卫楚河自东北多冬达克隆山、杂拉苏木多山二水西南流而合。又西南，会西北拉里恭苏穆山水西南流来会。东南流，经昂古里山南，又东会北来一水。又东稍南，会北来巴里朗山水，南流合东来一水来会。折南流，经巴拉玛冈里山西，又南折东流，经薄宗城南，有东北雅隆布河自雅隆山、姜玛隆里山二水南流而合。又南流，会西北玛隆山水，东南折南流，经姜楚山、冬拉达巴山东，会东来怕楚河。西流，会南来一泊，又西流，会西南巴哈里山北麓水又东流来会。折南流，经巴哈里山西，又南而西南，而东南五百余里，绰多穆楚河自东北巴哈里山南麓东南流，合西来一水。又东南，会西来之察楚河。又东南，会北来源出裕尼木塞山南流纳东来一水之们楚河。折西南流，为绰多穆楚河西南流来会，为龙川江，入云南腾越厅北境大塘隘。南流经马面关西，又西南经雪山西麓界头西，又南，磨石河自东北来注之。磨石河源出腾越厅北二百里界头甸马鹿塘，西南流至罗古城南，入龙川江。又南经瓦甸西，为混沌河。折东南经高黎贡山西麓，至曲石街东，曲石江自西北来注之。曲石江源出腾越厅西北徼外姊妹山南麓，南流经阿幸厂东，又南流经滇滩关东，东南曲曲百余里至乌索，为西江。东南至固栋，南会东江。东江源出腾越厅北二百里滇滩关东北兰香甸北之明光山，南流为明光河。又南流经石房洞山东麓，又西南流经雅乌山东麓，又西南至固栋，南会西江。下阙。

滇南山川辨误敦说楼集

滇南山川，考之于古，百不逮一，又往往与今不合，不能勉强牵就，仅可于近籍中求之，而舛错疏漏，正复不少。谨为参互钩稽，举其可知者订正一二，其不可知者缺焉。

蒙化之阳江，为礼社西源，至旧定边县东南合流。而徐氏宏祖《游记》以为阳江西入澜沧，于是以迷渡南走武卫，尽定边东南之山为分幹，而不知分幹实由花判山南走巄[illegible]图而入景东。其误一。

北盘江之源，发自今宣威州东南之宛温水。若嵩明州嘉利泽为车洪江之源，固按策可稽者，乃徐氏远游万里，徒走穷两盘之源，竟惑于旅主谬说。以嘉利泽为北盘之源，于是以寻甸之梁王北走尽于牛栏江者为南龙老脊，而由翠峰北走花山之真老脊反不能知。其误二。

寻甸之清水海，北流为小江，至东川西、大雪山北入金沙江。乃徐氏以为清水海四面皆山，不能北出，于是不知东川之山由月狐功山北走，而以由梁王直下绛云露者为正支。其误三。

南龙老脊自丽江南下，由七地坪走鲁罢，而观音山则其分支西出者。又南下走洱海，东至乌龙坝，而鸡足山又其分支东出者。而黄元治《大理府志》以观音为大幹所融结，赵元祚[1]《山水纲目》以鸡足为滇山之大宗，是皆认支作幹，而不能确知老幹之所经。其误四。

老龙由海东趋乌龙坝，即东折度脉为梁王山，其由乌龙南下者为定西岭，南走花判山，中无迴折之处。而《大理府志》以为大幹由海东南走定西岭，又北折为梁王山，亦何所据而云然？其误五。

石屏之山由老鲁关南趋至坡头甸，东折走白花竜河北，又自少冲南折西走白花竜河

① 赵元祚　底本作“赵元声”，《滇南山水纲目》，清赵元祚所著，今据改。

南，又自关口、平岗南度脉，其岗即为分水之岭。既度，又东折走五郎河北，又自暖耳山南折西走五郎河南，至松子园，又东折走塌冲河南。此则分幹之行度，历历可数者。而志乘家必谓石屏之山由鲁魁、龟枢、崩洪东度，是舍近而图远，且置坡头甸以下之山于何属？甚有倒言龙脉，谓由石屏北走老鲁关。试问鲁魁之脉自何而来？更可置之不问矣。其误六。

东川西三百里大雪山，为今汤丹厂硔山，一名勇克山，其水下流为傥俸溪。《寻甸州志》误载入，以为在州西八里，旧《通志》亦袭其谬。考其地当在寻甸西北八百里，且并非境内。似此讹谬相承，后人何所述以为典要？其误七。

其他诸志书所载，名号之重复错误，道理之倒颠参差，更不可枚举。若夫群书所载，遗脱漏略，又非可以一二纪者。

南龙老脊自梁王山度脉为山川大主脑，诸书并未详言。即徐霞客足迹数经其地，亦不能悉。

夫宝泉之水，一源二流，大幹穿水南度，夫人能言之矣。而究之宝泉之水，自帽山南下，则乌龙之脉中断；梁王之势由荞甸北趋，则南度之迹难求；人无有言其故者。考凡水之一源二流，多由后人分凿，并非天地自然之体。如粤西之湘、漓，为秦史禄所凿，其明证也。梁王山之一源二流，亦由后人于团山坝分凿，东注青龙海，以资灌溉。则宝泉旧流，实由万花溪南走白崖，而团山本属幹龙南度之脉，其万花夹溪之东山，更为老幹南走清华水目所经无疑。而乌龙之东、帽山之北，由平冈东度起顶，亦不问可知矣。

澜沧江其下流曰九龙江，又下流曰黑江，至猛赖，东会藤条江，藤条江即李仙也。黑江又下流，入交趾，为跳（沱）江。至嘉兴州蒙县，会龙门江，为富良江，一曰清水江，即河底也。是澜沧、李仙、河底三江合而为一，一合于猛赖东，一合于交趾蒙县。而齐息园宗伯《水道提纲》夙称赅洽，亦缺焉不载，于李仙、河底仅云入安南国为澜沧，仅云入安南国为富良江，他书可无论矣。

滇南多潴泽，然蓄必有泄。如杞麓湖，汇河西、通海数百里之水，而《水道提纲》及诸志书俱不言湖水所归。按：通海县东北十里有鼍山，下有落水洞，非湖之尾闾乎？落水洞东去婆兮江不远，则其伏流而东入江也明甚。又蒙自之长桥海，北绕阿迷州界，回环亦数百里，《水道提纲》亦不言其水之所归。又于三岔河云：有钻天箐河，自蒙自县南境东南流百余里来会。考蒙自县南境并无所谓钻天箐河，惟有法果山泉东流会新安所河，亦属后人所导。而新安所河实由长桥海下流，源远流长，由天生桥伏流东会芷村河。芷村河者，即三岔河，源白期河之下流。则长桥海乃三岔河西支之源，其水盖尽归于三岔河也。又广西州之矣邦池，西会矣戈河，泸源东会江头村水，亦潴百余里之水，又支酺塘尾闾伏流。《水道提纲》不言其所往，徐氏《游记》仅听僧言，以为出竹园村龙潭，而未敢信为必然。考竹园村远在广西州西南，支酺塘在广西州东南，南北不相值，徐氏不敢遽信僧言，殊为有见。然其水实大，岂竟无所归？按弥勒县东南一百二十里有盘江山，山有石窍，深广丈余，混水涌出入江，盘江至此遂名为混水江。其水不能悉自何来，为按图计之，与支酺塘南北适相值，则即为泸川之水，伏流南来，至此悉入盘江可知。凡此皆载籍所未言，而诚为参互钩稽而得之者也。

至北盘之源，自宣威州宛温水北流，《水道提纲》谓至石龙山东北数十里而伏，又北逾大山数重，至贵州界流出，为北盘江，则是自石龙伏流北出，会可渡河，为北盘之源。

而《宣威州志》图说炳炳，宛温之水，自石龙山之北东折，北流经猪场，又北为木冬河，与贵州拖长江会，东北会可渡河。按：拖长江源出贵州普安厅东北，会猪场河，又东北至毛口，西北入盘江。今以宣威之宛温水东合拖长江，是宛温即猪场河矣，其说与息园先生异。诚尝往来黔中，目睹三河之流，见夫猪场河之大，远不及拖长江，而拖长江又远不及可渡河，则断不可以猪场合拖长为北盘上源。而《水道提纲》所云由石龙东北伏流，北出合可渡河为北盘者，为确不可易，而后人之谬说，可以刊矣。谨就所知而疏之如此，以俟就正论定云尔。

右《云南水道考》五卷，黄岩宗侄数峰得李先生原稿录出，余假录此上层所志悉依数峰钞本，余未尝增订。光绪壬寅十二月中浣，培桂轩后人江涵校毕。

按：今《英缅界约》云大盈江即槟榔江，瑞丽江即龙川江，湄江即澜沧江，厄勒瓦谛江即大金沙江，萨尔温江即潞江，与黄楙材所言法人《图》合。黄以光绪戊寅奉川督丁文诚命，由滇入缅，游历印度，归著有《西徼水道考》等书。其言黑水即今潞江，与前人异。由缅甸流入南掌、暹罗边界，入于南海，中过野人山，华人未尝至，故不能详，惟今《西图》得之云。定孚按：《蛮书》澜沧江源出吐蕃大雪山，南流入海。丽水，一名禄曻江，源自逻些城三危山下，过骠国南入于海。《禹贡》导黑水至于三危，盖此是也。则以潞江为黑水，已有其说。

又《敦说楼集》言《汉志》劳水即澜沧江，亦即《志》麋伶。东至交趾，为富良江。仆水即礼社江，东南至交趾，为龙门江，入富良江。叶榆水即盘江，《志》亦作温水。若水即雅砻江，青蛉水即大姚河，毋血水即龙川江，贪水即漾濞江，亦曰碧鸡。周水即潞江，绳水即金沙江云云。

按：先生自滇解组归里，已近古稀，著述甚多，后遭回禄，均致缺残。此集手刊，亦非全帙。其《万山纲目》，前刻《续台州丛书》《古礼乐述》，予为校刊。《诗意》及《微言管窥》《水道提纲补订》所缺太多。此《水道考》殆为阮文达编《云南通志》时作也。先生由嘉庆癸酉拔贡，任顺宁知县。光绪初国史馆入《儒林传》，并祀乡贤。父秉钧，子春枝，皆通经学，有著述。黄岩路桥人。

《云南水道考》五卷，李诚静轩撰。静轩，黄岩人。嘉庆癸酉拔贡生，官云南姚州州判，终顺宁县知县。阮文达公督云贵时，颇识其才，与滇人王崧同修《道光通志》。此书亦在云南所修，以北盘江、南盘江、金沙江、澜沧江、潞江、大金沙江为正支，其余小水附焉，全用《水经注》体例。夫道元于江之南，已不及北方之详确，何况滇中？静轩胸有千古，而又加以身历，以辟徐氏《游记》之舛误及他地志之混淆，穷原及委，无漏无讹。又静轩所著《敦说楼集》，以《禹贡》之黑水为潞江，以《汉志》之劳水即澜沧江，《志》亦作麋伶。东至交趾，为富良江。仆水即礼社江，东南至交趾，为龙门江，入富良江。叶榆即盘江，《志》亦作温水。若水即雅砻江，青蛉水即大姚河，毋血水即龙川江，贪水即漾濞江，周水即潞江，绳水即金沙江，考云南之水道，未有详于此者也，又有《万山纲目》《水道提纲补订》，皆舆地一家之学，稿本贻自杨定敷侍御，殊属嘉惠后学。

岁在柔兆执徐①小雪后一日，吴兴刘承幹跋。

〔据清李诚撰《云南水道考》（民国五年刻本）辑录。李诚（1777—1844），字师林，号静轩，浙江黄岩人。清嘉庆癸酉（1813年）拔贡生，道光初年官姚州普湖州判，升新平知县，终顺宁知县。宦滇十余年，绰有政声。长于地志，著有《新平县志》《云南水道考》《水道提纲补订》《古礼乐述》《敦说楼集》《万山纲目》等。阮文达公督云贵时，颇识其才，道光八年（1829年）聘其任总纂，入局与滇人王崧同修《云南通志》，此书亦在志局时搜集有关资料撰成之地理学著作。全书共五卷，以北盘江、南盘江、金沙江、澜沧江、潞江、大金沙江为正支，其余小水附焉，全用《水经注》体例，记述云南大小水系，并详加考订论述，然因未尽能亲历，亦有臆断之处。〕

皇朝经世文编

贺长龄

卷一百十八　工政二十四　各省水利五

云南水道图说《会典》

云南省以云南府为省会，云南府之东南澂江府、临安府、开化府、广南府。其东曲靖府、广西州，其东北东川府、昭通府，其西楚雄府、蒙化厅、永昌府，其北武定州，其西北永北厅、大理府、丽江府，其西南元江府、景东厅、镇沅州、普洱府、顺宁府。

金沙江自四川南流入境。经丽江府，合总文河、硕多冈河。又经永北厅，合五郎河、漾弓江。又经大理府，合枯木河、笞旦河、一泡江。又东经楚雄府，合大姚河、龙川江。又经武定州，合大环水、普渡河、壁谷河。又北经东川府，合以礼河、车洪江。又经昭通府，仍入四川境。

澜沧江自西藏南流入境。经丽江府，合白水河。又经大理府，合沘江。又经永昌府，合银龙江。又经顺宁府，合黑惠江、凤凰山水、顺宁河、徕克山水、威远江。又经普洱府，合猛赖河，曰九龙江，又合漫达河，入南掌国界。

黑惠江，一曰漾濞江，其上源为东剑海。出丽江府，合工江。南流经大理府，合洱海水、胜备河。又经蒙化厅，至顺宁府，注澜沧江。

礼社江，上源曰赤水河，出大理府，东南流。经楚雄府，合阳江、马鹿河、绿汁江。又经元江州，曰元江，合清水河。又经临安府，合亚泥河，曰梨花江。又南，入越南国境。

南盘江，上源曰沙河，出曲靖府，合腊溪河、潇湘江，为铁池河。西流经云南府，又南经澂江府，合兴宁溪、仙湖水。又经临安府、广西州，合小曲江、巴盘江、泸江河，为混水江。又东北经广南府，合邱北汛水、马别河，为八达河。又北，入贵州境。

鸦砻江自四川南流入境，经永北厅，合泸沽湖，折而东，仍入四川境。

小纹溪、大纹溪、定川溪、宋江、永宁河，俱出昭通府，北流入四川境。

赤水河，亦出昭通府，东流入贵州境。

① 柔兆执徐　干支中“丙辰”的别称。丙辰，此指清咸丰六年，即公元1856年。

可渡河出曲靖府，合结里汛水，东流入贵州境。

九龙河亦出曲靖府，合块泽河，东流入贵州境。

西洋江出广南府，东北流入广西境，合同舍河。又东南入境，合者郎河。又东，仍入广西境。

者赖河、普梅河俱出广南府，南流，入越南国境。

潞江，一曰怒江，自西藏南流入境。经丽江府，又经大理府、永昌府，合沙河。又西南，入缅甸国境。

龙川江自永昌府北边外南流入境，合曲石江、芒市河、冈桅河，入缅甸国境。

槟榔江亦自永昌府北边外南流入境，合大盈江、盏达河，入缅甸国境。

南汀河出顺宁府，合虎口河，西南流经永昌府，合南底河，入缅甸国境。

孟达河、漫路河俱出顺宁府，南流入缅甸国境。

李仙江，一曰把边江，出景东厅，南流经镇沅州、普洱府，合阿墨江、萨普河，入南掌国境。

三岔河，出临安府，南流入越南国境。

盘龙江，上源曰乌期河，出开化府，南流入越南国境。

北至四川界，东至贵州、广西界，又北至西藏界，西至怒夷界，西南至缅甸界，南至阿瓦、南掌、越南界。

〔据清贺长龄辑《皇朝经世文编》（清道光七年刻本）卷一百十八《工政二十四·各省水利五》辑录。该编署名贺长龄辑，实为魏源代编，辑录清初至道光五年各家奏议、文集和方志文献中“存乎实用”的文章2236篇，分为学术、治体、吏政、户政、礼政、兵政、刑政、工政等8类65子目，文章作者640余人。由于选录者注重实际，选录标准是经世致用，故所选文章不限官阶名位，及于“硕公庞儒、俊士畸民”，反映了部分学者和官吏的经世思想以及改革的愿望，开启了一代学术务实的新风，是研究清代历史的重要参考书籍。该书涉及云南水文献的主要见下册《工政》，计有《云南水道图说》（佚名，第553页）、《修浚滇省海口六河疏》（鄂尔泰，第558页）、《兴修滇省水利疏》（鄂尔泰，第561页）、《治弥苴河议》（王师周，第565页）、《入滇江路论》（师范《滇系》，第567页）、《云南三江水道考》（张机，第570页）、《开金沙江议上》（师范，第573页）、《开金沙江议下》（师范，第576页）、《与徐心田论黑水书》（程同文，第578页）、《三黑水考》（张邦伸，《四川通志》第581页）、《黑水考》（陶澍《蜀輶日记》，第583页）。此文亦见于《小方壶斋舆地丛钞》第四帙第十册《各省水道图说》第609－627页。〕

云南水道源流

胡宣庆

滇海水

源自云南府、昆明县、呈贡县、晋宁州、昆阳州等水，共注滇海。由太华山六街子口，西流五十余里，至安宁州。北流百余里，至富民县。北流五十余里，至普渡河口，西合武定州、禄劝县等水。西来百余里，至普渡河口共合。北流二百余里，至法块山河口，注大江。

云南县水由一泡江注金沙江。

嵩明州水源自嘉利泽等水，会嵩明州，由寻甸州河口[①]，北流百余里，至寻甸州河口。东北流三十余里，至马龙州河口东南合。

马龙州水源自真峰山东河水，会马龙州，北流百余里，至马龙州河口共合，北流，由车洪江牛栏江五百余里，至牛栏江口，注金沙江。

镇雄州水流入四川涪州，注大江。

东川府会泽县水源自野马川水，南来百余里，至东川府会泽县。北流百余里，至巧家厅河口，注金沙江。

楚雄府楚雄县水源自镇南州，东流百余里，至楚雄府会合。北流五十余里，至定远县河口共合，东流五十余里，至广通县河口会合。北流百余里，至元谋县河口共合。北流百余里，至龙街子河口，注金沙江。

永北厅水东流注金沙江。

姚州水源自十八盘山连场河，南来百余里，会姚州。北流百余里，至大姚县河口共合，北流二百余里，至大姚县河口，注大江。

宾川州水源自钟良溪水，南来百余里，至宾川州。河北流二百余里，至箐旦河口，注大江。

丽江府丽江县水源自白沙河，北来六十余里，会丽江府。南流二百余里，至鹤庆州河口会合。南流百余里，至江边村河口，注大江。

蒙自县水由三岔河流入安南国。

昭通府恩安县水源自鲁甸厅，东北流百余里，至昭通府河共合。北流二百余里，至大关厅河口、永善县河口，东西三水会合。东北流百余里，至黑桃湾，入四川界。又东北流百余里，至横江河口，注大江。

霑益州、曲靖府、南宁县、陆凉州、宜良县、路南州、澂江府、河阳县、江川县、通海县、新兴县、嶍峨县、河西县、宁州、弥勒县、广西州、临安府、建水县、石屏州、阿迷州、邱北县、罗平州、平彝县、师宗县、广南府、宝宁县，二十六府州县水流入广西南盘江，由广东注海。

大理府澜沧江

源自青海蒙古固察土司格尔吉河，由西藏即澜沧江，屈曲南流三千余里，流入云南界。由维西厅七百余里，至云龙州博南山河口，东合云龙州水，源自弩弓河。南流，由云龙州四百余里，至博南山河口，注澜沧江。南流百余里，至永平县河口，东北合永平县水，源自天马山水。南流，由永平县百余里，至永平县河口，注澜沧江。东南流百余里，至大理府黑惠河口，北合大理府、太和县、剑川州、浪穹县、邓川州等水，源自千木河水。南流，由剑川州剑湖百余里，至浪穹县河口。南流，由邓川州河口百余里，至大理府太和县洱海，东合赵州等水，注洱海。由下关西南流六十余里，至合江铺河口，北合黑惠江水，源自工江河水，南流五百余里，至合江铺河口共会。南流百余里，至黑惠河口，注澜沧江。南流百余里，至顺宁府顺宁县、云州顺甸河口，西合顺宁府等水，源自明珠山水。东南流，由顺宁县、云州二百余里，至顺甸河口，注澜沧江。南流三百

---

① 寻甸州河口　与下文“至寻甸州河口”相抵触，疑当作“嵩明州河口”。

余里，至镇沅厅、威远厅威远江河口，东北合镇沅厅等水，源自猛统河。南流，由镇沅厅河口、威远厅河口三百余里，至威远江河口，注澜沧江，又名九龙江。南流百余里，至普洱府宁洱县河口，东北合普洱府等水，源自猛赖河水。南流，由普洱府河口二百余里，注澜沧江。南流，由车里宣慰土司二百余里，流入缅甸国阿瓦，注南海。

蒙化厅水东南流三百余里，至礼社江口，北合南安州水。北来二百余里，至礼社江口，会合北合罗次县、禄丰县、易门县等水。北来四百余里，至礼社江口，三水共会。南流，由元江州三百余里，至河底江口，北合新平县水。北来二百余里，至河底江口共会。东南流三百余里，至鲁部河，流入越南国。

景东厅水东南流四百余里，至三江口，北合他郎厅水。北来二百余里，至三江口会合。东南流三百余里，入越南国。

永昌府保山县水南流三百余里，至潞江，入缅甸国。

腾越厅水西南流三百余里，至槟榔江，入缅甸国。

龙陵厅水西南流三百余里，至碗顶河，入缅甸国。

缅宁县水西南流二百余里，至孟定土司南丁河，入缅甸国。

开化府文山县、安平厅等水南流二百余里，至盘龙江，入越南国。

思茅厅水南流二百余里，流入缅甸国。

共三十六府厅州县水，流入缅甸、越南国。

金沙江流入云南造拉岭东南，屈曲流，由塔城关、丽江府、元谋县、金沙江司一千三百余里，折东北屈曲流，由东川府、巧家厅六百余里，流入四川雷波厅牛吃水利尼界。

〔据清胡宣庆撰《皇朝舆地水道源流》（国家图书馆藏清光绪十七年刻本）第 18 – 21 页辑录。胡宣庆，字余庵，星沙人。咸丰举人。著有《图史提纲》《水道源流》。此篇论云南江河形势及脉络源流。〕

云南三江水道考

张 机

按：大金沙江发源崑崙山西北吐蕃地，即夏禹所道黑水也，与云南小金江及澜沧、潞江，皆发源吐蕃。然金沙江之源，较三江最荒远，其下流亦十倍小金沙江及澜、潞二江之水。

按：《禹贡》“导黑水，至于三危，入于南海”。《云南志》载金沙江出西蕃，流至缅甸，其广五里，迳趋南海，谓非黑水源出张掖流入南海者乎。河源在中州西南，直四川马湖蛮邦之正西三千余里，云南丽江宣抚司之西北一千五百余里。愚观黄河源近云南地，则大金沙江源自番雍之地，南入缅海。论雍、梁间水，惟此大耳。此水为黑水，无足辨矣。

朱子云：天下有三大水，曰黄河，曰长江，曰鸭绿江。此由宋初斧画云南，南渡又偏安一隅，朱子又从何知有此江之长广于江河哉？黄直元又云：考大金沙江及澜、潞三水，虽皆入南海，大小远近迥不同。澜仅潞四分之一，大金沙三倍于澜、潞，澜、潞所出地名，在鹿石山，在雍望，俱可穷源，上流亦狭。大金沙江之源，则远出番域，上流已阔若重溟，黝然深碧，夏秋涨溢，江色不变。若比于扬子，沧浪一小溪，即诗语大金沙江之长广，又可知矣。今姑略其源，惟自其经流、支流入海可见者言之。

水流至孟养陆阻地，有二大水自西北来。一名大居江，又云大车江，一名槟榔江。

二水至此合流，又名大盈江。今腾越州入总甸内诸水，亦曰大盈江，殆窃移其名也。江流至此，夷人方名其为金沙江。江中产绿玉、黄金、钿子、金精石、墨玉、水晶，间出白玉。滨江山下，出琥珀。旧《志》以琥珀、绿玉出在澜沧江者，谬矣。

昔年，王靖远、蒋定西追麓川叛贼思机发，造船飞渡孟养，后与盟誓“江乾石烂，乃许其过江”者，皆此江也。滇人相传名大金沙江，盖以别于丽江、北胜、武定、马湖之小金沙江耳。自此南流，经宦猛、莫噉、莫郎，至猛掌，有一江西来入之。又南下昔朴、怕鲜、猛莫、猛外，经蛮莫，有一江源自腾越大盈，经镇夷、南甸、干崖，受盏西茶山、古涌诸水，伏流南牙山麓，出经蛮莫来入之。昔年，缅人攻孟养，以船运兵饷到戛撒，为孟养所败者，此江也。正统中，蒋雄帅兵追思机发，为缅人压杀于江中，亦此江也。大约江自蛮莫以上，山耸水陡。正统中，邓登自贡章顺流，不十日至缅甸者，亦此江也。

下流经温板，有一江源自腾越龙川江，经界尾、高黎共山、陇川、猛乃、猛密所部莫勒江，至太公城、江头城来入之。下流，又经猛吉、准古、温板，又名温板江。温板，又名流沙河。相传唐僧取经过此渡，故名。金沙江也。

又有一江，源自猛办，洗母戛南来入之，又经止郎竜、大马革、底马撒、跻马，入南海。其江至蛮莫以下，地势平衍，江阔可十五里余。旧《志》云五里者，非也。经南，江益广，流益漫。缅人善舟，又善泅水，橹楫如涉平地。至是，江海之水潴为一色矣。

今再附考《蒙化府志》，澜沧江与漾濞江，蒙人谓之大、小二江，合西洱河、胜备河，至顺、蒙交界处，土人谓之罗擦聚。日出，水光荡射可观。不二十余日，至锦竜江即水下流，海多客船会易于此，渐渐至南海。

《永昌府志》：潞江①，一名怒江。《水经注》云漏江，今讹为潞江。源出吐蕃，流经芒市，至木邦地，名喳哩江。又流经八百、车里地，至摆古东，入南海。自木邦以来，即可通舟楫。昔年，陇川多士宁前往摆古见莽瑞体，皆由此江顺流下也。旧传潞江流至洪门、车里，沙碛浸散，与《腾越志》以为入大金沙江，皆非是。

愚尝谓三江皆可舟可航，夷人欲据险隐塞，不使通行，岂知天地设此三江，正为本朝制驭西南缅甸诸夷设？当事者诚不可忽而不讲求也。异日，圣天子问缅甸诸夷久不朝贡之罪，则此三江者，固汉家楼船下番禺，出奇制粤之牂牁江也。

〔据清王锡祺辑《小方壶斋舆地丛钞》(清光绪十七年上海著易堂排印本）第四帙第十二册第823页辑录。张机，永北（今丽江永胜）人。该文考证大金沙江、澜沧江、怒江的源流、支系，及流经民族地区、中缅边境的相关历史，其中对大金沙江的矿产资源等记述尤详。与张氏撰《南金沙江源流考》大同小异。另见《中外地舆图说集成》卷六十七第1页、《皇朝经世文编》卷一百十八《工政二十四·各省水利五》第20页、《魏源全集》第十九册卷一〇六至卷一百二十。〕

① 潞江　原本作“潞口”，据《南金沙江源流考》补。

云南之河湖泉

童振藻

卷　上

河

云岭水系：金沙江、无量河、漾共江、一泡江、大姚河、龙川江、普渡河、牛栏江、洒鱼河。

澜沧江水系：漾濞江、附霁虹桥、溜筒江。澜沧江。

怒江水系：怒江、南汀河。

伊洛瓦底江水系：龙川江、大盈江、恩梅开江。

紫溪山脉东南侧之水。

黔江水系：南盘江、北盘江。

郁江水系：西洋江。

勾漏山脉西南侧之水。

元江水系：南溪河、盘龙江、李仙江、普梅河。

湖　泽

滇池、洱海、抚仙湖、星云湖、杞麓湖、异龙湖、嘉丽泽、杨宗海、剑湖、程海。

甲、为云岭东侧之大水，蒙氏封为四渎之一。

上源曰木鲁乌苏河，出青海西境巴颜哈喇山之阳，山阴为黄河，源在江源东约千里。纳有名之支渠数十。曲折东南流二千数百里，经四川西徼之巴安县，名布垒楚河，南流横断山脉之云岭纵谷中，入云南，经丽江县城北，始称丽江，又名金沙江。循云岭山脉东迤北，至四川雷波县之南，成一大曲，东北与黄河河套间之大曲遥遥相对，二曲之间，距离最远处达四千里。无量河及鸦砻江皆自横断山脉中南流，注于江。曲迤而东北，至宜宾县城之东，岷江自岷山合大雪山中之大渡河，东南流来会，自此以下，始称长江，亦曰大江，西人总称曰扬子江。东行经四川、湖北、湖南、江西、安徽、江苏等省，沿崇明岛左右入海，长九千九百六十里，凡南北二岭间之水，除钱塘江以外，皆汇焉。江口成三角形，口外为黄海、东海交界之区，流域之内，气候温和，交通便利，地味膏腴，物产富饶，且多石炭之矿。濒江一带，居民达一亿以上，终身水居者亦数百万。扬子江诚我国文化之渊薮也。

（子）金沙江　布垒楚河，经巴安县之西南，由造拉岭而南，入滇边大雪山，西岸属云南，东岸仍属川边，始有金沙江之名。有所楚、硕楚二河，所楚河即敦楚河，上流曰二郎河，自川边南境之冈里拉麻尔山发源，曲曲南流二百余里，有马楚河自东北拉达山流来注之，又西南注金沙江。硕楚河，出冈里拉麻尔山东北之噶穆布奈山，与所楚河平行南流，转西南注金沙江。次第自东北来会，又南，两岸尽入云南中甸县境。流至塔城关之东北，有中秋河，自西北雪山来注之。江折东北流，至丽江县北，北岸有硕多冈河中江河，自中甸县北之草海南流来注之。江复循玉龙山西麓，而西北流，至波罗村之西南，有无量河自北来注之。江忽折而南流，至永北县之西北，有走马河，五郎河。自东北绵绵山向西流而来会。江又南流，有漾共江，自西北来会。江于是南流折东流，有枯木河自西南佛光寨山发源，西流转北流来会。此河之东，即苔旦河之西，为有名之鸡足山，秀耸之境也。江稍东北，有自永北县南程海流出之三道河清水河，流而来注之。又有南自周官些海北岸一带，梁王山发源之荅旦河流而东注之。江更东流，至盐丰县西北，有一泡江自南来注之。江更东北流，有大罗河西并观音河中、泚那河东三水，自永北县东光茅山东南流，合而来会。又东抵四川界上，有鸦砻江携安宁河自北来会。江遂跨川、滇两省之边界，两岸山岭嵯峨，有达一万六千尺之高者，河道多岩石，水流激湍，全无水运之便利，其间仅有渡口，得交通而已。南至大姚县西北，有大姚河自西南来会。江转东流，至元谋县北，有龙川江自南来会。又东流，北岸有玉虚河，自四川会理县东北之法果山流而来会。又东流，有大环川，自大麦地在武定县西南北流来会。江转东北流，经白马口乌蒙山而东北，有普渡河自南携滇池之水来会。江复东北流，至黄家坪折北流，经东川县之西境，有小江自雪甸县西北之青水海周二十余里。发源，北流至连三坂之西南，有沙河自东北来会。又北流，有中厂河自西南来会。又西北流至野牛坪，西南注。江又北流，至巧家县之西，有以礼河自连三坂北之大水塘发源北流，曰以濯河，会东北来之洛泥河，又环东川县城而东北注江。大江复北流，至鲁甸县西有牛栏江自南来会。江更北流，转西北流至四川雷波县西南，忽折而东，渐离滇界，纯入川境矣。金沙江诸流中，惟横江有舟运之便，其余则仅足供灌溉耳。牛栏江之溪谷，将来四川、云南间若筑铁路，可为最适当之通路云。诸流之较大者，后另述之。

（丑）无量河 在永北，极宽处约半里。上源有二，均出川边特别区域，西曰里楚河，东曰扎穆楚河，并出里木山之东南，夹理化县城，东南流相会。又东南流至川滇界，与源出川边南境沙鲁楚泊之多克楚河会。折西流，至永北三江口，入金沙江，长约五百余里。

五郎河在永北，极宽处十丈，源出谷格得纳战河。西番灵源诸水至梓里，入金沙江，长五百余里。

白水江由石□江永北华坪至苴却，入金沙江，长一千余里，在苴却境内长三十丈。

（寅）漾共江 一名鹤川，自玉龙山发源，南流夹丽江县城会于城东南角。其源为青龙河，至木倮海，名漾共江。在丽江，极宽处二丈余，流七十余里，至鹤庆城东南，次第西纳三水，为冲江河。又行四十余里，折注金沙江。长约二百四十里，宽五丈余。在鹤庆境能行小舟。

（卯）一泡江 经源出周官些海，东流转北流，经盐丰县城西而北，有一字水自姚安县南之大罗山发源，经城西而西北流来会。又北注金沙江，长约二百余里。

大关河源出大关图某乡出水洞，北流经盐津，在大关境。极宽处约百余尺，会角奎、牛街等河。在盐津境，极宽处一百二十丈，有帆船转运货物，源委共长六百里。

（辰）大姚河 自姚安县西龙山发源，北流经县城东而东北，有蜻蛉河一说蜻蛉河，系另一河。长三百余里，大姚河系流入此河。之名。东北流经大姚县及书案山之东，又东北有蛟龙江物茂河。自西北来会，又东注金沙江，长约二百余里，极宽处五六十尺。

蜻蛉河源出姚安城南六十里三窝山，北流距城五里，潴为大石洄。北出，分绕甘县城东西，至东北角会流，北走入大姚，至苴巡检，东入金沙江。长八百余里，极宽处一丈一二尺，入苴波江，长三百余里。

（巳）龙川江 此与伊洛瓦底江支流之龙川江同名而异水。上源曰白龙河，自镇南县西北之沙桥驿发源，东南源亦曰平彝川，东流入楚雄县境，有紫甸河自东北来会，稍东有大石河自西南来会。又东流折北，迳元谋县西北注金沙江，长三百余里。

冲江河源出中甸东北山中叔留海内，沿河渔业，颇有可观。极宽处三丈余，长五百余里，入金沙江。

（午）普渡河　一名螳螂川，自滇池西南海口流出，中有沙洲，形如螳螂，故有螳螂川之名。绕太华山西，经安宁、富民二县东境，至禄劝县东南，有鸠水河自西流来，至县城东南会。北自邱山东流来之掌鸠川河，复北流，绕乌蒙山东麓，而北注金沙江，长六百余里。在安宁境，极宽处六十尺，由县城东门外永安桥至澂江村止，可通装木石之小舟。在富民境，极宽处约四百余尺，仅有舟横渡，无航路可通。全河产白鲦、细鳞及青鲤等鱼。

（未）牛栏江　上流曰车洪江，出嵩明县之嘉利泽。北流三百里，入贵州省境内者数十里，曰腻书河，当草海西南。复北流入滇境。转西北流一百九十里有哨厂河，自东南来注之，又西北至巧家长平子，注金沙江。此江下流，共长七百余里。小河边杨家渡、蜂子岩、韦家渡、小田、麻濠、岔河，俱设溜筒；野牛塘、岔河，有舟横渡。其上流，常有小舟运货上下。

《东川矿产公司计划书》：东川矿产，距牛栏江仅数十里之遥，向来沿江船只，只装运附近炭斤，咸以滩险水急，不肯泛舟上游。近派人由牛栏江之木厂一带溯江而上，逐一调查，除一二险滩必须搬载外，余皆可以行船。召集船户，稍修纤路，由木厂装载铅斤，运抵嵩明海坝，上岸换车，现已装运数次，并未误事。其险滩之处，现拟轰凿，如能修出滩路，即免搬运之劳。

童振藻《开凿牛栏江议》：牛栏江自嘉丽之河口流出，曲折东北流，经寻甸、宣威、鲁甸、巧家等属入金沙江，长五百余里。昔往寻甸通七星桥，询诸老农，据云东川之铜，曾由此河搬运。现在载三四千斤之小舟，犹可畅达杨林。观此，则前清鄂文端尔泰督滇时，曾命赵世伦等估勘测绘。因此江之水，下通川江，若能一律开通，川滇舟楫可以往来。嗣因形势险窄，难行而止。今由寻甸境内观之，江流虽湾曲，且不甚宽阔，惟水势尚深，若稍将险滩开凿，舟楫可以畅行。东川矿业公司开通该江航路，于上游之航业，大有裨益。若再将下游猫跳石、回龙湾、陡滩口、羊粪沟、私窝子等处险滩，用炸药或汽铲等开凿，将来铜斤之运，固能沿此入金沙江。再将金沙江由牛栏江至蛮夷司一段凿通，以下即有航路通叙泸，则滇川东北部百货出入，均可由此水路以搬运云。

（申）洒鱼河　即撒由河，亦曰横江，为金沙江在宜宾县西南境会合之一支流。源出云南昭通县南之八仙海，北流折西会冷水河，乃有洒鱼河之名。至大关县之西北，会自东南贵州威宁县北境流来之戈魁河东北流，有大文溪、涂溪之名。又东北入四川境，会自东南由威宁县北境流来之定川溪，白水江。又东北注江。在昭通境，有平底可载二十余人之小艇来往。

乙、澜沧江水系

澜沧江，一名鹿沧江，亦曰浪沧江。纵贯金沙江之西，为横断山脉中云岭与怒山间大水。蒙氏以黑惠江、漾濞江。澜沧江皆列于四渎。明太祖洪武二十年，诏沐英于澜沧江津要，筑垒置守，以备平缅也。上源有二，一出唐古剌山脉之格尔吉匝噶那山，名杂楚河，东南流至昌都县南；西源出唐古剌山脉之拉尔古冬查山之阳，曰昂楮河，亦曰鄂穆楚河，东南流相会。二源既会，顺云岭山脉与金沙江并行，南入云南境。至顺宁县北会漾濞江，复东流出国界，走安南、缅甸界线上。更东南，走安南、暹罗界线上，曰湄公河。复曲折南流，经柬埔寨、法领交趾支那，至西贡海口，注于南海。长四千四百八十余里。下流又称柬埔寨河，中多岩石砂洲，舟楫不利，在南部则通航甚便。此河在雨期水量甚大，汽船航通上流，土人之筏则全河通行。

（子）澜沧江 澜沧江在西藏之部，若隐若现入川边之昌都县，名曰察木多河。南流至云南塔城关，西入边，至维西县西，歧为二：东曰漾濞江，西曰澜沧江，至顺宁县北而合。此河即古兰仓水，集丽江、大理、凤仪、蒙化、顺宁、景东、镇沅、普洱各属之水，两岸为绝壁，高达二千以至三千尺，其间或为葱郁森林，或为露岩秃山，河幅之广约四五百尺，水流深处其势甚弱，然多险滩，航运不便，仅依渡船，以通两岸而已。其河岸之地，气候炎热，空气润湿，颇不适于健康。全长四千余里，现于羊街渡口，建造铁索桥。支流有沘江、漾濞江、杉木江、南卡河、俀梭河诸水，而以漾濞江为最著。在兰坪境五百六十里，上段宽十丈二尺，中段五丈，下八丈，有大船，又以龙竹为舶。在维西四百二十里，极宽处三十丈，有独槽船。

（丑）漾濞江 长七千六百里，在阿墩八百余里，极宽处五六丈，有溜筒渡七十余处，第一溜筒渡为入藏通衢，第二羊咱渡，为通菖蒲桶大邑。古名神庄江，亦名黑惠江，又曰墨会江，一曰濞溪江，讹为样备江。上游曰工江，即澜沧江之沱江也。北自兰坪县西北之小甸塘分出，曰白石江，流至洱源县之西北，有浪沙河与剑湖湖在剑川县东南，北岸有小水出望江山。通。江复南流至点苍山之西南，有洱海水自北来会。江再南流入顺宁，注澜沧江支流之大者为胜备江，源出永平县东北百十里之罗武山，东南流，合九渡、双桥二河，至蒙化会漾濞江。灌永平县之东北境。

附霁虹桥 距保山县城八十里，跨澜沧江。蜀汉诸葛武侯南征孟获时，架桥济师，以索为之，嗣后修废不一。元至元中，也先不花重修，名曰霁虹。明初镇抚华岳置二铁柱于两岸以维舟，时遭漂溺，后架木为桥，又为火焚。弘治十四年，兵备使者王槐构屋于上，贯以铁绳，南北往来，此为孔道。亦曰澜沧桥，行者若履平地，守永昌者，往往以扼江为险，桥其重地也。

附溜筒江 维西以金沙、澜沧江为天堑，水势湍急，舟不可渡，乃设溜绳。其法：对岸栽石，横江系竹缆，江阳自上而上，江阴自下而上，以通往来之渡。渡时，携一竹片如瓦者，两旁有孔系绳，人畜缚于绳，竹冒于缆，如梭织而渡之。或止可系一缆，两岸高悬，中软而低，往来皆渡于山。低处则以手挽缆，递引而上。渡物则人前物后，引而渡焉。《史记》所谓笮也。笮非一处，以夷语译之，每遇笮皆曰溜筒江。

丙、怒江水系

怒江，一名潞江，亦曰潞子江，又称喳哩江，蒙古名哈喇乌苏。哈喇，黑也；乌苏，水也。即《禹贡》所谓“导黑水至于三危，入于南海”者是也。纵贯澜沧江之西，为横断山脉中怒山与与[①]高黎贡山间之大水。蒙氏封为四渎之一。本名怒江，以波涛汹涌而名也。在维西三百里，极宽处二十丈，有竹木筏行驶。在知子罗境四百一十里，极宽处三

① 与与 原本如此，疑衍一个“与”字。

十四丈，间产金沙，窄处二十七八丈。源出拉萨城北唐古拉山及冈底斯山脉之间，四周大山，中为平野，南与雅鲁藏布源，西与印度斯河源三角相对，若断若续，潴为巨津，曰布喀池。广袤环曲二百三十里，其水从北流出，向西北流，又成一泽，曰厄尔吉根池。自池东北出，又会集达池，又从池东南流出百五十里，为喀喇池。三池皆广约百余里，水色深黑。自池之南流转而东，曰哈喇乌苏。又东，纳自西北巴萨通拉木山流来之沙克河，曲折东南，曰卫楚河，曰敖楚河。更东南入云南境，与澜沧江平列南下。更南，至国界，左纳南汀河。亦作南丁河。又南，入暹罗国及英领上缅甸之间，为曼撒路音河，亦曰萨尔温河。又西南，由英领下缅甸，至马尔达般之东，注印度洋。

（子）怒　江　黑水江循他念他翁山脉南出怒夷界，入云南边曰怒江，经腾冲之东、永昌之西，迤西南流入暹罗、缅甸界。两岸咸陡绝，瘴疠甚毒，夏秋之间，人不敢渡。《滇记》诸葛武侯六擒孟获，驻兵怒江之浒，即此。支流在滇境者，仅南汀河一水较大。

（丑）南汀河　即南丁河，发源于缅宁县西区三岔河。绕道转出县城东北，经云县境为巨川，水势平衍，向无水害。全长一千余里，其南有南板江，亦怒江支流也。南丁、南板两河间，地皆中缅未定之界。

丁、伊洛瓦底河水系

伊洛瓦底河，即大金沙江，亦曰迈立开江，或称恩梅开江[①]。纵贯怒江之西，为高黎贡山与野人山间之大水幹流，上部在川边，下部灌缅甸，几与本省全无关系。支流则龙川、大盈两江，及恩梅开江南太白江源流，既在云南，且为滇缅所共有，故不能不特加注意。正源名薄藏布江，出川边嘉黎县西北拜而根山之西向，东南流经嘉黎县城西，而东南百五十里，会西源牛楚河，河出嘉黎西之札木纳裕池。两源既会，东南流名桑楚河。流行波密至苏尔东城，有雅隆布河自东来会。雅隆布河二源，北源出硕督，硕般多，县南冬拉冈里岭之阳。南源出杂输北境之阿木祖海，两源会而西注江。江复南流，出国界，经野人山中，而贯缅境。南流至仰光之西，分派十余，注印度洋。

（子）龙川江　发源姊妹山之东北。隔山而西为片马之小江流域。南流至龙陵，折西南流，为瑞丽江。西南流出省境，合于大盈江。其渡口有桥，旧编藤铺板以渡，名曰藤桥，在腾冲县东七十五里。《一统志》：藤桥有三，一在龙川关，一在崖甸，一在回古，俱跨龙川江上。盖江水湍急，难以木石施工，编藤为桥，系半岸树，以通人马。或曰龙川盖麓川之别名也。江流遄迅，蛮人据以为险，有上江、下江之分，近麓川城为上江，近腾冲县为下江。藤桥即一般人所称之铁索桥也[②]。沿江上下，以向阳、龙江、龙安、腾龙等四桥为最有名。

（丑）大盈江　又名大车江，源出腾冲县东之罗生山，流至腾冲县西南为叠水河，下流汇槟榔江，源出古永，南行过盏西，为槟榔江。入缅甸。

（寅）恩梅开江　即俅江[③]，源出川边察隅县境山中，南入云南丽江境为滇缅界水，西南流入缅甸。

---

① 此说不确。迈立开江、恩梅开江各为伊洛瓦底江上源之支流，并非一江。

② 此说亦不确。藤桥与铁索桥用材不同，结构亦有别。

③ 俅江今称独龙江，在我国境内，为恩梅开江上源。

以下为紫溪山脉东南侧之水，即黔江之南盘江、北盘江，郁江之西洋江是也。

（甲）黔江水系

珠江三源曰东江、北江、西江，就中西江最大。西江以黔、郁、桂三江为上源，水量十倍于东江；北江黔、郁二江合于广西桂平县城之东，总称浔江。又东至苍梧县城，西南与桂江会。黔、郁、桂三江既会，总称西江。东流，入广东境，至三水县城西南，与北江会，至番禺县城南与东江会，江中成一圆沙洲，曰海珠，由是得珠江之名。南由虎门入三角江，注南海。

黔江之源二，曰南盘江上游称八达河，曰北盘江上游称可渡河，出云南霑益县之乌蒙山脉中，南北分流。南盘江集曲靖、澂江、临安、广南四属之水，曲折行千八百里，至广西凌云县西北之长隘寨，与北盘江合。北盘江即古牂牁水，集贵州之普安、兴义及安顺南部之水，行九百余里，至此与南盘江合。南、北盘江既合，总称红水江，亦曰乌泥江。东流至广东来宾县之文笔山，南有柳江，自贵州省独山县合都江、龙江二水，经马平县南流来会。红水江既会柳江，总称黔江，东南流至桂平县城东与郁江合。是水仅上流发源本省，下游大部则横贯两粤，为紫溪山脉以东之大水。

（子）南盘江　即八达河，亦曰红水河，或称大池江，又名铁池河。源出云南霑益县西北三十里之花山之西北，为车洪江牛栏江之流域。山东北为北盘江源，盖南岭之乌蒙山脉。由此东北走入贵州，为大珠江。江上流分水之起点花山附近，地势绝高，故水皆由是分泄。南盘江既发源，绕县城东而南流，至陆良县东南，注中延泽。复自泽西流出，曰大池江。会西来之杨宗海水，而南折，经路南县西境，有抚仙湖水海口河自西来注之。又南流至阿迷县东北，有泸江亦曰乐蒙河，上源出石屏县西北之宝秀湖，东流经县北而东潴，为异龙湖。自湖东流出，南折东转，绕出建水、阿迷二县之南，而东北注盘江。自南来注之。江遂折而东北流，又折而东流，有马别河出文山县北境之凤凰山，此山之南，即东文山，隔山而南，即盘龙江之所经。自南来注之。江复东流，北折盘旋于滇、桂二省之界上。复东折而走于滇、黔之界上，至广西凌云县东北，与北盘江会。

（丑）北盘江　出花山之东北，绕宣威县东南而北流，经倘塘驿东，有可渡河自贵州草海西岸来会。复经可渡驿之东，而东北走滇、黔界，又东入贵州省境内，东南至册亨县之东，与南盘江会。两盘江既会，总称红水河，即黔江也，仍东南由黔、桂界上入广西省境。

（乙）郁江水系

郁江亦西江三源之一。上源有二，北曰西洋江，南曰丽江。西洋江，古夜郎国之豚水也，出云南省广南县西苗岭中之红石崖北即南盘江源。东南流行千余里，集广西凌云县以南及天保、百色诸水，至邕宁县西之合江镇，与丽江合。丽江者，西合龙州县之龙江，南合广东钦县分茅岭北之明江之总称也。东北流经崇善县南，又东北经扶南县来会。西洋江、丽江既会，总称郁江，经邕宁县城南，集邕宁以东、郁林县以北诸水，东北至桂平县城东，与黔江会。官书称黔江曰右江，郁江曰左江。左右江既合，总称浔江。东流至苍梧县城西南，与北来之桂江会，会处曰三江口，为紫溪山脉东南侧之大水。

（子）西洋江　出云南广南县之西，有松木岭坂、郎山、木王山、红石崖，而木王山、红石崖之间，有者兔塘，此等山塘之水汇而东流，即西洋江之源也。隔山而西，为南盘江之马别河流域。而由木王山、者兔塘而南，为六诏山、麒麟山、火焰山、阿吉山、花果山、大冷山，是为六诏山脉。此脉西南之水在云南者，皆南流入富良江；在广西者，皆丽江之流域也。故六诏山脉，为郁江两源之分水岭。

西洋江源既出南流，折东北流入广西西林县南境，旋南流复入云南，至剥隘之北。而东流入广西至百色县西，有甲江，自西北分水岭东南流来会。江复东南流至恩隆县南，有浤渀江归顺水自大保县西境之梅山发源，东流而来会。江复东南流曰右江，至同正县之合江汛，与南源丽江丽江之流域，较西洋江为大，因勾漏山脉自云南东南走入越南国境，复自九特隘北走两广界上，故丽江流域侵入越南境。会。

西洋江、丽江既会，曰郁江。东流经邕宁之南，永淳之北，横贯二县之东南，而东北至桂平县东与黔江会，是曰浔江。又东流，至苍梧县西与桂江会。

以下为勾漏西南侧之水，即元江幹流及各支流是也。

（甲）元江水系

元江亦名河底江，或曰白岩江，古名杨瓜江，亦曰礼社江，又称大厂河。源出祥云县北之梁王山，南有支流与周官些海一名蒙舍海通海东之一泡江，北入长江，此元江与长江接触之点也。东南流至元江县之东南，又北出新平县北冒合山，而南流之龟枢河来会。东南流至国界，有南河自北来会。

白期河出阿迷县东北之缘峰，南流至蒙自县东，会自县境波墨、三脚、鲤海、长桥诸湖流来之水。又东南至国界，注元江会口之北，曰河口，南曰老街。元江东南流入安南，曰富良江，亦曰红河。流至新化县东，左会盘龙江，右会李仙江，而普梅河则于宣光县东北入盘龙江。元江会两河之处，滇越铁路通过之。更东流经河内、海防，入东京湾，为横断山与勾漏山两间之大水。是河下流灌东京地方，因名东京河，又名桑该河，为东京地方至要之大河，输运甚便。三角洲幅员占八十方英里，今自海岸至六十英里之内地，日渐增扩。如河内府在一千三百年前，悉属海面，又十七世纪，荷兰人东来，贸易于海防港，今则已在三十英里之内地。沧海渐变为桑田，一由沉淀作用之速，一由风向潮浪之作用，故东京湾渐次缩小。

南底河二百余里，源出腾西集鹰山龙潭池。在陇川，极宽处十丈，有竹筏拖船行驶。

海巴江一千余里，源出腾冲古永练。在陇川，极宽处十五丈，有竹筏挖树船行驶。

（子）南溪河　上源曰白期河，出阿迷县东境，东南流界文山、蒙自二县间，又东南至马关县西境纳那木果河。源出文山县西四十五里者安山。又东南经南溪西至河口老开间，入于元江。

（丑）盘龙江　亦名开化大河，源出文山县西南百里蓑衣山邪革白龙潭，北至乌溪石洞，出为乌期河。北流折东流经县西南，过马关东，而东南入安南。

（寅）李仙江　亦名景东江，源出蒙化东南无量山之东，向东南流，经景东、镇沅二县而南，名把边江。更东南有布固江上源曰鲁马河，源出景东县东北之大石硝。自北来会，又东南入安南境。

藤条江源出元江县东南山，亦曰黑江，亦曰绿水河。东南流至国界，左纳赛江河，右纳金子河，旋西南折入李仙江。

（卯）普梅河　出文山县东阿吉山之东南向，东南流至安南，汇盘龙江入元江。

云南各大河长度比较表

云南各大河长度		灌溉长度比较
元　江	二六〇〇里	二三〇里
怒　江	四〇〇〇里	九七〇里
澜沧江	四四八〇里	一四五〇里
金沙江	九九六〇里	一〇〇〇里

湖　泽

（1）滇　池　本省第一大湖也，在昆明县之南，一名昆明池，简称昆池，唐昆州因水为名。亦曰滇南泽，又名滇海云。郡城金马、碧鸡二山，东西夹护，旁山北来，而环列于前，中开一大都会。滇池受邵甸牧羊山诸泉及黑白龙潭、海源洞诸水，汇为巨浸，延袤三百余里，军民田庐，环列其旁。而泄于稍西一小河，又折而北，不见其去，故又名滇海。斜长百二十余里，东西广三四十里，周围三百余里。《史记》言三百里，《太平寰宇记》同《后汉书·滇王传》作周回二百里①，《后汉志》注引为二百五十里，《异物志》二百余里，《元史·张立道传》以池在金马、碧鸡之间，环五百余里，《地理志》以为五百余里，《明史·地理志》以为五百里，《寰宇记》引《郡国志》亦五百里。面积约三千三百方里，深度自三五尺至一二丈不等，有昆明、呈贡、晋宁、昆阳、安宁、富民六县绕之，位于六千三百余尺之地。池水清澄，沿岸山峰高耸，风景极佳。西北为草海，东南为水海，其形上广下狭，有似倒流，故曰滇池。自西南海口泄出者，为螳螂川，萦迴安宁县治，过富民而北达武定东北界，注于金沙江。西南距昆明县城八十里，为海口大河，即滇池导流处也。战国时，楚将庄蹻灭夜郎，至滇池，以兵威略定其地，又使部将引兵收服西南诸蛮。汉元封中，欲讨昆明，以昆明有滇池方三百里，乃于长安西南穿昆明池象之，以习水战。《西南夷传》滇池方三百里，今云南省城西太华山下昆明池，相传即滇池也。蜀汉建兴三年，诸葛武侯征南中，至滇池。常璩《南中志》滇池县有泽水周回二百余里，所出深广，下流浅狭，如倒流，故曰滇。《南行录》滇池又名积波池，周广五百里，盘龙江、黄龙溪诸水之所汇也，称南中巨浸焉。池中有大小□②纳二岛〔……〕元至元中，张立道为云南劝农使，以昆明池夏潦必冒城郭，乃求泉源所出，泄其下流，得良田万余顷。明初，傅友德、沐英驻守云南，皆事屯田，而滇池之水，皆首为灌溉之利矣。至于交通，各属池上，可通小舟，往来亦甚便利，惟日月风向不定，操舟为艰。

草海为滇池上流，一名西湖，又名积波池，俗曰草海子，又曰青草湖。周五里有奇，中有近华浦诸胜，蒲藻常青，为游赏之地。

九龙池在昆明县城内，中多废圃，亦曰菜海。其平者为稻田，下者为莲池，沿五华之右，贯城西南，流入顺城桥，会于盘龙江，以达滇池。

滇池之源，出嵩明县西北六十里东葛勒山梁王山西南朵格，卧③宗龙、黄龙潭南流经牧养村，为牧羊河。又南流至高仓，左会邵甸河水，为盘龙江。自盘龙江口，折而左纳东南之水凡十九，曰明通河水，曰金稜河水，曰金稜分支水，曰王宝海水，曰马溺河水，

① 周回二百里　《后汉书·南蛮西南夷传》作“周回二百余里”。

② □　原本缺。

③ 卧　原本缺，据《云南水道考》卷二《金沙江上》补。

曰白沙河水，曰泥鳅沟水，曰旧门溪水，曰清水河水，曰倮㑩河水，曰沧沟芦色沟水，曰官渡四河水，曰毛家塘水，自泥鳝沟以下七水，皆宝象河水分流也。曰亮塘水，曰枧漕沟水，曰渔村沟木龙沟水，曰马料河水，曰罗象沟水，曰右卫上坝两沟水，以上并马料河支流。折而右纳西北之水，凡十，曰太金杨三河水、曰采莲河水，曰永畅河水，曰板坝河水，曰茨塘河水，曰西坝河水，曰涌达河水，曰玉带河水，西入草海。曰海源河水，曰棋盘山水。合昆明县之六河，昆明六河，其说不一。清雍正间，云南督粮水利副使黄士杰著《云南省城六河图说》则以盘龙江、金汁河（即金稜河）、银汁河、宝象河、马料河、海源河，为昆明六河。邑人戴䌹孙《昆明县志·六河考》云：六河者何？曰盘龙江，曰银稜河（稜一曰汁），曰白沙河，曰宝象河，曰马料河，曰海源河。以金稜无源（金稜即金汁河）为盘龙江分流，故不数。〔……〕一说虽小有参差，然皆足资考证。戴生斯长斯，特论较为确当。昆明六河，仍应依据戴说，另详《昆明县志》中，兹姑从略。与其支流，皆滇池之上源也。

（2）洱 海 本省第二大湖也，在大理县之东北。自邓川东南南至凤仪西北，长百三十里，阔三四十里，周三百余里，最深处三百八十余尺，位于高海面六千五百尺之地。四面皆山，源出洱源县北二十里或云东北十五里。罢谷山，汇山峪诸流，又合点苍山十八川而为巨浸。下流合于漾濞江，即古之叶榆泽也，或又称为西洱河，河源出鹤庆西南五十里黑泥哨山中，南流至洱源县东北，纳洱源海子水。实则容受湖类也。《后汉志》注谓之冯河，又称昆明湖。《通典》谓之昆瀰川。汉武帝象其形，凿池以习水战者，即此。古有昆瀰国，亦以此名。亦曰叶榆河，《水经注》诸葛平南中，战于榆水南是也。亦曰珥水，以形如月抱珥也。一云如月生五日，亦曰珥海，或曰西珥海。隋开皇十七年，史万岁击南宁叛爨，至南中过诸葛亮纪功碑，渡西珥河，入渠滥川，行千余里，破其三十余部。唐武德四年，嶲州都督韦仁寿检校南宁，将兵五百，循西洱河开地数千里，置七州十五县。贞观二十二年，梁建方讨松外蛮，破走之，于是遣使诣西洱河，谕其酋帅，归附者七十余城。复遣奇兵自嶲州道千五百里，掩至西洱河，蛮帅杨盛骇惧，请降，其西洱河蛮首杨栋、东洱河蛮首杨敛等俱请入朝。或曰即一洱河，而蛮分东西为界也。《新唐书》由嶲州走三千里达西洱海，天宝九年，鲜于仲通伐南诏，十一年，李宓又伐之，皆败于西洱河。形如人耳，故谓之洱海。中有三岛金梭、赤文、玉儿。四洲青莎鼻、大贯淜、鸳鸯、马帘。九曲莲花、大鹤、蟠矶、凤翼、萝莳、牛角、波狅、高岩、鹤翥。之胜，风景奇绝，过于滇池。湖中多鱼介，土人捕之，以供食用。湖上皆可田可庐之地，而大鹤洲则随水升沉，如世称鹦鹉洲然。水东石壁上，刻曰“此水可当兵十万，昔人空有客三千”，不知昉于何时，出何人手。绕城而西南流，波涛千顷，澄泓一色，因谓之西洱海。《志》云：洱河绕城西南，由石穴中出，石穴即天桥，东南有分水崖，俨如斧划。渔人谓自崖下分水为两，南河北海，咸淡不类，河鱼不入海，海鱼不入河。元郭松年《行纪》曰：洱水涉历三郡，渟潴紫城东北，自河首南尽河尾，汪洋浩荡，波涛于两关，周回百有余里。今西洱海袤百里，广三十里，盖汇群流而成也。苏轼曰南诏有西洱河，即牂牁江，误矣。

十八溪之水，曰南阳溪，曰葶溟溪，曰莫残溪，曰青碧溪，曰龙溪，曰绿玉溪，曰中溪，曰桃溪，曰梅溪，曰隐溪，曰双鸳溪，曰白石溪，曰天泉溪，曰锦溪，曰芒涌溪，曰阳溪，曰万花溪，曰霞移溪。水源并出点苍山，东流汇为洱海之东，纳东山一水。出海东诸山中。东南纳波罗江水，西南流出，经下关，东南流，过天生桥折西，而西北，绕点苍山后五十里，至合江铺，西北入漾濞江，会澜沧江，而入南海。即世传黑水伏流别派也。

清陈鼎著《云南纪游》一卷，称洱海朝东风，暮西风，四季不爽，故舟航来去皆张帆而行，不假篙橹。航洱海者，自知其言之不谬。

（3）抚仙湖 在澂江县城南十里。一名罗伽湖，周三百余里，界澂江、江川、黎县之间，黎县城北七十里，水产有海马（俗谓之龙马）、青鱼、花鱼、鱇䲜鱼。青鱼极美，鱇䲜次之。然产额极多，每年五六月间，如云蔽湖四出，恒在暴雨之后，土人谓之鱼发。航路达江川海门桥由海门桥而上星云湖，通浪江，以下达澂江，船有桨无舵。及县属海口地方。湖之东南属黎县，西属江川，西南受星云湖水，汪洋澄澈，泄入铁池河，源出江川县西北二十里屈颡巅山。三源俱会星云湖，东至海门桥，流为港河。又东流至河阳境，乃汇为抚仙湖。自星云至抚仙，中有界鱼石，星云之大头鱼，抚仙之鱇䲜鱼，各至石而回，两不相越。

（4）星云湖 在江川县城南十里许，为江川、黎县共有之湖。面积三百方里，周八十余里，水向东流，经海门桥隔河流入抚仙湖。由江川至澂江之航路，皆取道于此。在黎县之浪广境，纳自江川、玉溪流来之李杞河。

星云湖，土人谓之浪广海。在黎县城西北六十里，为江川、黎县共有。大头鱼为特产，其他有青鱼、黑花鲤、鲫、小白鱼。不入抚仙湖，至石即回。大头鱼，头与身等，而味重于脑，随月之望朔为盈亏，惟湖中有之，他段无。产海藻，可饲猪。相传湖中有一大鱼，不知其修广，秋晴时一出游，则众鱼大小以次相从者数万，渔者遇之，不敢钓也，钓则有波涛之患。

由海门桥而下，可达居澂江等处，船亦有浆无舵。湖水暴涨，则淹农田，不过数年一次。湖东北有跳鱼沟，湖鱼将生子，则避湖水而就山水。渔人壅山水为沟，沟泻处为岸，岸尽处，水悬流如瀑布，鱼至岸下，辄跃而上，为水所激，则旁落于岸，取之甚易，犹拾物然，然亦特别者耳。

（5）杞麓湖 源出河西县西北三十里曲陀关，为长河，东流纳甸心村后小河水，源出河西县北二十里黄草坝山。又东流经碌溪山麓，为碌溪河，南经东渠诸村，过碌溪三渡东南，汇为杞麓湖。周一百五十里，如环而缺。自碌溪口西南，右纳普应溪水，源出沙西县西南十里螺髻山。又西南右纳大河水，源出河西县西南，通海县西北九冲子山。折东南而东，右纳通海县西北诸山水，又东右纳黄龙山水、源出通海县西三里黄龙山水。秀山左沟水、源出通海县南三里秀山。秀山右沟水、源出秀山。白马泉水，源出通海县东二里之白马山。又东为落水洞。又自碌溪河口东行，为四军营，诸处纳通海县北境诸山水，又东左纳甸苴关诸山水，折东南左纳易广铺诸山水，又折东南左纳东华溪水，源出通海县东十五里东华山。又东为落水洞。湖水由此泄出，不知所往，中有渔舟，往还河西、通海间。

（6）异龙湖 在石屏县之东南。周一百五十里，有三岛：小岛曰孟继龙，亦曰马坂陇，旧建浮石庵，今废。有蛇虫，不可居，昔时蛮酋每窜罪人于此；中岛曰小末束，亦曰小水熟，蛮居其上，筑城曰小水束城，今名挖断山；其大岛曰和龙，亦曰大瑞城，立城其上，汉名水城。元至顺初，云南诸王秃坚等作乱，攻掠郡县，石屏镇将朱宝以和龙岛有垒堑可保，引众据守，贼率战舰来攻，宝拒却之。有九曲，即五爪山，插入湖中者三岛环峙，皆巨浸，东流至建水县境为泸江。源出石屏县东北四十里芦子沟。又东北入岩洞，即石岩山之水云门也。洞前虚敞，可坐数百人，登岩以望，洋洋乎，浩浩乎！利田畴，资灌溉，地肥饶，民殷富者，无不恃有此川也。然当其水势泛涣，决圩防，没田庐，又往往为民患。自清总督鄂尔泰伐石凿埂，而后水涌沙流，河身丈余，无复避碍，岩洞之患既息，农田之利骤兴矣。伏流十余里，出阿迷东北，流入盘江。在澂江县境为铁池河，纳抚仙湖水，入黎县境，为婆兮江①。

（7）嘉丽泽　在嵩明县之东南十五里。或云三十里。周百余里，水涨时面积约十万余亩，水涸则分为清水、八步二泽。源出寻甸县西南六十里果马山泉，流为果马溪，南流为龙巨河，一曰龙济溪，纳众水流汇为嘉丽泽。水可以灌，鱼可以食，即杨林海也，或谓之杨林海子，又或谓之罗婆泽。《嵩明州志》云：州西中和里有两泉对流，名对龙泉流百余步，复合流入嘉丽泽中，盖亦是泽所纳众水流之一也。

（8）杨（阳）宗海　在澂江境内，旧阳宗县北一里。或云五里。古称明湖，一名逸林湖。周七十余里，跨宜良十余里，水色深碧。附近溪河泉涧诸水汇此下流，由汤池东绕宜良，入铁池河。东西两岸，山势陡绝，水深莫测，凡治内溪河泉涧诸水悉归此湖。每遇晴空云敛，静影沉碧，渔歌互答，帆樯往来，宛若图画。流向汤池，经宜良，会铁池，入盘江。但尾闾稍狭，夏秋霖潦暴涨，湮没湖田，明知县文嘉谟兴役疏浚，建石桥以通往来，不但滨湖之田免于水患，虽邻村数百里，咸仰余波矣。

（9）剑　湖　在剑川县南五里，或云距剑川城南十七里。广六十里，周三十五里，产数种鱼类，仅供城乡需要。均用长一丈五六尺，宽四尺之船捕鱼，往来湖中。南流汇漾濞江，俗呼为海子。每岁纳鱼课于地方官署，为数亦颇不菲。《一统志》：湖在州西北七十里，山顶有泉，广可半亩，流经州东南而为此湖。又剑川在州南十五里，即剑湖之尾，曲流三折，形如川字，地方之名剑川以此。

（10）程　海　亦名陈海，在永北县南四十里，或云五十里。周一百六十里，最深处二十丈。前由海河出口入金沙江，今则海水渐少，鱼不复出，颇饶渔利。相传昔本险地，有陈姓者居此，一夕沉为海，因名陈海，亦口程湖，溉田可千亩。又县东南三十五里，同浪峨海。俱入于金沙江。

云南各大湖周围面积比较表

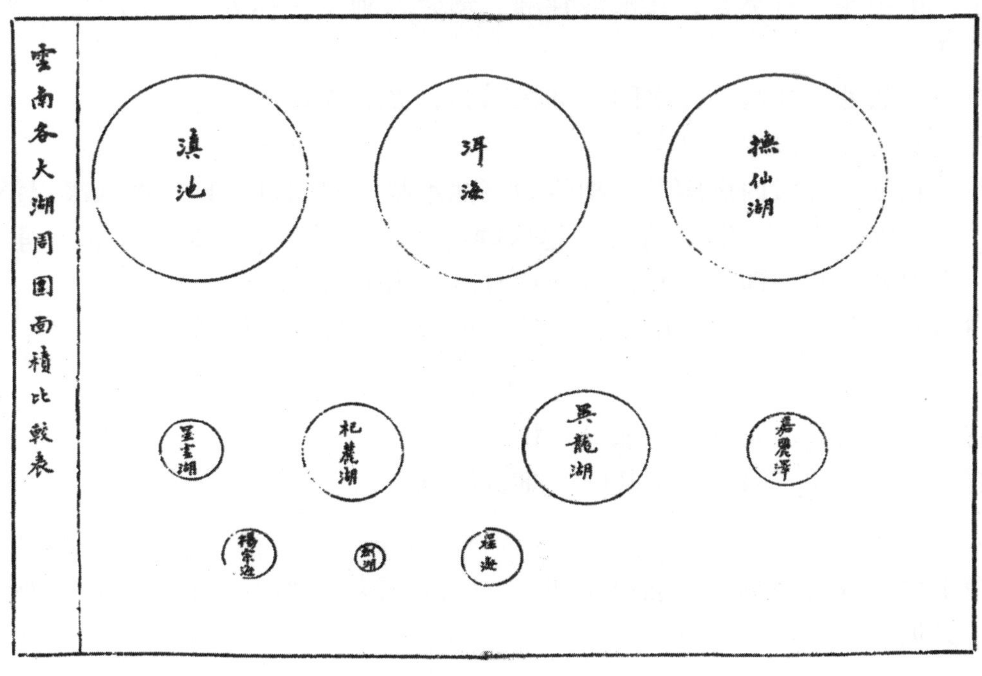

① 婆兮江　原本作“婆口江”，据《云南水道考》补。

卷下　泉水

名泉附云南名泉一览表

温　泉

泉　水

本省峰峦溪洞，随地俱有：硫磺石炭，触目皆是。昔为瘴烟蛮雨之乡，今亦山深箐密之地，虽素号山国，而溪水泉源之涌现境内者，志乘连篇累牍，指不胜屈，遐迩游人麕集，题咏尤多。兹姑就温度之高低，性质之良窳，别为名泉、温泉、毒泉三种，以次分述于后。至温泉一项，功用极广，质素之鉴别，成分之化验，自非博物理化专家，不克胜任，后之来者，倘有意于斯乎？昆明李李山太史之《云南温泉志》，淮安童仲华先生之《云南温泉志补》二书，均搜罗宏富，考据详明，藉资参证，岂曰小补之哉！

(1) 名泉

(甲) 滇中道区域

昆　明

寒泉有二，一在城北土庄村，一在城西碧峣书院。泉并寒洌，相传浴之可愈风疾。

出陑山腹者曰涌泉，其前即涌泉寺也，明巡抚刘维创亭甃石，引为曲水。

距城西二十里宝珠山上曰瀑布泉，泉自层崖飞下，喷花溅沫，滚缀如珠，观者眩目，因以名山。

龙泉有三，一出商山，一出城西勒甸村，一出罗汉山石洞中。产金线鱼，又名金鱼泉。

去城东三里菊花村有吴井，其水极甘洌。衡之，独重于他处，汲而贮之，味久不变，邑人称为“天下第一泉”。

城内有石井数处，味与吴井水同，惟在山麓，汲取为艰耳。

南城外燕支巷井，以酿酒剧美。

茜红井，在觉照寺殿内佛座下，相传为滇池水眼。岁四月八日，僧人汲以浴佛。

牛井，在罗汉山崖下。明嘉靖初，赵炼师隐于此，苦无水，以牛载汲，垂二十余年矣。一日，牛忽死，其处即陷为井，水味殊甘洌，虽盛暑不竭。

黑龙潭右有珍珠泉，水珠自底上达，粒粒可数，春日茶花极盛。

呈　贡

城东有黑、白、黄三龙潭，仅灌溉各村田亩。

城南有白龙、黑龙二泉，水不甚旺，难资灌溉。

宜　良

城东南十里有双灵泉塘，一名呼吸塘，一名日月塘。塘有二孔，一呼一吸，泉水涌珠，诚天然灵塘也。

安　宁

城北十里许，葱山之中，有沸珠泉，潭水喷沸，宛如万斛明珠，味甘如醴。其灌溉之田约数百亩。清滇督范承勋题名“沸珠泉”。

武 定

城东五里许，有香泉一塘，每逢春三月三日，可以洗去疾病，故名香泉祓禊。兵燹后，无人经理，被水冲沙埋，今不知在于何处，仅留其名而已。

禄 劝

角家营有大龙潭，六块地方有六块龙潭，撒马邑有黑、白二龙潭，均足资灌溉田亩。

曲 靖

境内泉水甚多，其最著者约十余处。黑龙潭在城东二十余里，旁有山洞，其上怪石巉岩，林木茂密，潭水宏深，足资灌溉。

在越州则有枕塞龙潭、黑龙潭、螺峰泉、龙泉等四泉水，灌溉田亩甚多。

在真峰山则有清水泉、钵盂泉二水。前者广十数亩，澄澈如鉴，深不可测，人面鱼出没其中，人不敢食。相传龙潜此潭，遇旱祷雨辄应。后者形如钵盂，水无盈缩。

城西南十里，亦有龙泉，水分两派，一清一浊，民资灌溉。

城北有玉泉及珍珠泉，玉泉口仅尺许，深不可测，中有白沙噀出，人竞取之，以涤金银器皿。珍珠泉水色澄清，有泡如珠，累累浮水面。

城内有白龙泉、养病泉，而养病泉味极甘冽。

此外，朗日山下之石喇泉，涌克山流，绕城垣之倪俸溪，亦甚著名。

陆 良

境内名泉：（1）龙泉；（2）碧色泉；（3）木棣泉；（4）晓长泉；（5）南泉；（6）龙王泉；（7）水镜泉；（8）鱼泉；（9）雪花泉；（10）晓泉；（11）宝佳泉；（12）五色泉；（13）士觉泉；（14）黑石泉；（15）八宝泉；（16）宝贡泉；（17）马军泉；（18）平山泉，均水泉清澈，风景幽佳，或供游览，或资灌溉，遐迩居民，利赖孔多。

澂 江

境内有冷泉三：西礐泉在城西北五里蟠龙冈石岩下，东浦泉在城东三里华藏寺下，龙泉池在城北五十里龙泉山下，均灌溉田亩甚多。西礐泉水量之丰富，尤为境内诸泉之冠。

路 南

冷泉之最著者仅大村龙潭、鱼龙坝潭，二水南北会通，足资灌溉。

宣 威

境内名泉约十余处，新龙泉、瀑布泉、跌水岩瀑布泉、葡萄泉、仙人硐龙潭、太极潭、钱眼泉、龙泽沟龙潭、珍珠泉、花鱼硐泉、樱桃泉等，既可资灌田，又可作饮料。泉味之甘美，以钱眼泉为最，至瀑布泉与跌水岩瀑布泉，则名人题咏尤多。

昭 通

有清泉、甘泉、咸泉、淡泉之别。清泉在城东北三十里之小龙洞，水性清凉，颇（利）灌溉。

甘泉在城南十里凤凰山中，俗呼鸳鸯井。味甘，周年不涸，居民取以煮酒。

咸泉在城内外，共约四五处，或供洗濯，或资熬盐，近多填废。

淡泉四方皆有之，水性淡，专供汲饮。惟南区之双眼井，海口硚之启文井，北二区之涌沙井，其最著者也。

巧　家

城东大龙潭，城西小龙潭，及各村之龙潭水，灌溉之利极溥。

摩　刍

以白沙泉、黑龙潭、果罗泉、马蹄泉为最著。马蹄泉在城东七十里，水尤清凉，往来之人，纵不口渴，亦必饮之。

（乙）蒙自道区域

箇　旧

宝华山山泉，在县治东宝华山寺之后，其水清冽，可供饮料。

芹菜塘山泉，在县治西，可供饮料及灌溉田亩、冲洗碏砂之用。

石　屏

县属名泉有普陀岩泉、大龙井泉、喜客泉、符家营泉、大松树龙泉、响水洞泉、热水泉、龙泉、半月泉、拖蓝泉等。符家营泉，酸甜各半。喜客泉，一名沸珠泉，为诸泉之冠，名人题咏尤多。

通　海

境内潭水极多，美恶不一，曰玉龙潭，曰洗钵泉，曰蒙泉，曰香墨泉，曰炙眼池，曰文明井，皆秀山灵气所发舒者，夏秋不泛，冬春不涸。

阿　迷

灵泉、鳌泉、古灵泉、玉杯泉、石榴龙潭等，味极清冽，煮茗颇佳。此外则县南五里之冰泉，盛夏饮之，凉沁齿牙。县东之洗马泽，四时不涸，水清如镜，在诸泉中，亦颇有名。

文　山

境内有西山龙潭、仙人洞龙潭、小龙潭、大龙潭、丰龙潭、茶庵龙潭、龙潭、寨龙潭等，泉水均资灌溉田亩。

邱　北

仅有黑龙潭、玉带泉，灌溉田亩。

黎　县

境内溉田之泉，有大龙潭、双月潭、青龙潭、七屏潭、黑龙潭等，均属淡水。青龙潭冬夏常清，不混泥滓，两岸多杜鹃花，花开如锦，邑人谓为花溪口。

靖　边

中区有龙潭，东区有不格泉，均流成瀑布，风景绝佳。

建　水

境内有白鹤泉、洗马塘、清泑塘、蒲草塘等，溉田极便，并产鱼蚌莲藻。洗马塘广袤二里余，池荷岸柳，风景绝佳，有似滇之翠海。

广 南

县北龙潭寨前有龙潭，距城五十余里，面积约三百方尺，水有出口，汇于西洋江附近田亩，资其灌溉。

县东响水汛之前，有响泉瀑布，水从半山泄出，万缕千丝，跳珠喷玉，声如刀枪，鸣如金石。眺览之，有涤尘之慨，为境内八景之一。

（丙）普洱道区域

宁 洱

城西有蟠龙潭、龙潭，泉附近田亩，全资灌溉。夏秋溃堤，被淹田庐，仍属不少。

新 平

洪本泉自北而南，仅灌溉附近田亩，并东西菜园。

（丁）腾越道区域

鹤 庆

县属有香米泉、白龙泉、石寨龙泉、龙泉、羊龙泉、西龙泉、黑龙泉、黄龙泉、逢密黑龙泉、姜龙泉、北美龙泉、小柳场龙泉、北石美龙泉、小龙泉、碧龙泉、岩前潭、望月泉、水仙泉、妖龙泉、温水泉等，水均资灌溉，而白、黑、羊、西四龙泉，名人题咏尤多。

蒙 化

城北二十五里有葡萄泉，水清可鉴影，饮之极凉，踞其旁视之，万斛葡萄自底涌出，颇有可观。

城北三十里，有五色井，水色无一定，一日之间，异时而汲，便变其色，或黄，或青，或绿，或紫，故谓之五色井，土人亦饮之。

华 坪

无著名泉水，惟腊摩河之三十三乾，每日涌伏三十三次，涌则出水如桶，乾则点滴俱无，亦奇观也。

姚 安

城北之康郎泉，城东之烟萝泉，均足资灌溉、饮料之用。

大 姚

城西二里许之冷水冲泉，城北十五里之龙马泉，水味极佳。城西三十里有摩些泉，其水微含药味，饮之能愈疾。

永 北

境内溉田之泉水极多，而以清驿街之龙泉为最有名。泉自山麓洼处涌出，田亩颇资灌溉，并利制纸。古树清幽，泉水甘洁，供人游览，暑际尤络绎不绝，亦一名胜也。

剑 川

距治城东北十五里，有清泉混混不绝，溉田千余亩。

顺　宁

冷泉之最佳者，为旧城之龙泉，饮之甚甘，城中饮料水多取给于此。此外随地皆有，足资灌溉。

邓　川

境内名泉，水清而冽，其著者为香泉、丰泉、歉泉、洗心泉、孝感泉、瀑布泉、东龙泉、西龙泉、龙马泉、十分泉、丙穴泉、花葩泉、文明泉。而东龙泉所出之星鲤，丙穴泉所出之油鱼，尤为特产。

盐　丰

飞瀑泉旧名龙泉溪，泉味甘冽。

甘泉有上下二泉，一泉涌出石罅，味更清冽。滴雨泉泉味清冽，煮茶最胜。

大　理

有瀑布泉、银箔泉、石马泉、蝶泉等，均在点苍山麓，泉味甘冽，风景清幽。银箔泉水底特起水泡如钱，游览者每以足震地，则起泡益多。石马井除灌溉城内外田园外，以其水漂布，其色甚白，故人争用之。

凤　仪

城东有圣水、玉阆泉、龙伯山下泉、乌龙双塘泉，城南有虾蟆泉，均资灌溉田亩。圣泉终岁不绝不溢，尤堪供作饮料。

云南名泉一览表

泉名	县属	泉名	县属	泉名	县属
土庄村泉	昆明	城内石井	昆明	黑龙潭	呈贡
碧峣书院泉	昆明	燕支巷井	昆明	白龙潭	呈贡
涌泉	昆明	茜红井	昆明	黄龙潭	呈贡
瀑布泉	昆明	海眼井	昆明	白龙泉	呈贡
龙泉	昆明	牛井	昆明	黑龙泉	呈贡
吴井	昆明	珍珠泉	昆明	双林泉塘	宜良
沸珠泉	安宁	龙泉	曲靖	碧色泉	陆良
香泉	武定	清水泉	曲靖	木棣泉	陆良
大龙潭	禄劝	钵盂泉	曲靖	晓长泉	陆良
六块龙潭	禄劝	龙泉水	曲靖	南泉	陆良
黑龙潭	禄劝	玉泉	曲靖	龙王泉	陆良
白龙潭	禄劝	珍珠泉	曲靖	水镜泉	陆良
黑龙潭	曲靖	白龙泉	曲靖	鱼泉	陆良
枕寨龙潭	曲靖	石喇泉	曲靖	雪花泉	陆良
黑龙潭	曲靖	傥俸溪	曲靖	晓泉	陆良
螺峰泉	曲靖	龙泉	陆良	宝佳泉	陆良
五色泉	陆良	大村龙潭	路南	珍珠泉	宣威

续 表

泉 名	县 属	泉 名	县 属	泉 名	县 属
士觉泉	陆良	鱼龙坝潭	路南	花鱼硐泉	宣威
黑石泉	陆良	龙潭泉	宣威	樱桃泉	宣威
八宝泉	陆良	瀑布泉	宣威	清泉	昭通
宝贡泉	陆良	跌水岩瀑布泉	宣威	甘泉	昭通
马军泉	陆良	葡萄泉	宣威	咸泉	昭通
平山泉	陆良	仙人硐龙潭	宣威	淡泉	昭通
西岩泉	澂江	太极潭	宣威	大龙潭	巧家
东浦泉	澂江	钱眼泉	宣威	小龙潭	巧家
龙池泉	澂江	龙津沟龙潭	宣威	龙潭水	巧家
白沙泉	摩刍	大松树龙泉	石屏	亥眼泉	通海
黑龙潭	摩刍	响水洞泉	石屏	灵泉	阿迷
果罗泉	摩刍	热水泉	石屏	鳌泉	阿迷
马蹄泉	摩刍	龙泉	石屏	古灵泉	阿迷
宝华山山泉	箇旧	半月泉	石屏	玉杯泉	阿迷
芹菜塘山泉	箇旧	拖蓝泉	石屏	石榴新潭	阿迷
普陀岩泉	石屏	玉龙潭	通海	冰泉	阿迷
大龙井泉	石屏	洗钵泉	通海	洗马泽	阿迷
喜客泉	石屏	蒙泉	通海	西山龙潭	文山
符家营泉	石屏	香墨泉	通海	仙人洞龙潭	文山
小龙潭	文山	七犀潭	黎县	龙潭	广南
大龙潭	文山	黑龙潭	黎县	响泉瀑布	广南
丰龙潭	文山	龙潭	靖边	蟠龙潭	宁洱
茶庵龙潭	文山	不格泉	靖边	龙潭泉	宁洱
龙潭寨龙潭	文山	白鹤泉	建水	洪本泉	新平
黑龙泉	邱北	洗马塘	建水	香米泉	鹤庆
玉带泉	邱北	清泑塘	建水	白龙泉	鹤庆
大龙潭	黎县	蒲草塘	建水	石寨龙泉	鹤庆
双月潭	黎县	老鹳塘	建水	羊龙泉	鹤庆
青龙潭	黎县	滚沙塘	建水	西龙泉	鹤庆
黑龙泉	鹤庆	望月泉	鹤庆	龙马泉	大姚
黄龙泉	鹤庆	水仙泉	鹤庆	摩些泉	大姚
逢密黑龙泉	鹤庆	妖龙泉	鹤庆	龙泉	永北
姜龙泉	鹤庆	温水泉	鹤庆	清泉	剑川
北美龙泉	鹤庆	葡萄泉	蒙化	龙泉	顺宁
小柳塘龙泉	鹤庆	五色井	蒙化	香泉	邓川

续 表

泉 名	县 属	泉 名	县 属	泉 名	县 属
北石美龙泉	鹤庆	三十三乾	华坪	丰泉	邓川
小龙泉	鹤庆	康郎泉	姚安	歎泉	邓川
碧龙泉	鹤庆	烟萝泉	姚安	洗心泉	邓川
岩泉潭	鹤庆	冷水冲泉	大姚	瀑布泉	大理
孝感泉	邓川	花葩泉	邓川	银箔泉	大理
瀑布泉	邓川	文明泉	邓川	石马泉	大理
东龙泉	邓川	飞瀑泉	盐丰	蝶泉	大理
西龙泉	邓川	甘泉	盐丰	圣泉	凤仪
龙马泉	邓川	滴雨泉	盐丰	虾蟆泉	凤仪
十分泉	邓川	玉阆泉	凤仪	乌龙双塘泉	凤仪
丙穴泉	邓川	龙伯山下泉	凤仪		

（2）温泉

昆明县

菜　海　古志载滇池北有黑水祠水，是温泉。访闻：在菜海之滨，温水一缕，迸自地隙，惟混于他水，尚难确定，且已由李姓在菜海东北岸禹门寺巷住宅内凿池引之，泉间泡发，特温度颇低，入冬难供沐浴。此泉或即古黑水温泉，亦未可知。

沙朗村　沙朗分东、北、西三村，距昆明城北三十里，有温泉二，自西村东之山麓涌出，两泉相距约半里，均无硫磺气。大者深约五尺，现已砌石池，宽广约丈余。小者浅窄，温度视大者为逊，惟大者水浑，小者水清也。

昆阳县

热水塘　在县城北四十五里滇池旁，水气温暖，渔人取浴。

安宁县

碧玉泉　在安宁县北十五里岱晟山之西麓，水自崖穴间涌出，温而清洁，深碧如玉，明修撰杨慎题为“天下第一泉”①。《安宁州志》：泉在州治北十里，岩石嵌结成池，水从石隙穿迸而生，或从池底河中瀵涌而出，如万斛明珠喷沸水面，滚滚不穷。气味甘香，不寒不燥，人浴其中，肌肤若冰雪，不事拂拭，而垢腻自毛空际缕缕而起，从水面自行浮去，与岩石硫磺作底，而无恶气逆鼻者，不啻天渊。人有纵石窦间，获硃砂数粒者，方识此水当驾红泉之上。若痰温痼疾之不治者，久沐辄愈。明杨升庵先生品德评功，题曰“天下第一汤”。明杨慎《温泉诗并序》……滇水号曰黑水，虽盈尺不见底，而此泉独皓镜百尺，纤芥必呈，一也；四石壁起，中为石凹，不烦甃甓，二也；浮垢自去，不待涧拭，三也；苔污绝迹，不用搁楪，四也；温凉适宜，四时可浴，五也；掬之可饮，尤发茗颜，六也；漉酒增味，治疱省薪，七也；虽仙家三危之露，佛地八功之水，何以加焉？谓之海内第一汤，可也。

---

① 天下第一泉　当为“天下第一汤”，见下文及今安宁温泉石刻。

其名碧玉者何？盖以水色澄鲜，石光黯碧，欲浴之者，以玉比德，以水比鉴之意云尔。陈鼎《云南纪游》：安宁州有温水甲于诸泉，称三绝：第一无硫磺气；二则身有垢，不假浣濯，入水俱浮；三有疥癣者，一澡即痊。有此种种佳妙处，故游之者颇不乏人，题咏亦多，摩崖镌额更盛，惟杨廷栋提学颜以“不因人热”四字，可称佳绝。清康熙二十八年，总督范承勋、巡抚石琳、按察使许宏勋，别凿二池，曰“小玉”、“漱玉”，旁建屋宇诸处，各极幽雅。

易门县

苗茂水　在县南二十里。苗茂水入易门，江处石岸间，自石壁喷泄而出，温洁异常，浴可愈疾，时盈时涸，人以为龙之来去云。

富民县

祓禊泉　在永安庄村后温泉坞，水微温，无臭气，人多入浴。

净源寺　在城南十里，下出温泉。见《富民县志》。

宜良县

汤池驿　《读史方舆纪要》：汤池驿在县西北八十里，有汤池，水如百沸汤。汤池巡司亦置于此，西去府城七十里。

汤　池　《云南府志》：汤池在县西南二十里，水如沸汤。王仁端《旅行记》：汤池后山麓温泉四溢，约在摄氏五十度左右，洗面浣衣，均恃此供给。市面有一小塘，村人建屋其旁，专作沐浴之用，然人工之培补不精，硝气之发泄过甚，目染鼻臭，恶浊非常。《宜良县志》载：汤池有涌金山，上建万佛寺，下出温泉。昔产金星石，可作砚，未知即此汤池否。

西　浦　《云南府志》：在城西五里，旧无房垣，千总谢大章汛县，始营构之。其后知县高士朗重修。《宜良县志》：在城西五里，水温可浴。又《志》载，西浦温泉为八景之一。是泉，村名洗澡塘，居民约数十家，县城人士多往浴之，水亦含有硫磺气。

白龙潭　《宜良县志》：在城西七里黄保村山下，潭仅尺余，水涌如沸，灌溉一方田亩。

贾龙、小里营　《宜良县志》：温泉在治北贾龙，微温；在治南小里营，微寒。

罗次县

金水河　《罗次县志》：温泉在县北十里许或云在县西北十五里。嵩华山后金水河旁，其水温洁如莹玉，四方之人，多往浴之。至九月，浴者更众，俗云浴之可以去疾。旧有堂三楹，张德溥题曰“诞登堂”，潘德征题曰“不因人热”，后尽为水所没。康熙四十年，知县梁衍祚重修之，建阁于外，题曰“黍谷春温”。江宁孙印题于阁，曰“到来问水情何热，浴罢看山眼倍青”。

元谋县

法纳禾村　《清一统志》《武定府志》均称温泉在法纳禾村，其沸如汤，可燖羊豕。

昭通县

大龙洞　在城北二十五里。水出岩下，夏日清凉，冬时气蒸若沸，引出灌田，兼作城中饮料。前太守汪人端题“蒙泉”二字，并跋“山下出泉蒙君子以虚受人”十一字。

葡萄泉 在城北二十五里，冬温夏凉，烹茶极美。清光绪年间，镇军何雄辉周砌以石，形方约八尺。近县立第三国民学校有歌云："葡萄井，远寄昭阳境。泉水清，珠色碧，天然入画游人聘。冬而温，夏而清，照澈彩云影，鸦岩屹立有情尤有景。恨不生在名胜，却看鉴赏最荣幸。"

禄劝县

普渡河、掌鸠河 《武定府志》：温泉有二，一在普渡河内，一在掌鸠河内。又《志》载："温泉浮玉"，为禄劝胜景之一，在州东一百里达矶村旁普渡河内。泉流洁清见底，浴之可以疗病。泉畔松风鸟韵，饶有旷致。

罗平县

法贵村 《罗平州志》：州北六十里法贵村温泉，水洁如玉，惜在僻远，上连陡石，下临深溪，径路险仄，往浴者稀。又《志》载："温泉漱玉"，为州境十景之一。

热水塘 《罗平州乡土志》：在州西北一百五十里，近村有塘，阔亩许，泉温可浴，故以名村。

禄丰县

北　河 《云南通志稿》：在县北二十里宝泉桥东，大河旁有温泉，土人相传浴之可疗风疾。北河，亦名翻泥河。

曲靖县

玉泉寺 旧《云南通志》：在城西南龙顶山，寺旁有温泉如玉，故名。元至正年重修。

石堡山 《滇系》：在府东北二十里，一名分泰山，下有温泉，阔二丈许，其沸如汤。《南宁县志》：温泉在城南分泰山下，阔二丈许，其沸如汤。清康熙三十四年，由寻镇兵刘廷杰建石砌池，今圮。又《志》载："温泉春浴"，为南宁名胜之一。田北湖《温泉略志》：曲靖府东南二十余里石堡山，一名分泰山，泉宽二丈，沸如汤。或曰即东山河源。

宣威县

宛　水 《续云南通志稿》：宛温水东北流为宛水，右纳温泉水。又北流，折东北会可渡河为盘江，亦称钟山。《宣威州志》：在州南六里，一名漪澜，山形如覆钟，下涌温泉，西流入龙津。《汉地理志》：宛温名县以此。盖龙津以上为宛水，以下乃名宛温也。

寻甸县

南　谷 《寻甸州志》：源出寻甸州南三十五里塘子屯。一池清浅，东流入寻川河。又《志》：载南谷温泉在塘子屯，清泉涌出如蟹眼，凿男女二池，皆有屋围之。近村利其洗濯，游人藉以祓除。又《志》载：温泉有五，其灌溉尤普者在塘子屯，即南谷温泉。

黑龙庵 《寻甸州志》：在清远庵后，有潭水色如铁。康熙五十二年，地震涌出温泉，人以为南谷所移。

额吾峰 旧《云南通志》：在乞曲里，上有清水塘，下有温泉，向为诸彝窟宅。

来凤山 旧《云南通志》在寻甸州西南三十里，上有梵刹，下有温泉。

沧溪、倘甸、那鳌里 《寻甸州志》：温泉一在沧溪即奴勒峰，一在倘甸，其二在那鳌里即洗纳山。沧溪俗呼为海，多鱼利，土人赖之。

易隆驿　陈鼎《云南纪游》：易隆驿属寻甸州，东坡有城，即木密所也，今已倾圮。去城十里许，有温泉，可澡。

陆良县

阿　葵　《陆凉州志》：温泉在城东南，地名阿葵，俞斯祜称瓦奎，距城六十里。

贞元堡　俞斯祜《陆良温泉考》：温泉一在治南贞元堡，距城二十五里。

平彝县

块泽桥　《平彝县志》：温泉在块泽桥上流滨河。春夏之交，天朗气清，两厂士女丽服满汀，相携酒肴，临风栉沐，以为修禊之所。惟鸟道崎岖，不便车马，游人引为憾也。

珍珠泉　《平彝县志》：在状元峰下，泉微温，村居资灌溉。涌出如明珠，累累成串，又形如葡萄成枝，一名葡萄泉。

会泽县

云弄山　《清一统志》：云弄山下，水自石窦中出，热如沸汤，清澈如鉴。《东川府志》：温泉西南二十里《清一统志》误为二百里。云弄山下，水自石罅中仄出，清如鉴，热如汤。天然石棚石池方丈许，因甃上中下三池，水热有差。知府萧星拱建亭，继任增修不一，轩阁因势曲折，多幽致。浴，四时皆宜，毫无气息，饮之味甘而厚。地名一线天，又名热水塘，土人以“温泉柳浪”为一景。水经九十九渡，归碧谷江。廖瑛《东川温泉说》：〔……〕冬腊有事于昭通，道经东川，更浴东川之塘子。其境界之幽邃，其泉香之清美，无不媲美于安宁。而安宁之泉，有议其微过于热，不无少暴者；东川之泉，凉爽适体。此就随人品题，未为确论，惟布置曲当，大胜安宁。当其涌石而来，先于高处凿一窟，以束水势，随于窟下决堤灌池，周砌以石，底嵌以砖，如釜然，向背浣濯，左右咸宜。复于池旁，恰得分寸设口以泄减之，故深浅合度，冷热从心。当日杨升庵先生若得游此，未必以“天下第一泉”为安宁独擅也。大约安宁、东川两温泉，世之所谓硃砂者。他如寻甸等处，卑卑不足道矣。聂国文《云弄山温泉记》：云弄山插入天际，常与云接，故名。山中温泉出焉，在昔土人建草屋于上，以便浣濯，嗣缘年久坍塌。迨前清同治十年，郡守蔡寄庐先生重建瓦亭，高约丈九，窗开三面，旁植垂杨百余株，题额曰“温泉柳浪”。光绪九年，郡守冯雨樵先生又建厅事三楹，厢房四间，外筑围垣，俨成院落，又撰楹联，题碑序，来此风浴者愈多。爰夫泉自石窦喷出，高与肩齐，祓除其间，水流肌肤，不烦巾拭，而垢腻为之一清，且可疗疮癣、潮湿、筋骨等病，故浴者络绎于途。至附近田畴，亦间资灌溉，其功用亦甚溥矣。宜雨樵先生撰序，表此泉为第一焉。

葛藤山　《东川府志》：温泉在葛藤山下车洪江尾，水从山下出，极热，作硫磺气，土人春时祭之祈子，流入江。

彝良县

热　泉　《镇雄州志》：在以勒志。曹树翘《滇南杂志》所载，亦与《州志》同。

盐津县

焦　岩　盐津陈彝德先生秉仁云：县治北四十里大关河西岸焦岩，有温泉一，无硫磺气，系炭（碳）酸泉。该泉隔河与临江溪相对，临江溪系位通衢中一小镇。

澂江县

容谷泉　《清一统志》：在县东北，汇而为池，春时颇温。

漱玉泉　《澂江府志》：发源重珠谷山下石窦，一名倚铎塘。其水夏凉冬温，可澡浴。明嘉靖丙辰，郡人通判李坤捐资倡筑石堤，以时蓄泄，傍建龙池，今废。宋秉谦《西龙潭记》：在县西十里，泉自山麓石罅中涌出，成三角塘。夏时甚凉，冬觉稍温，时发热气，俗呼曰前龙洞，有金线鱼游泳其中。

温汤池　《澂江府志》：在抚仙湖东岸，去城四十里。相传浴之可祛寒温疾。或云可去寒湿疾。旧《志》：木赤旧九村皆有温泉，今无存。

热水塘　王兴福《热水塘考》：澂江城东南三十里许，当抚仙湖之海口，有地名热水塘者，其旁周围约距一里之田野间，多热水喷出，富硫磺气，流入抚仙湖中。有较大者发自山麓，潴成两塘，浴分男女，均建房屋覆之。惟热度甚高，置鸡卵其中，约五分钟即熟，必引山侧冷泉相和，方可就浴。

江川县

双　井　《清一统志》：在海西村，两井皆温，一流入星云湖。

龙凤山　《读史方舆纪要》：在县西三里，《澂江府志》：凤凰山在县西十里绿笼山之东，冷泉、温泉皆在其下，凤凰山即龙凤山，《志》作距县十里，当较三里之说为正确。崇冈叠阜，为县镇山，下有温泉、冷泉，泉水四绕，合流而注于星云湖。

峭　石　《澂江府志》：在西南十里，水微温，上巳日邑人修禊于此。又《志》载：峭石温泉为江川八景之一。土人建火龙庙于旁。

玉溪县

石观音池　《澂江府志》：在州东北二十里，水冬温夏凉。上有梵刹，古木蓊翳，幽静可人。

路南县

贾　龙　《澂江府志》：在民和乡境，村名贾龙。其水温和，有硫磺气，浴之除疾，上有温泉寺。《路南县志》：温泉在城西北九十里贾龙村，水常温。《路南乡土志》：北区温泉在城北五十里贾龙村，泉水常温，硫气颇重。

霑益县

青龙寺　《云南通志稿》：在城北四十里大树屯，有泉涌出，冬温夏凉。

马龙县

分泰山　《马龙州志》：在州南五里小阜特立。旧《志》：山下有温泉。

牟定县

猛冈河　《定远县志》：邑东猛冈河温泉，能去痼疾，每岁季春，远近赴浴者甚众。唐承元《猛岗河热水塘记》：吾邑城东八十里许，有河名猛冈，源出姚州大姚，经定远、元谋入金沙江。其经定远处，旁有一热水塘，塘上塑龙王数位，每年正月逢辰日，村落男妇，携香执牲赴其地求福者，不下千余人。

大官山　梁启书《大官山温泉记》：定远城北四十里有大官山脉，自大理绵延而来，颇高峻。山南，泉自磊石涌出，热气蓬勃，浴能伤肌肤。流经二里许，有一石塘，即洗澡处也，人若感毒生疮，浴之易愈。近则无知男女，疑其神而祷之，每岁孟春属龙、蛇日，香火甚盛，嗣经县知事示禁，此风遂息。

弥勒县

翠微山 《广西府志》：温泉在翠微山下。《弥勒州志》：在州南九十里。麓有温泉，建翠微阁。

阿欲山 一作阿欲部山。盘亘七十余里，为县属名山。《清一统志》：温泉在县西十里阿欲山下。《广西府志》：下有温泉。

梅花砦 一作梅花岩。《广西府志》：温泉在梅花砦。《云南通志稿》：弥勒县西五里梅花岩，有温泉，东北流会阿欲泉。杨槐芬《梅花温泉记》：吾弥西六里余梅花寨，右有温泉二，相距在百步之外。考其性，含硫磺质，温度颇为适中，浴之能愈疥癞之疾，故砌为池，筑土为垣，覆以瓦亭，中容三十余人。〔……〕

布阙砦 一作步阙砦。《广西府志》：温泉在布阙砦。《云南通志稿》：在弥勒北三十里，有温泉，流经北倾山下，会白马河。

石屏县

热水塘 即县南五塘沟之一。刘师曾《热水塘记》：屏邑之南，有温泉焉，出之巨而流之急，凿池以引入之，名热水塘，以为沐浴之所。然温度之高低，恒以人之应用为转移，用以煮鸡卵，则投之而即熟；用以供沐浴，则濯之而平温。且患肌肤之疾者，多洗涤于此。洗之而果获效验者，亦层见而叠出，于是凡撄皮肤病者，莫不欲来此一濯。娄祖德《热水塘记》：距城南四十里，有温泉焉，俗名热水塘，中产硫磺，水热，可熟鸡卵，故引入别塘，温犹可浴。

黎 县

瓜 水 《滇系》：州南有瓜水，浣江之水自北至，思永之水自西至，转而东，则丁矣[①]冲之水，与之俱会于茶部冲，形如瓜字，故名。思瓜河在城南四里，即海眼泉，水甚清，海口有池曰汤池。《黎县志》：瓜水流至象鼻岭南，北入温泉水，温泉在象鼻岭下，冲和澹荡，去垢除疴。每岁正月九日，山农扶老幼至者，远近无虚日，村舍不能容，至信宿山谷中。说者谓地中产丹砂、硫磺，矿水过其上则温，然下有硫磺，水沸如汤，投以鸡子立熟，引他泉注之，始可浴，又气味臭，不可向迩。是水明秀光泽，针芥可拾，不假兰芷，自饶芳馨。又崖上石色皆殷殷然赤，意其中有丹砂也。温泉西倚山为桥，曰金锁桥，高半于山，履者忘险，良夜浴罢，披襟桥头，好风徐来，则心迹双清矣。李春芬《温泉塘记》：〔……〕塘当宁邑南，距城十里许，初无人知。前清光绪初，有人移居近旁，凿山通道，人多往来，久之，塘始发见，嗣经锄而深之，州人士多于六月间来此洗浴，遂置房其上，以石镶之，如天井然。其塘有二，一男浴，一女浴，中间距离约里许。西依山，南傍河，为州属幽雅之境。

老岩山 罗云彩《螺蛳铺温泉记》：黎县西北五十里螺蛳铺，有温泉一处，位于老岩山麓。水含硫磺气，甚温暖，可沐浴，附近各田畴，并引以灌溉焉。杨光星《螺蛳堡温泉记》：堡北有温泉，热能熟鸡卵。相传系熄火山所成，近旁泥含磺质，其色湿黑干白，

---

① 矣 原本缺，据万历《云南通志》补。

居人取而曝之，以制火药焉。

温水塘　雷镇南《温水塘记》：距黎县婆兮街约四五里，有温泉，一名温水塘。其水无硫磺气，春夏之际，来此沐浴者甚多。

通海县

温水塘　《通海县志》：温水方塘在县西南二里，水温可浴，中有大石，浴者坐卧其间，乐而忘倦。

嶍峨县

兴衣乡　《临安府志》：嶍峨南二里，有温泉，温暖去垢，里人竞浴之。《嶍峨县志》：温泉在兴衣乡，去城二里，泉温暖去垢，人竞浴之，巡检王可用建亭其上。

蒙自县

倘　甸　《蒙自县志》：温泉一在县东南五里，可以浴，景曰“温泉春浴”，今无。一在倘甸，或以为即大龙潭温泉，未知是否。

建水县

香林寺　《清一统志》：温泉在县东北三十里或云二十里。香林寺山下。《建水州志》：温泉在城东北三十里香林寺山下，清莹如玉。《临安府志》：温泉在西北四十里，香林寺即杨公泉也。

曲　江　《清一统志》：温泉在曲江，发源山麓，有硫气，引为池，可浴。《临安府志》：温泉在北九十里曲江，无硫磺气，浴之已疾。《建水州志》：温泉在曲江，发自山麓，有硫气如沸。又《志》载：“温泉霭浴”，为曲江八景之一。

龙岔、阿六寨、石子坡　《临安府志》：温泉一在南百里龙刹，即龙岔。一在东八十里阿六寨，亦作河六寨。一在北七十里石子坡。《建水州志》：温泉一在龙岔，去城七十里，清莹如玉，但处幽僻，人迹罕至；一在阿六寨；一在石子坡。相传浴可去疾。

时宜泉　《建水州志》：时宜泉在城东十里四家营寨中，冬温夏凉，味甘，可引灌田亩。此泉冬季水温，或亦温泉之流亚焉。

阿迷县

乐蒙河　《临安府志》：阿迷西三十里温泉，源自乐蒙河旁石洞流出，温暖可浴，清洁鉴人，迷阳胜景也。贡生包昇为铭志之。

河西县

碌碌河　《临安府志》：县西五十里有温泉，在碌碌河滨，即碌碑乡。可以除疾，往浴者众。惟山径多石，乡人每岁督工修治，平坦可行。其间丛木叠翠，云水流青，山连鸟迹，岸听猿声，真幽境也。

广南县

阿　科　《广南府志》：在阿科路旁，其水甚温，可以盥濯。

富州县

楠木溪　《清一统志》：楠木溪在嘉溪东三十里，源出花架山在富州西七十里。之间，惟其溪中之水常温焉。《广南府志》《方舆纪要》均称在州东三十里，源出花架山，其水冬夏常温。

文山县

西华山　旧《云南通志》：在府西南二里，横列三十六峰，层峦叠嶂。《开化府志》：在府西南五里，飞崖峭壁，巑岏秀削，宛如出水芙蓉，叠萼连葩。山麓有热水塘，塞其水，可引入城。

济热河　《开化府志》：在城东一百里东安里，炎蒸酷热，居民沐浴解毒。

双温泉　《开化府志》：出自平寨者味甘，夏凉冬温，灌溉田亩，较他处肥润，距城东百一十里。

师宗县

河　渠　《清一统志》：河渠温泉，在师宗南三十里。

泸西县

温　泉　王克惠《广西乡土录》：城西南六十里有温泉，周约十余丈，沸点甚高，可熟鸡卵，但稍有硫磺气。

盐丰县

石　谷　《续修白盐井志》：石谷八景，四曰"丹泼温泉"。

镇南县

黑泥山　《镇南州志》：在州西南一百五十里，有温泉喷涌清润，远近男妇多来就浴。又《志》载：新增八景，"温泉竞浴"亦居其一。因州西英武乡黑泥山温泉，有人多来浴，题曰："黑泥之山，危峰排列。秋不凝霜，冬鲜积雪。厥有温泉，如汤之热。解衣就浴，竟体凉洁。"

玉　泉　《清一统志》：在州东二里，泉温可浴，有灌溉之利。

热　泉　《清一统志》：旧《志》有热泉在州西六十里，其水如汤。

皎坂泉　《镇南州志》：泉出打雀山在州南三百余里。北麓，水自谷中涌出，形如跳珠，声如碎玉，秋极寒，冬春微温，可颒面。溉田甚广，东北流入礼社江。

姚安县

交摩村　一作绞摩村。《清一统志》：温泉在州北交摩村。《姚州志》：在城东一百三十里，水自石涌出，痼疾者浴之即愈。

绿萝泉　周承典《绿萝泉记》：在县西百二十里普溯驿三官寺侧，泉宽半亩许，深可三寻，其形如瓮。春季，水温暖，可浴人汗垢，然源大如缕，终年不涸。其侧岸隙地，植萝卜，硕大甘脆，故俗名为绿萝泉。泉下多碧石，或系五彩。泉水所出处，有巨石，状如车轮，亦碧色，相传盖碧玉也。泉上覆以巨屋，为浴塘，塘可半亩，碧玉居中，水没其上尺许，浴者辄浮水而坐。

大姚县

苏海冲、秀水河　《大姚县志》：温泉一在城东北五里之苏海冲河中，一在城东一百二十里之秀水河边。《清一统志》：县东有温泉，或即秀水河边之温泉，亦未可知。

剑川县

湖尾村、禾头村　《云南通志稿》：均有温水潭。

罗尤邑、求仁甸　《云南通志稿》：罗尤邑有温泉。又求仁甸在城西百五十里，有温泉，与罗尤邑泉互为消长，此盈彼涸。《清一统志》：温泉有二，一在州南五里，一在州西一百五十里，此盈彼涸，互为消长。

凤仪县

龙尾关、覆釜山、东村　《清一统志》：温泉在赵州，一龙尾关，《赵州志》谓一在治西北四十里炼场铺山下，地距龙尾关不远，想系一处。一白崖覆釜山下，《赵州志》谓一在覆釜山下果园。一白崖东村。《赵州志》谓一在白崖虾蟆口，疑即东村。

夹石洞、白总旗营、左清河　《赵州志》：温泉一在夹石洞，一在白总旗营，一在左清河。

弥渡县

温　泉　《清一统志》：温泉在弥渡东南五里。

石嘴、高家营　《赵州志》：温泉一在弥渡东石嘴，一在弥渡西高家营。

祥云县

黑泥只村　《清一统志》：温泉在姚州西黑泥只村。《姚州志》：旧《志》在治西一百五十里，以今考之，黑泥只村系云南县地。

品甸、云南驿　《清一统志》《大理府志》均谓品甸、云南驿有温泉。

天马山　《云南县志》：在县南炼昌村旁，水从石洞出，可以澡浴，上建有龙王庙，下灌溉田亩。雷应中《天马山温泉记》：城南三十五里天马山麓，有温泉，从石穴中汩汩涌出。当初涌出处热甚，不可浴，追流至平地，疏为池，建亭其上为浴所。水含硫磺气，浴之可愈癣疥之疾，故二三月间，相距数百里之人民，多来就浴焉。

塘子山　《云南县志》：在波川小波那旁山下，水可煎土硝，赖以灌溉田亩。又《志》载：温泉有天马山、塘子山二处。

洱源县

九气台　《云南通志稿》：茈碧湖中有九气台。《古今图书集成》：在城东二里，有台九窍，下有温泉，气从而出。《徐霞客游记》：湖中有阜中悬，百家居其上。又云：一阜之间，四旁沸泉腾溢者九穴，故名九气台。《清一统志》：县东五里。《县志》：大理府境温泉甚多，惟此为最，浴之可以愈病，因筑台于其上，名九气台。《浪穹县志略》：旧《志》城东里许。谨案：九气台有石形如蟹壳，温泉出其下，热气薰蒸，结为磺，以水气所凝，性不燥烈，可以温胃祛寒，为世所重。近则四面淤垫，石不空虚，无从结磺矣。土人于其流出沟道，覆之以石，不时刮取，气味薄，功力亦逊。每年立春、立夏，邑人无论远近，争来薰沐，云去风湿之疾，颇有奇验。

徐崇岳《游九气台记》：人传浪穹九气台，为小西湖云。〔……〕石窦中温泉有九，瀜瀜涌出，如鼎沸，不可试以指。朝望，气缕缕分九道，故名。汲泉入茗，即可饮。〔……〕李柄程《天生磺说》：洱源城东里许，有九气台，地处茈湖上流，温泉数井，棋布村中，村人掘地道引泉，注其中，上以瓦砖覆之。经年余，掘砖视之，状如金，盖已结为磺，故名天生磺。凡一切癣痢之疾，服之立愈，其值颇重，村人资以糊口。王绍庭《天生磺考》：〔……〕有村名九气台者，温泉有九。〔……〕浚源开沟，覆以砖，俾不使气泄，是以日久而气结为磺。岁凡两掘，其精者为片磺，粗者为气磺。艰于生育及有心腹疾者，服之，无不神效，故远近争购，易于销售。杨桂清《天生磺考》：居民开沟，引九气台温泉入之，覆以砖，于是热气薰蒸，结为磺，每年一掘，上好者状如蝇翅，中下者以水淘之，则如细砂。其色黄，其味稍咸而微香，其性无毒，能助消化食物，又能治男女老幼一切风寒暑湿等症。

西北街 《大理府志》：在三营。《浪穹县志略》：在县署侧。邓川杨琼谓：温泉龙潭在茈碧湖傍，其深莫测，村人引以溉田，水愈温，苗愈茂，不事粪壅，倍觉青葱。想与《志》载温泉即系一处也。

黉宫泮池 《大理府志》：在儒学前。《浪穹县志略》：黉宫温泉即泮池，方广亩许，半为温泉，半为寒泉，亦一异也。旧《志》题为"西陵翠影"，列入十景之中。邓川杨琼谓：池在宫内，左温右凉，温如沸汤，凉处生青草，附近居民甃渠，引温者入家，沐浴饮酌悉资之，无事烹焊也。

宾川县

石马坪、分山峡、松明、小寨、罗陋 《清一统志》：宾川温泉有五。《通志》：一石马坪，一分山峡，一松明，一小寨，一罗陋。《大理府志》：温泉在石马坪，水不甚温，春间秧田多赖之。

邓川县

上塘、波罗湾、龙马洞 《清一统志》：邓川温泉有三，一上塘，一波罗湾，一龙马洞。

永春池 《邓川州志》：永春池在西北十余里弥勒山下，清洁香温，与安宁之碧玉泉埒。提督讷公甃以文石，题曰"永春池"。袁文揆《邓川永春汤池歌序》：泉源在浴池外，水较安宁犹莹洁，热亦过之。旁有凉水一渠，浴时同引以注之，冷热由人挹取，池亦可深可浅。

大市坪 《清一统志》：脱尘泉在城北二十里大石坪，即大市坪。引冷暖二水同入浴池。其泉更佳，其景况颇与永春池相侔，惟一在城北，一在西北，方位不同，是否一处，尚难确定。《大理府志》：温泉有三，惟大市坪最佳。

下山口 《邓川州志》：热水井，在州北二十八里，地名下山口。井底如汤腾沸，投以腥蔬，顷刻能熟。村人饮汲无少间，远者瓶贮之归，以瀹茗，能醒宿酒，治胸膈胀闷，与洱源九气台温泉同。美利坚泉水有饮之能健体饱腹，暨愈黄肿、内伤、痘疹、发热及杂症者，经医士考定，人多来此汲饮。其中有极佳者，土人各居奇售值，共得五兆元。美廷因之，不时遣人赴各处详细探察，多所发见。吾国能仿行之，或派化学专家，或派名医赴各中饮之泉考察，诒人汲饮，较设医药等局为更宏远焉。

罗旖山 旧《云南通志》：罗旖山在邓川州西北十里，形如张旖，草色多黄，故名。《邓川州志》：覆钟之右翼，为黄罗旖山。又云澡塘在州西二十里罗旖山下，从石罅迸出，下汇为塘，左热右温，浴者惟便有风疾者，藉以桃柳，使汗蒸薰如水出，则顿愈矣。

炼洞村、新庄村 杨琼云：炼洞村在州东五十里东山之谷，中有温泉。新庄村在州东六十里，有温泉，出平地，甃石一泓，香洁可爱。

云龙县

大雒马山 旧《云南通志》：在云龙州东北五里石洞云岩，中有仙迹岩，丰有温泉，临泚江，北与小雒马山隔江相夹。《通志》：浴之可愈寒疾。《大理府志》称温泉甚佳，不减邓川大市坪泉。李伟望《云龙温泉考》：距县治东十里许，茶香寺有温泉二，均在泚江旁悬崖下，水含硫磺气，温度甚高，可熟鸡卵，盖即雒马山之温泉也。

麻地场 李伟望《云龙温泉考》：县北百余里师里麻地场田间，有温泉二处，均含硫磺气，近旁一带，地下多蓄温水，随意挖之，即可涌出。

海　口 李伟望《云龙温泉考》：云龙西南百余里，与永平接界处之海口地方，亦有温泉。

鹤庆县

小五老山 旧《云南通志》：山下有泉，春水盈时，有硫磺气，和盐梅椒末饮，能去痰。此虽《志》未斥言温泉，第盈时有硫磺气，意必温泉也。

炼场岩 《读史方舆纪要》《鹤庆府志》：东南百三十里有炼场岩，下有温泉，岩石层叠可数千仞。旧《云南通志》：有温泉。

观音驿 《读史方舆纪要》：温泉有二，一在观音驿一名方丈山，昔蒙氏阁罗凤琢观音像于壁，故又名观音山。南二里，一在驿南十里。

牛　街 《鹤庆州志》：温泉在牛街南一里许，名祛风潭。

火焰山 《鹤庆州志》：温泉在火焰山麓，热可熟鸡卵，清可煎茶。观音山一带田亩多资灌溉焉。

木　溪 田北湖《温泉志略》：治东木溪，有温泉。

兰坪县

红土涧 高振铠《红土涧温泉记》：喇井顺水循西道六七里许，得红土涧，渡水向北而进，未里许，见有热气蒸腾，泻出于山麓者，温泉也。就视，旁有石床、石盆，而泉水热度甚高，近之，则其气薰蒸，人勿能久住，然询之土人，谓浴之可愈疮痏、肿毒、暑湿等症，冬夏之交，邻里居民相率来游。张星泰《红土涧温泉记》：红土涧位喇井西北隅，沿喇井而下山，行六七里，见水气蒸腾，泻出于岩麓者温泉也，鞠躬而入，左右平坦者石床也。水声潺潺，悬岩而下，滴如贯珠者钟乳汁也，凹而且圆，盛水于其中者石盆也。略一危坐，汗气与水气交蒸，顿觉全体如燔，令人有不可久留之势，真奇境也。询诸乡人士，佥曰："此泉也，浴之非特可强壮身体，凡挛踠、痿疠、风寒、暑湿等诸症奏效如神。居是乡者，病不药而以浴，残喘废疾之人日愈少，何莫非温泉之所赐也。"余闻之，不觉肃然致敬，曰："信如公等言，余得浴于斯泉，亦余之幸也。"淮安童仲华先生《温泉志补》：温泉中有所谓单纯泉者，其泉之化学成分，与普通之淡水无丝毫之差异，而此单纯泉，对于疾病之效用，较诸含有特殊成分之温泉，更为灵验，盖单纯泉含有特殊之镭质，故浴其泉者，能祛诸疾。〔……〕兹获高、张近作而录之，庶幽潜可藉以阐发云。

中甸县

柁木郎 田北湖《温泉志略》：中甸县五十里柁木郎。按：此泉在大、小中甸之西境。

永北县

温　泉 三处，一在城南一百二十里江外答旦，一在城东十里象鼻岭灵源河中，一在城南一百二十里松明村。

白石崖、松明村、谷须巷、顺州底当、瓦都寨 《永北直隶厅志》：温泉有五，一在城东白石崖河内，一在城南二百里松明村，一在城西南二百里谷须巷，一在顺州底当，一在永宜西北三十里瓦都寨。

泸 水

鲁表蛮、畔河、鲁腮田、滴水河、古炭河 各有温泉一处，夷人于每年正月三日以后，九日以前，均来各温泉内洗澡，名曰澡塘会。男女咸集，商贾亦来贸易，颇形热闹。

丽江县

东山里、白浪沧 《丽江府志》：温泉在东山里者二，在白浪沧者一，清洁温沸，痼疾者浴之即愈。

冷暖亭 《丽江府志》：系王太守所题，在象山麓。潴水塘清波荡漾，活水潆回，中有亭翼然，塘水左冷右暖，故以名亭。

永平县

曲硐河 为银龙江支流。《永昌府志》：曲硐温泉，水暖而清，四时可浴。《永平县志》：曲硐河在县南十里，源发和邱山阴，入银龙江。其南有温泉，水暖而清，四时可浴。旧《云南通志》：曲硐河东流至永平县南二里，入银龙江，其南有温泉。

保山县

金鸡村 旧《志》：为虎嶂温泉，荒芜已久。《清一统志》：在县东二里，泉出二池，一温一凉，泉畔有石，高五丈，围丈余，石上数孔，聚水澡浴，俗谓之立舒石，相传吕凯所立。《永昌府志》：去城三十里，泉温而清，四时可浴。康熙四十年，知府罗纶更为修砌，复凿一池于旁，引水于内，上为瓦屋，中为垣隔之，在外听民之便。其南旧有亭，并为新之，以为憩息之所。

鸡飞泉 《清一统志》：在县东南一百里，《徐霞客游记》：鸡飞山，亦登山、温板山，并在保山县东南二百里，与杜伟山东西并峙，下有温泉。有石洞，洞旁二泉，一温一凉，清莹见底，殆亦惠州佛迹院汤泉之一流耳。

凹 底 《永昌府志》：在施甸西山下，隔仙人洞五里许，水如汤沸，有天生磺，能治一切疾症，春时浴者，络绎不绝。

蒲 缥 《永昌府志》：在城南六十里，广十余亩，其水清洁，由岩下涌出，如汤沸，春间远近浴者，络绎不绝。

哀牢山温泉 《读史方舆纪要》：山下有石如鼻，二孔出泉，一温一凉，号为玉泉，因亦名玉泉山。

腾冲县

大洞山 一称大洞山，即罗苴冲山，随远近而异名，山下有温泉。《清一统志》：温泉在州东南大洞村。《永昌府志》：大洞温泉，在大洞村。《腾越厅志》：大洞山下有温泉，今在黄土坡后山。又《志》载：石穴下有池，宽丈许，温泉溢其中。是泉也，冷暖合度，澡身者如浴兰汤，润泽可人，祓除者如临沂水。虽腾郡温泉颇多，不若此之和缓得中，出于自然也。

硫磺塘 《永昌府志》：硫磺塘水如沸汤，有硫磺，可以祛病。《腾越厅志》：此地去城三十里许，名硫磺塘，水出两山间，如锅中滚水状，与大洞泉不同。山侧又有冷泉流出，村人置浴室数间，随地引流，冷热相和，以便沐浴。

缅箐、猛蚌、猛连、清水河、曩采、蒲窝、丙洒、阿幸、马蚁窝、癸甸、板山、江苴、猛弄、清水朗　《永昌府志》：温泉，腾越最多，如马蚁窝、缅箐、猛蚌、癸甸、阿幸、板山、猛连、清水河、江苴、曩采、蒲窝、丙洒、猛弄、清水朗等处俱有。《腾越厅志》：腾地温泉甚多，大洞温泉，一泓热海，硫磺塘。外如缅箐、猛蚌、猛连、清水河、曩采、蒲窝、阿幸等处俱有，亦皆可浴云。

龙陵县

香柏坪　《永昌府志》：去厅三十里香柏坪，上有温泉，浴之可除疾云。

洗澡塘　在城南十五里洗澡塘村旁有温泉，内含苛性钾，可制碱，春夏游人浴之，去皮肤病。

蒙化县

甸尾山　《读史方舆纪要》：在州南十里，下有温泉，旧有甸尾巡司戍守。《蒙化府志》：城南温泉，浴者愈病，春月市民趋浴如市。

封川山　在城南十五里，山形尖锐，下出温泉。《清一统志》：封川山下，相传蒙细奴母疾，浴此水而愈。今郡人冬春二季，咸往浴焉。

真武坐台山　在县属南涧分署后，山前三里，有温泉，水气和蒸，昔人以安宁碧玉泉方之。见《续蒙化直隶厅志》。

顺宁县

鸡飞、锡铅、锡腊　《云南通志稿》：有温泉鸡飞在右甸，锡铅、锡腊在南糯河。

东木龙　《顺宁府志》：有温泉。

石流泉　王文烺《石流温泉记》：蒲门外有石流泉，性含盐硫质，曰鸡池、澡池。池上有峭壁，壁前对峙二塔，塔分雌雄，各高数丈，雌者无甚异致，雄者系二节相合，上节底凹为巨釜，下节圆若帽盔，中挟一石卵，界于两节之间，扪之可动。塔之右生石釜，一为流温泉，可以沐首。下则生较大石釜数个，内流之泉，倍于沸汤。右一陷井，烟雾蒸腾，窥之甚黑，投之石，洞然水声。环而下之，中分二窖，泉则一温一凉，在昔称为仙人洞。又由右石阶而上，有石室，室间有沸水出，若吸上唧筒。右壁间挂小石田，水亦沸腾。每值暮春孟夏，赴浴之人如都。置床唧筒之上，以蒸腰则腰疾可疗，以目蒸于石田，则目疾可瘳。浴之仙人洞，则疥癞可愈。外者浴之，身体羸弱者，其精神亦壮旺。其功用，雅与云弄、红土涧两泉相近。

大江外、漫多村、锣锅寨、小桥塘、大兴寺前　《续修顺宁府志稿》：顺宁温泉，一在大江外路旁，一在锣锅寨大江边，一在小桥塘，一在大兴寺前。

热水塘　刘靖《顺宁杂著》：〔……〕澜沧江东岸半里许，有名热水塘者，近在路旁。热气高丈余，斜喷道中，臭不可当，行人至其地，率皆掩鼻疾趋而过。夏秋阴雨乍晴，炎蒸之际，多有中其毒者，与瘴疠无异。淮安童仲华先生《云南温泉志补》按：此泉或系在澜沧江东岸路旁，或即《续修府志稿》所载大江外路旁之泉，亦未可知。惟此种喷泉在世界中最驰名者，有新西兰之喷气孔，挨斯兰之沸泉，窝氏之沸井。而挨斯兰泉喷高四十余尺至一百三十余尺，窝氏沸井喷高一百八十余尺，热水塘热气仅喷高十余尺。虽未能与数十尺、百数十尺之喷泉争胜，然亦吾国寡有之名迹。

新平县

彻崇山　《新平县志》：在县西北八十里，与象山相连为一山，山之北为嶍峨境，小江在其北，下有温泉。

鲁魁山 郭树棋《鲁魁山温泉记》：新平城东八十八里许，有温泉焉，位杨武与大开门之间鲁奎山之麓，大小六七温泉颇高。附近男妇之往沐浴者，绵延不绝，夏秋两季，往者尤夥。沐浴规则，今昔莫违，女昼男夜，秩序井然。考此泉富于硫磺质，沐浴其中，可以疗疾，故凡行人之经其地者，多就浴焉。又染疮癞等之皮肤病，沐浴亦颇见效。

六祖山 《新平县志》：温泉在新化六祖山，其水温热，人竞浴之。

元江县

温玉泉 《清一统志》：在城西北十五里。《名胜志》：石间迸出，其色清碧，其沸如汤。

瓦纳山、漫林村 《元江州志草本》：温泉，一在城西八十里瓦纳山下，其沸如汤，可燖羊豕；一在城东南十里漫林村旁。

礼社江 《元江州志草本》：温泉三处，皆在城东北礼社江边，石罅迸出，泉暖澄澈，无硫磺气。

碗　南 孙寿昌《碗南温泉记》：城西南四十里，有碗南温泉，水热，能去猪羊毛，并可煮鸡卵，其地有炕庥床，人工所成。撄旧疾者，赴此处蒸炕即愈。开塘之期，正月廿日至三月廿日，届期游人往来，络绎不绝。

云　县

猛郎街 杨以荣《猛郎街温泉记》：距云州城六十里，有猛郎街，为往来孔道。街后温泉涌出于石丛中，区为男浴塘、女浴塘、回人浴塘，并建屋于上。炎夏洗之，令人遍体清凉；寒冬浴之，令人全身温暖；生疥癞者浴之，立见功效。就浴者无论昼夜，络绎不绝，且泉清流畅，推为胜地，故列云阳八景之中。

白石崖 李荣陛《云缅山川志》：右甸河合猛佑水为猛佑河，过大雀山右抱白石崖，过两温汤水，北转过衔珠箐、猛麽箐。

猛氏寨 《云南通志稿》：在城东一百二十里，上有龙马泉温泉。

困蚌、困业 《云南通志稿》：有温泉。

缅宁县

凤　山 《云南通志稿》：在城南十五里山之阴，二泉同出石罅间，不踰尺而寒燠异，相传浴之可愈风癞。

南丁河 李荣陛《云缅山川志》：南丁河经昔本里，左过南本水、温汤水。汤在积峡间，四无人径，高岩为扃，深树为帐，为晰泉声，清奏盈耳，圆方二井，相承剂水，凉热入之，夏冬盎盎，长如春暮。奉氏有土时，逃暑之地。其水东注南丁河。

宁洱县

西　岭 《普洱府志》：西岭温泉，为宁洱八景之一。又《府志稿》引旧《志》：在城西南隅十二里，泉从山腹出，大而清澈，温暖得宜。黑块者入浴，皮肤变雪白色，垢腻自褪，不待以手搓擦也；疥癞者浸其中二三刻，不药而愈。

滚　泉 《普洱府志稿》引旧《志》：在城西北二十里。隆冬之间，泉水滚热，近者流汗，燖鸡毛无不脱落者，人不敢入其中浴。

思茅县

东 涧 《普洱府志》：思茅八景，东涧温泉为第一。

景谷县

南 涧 《普洱府志》：周诵芬《威属四景》四首，其二《南涧温泉诗》："梅花报信赋言旋，道路崎岖马不前。远岭遥瞻寒雪积，灵岩近过暖泉潺。溶溶一似茶铛沸，勃勃差疑宝鼎煎。欲访前人沂水浴，斯时已是朔风天。"

澜沧县

哈卜尔 澜沧县属猛连土司所辖哈卜尔地方，有温泉一，泉水稍带硫磺气。淮安童振藻仲华先生《温泉志补》按：是泉滇省地志及其他载籍均未著录，湘潭周杏隝先生声汉曾摄是邑篆，旋省时，余从而访得之。周君并言是泉在澜沧近边之处，距缅甸艮董约四五十里。

云南温泉一览表

出温泉地名	所在县属	摘 要
莱 海	昆明	温度颇低
沙朗村		有大小二泉，无硫磺气
热水塘	昆阳	水气温暖
碧玉泉	安宁	杨升庵品德评功，题曰"天下第一汤"，温洁异常，浴可愈疾
苗茂水	易门	
净源寺	富民	
汤池驿	宜良	水如沸汤
汤 池		水如沸汤，硝气过甚，臭浊异常
西 浦	宜良	水有硫磺气
白龙潭		水涌如沸，灌溉田亩
贾 龙		微温
小里营		微寒
金水河	罗次	温洁如莹玉，浴可去疾
法纳禾村	元谋	其沸如汤，可燖羊豕
普渡河	禄劝	清洁见底，浴可疗病
掌鸠河		
法贵村	罗平	水洁如玉
热水塘		泉温可浴
北 河	禄丰	浴之可疗风疾
玉泉寺	曲靖	温泉如玉
石堡山		水沸如汤
宛 水	宣威	
南 谷	寻甸	一池清浅，浣濯灌溉之利尤普
黑龙庵		

续 表

出温泉地名	所在县属	摘 要
额吾峰		
来凤山		
沧 溪		多鱼利
倘 甸		
那鳌里		
易隆驿		泉温可澡
阿 葵	陆良	
贞元堡		
块泽桥	平彝	为士女修禊之所
珍珠泉		泉微温，资灌溉
云弄山	会泽	热如汤，清如鉴，功用不亚碧玉泉
葛藤山	会泽	极热，有硫磺气
热 泉	彝良	
焦 岩	盐津	系炭酸泉，无硫磺气
客谷泉	澂江	春时颇温
漱玉泉		夏凉冬温，时发热气，产金线鱼
温汤池		浴之可去寒湿疾
热水塘		热度甚高，富硫磺气
双 井	江川	两井皆温
龙凤山		温泉、冷泉皆在山下
峭 石		水微温
石观音池	玉溪	冬温夏凉
贾 龙	路南	水带温，有硫磺气，浴之除疾
青龙寺	霑益	冬温夏凉
分泰山	马龙	
猛岗河	牟定	能去痼疾
大官山		热能伤肌肤，浴之愈疮毒
翠微山	弥勒	
阿欲山		
梅花砦		有温泉二，含硫磺质，浴之能愈疥癞
布阚呰		
热水塘	石屏	产硫磺水，热可熟鸡卵
瓜 水	黎县	产丹砂、硫磺，热如沸汤，味鼻，可熟鸡子
老岩山		含硫磺气，沐浴灌溉，热能熟鸡卵
温水塘		无硫磺气

续 表

出温泉地名	所在县属	摘　要
温水塘	通海	水温可浴
兴衣乡	嶍峨	温暖去垢
倘　甸	蒙自	
香林寺	建水	清莹如玉
曲　江		有硫气，浴可已疾
龙　岔		清莹如玉
阿六寨		浴可去疾
石子坡		浴可去疾
时宜泉		冬温夏凉，味甘，可引灌田亩
乐家河	阿迷	清洁鉴人
碌碌河	河西	可以除疾
阿料	广南	其水甚温
楠木溪	富州	冬夏常温
西华山	文山	
济热河		炎蒸酷热，居民沐浴解毒
双温泉		味甘，夏凉冬温，灌溉田亩，较他处肥润
河　渠	师宗	
温　泉	泸西	沸点甚高，可熟鸡卵，稍有硫磺气
石　谷	盐丰	
黑泥山	镇南	喷涌清润，如汤之热
玉　泉		有灌溉之利
热　泉		其水如汤
皎坂泉		秋极寒，冬春微温，可颒面灌田
交摩村	姚安	痼疾者浴之即愈
绿萝泉		春季水温暖可浴，产碧石、萝卜
苏海冲	大姚	
秀水河		
湖尾村	剑川	
禾头村		
罗尤邑		
求仁甸		与罗尤邑温泉互为消长，此盈彼涸
龙尾关	凤仪	
覆釜山		
东　村		
夹石洞		

续　表

出温泉地名	所在县属	摘　要
白总旗营		
左清河		
温　泉	弥渡	
石　嘴		
高家营		
黑泥只村	祥云	
品　甸		
云南驿		
天马山		水含硫磺气，浴之可愈癣疥之疾，可煎土硝，灌溉田亩
九气台	洱源	沸水腾溢者九穴，故名。产天生硫磺
西北街		引以溉田，水愈温，苗愈茂
黉宫泮池	洱源	左温右冷，温如沸汤，凉处生草
石马坪	宾川	水不甚温，秧田多赖之
分山峡		
松　明	宾川	
小　寨		
罗　陋		
上　塘	邓川	
波罗湾		
龙马洞		
永春池		清洁香温，与碧玉泉埒，旁有凉水
大市坪		引冷暖二水同人浴池，与永春池相侔
下山口		沸腾如汤，汲饮治疾，与九气台温泉同功
罗旆山		左热右温，浴之能愈风疾
炼涧村		
新庄村		香洁可爱
大雒马山	云龙	温泉有二，含硫磺气，温度甚高，可熟鸡卵
麻地场		温泉二处，均含硫磺气
海　口		
小五老山	鹤庆	春水盈时，有硫磺气
炼场岩		
观音驿		温泉有二
牛　街		
火焰山		热时可熟鸡卵，清时可煎茶，田亩多资灌溉
木　溪		

续 表

出温泉地名	所在县属	摘　要
红土涧	兰坪	热气蒸腾，浴之可愈挛腕、痿疠、风湿等症
柁木郎	中甸	
白石崖	永北	
松明村		
谷须巷		
顺州底当		
瓦都寨		
东山里	丽江	温泉有二，清洁，温沸可愈痼疾
白浪沧		清洁温沸，可愈痼疾
冷暖亭		右暖左冷，故以名亭
曲硐河	永平	水暖而清，四时可浴
金鸡村	保山	泉出二池，一温一凉
鸡飞泉		一温一凉，清莹见底
凹　底		水如汤沸，有天生磺，能治一切疾症
蒲　缥		水清洁如汤沸
大洞村	腾冲	冷暖合度，适于沐浴祓除
硫磺塘		水如沸汤，有硫磺可禊病，旁可冷泉
缅　箐		以下各泉，皆可沐浴
猛　蚌		
猛　连		
清水河		
曩　采		
蒲　窝		
丙　洒		
阿　幸		
癸　甸		
板　山		
江　苴		
猛　弄		
清水朗		
香柏坪	龙陵	浴之可除疾
甸尾山	蒙化	浴者愈病
封川山		冬春二季，浴人络绎不绝
真武坐台山		水气和蒸，昔人比之碧玉泉
鸡　飞	顺宁	

续 表

出温泉地名	所在县属	摘　要
锡　铅		
锡　腊		
东木龙		
石流泉		含盐硫质，洞中一温一凉，可治疥癞羸弱症
大江外		
漫多村		
锣锅寨		
小桥塘		
大兴寺前		
热水塘		热气高丈余，斜喷道中，臭不可当
彻崇山	新平	
鲁魁山	新平	富硫磺质，浴可疗疾，且治疮癞
六祖山		其水温热，人竞浴之
温玉泉	元江	其色清洁，其沸如汤
瓦纳山		其汤如沸，可燖羊豕
漫林村		
礼社江		三处，泉暖澄澈，无硫磺气
碗　南		水热，能去猪羊毛，可煮鸡卵
猛郎街	云县	炎夏清凉，寒冬温暖，可愈疥癞
白石崖		
猛氏寨		
困　蚌		
困　业		
凤　山	缅宁	二泉出石罅，寒燠不同，浴可愈风癞
南丁河		
西　岭	宁洱	泉水清澈，温暖得宜，可愈疥癞
滚　泉		隆冬泉水滚热，可燖鸡毛
东　涧	思茅	
南　涧	景谷	
哈卜尔	澜沧	稍带硫磺气

(3) 毒泉

本省毒泉，仅有数处：(甲) 在镇沅、景东间之蒙乐山；(乙) 在恩安县境之老里渡河；(丙) 在寻甸县境之隐毒山；(丁) 在嵩明对岸之大鼎山。此外，尚有会泽之缩泉。一并分述如下：

蒙乐山毒泉　山跨镇沅、景东两县界，一名无量山，在景东县北九十里。高不可跻，连亘三百余里，中有石洞，深不可测，一峰突出，状若崆峒。其南有泉流，为通华河；北有泉流，为清水河，俱东流，入于大河。山上有毒泉，人畜饮之皆毙。详载《滇系》。

老里渡河　《滇系》：大关五里发源利济河，经卜乌蒙，历盐井渡入四川横江。产细鳞鱼，水有毒。

隐毒山毒泉　《寻甸州志》：傥俸溪西里许，曰隐毒山，地多岚瘴，惟此间朗，土人每岁夏月避居其上，下有隐毒泉。

大鼎山毒泉　清陈鼎《云南纪游》：大鼎山有海潮寺，颇清幽，多竹木，面海子，阔数十里，周百余里，隔岸即嵩明州。去寺半里，道旁有毒泉，碣云“此系毒泉，饮者伤生”。

云弄山缩泉　《滇系》：会泽县缩泉，在城北五十里云弄山腰。人取之者，有铜铁器及人声，则收缩不流。

〔据童振藻纂辑《云南史地资料汇编·云南之河湖泉》（杭州图书馆1992年影印本）辑录。童振藻(1871—1939)，字仲华，江苏淮安人，在云南生活二十多年，民国初年任云南地志编辑处总编辑。《云南之河湖泉》两卷，全二册。刘庆福辑，童振藻整理。卷上记云南全境河、湖泽分布情况，其中，“河”按云岭、澜沧江、怒江、伊洛瓦底江、黔江、郁江、元江七大水系，分别记述各水系之发源地、称谓来源、流域、里程、支流、航运、物产、所经府州县名，甚至对各水系的别称、他称，交通发展等情况等都做了详细调查说明。“湖泽”按滇池、洱海、抚仙湖、星云湖、杞麓湖、异龙湖、嘉丽泽、杨（阳）宗海、剑湖、程海等十大湖泊记述。卷末附《云南各大湖周围面积比较表》。卷下《泉水》，记云南全境主要分布的名泉、温泉，并附《云南名泉一览表》《云南温泉一览表》。〕

滇池纪游

童振藻

滇池纪游目录（略）

序

南游万里访昆湖，一幅天然大画图。缺月衔山描印象，可曾依样似葫芦。

余与滇池之初晤也，时在戊申夏五，迄今廿有八载矣。回忆入滇伊始，由蒙自乘舆，彼时滇越铁路仅达蚂蝗田，在蒙自境内。历七日，经晋宁北望滇池，仅露一角，迨过呈贡，登三台山西顾，滇池已现半面。及入昆明，登大观楼览之，则滇池全身宛然在目。盖滇池跨昆明、呈贡两县境，而晋宁、昆阳二县亦在其范围内也。惟行经晋宁、呈贡间观滇池，第见池水汪洋而已，知非澂江之抚仙、通海之杞麓两湖所能望其项背。余由蒙自至晋宁，途中经此两湖。若行经昆明境内观之，则池之东南一带，万松蓊蔚，亘数十里，滇池时隐时见于长林疏密之间，若不轻易令人为豹之窥，而湖光松色，青白争奇，松风海涛，高下竞胜，令人耳目发皇，洵属天开异境，此第叙滇池东部之外观耳。至全部内容，经余数次之蒐奇访胜，始得悉其梗概。

盖余滇池游，前后共有五次，其中渡草海，登太华山者三次：第一次为庚戌之秋，余长滇方言学校，率诸生赴太华山旅行，并采制动植、矿物标本。第二次为甲寅之春，李佥事笠孙约赴太华山修禊。第三次为丙寅之秋，太华公园郑经理剑约同周省长惺甫、张督办莼鸥登太华山，补作重九之会，信宿太华寺中。均自省垣小西门外篆塘河拏舟至大观楼，换乘大舟，横绝滇池北部之草海，直抵山西东坡舣以登陆。回时亦依此航线而行，沿途凡涌月亭、放生池、澄清河及池中生物，遍加考索，而华亭、太华、罗汉诸山之古迹，亦踏藓扪萝，次第浏览。其余二次：一系丙辰之夏，省垣私立中学校校长刘同年仲然之约，放舟中流，盘桓竟日，水海异景，一得纵观；一系丁卯之秋，滇各团体联合会率赴西山晤西军领袖，以解省围，曾与马总办子祥留住高峣杨升庵祠数日，昕夕出游，凡碧鸡山之景物，碧鸡关之形势，亦托贮实囊。他如石龙坝电厂、耀龙电灯公司、毕协办仲垣于戊辰春赁笋舆约余往游，因雨未果，然其现状，毕君曾详述之，宛如亲历，以故滇池全部之内容，及西岸诸山之概况，亦多了然。兹就数次游访之所获，并徵文考献，稽古今图籍，分位置、名义、经纬线、面积、地质、深度、源委、水利、物产、航路、胜迹、故实诸门，撮要而叙之。

民国三十五年[①]，淮安童振藻识于杭垣。

位 置

滇池位于云南省北部，出海五五八〇尺之高原，在省城西南，距城约六七里，如登城内五华山顶远眺，则池之东北角可望见之。池西多山，碧鸡、华亭、太华、罗汉、观音诸山，其最著者也，如登太华最高峰下瞰则全池。池北、东北及北部河流最夥，盘龙、银汁、金汁、宝象[②]、马料、白沙、海源等河皆归焉。池北属昆明市及昆明县，作半月衔山状。东南隶呈贡、晋宁两县，西南隶昆阳县。兹将该池位置图制绘于左（附图[③]）。

名 义

滇池之名，肇于周季。周楚庄蹻探险发见，据其流域以立国，其名遂著于史册。汉武欲伐昆明，于长安西南凿昆明池习水战，遂有昆明池[④]之称。至唐，于滇池一带置昆州，故简称为昆池，或曰昆湖。又因池北有昆明，西南有昆阳，而原人民又称湖为海，简称为昆海，至锡名为滇之意义。《华阳国志·南中志》：“有泽水，周二百里[⑤]，所出深

---

① 民国三十五年　童振藻逝世于民国二十八年（1939年），此说疑有传钞之误，若依束文时署“二四·六·一六”推之，当为民国二十五年（1936年）。

② 象　原本误作“曾”。宝象河，滇池六大主要水源之一，今据改。

③ 附图　原本虽有此说，但所绘之图未见。

④ 昆明池　宋以前，昆明池即洱海，非今滇池。袁嘉穀《滇绎》卷一“昆明”条曰：“昆明池为迤西巨浸，非滇池也。汉武欲通昆明，凿池象之，以习水战，于是迤西池名移于西京。扬赋杜诗，扬风扢雅，名纂著矣。宋牧仲曰：‘长安本咸阳地，西汉以后，天子所都，通谓之长安。’不宁惟是，燕京西山有玉泉，大书刻石曰万寿山昆明池，盖天子所都之池，亦几几通名昆明云。于是迤西池名称于北京，厥名尤著。隋置昆州于今省会，有昆州斯有昆湖，故樊绰以滇池为昆湖，元名首县曰昆明。有昆明县斯有昆明池，故数百年，滇池、昆池、昆明池、昆明湖，凭文人词客臆用，而俗名滇海、昆海、昆阳海，亦流行。孙可望改昆明府昆海县，尤妄。”又，由云龙《滇故琐录》卷二“嶲昆明”条亦论证昆明池非滇池，曰：“昆明湖即大理之洱海。其水汪洋浩瀚，北自邓川，南至赵州，西北长百三十里，阔三四十里，首尾抱点苍之云弄、斜阳二峰，西南流出，经下关，流过天生桥，折西，而西北绕苍山后五十里至合江铺，西北入漾濞江，实扼大理全部形胜。故汉武帝凿池象之，练习水战，欲规画略取其地也。其地范围甚大，若区区数县，岂能当武帝之一盼耶？故汉之昆明池，所象者洱海（西洱河发源鹤庆，经邓川，迤逦而至上关，左纳罗时江，右汇闷地江，汇为洱海）。以洱海之大，始足以当之。若邓川之西湖、剑川之剑湖，皆内湖小浸，距大理尚远，与昆明无关涉也。”

⑤ 周二百里　《华阳国志校补图注》卷四《南中志》作“周回二百余里”。上海古籍出版社2007年版，第267页。

广，下流浅狭，如倒流，故曰滇池。”阮福谓：据《史记·上林赋》注，滇溪作颠池，颠训为顶，盖池独居高顶也。余按：因倒流称为滇池，则洞庭、鄱阳水皆北流，非独滇池为然。训滇为倒之说，沿者虽多，究有疑义。若因池在云南高原，较洞庭、太湖、鄱阳、洪泽之位置为高，则滇、颠，天颠也，与天近，故称为滇。如蒙语称天为腾格里，腾格里海即天海，如滇池即天池，况《太平寰宇记》载，至滇池北为草海，南为水海。草海，昆明境内，周约五里，水浅草多，故名。又因草露水面，一名青草湖。又因当省会之西，一名西湖。水海，在晋宁境内，分为金砂草湖，周五十里，与滇分界，人称晋宁西湖，是则云南亦有西湖焉。昆阳境内有东湖，一名草海，周约七里，与滇池连接。

经纬度

滇池南自北纬二十四度三分起，北至二十五度十八分止，东经一〇二度四十六分起，东至一〇三度止。

面　积

滇池南北极长处一百二十里，东西极宽处四十里，面积共四千八百方里。与吾国本部各大湖较，位居第八位。

（一）	洞庭湖	八〇，〇〇〇方里
（二）	洪泽湖	三二，〇〇〇方里
（三）	太　湖	二四，〇〇〇方里
（四）	腾格里海	二〇，八〇〇方里
（五）	青　海	一八，四〇〇方里
（六）	鄱阳湖	一四，四〇〇方里
（七）	兴凯湖	一二，八四四方里
（八）	滇　池	四，八〇〇方里

深　度

滇池每当春秋，沿边深约二三尺，故草海中蒲茭之梢露出水面，稍深处约五六尺至十余尺不等，若至湖心，最深处为三十五尺。入夏水涨时，则沿边及湖心均加深二三尺至五六尺不等，盛涨时则加至八尺以上。

源　委

滇池系支与湖有进出口，其进口较著之水，约有二十，其中以盘龙江为正源，江出嵩明县城西北六十里东葛勒山即梁王山。西南之黄龙潭，流入昆明境，会邵河至松华坝，分一支为金汁河。正流经霖雨桥南流，会银汁河再南，经省垣东，经得胜桥，转东南，分为玉带河。又南分为采莲河，及太家、杨家、金家三河，折西南出罗公闸，汇为滇池。此外尚有三河，一为宝象河，二为马料河，三为海源河，亦来源中之较大者。若合盘龙、金汁、银汁三河，共为六河。前清黄士杰著有《六河图说》，戴絅孙著有《六河考》，皆详叙六河之源流者也。

气 候

滇池温度，每年最高为摄氏二七点五度，最低为二点五度。故虽至夏季，草海之水，与杭州西湖夏季湖水温度激增时有热气薰人者不同，水海有风仍凉爽。冬季，湖中阅数年始落雪一次，然虽极冷[①]，亦不结冰，与兴凯[②]入冬常冻，经数月者亦不同。风则春夏多来自西，秋冬多来自东北。平时明日照泯空，微风吹皱水面，登山俯瞰，纷成五色，与天际彩云相掩映，为他湖所无。如若夏季暴风起，怒浪山立，泛湖帆船，亦有覆舟之患，但入夜恒风平浪静。雨季较多，乾季甚少，全年约计五五二粍[③]。雨时黑云遮山，惟雨后白云出岫，变幻无定。

地 质

滇池生成原因，据余友朱君仲翔调查，谓为断层关系。盖池既成为狭长形，而池之西边峭壁陡立，高在五百公尺以上，均系石灰岩，仅岩下近池面处，有含煤之地质。池之东边，山势蜿蜒，成不整齐之形状，以此种构造情形观之，两旁岩石走向及倾斜无相关连，在昔曾发生重大断层，因断层之发生，岩石松散，易于侵蚀，而湖沼成矣。且因断层西边升起，东边下沉，似应东浅而西深。以余考察滇省如洱海及抚仙等湖，多势成狭长，皆系断层所造，不独滇池为然。余著《云南地震考》，曾论及之。朱君判滇池之成因为断层关系，自属确论。但池东之土地，时常潡[④]出，而池西之山，因雨水侵蚀，波浪震撼，曾崩入池中，现尚露其崩裂之痕。故青山数峰中远望，有一黄白色，似寺院之照壁竖于其间，即当年崩裂之遗迹也。是则沧桑之感，滇海亦有之。若法国人调查云南地质报告，定池西北部为石灰岩，南部为下石炭纪，亦与朱君所判定者相符。至池东一带之地，法人谓有新冲积层，盖滇池在昔，面积甚大，故古籍多谓周五百里。近年因有海口宣泄及水量蒸发之故，面积收缩，涸出之地较多，而附近石化之土，每随雨水冲积，法人故定为新冲积层。

水 利

滇池流域之田地，除傍池引用池水外，几全赖所汇各河之灌溉，而六河灌溉之区域尤广，即如盘龙江及金汁、银汁两河，分灌嵩明、昆明之田地，惟江身上高下低，故水量上游患少，下游患多，特建松华坝以调节之。近年江浅尾隘，一遇山洪暴发，恒漫溢为患，而海口久未大修，池水盛涨时，不易宣泄，所有滨湖之田竟沦为湖。省垣东南两面各河之水，同时泛滥，市街亦成为河街，民国十年及十七年曾两见之。

此谈省垣水利者，皆谓河口及海口，均应大加修浚也。宝象河分灌嵩明及昆明之田地，近年因田高河低，筑石坝三处，以救济之。马料河分灌呈贡、昆明之田地，但平时无水，夏秋水深四尺至六尺不等，故此河入夏以水之有无卜年岁之丰歉焉。海源河分灌

---

① 然虽极冷　原本作“然极虽冷”，据文意改。

② 与兴凯　原本作“与粤凯”，据上文《面积》介绍居第七位者为兴凯湖，位于黑龙江省东南部，原为中国内湖，1860 年中俄《北京条约》签定后，变成了中俄界湖。此处似误，今据改。

③ 粍：长度单位，米的千分之一，即毫米。

④ 潡　疑当为“淤”。潡，音 áo，同“敖”，人名用字。

昆明之田地，但平时深处有水，浅处无水，夏秋水深五尺至七尺不等，足资引用。其他如呈贡南冲河水常横流，治后顺轨。呈贡、晋宁之淤泥河，容易湮塞，岁一修挖。晋宁石子、大坝、大堡三河，分筑各坝，利益均沾。此所汇各河水利之概况也。

至用池水灌溉之处，水涨决圩泄入，水落用车转入，较各河为便利焉。滇池流域，富于水利，故昆明、呈贡、晋宁、昆阳稻田，共有八一六九九五亩，收稻五三八九八八石，约合全省产额六分之一。若滇池东北之篆塘河，为元赛典赤所开，西南之昆阳运河，不知开于何时，清代常疏浚之，皆系转运粮米以供省垣之需，亦滇省人工所开之运河也。海口为滇池宣泄之咽喉，由海门村流入螳螂川，有正河一条，长约二十里，系元张立道所凿，明陈金复浚之。有碑以纪其事。以后每年一修，十年大修，由昆明、昆阳、晋宁、呈贡四县担任，勒为定例，亦人工所开之河流也。海口西石龙坝，横亘如堰，长百余步，池水经此，激而怒下，近由耀龙电灯公司置三相交流发电机二部，以供昆明市两万灯头之用。由此河，水转西而北，为螳螂川，凡田高于水平处，多置圆竹车翻水灌之，其式样与甘肃各河所用者相同，惟较小耳。

物　产

植物则草海内荷芦蘋藻甚繁，荷则结藕殊欠肥硕。藻制饼，堪以肥田。而海菜一种，叶尖色青，花白如蘋，盐腌为鲊[①]，用以佐食。海莲花一种，茎如莼而无叶，茎顶结花，大如铜元，浮池面，色白重瓣，黄芯，颇类莲花，入夏盛开，疑即《明一统志》所载之衣钵莲花，均属特产。

动物则鸟类凫、雉、雀皆有，而黄鸭一种，状类家鸭，色黄体肥，治馔味佳。又有鹈鸡一种，身黝足丹，入春，成群来游，烹食甚美。又有水扎鸟一种，色斑足青，入冬较多，炸食香嫩。《蛮书·南夷志》故载之[②]，亦属特产。

鱼类则鲤、鲫、鲭、鲢、乌、鳝等均有，螺虾尤多。鲤、鲫等年产五六十万斤，虾甚细小，宜易种以改良。螺则肥硕，到处繁殖，故春季取螺之舟布满池滨，取出剔肉市之，而省垣酒家之食铺，酱拌螺肉，生炒螺黄，称为应时佳品，惟剔余之壳，往往堆积成丘，池旁之螺蛳湾、螺蛳滩，即为螺壳丛葬之地。而金线鱼一种，春时出金线洞，入秋较肥，最大者长五六寸，小口细鳞，背有灰黑点，背腹相接处，自首至尾，有金线一缕，故名。肉柔味隽，胜于洱海之弓鱼、抚仙湖之鱇㿜[③]而良，故[④]亦属特产。

矿产，仅池西之山产红砂石，堪供建筑之用。又有石灰石，供烧石灰之用。

航　路

滇池航路，如昆明、昆阳、晋宁、呈贡一带，均有帆船行驶。航船种类，有西门船、高峣船、西山船、土坝船、九甲船、灰湾船、海口船、昆阳船、晋宁船、呈贡船，一称合子船。大抵出于何地，即以其地名之。全池约七百余艘，最大者长约四五十尺，宽约十余

---

① 鲊　原本误作“酢”，今改。

② 《云南志补注》卷七《云南管内物产第七》：“西洱河及昆池之南接滇池，冬月，鱼、雁、丰雉、水扎鸟遍于野中水际。”云南人民出版社1995年版，第110页。

③ 鱇㿜　“鱇”字原缺。鱇㿜鱼，澄江抚仙湖特有鱼类之一。今据上下文意补。

④ 故　原文作“虽”，据上下文改。

尺，分数舱，载重约四五吨，专装客货，往来于昆明、晋宁、呈贡之间，供人游览。捕鱼者称小拨船，约三四百艘，草海及呈贡、晋宁、昆明之湖滨均有之。又有彩船因窗门雕花，俗称花船。一种，多以两船拼成，舱颇高大，髹以新漆，嵌以玻璃，设炕椅桌凳，专供游人雇用，或为私人所置，以供自用，与杭州西湖湖船之大相似，惟华丽过之。又此船或安木轮，踏以前进，系仿西江踏艇，以构造可远游水海，惟转动欠灵捷耳。近年往来大观楼、西山、西华街、观音山、古城、昆阳等处，有飞龙、镇海两小轮船行驶，系玉昆轮船公司西山等置，每艘载重二十余吨，一用蒸气发动，一用电力发动，嗣为昆湖轮船承办，于十八年开班。亦有小轮二艘，每日分去来两次，午前载运客货较为捷便，惟有一次，由大观楼装客赴观音山进香，因乘客过多，竟遭翻覆，死者甚众，以故昆明市政公所成立后，订颁《轮船取缔规则》，对于轮船详订取缔办法，以防蹈覆辙。十七年五月间，轮船由大观楼驶昆阳，中途遇匪，劫货戕客，应由水警机关置船巡弋，藉安行旅。

至滇池所汇之各河，如盘龙江，平时自得胜桥以下有帆船行驶，水大时可上达敷润桥[①]一带，其余仅篆塘及昆阳两运河有小舟浮泛而已，惟篆塘河系往来省垣大观楼间必由之水路，小舟尤多，荡桨者间有年轻妇女，亦女界生计之所系焉。又泛舟团聚之处，多在大观楼、海坝、大鼓浪山、大河嘴、河泊所、下海埂各处，水浅另泊，并习捕鱼。若由海口流出之螳螂川，仅安宁东门外永安桥至澂江村装木石之小舟可通，其余水浅滩，多不易行船，虽前后有人建议开凿航路下达金江，终以费繁而止。

胜　迹

滇池东北部各河流入之处，多有淤滩，各具小半岛之形状，而金家河口之小半岛，并有海股[②]之称。在金家河口之南，自东徂西，有一人造之堤，系明傅允献所筑，横插池中，为草海、水海之界线。其地东有海股村，西有龙庙，然皆无胜迹可寻，惟草海中，有澄清河一道，七八月间，洪水涨时，凡水皆浊，此水独清，不相混合，如泾渭之严为区别，游此者每感澄清宇内之想。

草海北部近华浦有大观楼，系清王继文所建。楼凡三层，悬孙髯翁有名之长联，共百八十字。阮文达督滇时，曾加删改，致惹滇人訾议。登最上层则海天一览，气象雄阔，开拓心胸，果如髯翁联所云“五百里滇池，奔来眼底”，“数千年往事，注到心头”。民国十二年间，昆明市政公所就楼旁隙地，置大观公园，并修建挹爽楼及牧梦、数帆、望湖等亭，园门外汇刻滇人题咏大观楼诸什，读之可洞悉胜概。地既清嘉，距省垣又近，省垣人士每抽暇来此，一涤尘襟，故游踪杂遝。由大观楼西南至放生池，池小深而鱼极乐，观之如作濠梁之游。池边观音庵旁有涌月亭，登亭亦可览湖山之胜，故袁嘉穀[③]《涌月亭》诗有“一夜笛声吹浦外，万山秋色拥亭中”之句。此滇池北岸之胜迹也。

西岸如西山池西各山总称西山，与北平之西山同。之碧鸡、高峣[④]、华亭、太华、罗汉诸山，峭峰云插，僻洞苔封，古木萧森，幽篁冷静，俗尘扑尽，雅宜久留。而滇人告余，谓游

---

① 敷润桥　原本作“溥润桥”，据实改。

② 海股　当为“海埂”，为滇池北部一条伸往湖心的土埂，分隔草海与水海（外海），20 世纪 70 年代“围海造田”之后已与陆地连成一体。下文“海股村”亦当为“海埂村”。以村居海埂之东部而得名。

③ 袁嘉穀　原本作“袁家穀”。嘉穀，字树五，晚号屏山居士，石屏人。清光绪二十九年（1903 年）经济特科状元。今据改。

④ 此说不确。高峣，为滇池两岸两山之麓的地名兼村名，并非山名。

碧鸡山，亲见碧鸡，形如孔雀而小，其尾亦短，足破凤鸣之旧说。闵麟嗣《黄山志[1]》定本卷二《山产·禽属》：碧鸡形色如雉，翠膊碧臆，鸣声甚清，性不群，雌雄时时相逐。又某《宝峰游记》：泾县城西八十五里，宝峰山产碧鸡，羽毛若鹦鹉，鸣音如歌曲，山寺僧人或饲之若家禽，客欲观者，以指入口作哨声呼之辄至。碧鸡岩系在山麓，想系因碧鸡栖此而得名。碧鸡关，系在山北，有通迤西之公路。至山势，论者谓为特秀，故郑衍《碧鸡山》诗有"晴峦叠奇峰，幽壑藏怪石"之咏。由此而南为高峣山，明杨慎曾寓山麓之高峣村，村北建有杨升庵祠，祠塑升庵像。余前留宿祠中，曾摄有影片。嗣闻添祀毛给谏玉，改为杨毛二公祠。村东南有船埠，往来大观楼之船多泊于此。由此南行五里许，为华亭山，山有华亭寺，近有僧人虚云栖此，改为靖国云栖禅寺。寺有新塑五百罗汉像，而院内满植茶花，朵大逾牡丹，幹老似古梅，均系数百年物。又寺中现存明天顺勅碑及万历重修华亭碑，池生春《重游华亭寺》诗有"犹有元朝旧碑在，土花空映晚霞明"之咏，想系指山中圆觉寺元至正四年所刊之碑而言。寺门悬杨慎所撰"一水抱城西，烟霭有无，拄杖僧归苍茫外；群峰朝阙下，雨晴浓淡，倚栏人在画图中"之联，堪称写景妙手。

再南为太华山，高出池面一六三二尺，为西山之最高峰，故王士慎[2]《夜宿太华山缥缈楼》诗有"万顷涛声行木末，千寻岳色倚池头"之咏。山半太华寺有一碧万顷楼，系清范承勋运吴三桂故宅之木石所建，惜毁于火，近人书"一碧万顷"额悬碧镜轩以代之。承勋并有《太华纪胜》文，撰于高约盈丈之大理石上，嵌之壁间。又壁间有《太华山佛严寺无照玄鉴禅师行业碑》二方，系延祐二年刊，与寺内泰定二年所刊《太华山佛严寺常住碑》、延祐二年所刊《太华寺祀田碑》，合称元刊三碑，余著《昆明市志·金石门》曾著录之。并因无照禅师系一高僧，圆鼎《滇释纪》未参考此碑，故所撰《无照禅师传》，略而不详，特录二四八五字之全文，以供研究滇省佛教史者之考证焉[3]。又明沐藩十二代画像，前藏寺之大悲阁，后亦为火所毁，致失历史上珍贵之资料。而昔有诗僧昌云卓锡寺中，收藏明清名人字画甚富。惟读寺旁昌云墓石所刊吾苏吴存义题其诗稿四绝中，一卷"唐音继九僧"之句，昌云诗之格韵尚可想见焉。今尽散失，殊为可惜。民国十六年昆明市政公所将房舍及道路大加修理，改为太华公园。

再南，越美人峰至罗汉山，相传元梁王曾建避暑宫于此山半。罗汉寺南由千步崖而上，有如意泉、张仙殿、大牛洞、大悲阁、三清阁、飞云阁、吕祖殿、凌霄阁、七圣殿、孝牛泉、玉皇殿、云华洞、览海处、达天阁、太极宫诸胜。大牛洞泉水极冷，饮之如冰。三清阁周围有石栏，凭栏东眺，山川城郭，了如指掌。玉皇殿、云华洞、达天阁，皆系明清时就石崖凿成，高悬云际，真所谓上出重霄，下临无地，此李元阳《罗汉岩》诗所谓有"湖上飞岩映波绿，石壁插水山无足"之咏也。达天阁又为山顶最高之石室，自千步崖至此，石磴九七二级，亦系就石崖曲折凿成，工程甚为奇险，自系巧匠所经营。由罗汉山而南行十里，有大鼓浪山，山麓多泊渔舟。又十里有小鼓浪山，山麓多住渔户。当狂飚作时，两山近水之石穴，浪激发噌吰之音，宛与湖口石钟山相似。又西南有观音

---

① 《黄山志》七卷，清闵麟嗣撰。麟嗣，字宾连，歙县（今安徽黄山市）人。此志《四库全书总目提要》著录："其书首列山图，次形胜，次建置，次山产，次人物，次灵异，次艺文，次诗赋，搜辑颇博，而不尽精核。"

② 王士慎 当为"王士性"。王士性（1546—1598），字恒叔，号太初，万历五年进士。此诗为律诗，所录二句为其颔联，原题作"昆明泛舟宿太华山缥缈楼"。

③ 此文未见。

山，石坊砖塔，峙于山顶，由山半望海楼而上，为观音寺。寺奉观音像，每逢观音诞日，香客不远千里而来。山麓帆樯林立，亦滇海之普陀焉。此滇池西南之胜迹也。

故 实

滇池为寓内名湖，诸家史地专著中恒载之，兹撮要胪下，以供参稽焉。

《史记》卷一一六《西南夷列传》：楚威王时，使将军庄蹻，将兵循江上，略巴、蜀、黔中以西。庄蹻者，故楚庄王苗裔也。蹻至滇池，地方三百里，旁平地，肥饶数千里，以兵威定属楚。欲归报，会秦击夺楚巴、黔中郡，道塞不通，因还，以其众王滇。

《汉书》卷六《武帝纪》：元狩三年秋，减陇西、北地、上郡戍卒半，发谪吏穿昆明池。颜师古注引臣瓒曰：《西南夷传》越巂、昆明国，有池方三百里，汉使求身毒国，而为昆明所闭，欲伐之，故作昆明池象之，以习水战。在长安西南，周四十里。①

《汉书》卷三八②上《地理志·益州郡》：有滇池县。颜师古注：大泽在西，滇池泽在西北，有黑水祠。

《后汉书》卷八一一《西南夷列传》：初，楚顷襄王时，遣将庄豪从沅水伐夜郎。既灭夜郎，因留王滇池。滇王者，庄蹻之后也。元封二年，武帝平之，为益州郡。此郡有池，周二百余里，水源深广，而末更浅狭，有似倒流，故谓之滇池。③

《三国志·蜀志》卷五《诸葛亮传》：建兴三年春，亮率军南征，其秋悉平。④裴松之注引《汉晋春秋》曰：亮在南中，闻孟获为汉夷所服，七纵七擒，遂至滇池，南中平。⑤

《旧唐书》卷四一《地理志·昆州下》：武德初置，领县四。晋宁有滇池，周三百里。⑥

《新唐书》卷四三下《地理志·诸蛮州九十二》：昆州，汉夜郎地。唐末复置州四，益宁、晋宁、安宁、秦臧。有滇池，在晋宁。⑦

---

① 《汉书》卷六《武帝纪》颜师古注引臣瓒曰："《西南夷传》有越巂、昆明国，有滇池，方三百里。汉使求身毒国，而为昆明所闭。今欲伐之，故作昆明池象之，以习水战。在长安西南，周回四十里。"中华书局1964年版，第177页。

② 卷三八　今中华书局本作"卷二八"，《汉书》一百卷，后人亦析为一百二十卷，今中华书局版为一百卷本，故引文卷数有所不同。《汉书》卷二十八上《地理志第八·益州郡》辖县二十四，首滇池县："滇池，大泽在西，滇池泽在西北。有黑水祠。"同上书第1601页。

③ 卷一一六　今中华书局本为"卷八十六"。南朝宋范晔《后汉书》九十卷，无"志"，南朝梁刘昭作注时，取司马彪《续汉书》之志三十卷以补之。北宋真宗乾兴元年（1022年）合刊为一书，共一百二十卷。今中华书局版仍取九十卷本，故引文卷数不同。《后汉书》卷八十六《南蛮西南夷列传第七十六·西南夷·滇》："初，楚顷襄王时，遣将庄豪从沅水伐夜郎。军至且兰，椓船于岸而步战。既灭夜郎，因留王滇池。……滇王者，庄蹻之后也。元封二年，武帝平之，以其地为益州郡。割牂牁、越巂各数县配之。后数年，复并昆明地，皆以属之此郡。有池，周回二百余里，水源深广，而末更浅狭，有似倒流，故谓之滇池。"中华书局1965年版，第2845页。

④ 《三国志》卷三十五《蜀书五·诸葛亮传》记载："建兴三年春，亮率众南征。其秋悉平。"中华书局1971年版，第919页。

⑤ 《三国志》卷三十五《蜀书五·诸葛亮传》注释，裴松之注引《汉晋春秋》："亮至南中，所在战捷。闻孟获者，为夷、汉所服，募生致之。既得，使观于营陈之间，问曰：'此军何如？'获对曰：'向者不知虚实，故败。今蒙赐观看营陈，若祇如此，既定易胜耳。'亮笑，纵使更战，七纵七擒，而亮犹遣获。获止不去，曰：'公，天威也，南人不复反矣。'遂至滇池。南中平，皆即其渠率而用之。或以谏亮，亮曰：'若留外人，则当留兵，兵留则无所食，一不易也；加夷新伤破，父兄死丧，留外人而无兵者，必成祸患，二不易也；又夷累有废杀之罪，自嫌衅重，若留外人，终不相信，三不易也；今吾欲使不留兵，不运粮，而纲纪粗定，夷、汉粗安故耳。'"第921页。

⑥ 《旧唐书》卷四十一《地理志·昆州下》记载："昆州下，汉益州郡地。武德初。招慰置。领县四，与州同置。益宁，晋宁，有滇池，周三百里。安宁，秦臧，汉县。"中华书局1975年版，第1694页。

⑦ 《新唐书》卷四十三下《地理志·诸蛮州九十二·昆州》记载："昆州，本隋置，隋乱废。武德元年开南中，复置。土贡：牛黄。县四：益宁、晋宁、安宁、秦臧。有滇池，在晋宁。"又"昆州"，原本作"南宁州"，今据改。中华书局1975年版，第1140页。

《元史》卷六一《地理志四·云南行中书省·中庆路》：昆明县，有昆明池，五百余里。①

《元史》卷一六七②《张立道传》：至元十年三月，授大理等处巡行劝农使。其地有昆明池，介金马、碧鸡之间，环五百余里，夏潦暴至，必冒城郭。立道求源泉所自出，役丁夫二千人治之，泄其水，得壤地万余顷，皆为良田。

《明史》卷四六《地理七·云南府》：昆明县东有金马山，与西南碧鸡山相对，俱有关，山③下即滇池，池在城南，周五百里。其西南为海口，至武定府北，注于金沙江。又东有盘龙江，西注滇池。

《明史》卷一二四《梁王把匝剌瓦尔密传》：洪武十四年十二月，司徒平章达里麻率兵驻曲靖，沐英、傅友德率兵进击，达里麻兵溃被擒，梁王知事不可为，走晋宁州之忽纳砦，焚其龙衣，驱妻子赴滇池死，遂夜入草舍自经。④

以上系各种正史所载滇池之事迹。

《三辅黄图》卷四《池沼》：昆明池，在长安西南。《西南夷传》曰：天子欲伐昆明、越嶲，昆明国有滇池，故作昆明池以象之，以习水战。《三辅旧事》曰：昆明池，地三百三十二顷，中有戈船数十，楼船百艘。

常璩《华阳国志》卷四《南中志·晋宁郡》：滇池县，故滇国也。有泽水，周回二百里。⑤

孙星衍辑《括地志》卷七：滇池泽在昆州晋宁县西南三十里，其水源深广而更浅狭，有似倒流，故谓滇池。

樊绰《蛮书·山川江源第二》：昆池，在柘东城西南四十五里，水源从金马山东北来，至碧鸡山下，为昆池，昆州因水为名也。土蛮亦呼名滇池。案：今晋宁川中，自有大池在东南，当是滇池。西南绕山，又西北，池流为河，与泸水合。⑥

乐史《太平寰宇记》卷七九《剑南西道·昆州》：晋宁县有滇池，周三百里。又《姚州》：姚城县迷水在郡南三百里，一曰滇池，其深阔下流，沐猴獝倒，故曰滇池。⑦

---

① 《元史》卷六十一《地理志四·云南行中书省·中庆路·昆明县》："昆明，中。倚郭。唐置。元宪宗四年，分其地立千户。至元十二年，改善州，领县。二十一年，州革，县如故。其地有昆明池，五百余里，夏潦必冒城郭。张立道为大理等处劝农使，求泉源所出，泄其水，得地万余顷，皆为良田云。"中华书局1976年版，第1458页。

② 卷一六七 原本作"卷一六一"。《元史》卷一六七《张立道传》："至元三年三月，领大司农事，中书以立道熟于云南，奏授大理等处巡行劝农使，佩金符。其地有昆明池，介碧鸡、金马之间，环五百余里，夏潦暴至，必冒城郭。立道求泉源所自出，役丁夫二千人治之，泄其水，得壤地万余顷，皆为良田。"第3915页。今据改。

③ 俱有关山 原本缺，据《明史》卷四十六《地理志七·云南府·昆明县》补。中华书局1974年版，第1173页。

④ 《明史》卷一百二十四《梁王把匝剌瓦尔密传》："太祖知王终不可以谕降，乃命傅友德为征南将军，蓝玉、沐英为副，帅师征之。洪武十四年十二月下普定。王遣司徒平章达里麻率兵驻曲靖。沐英引军疾趋，乘雾抵白石江。雾解，达里麻望见大惊。友德等率兵进击，达里麻兵溃被擒。先是，王以女妻大理酋段得功，尝倚其兵力，后以疑杀之，遂失大理援。至是达里麻败，失精甲十余万。王知事不可为，走晋宁州之忽纳砦，焚其龙衣，驱妻子赴滇池死。遂与左丞达的、右丞驴儿夜入草舍，俱自经。太祖迁其家属于耽罗。"中华书局1974年版，第3720页。

⑤ 《华阳国志校补图注》卷四《南中志》晋宁郡："滇池县，郡治，故滇国邑也。有泽水，周回二百余里。"上海古籍出版社2007年版，第267页。

⑥ 唐樊绰撰，向达原校，木芹补注：《云南志补注》："昆池，在柘东城西，南北百余里，东西四十五里。水源从金马山东北来。柘东城北十数余里官路有桥渡此。水阔二丈余，清深迅急，至碧鸡山下，为昆州，因水为名也。土蛮亦呼名滇池。案今晋宁川中，自有大池在东南，当是滇池。水不可呼池，乃蛮不能别。滇池水亦名东昆池。西南绕山，又西北池流为河，过安宁城下。亘水东西有桥三十，一阔长三百余步。徒行七日程，与泸水合。"云南人民出版社1995年版，第24页。柘东城，当为"拓东城"。

⑦ 《太平寰宇记》（影印文渊阁《四库全书》本）卷七十九《剑南西道八·姚州》："迷水，在郡南三百里，一曰滇池，上源深阔，下流浅狭，有似倒流，故曰滇池。"

王存等《元丰九域志》卷七《梓州路·戎州》：僰道县，有滇池。

《大明一统志》卷八六《云南布政司·云南府·山川》：滇池在府城南，一名昆明池，一名滇南泽。周广五百余里，合盘龙江、黄龙溪诸水，汇为此池。中产衣钵莲花，盘千叶，蕊[①]分三色。下流为螳螂川，中有大、小卧纳二山。

《清一统志》卷三六九[②]《云南府·山川》：滇池一名滇南泽，亦名昆明池。《九域志》：滇池周广五百里，中有二岛，曰大、小卧纳，下委为螳螂川。[③]《滇纪》：滇池受邵甸牧羊山诸泉，及黑、白龙潭，海源洞诸水，会为巨浸，而泄于稍西一小河，又折而北，不见其去，故名滇池。西湖，在昆明县西南滇池上，即《九域志》所谓积波池也，俗呼为草海子，又曰青草湖。

范承勋《云南通志》卷六[④]《山川·昆明县》：滇池在城西[⑤]南，一名昆明池。周五百余里，汇盘龙江、黄龙溪诸水，望之一碧万顷。《史记》：滇水源广末狭，有似倒流，故曰滇。一说凡水皆东，此独徂西而下也。西湖在滇池上流，荇藻常青，兰桡竞泛，中产衣钵莲花，内有近华浦废址。海口在城西八十里，泄滇池之水入金沙江，沿海财赋，岁以万计，利害由其通塞，诚要津也，岁一浚导。

鄂尔泰《云南通志》卷三《山川·昆明县》：滇池在城南，一名昆明池，周三百余里。西湖即滇池上流，中产衣钵莲花，内有近华浦，为滇名胜。[⑥]昆阳州海口在城北三十五里海门村，滇池之水，从此泄[⑦]入螳螂川。

阮元《云南通志》卷一三《地理志·山川·云南府下》：滇池源出嵩明州梁王山西南黄龙潭，亦曰昆明池，唐昆州因水为名，斜长百二十余里，东西广三四十里不等，历昆明、呈贡、晋宁、昆阳境，西北为草海，东南为水海。滇池至昆阳州东北二十里为海口。自板坝河口又西北，中有一堤，西通石鼻，为明巡按傅允猷所筑。[⑧]

岑毓英《续云南通志》卷一三《地理志·山川·云南府》：滇池亦称昆池，其形上广下狭，有似倒流，故曰滇池，或曰从螳螂川流入金沙江，实倒流也。[⑨]

王文韶《续云南通志稿·地理志·山川》：云南府之水，以滇池为大，源流经七州

---

① 蕊 原本误作“盖”，据《明一统志》改。

② 三六九 原本作“三九”，《清一统志》卷三百六十九为《云南府·山川》，今据改。

③ 《清一统志》卷三百六十九《云南府·山川》引《九域志》：“滇池周广五百里，盘龙江、黄龙溪诸所汇。池中有二岛，曰大、小卧纳，下委为螳螂川。”

④ 卷六 原本作“卷三”，据康熙《云南通志》卷六《山川·云南府·昆明县》改。

⑤ 西 原本缺，据康熙《云南通志》补。

⑥ 雍正《云南通志》卷三《山川·云南府·昆明县》：“西湖即滇池上流，一名积波池，俗名青草湖，荇藻长青，兰桡竞泛，中产衣钵莲花，内有近华浦，为滇名胜。”

⑦ 泄 雍正《云南通志》作“流”。

⑧ 上述所引“滇池”内容，详见道光《云南通志稿》卷十三《地理志三·山川三·云南府》，第6－33页。

⑨ 光绪《续云南通志》卷十三《地理志三·山川三·云南府下》：“滇池，亦曰昆池，唐昆州因水为名。斜长百二十余里，东西广三四十里不等，历昆明、呈贡、晋宁、昆阳境，西北为草海，东南为水海。其形上广下狭，有似倒流，故曰滇池。或曰从螳螂川西出北流入金沙江，实倒流也。”

县。[①] 其源出嵩明州西北黄龙潭，流一百三十里，汇为滇池。[②] 草海，为滇池上流，中有近华浦诸胜。[③] 海口在昆阳州东北二十里，西有牛舌洲、牛舌滩，又西有龙王庙洲。滇池西出为海口大河。[④]

张毓碧《云南府志》卷一《地理三·山川·云南府》：滇池，一名昆明池，在城西南，周五百余里。[⑤] 西湖在滇池上流。[⑥] 海口在城西南八十里，泄滇池之水，由安宁、富民汇广翅塘入金沙江。[⑦]

戴絅孙《昆明县志》卷一《山川志第二》：滇池，一曰昆池，历昆明及呈贡、晋宁、昆阳、安宁境，西北曰草海，东南曰水海。[⑧]

朱若功《呈贡县志》卷三《山川》：呈贡左屼岣，而右昆海，盘绕渟[⑨]蓄，亦极一方之胜。

毛嶅《晋宁州志》卷四《山川》：金砂草湖在城西五里昆池滨，有海埂，为昆池分界。[⑩]

朱庆椿《昆阳州志》卷五《地理·山川》：海口在州北三十五里海门村，滇池从此西流入螳螂川。东湖俗名草湖，连接滇池，在州东门外。[⑪]

童振藻《昆明市志·河湖泉》：昆池在会城西南十余里，周三百余里，为昆明等县河流之尾闾。池中有帆船行驶昆明、呈贡、晋宁、昆阳一带，现玉昆轮船公司有小汽船两艘行驶大观楼、西山及昆阳之间，客货赖以转运，又为省会与西南各县交通之孔道。水产有蒲苇、鱼螺等类，滨居之民，获利至溥。

---

① 光绪《续云南通志稿》卷十五《地理志·山川·云南》："云南府之水，以滇池为大，源流经七州县，水并汇焉，然皆在大幹盘绕之内。若大幹之外，西有星宿江，则罗次、禄丰、易门之水所汇也；东有大池江，则宜良之水所归也。而分幹以外，嵩明之嘉利泽，则又东北归车洪江，今随大幹，先自西星宿江始。"

② 光绪《续云南通志稿》："滇池之源，出嵩明州西北六十里东葛勒山（一名梁王山）西南朵格卧宗龙黄龙潭，南流经牧养村为牧养河，又南流共六十里，至高仓过洞流出，左会邵甸河水（源出嵩明州西北三十里梁王山西南旧邵甸县之甸头冷水洞，龙泉百泓，所谓九十九泉也）。牧养河既与邵甸河会为盘龙江，折西流，又折南流为汇流塘，西南曲折流经三家村南，又折南流至松华坝，分一支东出为金稜河。其正支又西流至省会城东北、商山东南，又纳银稜河水（源出昆明县北龙泉山黑龙潭，西流东分一沟曰东龙须，西分一沟曰西龙须，又西流至蒜村，由大闸分流入盘龙江。其正支又西流半里，北纳五龙山水，由流沙闸南分水入盘龙江。又西流，分一沟南流为一瓦水。又西流，分一沟南流为牛吃水。又西流，西北纳白龙潭水，由白龙潭闸分水南入盘龙江。又折东南流有王俊闸，又折西流有小营闸，又西南流经文殊寺闸，又折南流二里过分水闸，又西折西流汇莲花池，南入盘龙江）。又南至会城东南分水岭西，分为玉带河。又南流至螺蛳湾西，分为采莲河。又南流至南坝，折西流一里，又分三支为太家河，为杨家河，为金家河。又自杨、金、太三河南西流至雄川阁，出罗公闸，源流共一百三十里，汇为滇池。"

③ 光绪《续云南通志稿》："草海，为滇池上流，一名西湖，又名积波池，俗名青草湖，中有近华浦诸胜。"

④ 光绪《续云南通志稿》："海口，在昆明县西南八十里、昆阳州东北二十里，外为老埂横塞，西有牛舌州、牛舌滩，又西有龙王庙，洲在河心，龙王庙在其上。滇池当豹子山右，越埂凌洲，西出为海口大河。"

⑤ 康熙《云南府志》卷一《地理志三·山川·云南府》："滇池，一名昆明池，在城西南。周五百余里，汇盘龙江、黄龙溪诸水，望之一碧万顷。"

⑥ 康熙《云南府志》："西湖，一名积波池，俗名青草湖，在滇池上流。荇藻长青，兰桡竞泛，中产衣钵莲花。内有近华浦废址尚存。康熙二十九年，巡抚王继文构亭其上，详《亭榭志》。"

⑦ 康熙《云南府志》："海口，在城西南八十里，泄滇池之水，由安宁、富民，汇广翅塘入金沙江。沿海财赋，岁以万计，其利害由于海口之通塞，诚要津也。岁一浚导，在赋役曰海夫。"

⑧ 道光《昆明县志》卷一《山川志第二》："滇池，一曰昆池。唐昆州因水为名。斜长百二十余里，东西广三四十里不一。历昆明及呈贡、晋宁、昆阳、安宁境。西北曰草海，东南曰水海。"

⑨ 渟 光绪《呈贡县志》卷三《山川志》作"停"。

⑩ 乾隆《晋宁州志》卷四《山川志》："金砂草湖，在城西五里金砂村锦川里之西，周回可十里许即昆池，滨西有海埂，自牛恋乡至河泊所，水中有石一路，俗名将军路，为昆池分界。中有奇石，差参隐见，俨若牛形，即《志》所载石牛也。其东南诸山皆桃梨，春花烂熳十余里，湖山相映，漾影摇光，西北连海，烟波浩淼，渔舟往来，人咸称为晋宁西湖。"

⑪ 道光《昆阳州志》卷五《地理志·山川》："海口，在州北三十五里海门村，滇池从此西流二十里，折入螳川，口易淤塞，每岁修浚，盖因滇池之水由此濡泄也。""东湖，俗名草湖，连接滇池，在州东门外征元阁前。莲藻平铺，掩映桃柳，鱼舟贾船，络绎其中。"

白眉初《民国地志总论》卷三《湖泊篇》：滇池周回二百余里，位于六千三百余尺之地，池水清澄，沿岸山峰耸秀，风景绝佳。

杨文洵《中国地理新志》第四编《云南省·湖沼》：滇池一名昆明池，在昆明县城之南，海拔约二千公尺，湖上可通小舟，但日中风浪颇激，操舟为难。

日本东亚同文会《支那省别全志》第三卷《云南省》：云南府城在出海六千四百尺之高原，因南境有昆明湖，故一称昆明，城内有昆明县署。

以上系各种地志所载滇池之状况。

郦道元《水经注》卷四〇：温水又西南经滇池城，池在县西北，周三百许里，上源深广，下流浅狭，如倒流，故曰滇池也。

张道宗《记古滇说》：水多聚于山顶，溪池广远，谷岛高峙，乃曰滇水。滇水周三百里。

高岱《鸿猷录》：洪武十四年，梁王闻达里麻兵败被擒，大惧，走滇池岛中，先缢，而其妃自饮药不死，投水死之。

阮元声《南诏野史·南诏古迹》：按：是书不分卷，胡蔚订正本分上下二卷。滇池三百里。晋武太元十四年，宁州守费统奏滇民董聪见池中黑白二马出入。

冯甦《滇考》卷上：汉通西南夷，置郡县。滇，今云南府也。昆明，今丽江通安州，汉初置县，曰定筰，属越嶲郡，至唐仍称昆明，即今所“闭嶲昆明”者。今以滇池为昆明池，非也。

邵远平《续宏简录》卷一九《功臣三·兀良合台传》：元宪宗命忽必烈讨西南夷，以兀良合台总军事，入大理国，分兵取附都鄯阐，至乌蛮所都押赤城即鄯阐，城际滇池，三面皆水，阻其固，阿术乘夜潜师跃入其城，众大溃，追至昆泽，擒国王段智兴献于朝。

倪蜕《云南事略》：顺治四年，昆明、晋宁、昆阳、呈贡各处士民数万人，浮昆池避难，流寇孙可望使贼将王自奇以兵搜掠，尽杀于雄川阁前。

顾祖禹《读史方舆纪要》卷一一三《云南一·滇池》：《南行录》滇池周广五百里，称南中巨浸，池有大、小卧纳二岛。《滇记》云：延袤三百余里，军民田庐，环列其旁。

齐召南《水道提纲》卷八《江上》：滇池在云南府南，西十三度七分，极二十五度一分，东北斜长一百二十余里，东西广三四十里不等。碧鸡关南太华山，当滇池西岸，滇池即古黑水，亦曰昆明池也。

吴承志《山海经地理今释》卷二《西山经下》：左思《蜀都赋》曰漏江洑流。今河阳县西有大溪，即滇池伏流复出螋口之水。《读史方舆纪要》云：晋宁西海宝山，相传山下有窍，滇池之水，由此泄入澂江府之龙溪，流入抚仙湖，下流为南盘江，即左思所云漏江。龙泉溪，亦曰碧泉溪。滇池四围有山，即泛天之水。[①]

李诚《云南水道考》卷二《金沙江上》：金沙江经武定州[②]狮子厂南，禄劝县[③]洒马

---

① 《山海经地理今释》卷二《西山经下》：“左思《蜀都赋》曰‘漏江洑流溃其阿，汩若汤谷之扬涛，沛若濛汜之涌波’。漏江，今河阳县治，其西有大溪，即滇池伏流山下，复出螋口之水。《读史方舆纪要》云晋宁州西海宝山，相传山下有窍，滇池之水，由此泄入澂江府之龙泉溪，溪在府西十五里乱石中，流入于抚仙湖。抚仙湖，今曰仙湖，下流为南盘江，即左思所云漏江。龙泉溪，亦曰岩泉溪，溪东又有一溪，皆南流合潴为湖，与泛水之形合。古绳水不屈北流，盖于今禄劝县东北，合牛栏江，自阴沟硐折流，而西南之水南趋普渡河，至昆明县南，折东汇为滇池。滇池斜长百二十余里，广三四十里，四围有山，即经泛天之水。”

② 州 原本缺，据《云南水道考》卷二《金沙江上》补。

③ 县 原本缺，据《云南水道考》补。

基北，又东北，会[①]普渡河，南自嵩明州[②]会滇池，昆明、呈贡、晋宁、昆阳、安宁、禄劝、武定诸水，曲曲六百余里来会。

李德泽《昆明池考》：昆明池即滇池，非二水也。自杜氏《通典》有“西洱河，一名昆瀰川，非滇池也”数语，而全祖望欲据以正旧史，殆未之考也。夫昆瀰即昆明，又名昆州，古滇国也。西洱河，即古叶榆河之北流者，无昆瀰川之名。滇国与叶榆相距千里，奚得混昆明、叶榆为一，而谓昆明即西洱耶？杜、全二子，未履滇境，未免臆断之甚。

童振藻《云南温泉志补》卷一《昆阳县》：热水塘，《云南府志》在州前系昆阳州，近改为县。北五十里[③]滇池旁，水气微温，渔人取浴。按《昆阳州志》所载，惟水气温暖[④]，余均与《府志》同。而何大宠《滇池论》谓昆阳友于村之南冈下，出二泉，一寒一温，不盈百步，并入滇池[⑤]。此泉是否热水塘之温泉，俟再考。

以上系各种史书及地理诸书所载之事实。

就上摘录之故实观之，滇池自庄蹻占领后，中原人士，即移殖其间。自汉置县后，改土归流，久沾华化，加以边地农商，资其启发，高原气候，赖以调和，文化之源，实浚于是，省名之称，故假用焉。此应重视者一也。

源流所经，广及十属，河泉所汇，容纳百余，成为一大系统，而碧波万顷，如汇沅湘，利擅五湖堪比吴越，宜与洞庭具区等列为大泽，此应重视者二也。

长安昆池，仿之而凿，而北京西湖、南京后湖，皆以昆明名之。北京昆明湖在玉河旁，见缪荃荪《顺天府志》卷二〇《宛平县·山水门》。南京后湖，亦有昆明之称，见吕燕昭《江宁府志》卷七《山水门》。现湖中老洲，设有昆明简易小学。又系制袭西京，用光畿辅，亦非内地巨浸所能企及，此应重视者三也。

具此三端，以故上列各书之撰述者，或考订原委，或描写景物，或辨析异同，或撮拾遗佚，莫不探赜索隐，藉以表著。虽《华阳国志》谓池周二百里，《蛮书》谓在拓东城西南四十五里，《南诏野史》谓池中有黑、白二马出入。按：《水经注·温水篇》亦有是说，惟仅谓两神马，一白一黑，盘戏河水之上，无董聪亲见一节。《滇考》谓滇池非昆明池之类，以现在之地势及科学绳之，自系误于传闻，或摭用神话，其余尚多信而有征，堪作滇池之史乘。惟滇池中产衣钵莲花，见于《明一统志》，范承勋、鄂尔泰之《云南通志》亦均载之。现滇池水中，仅有海莲花，前于物产内叙明，疑即是花。此外，有地涌金莲一种，花如莲花而色黄，瓣约数千，较莲花为多，开阅数十日方完，惟产于池旁各地，并非产于池中，是否即系衣钵莲花，未能断定。又池中有卧纳二岛，明清《一统志》均载之，而明高岱《鸿猷录》谓元梁王走滇池岛中先缢，《明史》谓梁王走晋宁之忽纳砦焚其龙衣。忽纳砦恐即卧纳岛，是该岛不仅上列志书载之，今按云南续纂各《通志》《云南府志》，昆明、呈贡两《县志》，晋宁、昆阳两《州志》，近编昆明、呈贡、晋宁、昆阳各县《地志》，近印测绘滇池之图，均未载有是岛。虽钱文选《游滇纪事》谓草海有三岛，岛均甚小，亦非卧纳岛。询诸滇中耆老，亦无能指定在今何处，不知近年因何堙没，后

---

① 会　原本缺，据《云南水道考》补。

② 州　原本缺，据《云南水道考》补。

③ 五十里　《云南温泉志补》卷一《滇中道·昆阳县》作“四十五”。

④ 惟水气温暖　《云南温泉志补》作“惟水气微温，作水气温暖”。

⑤ “滇池”字下，《云南温泉志补》卷一《滇中道·昆阳县》有“每当风静波澄，海泉涌出之处，翻青渝白，有如沸釜，篙工罟师，皆能详之”数字。

之游者，当留心以探讨焉。

总之，滇池在吾国历史地理方面，均有重要之关系，史学、地学家欲洞厥形势，皆应作实地观察。况在万山丛杂，若人烦闷时，一遇烟水苍茫，豁然开朗，则气舒心旷，增益神志。以故无海岸处，以长江大湖代之，其文明亦易滋长。滇南文化，不亚中原，惠受滇池，亦要因也。如再能视日本学子集于琵琶湖畔藉养活泼之天机，俄国古帝游于帕雷佛斯拉乌尔湖致拓海洋之思想，或备艇竞赛助长体育，或置轮驾驶练习水战，亦主滇教育、军事者所应厝意也。

若夫气候适宜，花木长春，固已能养天和。若履仙境，峰伫美人，洞涵清漪，又复朴无俗妆，旷有幽致。加以晴时，波光日映，宛同锦织；雨时云际龙垂，俨演珠戏。而斜阳西射，如闪瀚海之金砂；皓月东升，似铺冰洋之白雪。秋霜遍降，蕉光与蓼花争红；冬雪纷飞，梅叶与蒲叶竞绿。一似别有天地，游历家更当一领略之。谓予不信，试选录骚人诗文，以为一斑之证。

文

诸葛元声《滇史略·自序》：

滇池冬温夏凉，曾无褦襶冻栗之苦。四时卉木，未尝改柯易叶。风微狂飔，泽不腹坚。弥望汪洋，引手可掬。晴沙月渚，游不择时。载酒弦歌，流连竟夕。盖挟洞庭之胜，而绝无骇浪惊涛。领西子之宜，而不劳工力修筑，直天壤一奥区也。

赋

李映《滇池赋》摘句：

玉带环金砂为案，七峰供五华作屏。水上楼台参差云树，潮头村落隐见桑麻。城郭半山半水，人家在水在涯。涛飞百濮之彩，碧泄万顷之光。纵目碧峣，山高月小，游心青草，烟翠雨红。洵属益州瀛岛，滇国壶天，清澄万里，吐纳百川。

诗

雷跃龙[①]《昆明池篇》：

汉家欲拟昆明池，油幢绣鹄晚风吹。于今池上波犹阔，枉度清宵鼓角时。五更鼓角三更歇，石鲸骧首窥明月。野凫画鹢寂无声，十里芙蓉连夜发。芙蓉万朵柳千条，双堤一镜照花娇。三三五五菱歌女，暮暮朝朝燕子桥。燕子桥南烟馥馥，罨映楼台冰雾縠。明露水际郁空苍，绿鬟青黛漾潇竹。潇湘昨夜雨茫茫，不分昆明杜若芳。日月悠悠间出没，溪山历历自笙簧。笙簧奏罢长天碧，晴雪喷蒙螺髻白。太华峰头揖桐君，玉案山头淹羽客。羽客淹留玉案愁，海风

① 雷跃龙 原本作“雷耀龙”。康熙《云南通志》卷二十九《艺文九》题作“昆明池 雷跃龙”，见后。今据改。

吹断五湖秋。腻香春粉栖黄蝶，白鹿青莎傍彩鸥。彩鸥初浴青波暖，荇带蘅裳流艳满。九十九泉琼乳长，五千万顷瑶华短。瑶花丹毂会轩朱，玉笋金莲槛凤雏。绕遍碧飞仍雾琐，翠余红树倩烟扶。烟扶红树岚扶鹤，露挹胭脂堆翠萼。四百八十寺云横，飞来片片归晴壑。晴壑霏微带远钟，曹溪钵底卧苍龙。朱宫绛阙疑蛟室，银涛雪浪拍虬松。雪浪银涛兰蕙沚，荻芦瑟瑟珊瑚紫。鞣鞨杯传白苎村，水晶帘挂桃花里。桃花千树武陵溪，否亦浮罗月底迷。鸳鸯锦水秋光冷，鹦鹉芳洲树色低。芳洲锦水伤南浦，十二峰西空暮雨。解佩江皋忆楚妃，怀仁渡口思交甫。渡口怀仙去不还，吹箫人在野萸湾。我欲乘之横列渚，微风落日水潺湲。君不见，辋川图，鉴湖曲，处士孤山梅萼绿。又不见，浔江悄，归帆杳，徒悲天际孤鸿远。何如泛星槎，歌窈窕，银河清浅寒光皎，盈盈一水两心悬，千年照彻湖天晓。

杨慎《自晋宁之昆阳望海》[①] 诗：

昆明波涛南纪雄，金碧滉漾银河通。平吞万里象马国，直下千尺蛟龙宫。天外烟峦分点缀，云中海树入空濛。乘槎破浪非吾事，已斩鱼竿学[②]钓翁。

马之龙《鬟镜轩望昆池》诗：

昆池西流山北来，水亭山上面东开。螭迎日照美人峰名。髻，蜃气楼通罗汉台。汉帝旌旗空振武，梁王殿宇已成灰。风飘雨过愁无尽，我欲扁舟载月回。

袁嘉穀《昆湖櫂歌》：

雨丝如织月如弓，杨柳阴深隐钓篷。牵到大观楼畔系，肯随飞浪泛西东。绮云浓处彩船撑，歌舞游人竞出城。小小渔娃多解事，低头打桨唱无声。

朱克瀛《初春登金砂望海》诗：

宝严春早独登台，万里昆明气象开。巨壑晓风摇碧动，远峰晴日送青来。鹭沙鸥渚轻寒在，艖估渔舟返照回。横海楼船空习战，谁言汉武是仙才。

彭而述《冬日观昆海》诗：

滇南泽国枕昆阳，势接金沧万里长。冬夏峰高难赴海，此句疑有错误。九州图画

① 此诗 《升庵集》卷三十《七律》题作“昆阳望海”。
② 学 《升庵集》作“狎”。

独称梁。雄风也自开偏霸，荒服居然奠海王。万木萧疏人事晚，几回立马向苍茫。

王曦《昆海晴望》诗：

昆海烟霞一画图，依稀蓬岛访仙都。泛槎客去何时返，跨鹤人归那处呼？别恨不随流水逝，离情岂共晚烟疏？行旌遥指双童子，敬达心香一束刍。

张旭《海潮夕照》诗：

昆水西头古竺林，婆娑江树夕重阴。海潮倒涌衔山日，返照斜翻隔岸岑。高下浪堆千尺雪，往来帆挂一帘金。渔翁钓罢归舟缓，晚浦遥闻沧浪吟。

陈琏《滇池夜月》诗：

明月孤城滇海涯，碧天清练起烟花。渔舟夜泊江风静，芦雁秋飞锦字斜。玉宇无尘悬藻鉴，沧波耀影动仙槎。而今纵有东坡兴，赤壁难寻卖酒家。

观以上选录之诗文，滇池各种风景，已见一斑。

世人谓杭州西湖为诗之湖，如游湖无诗便俗了人。余谓滇池亦为诗之湖，游湖无诗，湖亦未免笑我之俗。但西湖媚而诗应温柔，滇池壮而诗应雄放，方能体物而相称。不过温柔之诗不易为，雄放之诗尤不易为，盖必有才气以副之。故余与滇池缔交逾二十年，欲柬以诗，才绌气馁，未敢落笔，仅于己巳离滇时，诸友南浦送别，而滇池亦若有依依不舍之意。我乘车过呈贡而南，回首一顾，于山穴树杪中犹望见之，又若有约我再会之意，其情可谓厚矣。彼时勉成八绝以柬之，爰录于下，以作结束。

天生大泽启西南，山岳嶙峋海气涵。
孕育文明应离象，浪花五色尽章含。

顾名莫说倒与颠，湖与池当第后先。
惟有高堪凌泰顶，大家瞻仰到南天。

高山西峙水东环，如见衔山月一湾。
瘴雨不生云翳尽，辉腾金碧照仙山。

百泉千涧也朝宗，水阔风腥卧蛰龙。
一至惊雷鸣旱地，出为云南慰三农。

芈氏南来此殖民，当年开辟斩荆榛。
而今王业都淘尽，国号惟留在水滨。

几扬尘复几扬波，劫历边隅岁月多。
今又飞槎天外逼，年年战习孰挥戈。

一勺清波饮倒流，几人回棹又重游。
我曾狂吸多情水，再晤何年诉别愁。

银汁鲜烹金线鱼，离筵惜别盛情摅。
归途买放长江鲤，逆水西将尺素书。

二四·六·一六　纂于杭州。

测勘南河情形说略

第一段　自霑益黑桥至金龙沟

南河发源于花山洞，距霑益城百里许，会白浪三川之水以抵松林。松林而下，一山当中流，形如舟，俗呼“石佛停舟”是也。越数武，石窍涌泉，约十余里乃奔泻于层岩之上，即天生坝。隔州城六里许。其上分为二渠，东流者越数小峰至大觉庵而止，西流则蜿蜒二十余里，以灌溉城西北之田。而幹流自坝下经大湾村以达黑桥下，始见平原，约三里许，达太平桥，有玉光村大小龙潭之水入焉。再七里许，至海家闸东，为沙河、西腊溪交汇之处，至此即名交河。至今闸废名存，河失故道。若雨集涨发，则洪水泛滥，沿岸水深数尺，现在河床深仅三密达[1]，宽贰拾密达零。又自梅家闸以至金龙沟，河床宽仅十五六密达。如腊溪决于西，沙河溢于东，则霑益东南之地必成泽国矣。为今之计，必使河床开广挖深，借泥筑堤，使西、东来汇之水，一一得其故道，庶容纳既厚，而宣泄亦畅，可立见沧海变为良田矣。然于薛家圩，前为青龙坝、金龙沟，侧为阎王坝，年年挑工筑坝，大为河害，非另筹改良方法不可。核计霑益地段，自黑桥起至金龙沟止，计长叁万伍千叁百叁拾陆尺，如梅家闸复故，则青龙、阎王坝不筑，亦足以资灌，约计石工壹千元零，而开河悉借民力焉。

第二段　自金龙沟至南河口

自金龙沟以达三控桥，为南、霑两属交错地，河东属霑益，河西属南宁。自崔家圩下，以至李家圩，倚圩结庐，而圩内尽属水田。表面观之，以得水之利，而为日既久，河渐淤高，非河流崩圩，即内水坐困，故多数泛为水沼，而不能耕耨者有之。又于三控桥上，草河头下，则腊溪之支流汇入焉。河东霑益地至宋家河一带，则沿河未筑圩堤，纵约十余里，横约二里许，仅可种麦，夏秋多成泽地，而角家龙潭之水于此汇焉。三控桥下河，东为河头下家墩子以至新圩河，西为容家圩中河桥以至庄家圩南，河口即界于此。中河桥为白石江来会处，南河口即潇湘江来汇处。自三控桥以至南河口，际此水势已大，而河流平衍，水准差不过四生的余，而两岸倚圩潮泥淤塞，河高圩低，时忧河溢。至南河口已为众流所归，河床至此，返形狭隘，故河发涨涌，则宣泄不及，时有倒流之害。然则修治之法，既不能别杀水势，是非深加排挖，不足以见功效。如能河低于田，

---

[1] 三密达　三米。

则圩内可免其鱼之叹矣。此段河浅，计长叁千捌百壹拾柒丈伍尺，而改建桥梁及另修南河口顺水石墩，需银壹千捌百元，民工约需贰拾捌万叁千伍百余名。

第三段　自南河口至亮子口

南北河口，为腊溪、白石、潇湘三江所总汇地，河床于此，颇觉窄狭。自胡卢桥以抵高桥，其宽仅二十密达，而穿心、南心、石喇、套子等圩，环包其左右，河床狭隘之处，全体端见于此，此固居南河咽喉之地，深虑宣泄不及，而有隔结之病，加以一带居民，又复沿堤以卜庐墓，则欲挑宽河床，尤觉行之为难。然幸此得有支河以左抱石喇之东北，其足以资排渫而杀水势者，固大有可凭矣。今拟因势利导，即可就子河而深加疏浚，使上流免中梗之病，而尽旁通蓄泄之利，庶流机畅彻，安澜可庆矣。自高桥直下，以达恭家坝，河之深泄如之。再而南趋瓦子村，又为西来众流所归于此，而河床稍宽，村落较疏，只两岸麦地，为数不少，及流经亮子口，以水准平均反高于上流恭家桥十四生的五米力，推原其故，则为东山诸山水所充积淤塞。是亮子口为南宁河流最要之点，昔人屡有议宜疏浚者，乃终未克底于成。此段计长贰千肆百柒拾丈，改建桥梁，拟款柒百伍拾元，民工约需壹拾伍万叁千零。故深浚南北口之支河，以杀上流之势，复顺导亮子口之山水以排下流之机，则生民免堤决之忧，而有沧桑之庆矣。

第四段　自亮子口至竹园

自亮子口而下，直南流以达越州，河床较宽，约三十五六密达。流经河坝湾，复曲包小村，长壹千五百密达，约三里许。数年前，为乡人张公直开支河，则河流直下矣。际此村民多居高原，两岸潴泽，不一而足，若河床深浚，使潦水有受，则良田数万顷，可立而现。及抵越州城外，有自东而来之龙潭河水入焉。又西山诸水，倏忽陡发，澎湃奔腾以来汇，其为河大害，正非浅鲜如此。而直达竹园皆如是。然既不能分支流以杀其势，又不能除漾塘以滤其砂，则只可顺导其流，时加疏浚而已，庶上游斯无防害矣。此段计长陆千贰百柒拾壹丈，顺水石墩估计壹千贰百元，民工约需叁百叁拾贰万肆仟有奇。

第五段　自竹园至马场湖

竹园下五里许，为黑波潭，是即头道坝也。此处高于上游之大窑湾，计有贰密达。而自此以达石嘴桥、响水坝，两岸逼近高山，河底石层鳞布，加以山水沙泥，充塞填淤，而河床安得不为纳垢之所，此河流之防阻一也。

沿岸居民，固属稀少，而一二小村，又复倚石砌坝，以立自行水车，计坝二十二道，然所借资以灌溉者，只沿岸数项，其足以滞碍上游者，害固多矣，此河流之防阻二也。

故石层隆厚，坝垒截流之处，务必概为破除。西岸薛旗、田老、吴冲、石嘴山数处，山水冲决，砂砾流积，相延岁月，使河床增高者，正职此之故，如石磊既破，庶推荡自易矣。下此而抵马场湖，南宁地界止于此，而此段河东又属霑益地址，计长河线陆千壹百贰拾柒丈，石工拟需壹千贰百元。其攻破石硖所用炸药在外，民工约计肆拾伍万伍千伍百零。

第六段　自马场湖至沙沟口

出响水关而下，为马场湖，南宁地界止于此。两岸平畴较宽，河流曲折，以达古城，乃环包故垒，河线距离壹千贰百叁拾叁丈有余，若直径而过，相间仅三百步耳。相传此地为土人帖木儿据以为险之地。今城址隐约犹存，然足以阻上游流机，而成泛滥之势者，莫甚于此。而且板桥来交之水，俗名蠢水。能使河流横截，亦来汇于古城小堡之前。今欲以顺导水势，使无遏阻，除开凿古城，别无良法，其足以节省人力而速收地利者，亦于此处惟得便。再下河直南流，以经河西堡，而抵沙沟口，河线共长壹千七百伍拾壹丈零，为陆凉之上海子地。此段计长六千五百七十八丈，石工拟款壹百五十两，民工悉借力于民，地方之留心水力者，亦有建议自马场湖直开河道，以达古城之外，则河流直下，自无阻机矣。

第七段　自沙沟口至顾家嘴子

河流至沙沟口，折而西南，以抵陆凉城西之顾家嘴子，至此约长三十里。南岸为十三营白水塘地，尽属膏腴之地；北则小海长堤圩一带，困于内水无出，以至多受湮塞。然河既节节而疏通之，则长圩以内之旧州等地，潦水得有归宿之所，何至使高者为茂草，洼者为沮洳？而顾家嘴子，北岸为西山河所归，东为中涎泽所归，南为戛古山水所归，是此地为河之尾闾，而即海之咽喉也。故欲使脉络贯通，经纬毕具，则必深浚幹流，不徒补苴以罅漏。庶容纳既厚，而宣泻亦易矣。此段计长伍千伍百二十一丈，除民工外，只西山戛古二山水，必修顺水墩二，导其流机，庶免冲决之患矣。

第八段　自南河口至天生坝

南宁汇入大河之支流，其最钜者为潇湘江，而自天生坝以趋南河口，即潇湘江之下游也。南宁附郭之田，其借资以灌溉者，为数亦复不少。惜河堤破坏，沿岸泛为潴泽，若非疏浚河流，坚固堤防，则南宁之水患，终不可除。而其要隘则寄于南河口，何也？南河口为白石、潇湘、腊溪诸水容纳之所，雨集涨发，河流奔腾，宣泄不及，则破圩立见。今为之计，必使南河口筑为顺水长墩，以导其势，厚培堤埂，以防其溃涣。如是而幹流既通，则诸凡聚潴之处，可不劳而自治矣。此段河线，计长贰千贰百贰拾陆丈，所需民工颇多，而石工已拟入幹河计画内，只南河口一处而已。

第九段　自沙沟口至马房

大河至沙沟口，幹流自西南以达顾家嘴子，又分支流，即南向经三岔河，以抵泰家坝，而入于海。今欲使中涎泽变为良田沃土，拟自泰家坝头之沟尾坝，接筑双堤，以直达马房。东则直趋龙翰山脚之白岩，而南向亦接筑送水夹堤，庶河流入海，而得堤防范，何至成泛滥之势？斯则堤以内为容纳河流之区，堤以外收易渔为佃之利矣。盖三岔河为大河之支流，其右岸一带，是即十三营膏腴之区，左岸一带，沿堤不少良田，而限于大海之侧，是以地多而田少，如筑为长堤，以防海水，则东海沮洳之域，不难使桑麻成荫。而中涎泽南之大小龙潭、马街、朱家堡、象嘴、郭家村一带村落，悉可借水为城，相乐耕耨，庶免载胥及溺之叹。而庆年丰物瑞之庥矣。此段计长二千七百九十五丈，约需民工一十七万八千八百名有奇。

第十段　自马房至大洲子

马房几居于海之中心点，自马房西流，以抵阎方桥，为海水交入幹河之处。稍下而即顾家嘴子，今拟新筑长堤，即接续以抵于此，直至西桥大洲子地，河线距离长二千五百九十六丈。而此段要害，则注重于西桥，前后南、霑、陆三属之水，悉至此以为归纳之所，而陆凉中涎泽之海水，亦必由此而导入于河，若不能排决而疏浚之，则上游之河害，终不可除，而海水之宣泄，未易为功。然西桥一带之阻碍，以河床、石硖之密布也，故必于石层隆厚之处，轰凿破除，大为深广，庶足以导流机而畅水势，则全河顺畅，而安澜可庆矣。此段石工款资拟需壹千肆百元。而炸轰药料，不在其内。民工约需二十九万九千四百八十零。

今以全河而论之，其大为河身之障碍者：一则南宁界自头道坝至龙呤坝之坝坎石硖也；再则陆凉西桥至大洲子之层递石垒也。其为河身之要隘者：一则南北河口之太形狭窄，而河涨陡发，蓄泄不及，则易成倒流之害；再则山水衡决之处，不一而足，砂砾遍阻，河流淤塞，而河床日见其增高也。今而欲除其患，必尽其顺导之方，而免使中梗倒流之病，必破其碍塞之处，而克著滔流畅达之机，则南河之水患，未始不可从末减矣。至逐段水准之相差，开挖之浅深，应需之工程之款项，则悉备于表内。再若河流之形势要害，则总具于图面，兹亦不具论矣。

曲靖府属南河测量工程一览表

属界	地段	水准差（米）	平曲距（丈）	修桥梁	破石硖	顺水磡	石工款	应挖深浅	应修宽窄	民工数
霑益	黑桥至金龙沟	-4.311	3533.6	梅家闸		太平桥	1050	45	9	171732.96
南宁	金龙沟至南河口	-2.463	3817.55	三空桥 长 桥 中河桥 新口桥		南北河口	1800	616	10	283567.614
	南河口至亮子口	-3.521	3470.5	丁家桥 张果桥		紧水口	750	316	10	158456.61
	亮子口至竹园	-3.504	6127.01	越州下桥		大桥头 平旗田 竹园	1200	441	11	332402.5465
	竹园至马场湖	-14.082	5522.25		头道坝一带	潦浒石 老吴冲 石嘴山	4130	373	125	455569.38
	南河口至天生坝	-7.699	2429.35							20000
陆凉	马场湖至沙沟口	-5.716	6578.175			板桥 黄家圩	130	671	14	688577.0462
	沙沟口至顾家嘴子	-1.232	5521.255			顾家嘴子 西山河口	100	3.13	15	443449.2382
	沙沟口至马房	-3.82	3975.3					5	8	178888.5
	马房至大洲子	-1.686	3596.7	西桥	小滩梁子 大洲子		6400	6	18	399483.576

续表

属界	地段	水准差（米）	平曲距（丈）	修桥梁	破石硖	顺水礅	石工款	应挖深浅	应修宽窄	民工数
总计		－35.875	34570.34	九处	三处	十三处	13600			3132127.4909
附记		一沿河分段，以要害民工相就之处而论，未计河线长短。								
		一水准距离总数，只合干流计算，如自南河口至天生坝，沙沟口至马房，马房至大洲子三段，系支流如河，固未加入。								
		一石工兼改修桥梁，炸轰石夹在内。								
		一河床应开之深浅宽窄，即以各段平均之。								
		一民工专就开挖筑堤言之。								

〔据童振藻纂辑《云南史地资料汇编·滇池纪游》（杭州图书馆1992年影印本）辑录。1908年至1927年，作者先后5次寻访游览滇池，以故滇池全部之内容及西岸诸山之概况，亦多了然，故就数次游访之所获，征文考献，稽古今图籍，分位置、名义、面积、深度、源委、气候、地质、水利、物产、航路、胜迹、故实等12门，撮要叙述。该书条理清晰，叙述扼要，很多方面反映出作者独到见解。提出重视水利，疏浚支流建设意见。通过历代各种正史、野史、个人著述、诗文词赋中记叙滇池之美景故迹，得出“滇南文化，不亚中原，惠受滇池，亦要固也”之感慨，肯定了滇池在中国历史地理方面重要之关系，认为滇池可与北京昆明湖、杭州西湖等内地名湖相媲美。卷首有民国二十五年作者自序，卷末附作者《离滇八绝》《测勘南河情形说略》及《曲靖府属南河测量工程一览表》。《一览表》对南河逐段开挖之水准、开挖浅深、工程款项、应需民工数等做了详细记载。但有关数据核校欠精，如“马房至大洲子”段，平曲距为3596.7丈，但水准差高达1686米，显然有误。又如有关“民工数”的个别数据，经辑者核查，与正文所叙，出入较大，“马房至大洲子”段，文中记“民工需二十九万九千四百八十零”，表中记为“399483.576”，多出十万；又总计为“3132127.4909”，但“沙沟口至顾家嘴子”一段表中即为“4434492382”，漏了小数点，高达数十亿，远远超过总计数，当有讹误，已据实情略作订正，以供参考。然瑕不掩瑜，总而言之，该书是滇池历史地理人文研究方面较系统翔实的一部专题著述，为今天了解百年前滇池风物，进行滇池流域综合治理，提供了一份真实直观、内容丰富的历史文献研究资料。〕

滇边自然地理概述

陈碧笙

所谓“滇边”，望文思义，当然系指云南对外接壤的区域而言，其对外的界线尚比较确定，但对内的范围就模糊笼统得很。那里是边地？那里又算不是得边地？边地与内地的界线究竟在什么地方？恐怕很多人都说不出来。现在依据一般习惯的说法，对所谓云南边地，略定其意义和范围如次：

（一）在土地上，是和英缅、法越接壤的区域；

（二）在民族上，是汉族占少数，泰族、罗罗族、苗瑶族占多数的区域；

（三）在政治上，是土司政权仍旧发生作用的区域；

（四）在经济、文化、交通各方面是比较落后未开发的区域。

合于这四个条件的都可以叫做边地，都可以把它当作一个问题来研究。有许多区域，虽然不与缅越直接接壤，但因为（二）（三）（四）各项原因，习惯上仍可认为边地，譬如元江、景谷诸县以及思茅的普文，龙陵的潞江等区皆是。

一　位置（略）

二　地势（略）

三　山脉（略）

四　水系

云南边地水流大都与山脉相平行，由北至南分道入于南海，缅甸、越南境内的三大川，无一不发迹于云南。

（一）红河水系

1. **元江**　即红河的主幹，上流名礼社江。有二源，东源为弥渡的白崖睑江，西源为蒙化的阳江。二源在蒙化县东南合流，土名大厂河。一作大场河，又名卜门河。东南流至双柏属南嘉东南，有马龙河入之。又南至新平县西北，丁癸河又名绿汁河或麻哈江，其上流名易江及星宿江。自禄丰、易门南来入之，自此始称元江。过元江县境后，龟枢河自新平南来入之，乃又名河底江，其通名则称红河（Red River）。又东南流经蒙个临江外地至河口，有南溪河入之，然后出界入于越南境，称富良江。东南流至河内附近，又名东京河，分成为若干之汊流，分注于东京湾。

2. **普梅河**　发源西畴县北，初名那楼江，与温江会后名木奔江。东南流为普梅河，在董幹南出界入于越南境，会于红河。

3. **盘龙江**　发源文山县北一百里，一名开化府大河，过麻栗坡后有牛羊河入之。在麻栗坡南出界会于清水河，下流名苔江，会普梅河而入于红河。

4. **藤条江**　一作河流江，发源元江县南的哀牢山麓，南流至猛丁南，有绿水河土名南木河。入之。至猛喇南，有金子河入之。在那发对汛出境，南流会李仙江。

5. **把边江**　发源蒙化县南的无量山麓。全流与红河相平行，初名中川河，至景东县境名景东河，又名景来河、新抚河。至镇沅县西名银江，至宁洱北乃名把边江，至磨黑井北，磨黑河南流名者干河、鲁马河。北来入之。稍折东，即墨江一名布固江，南流名谷麻江。南来入之。诸源既会，东南流在江城属的坝溜出境，名李仙江。又南会藤条而为黑江（Black River），为红河重要支流，其下流在河内北合于红河。

（二）澜沧江水系

1. **澜沧江**　一作浪沧江，古书作鹿沧江。源出青海西南部的匝噶那山，名匝楚河，亦名格尔吉河，或鄂穆楚河。南流至西康之察木多即昌都，名察木多楚亦名昌河，会都河后又名拉克楚河。又南流，在盐井南河墩子北入云南境，始名澜沧江。南流云岭与怒山二山脉之间，纳小支流无数，至云龙的功果桥，有沘江入之。至永平的宁台厂北，有永平河入之。至云县的神舟渡西，有漾濞江上流有白石、胜备、洱水三源，至蒙化境名碧鸡江，下流名黑惠江，通名为漾濞江。入之。至云县南，有孟佑河即南桥河，亦作老闸河，上流名顺甸河。入之。至景谷境，有那判河、早巴河等入之。至双江境有白允河入之。至澜沧境有黑河、南底河等入之。至普洱境有杉木江入之。至此亦呼腊撒江，又南称糯札江、整控江，下至车里名九龙江。西纳宁的江南朗河，南峤、佛海的流沙河，大猛笼的阿河；东纳亦顺的南养河，镇越罗梭江，猛腊、猛棒的南腊河，然后出界为缅越交界水，暹越交界水，又南斜贯越南的、老挝、柬埔寨，名湄公河（Mekong），在西贡西分出无数港汊，注于南中国海。

2. **杉木河** 源出景东惠西的无量山，初名猛统河一作正统河，西南流至镇源抱母井附近，会蛮况河亦名树根河，名杉木江。西南行又纳景谷河，在猛住南会于澜沧江。

3. **南允河** 有二源：北源出耿马土司北山中，名南别河即耿马河；南源出猛董南的卡瓦山，名南董河。二源既会，名猛胜河一作党河坝，东流会由双江南来的南猛河一名猛猛大河。又东南流会由上猛允北来的南允河，始名南允河，亦作小黑江，在双江渡北会于澜沧江。

4. **流沙河** 有二源：北源出南峤县北的新火山，名南哈河，南流经蛮令、蛮章令、顶真而至佛海；南源出佛海县猛混南的黑龙潭，名南混河，北流经蛮货猛、猛混至佛海。二源既会，合而东流，在车里宣慰北，入于澜沧江。

5. **罗梭江** 源出宁洱县东南的猛先，初名猛先河、补老河，至整鲁名整鲁江。南流经景劳、中董、整董、猛旺、补远，名补远江。又西南经莽芝，纳由普藤西来的大开河，始名罗梭江。又南纳磨者河一名猛野江，又西南沿攸乐山麓至猛仑南，入于澜沧江。

（三）怒江水系

1. **怒　江** 源出前藏拉萨北的布喀池，名喀喇乌苏河。蒙古语，黑水之意。东流至西康三十九族地，□[①]卫楚河，又东南流，经巴克硕与波密之间，为萨伦河，又南流，入云南怒边境，乃名怒江，一名潞江，英语为萨尔温江（SaL Ween）。自是流经知子罗、上帕、泸水、腾冲、龙陵、保山、镇康境，平行于澜沧江之西。怒山、高黎贡山两脉夹峙，支流甚少，流域甚窄，西岸巉岩各高六七千英尺以上。保山以后两江间的距离逐渐开拓，支流亦较大。至三江口有枯柯河入之，出界走缅属北掸部麻栗坝地，至滚弄有南丁河入之，至此亦名滚弄江，即我国古书上的喳哩江。以后纵贯滇缅南段未定界及缅属南掸部卡冷山（Karen），与伊洛瓦底江相平行，南至摩淡棉附近，经于马达班湾。

2. **洛甸河** 有南北二源：北源出保山板桥北山中，南行贯穿保山全坝，纳沙河，名枯柯河。又经阿思均、湾甸，至老店与乌龙河会；南源名乌龙河，亦名镇康河，源出镇康县南的乌龙山，北流纳大猛统河，而会枯柯河。二源既会，乃合而西南流，名南甸河，亦作猛波罗江，在三江口入于怒江。

3. **南定河** 一作南丁河，源出缅宁县南的猛准，初名猛缅河。北流经博尚街缅宁县一碗水，纳小流无数，折而西行至猛赖，名猛赖大河。又西南经虎口、猛止、猛勇、猛简、者哈、猛定，又纳小支流无数，皆名南定河。术达以后，入于滇缅南段未定界，又经南湖户板，在滚弄渡或作崑崙渡南入于怒江。

4. **南卡江** 全流在滇缅南段未定界内，源出澜沧县西的卡瓦山，上流名南杭河。流至猛河，东纳南纳马河，西纳南板江，乃名南卡江。又南流西折而入于怒江。

（四）伊洛瓦底江水系

1. **龙川江** 上流名明光河，源出泸水南的七藏甸，南流纳灰窑江一名固东河，名曲石

① □ 原本脱，据上下文意，当为“名”字或“为”字。

江。又东南会大塘河，始名龙川江。又南经橄榄站、蛮老、小陇川，亦名南养河。至遮放西，有南性河即芒市河入之。又西南在黑山门出境，为滇缅交界水，名瑞丽江（ShweLi）。又西行北折至温板，名温板江，又名莫勒江、流沙河。会于伊洛瓦底江。

2. **太平江**　一作大盈江。有二源：东源出腾冲县东北的赤土、龍嵸、罗生等山，西南流名大车江又名南底河；西源出滇缅北段未定界起点尖高山东的琅牙山，初名盏达河，南流经古勇、盏西，名槟榔江。二江在干崖相会，名大盈江。西南流经蛮掌、小辛街、蛮允出境，入缅甸名太平江（Taping）。又至八莫即辛街，会于伊洛瓦底江。

3. **恩梅开江**　源出西康西南部，南行会察拉汪河，名狄子江，又名俅江，又名曲江，皆因其部落而得名。再南名独龙河①，在浪速地西有小江土名俄昌开江之水入之。又南有之非河入之。又西南行西北折与迈立开江会，为伊洛瓦底江之上源。

4. **迈立开江**　亦名南丘河，源出西藏南部，南行经郎陶、戛鲁卡、沙包，至散蒙、腊南，与恩梅开会，始名伊洛瓦底江，即我国古书上的大金沙江。二江既会，成大巨流，南下经密支那、八莫、杰河、曼德勒、物外、卑麦，下流分成无数港汊，在仰光西分注于马达班湾。迈立开江之西，复有亲敦江，亦会于伊洛瓦底江。又西则为布拉马普特喇河，上流为西藏的雅鲁藏布江，亦即佛书上所称的恒河。

5. **气候**（略）

6. **交通**（略）

〔据陈碧笙撰《边政论丛》（上海太平洋出版社1940年排印本）第一集第173页辑录。《滇边自然地理概述》录自云南行政人员训练所《边地问题》讲义稿第一章。陈碧笙（1908—1998），福建福州人。1924年至1926年肄业于上海中国公学大学部商科，1932年毕业于日本早稻田大学政治学部。历任上海、暨南大学经济系教授，滇缅铁路工程局秘书，厦门大学历史系主任，厦门大学南洋研究所研究员，台湾研究所所长和陈嘉庚研究室主任等职。《边政论丛》汇集陈碧笙先生有关边政论著21篇，分别是：《伟大的云南》《百年抗战与百年建设》《自南诏至暹罗》《车里与暹罗》《滇缅关系鸟瞰》《滇缅经济关系之过去现在与未来》《滇缅铁路与抗战建国》《滇缅铁路应走北线吗》《我们不怕封锁》《文化机关为何不疏散》《康藏滇关系论》《滇西边地经济之危机及其对策》《这里没有民族问题》《对于云南回变的新认识》《大理山水论》《澜沧江探流记》《孟定一瞥》《滇边自然地理概述》。附录一《云南边地问题研究大纲》、附录二《对印缅泰越马爪菲民族工作大纲》、附录三《开发云南边地方案》。涉及20世纪三四十年代滇缅、暹越边境之国防、交通、军事、政治、经济、民族、史地诸基本问题。其中多篇散见于《云南日报》《中央日报》《益世报》《新动向》《战国策》《责善半月刊》。本集仅依其内容性质，略为分别先后，首之以南进理论；次之以滇暹、滇缅问题，又次之以经济、民族、史地问题，其各种开发方案，则列于附录之中，以明层次。通过此书，对了解作者学术思想、奋斗精神及所抱中华民族南进之主张，也有确切认识，如《百年抗战与百年建设》《我们不怕封锁》等文，历经时间考验愈见其正确性。《滇边自然地理概述》开篇明确指出因诸多原因，历史上对“边地”“边界”的认识各不相同，而云南由于地处祖国西南边疆，其不仅存在“边地”“边界”之分，还有“边地”与“内地”概念之别，作者通过多方考证，从四个方面明确指出“云南边地“的意义和范围，具有一定的历史参考价值。〕

① 独龙河　原本作“毒龙河”，今名独龙江，据今名改。

诸河源流记

钱良骏

师邑，土地瘠硗，民生凋敝，幅员虽广，荒芜弥望。考其原因，实由于无河流灌溉，资利种殖。全县非无河道，大都山涧流出，水量浅涸，低地则夏秋淹浸，高地则岁时旱荒。而横水江绵亘县地，通过山峡，蜿蜒盘折，阴碍交通，无甚利益。清水江远界边境，经行山谷中，冬春水涸，可徒涉。粤西游匪，每乘水涸侵掠内地，劫夺牲畜，贼杀人民，县民不能享清水江之利，反受其害。惟四嶆内外诸小河，潆洄嶆地，灌溉田亩，滋产米谷，以养活全县人民，且有遗额输出外县，可谓功德水矣。而旧志缺载，源委不详，名称不著，岂非士大夫之耻乎？余亲巡嶆地，辨折源委，详加考察，分为二部，曰江内河流，曰江外河流。江内河流二，在头嶆地者曰五洛河，在克鲁嶆地者曰鲁克河。江外河流二，在坝林嶆地者曰坝林河，在蚌别嶆地者曰蚌别河。皆余所定名称，因地以著名者也。今将诸河源委，详列于左，使言水利者有所考焉。

第一部　江内河流

（一）五洛河

五洛河者，头嶆河流之总称，灌溉田亩有益三河流也。发源有五，而总归一流入横江，一曰竜木河，二曰路仇河，三曰大湾田河，四曰江竜河，五曰板江河。

竜木河，发源吊董。流出五里，至牛尾。由牛尾八里，至竜木。由竜木八里，至水寨南方流出，合板江河。

路仇河，发源板壁坡村外龙潭。流出五里，至矣结寨。由矣结寨六里，至路仇。由路仇流出二里，合板江河。

大湾田河，发源大湾田。流出二里，至板江村外，合板江河。

江龙河，发源江龙村。流出四里，至腊门寨。由腊门一里，至水寨村外，交板江河。

板江河，发源板江红石岩。流出三里，至路仇，合路仇河。由路仇四里，至水寨。由水寨村外，合竜木、江龙、大湾田诸河，流五里，至八艾。由八艾流五里，至红蚌。由红蚌流四里，至圭车。由圭车流一里，至弄台。由弄台流二里，至南岩。由南岩流五里，至小八达。由小八达流出村外交横水江。

（二）鲁克河

鲁克河者，二嶆河流之有益者也。发源罗平州之撒腭寨，自南方流出十里，至鲁克嶆之平寨。由平寨流出五里，至鲁克大寨。由鲁克大寨流出五里，至新寨。由新寨流出七里，至大小当硐。由大小当硐流出十五里，至便柳寨。由便柳寨流出村外交横水江，流长四十五里。

第二部 江外河流

（一）坝林河

坝林河者，盘旋坝林嘈地，灌溉田亩有益之河流也。发源由长街大庙山下，流出二里，至小弄哈。由小弄哈流出五里，至未纳舍。由未纳舍流五里，至簸箕田。由簸箕田流五里，至未月。由未月流十里，至上窝得。由上窝得流十里，至下窝得。由下窝得八里交清水江，流长四十五里。

（二）蚌别河

蚌别河者，流行蚌别嘈地曲折山峡中，沿岸水田借资灌溉有益之河流也。发源邱北县之凤尾平寨山下，流入师宗境之红湾。由红湾五里，至唐哈。由唐哈八里，至纳达。由纳达十五里，至令黑。由令黑十里，至鲁古。由鲁古五里，至固结。由固结五里，至蚌别。由蚌别十里，至舍利。由舍利十五里流交横水江，流长六十八里。

〔据钱良骏撰《双江旅行记》（民国二年排印本）第 16 – 18 页辑录。钱良骏，字小帆，一字伯良，号筱舫，昆明人。廪生，民国历任师宗、宜良知事。作者于民国二年（1913 年）正月十七日，以铲烟之役，亲历云南江外安抚沙众，巡视边寨，渡横水江、清水江，凡二十余日，将所见江河源流、物产、民俗等撰成此游记之作，名曰《双江旅行记》，附江防记、猫街里程记、诸河源流记、江外物产考及总图一幅，总为一卷。〕

滇池水域的变迁

方国瑜

一

滇池在云贵高原是最大的湖泊，承受上游各河流域二八六六平方公里的来水，汇为巨浸，起着来水和泄水的调节作用。环湖农田和湖里水产以及湖面航运，自古以来被人们利用，对这一地区的社会经济是很有关系的。这个湖的水位及容积不断变化，即水位由高而低，容积由大而小，是由于自然的作用，也由于人工所造成。其变迁的情况，从遗迹及历史记载来考察，便可知其大概。

现在的滇池水域，南北约三十二公里，东西平均约十点五公里，湖岸线最大长度为一百八十公里。水最深约八米，一般为二至五米。水位在海拔一八八六点一米时，面积约为三百三十平方公里，水体积约为十五点七亿立方米；若水位在一八八四点三米时，水面积约为二八八平方公里，水体积约为十点二亿立方米，其调节容量为五点五亿立方米。但历年水位和水体的变化幅度相当大，其最高水位曾达一八八七点零九米，最低水位曾到一八八三点九米，相差至三点一九米。在一年之内，水位相差最大数二点二八米，容量差七点零二亿立方米。水位相差最小数零点八九米，容量差二点七亿立方米。一般为水位差一点九米，容量差五点九五亿立方米，调节水量大致如此。

滇池来水，一为接受降雨，一为河水流入。在滇池地区雨量最大年，降雨达一五四七点五毫米，最小年降雨只五六二点七毫米，一般年平均雨量一零七零毫米，湖面每年受到的雨水可以有二点六四亿至三点一五亿立方米。又流入滇池之水，最大者为盘龙江，较大者有宝象河、东白沙河、马料河、洛龙河、西白沙河、呈贡大河、梁王河、柴河、昆阳东大河诸水，尚有若干小河。各河流入滇池之水，每年有五点五亿至七点一亿立方米，平均约为六亿立方米。故每年滇池接受之水约九亿立方米，这是一个重要的水利资源。

滇池去水，一为蒸发，一为流出。每年蒸发水分，据观测，最大年蒸发量一零八四点三毫米，最小年蒸发量八八五点五毫米；以此计算，每年水面蒸发约三亿立方米，相当于湖面所受雨水被蒸发损失。又由海口河流出的水量，最大年有九点二五亿立方米，最小年只有二点九五亿立方米，一般年份平均每年流出水量为五点二七亿立方米。

以上所说滇池水域的容积，水利资源丰富，用于农田灌溉、繁殖水产、城市用水、排水以及水面航行，都可以发挥很大作用。由于古代的社会结构限制生产力，利用水力资源很有限，但在各时期水位有变迁，作用也就不同了。

二

从自然情况来看，滇池水域是在不断变化的。这个断层湖的形成，以及冲击海口河出水，不知经历了多少岁月？这要靠地质学家来调查研究。已有出水口，一年一度的雨季、旱季，水涨、水落，也不知多少年了。形成这样一个湖的局面，以后又在不断变化中，四面雨水冲刷，泥沙流入，不断沉积在湖底。当大雨之后，在高空俯瞰，可以看到湖的边缘，呈现泥水荡漾之状。数日后澄清，泥土沉淀，经历年所，逐渐加厚，湖水也越来越浅了。又有十多条较大的河流，常年带着泥沙冲积，在入口的两岸逐渐增高，向湖里伸展，形成三角洲，不断扩大，在五万分之一的地形图上看得很清楚。所以从自然演变来看，湖的面积和体积不断在缩减，终有沧海变为桑田之一日。这是自然的趋势，而所能讲的滇池二三千年的历史，从地理年代来说，只是短暂的年份，变化不是太大。

据可考的历史，古时滇池水面有多大呢？从遗迹来考察，在滇池西南到东南地区，分布着很多螺蛳壳堆。据解放后考古调查，在海口至官渡一带，发现有十四处，这些是新石器时代文化遗址，螺蛳壳堆不是自然形成，而是人为的遗址。遗址里每一个螺蛳壳尾部搞成小孔，是被人挑取螺肉的痕迹（现在还用这个办法取螺肉）。并且在螺蛳壳堆中，掘出石斧、石锛、石锤、石刀，还有骨制的锥铲，蚌制的刮削器，以及大量的泥质红陶、夹沙红陶、夹砂灰陶制成的碗、盘、罐等破片，还发现有烧灶遗迹。可知古代居民住在这些遗址的年代很长，才会有大量螺蛳壳堆积如山，这是现在所知滇池地区最早的文化遗址。这些遗址，当时应在水滨，现在已离湖岸一至五公里，因为滇池水面退缩了。螺蛳壳堆以在晋宁河泊所附近者为最大，长五百米，宽一百五十米，地面海拔约一八八八米，可推测当时滇池水位海拔在一八八八米上下。文化遗址的年代尚未确定，但《史记·西南夷列传》载，战国晚年（当公元前三世纪初期），楚国遣将军庄蹻率兵至滇池说："池方三百里，旁平地，肥饶数十里。"（"十"字，原作"千"，今改）这时是"耕田有邑聚"的社会，是在原有文化基础上发展起来的。所以新石器遗址，应在庄蹻至滇以前相当长的时期，居民以滇池水产供食，后在池旁开辟农田，形成"耕田有邑聚"、"肥饶数十里"的格局。又后农业生产逐渐发展，《后汉书·西南夷滇王传》说："（王莽时）以广汉文齐为太守，造起陂池，开通溉灌，垦田二千余顷。”《华阳国志》卷十《文齐传》说：“迁益州太守，造开稻田，民咸赖之。”按：益州郡城在滇池县，这时引水开田，只能是在滇池旁改进农业生产条件，没有变动滇池水位。从很古时期延续至公元十三世纪中叶，滇池水面保持原来情况，没有多大改变。

元普祥撰《创建妙湛寺碑记》说：“滇池之东隅二十里有郭曰涡洞……云水杳霭……乡士大夫游赏缆船于渡头；吟啸自若，陶陶而忘反，命之曰官渡……乃古拓东演习落侯之苗裔生世攸乂之所。”则以湖滨渡口名为官渡。这里所说拓东演习高生世，是公元十一世纪后期，大理段氏分封为善阐（拓东）演习之高升祥的曾孙，继任演习（大府主将）职务，又传四世至十三世纪中叶，为元兵所灭，则高生世的年代应在十二世纪后期。这时官渡在滇池岸上，高生世居善阐（拓东）城，过着腐朽享乐生活，优游自得，经常乘舟到官渡停泊，饮酒赋诗，有人称为“停舟烟舍”，也有以“官渡渔灯”为昆明八景之一。到元代初年，滇池水面退缩，在官渡筑宝象河堤，后来堤身继续延伸至五公里入滇池。虽然官渡地名未改，已不是湖边的渡头了。普祥撰《创建妙湛寺碑记》说：“至元庚寅（公元一二九〇年），即于郭外江北浒鼎新梵宇，额曰妙湛。”就在宝象河旁新建佛寺，寺旁有螺蛳壳堆，高三米。一九六六年春，因修整官渡街道，挖取大量螺蛳壳填路面时，瑜在官渡捡得很多陶片，即新石器时代遗物，可知远古以来，官渡地濒滇池，直到十三世纪中叶以后才改变。

《晋宁州志》卷四说：“金沙渡在城西七里村后，今淤废。”此即金砂村，古为滇池渡头，明代淤废。村中金砂寺有至元戊寅（公元一三三八年）《创建金砂山宝严寺记》说：“滇滔浩渺，烟木杳霭。”又说“梵与滇涛相抑扬。”是湖滨的景象，后来湖水退缩，金砂渡淤废，把渡口移到距离三里的河泊所。今河泊所又成为陆地，在河泊所偏东北的石寨山出土西汉时青铜器，山下有一片农田，瑜曾至此访古，据农民说，数百年前农田为水域。

明万历年间，许伯衡撰《海口记》载康熙《昆阳州志》卷三说：“尝闻之长老云，先是昆阳县学前与教场南村诸处，皆滇池也。”则昆阳城垣以东一片，古为滇池水域，后才变为陆地。

以上所说几处的地势，官渡海拔标高一八八九米，金砂村一八九零米，石寨山下农田一八八九米，昆阳城为一八八八点八米，比现在海口河滩水位高出三至四米，此可推测滇池古水位海拔约一八八九米，到十三世纪中叶以后，水位降低，才露出大片农田。

大理高氏统治家族所居之拓东善阐城，元初称为押赤城，即明清时期的昆明城城址。南北两面有变动，但东西两面城垣地基则未改变，其西面城垣今已拆除为东风路。当公元一二五四年，元兵来攻昆明时的情况，据《元史·兀良合台传》说：“进至乌蛮所都押赤城，城际滇池，三面皆水，既险且艰。”何以说“城际滇池，三面皆水”呢？《元史·张立道传》说：“其地有昆明池，……环五百余里，夏潦暴至，必冒城郭。”兀良合台是秋天来到这里，正当雨季水涨之时，而且盘龙江水，每年雨季，洪流暴发，淹及城郭东南面，与滇池水汇流，一片汪洋，成为押赤城“三面环水”了。记得一九四五年的雨水多，滇池水位高达一八八七点零九米，湖滨被淹农田有八万多亩，滇池水回流淹至篆塘新村，高出路面约半米，行人要用船摆渡。如果水位高至一八九〇米，就要冒至城边，使昆明城三面皆水了。《元史·张立道传》：“夏潦暴至，必冒城郭”，是兀良合台至滇池后二十年说的，可知这些年滇池水位汛期常达一八九零米以上，在此以前很长时期也如此。《晋宁州志》卷五《水利志》说：滇池之水，“唐、宋以前，不惟沿池数万亩膏腴之壤，尽沉没于洪波巨浪之中，即城郭人民，俱时有荡析之患。”一年一度洪流泛滥，池旁居民受害，唐、宋以前的事迹虽不见记录，但是可以想象得到的。

三

第一次降低滇池水位的工程，是在十三世纪七十年代。据赵子元撰《赛平章德政碑》说：“昆明池口塞，水及城市，大田废弃，正途壅底。公（赛典赤）命大理等处行巡劝农使张立道，付二千役而决之，三年有成。”此文作于至元十六年（公元一二七九年），事亦载《元史·张立道传》说：“立道求泉源所自出，役丁夫二千人治之，泄其水，得壤地万余顷（一百余万亩），皆为良田。”所谓池口塞，求所自出，泄其水，就是疏浚海口河排水出口，降低滇池水位的工程，有二千民工开挖了三年才完成。其具体施工过程不详于记录，惟推测此次工程挖低由海口至平地哨约十公里之河床，到石龙坝跌水，其河床高于现在的高度，可能比原有的河床挖低约三米，湖水畅流排出，湖面下降，环湖露出被淹没在水域的有十万亩以上农田，说万余顷是夸大的。

经此次大工程后，改变了自古以来滇池水位，开辟大量农田。但海口河两岸高山，水流平缓，常年受泥沙淤积，还有几条子河，冲刷山谷砂石，壅入河身，使部分河床逐渐加高，滇池水位也提高，环湖农田又被水淹，所以后来常有疏浚的工程，多见于记载。

《元史·成宗本纪》说：大德五年（公元一三〇一年），“开中庆路昆阳州海口。”按：李源道撰《为美县尹王惠墓志铭》说：“（大德）四年，擢中庆路昆明县尹……在县大兴水利，安集流民。”当是参与昆阳海口的工程，但不详其事迹。又此后当常有岁修工程，惟不获于记录耳。

元代疏浚海口河，滇池水位已降落，但比现在要高。王昇撰《滇池赋》说：“千艘蚁聚于云津，万舶峰屯于城根。致川陆之百物，富昆明之众民。”[①] 按：王昇晋宁人，居昆明，以文学著名，卒于至正十三年（公元一三五三年），终年六十九岁（邓麟撰《墓志铭》）。据《滇池赋》所说，当时滇池，大船航运达云津为渡头　在城垣边。按：今犹有云津街地名，在德胜桥旁。景泰《云南图经志书》卷一说：“云津桥在（昆明）城东二里许，当通衢，所跨者即盘龙江之水……旧名大德”，即今之得胜桥，亦名云津桥，出南门约一里。惟孙大亨撰《大德桥记》说：“去城之东百举武，有江横绝曰盘龙。”元代昆明城东垣，沿盘龙江至今巡津街以下，故今得胜桥，元代在城门外百步，云津街在江东岸，为大码头繁盛之区，“云津夜市”为昆明八景之一。元时以云津为码头，在附近今犹有鱼课司地名，即因在码头收鱼课，常年航运可达云津，因滇池水位比现在高，仅此一点，可概其余也。

自元建立云南行省之初，开挖海口河，降低滇池水位，露出湖滨大片陆地，垦为农田。那时在此地区以地主所有制为主要，开出田亩被私人占有，分划径界，但田土还不稳固。且每年雨季、旱季，水涨、水落，大水时有些田亩被淹，水退复为田，径界被冲坏，各凭势力争地界，迫近湖面的田尤甚，称之为“葑田”。此类纠纷是严重问题，在张

---

① 载景泰《云南图经志书》卷一。

立道治理海口河后约五十年还如此。当时任云南行省属吏的罗文节，处理此事，用各家田界村立标杆，分别编号，发给执照为凭，以免水涨时互相侵犯径界，保障私有权益，被认为是善政。据《宋学士文集》卷十《元故文林郎罗君（文节）墓志铭序》载："南诏海（滇池）中积葑成淤，而浮游水上，夷僚耕稼之，号曰葑田。田如不系舟，西东无定，人交相为盗。君命纪字为号，疏其步晦及四畔所届上于官，官为给卷，使者所凭，复植木栈海岸，严其畛域，不相淆乱。或海潮漂荡，可藉以为奸者，俾出卷环证之，竟归其田。夷僚指示子姓曰：'此罗掾所赐也，否则人盗之久矣。'"据宋濂撰此《序》及王礼《麟原文集·后集》卷十《罗文节志节状》所载，罗文节以延祐五年（公元一三一八年）来滇，至正九年（公元一三四九年）离去，则官于云南者三十年，而处理"葑田"给券，为伯忽作乱稍前事，约为泰定、天历之间，盖是时在今昆明、西坝、福海公社一带，犹是积淤浮动之"葑田"，尚非稳固田土也。

明代疏浚海口河泄水的工程，《明史·沐英传》说："滇池隘，浚而广之，无覆水患。"这是在洪武十九年（公元一三八六年）布置屯田时的工程，而海口河冲积泥沙，是经常疏通，不是一劳永逸。

明代最大的一次工程，是在公元十六世纪初年。据正德《云南志》卷二说："滇为云南巨浸，每夏秋水生，弥漫无际，池旁之田，岁饫其害。弘治十四年（公元一五〇一年）……总兵官黔国公沐崑令军民夫卒数万，浚其泄处，遇石则焚而凿之（当是用炸药爆破），于是泄水顿落数丈，得池旁腴田数千顷，夷汉利之。"这时距元初疏浚海口河已二百多年，淤积泥沙乱石，河床增高，阻塞滇池泄水，泛滥弥漫，淹没环湖农田，又发动一次开挖的大工程，有陈金撰《海口碑记》详载其事。据《海口碑记》说：是役，征发军民役夫二万有奇，先设障水坝于海口以绝流，分段施工青鱼滩、黄泥滩、黄牛嘴、平地哨、白塔村诸处，凡澜水乱石悉平治之。挖低河床以一丈五尺为准，又在河岸筑旱坝十五座，以防两山泥石冲入。从壬戌（公元一五〇二年）正月十五日兴工，至三月十六日完工。拆障水坝，水得就下，不数月，浸没之田尽出也。并且考虑将来又复淤塞，为久远计，规定大修、岁修条例，于每年冬令责成昆明、呈贡、晋宁、昆阳四州县分段疏通，一年小修，三年大修。杨慎《与巡按赵剑门（炳然）论修海口书》说："弘治中，巡抚陈金，庚戌（壬戌之误，公元一五〇二年）之岁，役夫之数以二万计，银之费以十万计，谓之一劳永逸，不图今岁复有此役也。"（摘句）按：此书作于嘉靖三十年（公元一五五一年），在前一年杨慎撰《海口修浚碑记》，历叙弘治以后正德中（十一年）巡抚王懋中、嘉靖二十八年（公元一五四九年）巡抚顾应祥先后倡修海口河的工程；此后又于万历三年（公元一五七五年），方良曙撰《重浚海口记》，叙巡抚邹应龙倡修海口河工程，曾经多次大修。据徐霞客《滇游日记》说：海口龙王庙中碑额，"皆（成）化、（弘）治以后，抚、按相度水利，开浚海口，免于泛滥，以成濒海诸良田者，故巡方者，以此为首务"。（崇祯十一年十月二十五日，公元一六三八年）历年疏浚海口河的碑记甚多，见于志书录文者，只有陈金（公元一五〇二年）、杨慎（公元一五五〇年）、方良曙（公元一五七五年）所作的三篇，盛夸抚、按的功绩。

明代很多次疏浚海口河，滇池之水不至洪流弥漫，但汛期水发，仍有泛滥之虞，环湖农田还不十分稳固。徐霞客《滇游日记》，崇祯戊寅（公元一六三八年）十月二十九日，由石鼻山（今马街子石嘴）循大道经夏家窑（夏窑）转路回昆明城，记曰：过夏家窑，“遵堤行湖中，堤南北皆水洼，堤界其间，与西子苏堤无异。盖其洼即草海之余，南连于滇池，……支条错绕，或断或续，或出或没。”这是从夏窑经土堆、倪家湾、潘家湾到小西门的大道。《滇游日记》又说：“昔大道迂回北坡，从黄土坡入会城。傅玄献为侍御时，填洼支条连为大堤，东自沐府鱼塘，西接夏家窑，横贯湖中，较北坡之迂，省其半焉。”按：傅玄献即傅宗龙，昆明人，任御史在万历末年（《明史》有传）。修筑这条沮洳洼泽的大路，在徐霞客来之前不到二十年，因比走黄土坡近得多，成为昆明赴滇西常行的大道。瑜自一九二二年后多次来往昆明，随马帮走这条路，有许多处的路基高三尺许。如河堤上铺石板，印着马蹄痕迹，逐处有之，可见马帮经过的次数之多。路线自夏家窑至潘家湾，略与今人民路平行。所谓沐府鱼塘，当是万历《云南通志》卷二“西湖”所说“黔国莲池”，乃麻园村以南的菱角塘，水面较广，被镇守云南的沐氏霸占。到清代水产菱角，要送给督抚衙门。后来水面缩小成积水塘，前些年还产菱角，这里原是滇池水大时淹没的东北隅，现已退缩到大观楼、明家地一线，距五公里了。今潘家湾、棕树营、六合村、刘家营一带地面，标高平均在一八八六点七米之间，滇池水涨时，回流淹没，水退，分布着洼泽，经过清代二百多年，才成为固定的陆地。至于徐霞客所说的旧大道，是出大西门经黄土坡、黑林铺、夏窑、石嘴、车家壁至碧鸡关，与现在滇缅公路这段路线相同。地面标高黄土坡一九零零米，夏窑一八九三米，石嘴一八九零米，地势较高，滇池水没有淹到，自古即为大道，可以推测古时滇池以这一线为北岸。

清代疏浚海口河的工程，见于志书记载的较多。在康熙二十一年（公元一六八二年）、四十八年（公元一七〇九年），雍正三年（公元一七二五年）、九年（公元一七三一年），乾隆五年（公元一七四〇年）、十四年（公元一七四九年）、四十二年（公元一七七七年）、五十年（公元一七八五年），道光六年（公元一八二六年）、十六年（公元一八三六年），都经过大修，其中雍正九年的一次工程，把梗塞在海口河中的牛舌滩、牛舌洲和老埂挖掉，使河水得以直泄①。道光十六年在海口筑屡丰闸，有二十二个闸堆，十九空闸枋，以闸代坝，且备以后岁修及启闭，来调节水位②。并且增订岁修条例，把正河、子河的疏浚，分配给环湖的昆明、呈贡、晋宁、昆阳四州县农民，划地施工，照界完成③。又设有云南府水利同知驻会城，昆阳州水利州判驻海口，专管征派民役，督促施工，成为农民沉重负担。在同治十三年（公元一八七四年）、光绪二十二年（公元一八九六年），曾经大修（有罗瑞图《修浚海口碑记》），又在公元一九三三年至一九三五年大修（有缪嘉铭《重修省会六河及海口屡丰闸碑记》）。

清代设专官督修海口河及坝区六河（盘龙江、金汁河、银汁河、宝象河、海源河、马料河及交错支河），其河道及涵闸整修都有规定④，历年修浚，多见记录，惟洪流为害也是常有的。最严重的如嘉庆十年（公元一八〇五年）八月，昆湖水涨，附近低洼之处，田庐被淹，业将乏食⑤。又光绪二十一年（公元一八九五年）至宣统二年（公元一九一〇年）的十五年中，昆明一县有九年受灾歉收⑥，常受滇池水害成灾。

---

① 详见鄂尔泰《修浚海口六河疏》。
② 详见伊里布《新建屡丰闸记》。
③ 详文载《昆阳州志》卷六、《晋宁州志》卷五。
④ 清雍正年间储粮道黄士杰撰《六河总分图说》。
⑤ 见《清会典·事例》。
⑥ 见《新纂云南通志》卷一六一。

从元初直到解放前的六百年中，经过不少次疏通海口河，逐渐改变滇池水域的面貌，露出十万亩以上的农田，并且加以稳固，全是劳动人民的伟绩。见于记载的碑记史志所说，则为统治者表功，说是“为民兴利”、“惠及于民”、“以苏民困”、“忧民之忧、利民之利”一类的话，则大谬不然。当时官府兴办水利，有利于农业生产，兴利除害，收到效果；但其意图，为统治利益服务，陈金撰《海口碑记》载：工程结束之后，就令云南知府勘察，要“验数升科，计较增赋”，以此报功邀恩，这是历次兴工的目的。并且新辟的农田，大都被地主阶级权贵霸占。杨慎《与巡按赵剑门（炳然）论修海口书》，揭发弘治年间以来的工程，露出良田被官僚地主分赃，占为永业，而人民则被征派服役，财罄力殚，因劳悴瘟疫致死者无数，遭到严重灾难。并且所有董事之官，督工之倅，无不以克削乾没，获利自肥，不以事业为重。许伯衡撰《海口记》也说：岁修工程，不得任事之人，委官惟图了事，以此徒劳百姓。事实如此，所见到的几块海口河碑记，列举官职姓名，都有数十人，说在事出谋效劳，称赞一番，而所谓工役的辛勤劳动，则一字不提。其实，在很长时期，为海口河岁修、大修，成为环湖农民的沉重负担，怨声载道，这些事实在封建反动统治时期是铁一般的事实。

也要指出，封建社会落后的生产方式，阻碍生产力的发展，利用自然资源有很大的局限性，不可能充分发挥作用。长时期的海口河工程，都只是为御灾捍患，出于被动，依循成规来修修补补，水患没有根除，水利的潜力还没有充分施用，在旧社会，真正的兴利除害是办不到的。

（原载《思想战线》一九七九年第一期三三至三八页）

〔据方国瑜撰《滇池水域的变迁》（林超民主编《方国瑜文集》，云南教育出版社2003年版）第三辑第333－345页辑录。〕

中国西南历史地理考释

方国瑜

〔……〕

第二篇　西汉至南朝时期西南地理考释

〔……〕

C. 山川名称考释

西南地区多山，在分层设色的地形图上，几乎填满了深黄和浅黄色，十之九为山所占。在这地区西北部的横断山脉，嵯峨雄峻，迤逦趋向东南，渐下渐展，亦渐低下。在整个地区，山岭盘结，河渠交错，山间及河谷分布着大大小小的平坝，构成山脉高原。全境山峦皱褶，难寻脉胳，赵元祚《滇南山水纲目》说：“山脉变幻难定，必以水为断。”在川南、黔西也如此。河流蜿蜒于群山中，多汹溯湍激，众水汇合，倾泻东南，以抵于海。好几条大江的上源和支流，在西南地区。

山川交错，是西南地理的特点，名号之多，是不可胜纪的。

在汉晋时期，有关西南山川的记载，以《汉书·地理志》为最翔实，所有设置郡县地区的大川，多见纪录。山岭，则因水源或矿产而著名。古今山川名号虽异，而地理改变甚少，据地理实际，水道大都可考，惟山名则难确指而已。《汉志》以后，诸家地理志记山川者少，惟有郦道元《水经注》为专书，郦氏历览群书，横蒐博考，委曲叙述，保存古史遗文，多可资考证。惟在西南之山川名号，出《汉志》之外者甚少，大都依《汉志》条贯诸水，略具源流，博采故实，下过一番董理的工夫，是有可取的。但或失其次第，或同名相混，或颠倒方向，或地理无征，错乱实多；凡与《汉志》不符者，都难于置信。郑珍《牂牁十六县问答》曰："班氏《地志》简确而明，郦氏《注水》烦乱而晦；所以然者，孟坚据旧图籍，故绳墨古今，皆无差互；善长多杂采群书，以意贯穿，故其于南方往往不合。"此为精核之论。陈澧《水经注西南诸水考》，历举其失，从地理实际来论证，郦《注》乖误实多。但后人考校郦《注》，往往不纠正其谬妄，强为迁就，故考释地名多误，此不可不辩者。

《汉志》记山名、水道于各县之下，其山名限于县境之内，虽多不能确指今为何山，惟县之所在既定，山名方位亦约略可知。至于水道记其流经，有涉及数郡者，即据所见之图为说。盖汉时令郡县造报职方地图，有专官绘制成卷，以供披览，班固《东都赋》谓"天子受四海之图籍"，《后汉书·光武纪》建武十六年谓"大司空上舆地图"者是也。杨守敬《汉地理志图自序》曰："班氏之为地理志，必得见司空之图，故能精核绝伦。"按：班氏曾说"考传、验图，穷览其山川"（《封燕然山铭》），所撰《地理志》，即据档册。而资料之来历，则为郡县所报，故多可信。惟西南之水所流经，有在未设治之地，则不能详，故说源出"徼外"，不具地名，或不言下流至何地，则限于知识，不能强求，亦不必多为添说。惟地理具在，可以水道分题，又不必限以郡县区划也。

兹先言水道，次说山名。

壹、水道名称

西南地与青藏高原相接，西北高而东南低，有高屋建瓴之势，几条大江汇众流向东、向南倾泻，为著名的长江（江水）、珠江（郁水）、红河（濮水），澜沧江（劳水）、怒江（周水）的上游。诸水支流错杂，惟可寻其源流，条贯诸水，以水系分题叙述。

甲、江水系

江水上源自青、康来，会合西南之水而东流，其大者有金沙江（绳水）、鸦砻江（若水）、岷江（江水）、乌江（延水），各纳众水奔流，兹分说之。

（1）绳　水

《汉志》越巂郡遂久县曰："绳水出徼外，东至僰道入江，过郡二，行千四百里。"其支流，《汉志》蜀郡旄牛县之若水、益州郡弄栋县之毋血水、牧靡县之涂水，并曰"入绳"，又《水经·若水注》有青蛉水、淹水亦曰"入绳"，统观绳水之记载，即金沙江也。

而绳水流长，纳诸水而下，有以所纳之水名以称绳水者，以至错杂难明也。有称为淹水者，《说文》水部："淹水出越巂徼外，东入若水。"《水经》："淹水出越巂遂久县徼外，东南至青蛉县，又东过姑复县南，东入于若。"又曰："若水至会无县，淹水东南流注之。"此以若水为主流，而以淹水当绳水。洪颐宣《汉志水道疏证》曰"淹水即绳水也"，杨守敬《水经注图》，绳水与若水会合以上，亦名淹水，是也。又《水经》若水会淹水以下曰“又东北至犍为朱提县西为泸江水，又东北至僰道县入于江”，则若水汇入绳水以下，以若水当之也。又郦《注》曰“若水经云南郡之遂久县，蜻蛉水入焉”，则绳水上游亦称为若水也。又有称为马湖江，《水经·若水注》曰“卑水东流注马湖江也”，《华阳国志·蜀志》越嶲郡马湖县曰“水通僰道入江”。按：《水经注》又曰“绳水又经越嶲郡之马湖县谓之马湖江”，又樊绰《云南志》卷二记泸水曰“东北入戎州界为马湖江，至开边县门与朱提江合，戎州南城入外江”（从向达校）。此泸水即金沙江，在戎州（僰道县）界名马湖江，晋时已有此称也。又泸水之称，亦汉时已有之，诸葛亮《出师表》曰“五月渡泸，深入不毛”，《樊志》曰“诸葛亮伐南蛮，五月渡泸水处，在弄栋城北”，此即《华阳国志·蜀志》越嶲郡三绛县所说“通道宁州，渡泸得蜻蛉县”之渡口也。又会无县曰“路通宁州，渡泸得堂狼县”，亦渡此水。《水经》“若水至朱提县西为泸江水”，即沿上游之名也。《太平寰宇记》卷七十九戎州曰：“马湖江从州西南流出东郭，与蜀江（岷江）合，下达于荆南。源出云南而来，诸葛武侯五月渡泸，即此水之上流也，俗号泸水。”古人不知水之主流、支流，以随纳入之水称之，异名同实，故《水经·若水注》曰：“马湖江、绳水、泸水、孙水、淹水、大渡水，随决入而纳通称。是以诸书录记群水，或言入若，又言注绳，亦或言至僰道入江，正是异水沿注，通为一津，别无山川可以当之。”诸书所记名称不一，以至错杂，郦氏董理而录之，惟亦不免有舛误也。

《汉志》谓“绳水过郡二，行千四百里”，吕吴调阳《汉书·地理志详释》曰“当作过郡三，行二千四百里，即越嶲、益州、犍为也”。杨守敬《汉书地理志补校》曰：“据《水道提纲》，金沙江自丽江入岷江，行二千五百余里，若以徼外水源论，则当三、四千里。”按：金沙江源远流长，《汉志》仅知自遂久至僰道，当作“过郡三，行二千四百里”，盖后世传钞之失也。兹分说绳水上源及其支流。

绳水源　《汉志》谓“绳水出遂久徼外”，盖遂久县在越嶲郡最西南，汉时设治之边县，知绳水自远地流来，而不能究其源，此地理知识之局限也。

有说绳水之源者，《水经·若水注》曰：“绳水出徼外，《山海经·海内经》黄辛氏国曰巴遂之山，绳水出焉。”熊会贞疏曰：“今金沙江源出西藏卫地巴萨通拉木山，即《山海经》巴遂之山。阮元谓遂、萨音转字变，上古文书，遥遥数千载，尚堪印证也。”按：此说不明确，惟可备一说。又《汉志》曰：“桓水出蜀山，西南行羌中入南海。”陈澧《汉书地理志水道图说》卷五曰：“恒水西南流至云南曰金沙江，即越嶲郡遂久下绳水，此曰入南海者误。”吴承志《补正》谓桓水为松潘厅西北注入黄河之水，《汉志》“西南”为“西北”之误，又“入南海”上夺“黑水”二字。钱坫《新校注地理志》则谓：“桓水即大金沙江，而以雅鲁藏布江当之。”按：《汉志》所记甚略，难以确知，《水经》卷三十六有桓水，即录《汉志》之文，郦《注》不能确知为何水，后人亦未定论，惟谓为金沙江源之说不可信。

又吴承志《汉书地理志水道图说补正》谓：“绳水盖今永宁土府之无量河。”此以遂久地在永宁为说，惟绳水流经遂久县之南，遂久地亦不能在永宁，吴说不可从。

长江（扬子江）上游诸水，以金沙江（绳水）源最远，惟《汉志》及《水经注》以岷江（江水）为主流，故曰“绳水入江”。又金沙江（绳水）会雅砻江（若水）而下，惟《水经》以雅砻江为主流，故曰“绳水入若”，此因汉、晋间人不知绳水之源更远也。

青蛉水　《汉志》越嶲郡青蛉县注引应劭曰："青蛉水出西，东入江也。"《水经·若水注》："青蛉水出青蛉县西，东经其县下，又东注于绳水。"又曰："若水又南经云南郡之遂久县，青蛉水入焉。"则其注于绳之对岸当为遂久县，遂久在今永胜，说详《郡县考》。是以知青蛉即今之永仁、盐丰，而青蛉水即今之一泡江也。汪士铎《汉志志疑》已释青蛉水为一泡江。赵元祚《滇水纲目》："泡江，发源于云南县北山，经县城东北而东南流四十五里，又折而北流七十余里至人投关西南，纳你甸河水，又北流三十余里东南纳白盐井之水，流七十余里入金沙江。"按：此水发源于盐丰县西南，流经县之西部，其入金沙江口之对岸为永胜地，当即古之青蛉水。至于郦《注》之"东经其县下"，盖指其支流也。钱坫《新校注地理志》曰"青蛉水今曰漾共江"，即因误释青蛉县在丽江而作此说。

毋血水　《汉志》益州郡弄栋县曰："东农山，毋血水所出，北至三绛南入绳，行五百一十里。"《水经·若水注》曰："毋血水出益州郡弄栋县东农山毋血谷，北流经三绛县南，北入绳。"按：毋血水源出弄栋之于绳，弄栋在今之姚安，则毋血水当即今之大姚河也。钱坫曰"毋血水今曰大姚河"是也。大姚河源出姚州南四十里三窠山，北流绕城，又北会阳派河、香水河水，东流为大姚河，经大姚县南，又东纳小关口蛟龙江水，东北流至永仁县南，东入金沙江。水自源北流，后折而东，故《汉志》曰"北至三绛南入绳"，其流长五百余里，亦与今大姚河相符。至谓"三绛南入绳"，则三绛应在江之北。

淹　水　《水经注》：淹水对三绛县入绳，则与毋血水相近，以地理审之，盖即今之龙川江也。龙川江与大姚河并入金沙江，其入口处相会，流入金沙江，故《汉志》毋血水、郦《注》淹水并在三绛入于绳，则大姚河与龙川江，当一为毋血水，一为淹水。陈澧释淹水为大姚河、毋血水为龙川江，盖因郦《注》先言淹水，次及毋血水，故所释如此。然毋血水源出于弄栋，则当为大姚河，陈释误也。又《水经注》淹水过姑复，此因绳水一名淹水，《水经》曰"淹水过姑复"，郦以此淹水亦过姑复，非也，熊会贞已辩之。

滇池泽　《汉志》益州郡滇池县曰："大泽在西，滇池泽在西，北有黑水祠。"按：《汉志》此文，当读"滇池泽在西"。《续汉志》滇池县曰"有池泽，北有黑水祠"，故刘昭《注》曰"泽在县西"（见前书），可以为证。又吴承志《汉书地理志水道图说补正》谓："滇池泽即大泽，'滇池泽在西北'六字，为音义之文，诸书所载，有言滇池，有言大泽，同是一水，故'大泽在西'下，当有'应劭曰'三字。"（录大意）此说甚是，大泽与滇池泽不能别为二水也。《宋书·符瑞志》载："晋太元十四年，宁州刺史费统上言：所统之滇池县有河水，周回二百余里。"左思《蜀都赋》刘逵注引谯周《异物志》曰："滇池在建宁界，有大泽水，周二百余里，水乍深广乍浅狭，似如倒流，故俗曰滇池。"《华阳国志·南中志》晋宁郡滇池县曰："有泽水，周回二百里（此从廖寅本，而吴琯本作三百里，《续汉志注》引作二百五十里），所出深广，下流浅狭如倒流，故曰滇池。"此晋人之记载也。按：滇池之位置，《史记·西南夷传》曰："庄蹻至滇池，池方二百里（此从百衲本，而殿本作地方三百里者误也），旁平地，肥饶数千里。"（此数千里应数十里之误）《正义》引《括地志》曰"滇池泽在昆州晋宁县西南三十里"，则为今之滇池，自来无异说。又滇池周围，汉晋时期之记录作二百里或三百里，而《元史·张立道传》作"环五百余里"，《地理志》同，《明史·地理志》亦作"周五百里"，实则元、明时疏浚滇池出口之河道，池面逐渐缩小，称为五百里乃夸大之词，今滇池周有二百二十余里而已。又滇池之得名，谯周、常璩以为如倒流，取意为颠，后人多从此说。阮福撰《滇池即颠县考》，谓“滇池当读作颠池”（见《滇笔》），吕吴调阳谓“滇池两源象颠者之足”（见《汉书地理志详释》），此望文生训不可从。当是土语译音，滇为地名，称其水曰滇池也。又滇池出口，流经安宁、富民为螳螂川，亦名普渡河，至禄劝入金沙江，而汉晋纪录无言及滇池水下游者，即因今禄劝、武定之地尚未设治，故不能详说也。

涂 水 《汉志》益州郡牧靡县曰：“南山，腊涂水所出，西北至越巂入绳，过郡二，行千二十里。”《说文》水部曰：“涂水出益州牧靡南山，西北入绳。”按：涂水至越巂入绳，即在对越巂郡地入绳，行千二十里，为较长之河流。汪士铎《汉志志疑》释涂水在武定，即指普渡诃，惟普渡河发源于滇池，晋时分建宁设晋宁郡，滇池在晋宁郡内，而牧靡县属建宁郡，则涂水非普渡河可知也。建宁郡水长流入绳水者，有牛栏江，亦名车洪江，适足以当之。钱坫《新校注地理志》释涂水为牛栏江，杨守敬《水经注图》同。陈澧《汉书地理志水道图说》释涂水为“嵩明州车洪江，西北流至木期古（在巧家）入金沙江”，所说是也。

羊官水 《华阳国志·南中志》南广郡曰：“自僰道至朱提，有水、步道，水道有黑水及羊官水，至险难行；步道度三津，亦艰阻。”按：自僰道至朱提，即唐代之石门道，樊绰《云南志》卷一载之，惟仅有石门以南之路程。元代开乌蒙道（《元史·世祖纪》至元十五年五月，又十九年三月，又二十八年二月及《爱鲁传》并载其事）。《经世大典·站赤篇》二《天下站名》，载叙州（僰道）至乌蒙（朱提）之水陆站名，又《站赤篇》八载乌蒙所辖马站五处、水站四处。从所设站名考之，路线自叙州起，水程溯金沙江，在柏树溪入横江至叶梢站，陆程至乌蒙（惟水路险恶，多取陆程，经庆符至叶梢站）。疑常《志》所谓水、步道者，盖与元代设置水站、马站之路线相同。则所谓羊官水者即横江，而黑水盖指金沙江，即泸水，彝语名纳夷，意即黑水也。横江上游为洛泽河，一名戈魁河（发源于威宁）与洒渔河（发源于鲁甸）合流。元代驿道，自叶梢站沿洒渔河而行，数渡此水，盖即所谓“步道渡三津”，非别有三水，而是三渡羊官水上游也。

千顷池 《续汉志》犍为属国朱提县刘昭注引《南中志》曰：“县有大渊池水，名千顷池。”《永昌郡传》曰：“朱提县川中，纵横五六十里，有大泉池水口，僰名千顷池，又有龙池，以灌溉种稻。”（《太平御览》卷七九一引）左思《蜀都赋》刘逵注曰：“朱提南十里龙池，周四十七里。”按：《永昌郡传》所载朱提县有千顷池，又有龙池，盖千顷池周四十七里，当即今昭通、鲁甸交界之八仙海水，流入洒渔河。而龙池则《华阳国志·南中志》朱提郡所谓“文齐穿龙池，溉稻田”之水，刘逵混二池水为一也。

以上诸水，属绳水支流，自南纳入。次言自北纳入之水，惟若水较大，分题说之。

天马河 《水经·若水注》曰：“若水又经会无县，县有骏马河，水出县东高山。”按：《华阳国志·蜀志》越巂郡会无县曰“有天马河”，《续汉志》注引作“元马河”。郦《注》、常《志》并纪骏马（天马）之事迹，大致相同，而文字多错落，惟可知骏马河即天马河也。熊会贞曰：“天马河，今曰玉虚河，出会理州北分水岭，南流入金沙江。”按：玉虚河发源于玉虚山，属会理境较大之水。《读史方舆纪要》卷七四会川卫泸沽河引《水经注》之说，惟其上源有错误，不可从。

卑 水 《华阳国志·蜀志》越巂郡卑水县曰：“去郡三百里，水流通马湖。”《水经·若水注》曰："卑水出卑水县，而东流注马湖江也。"按：卑水县在今昭觉美姑、布拖等地，则卑水应为美姑河，在瓦岗之东南入金沙江，即汉时马湖县地。陈澧曰："卑水，盖今玉虹河、会通河二水，皆在金沙江左源，出会理州东境，金沙江经会理州西南境，左合二水。卑水县，会理东境也，卑水当曰东南流。"按：《水经注疏》熊会贞曰："卑水，各地志皆言在今会理州东北，但金沙江至马湖县始有马湖之名，卑水通马湖，其近马湖县无疑也。或以今会通河当卑水，非也。"又按：今地图，会通河水自昭觉城北流来（如一九三八年武昌亚新舆地社印《四川省明细地图》)，以前地图多如此。诸本志书及陈澧之说，即以此而误。实则，昭觉河与会通河之间，有梭梭梁子及里脚梁子等大山阻隔，昭觉之水不能流入会通河（俞德浚《雷马峨屏调查记》已有说，一九三九年申报馆印《中国分省新图》已分别二水，中隔大凉山）。则卑水不得为会通河也。又熊会贞曰："钱坫疑卑水即芭蕉溪，今从之，水出今雷波厅北，东南流至屏山县西南入金沙江。"按：此水在蛮夷司入江，与"卑水去越嶲郡三百里"之说不符，亦不可从。

（2）若　水

《汉志》蜀郡旄牛县曰："若水出徼外，南至大筰入绳，过郡二，行千六百里。"此为入绳之大水。《水经》以若水为主流，纳绳水而下。《经》曰："若水出蜀郡旄牛徼外，东南至故关为若水也。又南过越嶲邛都县西，直南至会无县，淹水（即绳水）东南流注之，又东北至犍为朱提县西为泸江水，又东北至僰道县入于江。"按：若水即雅砻江，在会理县西与金沙江合流而下，至宜宾与岷江会，此亦西南大水也。

若水，亦称泸水，《后汉书·西南夷传》载：建武十九年，将军刘尚"渡泸水入益州界"。注曰："泸水一名若水，出旄牛徼外，经朱提至僰道入江。"又引诸葛亮《表》云："五月渡泸。"按：刘尚及诸葛亮渡泸水，在若水与绳水会流以下，盖若水称泸水，《华阳国志·蜀志》越嶲郡定筰县曰"县在郡西，渡泸水，宾刚徼"者也。若水与绳水会以下称泸水，《水经》谓若水至朱提县西为泸江水，即沿称之。郦《注》"泸津东去〔朱提〕县八十里，水广六七百步，深数十丈"，即金沙江之水也。《晋书·李雄载记》："李骧攻宁州，姚岳悉众拒战，骧军不利，引军还，争渡泸水，士众多死。"（亦见《十六国春秋·蜀录》）又《王逊传》："李骧等又渡泸水寇宁州，逊使将军姚崇（岳）、爨琛拒之，战于堂狼，大破骧等。崇追至泸水，落水死者千余人。"此即《华阳国志·李特雄期寿势志》所谓"伐宁州，大败于堂狼"之战役，泸水在堂狼地，今金沙江也。

《汉志》：若水过郡二者，即蜀郡、越嶲郡。《水经》所载则下游过益州郡至犍为郡也。兹仅言若水与绳水会合以上之发源与支流于次。

若水源　《汉志》谓若水出旄牛徼外。《水经注》引《山海经》曰："南海之内，黑水之间，有木名曰若木，若水出焉。"《太平御览》卷一六六引《九州要记》曰："台登县有奴诺川、鹦鹉山，黑水之间，若水出焉。"樊绰《云南志》卷二曰："诺水，出蕃中节度北。"此并据传闻，而不能确说。今雅砻江源出青海巴颜客剌山，南流入川西，经甘孜而下，盖汉时台登以北为旄牛夷所居，谓旄牛徼外者，泛称之也。

鲜　水　《汉志》旄牛县曰："鲜水，出徼外，南入若水。"《水经·若水注》曰："若水东南流，鲜水注之，一名州江大度水，出徼外，至旄牛道南流入于若水。"陈澧《水经注西南诸水考》，分州江与大度水为二，谓大度水不入雅砻江。杨守敬《水经注疏》谓"此大度水与青衣之大度水有别"，惟按《续汉志》蜀郡旄牛县注引《华阳国志》，无“大度水”三字，郦《注》当本常《志》，衍此三字，不必强作解说也。又陈澧《汉书地理志水道图说》，以为鲜水即若水上游之称，惟如此解说，则鲜水入若水不可解也。杨守敬《水经注疏》曰：“今霸拉河出打箭炉西南境山，西南流入雅砻江，疑即鲜水也。”惟打箭炉（康定）为旄牛道地，则出徼外之说不可解也。今在雅江县入雅砻江者有鲜水江，其上游名大多河，自青海与川西交接之地流来，盖即古之鲜水也。

孙　水　《汉志》越嶲郡台登县曰：“孙水，南至会无入若，行七百五十里。”《水经·若水注》曰：“有孙水焉，水出台登县。孙水一名白沙江，南流经邛都县，司马相如定西夷，桥孙水，即是水也。又南至会无入若水。”按：《华阳国志》台登县曰“有孙水，一曰白沙江，入马湖水，山有砮石”云云，惟《续汉志》刘注引此文，无“入马湖水”四字，则今本《华阳国志》为衍文。按：此水自台登经邛都至会无入若水，则为今之安宁河也。河之北源出今冕宁县北，行七百五十里，约可相当。又东源，出今越西县小相公岭，称泸沽河，《史记·司马相如传》谓“桥孙水以通邛都”，则在泸沽河上游也。

𡰥　江　《汉志》越嶲郡苏示县曰：“𡰥江，在西北。”颜师古注曰：“𡰥，古夷字。”洪颐宣《汉志水道疏证》曰：“《太平寰宇记》苏祈有居池，𡰥江疑居池之讹。”惟颜师古注𡰥字，当是《寰宇记》讹误。按：苏示在今西昌北礼州地，𡰥江当在其县。汪士铎释𡰥江为冕宁西河，则在台登以北也，不可从。吕吴调阳曰：“𡰥江在西北，即孙水西源。”今泸沽以南有水自西流入安宁河，盖𡰥江即此小水也。陈澧《汉书汉书地理志水道图说》曰“𡰥江盖今四川盐源县盐井河也，其水西北流入雅砻江”，王先谦从之。惟盐源为定筰县，在雅砻江西，而苏示县在雅砻江东，安得以盐井河当𡰥江耶？杨守敬《前汉地理图》注记𡰥江在冕宁县北，属孙水东源，亦非也。

邛池泽　《汉志》越嶲郡邛都县曰：“有邛池泽。”按：《后汉书·西南夷传》曰：“邛都县，地陷为汙泽，因名为邛池，南人以为邛河。”注引《南中八郡志》曰：“邛河纵广岸二十里，深百余丈。”《续汉志》邛都县注引《南中志》曰：“县东南数里，有水名邛广都河，纵广二十里，深百余丈。”此池水当即今之邛海也，水流入安宁河。

温泉水　《华阳国志》邛都县曰：“有温泉穴，冬夏热。”《续汉志》注引作“冬夏常热”，亦载《水经·若水注》，并曰“晋李骧败李钊于温水是也”。按：李钊任越嶲太守，兵败事见《晋书·王逊传》。《读史方舆纪要》建昌卫曰：“热水池，在司北七十里，四时常热，流入溪河，合泸水。”民国《西昌县志》卷一山川曰：“热水塘，在礼州东，沿热水河入山峡约十里许，塘在河边，水极热，浴者足不敢入。”此盖常《志》所谓温泉也。

（3）江　水

《汉志》蜀郡湔氐道曰：“《禹贡》岷山在西徼外，江水所出，东南至江都入海，过郡七，行二千六百九十里。”陈澧曰：“志文二千，当依《说文系传》引作七千。”按：此岷江源出川西北松潘境，流七千余里入海。《汉志》以岷江为长江之主流，故曰绳水至僰道入江，《水经》亦以岷江为主流，故曰若水至僰道入江。自僰道以下称为江水，即沿岷江之称也。

岷江之别名，《读史方舆纪要》卷六十六岷江曰：“志曰岷江亦曰汶江，亦曰都江，亦曰外水，其在州郡城邑间者，往往随地立名，而都江、外水，则岷江之通称也。”按：

樊绰《云南志》卷二记泸水曰“戎州南城入外江”，即入岷江。向达《蛮书校注》引杜甫、岑参、李义山诸人诗及《隋书·地理志》证之，知唐人称岷江为外江也。《水经·江水注》曰：“庾仲雍：谓江州县对二水口，右则涪内水，左则蜀外水。”熊会贞《疏》征引诸书，兹转录之。《蜀志·赵云传》：“诸葛亮率云等至江州，遣云从外水上江阳。”《太平御览》卷六百六引王韶之《晋安帝纪》：“朱龄石伐蜀，太尉与龄石书曰：众悉从外水取成都。”史炤《通鉴释文》曰：“巴郡正对二水口，右则涪内水，左则蜀外水；自渝上合州至绵州曰内水，自渝上戎、泸至蜀谓之外水。”杨慎曰：“外水即岷江，自重庆上叙州、嘉定是也；内水即涪江，自重庆上合州、遂宁、潼、绵是也；中水即沱江，自泸州上富顺、资、简、金堂、汉州是也。”又《水经注》曰：“江水自武阳东南至彭亡聚，谓之平横水，亦曰外水。”则岷江自武阳以下至巴郡称外水也。兹录入江之水有关西南者。

沫水、涐水　《汉志》蜀郡汶江县曰：“涐水，出徼外，南至南安东入江，过郡三，行三千四十里。”《说文》水部：“涐水，出蜀汶江徼外，东南入江。”此为江水上游纳入最长之支流，过郡三者，即蜀郡、越巂、犍为也。南安县在今乐山（嘉定），则涐水非大渡河莫属也。大渡河上源为大金川江，发源于川西北阿坝与青海交接地区，南流至丹巴与小金川江合，称大渡河，又南经康定、泸定、汉源折而东，至乐山入岷江，行三千四十里，约相当也。

《水经》卷三十六：“沫水，出广柔徼外，东南过旄牛县北，又东至越巂灵道县出蒙山南，东北与青衣江合，东入于江。”《说文》水部：“沫水出蜀西南（北）徼外，东南入江。”按：陈澧《水经注西南诸水考》曰：“涐水即沫水也，今四川大金川河下流曰大渡河，又下曰阳江也。”所说可从。惟疑沫水即小金川源，出懋功之东北，与汶川县相接，汶川即广柔县也，故曰“沫水出广柔徼外”。小金川汇入大金川后，流经康定、泸定之间，即旄牛县也。又南折而东过越巂郡北，其南为灵道县地。又东与青衣江合，入于岷江。《水经》卷三十六：“青衣水出青衣县西蒙山，东与沫水合也，至犍为南安入于江。”此青衣水即今自天全经雅安、夹江入大渡河之水，今犹名青衣江也。《汉志·蜀郡》青衣县曰：“大渡水东南至南安入涐”，又严道县曰：“邛来山，邛水所出，东入青衣江”。此邛水为青衣水之西源，而青衣水即青衣大渡水也。如上考校，可知沫水即涐水之东源，而杨守敬《水经注图》注记：“沫水即青衣江”与《水经》之青衣水流入沫水之说不符也。

绳、若与江水合流，以下释江以南之水名：

符黑水、大涉水　《汉志》犍为郡南广县曰：“汾关山，符黑水所出，北至僰道入江。又有大涉水，至符入江，过郡三，行八百四十里。”《水经·江水注》以为大涉水入于符黑水，符黑水入于江，与《汉志》异。兹录其文：“江水又与符黑水合，水出宁州南广郡南广县（县，故犍为之属县也）。导源汾关山。北流有大涉水注之，水出南广县，北流注符黑水。又北经僰道入江，谓之南广口。”郦《注》即录《汉志》，盖误读大涉水至符入江为大涉水入符，故作此说。因郦《注》之误，汪士铎《水经注图》，以南广水之左源为符黑水，右源为大涉水，而不考之《汉志》也。《水经注疏》熊会贞曰：“《汉志》南广有大涉水，行八百四十里，此所指之水入符黑水者，其流甚短，不足以当《汉志》之大涉水，讹误无疑。”所说甚是。又全祖望《汉书地理志稽疑》谓：符黑水为符县之黑水，亦误，此水未至符县也。按：《汉志》符黑、大涉二水，并发源于南广，而符黑水至僰道入江，大涉水至符入江，符黑水在西，大涉水在东，言之最为明白。此二水之地理，陈澧《汉书地理志水道图说》以纳溪为符黑水，赤水河为大涉水，钱坫《新校注地理志》所说同。洪亮吉《贵州水道考》亦以赤水河为大涉水。《汉志》大涉水过郡三者，发源于犍为，流经牂牁地，复至犍为入江也。至于纳溪，发源于叙永北，至纳溪县入江，为汉江阳县地，非僰道县地，不能当符黑水也。乾隆《镇雄州志》卷一《山川志》以为黑墩河即古之符黑水。按：黑墩河一名宜川江，发源于今威信县南，流经彝良、珙县、庆符入江，距宜宾城东约三十里，今名南广镇，盖所谓南广口也。杨守敬《前汉地理图》，以黑墩河为符黑水，赤水河为大涉水，是也。乐史《太平寰宇记》卷七十九戎州、祝穆《方舆胜览》卷六十五叙州并有黑水，曰："《舆地志》'华阳、黑水惟梁州'，今出南宁州南广县汾关山，北至僰道入江，一名皂水。"按：以为《禹贡》黑水者误，惟知此水一名皂水也，《寰宇记》谓天宝六载改名。

（4）延　水

《汉志》牂牁郡鳖县曰："不狼山，鳖水所出，东入沅，过郡二，行七百三十里。"洪亮吉《延水考》以为"沅"字应作"延"。郑珍《巢经巢集鳖县问答》、王先谦《汉书补注》并从之。按：《汉志》犍为郡汉阳县曰"汉水所出，东至鳖入延"，可知鳖县之大水为延水，鳖水流入延水，则鳖县下之沅水应为延水之说甚是。又《汉志》犍为郡符县曰："温水，南至鳖入黚水，黚水亦南至鳖入江。"洪亮吉以为"入江"即"入延江"，所说亦是。《汉志》记延江而不言其源流，即因今本《汉志》有脱落，《水经》有延江专条，即据古本《汉志》为说，而加以条贯，惟亦未尽确也。

《水经》卷三十六曰："延江水出犍为南广县，东至牂牁鳖县，又东屈北流至巴郡涪陵县，注更始水，又东南至武陵酉阳县入于酉水，酉水东南至沅陵入于沅。"又沅水注曰："酉水与酉乡溪合，即延江之枝津。"按：延江水流入沅水之说实误，《汉志》武陵郡充县曰："酉原山，酉水所出，南至沅陵入沅，行千二百里。"此即今湘西北之酉水，并无远自犍为郡经牂牁而来之水流入，《水经注疏》熊会贞已辩其误。又按：更始水，洪亮吉以为今名丰乐河，亦名水德江，即乌江之支流，至四川彭水县（汉之涪陵县）入涪陵江，则延江水至涪陵纳更始水，而非注入更始水。自此以下，延江水北流，入于江。《水经·江水篇》说："江水东至枳县西，延江水从牂牁郡北流西屈注之。"此即延江水之归宿，延江流入大江，并非流入沅水也。《华阳图志·巴志》枳县曰："在江州东四百里，涪陵水会。"按：江州即今重庆，枳县在今之涪陵，当乌江（一名黔江）入口之处，涪陵水即延江水之异名，亦即今之乌江也。《元和郡县志》卷三十黔州曰："西有巴江水，一名涪陵江，自牂牁北历播、费、思、黔等州，北流注岷江。"此巴江水即延江水，所说源流最为清晰。延江发源于南广，东流经鳖县后东流，折而北，经涪陵县至枳县入于江。因《汉志》之文有脱落，《水经》条贯有误，兹考订其源流如此。

延江源　延江水源出南广县，南广地在今云南之镇雄，已说详《郡县考释》。乌江上源，北支出镇雄南部，南支出威宁县北界山，二流会于七星关之西，名六冲河，流经毕节、大方至黔西县，名鸭池河，有三岔河水来会，水势始大。元明时期记录，贵州西部有水西、水东，即以鸭池河（亦名陆广河）得名也。

汉　水　《汉书·地理志》犍为郡汉阳县："山闟谷，汉水所出，东至鳖入延。"

《水经·延江水注》所说同。按：汉阳县在今贵州威宁、水城之地，已说详《郡县考释》。威宁南部发源之三岔河水，东流经水城、普定，折北至黔西县，而入于鸭池河。陈澧《汉书地理志水道图说》曰："今贵州威宁州三岔河，出州东南境山，东流至黔西州与乌江合。"认为三岔河即古之汉水，所说甚是。《山海经》"濛水出汉阳西"，郭璞注曰"汉阳县属朱提"，毕沅注以为此即犍为汉阳入延江之汉水。曾廉《牂牁客谈》以为濛水即乌江南源，并释三岔河为汉水。此水自源至与乌江合流，凡七百里，为古汉水，可以确定。郑珍《鳖县问答》以为汉水即黔西县之渭河。《遵义府志》卷五亦曰："今渭河即汉水，班氏志水之例，源委短者不注里，长者必注之。所言汉水无里数，则必流短。若源在威宁、镇雄、永宁中间，是至鳖必经犍为、牂牁两郡，流数百里，班氏必云过郡二、行若干里。益知此津流短之渭河，必是汉水。"此说，《贵州通志·水道考》已指其误，渭河实不能当汉水也。按：《遵义府志》以班氏志水之例为说，实不可从。《汉志》汉阳发源之水，至鳖入延，汉阳属犍为郡，鳖属牂牁郡，此水流经二郡之事实，以不注"过二郡"字样而疑之，以至谓此水源不在汉阳，此过分之论也。杨守敬《水经注疏》曰："今黔西州之沙河，东流入乌江，当即汉水也。"按：此即渭河，杨氏以为汉阳县在黔西州西北山中，故作此说，惟汉阳为都尉治，非宜也。

鳖水、黚水　《汉志》鳖水入延，又犍为郡符县曰"温水南至鳖入黚，黚水亦南至鳖入江"，即入延江。《说文解字》温字下曰："温水出涪（应作符），南入黔（应作黚）水。"可知温水南流入黚水，又南流入延水。按：符县城在今四川合江县，其南境包有古蔺、仁怀及黔西县北部之地。《贵州通志·水道考》曰："乌江有渭河来注，源出大定府东北八十里之陇纪箐，流至黔西州而东北注乌江。北流二十余里有鼓楼水，合沙溪水来注。鼓楼水出黔西州西北二百四十里狗头坡，东南流纳沙溪水，行遵义、黔西之间，至石牛口注乌江。"《通志》以为"鼓楼水盖汉犍为郡符县温水所入之黚水，而沙溪即温水也，南流至鳖县合称鳖水，入于延江"，所说近是。盖温水、黚水会合南流至鳖入延，鼓楼、沙溪二水适足以当之，而渭河即鳖水也。郑珍《鳖县问答》曰："温水即遵义之桃溪，黚水即绥阳之洪江。"惟此二水距符县（合江）甚远，且非在符县之南，所说不可从。又后人解释鳖水有异说，则由于《汉志》之文有脱落而起，《汉志》曰："鳖，不狼山，鳖水所出，东入延，过郡二，行七百三十里。"按：鳖水发源于其县，亦在其县入于延，安得曰过郡二？过郡二者为延水，今本《汉志》当夺"延水"二字，《水经》所说即本《汉志》，疑《汉志》原文应作"不狼山，鳖水所出，东入延，延水出犍为南广县，东至鳖，过郡二，行七百三十里"，其源流如此。后人不察，以为鳖水过郡二。洪亮吉《延水考》以为鳖水即湘水，说过郡二者，盖牂牁、犍为，然洪氏已曰："鳖水于其县，东注延，不经过两郡地。"莫友芝《郘亭遗文·桃溪游归记》以为鳖水即三江水，说由鳖而涪陵县，过牂牁、巴二郡，然三江水至彭水县入乌江，彭水非鳖县地。洪、莫二家并以鳖水过郡二为说，在东、在西则各不同，枉费解说而已。

鳖水流入延水之位置，《汉志》曰"东入延"，则在其县之东境。《水经》延水注曰"黚水与温水会，俱南入鳖水，鳖水于其县而东注于延江水"，则鳖水在温水注入延江之上游。今渭河流入乌江下二十里，鼓楼水来会，则因鳖水流入乌江之下称为鳖，故其说如此也。

总上所述，延江发源于南广，流经鳖县，有汉水、鳖水、温水来汇，汉水即今三岔河，鳖水即渭河，温水即鼓楼水，此三水并在今黔西县流入乌江，则今大方、黔西县，为古鳖县地。

（5）沅江上源

《汉书·地理志》牂牁郡故且兰县曰："沅水东南至益阳入江，过郡二，行二千五百三十里。"又武陵郡无阳县曰："无水，首受故且兰，南入沅，八百九十里。"杨守敬《汉书地理志校补》曰"《说文》云沅水出牂牁故且兰，东北入江，此作东南误"，是也。按：沅江上源出且兰，《水经》卷三十七谓"沅水出牂牁且兰县，为旁沟水"。《汉志》临沅县注引应劭曰"沅江出牂牁入于江"，并据《汉志》为说。《续汉书·郡国志》故且兰县《注》引《地道记》曰"有沈水"，沈为沅字之误。《水经·沅水注》曰："东经无阳县，无水出故且兰，南流至无阳故县，县对无水，因以氏县。无水又东南入沅，谓之无口。"此沅江上游二源至无阳县合流而下，历经武陵郡至长沙郡益阳县入洞庭湖，再汇于江。洪亮吉《贵州水道考·沅江考》曰："今黄平州属重安长官司，北有金凤山，山南即重安江，古沅水也。山北即镇阳江之源，古无水也。自重安江以上在清平县境者名凯里河，在麻哈州境者俗名平定河，在八寨同知境者俗名鸡贾河，在都匀县者俗名长河，又名剑河，亦曰马尾河，盖源出都匀府城内之东山，至黄平州界已流三百余里矣。"莫与俦《贞定先生遗集·都匀邦水为沅江正源考》所说甚详。按：重安江源出贵定县西南境，至黄平有自都匀来之长河相会，下流经剑河、锦屏为清水江，入湖南境，即《汉志》所谓且兰沅水也。又镇阳江源出黄平，流经镇远、玉屏，入湖南境，为潕水，即《汉志》所谓首受且兰之无水也。潕水流至旧黔阳境与清水江合流为沅水，自洪江折而北经辰溪、沅陵而东北入于洞庭湖。

《华阳国志·南中志》牂牁郡曰："郡特多阻险，有延江、雾赤、煎水为池卫。"按：此雾赤、煎水当为水名，或以为雾赤即沅江支流之舞溪，煎水即重安江，为牂牁东境水，惟不能详也。

乙、郁水系

今珠江之西江，其上源与支流自滇、黔境入广西，东流至番禺入于南海，古称郁水，盖因诸水汇流于郁林郡而得名也。《汉志》记郁水甚略，《水经》及《注》多混乱，后人解释不辨其误，而更加错杂，此不可不辩者。

《汉志》所载郁水有二，郁林郡广郁县曰："郁水首受夜郎豚水，东至四会入海，过郡四，行四千三十里。"又牂牁郡镡封县曰："温水东至广郁入郁，过郡二，行五百六十里。"按：此即今之北盘江（豚水）在乐业县（广郁）与南盘江（温水）合流为红水河（一名都泥江），下至桂平（郁林郡治布山）之水，称为郁水也。又武陵郡镡成县曰："玉山，镡水所出，东至阿林入郁，过郡二，行七百二十里。"此镡水为柳江，在象县（阿林）与都泥江相会，下至桂平，今亦称柳江。此一郁水，可称之为北郁水也。又《汉志》牂牁郡句町县曰："文象水，东至增食入郁。"又郁林郡领方县曰："斤员水入郁。"按：此即今之西洋江（文象水），经百色与自凌云来之水相会为右江，至南宁（领方）会左江（斤员水），下至桂平（布山）之水，称郁水也。此又一郁水，可称为南郁水也。两郁水各有水道，惟并在郁林郡地而称郁水，此不足为异也。南北两郁水合流以下，亦称为郁水。《汉志》零凌郡零凌县曰："离水东南至广信入郁林，行九百八十里。"按：

"林"字为衍文，离水（桂江）在广信（苍梧）入郁水。又合浦郡临允县曰："牢水，北至高要入郁，过郡三，行五百三十里。"按：此牢水（罗银江）至高要（今亦名高要）入郁水。又桂阳郡桂阳县曰："汇（洭）水南至四会入郁林。"按：此"林"字亦衍文，洭水（北江）至四会（三水）入郁水，即入南海也。按：两郁水，《汉志》以北郁水为主流，故广郁县曰："郁水东至四会入海，过郡四，行四千三十里。"即流经牂牁、郁林、苍梧、南海四郡也。《汉志》记郁水甚为明白，以今水道考校之，亦无不合也。

惟《水经》所载郁水，不知两郁水当分别，而混为一水，其卷三十六曰："温水出牂牁夜郎县，东至郁林广郁县为郁水，又东至领方县东与斤南水合，东北入于郁。"按：此取《汉志》之说而错乱。《汉志》曰"郁水首受夜郎豚水"，以豚水为主流，而《水经》以温水为主流，故谓温水出夜郎县，实则温水之源不在夜郎县也。又领方县之郁水与豚水、温水合流之郁水有分别，而《水经》因二水同名，误为一水，故以北郁水为上游，而南郁水为下游，惟谓"郁水入郁"，显知有两郁水，而两郁水相接，以至不可解也。杨守敬《前汉地理图》，在南、北盘江合流以下至凌云、东兰之间，画一条黑线，与西洋江相通，注记曰："郁水首受夜郎豚水。"此与《汉志》所载不合，而迁就《水经》之说，不纠《水经》之失，以至与地理实际相违也。

郦道元不辨《水经》之误，且误上加误。《水经》以温水为郁水源，郦氏以温水代郁水。如曰："郁水又迳中留县南，与温水合，又东入阿林县，潭水注之。"按：此处之温水，杨守敬以为红水河，即郁水也，而郦氏称为温水，以至源流不清。唐钺别为之解说（《水经注温水条校讹》），亦难通也。郦《注》又曰："温水又东经增食县，有文象水注之。"按：此《汉志》之郁水，而郦氏称为温水，且误南郁水为北郁水也。杨守敬《前汉地理图》，南盘江流至广南之界，画一条黑线，与西洋江相通，此与《汉志》不合，而迁就《水经注》之误者也。《水经》不辨两郁水，郦《注》又以温水错杂，更纠葛不清也。

又《汉志》有温水支流之桥水，益州郡毋棳县曰："桥水首受桥山，东至中留入潭，过郡四，行二千一百二十里。"此即《水经注》所说温水，经毋棳县东，与南桥水合。水出县之桥山，则桥水入温水，而《汉志》视桥水为主流，故入温水以下亦称桥水，而至中留与潭水合，则北郁水亦称为桥水。一水二名，亦常有之（上文绳水、若水可以为例）。又《汉志》郁林郡领方县曰"又有墧水"，此墧水与毋棳之南桥水有别。而郦《注》引《地理志》毋棳桥水，又引领方墧水，因字音相近而相混，乃曰"余诊其川流，更无殊津，正是桥、温乱流，故兼通称"，以至北郁水支流之桥水与南郁水支流之墧水混一谈也。

《水经》及《注》采《汉志》之说，而不知两郁水有分别，所说有与《汉志》合者，有与《汉志》不合者，故多牴牾而凌乱不堪。后人考释不辩其误，多与地理实际不符，而曲说之，以陈澧《汉书地理志水道图说》为最甚。其卷六载郁水，不依《汉志》所说，只取《水经》及《注》之与《汉志》相违者，而弃与《汉志》相合者。又强为条贯诸水，有非《水经注》所说而任意解释者，故混乱特甚，其郁水上游诸水，几无一与《汉志》相合也。其重要者，以毋棳之桥水释为北盘江，以俞元之桥水释为南盘江，以在毋棳入桥之胜休河水释为马别河，而《汉志》俞元桥水入温，因不可通，故谓入温为入河之误。既以两桥水当《汉志》豚水、温水合流之郁水，于是以所有两郁水之支流尽为右江之支流也。陈氏既释广郁县之郁水为右江，乃释夜郎县之豚水为凌云县之泗河，镡封县之温水为西林县之同舍河，句町县之文象水为天保县之泓济江，进而释铜濑县之迷水在谈藁入温为宝宁县之西洋江。作如此解释，所见县名，以东晋分郡言之，郁林郡广郁县在百色，建宁郡铜濑县在宝宁（今广南），毋单县在西隆，谈藁县在西林，梁水郡镡封县亦在西林，毋棳县在凌云，夜郎郡夜郎县亦在凌云，兴古郡句町县在富州。于是在右江上游一小区域，有郁林、建宁、梁水、夜郎、兴古五郡之地，而毋棳桥山在北盘江源，县治在凌云，以一县又包有今黔西南之地，此断非可能也。

郁水源流，自《水经》以后错误百出。兹略考说，当以《汉志》为断。《汉志》所载郁水上游，与西南地区有关者，为温水（南盘江）、豚水（北盘江）、文象水（西洋江），各纳支流而下，兹分说之。

（1）温　水

《汉志》益州郡铜濑县迷水、俞元县桥水并入于温水。牂牁郡镡封县“温水东至广郁入郁，过郡二，行五百六里”，惟不记温水之源。《水经》“温水出牂牁夜郎县”，此因夜郎有豚水，以为豚水源在夜郎，又误温水源出夜郎也。郦《注》采《汉志》说，记温水源流甚详，惟所说地名有误，兹录之。

温水自（夜郎）县西北流，经谈藁与迷水合。又西经昆泽县南，又经味县，又西南经滇池城，又西会大泽，与叶榆仆水合。又东南经牂牁之毋单县，桥水注之。又东南经兴古郡之毋棳县东，与南桥水合。又东南经律高县南，又东南经梁水郡南，温水上合梁水，故自下得梁水之称。又东南经镡封县北，又经来唯县东，而仆水右出焉。又东经增食县，有文象水注之。文象水、蒙水与卢唯水、来细水、伐水并自县东历广郁至增食县，注于郁水也。”按：所说不可通者，谓温水经滇池城与叶榆仆水合。叶榆河注曰：“叶榆水自邪龙县东南经秦臧县南，与仆水同注滇池泽于连然、双柏县也。”实无自叶榆流至滇池之水，且温水未流经滇池，此郦《注》之误也。又谓温水经来唯县而仆水右出，此水于地理无征。至于温水流经增食，则南北两郁水会流之说而误也。大抵郦氏采《汉志》之文而缀之，有不见于《汉志》而加说者，则多不可信，兹分言温水之源及其支流。

温水源　温水，今之南盘江，其源出于宣威（元明属霑益州）。《元史·地理志》：“霑益州，据南盘江、北盘江之间。”徐宏祖《盘江考》：“霑益州炎方驿黑山南小洞岭，为南、北盘江分水脊。”万历《云南通志》：“霑益州，汉为牂牁郡宛温县地。”而《水经》谓温水出夜郎县，二说不同。惟《水经》盖以遯水误为温水，故谓温水出夜郎也。又《续汉书·郡国志》宛温县刘注引《南中志》曰：“县北三百里有盘江，广数百步，深十丈余，此江水有毒气。”按：盘江为南盘江。万历《志》以霑益为宛温故地之说，盖本此，然盘江源在宛温北三百里，当在宛温以北也。又《汉志》镡封有温水，则谓温水经镡封，非发源于镡封也。

迷　水　《汉志》益州郡铜濑县曰：“谈虏山，迷水所出，东至谈稾县入温。”是知迷水自温水之西来会，郦《注》“迷水右注温水”。丁谦曰：“郦氏通例，凡在本水东者皆曰左，在本水西者皆曰右，与寻常所言左右不同。”则右注者，自西来会也。陈澧《水经注西南诸水考》曰：“郦所谓迷水，盖曲靖府治南宁县北之磨刀溪也，出马龙州北境，所谓铜濑县盖马龙州，所谓谈稾县盖南宁县也。”又道光《通志》亦释“迷水为白石江（按即磨刀溪），谈藁为南宁县以东境，铜濑在南宁西北”。惟南宁北部汉为味县地，其南部为同乐县地，说详《郡县考》，则南宁不得再为谈藁县地。郦《注》“温水又经味县”一句，当在“经谈藁与迷水合”之前，温水经味县后始至谈藁。谈藁即今之路南，路南县北有水自西北来，入南盘江。其水即马龙之西山大河，亦名板桥河，源出马龙东南四十里大栗树、汤郎两涧，南流而合，南入龙洞伏流，由南洞涌出，南流为龙洞河，经红石崖又南入陆良，又东南入南盘江。此即古之迷水，源出铜濑，在今之马龙也。

桥　水　《汉志》益州郡俞元县曰：“池在南，桥水所出，东至毋单入温，行千九百里。”《水经注》：“桥水上承俞元之南池，县治龙池洲，周四十七里，一名河水，桥水东流至毋单注于温。”按：郦《注》采《汉志》而加说，不尽可从。钱坫《新校注地理志》曰“此北桥水也”，所说甚是。陈澧曰：“郦所谓桥水，则今小曲江也，南盘江既会抚仙湖南流，经宁州东南，小曲江注之，郦所曰毋单则宁州也，所云俞元则河西也，所云南池则通海湖也。”按：谓小曲江为桥水之说甚是，惟《汉志》行千九百里，“千”字为衍文。曲江会河西、通海之水，而抚仙湖、星云湖、杞麓湖在其北，不与曲江水合流，郦《注》虽不明白，似误诸湖之水流入曲江，而后与盘江合。所谓上承俞元之南池者，即《汉志》“俞元池在南，桥水所出”之语而稍易其辞。俞元之南池或即星云湖、杞湖。又注曰：“县治龙池洲，周四十七里。”龙池即抚仙湖，俞元县治抚仙湖北，而曲江流至华宁婆兮与南盘合，则俞元为今澂江、玉溪、江川之地，毋单即华宁也。

南桥水　《汉志》毋棳县曰：“桥水首受桥山，东至中留入潭，过郡四，行二千一百二十里。”《水经注》：“温水迳毋棳县东，与南桥水合，水出县之桥山。”此桥水源出毋棳，亦在毋棳与温水合流，而后东至中留，《汉志》不言与温水合者，盖母棳以下视桥水为主流也。陈澧《水经注西南诸水考》曰：“郦《注》言温水东南经毋棳县东，今南盘江既会小曲江，东南经阿迷州东北，则毋棳为阿迷州，其南桥水则州西南泸江河也。”徐宏祖《盘江考》曰：“余已躬睹南盘源，闻有西源更远，直西南至石屏州，随流考之，其水源发自石屏西四十里之关口，流为宝秀山巨塘，又东南下石屏，汇为异龙湖水，又东经临安郡南为泸江，穿颜洞出，又东至阿迷州东北入盘江，二江合为南盘江，遂东北流入广西府。”按：此即南桥水。泸江有二源，其北源出于石屏东北境之旷野山，名旷野河，南源即异龙湖之水，两河会流于建水西境乃称泸江。《汉志》所谓“桥水首受桥山”者，当是发源于旷野山之北源，而其南源则胜休河水也。南桥流经之建水、开远，即毋棳县故地也。

《汉志》在俞元与毋棳并有桥水。郦《注》以南桥水称毋棳之水，以示区别。赵一清、熊会贞诸人并已言之。此两桥水为入温水较长之河流，惟有曲江及泸江足以当之。惟杨守敬《前汉地理图》，以抚仙湖流入南盘江之小水当俞元桥水，又以曲江当毋棳南桥水。故注记毋单在澂江之东部，毋棳在华宁之婆兮，而泸江流域及其以南，全无地名，此以任意解说水名，而不考虑水所流经之地名，以至不通也。陈澧别有说，尤误，引见下文。

胜休河水、梁水　《汉志》胜休县曰“河水东至毋棳入桥”，《续汉志注》引《太康地记》所说同。又引《南中志》曰：“有大河，纵广有四十里，深数十丈。”《华阳国志·南中志》兴古郡胜休县曰：“有河水也。”惟张佳胤、吴琯、何允中诸本所载，并录刘昭注引之文，称为别本。按：纵广百四十里，即潴为湖泊，其水东流入桥，则惟石屏异龙湖足以当之。此为断层湖，有莱玉、乾阳二山清泉数十流其中，周百四十里，则胜休即今石屏，在毋棳之西。胜休地盖广，包有今红河及龙武诸地。道光《云南通志》因不知桥水有二，故释南桥水为星云、抚仙二湖之水，释胜休河水为曲江，故谓胜休即河阳、江川、通海、宁州之地。陈澧《水经注西南诸水考》，以为胜休在泸江以南，为纳楼茶甸土司地，然无由纳楼茶甸北流之水也。

《水经·温水注》曰："南桥水东流，梁水注之。梁水上承河水于俞元县，而东南经兴古之胜休县，又东经毋棳县，左注桥水，桥水又东注于温。"洪颐煊《汉志水道疏证》曰"梁水亦河水之别名也"，所说甚是。惟河水出于胜休县，而郦《注》谓"上承河水于俞元县"，即因郦《注》上文有"俞元南池，一名河水"之说而误，熊会贞曰河水本出胜休，与俞元南池无涉。郦《注》又曰："温水上合梁水，故自下通得梁水之称。"盖梁水入南桥水以下称梁水，南桥水入温水以下亦称梁水，惟当限于梁水郡境内也。

按：陈澧《汉书地理志水道图说》卷六释毋棳桥水、胜休河水与俞元桥水有异说，兹摘录之。其释毋棳桥水曰："今广西凌云县北之红水江，首受北盘江也，桥山今云南霑益州西北境山，北盘所出也。"又释胜休河水曰："今贵州普安厅马别河，东南流至广西西隆州之南盘江也，东流与北盘江合。"又释俞元桥水曰："今云南陆良州东南湖泽，南盘江所出，西南流屈东，流至广西西隆州，与马别河合。"其所以作此说者，陈氏曰："毋棳有桥水首受桥山，而俞元复有桥水，此必两水同出桥山，故同名桥水，且俞元桥水上源有池也。今北盘江、南盘江同出霑益州西北境山，而南盘江上源有湖泽，故知北盘江为桥山之水，南盘江为俞元桥水也。"又曰："毋棳桥山与河水之入桥水，同在毋棳县境，今红水河之受北盘江，与南盘江之合北盘江，同在凌云县北境，故知凌云县以西之□□为河水也。由此上溯得马别河，南盘江与马别河合流，故知俞元桥水入温为入河之误也。陈氏之说极为牵强，与诸家所说大有径庭，与陈氏《水经注西南诸水考》亦大异。吴承志《补正》，不惟不得其要，且更错乱也。兹置《汉志》郡县地名不论，即以水道言之，有大谬不然者：一、两桥水必同出一山之说，毫无根据。若如此说，则桥山与桥水同在一县境内，地名无法解说也。二、河水所入为毋棳桥水，陈氏以俞元桥水与胜休河水合流，已非《汉志》之说，且改《汉志》桥水入温为入河也。三、既说南盘江为桥水，又改南盘江与马别河以下一段为河水也。四、既说俞元桥水出桥山，又说出陆凉州湖泽，此水源流说不清。陈氏不能自圆其说，与《汉志》所载，更无一处相合也。

（2）郁　水

《汉志》牂牁郡夜郎县曰："豚水东至广郁。"又郁林郡广郁县曰："郁水首受夜郎豚水，东至四会入海，过郡四，行四千三十里。"按：温水至广郁入郁水（引见上文）。汪士铎《汉志志疑》曰："可知广郁在两盘江合流处也，北盘豚水，南盘温水，合为郁水。"即温水与豚水合流以后称郁水，而以豚水为郁水主流。《水经·温水注》谓"郁水即夜郎豚水也"，即本《汉志》之说。赵一清《水经注释》以为"郁水非即豚水"，不言其理由，疑刻本"非"字为衍文。

古代记录，由夜郎下至番禺之牂牁江，即郁水之别名。《史记·西南夷〔例〕传》载：建元六年（公元前一三六年）唐蒙使南越（粤），"南越食蒙蜀枸酱，蒙问所从来，曰：道西北牂牁，牂牁江广数里，出番禺城下。蒙归至长安，问蜀贾人，贾人曰：独蜀出枸酱，多持窃出市夜郎。夜郎者，临牂牁江，江广数百步，足以行船。"唐蒙得此消息，即上书曰："闻夜郎所有精兵，可得十余万，浮船牂牁江，出其不意，此制越一奇也。”汉朝乃拜唐蒙为中郎将，至夜郎，约为置吏。于是“发巴、蜀卒治道，自僰道指牂牁江”。按：此道即《司马相如传》所谓“通夜郎之途”。元鼎五年（公元前一一二年），汉朝伐南越，使驰义侯至夜郎，征发南夷兵击越。事虽未成，惟此为当日通常之道，可知也。汪士铎《汉志志疑》曰“牂牁江，即豚水”，则北盘江也。而洪亮吉《贵州水道考·豚水考》曰“今都江即古豚水也”。按：都江发源于独山县，下流为融江。洪氏又曰：“豚水即牂牁江，《史记》说牂牁江广数百步，足以行船，而北盘江广数十步，两岸皆高山峻岭，无从展拓，与《水经注》水广数里及县临江上之说相背谬。”此洪氏谓北盘江不能为夜郎豚水有力之证据。然《史记》所载唐蒙在长安闻蜀贾人之说，不免传闻失实，况《史记》所曰，亦非夜郎为船行起点，惟言此江可行船耳。唐蒙在南越所见自牂牁来之水出番禺城下，江广数里，船行至便，以为自源如此，非亲自勘测之言。郦道元又张大其词，说牂牁水上源“广数里”，而洪氏认为道元之言，丝毫不爽，必欲寻与道元所说相合之水。莫与俦《汉且兰县故地考》曰：“所谓广数里者，言番禺城下之江尾，广数百步者，言夜郎所临之上游，郦《注》合而一之，其不足据甚明。”据道元之说以考地理，则多不可通。《水经注》说“夜郎豚水，东北流经谈藁县，东经牂牁郡且兰县”。而谈藁为温水流经（在今路南），且兰在沅水上源（今黄平一带），若以豚水为今之都江，以地理证之，无法解说。洪氏于《豚水考》，说且兰在清平、都江之间，正临都江上。又于《沅江考》说，且兰在黄平以西，都匀以北。同释一地名，先后不符，即迁就郦《注》之误。且《史记》说夜郎临牂牁江，而郦《注》且兰临牂牁江，二说不同。若谓在牂牁境内之水可名牂牁江则可通，谓所有称牂牁江者为一水之名，则不可通也。亦有以南盘江为牂牁江者，如童振藻《牂牁江考》曰：“南盘江自霑益经曲靖至陆良，四季船可畅行，至陆良上岸，经罗平、广南至剥隘，历九百余里，下西洋江，即可行船。”以此理由，认为南盘江即牂牁江。但童氏谓自霑益至陆良可行船，毫无根据，捏造以欺世人。又至剥隘可行船，则为右江，非南盘江也。至于田斐《黔书》，说乌江为牂牁江；王孚镛《牂牁江辨》，说沅江为牂牁江，惟此二水不通至番禺，断非古之牂牁江也。更有以较小河流当牂牁江者，如濛水（郭子章《黔记》）、大韦河（黄宗羲《今水经》）、金城江（《都匀府志》）、綦江（《遵义府志》）、罗平喜旧溪（程封《牂牁江考》），亦不能成立也。自来说牂牁江之水，颇不一致，惟有一事则相同者，牂牁江在夜郎地，故孰为牂牁江，当以夜郎所在为断。今知夜郎地沿北盘江而居，则北盘江为牂牁江可断言也。《汉志》以北盘为郁水主流，下至四会入海，兹分言在西南地区与郁水有关诸水。

存　水　《汉志》夜郎县有遯水，乃流经其县，非水源，其源为存水也。《水经》卷三十六曰：“存水出犍为郁鄢县，东南至郁林定周县为周水，又东北至潭中县注于谭。”郦道元注曰：“存水自（郁鄢）县东南流，经牧靡县北，又东经且兰县北而东南出也。存水又东经牂牁郡之毋敛县北，而东南与毋敛水合。存水又东经郁林定周县为周水，盖水变名也。”按：犍为以南发源之水流入郁者，为南北盘江。今知温水为南盘江，则存水即北盘江上源也。然北盘江未流经且兰、毋敛，盖《水经》以北盘与今独山之龙江误而为一，故至相混，《注》亦强为之说，然实无此水也。杨守敬《水经注疏》曰：“或以为今北盘江当存水，然考《经》，以《汉志》之周水为存水下流，周水即今独山河，北盘江与独山河悬隔不通流，岂作《经》者所见之图误乎？”按：杨氏发疑者是也。丁谦《水经注正误》亦释存水为北盘江，并曰“存水经文，仅有一句为存水，其下乃周水之文所误入”，作此判断者甚是。盖作者知存水下游入郁，而不能详，故以周水之文补之，以至源流不可通。然存鄢之水流至郁，则可信，惟当分别之。有不知其误者，如钱坫《新校注地理志集释》曰：“周水，即存水也。”陈澧《汉书地理志水道图说》曰：“存水即龙江，存鄢即在独山。”惟以郦《注》存水流经牧靡之语，又释存鄢在寻甸州西北，令人迷惑。杨守敬《水经注疏》已言《水经》之误，其《水经注图》注记存鄢地名于今威宁，以且海为存水源，乃以三岔河当存水，至安顺西北画一黑线与涟江相通，至定番（惠水）之南又画黑线与独山河相通，在都江以下称为周水，且在北盘江流至贞丰画一黑线与涟江相通，为毋敛水。此于地理无征，而牵强为说者，显知其不可通也。

《汉志》存鄢县不言有存水，惟《集韵·元部》“存”字曰：“存鄢县名，在犍为，或从水作洊”，可知存鄢有存水也（杨守敬已有说）。则《水经》说存水出存鄢县，当有本。存鄢地在今宣威，说详《郡县考》。北盘江源出宣威城西南四十里（明代为霑益州地），东北流，有自威宁来之可渡河相会，东南经郎岱而下，此即古之存水。自存鄢流入牂牁境为豚水上游，《汉志》不载存水，《水经》不知存水为豚水上流，而误为至毋敛之水也。

豚　水　《汉志》谓夜郎豚水东至广郁，《华阳国志·南中志》夜郎县所说同。又《南中志·总叙》曰“夜郎竹王兴于豚水”，《后汉书·西南夷传》所说同（惟二书并作遯水）。则豚水为夜郎境内之大水可知也。自来释豚水者，大都谓即北盘江，此可确定者。且据《汉志》，豚水流经夜郎，非豚水源出于夜郎，其上源称存水，此可于《水经注》证之。《水经注》说存水所流经之地名皆误（已引见上文），又说豚水所流经之地，大都与存水相同，其说曰：“豚水东北流经谈藁县东，经牂牁郡且兰县，又经毋敛县西，又经郁林广郁县，为郁水。”按：存水与豚水并流经且兰、毋敛，惟其下游存水为周水，从《水经》之说；豚水为郁水，从《汉志》之说。显知存水、豚水之水道相同，其下游以据不同记载而歧异耳。《汉志》不言豚水源，《水经》误以为豚水出于夜郎，又以豚水源与温水源相远，而谓温水出夜郎也。钱坫《新校注地理志》，释豚水为南盘江，即从《水经》之说而误。又洪亮吉《豚水考》，释为独山之都江，因都江当牂牁江而误。又陈澧《汉书地理志水道图说》，释豚水为凌云县泗河，因释西洋江为广郁之郁水而误。又李兆洛《水道提纲》，说“西洋江亦曰南盘江，古夜郎豚水也”，盖李氏兼有钱坫、陈澧二人之说而误。李氏叙南盘江源流甚清晰，而谓南盘江即西洋江，不可解也。

刚　水　《汉志》毋敛县：“刚水东至潭中入潭。”又定周县：“水首受毋敛，东入潭。”此为一水上下流之纪录。《水经·温水注》曰：“潭水，东流经潭中县，周水自西南来注之。潭水又东南流与刚水合，水西出牂牁郡毋敛县，东至潭中入潭。”以周水与刚水为二水，惟周水首受毋敛之水，毋敛所出即刚水，同为一水之异名，非二水也。莫与俦《毋敛刚水考》、陈澧《西南诸水考》并谓周水、刚水实一水。又郑珍《巢经巢集·牂牁十六县问答》亦曰“周水、刚水、毋敛水，止是一流，随地异名，班《志》首尾互足，非二水也”，所说甚是。莫与俦、郑珍以为刚水即独山江，一名龙江，由独山县流经荔波入广西河池县（金城江）、宜山县（庆远）至柳城县西南合于融江，下游名柳江，融江即古之潭水也。洪亮吉既释都江为古豚水，又于《刚水考》曰“刚水殆即今贵州定番州之濛江也”。按：濛江亦称格必河，在罗甸县流入红水河，此小水，与《汉志》所说刚水不相类。洪氏述濛江一名牂牁江，俗名乌泥江，亦曰都泥江，流经泗城、庆远、思恩、柳州、浔州五府云云，实则此为红水河，濛江仅其流入之小水，不能认为主流，洪氏夸大其词，不足为据。钱坫《新校注地理志》亦以为刚水即濛江，又谓濛江名牂牁水，故释毋敛地在定番州，此据《水经注》为说，实则《水经》所言无此水也。汪士铎《汉志志疑》，释刚水为濛江，又曰“今猛渡河为毋敛水”，不知所称猛渡河即地图之曹渡河否？自平伐南流入红水河，亦一小水也。

（3）文象水

《汉志》牁牂郡句町县曰“文象水，东至增食入郁”，此南郁水也。《元和郡县志》曰：“邕州朗宁县，汉增食县地，南至邕州一百八十里。”按：邕州治在今南宁，则朗宁在今隆安县，疑隆安、果德、平治等县，即汉之增食县地。《汉志》郁林郡领十二县，增食盖在右江最西，句町文象水至增食称为郁水也。句町县在今广南、富宁、西隆，西林之地，已说详《郡县考》，源出句町流入郁林郡者为西洋江，应即古之文象水，为南郁水主流，纳诸水而下，至增食始有郁水之名也。广西西部，以明、清设治言之，南宁府在郁江上游，其北为思恩府、庆远府，其西南为太平府，疑此诸府汉为郁林郡地。在其西北之隆安、果德以上地区，即今之田东、田阳、百色、凌云、保德、靖西、睦边等县，疑为汉句町边境，东晋时设西平郡，即在此地区。当汉时，此地区之人口稀少，故句町联盟与郁林区域之联系少，而与夜郎区域之联系密切，属牂牁郡也。大抵，增食县以上为句町边境，属牂牁，众水向东南流，为郁江上游，惟至增食始称为郁水也。兹释郁水上游与牂牁郡有关诸水。

文象水　文象水即西洋江，其源流，赵元祚《滇南山水纲目》曰：“西洋江，滇东南之界水，即粤右江之源也，发源广南府西北者免塘、红石岩，并城北诸水合而南流四五十里，折而东流百余里至西宁村，会剥隘土富州之水，东入百色埠，经田州府南为右江，即南郁江上源也。”

卢唯水、来细水、伐水　《汉志》句町县曰“又有卢唯水、来细水、伐水”，不言其源流，惟当为句町文象水之支流。王先谦《汉书补注》曰：“文象水即西洋江，出广南宝宁县西北六十里者免塘之西南山，迳府城西，支分为同舍河，折而东南合响水河，又东南经百纳村，又东南经剥隘，北与者郎河水合，又东合那洞水，又东经百色厅南、泗城府西，泗河水南流注之，东经奉议州北东兰州砦，瓯溪水南流注之，疑古卢唯水也。又东南经上林县北镇安天保县，洪济江水东北源注之，疑古来细水也。又东经归德州南隆安县，沛水东北注之，疑古伐水也。”按：王氏所说，未可确定。惟此三水为纳入西洋江之水，则可说也。又陈澧以宏济江为文象水者误。又胡翯《牂牁丛考》谓都威河（在云南罗平与贵州兴义之交，入南盘江）为卢唯水亦误。汪远孙《汉书地理志校本》于句町下曰：“《文选》诸葛亮《出师表》注：《汉书》以泸水出牂牁郡句町县，《蜀志·诸葛亮传》注作泸唯水，考证者‘惟’改‘津’，未知何据。”按：此因卢唯水误为金沙江之泸水，只从字音相同而相混，不足辩也。

虪　水　《汉志》增食县曰：“虪水，首受牂牁东界，入朱涯水，行五百七十里。”又临尘县曰：“朱涯水入领方，又有斤员水，又有侵离水，行七百里。”又领方县曰：“斤员水入郁。”按：《水经注》曰：朱涯水出临尘县，东北流，虪水注之，水源上承牂牁水，东经增食县而下，注朱涯水。朱涯水又东北经临尘县，县又有斤南水、侵离水，并经临尘东入领方县流注郁水。”此采《汉志》之文而略为条贯，即今左江诸水也。《汉志》领方斤员水入郁。《水经》卷四十曰："斤江水出交趾龙编县东北，至郁林领方县东注于郁。"按：斤江水当即斤员水，源出交趾郡，即左江上源，今自越南流入广西凭祥东北，流经龙州、崇善、扶南等地至南宁城西二十里，与右江合流。又朱涯水，陈澧《汉书地理志水道图说》，以为斤员水之上游，熊会贞以为养利州之水，疑熊说为是。此水源出镇结，南流经养利，又南在崇善县东入左江，盖《汉志》之文，当作朱涯水入领方斤员水，衍"又有"二字。又驩水首受牂牁东界入朱涯，则源出句町县，陈澧以为归顺州之龙潭水，熊会贞所说同，此说可从，即今靖西县发源之水，至养利县西与养利水会合，南流入左江者也。至于侵离水，亦见《水经》卷四十注曰"侵离水出广州晋兴郡，东至临尘入郁"。此采《汉志》而加说，杨守敬《前汉地理图》以左江南之明江当之，惟疑为今养利之一小水也。据《汉志》所载，可知句町县境，包有今左江流城之靖西及睦边、保德等地，而临尘在今镇都、龙茗、养利等地也。有异说者，王先谦《汉书补注》增食县曰"驩水即今驮蒙江也"。按：此江在武缘（今鸣武），西流至隆安南入右江。杨守敬《水经注图》，南北两盘江合流为红水河下，在凌云北，注记"驩水承牂牁水"，乃自此画一黑线而东南，注记驩水，又画一黑线，注记朱涯水，两线相交后，又东南通于武缘驮蒙江，折西入右江。此于地理无征，而杨氏作此假设者，以红水河为牂牁江，驩水分牂牁江之水入朱涯水，此误读《汉志》增食县"驩水首受牂牁东界水"为牂牁水，又不考虑句町县即属牂牁郡，故《水经注疏》所考明确，而作图则大误也。

丙、濮水系

《汉志》记濮水，字作仆，不言其源流，惟记入仆之水。益州郡叶榆县贪水入仆，秦臧县即水入仆，又牂牁郡西随县有麋水，疑"麋"即"仆"之音近异字。《水经》卷三十七曰："益州叶榆河出其县北界，屈从县东北流过不韦县东南，出益州界，入牂牁郡西随县北为西随水，又东出进桑关，过交趾麊泠县北……东入海。"按：此水自叶榆地区流至西随，又至交趾入海，则为今之礼社江，下游称红河之水，即《汉志》之濮水。杨守敬曰"经叶榆水之道，即《汉志》仆水之道"，是也。惟《水经》所说叶榆河过不韦县，与地理实际不符，盖不韦县在澜沧江以西，断无叶榆地区之水流至不韦之理，其误显然。而谓出益州界入西随县，则可信。何以《水经》有此误？由于《水经》作者，知西随之水自叶榆地区流来，惟西随以上即今元阳、红河、元江等县地区，汉、晋时期尚未设治，无水道纪录，又不韦县在益州郡最西，故以为流经不韦，实为大误。《汉志》记麋水源流曰："麋水西受徼外。"正惟西随以上不设治，而称徼外，即限于当时之知识。《汉志》据实，而《水经》臆说，此可信与不可信之大较也。

《水经注》只知水名用字相同或相近，不知地理实际，任意牵合，以至混杂。《江水注》采《汉志》蜀郡临邛县"仆干水东至武阳入江"，《华阳国志·蜀志》临邛县所载作布濮水，因与益州郡仆水名用字相同而相混。《注》曰："蜀郡临邛县布仆水分为二流，一经其县东至武阳县天社山下入江，其一水南经越巂邛都县西，东南至云南郡之青蛉县，仆水又南经永昌郡邪龙县而与贪水合，又迳建宁郡历双柏县即水入焉，又东至来唯县入劳水，仆水东至交州交趾郡麊泠南流入于海。"按：郦氏以为仆水与仆干水（布濮水）同源，故谓仆水自临邛流经邛都、青蛉至邪龙。杨守敬谓：临邛之水南经越巂、云南、永昌，势必绝若水、淹水而过，断无此理。郦氏因仆水同名，而有意缀合，牵连叙述，在

《水经注图》不从郦《注》者是也。又劳水即今澜沧江，在礼社江（仆水）西，并未与濮水合流，因《汉志》仆水有二（下文详说），郦氏不能辨，误北仆水为仆水也。

《水经》叶榆河与郦《注》仆水，并为自叶榆地区流至交趾入海，同是一水，所纪源流有可信，亦有错误。《水经》之出益州界以下可信，郦《注》之经邪龙县至即水入焉可信，与《汉志》所载相符。惟《汉志》不详其源流，兹取《水经》及《注》文录之："仆水经永昌郡邪龙县而与贪水合，又经建宁郡双柏县即水入焉，东南出益州界，入牂牁郡西随县为西随水，又东入进桑关，东至交趾郡麊泠县东南流入于海。"《汉志》所纪仆水、麋水之源流约如此。兹释与仆水有关诸水于次。

仆水源 仆水即今礼社江，江之西源曰阳江，出今巍山县城西北八十里花判山，经巍山平原而东南流，巍山即邪龙县故地。《水经·江水注》"仆水流至邪龙"，实则发源于邪龙也。郦《注》有水自邛都来，至青蛉入仆，今无此水。《汉志》以北仆水载于青蛉县下，实则仆水支流出青蛉，非北仆水也。仆与北仆，不能混为一水。《汉志》北仆像出徼外，流入于劳水，而仆水出邪龙，流至麊泠也。

贪　水 《汉志》叶榆县曰："贪水首受青蛉，南至邪龙入仆，行五百里。"《水经·江水注》曰："贪水出青蛉县，上承青蛉水，经叶榆县，又东南至邪龙之仆。"按：此采《汉志》之说，惟"东南"应作"西南"。是知贪水发源于青蛉县境。又《水经·若水注》曰："青蛉县西有石猪圻，贪水出焉。"按：石猪圻采《华阳国志》。郦《注》此文，附于青蛉水，盖贪水与青蛉水源近也。考之地理，贪水即白崖江，亦即礼社江之东源也。江源出于祥云县北梁王山后宝泉山石穴中，南流至九鼎山下，分为三，其二东南流复北，合为一泡江，即古之青蛉水也，其一南流为万花溪，又经青华洞西，又经凤仪之石虾山，复西南至弥渡，又东南入巍山，与阳江会为礼社江。则此水与一泡江同源，与道元之《若水注》相合。又此水流经凤仪境，凤仪古为叶榆地（说详《郡县考》），与道元之《江水注》相合。又此水流至巍山，长约四百里，入礼社江，与《汉志》相合。而今祥云县东北与盐丰近，青蛉与贪水发源之宝泉山，其地当为青蛉县所属也。汪士铎《汉志志疑》曰："贪水，云南县水，不受青蛉也，此注误。"因汪氏不知盐丰县为青蛉地，故作此疑，非也。道光《云南通志》曰："贪水当属今漾濞江。"陈澧、钱坫亦并以漾濞江释贪水，然漾濞水流入澜沧江，即古之劳水，又漾濞江不经叶榆县地，江源出剑川北，非青蛉县地，且流长不止五百里，故以漾濞江释贪水，几无一事与《汉志》及《水经注》所言相合。

即　水 《汉志》益州郡："秦臧：牛兰山，即水所出，南至双柏入仆，行八百二十里。"按：秦臧即今之富民、罗次、禄丰，双柏即今之易门、双柏，说详《郡县考》，则即水当今之禄丰河也，一名绿汁河，又名丁癸江、星宿江。赵元祚《滇水纲目》曰："禄丰河，发源羊溪冲山北，北流三十余里，东纳富民西大山以西之水，并罗次县南之水，又北流二十余里，经罗次县城西至羊圈，折而西南流五十余里，至禄丰城北，西南流会易门县水，又西南入阳瓜江。"按：阳瓜江即礼社江。《汉志》即水发源于秦臧流至双柏入仆，则即水上游为秦臧县地，下游为双柏县地。前人考说，多以即水为禄丰河，惟陈澧《汉书地理志水道图说》，以为威远厅巴景河，此流入澜沧江之水，陈氏作图，注记秦臧县在景东，双柏县在景谷，其误显然，不待多辩也。

麋　水 《汉志》牂牁郡："西随，麋水西受徼外，东至麊泠入尚龙溪，过郡二，行千一百六里。”（《续汉志》刘注引《地道记》同）按：《水经》“叶榆河（按应作僕水）出益州界，入牂牁西随县为西随水，过交趾郡麊泠县北”云云。此西随水当即麋水，而西随水即僕水，发源于邪龙，非出徼外，盖记西随麋水者，因当时益州郡双柏县以下沿僕水流域，尚未设治，故谓西随麋水从徼外来。麋水即僕水，非别有一水也。陈澧谓麋水即河底江，所说是也。

壶 水 《汉志》牂牁郡：“都梦，壶水东南至麋泠入尚龙溪，过郡二，行千一百六里。”按：此水亦至麊泠入尚龙溪，则当与僕水下流相会。陈澧曰：“壶水盖今云南宝宁县南境普梅河，南入越南国曰宣化水，入洮江。”又钱坫曰：“壶水似今马斯河，源出开化府西北，东流经府城东北，下流入安南国界。”此即今盘龙河，亦名苔江。按：都梦地在今西畴、麻栗坡之地，普梅河与盘龙河并南流入越南国，《汉志》之壶水为普梅河，或为盘龙河，虽难确定，然二水必居其一。杨守敬《前汉地理图》，以盘龙河当麋水，以普梅河当壶水，在越南宣光会合而下，至临洮入僕水。又注记进桑县于宣光东南，西随于宣光西；则《水经注》引马援上书“从麊泠水道出进桑王国”者，当溯盘龙河而上，然此水实不通航，麋水只能为僕水也。

丁、劳水系

《汉志》益州郡来唯县曰：“劳水出徼外，东至麋泠入南海，过郡三，行三千五百六十里。”按：自来考释者，多说劳水为澜沧江，此当确定者。惟《汉志》麊泠县属交趾郡，所谓过郡三者，即益州、牂牁、交趾也。劳水出徼外，流经益州郡地，东南流至交趾，此《汉志》误劳水下游为僕水也。《汉志》之所以误，因劳水下游，在来唯以下，汉时尚未设治，不能详其水道。又僕水所流经，在双柏县以下一段地区（今新平、元江、红河、元阳等县），汉时亦未设治，故误以为劳水折入交趾，而与僕水混为一。《水经·江水注》所载僕水，在即水，同至双柏入僕，以下曰“劳水出徼外，东经来唯县与僕水合”，认为劳、僕二水合流也。此古人地理知识之局限，不足为怪，不能以《汉志》有误而强为解说。

劳水（澜沧江）下游之纪录，自汉以后直至清季，不能确说，兹略举之。唐代纪录，樊绰《云南志》卷二曰：“兰沧江，源出吐蕃中大雪山下莎川……南流过剑川大山之西，兰沧江南流入海。”李荣陛《黑水考证》引《樊志》此文后曰：“知其入海者，自绰书始。”按：《樊志》于永昌地数言兰沧江，惟不能详其下游之地名。元代纪录，《元一统志》丽江路、《元史·地理志》永平县记鹿沧江，因流经其地也。又《元一统志》元江路曰：“东有礼社江，西瞰澜沧水。”（《明一统志》卷八十七引）此指元江路所属思麽（思茅）、步日（普洱）长官司临澜沧江，不详其下游。又《元史·地理志》云南诸路地界曰：“南至临安路之鹿沧江。”《混一方舆胜览》临安道金齿百吏诸部说：“七十城门甸，方三百余里，兰沧江经其中，入交趾。”按：七十城门地在和泥路、纳楼茶甸以南，为清时临安府所属猛丁、猛剌、猛梭之地，沿藤条江而居，则误以藤条江入李仙江为澜沧江。李仙江亦称藤条江，其支流称小藤条江，发源于墨江，与澜沧江相近，误以为澜沧江下游流入交趾也。明代纪录，万历《云南通志》永昌府曰：“澜沧江，在府城北八十里，度云龙、顺宁，达于车里，入于南海。”在车里以下则未详也。而大理府曰“澜沧江，在云龙州西二里，流入永昌、蒙化、顺宁、景东、交趾，乃入南海”，则误为在交趾入海。《读史方舆纪要》临安有莲花滩说："即澜沧下流交趾洮水之上流也"，则误红河为澜沧江下流也。清代纪录，赵元祚《滇南山水纲目》曰"澜沧江至车里宣慰司九龙江，入阿瓦国（缅甸）之东北界，由阿瓦国入南海"。注曰"阿瓦水道未详"。此限于所见舆图，不知其下游也。而有强为之说者，齐召南《水道提纲》曰"澜沧江下游，经车里宣慰司入阿瓦国界，又经老挝安南国界，为富良江（即红河），入于海"。成蓉镜《汉麋水入尚龙溪考》亦谓"富良江上游为澜沧江"。当是所见地图之误（陈澧《汉书地理志水道图说》卷七所说劳水之源流如此）。道光《云南通志》曰澜沧江在普洱府东南，称九龙江，"入南掌（老挝），后左经临安府之茨通坝、烈吗、把哈、猛丁、猛蚌、猛赖，入越南国"。此以把边江当澜沧江下游（杨守敬《前汉地理图》即以把边江为劳水下游，流入富良江后亦称劳水，以入于海）。至清季，犹争议澜沧江下游之水，有以为湄公河即富良江（说见成蓉镜《汉麋水入尚龙溪考》），有以为暹罗之默南河，有以为越南之富良江（说详杨守敬《水经注疏》卷三十三《江水》一）。吴承志《贾耽记边州入四夷道里考实》卷三曰"九龙江，由暹罗北境经老挝土司至柬埔寨为湄公江（页二十八）"，则能确说澜沧江下游也。观历代纪录，未确知澜沧江之下游，至近世犹有如此，则《汉书·地理志》之失，奚足为异。而有以执谬论攻《汉志》者，刘长佑（曾任云贵总督）致张振轩书，有曰："班固知麋水、壶水之入尚龙溪，而不知尚龙溪之为兰仓水。"（杨守敬引）其陋至此，而自以为得意，诚不可解也。

总之，《汉志》所纪劳水，其下游因限于知识而误，《水经注》亦然，不能沿其误而强作解说。兹仅考释来唯县以上诸水。

劳　水　《汉志》谓"劳水出徼外"，记于来唯县，来唯地应在今漾濞江入澜沧江处（见下文），疑今永平地亦属来唯，东汉设博南县于永平，西汉尚无此县，而东汉设博南县，又无来唯县，盖来唯地属博南也。则来唯当通永昌之道，必渡劳水，故《汉志》纪之。西汉时设县，劳水西岸为嶲唐，《华阳国志·南中志》永昌郡曰："孝武时，通博南山，度兰仓水，耆溪置嶲唐、不韦二县。"此兰仓即劳水也，兰仓本一小水，流入劳水，故劳水亦名兰仓水。

兰仓水　《水经》"若水至朱提县西为泸江水"，《注》曰"泸津东去朱提县八十里"，此绳水之别名。而泸津与兰仓之音相近，郦《注》牵合记永昌郡之水而多误，兹录之。郦《注》曰："永昌郡有兰仓水，出西南博南县，其水东北流经博南山。兰仓水又东北经不韦县，与类水合，又东与禁水合，又东经不韦县北而东北流。"按：博南县在永平，不韦县在保山，中隔澜沧江，何得有博南之水流至不韦乎？且不韦在博南之西南，而谓为东北，岂不颠倒乎？郦氏以朱提之泸津与永昌之兰仓，因名称相近而牵涉，混为一谈，故所说永昌郡地名方位适相反，博南县在郡东北而作西南，不韦县在郡西南而作东北，于是所说水道亦错乱，当正其误。

根据地理实际，合《汉志》所载，当曰："永昌郡有兰仓水，出东北博南县，其水西南流经博南山。"此一水也。又当曰："周水又西南经不韦县与类水合，又西与禁水合，又西经不韦县南而西南流。"此又一水也。郦《注》文下段之兰仓水，当为周水之误，可以《汉志》嶲唐县所载校之。其余注文所记方向（七处），尽改为相反之方向，则与《汉志》相合，亦与地理实际相符。由此知郦氏因兰仓与泸津混为一谈，而有意改其方向，以求相接，兹又回改之，以正其谬误。杨守敬《水经注图》，从郦《注》强说之，故类水、禁水在澜沧江以东，且禁水源出叶榆泽，则《汉志》之县名无可解释也。（类水、禁水，说详下文）兹释兰仓水源流。

据《水经注》所载，兰仓水源出博南县，西南流，则当入劳水也。今永平县之水，有银龙江出县之北境，南流会罗木场河、花桥河诸水，折西南入澜沧江，源委三百里，为县境大水，疑即兰仓水也。《华阳国志·南中志》永昌郡曰“孝武时通博南山，渡兰仓水”云云，又行人歌之曰“渡博南，越兰津，渡兰仓，为他人”，又曰“渡兰仓水以取哀牢地”。从所记载观之，兰仓为大水也。《南中志》博南县曰：“西山高三十里，越之得兰仓也。”（从《续汉志注》引）《永昌郡传》曰：“郡东北八十里有泸仓津，此津有瘴气，行以三月渡之，行者六十人，皆悉闷死。”按：此泸仓津当即《华阳国志》之兰仓水，亦即今之澜沧江。盖因博南兰仓水流入劳水，故劳水亦名兰仓水，又作泸仓津，后世沿之作澜沧江也。

北僕水　《汉志》越嶲郡青蛉县曰：“临池灊，在北僕水出徼外，东南至来唯入劳，过郡二，行千八百八十里。”按：此纪录当先肯定者，青蛉县在今永仁、盐丰及大姚北部之地。《华阳国志·南中志》青蛉县曰“有盐官”，则“临池灊”为“盐池泽”之误，王先谦《汉书补注》已有说。又劳水为今澜沧江，则此僕水为流入澜沧江之水，《汉志》叶榆县、秦臧县所纪僕水为今礼社江，与澜沧江无涉，则此僕水为另一水，可知《汉志》所载有二僕水，当分别观之。《汉志》青蛉县所说之“在”字疑为“有”字之误，当读“有北僕水”，则北僕水及僕水同名异流，与桥水、南桥水之有分别相同也。此北僕水出徼外，东南至来唯入劳，征之地理，即今漾濞江也。吴承志《贾耽记边州入四夷道里考实》卷三引《汉志》青蛉县濮水曰“濮水为漾备江上游之澜沧江”，此以吴氏所见地图而误，惟知此濮水为漾濞江也。漾濞江源出丽江西部老君山，汉时尚未设治，故曰徼外。南流经漾濞（汉邪龙县地），又西南至南涧、工朗入澜沧江，源委千余里。此水未流经青蛉县，《汉志》应纪录在邪龙县，而误在青蛉县，故有“过郡二”之说，青蛉县实无出徼外行千八百八十里入劳之水，可为实证也。郦道元《水经·江水注》，因不知僕水有二，故采《汉志》青蛉僕水之后，又采叶榆县贪水入僕、秦臧县即水入僕，后说东至来唯县入劳水，又东至交趾郡入于海。此以《汉志》北僕水、僕水混而为一，首尾二句为北僕水，塞入中二句为僕水，以至不可解也。杨守敬既以礼社江为僕水，又以把边江为劳水，则《汉志》之北僕水出徼外已不可理解，若然，则来唯县当在二水合流之处，今越南河内附近，更不可通也。陈澧《汉书地理志水道图说》，以今澜沧江为僕水，漾濞江为贪水，巴景河为即水，别以在车里境澜沧江东或西之一小水当劳水，则《汉志》之劳水不可解，秦臧、双柏地名在礼社江以西之澜沧江边，更不可通也。总之，《汉志》所载有二僕水，其僕水为今礼社江，北僕水为今漾濞江，而自郦道元以来混两水为一，所释水名不与地理实际相符合，此不可不辨者。

叶榆泽　《汉志》益州郡叶榆县：“叶榆泽在东。”《续汉志》叶榆县注引《地道记》曰：“有泽在县东。”此即今大理之洱海，自来释者多如此说。《水经》卷三十七曰：“益州叶榆河，出其县北界。”郦《注》：“叶榆县之东有叶榆泽，叶榆水所钟，而为此川薮也。”又曰“叶榆水东南经永昌邪龙县”，则叶榆泽之水发源于县之北境，潴为泽，下流至邪龙也。今洱海之水源出洱源县北罢谷山，其下游在合江铺入漾濞江，即古北僕水也。

惟《汉志》不言叶榆泽之源委，以至《水经》及《注》所说叶榆水，错误百出。

《水经》说叶榆水“屈从县东北流，过不韦县东南，出益州界”，实无此水。郦《注》已言“不韦县北去叶榆六百余里，榆水不经其县”，则《水经》所说不可信。陈澧《汉书地理志水道图说》以为《水经》所指者为一泡江，此非《水经》所说之水，强为解释，亦不可通。郦《注》叶榆水，又有异说曰：“榆水自县南经遂久县东，又经姑复县西，与淹水合，又东南经永昌邪龙县。”此不知遂久、姑复与邪龙之方位而任意说之，不可通也。《注》又曰：“叶榆水自邪龙县东南经秦臧县南，与濮水同注滇池泽于连然、双柏县也。叶榆水自泽又东北经滇池县南，又东经同并县南，又东经漏江县。叶榆水又迳贲古县北，东与盘江合。”熊会贞曰：“如郦所叙，脉水寻梁，殊非关究，此必不能为郦氏回解者，盖以所见之图谬耳。”又郦《注》温水曰：“温水又西会大泽，与叶榆僕水合。”此亦谬说，熊会贞已辩之。

戊、周水系

《汉志》永昌郡嶲唐县曰：“周水首受徼外。”《华阳国志·南中志》永昌郡嶲唐县曰：“有周水从徼外来。”《续汉志注》引之。洪颐宣《汉志水道疏证》引作同水，谓同为周字之讹，洪氏所见之本，异字也。《水经·若水注》因泸津水名，牵涉记永昌诸水，所说方向适相反，且后段之兰仓水为周水之误，兹更正之。当曰：“周水又西南经不韦县，与类水合，又西与禁水合，又西迳不韦南而西南流。”（上文已作考究）周水及其支流，在永昌境内，大概如此。按：嶲唐县在今保山，首受徼外之水，有澜沧江与潞江，其澜沧江古为劳水，则潞江古为周水，非此无以当之也。钱坫《新校注地理志》曰“周水疑即今潞江也，又称之曰怒江”，吴卓信《汉书地理志补注》从之，是也。赵一清《水经注释·存水篇》之郁林定周县为周水，以为即嶲唐之周水，仅从水名用字为说，熊会贞已辩正其误。兹分说与周水有关诸水。

周水源　《汉志》谓周水首受徼外，不详其源委，惟可知为嶲唐县西界之大水，其上游与下游地区，汉时尚未设治，限于知识，故《汉志》不能详说也。杨守敬《前汉地理图》注记曰：“《汉志》周水，不言所入，当即劳水之上源。”又曰：“《汉志》劳水出徼外，当是周水之下流。”此二水混而为一，以澜沧江当之。惟《汉志》所载，劳水出徼外，周水出徼外，显然是二水，不可相混。至于周水下游不言所入者，因是时尚未设治，不能举其地名耳。即至唐代，贾耽从边州入四夷路程、樊绰《云南志》卷二，并言永昌有怒江，不言其源委，亦因不能详其上下游之地名也。

类　水　《汉志》嶲唐县曰：“又有类水，西南至不韦，行六百五十里。”据校正《水经注》之文，类水在不韦境流入周水。不韦即今施甸，由保山（嶲唐）流至施甸之水，即枯柯河。其上游名清水河，发源于保山城北九十里北冲山，自县之东北屈曲向西南流，经枯柯地；下游名南甸河，在姚关西南入潞江，源委五百余里，即自嶲唐西南至不韦之类水也。《水经·若水注》误说类水注入兰仓水，故钱坫《新校注地理志》谓“类水即茈江，源出剑川，至云龙州流入澜沧江”。杨守敬《水经注疏》及《前汉地理图》从之。然钱氏释嶲唐在永昌府西，又释类水在澜沧江东，则类水与嶲唐隔絶，又将何以解之？尤可异者，陈澧《汉书地理志水道图说》曰：“周水，今云南南安州（双柏县）大厂河，首受云南县、蒙化厅二水。类水，今云南富民县羊溪，西南流至新平县西北，与大厂河合，曰沅江。志不言其入者，其合流处为汉徼外地也。沅江南流至元江州东南境曰河底江，糜水即河底江也，东南流入越南国。”于是，地图上注记地名，嶲唐在南安州，不韦在新平县。此以礼社江上游为周水，禄丰河为类水。惟《汉志》周水首受徼外，而陈氏以云南县、蒙化厅当徼外，此谬说也。又《汉志》类水源出嶲唐，流至不韦，而陈氏以类水流至嶲唐也，所说与《汉志》毫无相同之处。吴承志《补正》曰：“周水，盖今云南保山县潞江，源出西藏。类水，今南甸河，西南流至湾甸土州西境，入潞江，《志》不言其入者，其合流处为汉徼外地也。”其理由，吴氏曰“嶲唐、不韦并在澜沧江西，不得移置漾濞江东”。所说甚是。

禁　水　《水经·若水注》载禁水之文多误，兹校正之。注曰：“兰仓水（应作周水）又东（西）与禁水合，水自永昌县（郡）而北（南），迳其郡西，禁水又北（南）注泸津水（周水）。”按：《南中八郡志》曰“永昌郡有禁水”（《太平御览》卷十五引），梁祚《魏国统》曰“西南夷有大湖名曰禁水”（《御览》卷七九一引），《搜神记》卷十二曰“汉永昌郡不韦县有禁水”。诸书记禁水之怪异事迹，《水经注》载之尤详（兹不备引）。盖传说永昌郡有瘴疠，作怪诞之说，辗转相传，事未必有，而欲实指，乃附会于禁水，实不可信。

至于水之源流，从诸书所载，盖在永昌郡治之西。为道路所经，湿热沼泽难行，故有毒蛇瘴疠之说，行者在冬春季节。疑此水为蒲缥河，源出保山城西蒲缥南山中，潴为乾海子水，北流至罗明入潞江。乾海子在保山城西北六十里，大可千亩，为一污泽，中皆芜草浮结，以足撼之，数丈内俱动，驻久辄陷不能起。徐霞客《滇游日记》（崇祯十二年己卯七月初五日，即记此水，当保山赴腾冲大道。即至近世，此道亦难行，《滇西兵要界务图注》曰“蒲缥一段十余里，雨天极其难行”，过此至潞江边，“清明至霜降，行人过此，不能住宿，宿则多中哑瘴而死”。此等传说，古时视为畏途，惟当大道所经，则可知也。杨守敬《水经注图》，以漾濞江当禁水，乃从郦《注》之误，而强为之说者，不待辩也。

己、鹿茤水系

《华阳国志·南中志》永昌郡、《后汉书·西南夷哀牢传》《水经·叶榆河注》，并载哀牢王出兵攻鹿茤故事，疑即录自杨终《哀牢传》，事迹相同，字句稍有出入，兹据《后汉书》所载录之，以其余二书略作校记。

“建武二十三年，其王贤栗（《南中志》作扈栗）遣兵乘箄船（注曰：缚竹木为箄，以当船也），南下江汉，击附塞夷鹿茤，鹿茤人弱为所擒获（《南中志》作小将为所擒）。于是，震雷疾雨，南风飘起，水为逆流，翻涌二百余里，箄船沉没，哀牢之众溺死数千人。……贤栗惶恐，谓其耆老曰：我曹入边塞，自古有之，今攻鹿茤，辄被天诛。……”

按：哀牢地广人众，《后汉书》曰：“永平十二年，哀牢王柳貌遣子率种人内属，其称邑王者七十七人，户五万一千八百九十，口五十五万三千七百一十一。”（亦载《册府元龟》卷九五七）疑所谓附塞夷鹿茤者，即哀牢王所属之邑王，为哀牢边塞也。汉以哀牢王地设哀牢县，在今腾冲、龙陵及德宏州西一带，说详《郡县考》。至于鹿茤，当即樊绰《云南志》所载之禄琗，琗读如斗，与茤（李贤注音多）相近，禄琗即今伊洛瓦底江也。哀牢王遣兵乘箄船（筏），南下江汉，击附塞夷鹿茤，盖沿今大盈江而下，此江发源于腾冲城东四十里赤土山，流经城北折西，经梁河、盈江、莲山、蛮允而下，汇红蚌河水（今中、缅界），经蛮莫至八莫入伊洛瓦底江。水自腾冲以下可行船，惟有龙光台、曩烟、曩桥及蛮允对面虎跳石之叠水，不能直航而下，自蛮允以下，则水平浪静，可通航至八莫也。乾隆间，孙士毅《绥缅纪事》载傅恒令傅显、伍三泰赴野牛坝造船。王旭《征缅纪闻》载乾隆三十四年七月二十七日过太平街，次日至野牛坝，尚距红溯（红蚌）四十里，时船工已过半，大者容五十人，次者三十人，自此以下可直航也。故疑哀牢王遣兵乘船下江汉者，即大盈江也。元《经世大典·征缅录》所载也罕的斤取道于阿昔江达镇西（今盈江），阿禾江造舟二百，下流至江头城（今格萨），断缅人水路，亦即在大盈江造船而下。哀牢地界达鹿茤，东汉时如此，惟不能详其边界耳。

以上释汉、晋时期纪录西南水道名称，自来释者多异说，即因《水经》及《注》不审知西南地理，仅从见于记载者条贯之，往往以同名或音近牵涉，如僕干水与僕水，泸津水与兰仓水，毫不相干而相混。至于在西南同名之水，其地相近，故桥水与南桥水，僕水与北僕水，南郁水与北郁水，《汉志》所纪甚明白，而《水经注》混杂，后来释者不能分辨，兹考辨之，故多新说，犹恐未尽确，盼读者指正。

〔……〕

第三篇　北周至初唐时期西南地理考释

〔……〕

D. 山川名称考释

唐代纪录之山川名称，凡见于《南诏碑》《南诏传》、樊绰《云南志》及天宝以后记载者，录在《南诏地理考释》。兹惟取天宝以前史事所载山川名称，略作考说。

西洱河—叶榆河　《新唐书·南蛮传》说：昆弥以西洱河为境，即叶榆河也。亦载《唐会要》卷九八，作“以西洱河为界”（因避宋讳改境为界）。按：《汉书·地理志》益州郡叶榆县说“叶榆泽在东”。《续汉书·郡国志》叶榆有河则叶榆泽，亦称叶榆河也。南人称泽为河。《后汉书·西南夷邛都传》曰“地陷为汙泽，因名为邛池”也，南人以为邛河称池，泽为河也。故《汉书·地理志》滇池县曰“滇池泽在西”。《后汉书·西南夷滇王传》曰：“此郡有池，谓之滇池河。”《东观汉纪》卷十八《王阜传》曰：“神马四匹出滇河中。”此滇河即滇池。《宋书·符瑞志》滇池县旧有河水，周回二百余里。此与叶榆泽，称叶榆河相同，西洱河当是西洱泽，即今之洱海。有人以为古之河水，后世始成泽（张印堂说），非也。又按：西洱河，本称洱河，亦作二河，因洱河之西称西洱河，又称其水为西洱河。（说详《南诏地理考释》）洱河，亦作瀰河，《蜀鉴·西南夷本末》开皇十七年曰：“西瀰河在南诏所都城下，即叶榆河也。又作溮河。”《旧唐书·南诏传》“皮罗阁破洱河蛮”，《新唐书·南蛮传》作破溮蛮，《通鉴》开元二十六年九月之溮河蛮，胡三省注曰“溮河即西洱河，又作弭”。元《混一方舆胜览》大理路曰：“西弭河即叶榆水。”杨慎《云南山川志》曰：“溮海又名西洱河。”此弭、溮及瀰，并同音，读绵婢切（《广韵》纸韵），即以昆弥得名。《通典》说：“西洱河，一名昆瀰川，古亦有昆弥国，亦以此名。”（据全祖望《昆明池考》引）按：《新唐书·南蛮传》昆明蛮，一曰昆弥。（《唐会要》卷九八同）《通典》卷一八七之昆弥即昆明。《华阳国志·蜀志》定筰县：“南中曰昆明。”《水经·若水注》作昆弥。如上考校，洱河即弭河，亦作溮河，即瀰河，以昆弥得名，古之昆明池也。惟字作洱，音读不同，故又作二河也，今洱水。洱水在邓川称弥苴河，万历《云南通志》作弥苴佉江，疑是弥佉苴江。佉苴者，带也，即弥河之带水也。

唐代前期纪录，多以西洱河用为地区之名。如《旧唐书·韦仁寿传》将兵五百人至西洱河（武德四年），《唐会要》卷九八梁建方讨昆弥蛮，遣使往西洱河（贞观二十二年），《通鉴》“赵孝祖讨白水蛮，上书勃弄以西与叶榆西洱河相接”（永徽二年）。又以称此地区之部族，如《通鉴》“显庆元年，西洱河蛮酋杨栋帅众内附”，《新唐书·吐蕃传》“仪凤四年，明年并西洱河诸蛮”，《徐坚传》“李知古兵击姚州洱河蛮”。若此者甚多，且所指不限于昆明族也。

罗仵侯山、周近水　《新唐书·南蛮传》：“永徽初，大勃弄杨承颠私署将帅寇麻州，都督任怀玉招之，不听。高宗以左领军将军赵孝祖为郎州道行军总管与怀玉讨之。至罗仵侯山，其酋秃磨蒲与大鬼主都干，以众塞箐口，孝祖大破之。孝祖按军多弃城逐北，至周近水，大酋俭弥干，鬼主董朴濒水为栅，以轻骑逆战。”按：所谓寇麻州为靡州之误，地在今元谋。（说详《州县考释》）此役赵孝祖自郎州（今曲靖）出兵，至罗仵侯山激战，则罗仵即罗婺，在今武定境，惟不能指为何山。又孝祖即克城（当即靡州城），弃城逐北。则自靡州（今元谋）城，向弄栋（今姚安）进发，过周近水，为较大之河流，当即今之龙川也。此水发源于楚雄北，流入金沙江。

滇　池　《括地志》曰：“滇池泽在昆州晋宁县西南三十里。”（《史记·西南夷传正义》引）《旧唐书·地理志》昆州晋宁县曰：“有滇池，周三百里。”按：此即今之滇池。又刘肃《大唐新语》卷十一载唐九征出兵至西洱河，击败吐蕃于漾水、濞水后曰：“命管记闾邱均，勒石于剑川，建铁碑于滇池，以纪功焉。”《新唐书·吐蕃传》亦载其事，曰：“建柱于滇池，以勒功。”按：《旧唐书·中宗纪》“神龙三年六月戊子，唐九征击姚州叛蛮，破之。遂于其处勒石纪功焉”即此事，则纪功应在姚州境内。滇池或为洱河之误，高奣映《铁柱诗序》曰：“诸家记载皆曰铁柱建于滇池，何战胜于漾濞而纪功远在他地耶?”全祖望《昆明池考》曰：“九征毁絙、夷城，建铁柱于滇池，以纪功，其所谓滇池，指西洱河，九征战胜于大理，不应建柱于千里而遥之滇池。”李元阳《游石门记》曰：“湍溪为唐御史唐九征立铜（铁）柱地，今失其处。”徐树丕《识小录》卷一亦载此说，所谓湍溪即今之天生桥，惟非有据。按：刘肃记曰开元末与吐蕃赞普书曰“波州铁柱，唐九征铸”，即谓此事也。张九龄《曲江集》卷十一《勅吐蕃赞普书》曰：“至如彼中铁柱，州图地记。”是唐九征所记之地，此彼中，当是波州之误。波州在西洱河地区，今之祥云。（说详《州县考》）建铁柱于此，非在滇池也。孙髯翁大观楼长联有“唐标铁柱”句，即咏此事，为世人传诵，故详考说之。

漾水、濞水　刘肃《大唐新语》卷十一记唐九征战绩曰：“吐蕃以铁索跨漾水、濞水为桥，以通西洱河，蛮筑城以镇之。九征尽刊其城垒，焚其二桥。”按：此漾水即今之漾濞江，濞水为今之备胜江。已说见《南诏地理考释》。

孙水、长江水　《元和郡县志》嶲州台登县曰：“长江水，本名孙水，出县西北。”按：《汉书·地理志》越嶲郡台登县曰“孙水，南至会无入若”，即今之安宁河。（说详《汉晋水道考释》）惟《志》谓“孙水出县西北”，当有误。此水二源会于泸沽镇（台登城），一自北来，一自东北来，疑《志》所指者为东北源（参看下文），则西北为东北之误。

胡浪山 《元和郡县志》台登县曰："胡浪山下，有司马相如定西南夷桥，桥孙水以通邛、莋，此水也。"《史记·司马相如传》谓"桥孙水以通邛都"，此为孙水之东源，出今越西县小相公岭。司马相如行程，即取唐代之清溪关道，桥孙水而至邛都，其建桥之胡浪山，当在今泸沽镇东北。《读史方舆纪要》卷七四泸沽河曰"冕山桥，即汉孙水道桥之址"，则胡浪山，即在今冕山。瑜曾至越西出城西行至中所，途中公路建桥有近人刻石曰"司马相如桥孙水处"，距越西城不过六七里，所说未必可信。

念诺水、泸水 《元和郡县志》台登县曰："念诺水，本名绳水，流入泸水，在县西北七百里，自羌戎界流入。"又西泸县曰"泸水在县西一百一十二里，诸葛征越嶲上疏曰五月渡泸，深入不毛，谓此水也"。按：唐代纪录，泸水有三，即东泸（雅砻江）、西泸（安宁河）、南泸（金沙江）。《元和志》所谓之泸水为东泸，而诸葛亮渡水为南泸，《志》引《出师表》文，并非适当。又念诺水，疑亦东泸，应作本名，泸水流入绳水，绳水即南泸也。又在县西北七百里，自羌戎界流入，应作在县西北自七百里，羌戎界流入，言其源甚远也。《元和志》之念诺水为雅砻江上游，泸水为雅砻江下游，与地理实际相合，此水即古之若水。已说详《汉晋水道名称》及《南诏水名考释》。

温　水 《元和郡县志》嶲州苏祁县曰："温水，出县东，平地二十一里。"按：此当是《华阳国志·蜀志》邛都县所记之温泉，流入雅砻江，出今礼州东境，说已详《汉晋水道考释》。

陷　河 《元和郡县志》越嶲县说："陷河在县东南十里。"按：此即《后汉书·西南夷邛都传》所载之邛池，今之邛海也。

〔……〕

附：山川名称表

地　名	今地名	备　注
西洱河（西二河）	洱海	
罗仵侯山	在武定	
周近水	龙川江	
滇池	滇池	
漾水	漾濞江	
濞水	备胜江	
孙水（长江水）	安宁河	
胡浪山	泸沽镇东北	
念诺水	雅砻江上游	
泸水	雅砻江下游	
温水		
陷河	邛海	

〔……〕

第四篇　唐代后期云南安抚司地理考释

〔……〕

D. 山川名称

西南山岭盘错，河道交流，难以名纪。樊绰《云南志》卷二载山川，仅记其特著者，南诏异牟寻祀五岳、四渎及诸史志纪载所见名号不多，兹取所知者录之，有以山川名作地名者，已考释见上文，则不重说也。

〔……〕

乙、水　名

西洱河　西洱河即今之洱海，其初盖名洱河。如樊绰《云南志》卷二曰："玷苍山，东向洱河。"又卷五曰："大釐城东南十余里，有舍利水城，在洱河中流岛上。"其东西之地，以洱河称之。如《樊志》卷四曰："河蛮本西洱河人。"《新唐书·南蛮传》曰："贞观二十二年，西洱河大首领杨同外、东洱河大首领杨敛，皆入朝授官秩。"又曰："显庆元年，西洱河大首领杨栋入朝，贡方物。"此即洱河东境、洱河西境之地名也。《南诏德化碑》纪皮逻阁功绩曰："二河既宅，五诏以平。南国止戈，北朝分政。"此二河，即指东、西洱河之境。惟东洱河之事迹少，而西洱河则甚著。故往往以西洱河称洱河地区。如《旧唐书·韦仁寿传》曰："将兵五百人至西洱河。"《新唐书·玄宗纪》：天宝十载，"鲜于仲通及云南蛮战于西洱河，大败绩"。又天宝十三载，"李宓及云南蛮战于西洱河，死之"。此西洱河称洱河地区（若此记载甚多），亦有作西二河者。如《隋书·史万岁传》曰："度西二河，入渠滥川。"南诏《中兴二年画卷》题字："都知云南国诏西二河侯。"《颜鲁公文集》卷六《鲜于仲通神道碑》曰："仲子昊随公陷于西二河，力战而殁。"《李太白集》卷十二《书怀赠南陵常赞府》曰："至今西二河流血拥僵尸。"凡此西二河并为西洱河之异写。西洱河称洱河，地区亦用以称洱河，惟有曲解者，南诏《中兴二年画卷》后有题记曰"西洱河者，西河如耳，即大海之耳也"。又曰"左右分为二河也"。此穿凿附会为说，失其意也。苏轼谓："南诏有西洱河，河形似月抱洱，故名之为西洱河。"（《通鉴》开皇十七年胡三省《注》引）此亦任意为说，不足据。称洱水为西洱河者，如《樊志》卷二曰："囊葱山在西洱河东隅，河流俯囓山根。"附录异牟寻誓文曰："一本投西洱河。"《白氏长庆集·蛮子朝诗》："至今西洱河岸边，箭孔刀痕满枯骨。"即以西洱河称洱河之水（若此记载甚多）。沿至元明，亦用此名。如程文海撰《世祖平云南碑》曰："大理城，倚点苍山西洱河为固。"元《混一方舆胜览》大理府大川有西洱河，惟亦称洱海。如述律杰有《西洱海诗》。杨慎《云南山川志》曰："洱海，又名西洱河。"明清志书多载之。

龙尾江　南诏《中兴二年画卷》之末，画两蛇作环形，注记东西南北即大理之四至，其南记龙尾江。按：即龙尾城之水也。樊绰《云南志》卷五龙尾城曰："城门临洱水下，河上长桥百余步。"此河为洱海出口，经龙尾城下，盖称为龙尾江也。

弥苴佉江　《中兴二年画卷》之末，画两蛇环形，北方注记弥苴佉江。按：万历《云南通志》卷二大理府山川曰："弥苴佉江，出浪穹罢谷山，南流注于西洱河。邓川州之带水也，此即今之弥苴河。"又按：唐代纪录洱字，亦作濔、作弥。《通典》曰"西洱河，一名昆弥川”（全祖望《昆明池考》引），则洱河亦作弥河。而苴佉，疑为佉苴误倒。《樊志》卷八曰曹长以下得系金佉苴，又曰带谓之佉苴。《白氏长庆集》卷三《蛮子朝诗》“大将军系金呿嗟”者是也。则弥佉苴河者，弥河之带水，亦省作弥苴河也。

矣辅江　《中兴二年画卷》之末，两蛇环形，西方注记西洱河，东方注记矣辅江。按：此矣辅江，应在今宾川境内。万历《云南通志》卷二大理府众川有大河源出梁王山，合竹泉、横溪二水，流经宾川州北界至金沙江。此即自南而北流贯宾川之水。据地图有洱海东岸发源之水，流经宾居而北为纳六河。又北为桑园河，至白答入金沙江。疑所谓大江即此水，亦即矣辅江也。

杨瓜水、勃弄川　《樊志》卷五曰：“蒙舍川，北有蒙嶲诏，即杨瓜州也。同在一川，川中水东南，与勃弄川合流。”按：此杨瓜水发源于蒙舍之北山，流经平原，即阳瓜江也。又勃弄川，即白崖江，发源于红崖，流经弥渡坝，至南涧与阳瓜江合流为礼社江上源。

漾濞水　刘肃《大唐新语》卷十一记唐九征建铁柱事曰：“吐蕃以铁索跨漾水、濞水为桥，以通西洱河蛮，筑城以镇之。”《新唐书·吐蕃传》亦曰：“虏以铁絙梁漾、濞二水，通西洱河蛮，筑城戍之。”按：此即今之漾濞江也。惟何以分漾水、濞水？万历《云南通志》卷三蒙化府大川曰：“漾濞江绕点苍山背，与濞水流合入兰沧江。”按：漾濞江南流经点苍山背，至合江铺与洱海之水（龙尾江）合，又南流四十里，与备胜江合。则所谓濞水者，或即指备胜江。而漾水即漾濞江也。又《大唐新语》之漾水、濞水为漾濞水，衍一“水”字，不能详也。《通典·边防典》：西戎，吐蕃有水“东南流入蛮，与蛮（南诏）西二河合流而东，号为漾鼻水。又东出会川为泸水焉”。按：所说未准确。惟西洱河之水流入漾濞水，则可知也。

蒋彬《南诏源流纪要》曰异牟寻以澜沧江、金沙江、黑惠江、潞江为四渎。在黑惠江下注曰即漾备江。又万历《云南通志》卷四顺宁府曰黑惠江即备溪江。不知孰是?

昆池、滇池　《樊志》曰：“昆池在拓东城西，南北百余里，东西四十五里（从李永清《校注》改）。水源从金马山东北来，为昆州，水因（原作因水，今改）为名也。土蛮亦呼名滇池。按：今晋宁川中，自有大池在东北（原作东南，今改），当是滇池水，不可呼昆池（原无昆字，今补）。乃蛮不能别。滇池水亦名东昆池。”按：滇池之名见于纪录甚早（已详《汉晋地理考释》），至唐代始有昆池之称，即因昆州得名。如《樊志》卷七曰：“曲靖州以南，滇池以西。”又曰：“马，次赕、滇池尤佳。”即称滇池地区，而昆池盖称拓东城西之水，即今呼为草海者，实滇池之水，故《樊志》谓“不可呼昆池”也。《樊志》卷七“鲫鱼条”曰“昆池之南接滇池”，则一池之水分为二名，故《樊志》又曰“滇池水亦名东昆池”。大抵滇池为全称，而昆池仅其东北部，惟亦用为全称。至元代以昆州称昆明，乃有昆明池之名也。又按：《樊志》卷四曰：“磨些，铁桥上下及大婆、小婆、三探览、昆池等川，皆其所居之地也。南诏既袭破铁桥及昆池等诸城，凡虏获万户。”此昆池为昆明之盐池，在今盐源地，与拓东城西之昆池同名异地也。

量水川大池　《樊志》曰：“量水川在滇池南两日程，汉旧黎州也。川中有大池，其水东泄。流处出一石窦中，流水甚广，石窦甚狭。土蛮曰：忽窦窒，百姓忧溺。”按：量水川在今江川（已说在《城镇考释》）。大池即星云湖。万历《云南通志》卷三澂江府曰：“星云湖在江川县南。周围八十余里，东流五里，入抚仙湖，二湖相通。”则所谓石窦者，即水流出口处之海门桩。若抚仙湖水暴涨，窒不能出水，水泛溢成灾，故百姓忧溺也。

海河、利水 《新唐书·地理志》载贾耽《路程》：通海镇渡海河、利水至绛县。按：此通海、江川间之水，即杞麓湖。天启《滇志·旅途志》粤西路考曰："自江川又循杞麓湖上行至通海"，即渡湖水，当交通要道也。

洞澡水 贾耽《路程》："八平城八十里至洞澡水，又经南亭六十里至曲江。"按：此水在今蒙自至建水途中，盖一小水不能确指也。

新丰川大池 《樊志》曰："新丰川，亦有大池甚广。"按：新丰川在今宜良、路南之地（已说详《初唐西南州县考释》）。则所谓大池者，或即阳宗海也。

犛牛河、磨些江 《樊志》曰："磨些江，源出吐蕃中节度西共笼川犛牛石下，故谓之犛牛河。环绕弄视川，南流过铁桥上下磨些部落，即谓之磨些江。至寻声（声字原作传，今改）与东泸水合，东北过会同川，总名泸水。"按：《元一统志》巨津州曰："金沙江，磨些蛮谓漾波江，吐蕃谓犁枢。源出吐蕃共陇川犁牛石下，亦谓之犁牛河，至临西县境，绕猪婆山、弄视川南流，过铁桥，临巨津州，破雪山，出宝山州而去。此江沿河皆出金，白蛮遂名曰金沙江。"按：此水自吐蕃境，南流过临西县、弄视川（今奔子栏）至巨津州，在今之石鼓折而东（长江第一湾），冲破雪山，有虎跳峡之胜，出宝山州，又经北胜州至寻声部落与诺矣江合，以下称为泸水也。

诺矣江、东泸 《樊志》曰："东泸，古诺水也。源出吐蕃（吐字据向达《校注》补）中节度北，谓之诺矣江，南郎部落，又东折流至寻声（声字原作传，今改）部落与磨些江合。"按：《樊志》所载泸水有三，即东泸、西泸、南泸。东泸水即雅砻江，曹学佺《蜀中广记》卷三十四建昌道曰："打冲河本名黑惠江，又名纳夷江，源出吐蕃，流入金沙江。"按：纳夷，即诺矣之同音异字，彝语意为黑水。而打冲河即雅砻江，今盐源城在打冲河之西，《樊志》卷六"昆明城在东泸之西"，即雅砻江之水也。

台登水、西泸 《樊志》曰："有水源出台登山，南流过嶲州，西南至会川、诺赕与东泸合。"按：此由今泸沽南流，经西昌至会理，入雅砻江之水，即安宁河也。又《新唐书·地理志》姚州载路程曰："嶲州南至西泸，经阳蓬、鹿谷、菁口、会川。"按：此由今西昌南行，过安宁河至会理，则安宁河亦称西泸也。《新唐书·韦皋传》载："贞元五年，东蛮断泸水桥以攻吐蕃，破吐蕃于台登。"此泸水在台登，即安宁河。又《新唐书·南诏传》载：贞元十五年，韦皋上言："行营皆在嶲州，扼西泸吐蕃路。"此西泸亦安宁河，其所以称西泸者，盖在嶲州之西。而雅砻江又在西，所以称东泸，或因在昆明城之东也。

泸水、南泸、马湖江 《樊志》记：台登水（西泸）、诺矣江（东泸）合流后，与磨些江合流，乃曰："总名泸水。蜀忠武侯诸葛亮伐南蛮，五月渡泸水处，在弄栋城北，今谓之南泸。又东北入戎州界，为马湖江。至开边县门，与朱提江合流，戎州南城入外江。"（从向达校）按：此为金沙江下游，称泸水。《樊志》卷二昆池曰："池流为河，过安宁城下。徒行七日程，与泸水合。"张柬之《奏罢姚州疏》曰："延载中，司马成琛奏请于泸南，置镇七所。"《颜鲁公文集》卷六《鲜于仲通神道碑》曰："监越嶲兵马，复奏，充采访支使尽获剑南军事，首尾二载，冒暑渡泸者凡一十八度。"《南诏德化碑》曰："遣长男凤伽异驻军泸水。"《旧唐书·玄宗纪》："天宝十载夏四月，剑南节度使鲜于仲通将兵六万讨云南，官军大败，死于泸水者不可胜数。”《李太白集》卷十二《书怀赠南陵常赞府》《中兴间气集》卷下刘湾《云南曲》、白居易《长庆集》卷三《新丰折臂翁》，并有渡泸水丧师之句，即此泸水也。又《樊志》卷一纪路程：“泸江乘皮船渡泸水。”《新唐书·地理志》姚州载路程，渡泸水其渡船处，并在弄栋城北，今之拉鲊也。

朱提江、石门江 《樊志》曰：“石门东崖，石壁直上万仞，下临朱提江流，又下入地中数百尺，惟闻水声，人不可到。”又曰：“阁外至夔岭七日程，直经朱提江，下上跻攀，伛身侧足。”按：石门之水即洛泽河，一名戈魁河，下流名横江。发源于威宁县，北流折东，经豆沙关，又折北流入金沙江。《太平寰宇记》卷七十九戎州曰：“废开边县在州西南六十五里……在马湖、朱提两江口。”即今宜宾西南横江会于金沙江之安边镇也。祝穆《方舆胜览》卷六十五叙州马湖江曰：“从马湖部落舟行十余日，才至平夷，合石门江，至三江口会蜀江水。”此石门江即朱提江也。又《元和郡县志》卷三十二曲州曰：“溺水在七曲水北百三十里。”疑溺水亦朱提江。

七曲水 《樊志》卷一曰：“石门外第三程至牛头山，馆临水，名马安渡，上源从阿竿路部落绕蒙夔山，又东折与朱提江合。”按：此即洒鱼河。《元和郡县志》曲州（治朱提）曰：“七曲水在州西北三十里。”按：此亦洒鱼河，发源于鲁甸，北流经昭通县西北，折东至大关县北之双河场入戈魁河。

皂　水 《太平寰宇记》卷七十九戎州曰：“黑水，从胡监生僚界出东海，流入蜀江，唐天宝六载改为皂水。”按《舆地志》“华阳黑水惟梁州”注曰：“黑水出今南宁州南广县汾关山，北至僰道县入江也。”按：此即汉、晋时期之符黑水称为黑水，与《禹贡》黑水相混，不可从。惟知唐时名皂水，今名黑墩河，一名南广河，在宜宾城东入江。

兰沧江 《樊志》曰：“兰沧江，源出吐蕃中大雪山下涉川。东南过聿赍城西，谓之濑水河。又过顺蛮部落，东南经剑川大山之西，兰沧江南流入海。”按：此即今之澜沧江，所谓聿赍城，应在维西县（已详《城镇考释》）。南流过剑川大山之西，又南过永昌之东也。《樊志》又曰：“龙尾城西第七驿有桥，即永昌也。两崖高险，水迅急。横亘大竹索为梁，上布箦，箦上实板，仍通以竹屋盖桥。其穿索石孔，孔明所凿也。昔诸葛亮征永昌，于此筑城。今江西山上有废城遗迹及古碑犹存，亦有神祠庙存焉。”按：此即今之霁虹桥也。元《混一方舆胜览》永昌府曰：“澜沧江，在永昌东，广五十步，旧用竹索为桥，今有木桥曰霁虹桥，驿骑往来，如履平地。”按：明弘治十四年改建铁索桥，索长三百余尺，凡十六股，有王臣张志淳、郭春震作记。

怒　江 《樊志》曰：“高黎共山在永昌西，下临怒江。”《新唐书·地理志》载贾耽《路程》曰：“永昌故郡西渡怒江至诸葛亮城。”按：万历《云南通志》卷二永昌府曰：“潞江在府城南百里，旧名怒江，经（潞江）安抚司之北，两岸陡绝，瘴疠甚毒，夏秋不可行，蒙氏封为四渎之一。”赵元祚《滇南山水纲目》曰：“以其来自怒彝，故名怒江。”则怒族居怒江地区，唐时已著名，抑以居怒江之民而称怒族耶？

丽　水 《樊志》曰：“丽水，一名禄㫑江，源自逻些城三危山下，南流过丽水城西，又南至望苍。又东南过道双王道勿川西，过弥诺道立栅。又西与弥诺江合流，过骠国，南入于海。”此即今缅甸之伊洛瓦底江（Irawaddy）也。按：《南诏德化碑》曰：“西开寻传，禄郫出丽水之金。”此禄郫亦作禄卑。伯希和《交广印度两道考》丽水及骠国条曰：“《蛮书》卷二曰：丽水一名禄㫑江，此㫑字疑为卑字之讹，兹改正为禄卑，是亦

《碑》文之禄郫也。”向达《校注》采之，改昇为卑字，此不可从。岑仲勉《唐代滇边的几个地理名称》一文曰：“昇为卑讹，非无可能，但各地因方音关系，造作新字，志乘所常见，译为汉字，又未必一律，rawad之促读相当于禄（浊音收声，往往变为喉音收声），昇字从斗，谐声di之重读，近于清音之斗，故禄昇之称不定是禄卑之讹，作卑者，或因不识昇字。”岑氏之说是也。瑜按：《樊志》卷六长傍城临禄昇江，又卷七禄昇江左右亦有波罗密树，并作禄昇江，昇字字书不载（聚珍版本校语）。岂至三处并作昇。今《南诏碑》文禄郫之郫字，已剥蚀不可辨，疑原刻作昇，因不见于字书而改为形近之卑，又改作郫耳。昇字应读如斗。《后汉书·西南夷哀牢传》曰：“南下江、汉，击附塞夷鹿茤。鹿茤人弱，为所擒获。”（亦载《华阳国志·南中志》）李贤注曰“茤音多，其种今见在”，盖即禄昇也。禄昇出丽水之金，故元明称大金沙江。张机《南金沙江源流考》即禄昇江，称云南之金沙江为小金沙江。有以为云南之金沙为禄昇江之丽水者，不知古地理之言，不足辩也。吴承志《贾耽记边州入四夷道里考实》卷四曰“南诏丽水为大盈江”，此更不通之论也。

龙泉水 《新唐书·地理志》载贾耽《路程》曰：“丽水城西渡丽水、龙泉水，二百里至安西城。”按：龙泉水即勐拱河，发源于甘板以北，流经勐拱，东南流在打罗（丽水城）之南、青蒲之北入伊洛瓦底江。勐拱河可通小舟，则渡龙泉水可沿江航行也。岑仲勉《唐代滇边的几个地理名称》曰：“龙泉水即今龙川江（一名瑞丽江），或其稍东之小水也。川、泉，在唐音不过发声稍变（粤音相同）从八莫西南行，得先渡龙川江，然后渡伊洛瓦底江，将乃渡丽水、龙泉水句，略易为乃西渡龙泉水、丽水，地位便不难明矣。”然贾耽《路程》自腾充城至东天竺北界，箇没卢国中间地名；其方向凡六次都云“西”，非“西南”，断非经八莫向西南，再向西南去骠国都之道，岑氏不察而误。又吴承志《贾耽路程考实》卷四以为龙泉水即洗帕河，亦与路线不符也。

弥诺江 《樊志》曰：“弥诺江在丽水西，源出西北小婆罗门国，南流过涸睃苴川。又东南至兜弥伽木栅分流绕栅，居沙滩南北一百里，东西六十里。合流正东，过弥臣国，南入于海。”按：卷十曰“大秦婆罗门国界永昌北，与弥诺国江西正东与安西城楼接界”，又曰“小婆罗门国与骠国及弥臣国接界”按：向达《校注》曰：“小婆罗门国，当在今东印度阿萨密南部一带，自阿萨密北部以西至恒河流域，应属大秦婆罗门国，盖婆罗门称东天竺在弥诺江外，而弥诺江流域即弥诺国境，与大、小婆罗门相接。”《樊志》小婆罗门与弥臣国接界，当是弥诺国之误，因弥臣国在江入海处也。又贾耽《路程》曰：“安西城西渡弥诺江水千里至大秦婆罗门国。”则弥诺江在安西城（今勐拱）以西，弥诺江应即今钦敦江（Chindwin）也（伯希和已有此说）。源出缅甸北部拿戛山（Naga hills），南流至蒲甘北名杨（Myingyan）入伊洛瓦底江，其入口处分二流，成三角洲，盖即《樊志》所谓分流绕栅成沙滩也。兜弥伽木栅即在其处。《樊志》“丽水，西与弥诺江合流”，则弥诺江合流正东句，当作正东与丽水合流，而后过弥臣国南入于海也。

附　山川名称表（山略）

水　名	今水名	附　注
西洱河	洱海	
弥苴佉江	弥苴河	在邓川
龙尾江	龙尾河	洱海出口
矣辅江	纳六河	在宾川
阳瓜水	阳瓜江	在巍山县
勃弄川	白崖江	在弥渡
漾水	漾濞江	
濞水	备胜江	
昆池（滇池）	滇池	
量水川大池	星云湖	
新丰川大池	汤池	
海河利水	杞麓湖	
洞澡水		蒙自、建水中途
犛牛河	金沙江	铁桥以上
麽些江	金沙江	铁桥以下
泸水（南泸）	金沙江	与雅砻江合流以下
马湖江	金沙江	在马湖地区
诺矣江	雅砻江	上游
东泸	雅砻江	下游
台登水	安宁河	上游
西泸	安宁河	下游
朱提江（石门江）	戈魁河	
七曲水	洒鱼河	
兰沧江	澜沧江	在永昌以下
濑水河	澜沧江	剑川以上
怒江	怒江	
禄早江	伊洛瓦底江	上游
丽水	伊洛瓦底江	下游
龙泉水	孟拱河	
神龙河	可克温河	
弥诺江	钦敦江	

第六编　元明清时期云南省地理考释

〔……〕

乙、山川名称（山略）

《元史·地理志》及《混一方舆胜览》载山川名称，为郡邑之名山大川，碑刻及集部亦有记载。元时山川名号，明清多沿袭，故方位大都可考。兹辑录而略说之，尚未必得其全也。

一、中庆路

滇池、昆明池 《混一方舆胜览》中庆路曰：“滇池，又名昆明池，在碧鸡山下，广三百里，晋宁、昆阳在池南，而中庆在池北。”《元史·张立道传》曰：“昆明池，介碧鸡、金马之间，环五百余里，夏潦暴至，必冒城郭。立道求泉源所自出，役丁夫二千人治之，泄其水，得壤地万余顷，皆为良田。”此说亦载《地理志》。按：昆明池即滇池，元人郭盃坚、乔坚并有诗，王昇作赋。《元史·兀良合台传》曰：“进至乌蛮所都押赤城，城际滇池，三面皆水。”时在秋季，即“夏潦必冒城郭”者也。赵子元撰《赛平章德政碑》曰：“昆明池口塞，水及城市，大田废弃，正途壅底，公（赛典赤）命大理等处巡行劝农使张立道，付二千役而决之，三年有成。”又《元史·本纪》：“大德五年六月乙亥[①]，开中庆路昆阳海口。”亦决滇池水。按：此工程，决海口河至石龙坝跌水，降低滇池水位。自后屡经兴工挖低海口河，滇池水面缩小，四周露出良田，故官渡原为渡船处，今已离水岸约五里也。

盘龙江 孙大亨撰《大德桥碑记》曰：“去城之东百举武，有江横绝曰盘龙，正北八十里许，屈偿、昧漾、邵三甸，凡九十九泉，混混然与诸涧会而为一，乃其源也。”邓麟撰《至正桥记》曰：“云南省治东新桥，而蟠龙江所经也。”按：今亦称盘龙江，源出邵甸山中，屈偿、昧漾二甸当在山区，不获详考。

安宁温泉 《混一方舆胜览》中庆路安宁州温泉曰：“云南诸郡汤池一十七所，惟安宁州者为最，石色如碧玉，水清可鉴毛发，虽骊山玉莲池，远不及。”按：元人赵琏有《安宁州温泉诗》。清初段昕《碧玉泉志》，即今之温泉也，在安宁城北十里。

二、武定路

不鲁思河 《马可波罗行纪》第一一六章建都州（罗罗斯）曰：“骑行此十日程毕，见一大河，名称不里郁思（Brius），建都州境止此。河中有金沙甚饶，两岸亦有肉桂树，此河流入海洋。渡此河后，进入哈剌章州。行此五日毕，抵一主城，是为国都，名称押赤（Jacin）。”沙海昂注曰：“不鲁郁思只能为扬子江上游，盖波罗位置此水于云南、建昌之间也。”此从位置推论，所说可取。按《元一统志》残本丽江路曰：“今考《沿革图志》：金沙江，麽些蛮谓之漾波江，吐蕃谓之黎枢江，今又名曰不鲁失。”此不鲁失，即Brius也。自罗罗斯至武定渡江之一段用此名称。《元史·速哥传》：“至元九年，建都蛮叛，速哥为先锋，军至建都，战于东山，斩其酋布库。后与元帅八儿秃，迎合剌章（云南）军于不鲁思河，所过城邑皆下。”又《脱力世官传》任罗罗斯副都元帅同知宣慰司事，“定昌路总管谷纳叛，（至元十七年）与其千户阿夷谋率众渡不鲁思河，脱力世官引兵战，擒阿夷，杀之”。所谓不鲁思河，为罗罗斯南界之水也。

三、澂江路

明　湖 《元史·地理志》澂江路阳宗县曰：“在明湖之南。”按：万历《云南通志》澂江府山川曰：“明湖在阳宗县北。”今亦称阳宗海。

---

① 乙亥 原本作“己亥”，据《元史·成宗本纪》改。中华书局1976年版，第435页。

四、临安路

杞麓湖　《元史·地理志》临安路曰："河西县，在杞麓湖之南。"按：南应作西。又《混一方舆胜览》临安府通海湖曰："秀山临其上。"按：万历《云南通志》临安府山川曰："通海在县北三里，周围八十里。"即杞麓湖也。

星云湖　《元史·地理志》澂江路江川县曰："在星云湖之北。"又《混一方舆胜览》临安路宁州有星云湖，曰"在州北"，当是江川县错录。按：今有星云湖在通海与河西之交。

五、曲靖路

南盘江、北盘江　《元史·地理志》曲靖路曰："霑益州，据南盘江、北盘江之间。"按：万历《云南通志》曲靖府大川曰："盘江，在霑益州，有二源，北流曰北盘江，南流曰南盘江。"元明之霑益州治在今宣威城。又《元史·地理志》普安路曰："在巴盘江东。"此北盘江所流经也。又《混一方舆胜览》乌撒路盘江曰："江源出乌撒，分两支焉，一流乌蒙入叙州，一流越州过弥勒州。"按：此亦南、北盘江，惟北流入叙州之说则误。洛泽河为盘江北支也。

六、威楚路

七、大理路

西洱河　郭松年《大理行记》曰："西阨苍山，东属洱水。"程文海撰《世祖平云南碑》曰大理"城倚点苍山，西洱河为固"。姚燧《牧庵集》卷十五《姚枢神道碑》、又卷十八《徐德举神道碑》并载元使被杀投洱水中。述律杰有题西洱海诗亦称洱海。《混一方舆胜览》大理路西洱河曰："即叶榆河，源出邓川赕北山下。至喜州界与点苍山合，号龙首。至赵州界，与点苍山合，号龙尾，蒙氏于南北筑两关。"

青　湖　郭松年《大理行记》曰："品甸中有池名曰青湖，灌溉之利，达于云南之野。"按：万历《云南通志》大理府山川曰："叶镜湖，在云南县西南三十里。"即今之叶镜湖也。

赤水江　郭松年《大理行记》曰："白岩，赤水江回环曲折，经于其中。"按：万历《云南通志》大理府山川曰："赤水江，源出定西岭。"即今之赤水河，自红岩流至祥云，为一泡江上源。

神庄江　郭松年《大理行记》曰："赵州甸，神庄江贯于其中，溉田千顷。"按：万历《云南通志》大理府山川曰："大江，又名波罗江，流入西洱河，赵州之带水也。"此即神庄江，流贯凤仪县平坝。

礼社江　《混一方舆胜览》蒙化州礼社江曰："源出白崖，由蒙舍经威楚盘罗过金齿，入交趾。"按：赵元祚《滇水纲目》曰："杨瓜江，即河底富良江，源发赵州西南界山阳，东南流五十里，经蒙化府城西，折而城南，又东南流六十里，经定边县城北，至城东，定边河入焉。"此即礼社江上源也。

样备江　《混一方舆胜览》蒙化州景致有样备江曰："源出剑川，经赵赕，过蒙舍。"按：万历《云南通志》蒙化府山川曰："漾濞江，在府治西北二百里。"即今之漾濞江也。又万历《志》谓漾濞江一名神庄江，与郭松年所说不合，当误。

澜沧江　《混一方舆胜览》永昌府澜沧江曰："在永昌东，源出西蕃，广五十步。旧有竹索为桥，今有木桥，曰霁虹桥，驿骑往来，如履平地。”按：《元一统志》丽江路曰“西有澜沧”，永昌府曰“东界澜沧”。又《元史·地理志》永昌府永平县曰“鹿沧江之东”，此鹿沧江即澜沧江。《元一统志》元江路曰“东有礼社江，西瞰澜沧江”（《明一统志》卷八十七引）。按：今普洱、思茅之地，元代属元江路，“澜沧江在其西”。又《元史·地理志》云南行省曰“南至临安路鹿沧江”，此误认把边江为澜沧江下游也。

八、金齿宣抚司

潞　江　《混一方舆胜览》镇康路潞江曰：“俗名怒江，出路蛮，经镇康，与大盈江合，入缅中。”又《元史·地理志》茫施路曰：“泸江之西。”按：泸江即潞江也，此两路以江为界。又《元志》柔远路曰：“永昌之南，其地曰潞江。”即以江为地名也。至于谓“与大盈江合，入缅中”，则误认为大金沙江上游也。

大居江　《混一方舆胜览》镇西路大居江曰：“出腾冲北山下，由南甸经干崖合槟榔江入江头城，名大盈江。”按：万历《云南通志》永昌府大川曰：“大盈江，在腾越州西南，又名大车江。”此车字当读如居，大盈江流入大金沙江。

槟榔江　《混一方舆胜览》平缅路槟榔江曰：“出吐蕃，经干崖、阿共赕入缅界。”按：赵元祚《滇水纲目》曰：“大盈江至干崖宣抚司北入槟榔江，槟榔江源出古涌州，南流百余里，至此与大盈江会。”即今自尖高山南流经盏西至干崖注于大盈江之水也。万历《云南通志》永昌府大水曰：“槟榔江经干崖阿昔地，下合大盈江，入江头城。”按：《经世大典·征缅录》曰：“至元二十年十一月二日相吾答儿命也罕的斤取道于阿昔江，达阿禾江，造舟二百，下流至江头城。”即在此两江合流以下造舟也。《征缅录》又曰“金齿干额总管阿禾”，干额即干崖，阿禾为镇西路总管，所谓阿禾江，当即大盈江，而阿昔江即槟榔江也。《元史·也罕的斤传》曰：“造舟于阿昔、阿禾两江。”又《本纪》至元二十一年正月丁卯亦曰：“也罕的斤分道征缅，于阿昔、阿禾两江造船。”误为分在两江造船，征之地理实际，当非事实。《马可波罗行纪》沙海昂注引《元史》文，以为阿禾江即龙川江，亦非也。

麓川江　《混一方舆胜览》麓川路麓川江曰：“出萼昌，经越赕傍高黎共山。由茫施孟乃入缅中。”按：万历《云南通志》永昌府大川曰：“麓川江，由芒市孟乃入缅中。”此即今之龙川江，一名瑞丽江，流经麓川勐卯西入缅境，经孟乃至孟密之北折而北流，在格萨入大金沙江。

九、元江路

黑　水　《元史·地理志》元江路曰：“在黑水之西南。”按：《张立道传》曰：“使安南宣达国号诏，立道并黑水跨云南以至其国。”此黑水即红河，亦即礼社江也。《元一统志》元江路曰：“东有礼社江，西瞰澜沧江。”（《明一统志》卷八十七引）

十、乌撒乌蒙宣慰司

土僚蛮江　《混一方舆胜览》乌蒙路土僚蛮江曰：“两山峡束五百余里，水中多巨石，湍口峻急如万马奔腾。惟五板小舟可行，容使客二人，而水工六人。”按：乌蒙路有土僚蛮长官司，在今盐津，此土僚蛮江即洛泽河（白水江），在盐津以下称横江，可通船，惟艰险难行，自古如此也。

白水江　《元史·本纪》：“至元二十一年八月丁未，云南省言华帖、白水江、盐井三处土老蛮叛。”《元史·爱鲁传》曰：“至元十八年乌蒙罗佐山、白水江蛮杀万户忽都以叛。”按：《明史·乌撒乌蒙土司传》曰：“天顺元年，芒部所辖白江蛮千余作乱，攻围筠连县治。”此白江即白水江，今地图，镇雄西北有白水江，流至与盐津交接处，入戈魁河。

泸　江　《元史·兀良合台传》曰：“出乌蒙，趋泸江，刬秃剌蛮三城。”（亦见《秋涧大全集》卷五十《元良氏先庙碑》）疑此泸江指金沙江，秃剌蛮即土老蛮，盖兀良合台取横江道也。

十一、鹤庆路

剑　湖　《元史·地理志》鹤庆路剑川县曰：“县治在剑川湖西”。《元一统志》鹤庆路曰：“左丽江，右剑湖。”按：丽江即金沙江，剑湖即剑川湖也。

十二、丽江路

金沙江　《元一统志》丽江路巨津州山川曰：“金沙江，一名丽江，白蛮谓金沙江，磨些蛮谓漾波江，吐蕃谓黎枢。过铁桥，临巨津州，破雪山，出宝山州而去。此江沿河皆出金，白蛮遂名曰金沙江。”《元史·地理志》丽江路曰：“金沙江出金沙，故名。”按：《混一方舆胜览》黎溪州景致有金沙江，又李京《过金沙江》诗，在滇池至越嶲途中，则丽江以下亦称金沙江也。成遵有《泸水》诗，则用古名。

霓　溪　《元一统志》通安州山川曰：“霓溪，源出州北二里药蕖和山下，旋绕州境，南流出鹤庆界。”按：此即丽江城北象山发源之玉河。《一统志》又曰：“些苏溪、姑霓溪、箇霓溪、块麦溪，四溪水源悉出神外龙山，周流州境，灌溉民田，南流出鹤庆路境。”按：此即丽江坝子诸水，汇流而南，为漾共江上源。

十三、罗罗斯

大渡河　元《混一方舆胜览》邛部州有大渡河曰：“源出吐蕃，与马湖江（应作岷江）合。西南烟瘴，惟此与金沙江最为可畏，在邛部、黎州之间。”可知邛部州北界至大渡河。《元史·地理志》记云南行省地界曰“北至罗罗斯之大渡河”，亦为云南省之北界也。河当交通要冲，故见于纪录者多。《元史·世祖本纪》：“癸丑十月丙午过大渡河，又经行山谷二千余里至金沙江。”按：忽必烈在永宁渡金沙江入丽江，则过大渡河当在康定附近，亦称大渡河也。

金沙江　《元史·兀良合台传》曰：“至金沙江，兀良合台分兵入察罕章。”按：兀良合台渡金沙江在今丽江石鼓以北之巨甸附近，忽必烈在永宁渡江。又元《混一方舆胜览》黎溪州有金沙江曰：“在州南约百里，山峡间岚瘴极重，行客过之，虽隆冬皆袒裼流汗，雨中及夜渡则无害。源出吐蕃，经铁桥城末些诏，由姚州、武定过东川、乌蒙，与马湖合。”按：应作称马湖江。又李京《过金沙江》诗，有“来从滇池至越嶲”句，则在武定过江。如上所举，可知自丽江以下称金沙江，亦有称不鲁思河者。（说见前武定路）

马湖江　《元史·兀良合台传》载：丙辰（宪宗六年、公元一二五六年）“出乌蒙，趋泸江，刬秃剌蛮三城，却宋将张都统兵三万，夺其船[①]二百艘于马湖江，斩获不可胜

① 张都统兵三万，夺其船　原本作“张都统兵，三夺其船”，据《元史·兀良合台传》改。中华书局1976年版，第2980页。

计，遂通道于嘉定、重庆，抵合州[①]，济蜀江，与铁哥带儿会。”按：此为叙州地区之战争，金沙江下游称马湖江也。所谓泸江即横江，而蜀江即岷江也。

泸水、黑惠江 《元史·地理志》建昌路泸州曰：“有泸水，深广而多瘴，鲜有行者，终夏常热，其源可燖鸡豚。”按：所说水源为温水源，盖有温泉下流入泸水。此泸水即唐代记载之东泸，即今雅砻江，一名打冲河，在泸州之西也。元《混一方舆胜览》建昌路有泸水，曰：“水出吐蕃，经建昌、会川合金沙江，夹岸多高岩丛苇，渡之如经甑釜，炎气郁蒸。”（以下蚀文不能辨）此亦东泸之水。又昌州有黑惠江曰：“又名纳夷，源出吐蕃，至姚州合金沙江。”亦即雅砻江也。

泸沽水 《元史·地理志》礼州曰：“在泸沽之东。”按：此即由泸沽县流来之水，亦即唐代纪录之西泸，今之安宁河也。

〔……〕

〔据方国瑜著《中国西南历史地理考释》（中华书局1987年版）第143－1131页辑录。该书以时间为顺序分为六篇，对我国西南地区从上古到明清时期的历史地名加以考释。其中第二篇《西汉至南朝时期西南地理考释·山川名称》、第三篇《北周至初唐时期西南地理考释·山川名称》、第四篇《唐代后期云南安抚司地理考释·山川名称》、第六篇《元明清时期云南省地理考释·山川名称》涉及云南水文献。〕

① 抵合州 原本作“合川”，据《元史·兀良合台传》改。

黑水专题

辑者按：“黑水”之名始见于《尚书·禹贡》，其中提及“黑水”有三处：“华阳、黑水惟梁州”，“黑水、西河惟雍州”，“导黑水至于三危，入于南海”。

关于《禹贡》黑水，学者们多据此三条立论，然众说纷纭，莫衷一是。概括起来大体有三种观点：一是认为黑水为某一条河，如为张掖河、大通河、党河、丽水、泸水（此二水即金沙江）、澜沧江、西洱河、哈拉乌苏河等（郦道元、樊绰、程大昌、李元阳、张机、史秉信、王思训、李荣陛、黄贞元等）；二是认为黑水有多条，如认为《禹贡》三句话分别指三黑水（张邦伸）；三是认为黑水为传说中假想之水（顾颉刚）。

持第一种观点者，如郦道元《水经注》谓其“出张掖鸡山，南至敦煌，过三危山，入于南海”；唐樊绰《蛮书》谓其为丽水；明张机《金沙江源流考》谓其为大金沙江；宋程大昌《禹贡论》谓其为西洱河；明人李元阳著《黑水辨》，清史秉信著《冈脊黑水辨》，俱以澜沧江为《禹贡》之黑水；俞正燮《癸巳类稿》卷一《黑水解》认为“言黑水至三危者，止入黄河，其近三危之水入海者，乃色尔腾海子，是《禹贡》导水之黑水，今为色尔腾河、党河矣”；清王思训《黑水辨》认为“澜沧、南金沙二江皆入南海，而南金沙源广流长，大于澜沧数倍，其为黑水无疑”；清黄贞元《黑水论》认为“金沙江为黑水，无疑矣”；清李荣陛《黑水考证》则提出新论，定弥诺江、潞江（怒江）、澜沧江三江为黑水。持第二种观点者，如清张邦伸《三黑水考》认为：《水经注》所谓黑水出张掖鸡山，至于敦煌，此雍州之黑水也；以今舆地言之，梁州黑水，即金沙江，其源发于西番，南流至塔城关，入云南丽江府境，亦曰丽水，此梁州之黑水也。导川黑水，其说不一，要以澜沧江为是。澜沧江，发源西蕃阿克必拉。南流至你那山，入云南界东，一支为漾备江，东南流，入西洱海；其正支南行，绝云龙江而东南流，入云龙州，又南流，至阿瓦国，入南海，此导川之黑水也。

今设“黑水专题”，以汇各家之说。

尚书注疏·禹贡

汉孔安国传　唐孔颖达疏

华阳黑水惟梁州。

[传]东据华山之南，西距黑水。华，胡化反，又胡瓜反。

[疏]梁州，《传》东据至黑水。《正义》曰：《周礼·职方氏》豫州其山镇曰华山，在豫州界内。此梁州之境，东据华山之南，不得其山故言阳也。此山之西雍州之境也。

〔……〕

黑水西河惟雍州。

传 西距黑水，东据河。龙门之河，在冀州西。雍，於用反。

疏 雍州，《传》西距至州西。《正义》曰：禹治豫州，乃次梁州，自东向西，故言梁州之境先以华阳，而后黑水。从梁适雍，自南向北，故先黑水而后西河。计雍州之境，被荒服之外，东不越河，而西踰黑水。王肃云：西据黑水，东距西河。所言得其实也。遍检孔本皆云"西据黑水，东据河"，必是误也。又河在雍州之东而谓之"西河"者，龙门之河在冀州西界，故谓之西河。《王制》云"自东河至于西河，千里而近"，是河相对而为东西也。

〔……〕

导黑水，至于三危，入于南海。

传 黑水自北而南，经三危过梁州，入南海。

疏 《传》黑水至南海。《正义》曰：《地理志》益州郡计在蜀郡西南三千余里，故滇王国也。武帝元封二年始开为郡，郡内有滇池县，县有黑水祠。止言有其祠，不知水之所在。郑云：今中国无也。《传》之此言，顺经文耳。案：郦元《水经》黑水出张掖鸡山，南流至燉煌，过三危山，南流入于南海。然张掖、燉煌并在河北，所以黑水得越河入南海者。河自积石以西皆多伏流，故黑水得越而南也。

〔据汉孔安国传，唐孔颖达疏《尚书注疏》（明隆庆二年重刻本）卷六第24－33页节录。〕

禹贡指南

毛 晃

华阳黑水惟梁州。

梁 州 《尔雅》无梁、青，有幽、营、徐，盖《尔雅》九州，商之制也。商时梁州，或并于雍也。《周礼·职方氏》无徐、梁，有幽、并，盖周亦并梁归于雍也。周之西南不置州，自坤维以西统于雍，以南统于荆。汉武帝改雍曰凉，改梁曰益。梁之东北，雍之东南，以华为畿。晋《太康地记》云："梁者，言西方金刚之气疆梁，故因名之。"秦为汉中郡，后其地入蜀。魏末，蜀分广汉、三巴、涪陵以北七郡为梁州。梁武帝大同中，复移在南郑。晋《地理志》："《春秋元命苞》云：'参伐流为益州，益之为言厄也。'言其所在之地险厄也，亦曰疆壤益大，故以名焉。"又曰："梁者，言西方金刚之气疆梁，故因名焉。"

黑水西河惟雍州。

雍 州 《尔雅》：河西曰雍州。注云：自西河至黑水。李巡曰："河西其气蔽塞，厥性急凶，故曰雍。雍，壅也。"《周礼·职方氏》："正西曰雍州，其山镇曰岳山，其薮泽曰弦蒲，其川泾汭，其浸渭洛。洛在渭北，非河南洛水。"《地理风俗记》曰："汉武帝元朔三年，改雍曰凉州，以其金行，土地寒凉故也。"后汉献帝以武帝改雍曰凉，又分渭川河西郡为雍州，至建安十八年，复改为凉州。晋《地理志》雍州："以其四山之地，故以雍名焉。亦谓西北之位，阳所不及，阴阳气雍阏也。"《释名》曰：雍，翳也。东崤、西汉、南商、北居庸四山之所拥翳也。

黑　水　《水经》云：出张掖鸡川，南流至燉煌，过三危入于南海。或谓张掖在甘、肃二州界，隔大河不能至南海。《汉志》：犍为南广县有符黑水，向北流入江。言北流入江，非《经》之黑水，明矣。杜佑谓此黑水迳沙州三危山，过南溪而入南海。犍为，即唐戎州。沙州与戎州隔大河，又隔金城南山及西南夷山，亦不能入南海。《隋志》：黑水在扶州。李吉甫《元和郡县志》：汉武通西南夷，分雍之南置益州。益州本滇王国，因滇池立名，黑水祠在其地。孔颖达以为有祠无水，则滇池亦非黑水也。樊绰《蛮书》：黑水，一名丽水，出三危山之南，过逻些城、苍望城、苍王道勿川，合弥诺江，经骠国，入西海之南。逻些城在蜀西，非雍州界，《经》言导黑水至于三危，是在三危北，南流过三危。今言丽水出三危南，与《经》不合，或谓《汉志》劳水出徼外，会叶榆水入南海。疑叶榆是黑水，然叶榆泽在巂州南界益州叶榆县，西南流，过滇池县，西珥河会劳水，南流入南海。《水经》：叶榆水出益州，入牂牁西，过交趾，分为五水，复合为三，东入海。樊绰《蛮书》：叶榆西流，过点苍山至两江口，与摩耶江合。又云浪穹河、巴峤河、剑河三水，俱入黄塘江，过西珥河为摩耶江，乃与叶榆江合。然则叶榆江与西珥河自是两派，又与《汉志》相牴牾，况叶榆水在蜀之正西，西行，又东流入海，去雍州远甚，亦与《经》不合。观先儒所刊《禹迹图》，黑水在雍州西北，而西南流至云南之西南，乃有黑水口东南流而入南海，中间地理阔远，不复图其所经，盖亦古人略而不详之遗意，抑以诸家之说，各有阙失，难以考信，不容以臆说傅会欤！

〔据宋毛晃撰《禹贡指南》（台湾商务印书馆影印文渊阁《四库全书》本）卷二第12－31页节录。《四库全书总目提要》曰：其书大抵引《尔雅》《周礼》《汉志》《水经注》《九域志》诸书，而旁引他说，以证古今山水之原委，颇为简明。〕

黑水集证（存目）

杨士云

〔《黑水集证》一卷，亦作《黑水集》，《明史·艺文志》地理类存目。明杨士云（1477—1554）撰。士云字从龙，号弘山，世称弘山先生，又号九龙真逸。云南太和人，明正德丁丑（1517）进士，改翰林庶吉士，官至户科左给事中。因不满朝廷腐败，回乡耕读，里居二十余年，甘贫自乐，不入府城。乡人不知婚丧礼节，教以易奢为俭。所居环堵萧然，与诸弟特存友爱。自少至老，手不释卷，对文学、史学、经学、天文学皆有研究，与李元阳、杨慎交往甚密。李元阳撰《杨士云墓表》。著有《皇极天文律吕》《咏史》诸集，一时学者皆宗之。〕

黑水辨

李元阳

《书·禹贡》“黑水西河惟雍州”、“华阳黑水惟梁州”，又曰禹“导黑水，至于三危，入于南海”。传论纷纷，或谓其源出某山，流经某地，或谓其跨河而南流，或疑其世远而湮涸，或谓三危在今丽江，或谓窜三苗，不应复在南彝之地。此皆出于臆度，不足为据。愚之所据，知有经文而已。

夫黑水之源固不可穷，而入南海之水则可数也。夫陇蜀无入南海之水，唯今滇之澜沧江、潞江二水皆由吐蕃西北来，盖与雍州相连，但不知果出张掖地否？水势并汹涌，皆入南海，是岂所谓黑水者乎？然潞江西南趋，蜿蜒缅中，内外皆彝，其于梁州之境，若不相属。唯澜沧由西北迤逦向东南，徘徊云南郡县之界，至交阯入海。今水内皆为汉人，水外即为彝缅，则禹之所导于分别梁州界者，唯澜沧足以当之。孟津之会曰髳人、濮人，以今考之，皆在澜沧江内，则澜沧江之为黑水，无疑矣。

《地理志》谓“南中山曰昆弥，水曰洛”，《山海经》曰“洱水西流入于洛”，故澜沧江又名洛水，言脉络分明也。《元史》：“至元八年[①]，大理劝农官张立道使交阯[②]，并黑水，跨云南，以至其国。”观此，则澜沧江之为黑水，益章章明矣。

若三危山，即不在丽江，亦当不远。古今山川之名，因革不可纪极。夫不可移者，山川之迹也；随时异称者，山川之名也。不据不可移之迹，而据易变之名，亦末矣。大都为传论者未尝知三省地形，但谓陇在蜀之北，蜀在滇之东地[③]。而《禹贡》言黑水为雍、梁二州之界，又入南海，故不得不疑其跨河。知跨河非理，又不得不疑其湮涸。曾不知陇、蜀、滇三省鼎足而立，陇则西南斜长入蜀，滇则西北斜长近陇，蜀则尖长入滇、陇之间[④]，正如三足牖然，黑水之源，正在牖头。故雍以黑水为西界，对西河而言也，梁以黑水为南界，对华阳而言也。盖各举两端，若曰西河在雍东，黑水在雍西，华山在梁北，黑水在梁南云尔。故曰梁州可移，而华阳黑水之梁不可移也。雍、梁之间，其名黑水者非一，然皆枝水而流，又不入南海。诸葛亮《笺》所谓“朝发南郑，暮宿黑水”之类，皆非《禹贡》之黑水也。元遣都实因水之流以穷河源，遂得其实。事固有晦于前而明于后者，今能因澜沧江入南海之流而穷其源，则所谓黑水者可知也。

按：黑水由雍州自北而南，至燉煌郡，经三危山，过梁州，入南海，即郦道元《水经》亦未详其所由。今绎旧志，张机《南金沙江考》与阙祯兆之《黑水考》，其说庶几近之，若李元阳等二辨，直以澜沧江为黑水，恐尚未确，姑并存之，以俟后之博雅君子参稽而论定焉。

〔据清范承勋等修，吴自肃等纂康熙《云南通志》（日本京都大学藏清康熙三十年刻本）卷二十九《艺文八》第74－76页辑录。李元阳（1497—1580），字仁甫，号中溪，云南太和（大理）人。嘉靖丙戌（1526年）进士。里居四十余年，年八十余而卒，学者称“中溪先生”。其《黑水辨》以澜沧江为黑水，新都杨慎亦主此说。他认为蜀陇滇三省鼎立，陇西南斜长入蜀，滇西北斜长近陇，蜀则尖长入滇，滇陇之间如三足牖，黑水源正在牖头，故雍以黑水为西界。以山论，丽雪山与蜀松州诸山相接，松去雍不远，计澜沧之源，当在雍之西。元张道立使交阯，由黑水入三崇山，澜沧经其麓地，有黑水祠。仁甫考究不无据。而清阙桢兆有《黑水考》以驳元阳，曰导黑水至于三危入于南海是黑水，黑水即今雅鲁藏布江，亦称大金沙江。阙氏此说，与清张机《南金沙江考》相合。黑水出西北界雍梁，入南海，其源甚远，故其流独大。南至宣慰之铁壁关，江势平阔，金宝丛生，则大金沙江之名，所从来也。潞江流出永昌，至木邦，为喳哩江，在大金沙江之东。澜沧江流出蒙顺界，至姚关，为锦龙江，又在潞江之东。澜、潞之

① 八年　原本作“二年”，据《元史》卷一百六十七《张立道传》改。中华书局1976年版，第3916页，下同。

② 交阯　《元史·张立道传》作“安南”。

③ 东地　《永昌府文征》卷五《明四》作“东北地”，雍正《云龙州志》卷三《疆域志》作“东北”。

④ 蜀则尖长入滇、陇之间　此句，雍正《云龙州志》同，天启《滇志》卷二十五《艺文志》作“蜀则尖长入滇。滇陇之间”。

水源，虽出于吐蕃，距滇不过十余日，其滢洄大理、蒙化、顺宁、永昌，而入南海，仅界梁州之西南，不能远界雍州。水而入于南海，大经大纬，灿若日星。阙氏此说，则与张机之《南金沙江考》相合。另见明何镗《古今游名山记》《名山胜概记》、天启《滇志》卷二十五《艺文志第十一之八·辨类》、康熙《永昌府志》卷二十五《艺文志·辨》、雍正《云龙州志》卷三《疆域志·山川》、乾隆《腾越州志》卷十二《记载中·考辨》、《永昌府文征》卷五《明四》。〕

冈脊黑水辨

史秉信

按：《禹贡》“华阳黑水惟梁州”、“黑水西河惟雍州”、“导黑水，至于三危，入于南海”，凡三见。滇，古梁州域也。昔辨黑水者，有如聚讼。或问余曰：“黑水，《地志》出犍为，谬矣。《水经》出张掖，至燉煌，过三危，入南海。燉煌，瓜州也，实未尝有此水跨越诸山入南海。武彝熊氏之说详矣。唐樊绰又指丽水为黑水。丽水，金沙江也。金沙果黑水乎？”余曰：金沙出吐蕃，经丽江、鹤庆、姚安、武定，入马湖，会岷江，入东海，此为黑水所谓入于南海何居？或又曰：“程氏以丽水狭，不足界二州。西洱河与汉叶榆泽相贯，广可二十里，其流正趋南海。西洱，今大理海也。西洱果黑水乎？”余曰：西洱源，一发于鹤分水岭①，一发于浪穹罢谷，此为黑水所谓惟雍州者何居？

或又曰：“西远彝方有大金沙江，发源崑崙西北吐蕃地，广五里，产黄金、绿玉、琥珀、水晶，其流正趋南海，西南惟此水为大。张机曾有《考》，然则大金沙为黑水乎？”余曰：洱水之西为澜沧，再西为潞江，又再西为大金沙。大金沙者，长、广三倍于澜、潞，远出蕃域，上流已阔，澄若重溟，黝然深碧，夏秋涨溢，江色不变，金齿黄贞元言之甚悉。第此水去梁荒远，此为黑水所谓华阳者何居？所谓至于三危者又何居？〔叶〕榆李仁甫《黑水辨》以澜沧江为黑水，云：“陇、蜀、滇三省鼎立，陇西南斜长入蜀，滇西北斜长近陇，蜀则尖长入滇。滇、陇之间，如三足𬬻然，黑水源正在𬬻头，故雍以黑水为西界。”以山论，丽雪山与蜀松州诸山相接，松去雍不远，计澜沧之源当在雍之西。元张立道②使交趾，由黑水入三崇山，澜沧经其麓，地有黑水祠。仁甫考究不无据。又《大理志》：“云龙州有三崇山，顶列三峰，高万仞，下环澜沧，即古三危。”樊绰云：“三危临峙其上。”玩《禹贡》“至于”二字，皆水行而经历之词。邹氏指三危为燉煌，程氏指为宕昌，去水经行之道远，则三崇为三危之说，亦或可信。如历山有二，崆峒有三，岂三危必三苗之叙者耶？诸说难尽非之。但余鹤居滇上游，金沙出左，澜沧居右，西洱汇前，生斯长斯，日游于斯而不察，可怪也。

考蔡《注》云：梁、雍二州皆以黑水为界，黑水自雍西北直出梁西南。中国山势冈脊，皆自西北来，积石、西倾、岷山冈脊以东之水，既入于河、汉、岷江，冈脊以西之水，入于南海，即为黑水。此说广而有据，何也？鹤之山皆自西北来，凡脊以东之水皆归东海，金沙江是也；脊以西之水皆归南海，澜沧江是也。则此中为冈脊，畴能易之？

① 鹤分水岭 乾隆《腾越州志》卷十二、《永昌府文征·文录》卷八《明七》均作“鹤庆分水岭”。

② 张立道 原本作“张道立”，据《元史·张立道传》改。

如鹤走榆，经山神哨，旧名分水岭，草间湍出，尽乱流耳。北流者入漾工[①]，会金沙，归东海；南流者合浪穹水，汇为西洱，归南海。夫咫尺间分水东、南海之异，于冈脊之说，诚有吻合者，人自不察耳。如鹤距剑一脊耳，脊西之水如清水江，入剑湖，由点苍皆合洱水、澜沧，归南海；清水江脊以东之水，或流山谷为涧，或潴山麓为潭，或入漾工，合金沙，归东海。由剑而溯之老君山水，流之丽则归金沙，入东海，流之兰则入澜沧，归南海，无不然者。

又自洱西达滇孔道，遥从南北指点之。赵州礼社江、定西岭赤水江、云南县溪沟诸水，皆合澜沧归南海也；宾川大河、姚安蜻蛉河、阳瓜大姚河，合金沙归东海者也；镇南水，南入元江者为马龙江，北入金沙者沙桥之水，发源为楚雄龙川江；广通之罗绳河，则流黑井入金沙；舍资河则出南安，达元江；迤西至武定之水，发源为舍资河，入元江；元谋应元溪、禄劝普渡河，又北入金沙矣；罗次、禄丰、安宁、易门、三泊，皆犄角于会城西南；罗次之星宿河，由禄丰而南出元江；安宁之水，乃滇池末流，北出富民，入金沙；三泊资利河，北注滇池，又有丁癸江南流矣。易门之九渡河，亦南入元江。由此而昆阳、晋宁、归化、呈贡、宜良及澂江府州县，皆环会城而居南居东者。昆阳渠滥川、晋宁大堡河、归化之交七浦、呈贡之洛龙河，皆注滇池。如澂江、新兴大溪河，江川星云湖，澂江抚仙湖，路南兴宁溪、阳宗明湖、大冲河，皆南入盘河，与滇池了无涉矣。至新兴西北七十里习蒙山顶分晋宁界，晋宁之大堡河，实发源于新兴、江川北叠翠山。山半泉涌三派，西流入滇池，东南入抚仙、星云二湖，与鹤分水岭咫尺分东、南海者无以异。此间顾非冈脊而何谓？大水即分，小水亦必从之，其间俱有如山神哨、叠翠山者，第龙有起伏经折，居其间者当自得之。由澂江而北，宜良之盘江、大城江、马龙水，发源为曲靖之潇湘江、平彝之十里河，皆入南海者也。寻甸水发源为东川府之牛栏江，又水之入东海者也。又霑益南为交河，入盘江；霑益西车翁江[②]，入金沙。又有南盘、北盘二水，分流各千余里。诸水分东、南海者，皆由源以穷之，非溯流漫不知其源者也。由是观之，所谓冈脊者，西倾、积石、岷山，脊之巅也；鹤西岭以及姚安、楚雄、武定、昆明、澂江、曲靖、寻甸之间，脊之腰络也。由此而出黔、蜀，如《地理书》所称南幹龙，或发节生枝，水之分咸有若是焉者乎？故云冈脊之说，有吻合者。

或曰：信斯言，脊以西之水皆黑水。澜沧也，西洱也，大金沙也，皆黑水矣。郦道元谓西洱，叶榆积渍所成，谓之黑水。岂冈脊以西皆榆乎？余曰：脊以西虽不必皆榆，然西南之山，干霄翳地，随刊未施时，山水积渍成渠[③]，何必榆始黑也。朱子云：黑水从雍、梁西界入南海，不经中国。知言哉！《山海经·西山经》云：崑崙之丘，西流于大杅；轩辕之丘，洵水出焉，南流注于黑水。所指皆西南，是黑水实不入中国也。或又曰：顾野王《舆地志》黑水由僰道入江。余曰：僰道，乌蒙地也。入南海者曰入江，可为喷饭。若夫辽东黑河趋东海；肃州有黑水，无跨河越脊理；若水名黑水，即北金沙，入东海，皆非《禹贡》之黑水，不足辨矣。沿革有时更，江山千古不易。山脊水源具在，使宋诸贤复生，履滇、鹤之域而指顾之，必不易吾言也夫！迩诸葛元声《滇史》亦举冈脊一说，惜不得于李仁甫草《黑水辨》。张机作《大金沙江考》，时以大全冈脊之说一

① 漾工　乾隆《腾越州志》卷十二、《永昌府文征》卷八《明七》皆作“漾江”，下同。

② 车翁江　原本及乾隆《腾越州志》、《永昌府文征》皆作“东翁江”，据天启《滇志》卷二《地理志》改。

③ 山水积渍成渠　原本作“山木积渍成渠”，据乾隆《腾越州志》卷十二改。《永昌府文征·文录》卷八《明七》亦作“山水”。

诘之。

〔据清范承勋等修，吴自肃等纂康熙《云南通志》（日本京都大学藏清康熙三十年刻本）卷二十九《艺文八》第76－83页辑录。另见康熙《永昌府志》卷二十五《艺文志·辨》、乾隆《腾越州志》卷十二《记载中·考辨》、《滇系》十一之二《旅途系·水路》、《永昌府文征·文录》卷八《明七》。〕

黑水辨

王思训

梁、雍皆以黑水为界，诸家考凭互异。郦道元谓其“出张掖鸡山，南至敦煌，过三危山，入于南海”，樊绰谓其为丽水，程氏谓其为西洱河，蔡傅主之，李元阳谓其为澜沧江，张机谓其为大金沙江。按：张掖河出祁连山，流至甘州城西与弱水合，名曰黑水。南至肃州镇夷堡，绕合黎山麓，北汇于居延海，流入沙漠，是为雍州极北境。滇为梁州极南境，中间祁连山，绵亘千余里。山南亹水[1]、湟水自西而东，二水之南为黄河，走东北，而二水入之。黄河之南有洮河，亦走东北入河。又南积石山、河州二十四关，悉崑崙之脊。而秦岭之冈也，高大蜒蟺，东西且数万里。冈脊以北之水皆曰河，以南曰江，一行所谓“两戒”也。黑水出张掖，且能飞越而南？即使洑流，亦不能洑数千里复出入海。

《禹贡》“黑水西河惟雍州”，言黑水雍州西界也。其于“导弱水[2]”也，但云弱水，不言黑水者何？弱水与张掖河，两源也；到甘州汇为一河，曰黑水。言弱水即言黑水，弱水既西，黑水既西也。既西，不复南矣。其于黑水也，复言导者何？别梁之黑水非雍之弱水也。果梁之黑水源出张掖，则《经》文当统言“导弱水，至于合黎，入于流沙；经三危，逾于河，入于南海”矣。既言“导弱水”，复言“导黑水”，是二水也。其言“余波”者何？余波即下流也，入者流沙，非入于南海也。然则，雍入流沙之黑水，非梁入南海之黑水，明矣。

丽水，今北金沙江也。出吐蕃黎牛石下，经丽江府，循姚州、武定达马湖入江，不入南海。

西洱河发源罢谷山，流经浪穹，合蒲陀江，至大理府汇为西洱河，即叶榆水也。绕府西南，穿石穴，出点苍山后，至蒙化界会漾濞江，入于澜沧江。

澜沧源出吐蕃丽石山下，入滇境，首过兰州，故曰澜沧。由丽江府经永昌、蒙化、顺宁、景东、元江达车里，入于南海。梁州境内别无水入南海，入南海者，惟潞江与澜沧。而潞源既近，不足括梁境。元阳专指澜沧为黑水，近似，惜未辨其源不出于张掖也。张机谓“澜沧非黑水”，以其有南金沙江也，谓“源出吐蕃，近大宛国，流至腾越外之铁壁关，广十有五里，名大金沙江。澄若重溟，黝然深碧，夏秋涨溢，水色莫辨。环缅甸太公、江头二城，直入南海”，其见甚卓，惜无明征，且亦未免“源出张掖”之见也。愚意澜沧、南金沙二江，皆入南海，而南金沙源广流长，大于澜沧数倍，其为黑水无疑。昔永明王走缅，己亥二月朔渡大金沙江，人言即古黑水，是一证也，特不可谓源出张

---

① 亹水　原本及《滇系》皆作“灜水”，有异。亹水，今青海大通河。灜，音 mén，峡中两岸对峙如门的地方。

② 导弱水　原本作“导雍水”，据《尚书·禹贡》改。

掖耳。

或疑三危山在雍州西境，与南金沙江何涉。然必谓三危山在雍州西境，又与南海何涉？自吐蕃距缅，崇山不可纪极，三危山或逸其名亦未可知。今大理云龙州三崇山，壁立万仞，旧《志》曰古三危山也，谓必在雍州西境耶？郑氏晓曰：“韩苑洛言，雍、梁二州是两黑水，不相通。”观此，知源出张掖，合弱水，为雍之黑水，则知源近大宛，流入缅甸，为梁之黑水矣。不然，雍州之平凉、宁夏俱有黑水，蜀之叠溪亦名黑水，滇地有黑水祠，皆可臆指迁就，而圣王画野分州之大川大络不复分明，岂非《禹贡》之罪人与？

〔据李根源辑《永昌府文征·文录》卷十《清一》第9页辑录。另见《滇系》十一之二《旅途系》。〕

黑水论

黄贞元

按：《禹贡》“华阳黑水惟梁州”、“黑水西河惟雍州”。《辨疑录》曰：“《甘肃志》载：甘州之西十里有居延海，肃州之西地有黑水，东流荒远，莫穷所之。是其源出雍州之西北，而流入梁州之西南，其正西则流绕西极之外而无所据见。地之势西北最高，故能经西而西南也。《云南志》载：金沙江[①]出西番，流至缅甸，其广五里，而径趋南海。此得非黑水之源出张掖，而流入南海者乎？樊绰以丽水为黑水，丽水出吐蕃犁牛石下，历鹤庆，自马湖出叙州入江。樊氏徒知金沙江为丽水，而不知云南金沙江有二：在缅甸者，流而南；在丽江者，流而北。丽水归东海，则非入南海矣。以丽水为黑水，非也。程氏以西洱河与叶榆泽相贯，可二十里，既以是界别二州，其流又正趋南海。然西洱、叶榆皆出大理境内，而遂入南海，虽在梁州之西南徼外，而于所谓至三危界，别雍之西境者，何所与哉？是以西洱河为黑水者，亦非也。《地志》以黑水出南广汾关山。今南广水出叙州之西南夷[②]地，其源流不过三百余里，至南广河则入岷江，于所谓至三危，入南海者亦无所据。是以南广为黑水者，尤非也。要之，出张掖者为是。周文安之说如此，而《大理志》则是以澜沧为黑水。

窃考澜、潞、金沙三水，虽皆入南海，大小远近则迥不同。澜仅潞四分之一，金沙又三倍于潞。澜、潞所出地名鹿石山，在雍望，俱可穷源，上流甚狭。金沙江之源则远自番域，上流已阔，澄若重溟，黝然深碧。春秋涨溢之时，澜、潞变色，金沙自若。若比于扬子，澜沧一小溪，诗人小澜水而咏如此。况在汉仅以津名，其形势狭隘，不足匹江河、界州域，居然可见。又注云其旁多松，故有琥珀，自孟养夷中来。孟养，腾人号为迤西，正在金沙江滨，而浪沧不闻有琥珀，此不可诬也。由周文安公之论，参以腾人耳目所见，金沙江为黑水，无疑矣。《大理志》曰潞与金沙蜿蜒缅中，内外皆夷，惟浪沧内华人而外夷落。窃谓不然。夫三江皆源西北而之东南，惟金沙之外皆彝，若澜若潞，夷、夏所界，惟可以上下论，不可以内外论。澜水仅自云龙州、蒙化所界，正在永昌域中，为华人所宅，其自云龙而上至于吐番，自顺宁而下至于交趾，尽皆夷落。永昌郡正

① 金沙江 《永昌府文征·文录》卷六《明五》作“大金沙江”，当是。

② 夷 原本作“彝”，据《永昌文征·文录》卷六《明五》改，下同。

在浪沧之外，腾越治正在潞江之外，若遽以浪沧之外为夷，则永昌置郡已久，实非彝落也。故曰惟可以上下论，不可以内外论。夫永昌、腾越之为府为州，实非一日。汉、唐可为郡邑，安知夷、夏不可为封域？若以内外界别夷、夏为黑水，则版籍郡邑至腾而尽。金沙江适在腾外，而江外无复华人，不可制置，乃自汉迄今为然矣。舜、禹梁州封域距黑水，而黑水定，以金沙江分内外，别华、夷云。

〔据清师范纂辑《滇系》（清光绪十三年重刻本）八之十《艺文系》第26－28页辑录。黄贞元，字乾运，云南保山人，诸生，有异质，喜读古书，善属文，平生甘淡泊，留心世务，当道重之，所撰《黑水论》，当时传重之。该论就唐樊绰《云南志》以丽水为黑水，程氏以西洱为黑水，李氏以澜沧为黑水，《地理志》以南广为黑水等诸书有关黑水源流一说，据有关证据，一一给予反驳，指出云南境内实有两金沙，“在缅甸者，流而南；在丽江者，流而北。丽水归东海，则非入南海矣”，故认为“黑水”即为流而南入缅甸者，即史书所称“大金沙江”，今之伊洛瓦底江。此文题名，康熙《永昌府志》卷二十五《艺文志·考》、乾隆《腾越州志》卷九《列传下·人物》“黄贞元”条皆作“黑水考”，《永昌府文征》卷六《明五》作“黑水辨”。〕

黑水考

阚祯兆

天下之大水有三：曰黄河，曰长江，曰黑水。其源出于西南，汇而入于东海，分而入于北海者，江与河是也。其源出于西北，逆而入于南海者，黑水是也。从前论黑水，穿凿附会，诸家臆说，盖未尝断之《经》矣。《禹贡》大书曰“华阳黑水惟梁州”，梁州，即今全蜀及滇地，东距华山之阳，西据黑水。又特书曰“西河黑水[①]惟雍州”，雍州，秦地，接于蜀，西据黑水。雍、梁二州，皆以黑水为界。按：云南，梁州域也。商周之世，产里有贡，越裳有贡。武渡孟津，濮人会焉。当是时滇为百濮国，即南之车里、八百，缅甸又何尝不在禹甸内乎？《经》所谓“导黑水，至于三危，入于南海”，是黑水自雍之西北，而直出梁之西南，明矣。《九州舆图》黑水出雍州汾关山。汾关，在昆崙北。周文安《辨疑录》云肃州之西北有黑水，东流荒远，莫穷所之。此与《水经》“黑水出张掖鸡山，南至燉煌，过三危山，流入南海”，其说有合。

叶榆李中溪乃以澜沧江当黑水，谓澜沧之水由吐蕃西北来，迤逦向东，徘徊云南郡县之界，至交阯入海。新都杨升庵亦主此说。又有指潞江为黑水者，纷纷无据。不知澜、潞所出，地名在鹿山，石在雍望，俱可穷源，上流亦狭。若黑水远出汾关，上流已阔，澄若重冥，黝然深碧，夏秋涨溢，江色不变，自雍经梁，独来独往。澜仅潞四分之一，此水三倍于澜、潞。李氏以澜沧为黑水，吾未闻。澜沧尽界梁州之域，况远溯雍州耶！《云南志》载：金沙江出西番，流至缅甸，径趋南海。非谓丽江入马湖之金沙江，盖名为大金沙江者，意即界雍、梁二州，入于南海之黑水也。

曩讹三危山在丽江。《后汉·西羌传》注：三危山，在金沙州燉煌县东南，山有三峰，故曰三危。然《经》云“至于三危”，三危，在南裔之地，临峙黑水。其云“至”

① 西河黑水　据《尚书注疏·禹贡》应作“黑水西河”。

者，或在黑水将入南海处。方缅甸江头城，望见江中有大山，山峰四塔，极其秀耸，得非所谓三危乎？今自雍、梁之水流入南海可见者，言之澜沧江，受西洱河、胜溝（備）河，至顺、蒙交界处，土人谓之罗擦聚。不二十余日，至锦龙江，即水下流，海、客船多会易于此。

潞江，一名怒江，《水经注》云漏江流出永昌界，经芒市至木邦地，名喳哩江。木邦以下，即可通舟楫矣。黑水南流，经蛮莫，受腾越界外大盈江，土人名为大金沙江。自此处始，江至蛮莫以下，地势平衍，阔可十五里。正统中，郭登自贡章顺流不十日至缅甸者，即此江也。江中产绿玉、黄金、钿子、金精石、黑玉、水晶，间出白玉。滨江山下出琥珀，江畔有宝井。旧《志》以琥珀、绿玉出澜沧江，何其谬耶？

总而论之，黑水出西北，界雍、梁，入南海，其源甚远，故其流独大。南至宣慰之铁壁关，江势平阔，金宝丛生，则大金沙江之名所从来也。潞江流出永昌，至木邦为喳哩江，在大金沙江之东。澜沧江流出蒙、顺界，至姚关为锦龙江，又在潞江之东。夫澜、潞之水源虽出于吐蕃，距滇不过十余日，其潆回大理、蒙化、顺宁、永昌而入南海，仅界梁州之西南，不能远界雍州也明甚。说者以澜、潞当黑水，谓澜、潞为梁州西南境内入南海之水则可，谓《禹贡》雍、梁之黑水则不可。故论黑水者，莫若以《经》为断，《经》之黑水一也，惟雍惟梁同此水也。区区执滇以求黑水，岂非狭视宇宙之山川，而不知广所见闻哉！

试以山验之，中国山势冈脊，大抵皆自西北来，积石、西倾、岷山冈脊以东之水既入于河、汉，其冈脊以西之水即为黑水，而入于南海。大经大纬，灿若日星。张机《南金沙江源流考》谓潞江、澜沧江、大金沙江至宣慰地面，皆可舟可航。异日问交、缅不贡之罪，则此三江者。故汉家楼船下番禺，出奇制粤之牂牁江也。伟哉，斯论！吾得取而并识焉。

〔据清范承勋等修，吴自肃等纂康熙《云南通志》（日本京都大学藏清康熙三十年刻本）卷二十九《艺文志八》第70－73页辑录。阚祯兆（1641—1709），字诚斋，号东白，别号大渔，云南通海县人。祖父阚我燕，字心蓬，以儒医名于乡。父阚应宗，号玉湖，以精岐黄，明崇祯十三年（1640年）庚辰召入医院，随请归养，事亲至孝。弟阚福兆，清康熙壬子（1672年）进士，晚年隐居秀山还鹤楼。阚祯兆出身书香世家，才思敏捷，举康熙癸卯科（1663年）经魁。康熙十一年（1672年）赴京会试未中，返滇途中值吴三桂之乱，阻留湖南三年。回滇归乡后，隐居读书自娱。二十年（1681年）政局稍定，云南巡抚王继文、按察使许弘勋慕其才名，以诗文往还，交谊日深，后为王继文幕友，甚受推崇。曾游京师，与朝野人士诗文相交，墨宝广为流传。二十九年（1690年）受通海知县魏荩臣之聘，主纂县志，三十年（1691年）成书付梓。晚年整理著述《大渔集》《北游草》刻版梓行。此文题名，康熙《永昌府志》卷二十五《艺文志·考》、康熙《鹤庆府志》卷二十六《艺文志下》、乾隆《腾越州志》卷十二《记载上·考辨》、《永昌府文征·文录》卷十《清一》等书皆同，康熙《通海县志》卷七《艺文志·论》作“黑水论”，内容同。〕

黑水考

陶澍

马湖江，即《禹贡》梁州之黑水，其上游大水有三：曰打冲河，曰泸水，曰金沙江也。打冲河，蛮名黑惠江，又名纳彝江，又曰鸦龙江。其水汹涌冲击，故以打冲为名。源出西番界，在黄河源之山南，地名查楮必拉，蒙古谓之七察儿哈拉。至瞻对入四川界，南至乌喇倮倮，即今云南大姚县之左却乡，而与金沙江会。泸水源出汉沈黎郡之西，旄牛徼外西番境，谓之可跋海，周七十余里。东流至越嶲厅旧建昌司之南十里，其地有泸山泸沽，古乌蛮所居。又南流至会理州，东接云南之武定州境，与金沙江会。金沙江源出西藏卫地之巴萨通拉木山，为冈底斯东麓。冈底斯，崑崙祖山也。其东麓即古犁石山，水曰犁牛河，番名木鲁乌苏河。收纳乌蓝木伦、阿克达木、毕拉枯枯乌苏等河，凡数十水，曲折四千余里。至塔城关，入云南丽江府境曰丽水，又名金沙江，以水产金沙也。东南经姚安境与打冲河合，又东历武定境会泸水，于是金沙亦兼泸水之称，又称马湖江。又东流经昭通府，至叙永厅入四川界，即马湖府旧治，又北至宜宾入江。计金沙发源在黄河源之西千五百余里，在岷江源之西二千八百余里，凡行六千七百余里，与岷江会。实川、滇、黔中间第一大水，而《禹贡》不载，《水道提纲》以此为大江真源，郦《注》谓马湖古若水也。

愚按：《山海经》曰黑水之间，若水出焉。卢者，黑色。加水为泸，而金沙称丽，丽同骊，亦黑也。源出犁石，犁亦黑也。曰乌苏，番语亦黑也。然则泸与金沙，皆古黑水，打冲界其间，则若水也。三水既会，皆可称泸，皆可称马湖，又有绳、孙，淹、鲜诸称，实皆黑水耳。源远流长，故《禹贡》举以界梁州之南境也。至黑水之说不一。郦道元、孔颖达、杜佑皆言在张掖，南至燉煌，过三危山，南流入于南海。不知中国之山，皆祖冈底斯。一支由于阗、羌南，起巴颜哈喇，至积石以逮西强，而为终南，此中幹也；一支由诸莫浑乌巴什，起卓尔长山，至塔城关，以逮云岭而入黔粤，此南幹也。河在中幹之北，海在南幹之南，江在两幹之中。黑水果经燉煌，当积石东北，纵能绝河而南，亦断不能越中幹以绝江，况能越南幹以入海哉！窃谓《禹贡》言黑水有三：一雍，一梁，一至三危入于南海。本非一处，亦犹雍有沮水，兖又有沮水，梁有蒙山，徐亦有蒙山，不必强合为一也。梁州之黑水，自在马湖，所收黑、惠、丽、泸诸大水，皆因黑取义，且与华阳南北相对，地界截然。至雍州之黑水，本在张掖境，经黑山下，西入青海，正雍州西界也。其入南海之黑水，樊绰《蛮书》以为有四：曰西珥，曰区江，曰瀰诺，其一丽水，即《禹贡》黑水。夫丽即金沙，何尝入南海？樊盖误以澜沧为丽水下游也。

按：澜沧即瀰诺，出自藏卫，李元阳以为即黑水，然亦于三危无涉。程大昌又以滇、珥为黑水，谓与叶榆泽相贯，且地近宕昌，本三苗种裔，与三苗之叙于三危相应，此说较善，然滇、珥池潴弗流，不入南海。愚意应以唐蒙所见牂牁江当之。牂牁出乌撒，一名盘江，在南幹山脊之南面。其水缭绕于云贵之境，以达广西，为左江；至浔州北会黎平、都匀、定番之水，为右江，迳梧州会漓江，至番禺入南海。此水在岭南最大，盘回四省，长四千余里，正入南海。粤人谓之黔水，以其出自黔中也。黔之为名，自系因黑取义，且苗疆也，《禹贡》或因三危之迁，而名其旧地耳。按《水经注》：“过江阳，雒水从三危山东南注之”，是三危不止燉煌一处也。聊备一说，俟博雅者正之。

〔据清王锡祺辑《小方壶斋舆地丛钞》（清光绪十七年上海著易堂排印本）第四帙第十二册第833页辑录。〕

黑水考论

高上桂

〔高上桂，大理邓川人，官茶陵知州。关心家乡水利，据《邓川州志》记载，乾隆四十六年（1781年）因秋潦横发，沙石冲塞，大理府李春芳命其及署州王孝治于青石涧下横筑长堤三百余丈，曰卧虹堤，旁开闸口，使沙留堤内，水由闸出。道光《云南通志稿》卷十四《地理志三之四·山川四·大理府》第59－60页已录，详见后。〕

三黑水考

张邦伸

黑水之名，见于《禹贡》者三：一曰“华阳黑水惟梁州”，一曰“黑水西河惟雍州”，一曰“导黑水，至于三危，入于南海”。雍、梁相距数千里，中亘潜、渭、汉、沔，而皆有黑水之名。杜预指三危为燉煌，则隶于雍不及于梁。郑康成引《地记》云，三危在鸟鼠之西南当岷山，则隶于梁不及于雍。蔡注谓雍、梁二州西边，皆以黑水为界，黑水自雍之西北，而直出梁之西南，引程大昌之说以证之，而指为滇池叶榆之地，又与《水经》樊氏之说不合。今以地图考之，三者其源各出，不必强而同也。《水经注》所谓黑水出张掖鸡山，至于燉煌，此雍州之黑水也。《汉书·地理志》犍为郡县南广，注云：汾关山，符黑水所出，北至僰道入江。唐樊绰亦以丽江为黑水，薛季宣谓泸水为黑水。引郦道元说，黑水亦曰泸水，即若水，出姚州徼外吐蕃界中。以今舆地言之，梁州黑水，即金沙江，其源发于西番，南流至塔城关，入云南丽江府境，亦曰丽水，东南流至姚安府大姚县，打冲河入之。又东入四川，迳会理州南，又东至东川府西，又东北流经昭通府、四川屏山县界，至叙川（州）府南，入于江。此梁州之黑水也。导川黑水，其说不一，要以澜沧江为是。澜沧江，发源西蕃阿克必拉，南流至你那山，入云南界，东一枝为漾备江，东南流入西洱海；其正支南行，绝云龙江而东南流入云龙州，又南流至阿瓦国，入南海。云龙州西，有三崇山，一名三危，澜沧江经其麓，有黑水祠。明①李元阳《黑水辨》谓陇蜀无入南海之水，唯滇之澜沧②，足以当之。《元史》载张立道使安南③，并黑水以至其国。此导川之黑水也。

盖雍州之黑水，其源在黄河之北。梁州之黑水，其源在黄河之南。岷山脊东之水入江，岷山脊南之水始入南海，有截然不可紊者。第张掖、燉煌尚在内地，可以寻源而求，

---

① 明　原本误作“宋”，据实改。
② 唯滇之澜沧　原本作“唯滇池之澜沧”，据明李元阳《黑水辨》改。
③ 安南　原本作“交趾”，据《元史·张立道传》改。

而推其委而不得，遂托为越河伏流之说。夫崑崙为地轴，其山根连延起顿，包河南，接秦陇，直达长安，为南山。黑水自燉煌而南，纵可越大河之伏流，其不能越河以南之南山也，明矣。然主泸水、丽江、澜沧之说者，亦皆以臆度，未能确指水之分合。不知泸水、丽江，源异而流同；丽江、澜沧，源近而流别，而古未有及之者。盖以二水僻在蕃界，南山阻奥，从古未通中国。考古者无从溯源，亦但就流入中国之支派，以古今分域配之，约料其为某水某水而已，未能确得其实也。方今海宇一统，西南徼外，咸入版舆。其水道之源委，绘图而呈者，了如指掌，是数千年之旧典，至今日而始有明征也。世有好学深思之士，诚据实详核，勒为成书，以补前贤之未及，不亦好古者之指南也哉！

〔据清王锡祺《小方壶斋舆地丛钞》（清光绪十七年上海著易堂排印本）第四帙第十二册第832页辑录。张邦伸（1737—1803），字石臣，号云谷，清汉州（今四川广汉）人。乾隆二十四年（1759年）举人，分发河南，摄辉县事，后补光州通判，有德政。工书法，善属人，著作颇丰，有《光郡通志》《云栈纪程》《地理正宗》《云谷诗钞》《云谷文钞》等。另见《中外地舆图说集成》卷六十七第5页、《皇朝经世文编》卷一一八《各省水利五》第32页。〕

黑水考证

李荣陛

卷一　弥诺江（上）

《西次三经》云：崑崙之邱，黑水出焉，而西流于大杅。

《海内西经》云：崑崙之墟，洋水、黑水出西南[①]隅以东，东行，又东北，南入海。

《大荒南经》云：大荒之中，有不姜之山，黑水穷焉。有荥山，荥水出焉。黑水之南。有不庭之山，荥水穷焉。有渊四方，四隅皆达言渊四角皆旁通也。北属黑水，南属[②]大荒，北旁名曰少和之渊，南旁名曰从渊，舜之所浴也。

《海内经》云：西南黑水之间，有都广之野，后稷葬焉。郭注云：其城方三百里，盖天下之中，素女所出也。

《大荒西经》云：西海之南，流沙之滨，赤水之后，黑水之前，有大山，名曰崑崙之邱。其下有弱水之渊环之。

《海内西经》云：流沙出钟山，西行[③]又南行崑崙之墟，西南入海黑水之山。

按：《山海经》所称黑水，《南山经》之水入东南海，《大荒北经》之水入东北海，二条不合《禹贡》，此外则皆言崑崙西南之黑水也。其所出、所穷、所入，并旁近之渊弱水、流沙、广野皆不遗，亦其源流深广，去中州绝远，故著之比他水为详。惟错散诸经不相统，故人多略之。今汇为一，以便观者。《山海》周人所以写鼎，非为《禹贡》而作，亦不知有《禹贡》。然其流传，固出于夏世，黑水名迹幸相同，于以证经，宜莫之先，然知之者亦罕。郭注流沙云："今西海居延泽。《尚书》所谓'流沙'者，形如月初生五日也。"按：流沙、弱水，西方连南北多有之，此与上条之所称，既在崑崙西南，与黑水附

① 西南　《山海经·海内西经》作"西北"。

② 南属　原本脱，据《山海经·海内西经》补。

③ 行　原本脱，据《山海经·海内西经》补。

近，则非雍州界之弱水、流沙明矣。各有说，系于后，览者详之。

《穆天子传》：天子西征，至于赤乌。北征，超行[①]。济于洋水。北征东旋，至于黑水，封长肱于黑山之西河当作“阿”曰留骨之邦。乃循黑水，至群玉之山，先王之所谓策府。西征至于剞闾氏，登于铁山。西征至于鹳韩氏，大朝于平衍之中。西至于玄池，奏广乐，树之竹，曰竹林。西征至于苦山，西膜之所谓茂苑，宿于黄鼠之山。西征至于西王母之邦，宾于西王母，觞于瑶池之上，乃纪丌迹于弇山之石。饮于温山，饮于溽水之上，舍于旷原，大飨正公诸侯。勒七萃之士于羽陵之上，乃奏广乐，翔畋于旷原。天子东归。又云：南征东旋，至于献水。东南至于瓜纑之山。绝沙衍水中有沙者至于积山，至[②]于滔水。东征至于苏谷，至于长淡、重䣝氏之西疆。东至于重䣝氏。黑水之阿，升采石之山采石焉，铸以成器。东至于长沙之山，曰重䣝氏之先，三苗氏脱字东征南还，至于文山，取采石。命驾八骏之乘，东南翔行，驰驱千里，至于巨蒐。觞于焚留之山。南征阳纡之东尾，河之水北阿。又云：自舂山以西，至于赤乌氏舂山，三百里。东北还，至于群玉之山，截舂山以北，自群玉之山以西，至于西王母之邦，三千里。自西王母之邦，北至于旷原之野，千有九百里。

计自黑水、群玉山西行四千九百里，而至大旷原。黑水源已过，殆逾葱岭，近雷翥海，傍千里平沙地。后世元太祖亦至焉。特由古弱水境，取道东北耳。

《后汉地理志》云：益州有比苏县，故哀牢王国，永平中置。

按：汉武帝始开西南夷，欲指通身毒，为嶲、昆明所阻。故《汉志》及《水经》所称，皆西南隅小黑水。至雍、梁界大黑水，莫能明也。《明地理志》云：腾越州有大车湖，自徼外流入下游，至比苏蛮界，注于金沙江。比苏之名，至明犹在，盖汉地已至大金沙江，志家弗知详耳。

晋人传《尚书》孔《传》云：黑水自北而南，经三危，过梁州，入南海。《正义》云：《地理志》益州郡计在蜀郡西南三千余里，故滇王国也。武帝元封二年始开为郡。郡内有滇池县，县有黑水祠。止言其有祠，不知水之所在。郑云“今中国无也”，《传》之此言，顺经文耳。案：郦元《水经》黑水出张掖鸡山，南流至敦煌，过三危山，南流入于南海。然张掖、敦煌并在河北，所以黑水得越河入南海者。河自积石以西皆多伏流，故黑水得越而南也。

按：滇池黑水之祠，至今犹存。其水由西转北，入大江。鸡山黑水，列于《南山经》之末，盖在东南隅，其水入东海。郦氏引其文，以名张掖之水，则为西北隅，反于《经》，其误可知。而张掖水亦北流入沙泊，皆与入南海之黑水不相应。孔氏谬云“得越河而过”，后贤屡斥其非矣。《书经传说》亦云：“崑崙为地轴，其山根连延起顿包河，南接秦、陇，直达长安，为南山。黑水自敦煌而南，纵可越大河之伏流，其不能越河以南之南山也明矣。”余不具录。

《魏书·西域传》：阿钩羌国，在莎车西南，去代一万三千里。国西有悬度山，其间四百里，往往有栈道，下临不测之渊，人行以绳索相持而度云云。

波路国，在阿钩羌西北，去代一万三千九百里。其地湿热，有蜀马，土平，物产国俗与阿钩羌同。

小月氏国，都富楼沙城。其王本大月氏王寄多罗子也。为匈奴所逐，西徙，令其子

---

① 北征超行 《穆天子传》（文渊阁《四库全书》本，下同）卷二作“天子北征赵行□舍”。郭璞注曰：“赵，犹超腾；舍，三十里。”

② 至 原本脱，据《穆天子传》卷四补。

弟守此城，因号小月氏焉。在波路西南，去代一万六千六百里。其城东十里有佛塔，周三百五十步，高八十丈。自初建至武定八年，八百四十二年，所谓“百丈佛图”也。

鱼豢《魏略·西戎传》曰：入西域，前有二道，今有三道。从玉门关西出，经婼羌转西，越葱岭，经悬度入大月氏为南道云云。

车离国一名礼惟特，一名沛隶王，在天竺东南三千余里。其地卑湿暑热，王治沙奇城，有别城数十。人民怯弱，月氏、天竺系服之。其地东西南北数千里，人民男女皆长一丈脱一字八尺，乘象、橐驼以战。今月氏役税之。

盘越国一名汉越正，在天竺东南数千里，与益部相近。其人小与中国人等。蜀人贾数至焉。南道而西极，转东南尽矣。

按：曹氏西戎半为蜀隔，自安夷、抚夷二护军外，不通朝贡，鱼豢自记其所闻耳。此两国出入黑水，故云地近益部，蜀贾得以时至也。

樊绰《蛮书·山川篇》云：弥诺江在丽水西，源出西北小婆罗门国，南流过洒睃苴川，又东南至兜弥伽木栅，分流绕栅，居沙滩南北一百里，东西六十里，合流正东，过弥臣国，南入于海。

又丽水一名禄裨江，源自逻些城三危山下。南流过丽水城西，又南至苍望，又东南过双王道勿川[①]，西过弥诺道立栅，与弥诺江合流，过骠国，南入海。水中有兽，似牛，游泳则波涛沸涌。《禹贡》“导黑水至于三危”，盖此是也。或云源当大月氏，恐非也。

小婆罗见下文。洒睃苴字讹无考。“分流绕栅[②]”见《分度图》。逻些详《吐蕃传》。禄裨江，《蛮书》校本从《永乐大典》作“禄畀”，云“畀”字，字书不载。愚按：宋程氏、易氏引《蛮书》并作“禄裨”，今据以改之。又考《南诏德化碑刻》云今在太和城东十五里，字半泐。“西开寻传，禄郫出丽水之金”，是字本作“郫”。禄郫盖寻传之地，丽水迳其间，因地而变名尔。又云：“寻传畴壤沃饶，人物殷凑。南通渤海，西近大秦。开辟以来，声教不及。赞普钟十一年，刊木通道，造舟为梁，耀以威武，喻以文辞。择胜置城，裸形不讨。自来祁鲜，望风而至。”按：寻传，汉比苏县一带地，蛮人不知，而侈言之。亦见下文《城镇篇》。苍望、道勿、弥诺、弥臣、骠国并见下。二水以弥诺江为主，故于弥诺江直言南入海，于丽水则言合弥诺江入海。下文引《禹贡》黑水，盖总合流言之，传写家多讹错，今以源流为次。又按：三危山在崑崙山西，见《山海经》。其地去中国远，《禹贡》不入导山。唐肃宗以后属吐蕃，山名宜有存者。此两江源流曲折，绰时亦必有图，故得采而详著之耳。

《番夷国名篇》云：小婆罗门与骠国及弥臣国接界，在永昌北七十四日程。俗不食牛肉，预知身后事。

又大秦婆罗门国界永昌北，与弥诺国江西正东安西城接界[③]。东去阳苴咩城四十日程。

按：小婆罗门界，据别条及《唐书》，不得与弥臣及骠国相接。“大秦婆罗”，“秦”字宜衍。二婆罗俱在永昌西北，传写多讹。《唐地志》云“从安西城西渡弥诺江，千里至大秦婆罗门国”，此“秦”字又当为“小”字之讹。大婆罗门东有弥臣、吐蕃等国，非直与安西城连界也。

---

① 又东南过双王道勿川　樊绰《蛮书》卷二《山川江源》作“又东南过道双王道勿川”。武英殿本，第8页。

② 分流绕栅　原本作“分流绕居”，据《蛮书》卷二《山川江源》改。

③ 大秦婆罗门国界永昌北，与弥诺国江西正东安西城接界　《云南志校注》作“‘大秦婆罗门国界永昌北，与弥诺国江西正东’。案：此句疑有脱误‘与安西城楼接界’。达案：此处之大秦婆罗门国，准之地望，即指天竺而言。疑应作大婆罗门国，秦字或是误衍耳。又以诸语疑有讹误，致多不可通。私意以为当作‘大婆罗门国界永昌北，弥诺国江西，正东与安西城楼接界’。如此则文义通顺。以无别本可据，姑仍其旧”。

又云：弥诺、弥臣皆边海国也。在蛮永昌城西南六十日程。弥诺面白而长，弥臣面黑而短。性恭谨，与人语，一步一拜①。呼其君长为“寿”。无城郭，百姓皆楼居。弥臣王以木栅居海际水中，以石狮子为屋四足，仍以板盖②，悉用香木③。

按：详前后条，弥诺居西，弥臣居东，二国俱在永昌西北，不边海。所云“海际水中”者，特弥诺江附近之淖尔耳。又按《骠国传》云，骠国有属国十八，其一曰弥臣。弥诺不在数中，其绝远可知。

又云：昆明、牂牁界接丽水，蛮贼曾攻不得，至今恨之。本使尝奏请分军从黔府路入。

按：别条云，昆明城在东泸之西，去龙口十六日程。东泸为今鸦砻，盖昆明蛮东界与黔府、牂牁异地，然此二部去丽水远，恐非接界。

《镇城篇》云：越礼城在永昌北，管长傍、藤弯。“弯”、“越”声相近，在永昌西。长傍城三面高山，临禄裨江④。藤弯城南至磨些乐城，旧《永昌志》谓骠国北通南诏乐些城界，指此城言之，误倒原文，又减去“磨”字耳。西南有罗君寻城。按《唐书》有罗君潜，乃骠国部落。又西至利城，渡水郎杨川，按：《德化碑》云“越赕天马生郊，大利，流波濯锦”，似是此水，特丽水之支川。直南过山，至押西城。又南至首外川，又西至芒部落，又西至盐井，又西至拔熬河。丽水城寻传大川城在水东，从上郎坪北里眉罗苴盐井，又至安西城，直北至小婆罗门国，东有宝山城。元宝山州借其名，远在东境。眉罗苴西南有金生城。从金宝当作“生”城北牟郎城渡丽水至金宝城，从金宝城西至道吉川，东北至门波城，西北至广荡城，接吐蕃界。一条云，永昌西北去广荡城六十日程，接吐蕃界。北对雪山，非今丽江府之雪山，详后。所管部落与镇西城同。镇西城南至苍望城，临丽水，东北至弥城，西北渡丽水，西南至祁鲜山，山西有神龙河栅。祁鲜已西即裸形蛮也，管摩零都督城，在山上。自寻传、祁鲜已往，悉有瘴毒，地平如砥，冬草木不枯，日从草际没。城镇官惧瘴疠，或越在他处。南诏特于摩零山上筑城，置腹心，理寻传、长傍、摩零、金当有“宝”字、弥城等五道事云。

《山川篇》云：大雪山在永昌西北，从腾充（冲）过宝（保）山城，又过金宝城以北大赕，周回百余里，悉野蛮，无君长。地有瘴毒，河赕人至彼，中瘴者十有八九死。阁罗凤尝使领军将于大赕中筑城，管制野蛮。不逾岁，死者过半。遂罢弃，不复往来。其山土肥沃，种瓜匏长丈余。山高处造天。往往有吐蕃至赕货易，云此山有路，去赞普牙帐不远。

按：上二条所载，言南诏迤西山川城镇，北接吐蕃，南接骠国，大抵多傍丽水，间出今永昌界外。图未具，难以悉考。前条云金宝城北对雪山，此云大雪山在金宝北，即是一山，其地属野蛮，南诏夺而城之，与兰沧江导源之大雪山在吐蕃境内者不同。今丽江府北亦有雪山，在金沙江侧南，《蛮书》未道也。

《国名篇》云：夜半国，在蛮界苍望城，东北隔丽水城。其部落妇人能与鬼通，知吉凶祸福。本土君长崇信，往往以金购之，要知善恶。

前条云镇西城南至苍望城，临丽水，东北至弥城，谓苍望城南傍丽水也，夜半国应在水之西南。按今《分度图》，干崖司西南二百里值槟榔江，东有地名岗碗，其水南流入龙川江，音近苍望，以外即古骠

① 一步一拜 《蛮书》卷十《南蛮疆界接连诸蕃夷国名》作“向前一步一拜”。

② 仍以板盖 原本作“以板盖”，据《蛮书》卷十《南蛮疆界接连诸蕃夷国名》补。

③ 香木 原本作“番木”，据《蛮书》卷十《南蛮疆界接连诸蕃夷国名》改。

④ 禄裨江 《蛮书》卷六《云南城镇》作“禄髻江”。

国境。

又云：骠国在永昌城南七十五日程。其国以青砖为城，周行一日程。俗重佛法，无宰杀。国王所居门前有大像露坐，高百余尺，有事则焚香，对像悔过。与波斯及婆罗门邻接，西去舍利城二十日程。据佛经，“舍利城，中天竺国也。近城有沙山，不生草木”。《恒河经》云“沙山中过”。然则骠国疑东天竺国也。

按：骠国，《唐书》有传，称其国有镇城九，一曰道林王，四曰弥诺道立。又部落二百九十八，有曰道双、曰道勿、曰夜半者，皆与绰言丽水经行之处相应。骠之弥诺栅非即弥诺国，犹蛮之弥城非即弥臣也。《蛮书》所举七国，并南诏蛮西界城镇，皆弥诺江与丽水所经行，故顺次之。《唐地理志》云：“自骠国西度黑山，至东天竺迦摩波国千六百里。又西北渡迦罗都河，至奔那伐檀那国六百里。又西南至中天竺东境恒河。”《骠国传》亦云其国“西接东天竺”。序次甚明。此书欲以骠国当东天竺，传者之谬，不可从。

《唐书·西域传上》：泥婆罗直吐蕃之西乐陵川。俗少田作，习商贾，通推步历术。祀天神，镌石为象，日浴之，烹羊以祭。其王提婆臣吐蕃。贞观中，遣使者李义表到天竺，道其国，提婆大喜，延使者同观阿耆婆沵池。池广数十丈，水常溢沸，或抵以物则生烟，釜其上，少选可熟。二十一年，遣使献波稜、酢菜、浑提葱。永徽时又入贡，以后无闻。

又云：章求拔或曰章揭拔，本西羌种。居悉立西南四山中，后徙山西[①]，接东天竺。衣服略相类，因附之。贞观中，其王罗利多菩伽因悉立国遣使者入朝。王玄策之讨中天竺，发兵来赴有功，由是职贡不绝。又云，悉立当吐蕃西南，城邑多旁涧溪。常羁属吐蕃。俱次摩揭陀后。

按：二国《通考》本《唐书》，叙于西域，又重出西裔下，宜删。

《西域传下》：大勃律，或曰布露。直吐蕃西，与小勃律接，西邻北天竺乌苌。又云：小勃律去京师九千里而赢，东少南三千里距吐蕃赞普牙，西八百里属乌苌，东南三百里大勃律，南五百里箇失蜜，北五百里当护蜜之娑勒城。王居孽多城，临娑夷水。其西山巅有大城曰迦布罗。开元初，王没谨忙来朝，玄宗以儿子畜之，以其地为绥远军。国迫吐蕃，数为所困，吐蕃曰：“我非谋尔国，假道攻四镇尔。”久之，吐蕃夺其九城。《吐蕃传》云，没谨忙贻书北庭节度使张孝嵩曰：“勃律，唐之西门。失之，则四方诸国皆随吐蕃。”孝嵩遣疏勒副使张思礼以步骑四千，昼夜驰，与没谨忙夹击吐蕃，死者数万，复九城。《本传》云，诏册为小勃律王。又云：其王苏失利之立，为吐蕃诱娶以女，西北二十余国皆臣吐蕃，贡献不入，安西都护三讨之，无功。天宝六载，诏副都护高仙芝伐之。前遣席元庆驰千骑见苏失利之，请假道趋大勃律。仙芝至，斩城中大酋为吐蕃者，断娑夷桥。是暮，吐蕃至，不能救，遂平其国。于是拂菻、大食诸胡七十二国皆震恐，归附。执小勃律王及妻归京师，诏改其国号归仁，置归仁军，募千人镇之。按：张孝嵩之复九城，在开元十年，后至十七年和好成，而吐蕃西击勃律，勃律告急，帝谕令罢兵，不听，卒残其国，故勃律服属于虏。至天宝六载，复平之也。

《西域传下》：箇失蜜，或曰迦湿弥逻。北距勃律五百里，环地四千里，山回缭之，他国无能攻伐。王治拨逻勿逻布逻城，西濒弥那悉多大河。世传地本龙池，龙徙水竭，

① 山西　原本作“出西”，据《新唐书》卷二二一《西域传》改。

故往居之。开元初，遣使者朝。诏册其王真陀罗祕利为王，死，弟木多笔立，遣使者物理多，言："有国以来，并臣天可汗，受调发。国有象、马、步三种兵，臣身与中天竺王厄吐蕃五大道，禁出入，战辄胜。如天可汗兵至勃律者，虽众二十万，能输粮以助。又国有摩诃波多磨龙池，愿为天可汗营祠。"因丐王册，诏册为王。其役属五种，所谓呾叉始罗①者，地二千里，东南七百里得僧诃补罗，东南山行五百里得乌剌尸，东南限山千里即箇失蜜。西南七百里得半笯蹉，地二千里。又得曷逻阇补罗，五种皆无君长。

《西域传下》云：天宝时来朝者凡八国，一曰俱位。俱位或曰商弥，治阿赊飓师多城，在大雪山、勃律河北。地寒，冬窟室。国人常助小勃律为中国候。

《西域传下》：俱蜜者，治山中。在吐火罗东北，南临黑河。其王突厥延陀种。贞观中，遣使入朝。开元中，献胡旋舞女，言为大食暴赋，天子慰遣而已。

又护蜜者，亦吐火罗故地。横千六百里，纵狭才四五里。王居塞迦审城，北景乌浒河。显庆时以为乌飞州，地当四镇入吐火罗道。

按：识匿之地，东距葱岭守捉所五百里，南属护蜜三百里，西北抵俱蜜五百里，是俱蜜在葱岭以西。又，护蜜之东境有娑勒城，直小勃律北，其西城则北临乌浒河，而水西流矣，但山脉东西无定。天宝六载，识匿王从讨勃律，战死。则其地本近勃律，与俱蜜、护蜜或别。有支川东流入黑河，未可定，附记于此。

《唐书·吐蕃列传下》：穆宗长庆元年，虏遣使者尚绮力陀思来朝，乞盟，许之。以大理卿刘元鼎为会盟使，右司郎中刘师老副之。元鼎逾成纪、武川抵河广武梁。故时城郭未隳，兰州地皆秔稻，桃李榆柳岑蔚，户皆唐人，见使者麾盖，夹道观。至龙支城，耋老千人拜且泣，问天子安否。过石堡城，崖壁峭竖，道回屈，虏曰铁刀城。右行数十里，土石皆赤，虏曰赤岭。信安王祎、张守珪所定封石皆仆，独虏所立石犹存。赤岭去长安三千里而赢，盖陇右故地也。据《传上》，吐蕃交马于赤岭，互市于甘松岭。听以赤岭为界，表以大碑，刻约其上。《本纪》开元十九年七月吐蕃请和，即其事。二十六年，剑南节度使王昱分道经略，碎赤岭碑。曰闷怛卢川，直逻娑川之南百里，臧河所流也。河之西南，地如砥，原野秀沃，夹河多柽柳，山多柏。度悉结罗岭，凿石通车，逆金城公主道也。至麋谷，就馆。臧河之北川，赞普之夏牙也。

《地理志》鄯城县注云：渡黄河四百七十里至众龙驿。又渡西月河，二百一十里至多弥国西界。又经犛牛河，度藤桥，百里至列驿。又经截支川，四百四十里至婆驿。又渡大月河罗桥，经潭池、鱼池，五百三十里至悉诺罗驿。又经乞量宁水桥、大速水桥，三百二十里至鹘莽驿。又经鹘莽峡，百里至野马驿。又经乐桥汤，四百里至阁川驿。又经恕谌海，百三十里至蛤不烂驿，旁有三罗骨山，积雪不消。又六十里至突录济驿。又经柳谷莽布支庄温汤、汤罗叶遗山，及赞普祭神所，二百五十里至农歌驿。罗些在东南，去农歌二百里。又经盐池、暖泉、江布灵河，百一十里渡姜济河。经吐蕃垦田，二百六十里至卒歌驿。渡臧河，经佛堂，百八十里至勃令驿鸿胪馆、赞普牙帐，其西南拔布海。

按《传序》，元鼎经行错误。后文元鼎逾湟水至龙泉谷云云，至隐测，其地盖剑南之西，当缀于陇右故地也。下其后尚当有河南经行地名，所云悉结罗岭者亦其一。而"曰闷怛卢川"之上当有"虏建牙所"四字，《传》并脱之，观《地理志》陇右鄯州鄯城注可明。自长安至鄯城若干里，自鄯城渡黄河西南

① 呾叉始罗 原本作"咀又始罗"，据《大唐西域记》卷三改。

行，渡大水八九处，计三千三百八十里至臧河，又百八十里至牙帐，东北距长安千□百□十里，中间赤岭至逻些甚远。《传》乃以逻娑川承赤岭为文，后之引《唐书》者亦云自赤岭至逻娑川惟有杨柳，地若相连，并误也。又按鄯城注，逻些在农歌驿东南二百里，自农歌西南行三百七十里乃渡臧河，《吐蕃传》则言臧河北百里即逻娑川。计其地长曲殆二百里，乃吐蕃近牙深阻之地。《蛮书·六诏篇》云：剑川罗识、白崖[1]时傍与神川都督交通，阁罗风害时傍，罗识走神川，其都督送之至罗些二城。盖川中立城不一，故有二城之名。神川亦吐蕃地，在铁桥东，异牟寻贻书韦皋所云"吐蕃神川都督论讷舌眩惑部姓发兵"者也。宋易氏以罗些为南诏距吐蕃之地，明杨氏以为南诏距骠国之地，皆不合。用修谓罗些即磨些者尤谬。磨些乃南诏境中部落，《蛮书》详言之。逻娑亦作罗些，杜氏《通典》误作"罗婆"。弥诺江经行其间，谓之臧河，转音为藏河焉。

《唐书·地理志》云：永昌故郡西渡怒江，至诸葛亮城二百里。又南至乐城二百里，入骠国境。自诸葛亮城西去腾充城二百里，又西至弥城百里，又西过山，二百里至丽水城。乃西渡丽水、龙泉水，二百里至安西城。乃西渡弥诺江水，千里至大秦婆罗门国。

按：唐自天宝后，南诏叛，据有其地。贞元中，贾耽始考其方域，而《新书》从之。虽本故郡为言，亦录蛮所置也，以较今舆图，亦不大异。永昌西逾怒江（即潞江）西岸，古诸葛城值今潞江司地。从司南行二百里直龙陵，当为乐城。又南通缅甸，即骠国也。从司西过腾越，历南甸司，直古弥城地。又西抵干崖司，西濒槟榔江，江即古之丽水，今司治当为古之丽水城矣。西北万仞关有盏达河自右来会，于古为龙泉水，以外皆缅甸境。据其国路程图，干崖西出巨石关，约二百里至蛮暮，大金沙江自北来，槟榔江西南流归之，蛮暮占其间。南诏时，安西城应在此。弥诺江，汉人名为大金沙江，缅人仍旧称也。又按：今地自潞江司西过高黎共山，渡龙川江，乃至腾越，南甸以西山川稍不及。"过山"及"渡龙泉水"六字移至"诸葛城"下，觉尤叶云。

《南蛮传下》：骠，古朱波也，自号突罗朱，阇婆国人曰徒里拙。在永昌南二千里，去京师万四千里。东陆真腊，西接东天竺，西南堕和罗，南属海，北南诏。地长三千里，广五千里，东北袤长，属羊苴咩城。凡属国十八，镇城九，部落二百九十八。俗恶杀，明天文，喜佛法，有百寺云云。近城有沙山不毛，地亦与波斯、婆罗门接，距西舍利城二十日行。南诏以兵强地接，常羁制之。

又云：贞元中，骠王雍羌闻南诏归唐，有内附心，异牟寻遣使杨加明诣剑南西川节度使韦皋，请献夷中歌曲，且令骠国进乐人。于是皋作《南诏奉圣曲》云云，以象南诏背吐蕃归化，洗过日新。雍羌亦遣弟悉利移城主舒难陀献其国乐，至成都，皋复谱次其声。以其舞容、乐器异常，乃图画以献。工器二十有二，其音八：金、贝、丝、竹、匏、革、牙、角。上古八音有匏，后世以木漆代之，用金为簧，无匏音，惟骠国得古制。凡曲名十有二云云。其乐五译而至，德宗授舒难陀太仆卿，遣还。开州刺史唐次述《骠国献乐颂》以献。

又《礼乐志》卷十一所记略同。

德宗赐骠国王敕云："卿性弘毅勇，代济贞良。训抚师徒，镇宁邦部。钦承王化，思奉朝章。得睦邻之善谋，敦事大之明义。又令爱子远赴阙廷，万里纳忠，一心禀命。诚信弥著，嘉想益深。今授卿检校太常卿，并卿男舒难陀那及元佐摩诃思那等二人，亦各授官诰。敬受新命，永为外臣。勉思令图，以副遐瞩。"

白居易《新乐府》云："骠国乐，出自大海西南角，雍羌之子舒南陀，来听南音奉正

[1] 白崖　原本作"石崖"，据《蛮书》卷三《六诏》改。

朔。”、“曲中王子启圣人，臣父愿为唐外臣。左右欢呼何娴习，皆尊德广之所及。”末云：“贞元之民苟无病，骠乐不来君亦圣。骠乐徒喧喧，不如闻此刍荛言。”元稹《乐府》云：“德宗深意在柔远，笙镛不御停嫔娥。史官书为《朝贡传》，太常编入《鞮鞣歌》。”末云：“秦霸周衰古官废，上堙下塞王道颇。共矜异俗同声教，不念齐民方荐瘥。”

按：舒南陀，《唐书志传》以为王弟，敕书以为王子。所授官一云太仆，一云太常。敕书见《云南杂记》，未注所出。贞元之际，方镇未靖而吐蕃强，故李泌画策，北婚回纥，南款南诏，西通大食，以孤其势。骠国直吐蕃南，而地接南诏，为其羁制。慕唐既久，因异牟寻以通，盖太宗余烈之所逮也。既非遣使诱致，亦未闻借贡图利，以绎骚中国。先生柔远有经，虽唐虞之盛未闻摈斥岛夷。文人弄笔，以远略为戒，意岂不勤，然违于事者亦多矣。

《唐书》西域、南蛮两《传》及《地理志》所列为泥婆罗、章求拔、悉立、小大勃律、箇失蜜、俱位、俱蜜、护密、吐蕃、南诏、骠国，大抵与《蛮书》相出入。《文献通考》大月氏下云，后汉时，其王越大山南侵北天竺。令其子守富楼沙城，号小月氏，在波路西南。此传谓婆罗直吐蕃西，勃律即布露，亦直吐蕃西，西邻北天竺。唐时无月氏，而此诸国名地相通，盖由波露转音为布露、婆罗、勃律，实则无二。详《蛮书》之大、小婆罗，即《西域传》之大、小勃律，《蛮书》之弥诺即《西域传》之加湿弥逻。泥婆自永徽以后无闻，小勃律溯开元以前亦无闻，而同称孔道，恐其为一国也。《文献》天竺考云：宋乾德四年，僧行勤等入西域求佛书，其所历为甘、沙、伊、隶等州，焉耆、龟兹、于阗、割禄等国，又历布露沙、加湿弥罗等。皆唐时国，而无婆罗、勃律之名，知即布露是矣。《蛮书》引或说云：“黑水源当月氏，恐非也。”合诸名详之，或说非无据。大抵弥诺江源于大勃律西小月氏境内之大山，即阿耨达大山也。东流经勃律地为勃律河，经弥逻地为弥那悉多河，经吐蕃地为臧河。乃折而南，由弥臣、南诏、骠国入海。以《唐》《蛮》两书互证，益可明其条理矣。

宋易氏祓云：樊绰《蛮书》载蛮水之人南海者有四：西洱河与澜沧江合，一也；丽水与弥诺江合，二也；新丰川合勃弄诸水，三也；唐蒙所见盘江，四也。绰指丽水为黑水，一名禄裨江。而罗些城北有山，即三危山。其水从罗些城三危山西南行，上流出于西羌、吐蕃，下流南至苍望城，又南至双王道勿川，有弥诺江西南来会，南经骠国之东而入海。罗些乃南诏、吐蕃南北相距之地，其西接吐蕃，其东接剑南东北之西境。

今按《蛮书·山川篇》载，诸水入南海不分纲目，亦无后二条。新丰川与勃弄水亦不相合，易氏误记也。所述丽水经行，亦与本书微异。罗些乃吐蕃地，此云吐蕃、南诏相距于此，不知何据。《蛮书》云“永昌西北去吐蕃界广荡城六十日程”，则罗些之远可知。且丽水以东隔大川三道乃抵东泸，为剑南之西境，而易氏谓罗些城东即剑南，误矣。

程氏大昌《禹贡论》云：樊绰以丽水为三危之黑水，其语必得之夷俗所传。然臣疑其源流狭小，不足以合二大州疆境。又，三危既宅载之雍州，则三危当在雍，不当在梁。今以唐史考之，骠在蛮为南，在蜀为西南，于海亦为西南一角，而丽水西行入骠，始得南海，则恐雍境决不斜入梁徼如此之多也。

按：程氏谓樊绰所称之黑水，必得之夷俗，是也。绰当唐之衰，南蛮为寇，察记其风土，以备攘除之用，非有意解经者。其土人言之，亦从而记之耳。程氏谓丽水源小，不知绰本合弥诺言之，其大准江河也。又谓三危不当在梁，然详绰所称，乃吐蕃地，居雍、梁之界。又谓骠国于海为西南一角，盖自荆、扬视之为西南，自雍西昆崙视之又为东南，惟就方舆大势与入海之口言为正南，何疑耶？此水初出西，东行，水以北皆雍地，至三危而转南则梁地，非入梁徼过多矣。凡驳四条，无有是处。

蔡氏《集传》云：黑水，《地志》出犍为郡南广县汾关山，《水经》出张掖鸡山，南至敦煌，过三危山，南流入于南海。唐樊绰云，西夷之水，南流入于南海者凡四：曰区江，曰西洱河，曰丽水，曰弥诺江，皆入于南海。其曰丽水者，即古之黑水也，三危山临峙其上。案：梁、雍二州，西边皆以黑水为界，是黑水自雍之西北而直出梁之西南也。中国山势冈脊，大抵皆自西北而来。积石、西倾、岷山冈脊以东之水，既入于河、汉、岷江，其冈脊以西之水，即为黑水而入于南海。《地志》《水经》、樊氏之说虽未详的实，要是其地也。

按：蔡《传》引樊绰之言与易氏又异，似得之传闻，非见绰本书也。绰说与《地志》《水经》所指各异，《传》乃欲融而为一，以张掖为源，丽水为流，故云黑水自雍之西北而直出梁之西南也。此亦依注疏为说，古今以来，虚揣黑水不出此谬。然其下文又云，中国山势冈脊，大抵自西北而来，以东之水既入江河，以西之水即为黑水而入南海，似矣。张掖水在冈脊北东，何由南跨冈脊以入南海乎？其说乍合乍离，由其时偏安东南，黑水为大理所隔，于雍梁远界，全不知耳。

《岭外代答》云：交趾之西北则大理、黑水、吐蕃国、蒲甘国，隔黑水、淤泥河则西天诸国。又云：中印度之东有黑水、淤河，大海越之，而东则西域、吐蕃、大理、交阯之境也。

按：蒲甘即唐时之骠国，今缅甸犹有普幹城，可证。缅甸以西、印度以东诸水，惟今所称金沙江最大，淤河、大海则其入海之口也。直夫未尝见绰书，而所指无异，盖土夷传其号犹江河耳。其书杂于志，小家不大传，故注《禹贡》者弗知引。

《云南师旅志》云：元世祖至元十四年四月，缅蒲甘夷遣其大将释多罗伯级攻干额，欲立砦腾越、永昌间，会大理千户忽都等驻扎南甸，行与缅军遇一河边，其众四五万，象八百，马万匹，忽都等军仅七百人，列为三阵，击败之，逐北至窄山口，贼及象、马自相蹂死者盈三巨沟。明日追至干额，不及而还。十月，云南省遣都元帅纳速剌丁率蒙古、爨、僰、麽些军三千人征缅，至江头城，招降磨欲等三百余砦，以天热还师。

按：干额明时转为干崖。干崖、南甸间有小水，西南流至沙木笼山之东，转而东南入龙川江。史所云忽都败缅寇之地，盖水首也。

又云：至正二十年，发四川军万人，并罗罗斯等军，蒙古新附军征日本重囚同征缅。十月至南甸，右丞大卜由罗必甸进，诸王相吾答儿命也。罕的斤取道于阿昔江，达镇西阿禾江，造舟二百，下流至江头城，断缅人水路。自将一军从骠甸径抵其国，与大卜军会，进攻江头城，拔之。缅酋据大公城以拒，督军水陆并进，击破之。二十一年正月，建都王乌蒙及金齿，十二处赴大军降，各分兵戍守，置邦牙宣慰司于蒲甘城，命云南王怯烈移镇缅，相吾答儿等振旅还。四月，征缅之师为贼冲溃。二十四年，云南王与诸王进征蒲甘，丧师七千余，缅始平。

按：自南甸取道阿昔江达阿禾江，即今槟榔江达大金沙江水道也。盖元时尚无大金沙江之名。缅中都城号阿瓦，似濒水得名，即阿禾江耳。《明史·地志》云，缅甸"东有阿瓦河，自孟养流入，下流入大金沙江"。按：孟养在缅甸北，其水入缅者，惟大金沙江，无别水。世祖三用兵于缅，虽稍定，未几成宗即位，缅人乱，遣薛超、兀儿讨之，为金齿所遮，士多战死，无功而还。

元吴莱序石陵倪氏《杂著》云：自南北分裂，士之学者方守于一隅，而禹迹之所被者，率不能以遍历。黄河之源出于崑崙，黑水之流播于南海。而近世地理之家茫无据依，远相億度。盖今海内混一，重译万里。黄河自星宿海发源，历九渡河而后北会于临洮、积石之西，黑水复流其西界，而迳趋于滇越之外境，若可以烛照而数计也。

按：元都实寻河源，具于史志，而黑水无有言及者。立夫之论如此，非见其时地图，岂知黑水出河源西界，而带滇越之外哉？盖即今腾越州西之南金沙江，樊绰以来所称为《禹贡》黑水者，元人亦指目而知之。

《元史·百官志三》：吐蕃等路，朵甘思、乌思藏、纳里速古鲁孙、担里、沙鲁思、速儿麻加瓦、撒剌、出蜜、啓笼答剌、思搭笼剌、伯水古鲁、汤卜赤、加麻瓦、扎由瓦、牙里不藏思、迷儿罕，俱设官员。

卷二　弥诺江（下）

《明史·西域传》云：乌思藏在云南西徼外，去丽江府千余里，马湖府西南千五百余里，西宁卫南五千余里。其地多僧，无城郭。群居大土台上，不食肉娶妻，无刑罚、兵革。僧徒化导为善，多佛书，《楞伽经》至万卷。土台外，僧食肉娶妻。元世祖时尊其僧八思巴为大宝法王西天佛子大元帝师。自是，其徒咸称帝师。洪武初，授其僧喃加巴藏卜为炽盛佛宝国师。喃加巴死，其僧哈立麻者有道术，国人称为尚师。永乐元年征之，四年冬至京，命建普度大斋于灵谷寺。卿云、甘露、青鸟、白象之属连见，封为大宝法王西天大善自在佛。正德时，闻其僧有能知三生者，国人称活佛。命中官往迎之，匿不见。神宗时有僧锁南坚错者，知已往未来事，称活佛，能以异术服人，诸番从其孝，大宝法王以下皆称弟子。西方只知奉此僧，番王拥虚位而已。思达藏其地视乌斯藏尤远，永乐初，僧智光持诏招谕，十一年，封其僧辅教王。

尼八剌在诸藏之西，去中国绝远，其王皆僧为之。洪武十七年，僧智光往，并使其邻地涌塔国。永乐十六年，命中官邓诚往，所经为罕东、灵藏、必力工瓦、乌斯藏及野蓝卜纳，乃至。

《明史·地理志》孟养司云：元云远路，东有鬼窟山、茫崖山、大金沙江，上流即大盈江，南流入于缅甸。又，缅甸司云北有大金沙江，上流即大盈江，自孟养境内流经司北江头城下，下流注于南海。南甸司、干崖司皆云西有大盈江。陇川司、蛮莫司、孟密司皆云西南有大金沙江。

按：南甸以下五司在大江东，孟养、缅甸在大江西。举其上游曰大盈，下流曰大金沙，同一水也。缅甸注谓源出青石山，此据孟养界上言之，非导源之始也。

腾越州云：元腾冲府，西有大盈江，亦曰大车湖（江），自徼外流入，下流至比苏蛮界，注于金沙江。

此条以大盈与金沙江为二。按《云南志》及图，大车江发源州北之龍嵸山，南流折而西入槟榔江。《地志》南甸、干崖二司下并有小梁河，别名南牙、安乐、云笼，大抵即此水。张机考云：腾越人总甸内诸水亦曰大盈江，窃侈其名也。此大盈特支水之小者，《地志》未分别言之。又云：州东北当为“东南”有龙川江，下流合大盈江。此大盈即金沙江，且其地已无大盈之名，志家复举大盈，与上条相混，转似龙川江又入大车湖矣。

按：大金沙江下流，《明地理志》略具而源无可考。测其方位、远近风俗，乌斯藏即唐之吐蕃地。近史惟详外国贡赐，而不及山川，其实江源即在诸国境内。尼八剌则泥婆罗之转音耳。

《明史·缅甸土司传》云：古朱波地。宋宁宗时，缅甸、波斯等国进白象，通中国自此始。

按：缅甸在云南西南，唐为骠国，宋元为蒲甘，相近地今尚存骠甸、蒲骠之名。唐贞元中骠国进奉圣乐，已具于前。《宋史》：熙宁中，诏蒲甘礼秩视注辇。尚书省言“蒲甘大国，不可与小夷等”。事亦见《通考》。《明史》谓宁宗时始通中国，误也。元一称为缅，明初因其来贡，设缅中宣慰。永乐改元，复设缅甸宣慰。宣德以后来贡者只署缅甸，盖并于一矣。

《麓川土司传》云：正统七年，王骥讨思任发，率兵渡下江，由南甸至罗卜思庄，前军抵于木笼。时任发率众二万余，据高山，立硬寨，连环七营，首尾相应。骥遣宫聚、刘聚分左右翼缘岭上，骥将中军横击之，贼遁。军进马鞍山，捣贼寨。寨两面拒江壁立，周回三十里皆立栅开堑，军不可进，而贼从间道潜师出马鞍山后。骥戒中军毋动，命指挥方瑛率精骑六千突入贼寨，斩首数百级，复诱败其象阵。而从东路者，合木邦人马，招降孟通诸寨。元江同知杜凯等亦率车里及大侯蛮兵五万，招降孟琏长官司，并攻破乌木弄、戛邦等寨，斩首二千三百余级。齐集麓川，守西峨渡，就通木邦信息，百道环攻，复纵火焚其营，贼死不可胜算。任发父子三人并挈其妻孥数人，从间道渡江，奔孟养。

按：骥率兵渡下江，谓潞江也。马鞍山寨两面拒江，谓龙川江以西之支岗碗河头也。任发从间道渡江，谓大金沙江也。岗碗河南流入龙川江，龙川江西南流入大金沙江。麓川既焚，《云南师旅志》谓思任乘舟走缅，盖水道相通云。

又云：十四年，骥率诸将自腾冲会师，由干崖造舟，至南牙山舍舟陆行，抵沙坝，复造舟至金沙江。机发于西岸埋栅拒守，大军顺流下至管屯，适木邦、缅甸两宣慰兵十余万亦列于沿江两岸，缅甸备舟二百余为浮梁济师，并力攻破其栅寨，得积谷四十万余石。军饱，锐气增倍。贼领众至鬼哭山筑大寨，于两峰上筑二寨为两翼，又筑七小寨，绵亘百余里。官军分道并进，皆攻拔之，斩获无算，而思机发、思卜发复奔遁。时王师逾孟养至孟那。孟养在金沙江西，去麓川千余里，诸部皆震詟曰："自古汉人无渡金沙江者，今王师至此，真天威也。"骥还兵，其部众复拥任发少子禄据孟养地为乱。骥等虑师老，度贼不可灭，乃与思禄约，许土目得部勒诸蛮，居孟养如故，立石金沙江为界，誓曰："石烂江枯，尔乃得渡。"思禄亦惧，听命，乃班师。

《缅甸土司传》云：万历十年，莽应里起兵、象数十万，分道内侵。十一年，焚掠施甸，寇顺宁。岳凤子曩乌领众六万，突至孟淋寨，指挥吴继勋、千户祁维垣战死。又破盏达，副使刀思定求救不得，城破，妻子族属皆尽，且窥腾冲、永昌、大理、蒙化、景东、镇沅诸郡。巡抚刘世曾请以南京坐营中军刘綎为腾越游击，移武靖参将邓子龙为永昌参将，各提兵五千赴剿，并调诸土军应援。缅亦合兵犯姚关，綎与子龙大破之于攀枝花地，乘胜追击。自十年十月至十一年四月，斩首万余。复率兵出陇川、孟密，直抵阿瓦，缅将猛勺诣綎降。勺，瑞体弟也。缅将之守陇川、孟养、蛮莫者，皆遁去，岳凤及其子皆伏诛。官军定陇川，遂归。应里乃以其子思斗守阿瓦，复攻孟养、蛮莫，声言复仇。副使李材备兵腾冲，遣兵援之，战于遮浪，大破其象阵，生擒五千余人。先是，蛮莫酋思化投缅，材遣人招之，思化降。十九年，应里复率缅兵围蛮莫，思化告急。会天暑，军行不前，裨将万国春夜驰至，多设火炬为疑兵，缅人惧而退，追败其众。二十二年，巡抚陈用宾设八关于腾冲，留兵戍守，募人至暹罗约夹攻缅。缅初以猛卯酋多俺为向导，寇东路。至是遣木邦罕钦擒多俺杀之，遂筑堡于猛卯，大兴屯田。又云：三十一年，阿瓦雍罕、木邦罕拔子罕褴俱入贡，缅势顿衰。暹罗得楞复连岁攻缅，杀缅长子莽机挝，古喇残破。自此不敢内犯。

按：明世大金沙江之地俱置土司，上游麓川思氏，下游缅甸莽氏，先后为寇。麓川既平，缅甸独劲，所争仍在麓川。《明史·地理志》云缅甸"北有江头城、大公城、马来城、安正国城、蒲甘缅王城，谓之'缅中五城'"。考江头城居最北，与麓川接壤，值龙川江口内管屯之地，西临大江。自此南行有大公城，在大江心洲上，缅图讹为“四塔官”。又南马来城，缅图作“马达喇”。又南阿瓦城，即安正国城。又南蒲甘城，缅图讹为“普斡”。五城皆在大金沙江东岸。昔元人攻缅，由水路先破江头城，而缅人犹拒守于大公城。明刘、邓二将由陇川、孟密陆道直趋阿瓦，孟密至阿瓦六百里。据缅心腹，故其守将或降或遁。逮后暹罗攻其外，阿瓦裂于中，而缅势衰，终明世不能为患。夫因其入寇而击之，与至元间穷兵黩武，用情固异矣。王骥三征麓川，举兵数十万，二将仅用一万，而功亦不挠，守边岂不在良将哉！

《金沙江志》附：郭登，武定侯英之孙，正统中，以勋卫从王骥征麓川，遣使檄缅人缚思任，使言缅欲以重臣往取。登请行，由金沙江入缅，缅酋卜剌浪来会，颇骄蹇，登折之，酋气沮，乃听命，以思任来献。

《金沙江志》附：郭绪，大康人，弘治间以云南参议守金、沧。时孟密酋思揲与孟养酋思禄相仇，据金沙江猖獗。绪单骑宣慰，至险峻处，斩棘引绳以登，又行毒雾中，旬日至孟赖，去金沙江二舍，手檄使持过江，谕以朝廷招徕意。蛮人惊曰：“中国使竟至此乎！”发兵率象马数万，围之数重。行者请勿进，绪拔刀叱曰：“明日必渡江，敢阻者斩！”思揲遣酋听命，思禄继至。绪先叙其劳，次白其冤，然后责其叛。诸酋俯伏，呼万岁，皆归地纳款。

焦竑《禹贡解》云：孔颖达援《水经》曰：“黑水出张掖鸡山，南流至敦煌，过三危山，南流入于南海。”盖交趾二广之海也。今舆地图肃州有黑水，南流至积石几至三百里，不与积石河通，此为《禹贡》之黑水无疑。但其去南海辽远，而交南久弃，无从考其入海之道耳，是孔说其可信者也。然张掖在黄河之外，若入于南海，则亦当截河而过，不然当绕出星宿海之外，此诸儒纷纷求之于绝域也。樊绰之所案行者西南诸夷，而未及于西北，其所称丽水，西行入骠，始得至南海，是得其下流，而不知上源也。

胡朏明引《肃州卫志》驳之云：卫西北十五里有黑水，自沙漠中南流，合白水、红水，入西宁卫之西海即临羌仙海，未尝过三危入南海也，顾以为《禹贡》之黑水乎？弱侯特网罗旧闻，而审择则有所未遑也。

予按：弱侯谓黑水，孔得上源，樊得下流，既未悉两家之虚实，何以与其各半？且上源之谬，朏明证之矣，樊自明黑水迳行入南海，在蕃缅，不在交南。明世虽弃交南，而蕃缅犹通，不知致审于此，虽得樊书，不可通已。

周文安《辨疑录》云：《禹贡》“华阳黑水惟梁州”、“黑水西河惟雍州”。按《甘肃志》载，甘州之西十里有黑水流入居延海，肃州之西地[①]有黑水，东流荒远，莫穷所之。是其源出雍州之西北[②]，而流入梁之西南，其正西则流绕西极之外而无所据见，地之势西北最高，故能经西而西南也。《云南志》载金沙江出西番，流至缅甸，其广五里，而迳趋南海。此得非黑水之源出张掖而流入南海者乎？樊绰以丽水为黑水，丽水出吐蕃犁牛石下，历鹤庆，自马湖出叙州入江。樊氏徒知金沙江为丽水，而不知云南金沙江有二，在缅甸者流而南，在丽江者流而北。丽归东海，则非入南海矣。以丽水为黑水，非也。程氏以西洱河与叶榆泽相贯可二十里，既足以界别二州，其流又正趋南海。然西洱、叶榆皆出大理境内，而遂入南海。虽在梁州之西南徼外，而于所谓至三危界别雍之西境者何

---

① 西地　《古今图书集成·方舆汇编·山川典》卷三〇六《黑水部》、黄楙材《西徼水道·禹贡黑水考》、阚祯兆《黑水考》等引周文安《辨疑录》均作“西北”。

② 是其源出雍州之西北　《古今图书集成·方舆汇编·山川典》卷三〇六《黑水部》、张机《南金沙江源流考》引周文安《辨疑录》均作“是其源入雍州之西”。黄楙材《西徼水道·禹贡黑水考》作“其源出雍州之西”。黄贞元《黑水论》引作“是其源出雍州之西北”。

所与哉？是以西洱河为黑水亦非也。《地志》以黑水出南广汾关山，今南广水出叙州之西南夷地，其源流不过三百余里，至南广河则入岷江，于所谓至三危入南海者亦无所据，是以南广为黑水者尤非也。要之，出张掖者为是。黄贞元引。

又云：河源在中州西南，直四川之马湖正西三千余里，云南丽江宣抚司西北一千五百余里。愚观黄河源近云南地，大金沙江源则自雍、番之地，南入缅海，论雍、梁间水惟此大耳，此水为黑水无足辨矣。朱子云：天下有三大水，曰黄河，曰长江，曰绿鸭江。此语无怪也。宋初斧画云南，南渡又偏安一隅，朱子又从何知有此江之长广于江河哉？张机引。

黄贞元《黑水考》云：窃考澜、潞、金沙三水虽皆入南海，大小远近则迥不同。澜仅潞四分之一，金沙又三倍于潞。澜、潞所出地名鹿石山，在雍望，俱可穷源，上流甚狭。金沙江之源则远自番域，上流已阔，澄若重溟，黝然深碧。夏秋涨溢之时，澜、潞变色，金沙自如。若比于扬子，澜沧[①]一小溪，诗人小澜水而咏如此。况在汉仅以津名，其形势狭隘，不足匹江河、界州域，居然可见。又《地志》注云其旁多松，故有琥珀。今琥珀自孟养夷中来。孟养，腾人号为迤西，正在金沙江滨，而澜沧不闻有琥珀，此不可诬也。由周文安公之论，参以腾人耳目所见，金沙江为黑水，无疑矣。《大理志》曰潞与金沙蜿蜒缅中，内外皆夷，惟澜沧内华人而外夷落。窃谓不然。夫三江皆源西北而之东南，惟金沙之外皆夷，若澜若潞，夷、夏所界，惟可以上下论，不可以内外论。澜水仅自云龙州、蒙化所界，正在永昌城中，为华人所宅，其自云龙而上至于吐蕃，自顺宁而下至于交趾，尽皆夷落。永昌郡正在澜沧之外，腾越治正在潞江之外，若遽以澜沧之外为夷，则永昌置郡已久，实非夷落也。故曰惟可以上下论，不可以内外论。夫永昌、腾越之为府为州，实非一日、汉唐可为郡邑，安知夷、夏不可为封域？若以外内界别夷、夏为黑水，则版籍郡邑至腾而尽。金沙江适在腾外，而江外无复华人，不可制置，乃自汉迄今为然矣。舜、禹梁州封域距黑水，而黑水定，金沙江分内外，别华、夷，其说乃定。

张机《黑水考》云：大金沙江源，相传近大宛国。自里麻茶山，至孟养极北，不闻有所往，号“赤发野人境”，殆西羌之域也。今姑略其源，自其可见者言之。水流至孟养陆阻地，有二大水自西北来，一名大居江，或云大车江，一名槟榔江。二水至此合流，又名大盈江。今腾越人总甸内诸水，亦曰大盈江，殆窃侈其名也。江流至此，夷人方名为大金沙江。江中产绿玉、黄金、钿子、金精石、墨玉、水精（晶），间出白玉，滨江山下出琥珀。旧《志》以为出澜沧江者，谬矣。昔年王靖远、蒋定西追麓川叛贼思机发、思卜发弟兄，造船飞渡孟养，誓谓“江乾石烂，尔乃得过”者，此江也。自此南流，经宦猛、莫嗽、莫即至猛掌，有一水西来入之。又南下昔朴、怕蚱、猛莫、猛外，经蛮莫，有水源自腾越大盈，经镇夷、南甸、干崖，受展西茶山、古涌诸处，伏流南牙山麓而出，至蛮莫入大金沙江。江又经蛮法、鲁勒、孟拱、遮鳌、官屯、大小菖蒲山峡、课马、孟养、怕崩山峡、户董、鬼哭山、戛撒。昔年缅人以船攻孟养，至此为所败。又正统中，蒋雄率兵追思机发，为缅人压杀江中，皆在此地。蛮莫以上，山耸水陡，故正统中郭登自贡章顺流，不十日即至缅甸。以下江渐宽深。下流经温板，有水源自腾越龙川江，经

① 澜沧 原本作“沧浪”，据黄贞元《黑水考》改。下同。

界尾高黎贡山、陇川、猛乃、猛密所部莫勒江，至太公城、江头城入于大金沙江。下流又经猛吉、準古、温板、又名温板江、流沙河，皆金沙江也。猛戛、马哒喇至江头城。江中有大山，极秀耸，山有大寺。又一水源自猛办洗戛母[①]，南来入大金沙江。又经止即、龙大马、革底马、撒跻马入南海。其江至蛮莫以下，地势平衍，阔可十五余里，旧《志》云五里者，非也。经南江益宽，流益慢。缅人善舟，又善泅水，操橹楫者如涉平地。至是江海之水，潴为一色矣。

又云：澜沧江、潞江、大金沙江皆通舟航，夷人欲据险隐塞，不使通行。岂知天地设此三江，正为朝廷制驭西南缅甸诸侯设，当事者诚不可忽而不讲求也。异日，圣天子问缅甸诸夷久不朝贡之罪，则此三江者，固汉家楼船下番禺，出奇制粤之牂牁江也。

《辨疑录》以南金沙江当《禹贡》黑水，其说本于樊氏，末乃反戈攻樊，谓丽水即丽江，入东海不入南海，此失考也。盖本非一地。丽水，今之槟榔江，一称垒水河，垒、丽音近。此水自合南金沙江入南海，丽江则北金沙江侧之府，肇于元，樊时无此名，其所指本不在此，奚烦诘乎？其斥《汉地志》及程氏《禹贡论》之非黑水，则皆当亦以真黑水既得，即诸名同者自难相冒耳。中引《云南志》载金沙江出西番，流至缅甸，其广五里，迳趋南海，疑为《禹贡》黑水者极有见。考今志及《明一统志》无此语，殆出元人李京旧书，而后人妄汰之也。黄贞元、张机并依此立考，亦各有发明，应著之。

按：张氏言此水所经地名，缅图多不载。据图，大金沙江之东有海巴江自北来，入内地至干崖司，银江自左来合之，西南出铜壁关，至蛮莫入大金沙江。海巴即槟榔江。银，音通盈，《明志》云名大车者。大盈固有二，然合槟榔江之大盈乃小水，张氏即以当大金沙江。及流至蛮莫为槟榔江口，张氏又指为无名之别江，皆未合。又据图，龙川江出天马关西南，至老官屯之速泊入大金沙江，此则云江头城，与管屯为二地。又图以莫勒江为龙川之下游，章国洞在其南，西距大金沙江不远，即章贡矣。张氏则次之龙川口上。又据图，木邦之猛扳地有水西南流经锡箔，至阿瓦城之北入大金沙江。张氏写为猛办，音亦可通。《蛮书》云弥诺江源出大月氏，以今图验之古籍，其说不虚。此以为出大宛，大宛水俱西流入小海，与大金沙源不相当也。

阚祯兆康熙初通海举人《黑水考》云：云南，梁州域也。商周之世，产里有贡，越裳有贡。武王渡孟津，濮人会焉。是时滇为百濮，即南之车里、八百，缅甸何尝不在禹甸内乎？黑水出西北，界雍梁，入南海，其源甚远，故其流独大。南行至宣慰铁壁关之西，江势平阔，金宝丛生，则大金沙江之名所从来也。潞江流入永昌，出木邦为喳哩江[②]，在大金沙江之东。澜沧江流入鲁甸[③]，至姚关为锦龙江，九隆之讹。又在潞江之东。虽俱源于吐蕃，然其距滇不过十余日，其潆回大理、蒙化、顺宁、永昌而入南海，仅可界梁州之西南，不能远界雍州。故论黑水者，当以《经》为断，《经》之黑水一也，唯雍与梁同此也[④]。区区执滇以求黑水，岂非狭视宇宙之山川，而不知广所见闻哉！

按：阚氏《考》中杂外黄、周、张三家之说，已具于上。周氏因蔡《传》误，用《汉地志》南广县汾关山黑水辨之，云"近今叙州西南夷水入岷江，非雍、梁界黑水"，其说甚明。阚氏乃妄引无根之舆图，谓汾关山在昆崙北。邓川学正张翰芳"二水说"亦踵其谬。又张氏序南金沙江经行至缅甸江头城，江中有大山特秀，阚氏即意为雍州三危山，皆不足据，削之。

---

① 猛办洗戛母　张机《南金沙江源流考》作"猛办洗母戛"。

② 潞江流入永昌，出木邦为喳哩江　康熙《云南通志》卷二十九《艺文志八》阚祯兆《黑水考》作"潞江流出永昌，至木邦为喳哩江"。

③ 澜沧江流入鲁甸　康熙《云南通志》作"澜沧江流出蒙顺界"。

④ 唯雍与梁同此也　康熙《云南通志》作"惟雍惟梁同此水也"。

鹤庆史秉信《冈脊黑水辨》云：《禹贡》蔡注云梁、雍二州，西边皆以黑水为界，黑水自雍西北直出梁西南。中国山势冈脊，皆自西北来，积石、西倾、岷山冈脊以东之水，既入于河、汉、岷江，其冈脊以西之水，即为黑水，而入于南海。此说实而有据。鹤庆之山皆自西北来，脊东水悉归东海，金沙江是也；脊西水皆归南海，澜沧江是也。沿革有时而更，江山千古不易。《水经》谓黑水出张掖，至敦煌，过三危，入南海。敦煌，瓜州也。实无此水跨越诸山入南海者。武夷熊氏之说详矣。又云，肃州黑水无跨河越脊理。又云，脊以西之水澜沧也，西洱也，大金沙江也，皆黑水矣。朱子云黑水从雍、梁西界入南海，不入中国，知言哉！

按：史氏主蔡《传》水随脊分之论固当，然蔡氏言中国山势亦只得其大概，其实积石、西倾、岷山尚非大脊。中国山势由西南而趋东北，《汉志》可征。大脊西北为弱水，其西南为黑水，而脊东复派南中二幹，则江河所由分。史氏指称鹤庆以下山即是南幹，长江在其北，黑水在其南，不以东西别也。李元阳以黑水属澜沧，澜沧唐以来通为西洱河，宋程氏《禹贡论》已先言之。史氏右仁甫而左大昌，是知十而不知二五矣。其言脊西澜沧、大金沙皆得为黑水，然诸水中自当取其大者。朱子谓黑水不经中国，史氏亟引之，且证以《山海经·西山经》云：“崑崙之邱，西流于大杅[①]；轩辕之邱，洵水出焉，南流注于黑水。”是黑水已得其端倪。又驳黄贞元、张机《南金沙江考》，以为“云梁荒远”，何其首尾衡决无定论欤？惟谓《水经》所称张掖水及甘肃瓜、沙诸水无跨河越脊事颇具独见。盖诸公虽知以大金沙江属黑水下流，而上游尚惑于注疏，欲虚求之大脊西北也。统按今世缅甸境大金沙江为《禹贡》黑水。唐樊氏，宋周氏，元李氏京、吴氏莱，各以所闻著之书，未尝相谋也。明以来黄、张、史、阚皆生长云南，虽未遍稽前籍，而著说与之冥符。盖以梁州西南诸水远而大者，惟大金沙江得与江河配。其考并具《永昌志》，而《通志》一切薙之，殆惊怖其言河汉无极耶？近世名家多据此以释经。穆堂李氏亦有考，世多传之，不具录。然其论此水之源，皆以为在雍州西北，则犹迷于惝恍之书疏也。据引道元《经注》云“黑水出张掖，今甘肃地。得越河而南”。又《括地志》云“黑水出伊吾，今哈密地。南流，绝三危山”。不知崑崙不可越，前人辨之甚明。弱侯焦氏乃云“当绕出星宿海之外”。穆堂氏云“其水所行经度已在河源西，潜于大泽，为大金沙江，南流万里而入海”。此不过周旋郦《注》而已。然河源古崑崙自汉南山直西数千里，其山通葱岭为一，又北通天山为一。其势中高傍下，脊以北水，北流入诸淖尔。脊以南水，南流分入南海。就哈密、甘肃与崑崙较，地势南高北下灼然，安得有黑水横其间，断九州之地脉哉？舆图至本朝而大明，诸贤既不加细审，又昧大地自然之理，故于黑水能渐悉其流，而犹迷其源如此。

明太和李元阳《黑水辨》云：大都为《禹贡》传论者，未尝知陇、蜀、滇三省地形，但谓陇在蜀之北，蜀在滇之东也。而《禹贡》言黑水为雍、梁二州之界，又入南海，故不得不疑其跨河。知跨河非理，又不得不疑其湮涸。曾不知陇、蜀、滇三省鼎足而立，陇则西南斜长入蜀，滇则西北斜长近陇，蜀则尖长入滇、陇之间，正如三足牖然，黑水之源正在牖头。故雍以黑水为西界，对西河而言也；梁以黑水为南界，对华阳而言也。盖各举两端，若曰西河在雍东，黑水在雍西，华山在梁北，黑水在梁南云尔。故曰梁、雍[②]可移，而华阳黑水之梁不可移也。

按：元阳此条论三省形势了然。然地有八至，其间名山大川，不必尽在四正，如“济河惟兖”之类可见。论者为四正所泥，谓黑水必当在雍州正西，于是与弱水混为一，卒不能指一南流入海之水以应之。不知雍、梁二州同以黑水界，西南一隅对东北隅西河、华阳而言也。然元阳为兰沧树帜，舍大而就小，

---

① 崑崙之邱，西流于大杅　《山海经》卷二《西山经》作“黑水出焉，而西流至于大杅”。

② 雍　康熙《云南通志》卷二十九《艺文志八》李元阳《黑水辨》作“州”。

舍宽而就窄，故虽滇人不主其议。今移此条于大金沙江下，乃惬当而不可磨耳。

胡渭《禹贡锥指》云：樊绰谓丽水南经骠国东入海。骠即缅。丽水从此入南海，其为缅甸之金沙，而非丽江之金沙也明矣。缅甸之金沙，其源在河源之西。黑水自三危南流，或为昆崙墟所阻，折而西南，绝莫贺延碛尾而南一条云黑水绕出吐蕃河源之外，合此水于骠国东入海，亦理之所有，绰说近是，但不当目此为丽水耳。然以此为梁之西界，则其地西被吐蕃，南跨云南，极于交趾，方五六千里，以一州而兼五服之地，虽禹别九州，大小不拘，亦不应悬绝至此。余故谓缅甸金沙江纵是古之黑水，亦但可以其上源为雍界，不可以其下流为梁界也。

按：朏明所云黑水，或折从西南绝莫贺延碛尾而南入海，即焦氏绕出星海之说，已辨正于上矣。地界不齐，与物情相若，倍蓰千万而无算，岂能裁损边州，今与腹里相配？予别有辑论。且禹本大川自然之势以敷土，朏明乃截黑水而二之，一予一夺，令经文半不可用。揆其私见，以为不夺黑水之下流，嫌梁境过大，而不知以上源予雍，雍境不倍大于梁哉！其谓大金沙是古黑水，又谓绰说近是，则乍见之明，固不容没。

《锥指》又云：樊绰以咸通三年为安南都护从事。时南诏阻兵，绰所案行者惟交趾地，目未窥滇，况梁雍乎？故南诏改丽水曰金沙江，而绰遂与骠东入海之金沙江混为一。三危，雍州山也。绰乃指南诏罗些城北一山为三危，无异眯目而道黑白。宋儒多袭其说，识何浅也！

按：朏明以今时丽江府濒金沙江，其水可称丽水，绰所指乃归南海之大金沙江，不得称丽水。其说与明人周文安同，予已辨正于彼矣。此误亦不始于周。《元〔史〕·地理志》丽江路总管府下云："因江为名，谓金沙江出沙金，故云。即古丽水。"《明一统志》云：丽江府，"南诏于此置丽水节度"。又云："金沙江古名丽水，源出吐蕃犁牛石下，名犁水，讹'犁'为'丽'。"《明史·地志》同，云南志家更不必论。考今丽江府在南诏时为铁桥下磨（麽）些部落所居，此部落铁桥上下皆有，见《蛮书》。其水即谓之磨（麽）些水。磨些蛮为南诏分徙，其故种犹在。元宪宗时，大弟济金沙江，始平磨些，立茶罕章管民官。至元十三年，改置丽江路军民府，以上见《元地志》。丽江之名起于此。按：金生丽水，古有是语。《韩非子·储说》云："荆南之地，丽水之中生金，人多窃采。"是丽水本在荆南。南诏时，因其西境禄裨江出金，又本有垒水之名，因转名丽水，而置节度于彼，南诏碑可证，与北境之磨些河无涉也。云南水多出金，故磨些河元时名金沙江，元人于彼置路，自择美名为丽江，如元江、澂江之类，阿僰部在梁州黑水西南，至元中立元江府，又升罗伽中路为澂江，史均不为江名。《明一统志》云"礼社江一名元江"，臆说也。非因江为名，亦与西境南诏所名之丽水无涉也。为《元史》者合两水为一，谓金沙江即古丽水，已谬矣。《明一统志》又谓"犁"讹为"丽"，不知犁牛河南去丽江府二千里，汉语译"必力"为"犁牛"，蕃人无"犁牛"之称，岂得云音讹为"丽"？且蕃、汉至今亦未有称金沙江为丽江者，附会之失，甚于《元史》也。朏明不加考正，袭志家之误，以攻樊氏，得非自蹈于浅识乎？又罗些城，吐蕃深阻地。朏明混认为磨些，而以属之南诏，其读樊书，亦大卤莽矣。

《锥指》谓黑水与河源异，河源可穷，黑水无可参验，虽复遣使，亦何所得？又引杜氏《通典》，谓道元注《水经》，锐意寻讨，亦不能知黑水所经之处，恐年代久远，或至湮涸也。胡氏力主其说，而自设问答之辞。难者曰："黑水行及万里，黄河之亚也，何至湮涸？"答以黄河当齐桓公时，九河填阏，周定王五年，而全河南徙云云，黑水亦当如此。难者又曰："水即不至，宁无枯渎遗迹乎？"答以黄河枯渎，经风沙填塞而化平陆，黑水经流沙，拥抑又甚，迹固无存矣。黑水改流较速于河，当在定王之前。《楚辞》云："黑水、交趾、三危安在？"是自屈原已不知，而况伏生辈乎？自《古文尚书》家已不能知，而况班固、司马彪、郦道元、魏王泰诸人乎？至若樊绰、程大昌、金履祥、李元阳等纷纷辨论，如系风捕景，了无所得，徒献笑于后人而已。

按：胡氏以河例黑水，谓为他徙。然河徙而水现存，无稍减也，胡氏所称他徙之黑水何从乎？又谓河故渎已为陆。今自大清河以北至天津，其迹未沫也，黑水之故渎何存乎？夫西南诸大川，不患其槁涸无迹，患其多而难于裁取。如樊氏以下，众说虽未叶一，然皆确有其水。胡氏概诬为系风捕景而置之，横据一湮涸之见，禁后人不得复论。且云“虽复遣使，亦何所得”，直若天地间本无此水，而《禹贡》为妄载者。岂直诬经，亦诬大地实甚，有学识者，固如是乎！

朏明解梁、雍、黑水三条，共纸三十四翻，约万五千言。古今注《禹贡》者，无若是其富。究其归，则以江源当梁界黑水，而雍界及导水则付之湮涸。于经旨曾无片言之中，虽多奚为！

某氏《荟蕞》：据傅同叔云，三危既宅，治黑水之成功也。林三山云，三危去南海数千里，禹导黑水从此以达南海。二说明所导之黑水即雍、梁二州黑水，胡朏明乃以若水为雍州黑水，梁州别是一川。其说本之韩汝节，非笃论，故无取焉。因引《云南志》、史秉信《冈脊黑水辨》，谓其以土人言水道，宜不谬。博采熊氏、易氏、程氏、张机、黄贞元、李仁甫、阚祯兆诸家之说为注，而一一辨之。既于他家无所适从，又不能别创一解。惟云脊以西之水澜沧也，西洱也，大金沙也，皆黑水矣。某氏于注下斥之云：此游移之见。大金沙源流甚长，自徼外流入南海，似与导水经文相合。某氏泛引方志数千言，此语颇露宗旨。复引阎中书咏《一统全图》云，本之政治、典训、方略、会典、一统志诸书，山川位置无苟。按其所次殊不然。且谓金沙、澜沧、泸水、孙水皆异源同流，而入于南海，其分枝又入岷山，入滇池。乖违若此，旁有朏明，岂免粲然？又谓大盈江即大金沙之来自西天也，图亦莫究其源。按而求之，盖在星宿海大流沙之西，北抵三危，过沙州至哈密，汉敦煌北境伊吾庐也。其荒唐迎合旧误，已辨正于前。承明中人，何亦发此议？傅氏《行水金鉴》九十、九一两卷，考黑水终之以此，未为中的，要之兆渐彰矣。丁巳仲冬二十七，晴暖，东园红梅开，黄钩礑兰至此下有脱文。

《四川西域志》略云：西藏一曰拉藏，番民称为拉撒（萨），在四川布政司西南六千四百余里径多曲折。东至宁静、夕松工二山，交巴塘界。南至奕尔，交洛坝生番界图作茹坝。西至阿里三千二百里，交拉丹界。北徼东至木鲁乌苏，徼西至噶尔藏胡叉，俱交青海界。东北向潘州暨湟中通西宁诏地。王所居名“诏”，犹中国之省会。平衍有水田，南北四十里，东西四五百里，中贯白水江。汗居当中楼殿，番民碉楼环绕之，无城郭，仅如一堡。诏东有甘丹山，南有牛魔山，西有东噶尔山，北有浪党山。又外崇山相围，隘口险峻。西去堡五里，平地突起一石山，在江之北，高百余丈，曰布达拉，一作布打喇，音通“普陀”，传为观音大士化现之处。达赖喇嘛活佛于山内金刹坐床。达赖喇嘛者，诏人之祖，传为佛四大弟子之一，活佛仍其号。布达拉相连一山，高九十丈，曰甲里必洞，山上有二楼，峡间建塔甚伟。其间池桥楼阁花园之属，颇称胜境。堡内汗游幸处名宠斯冈，堡外村落众多，不具录。番名水为“楮”各图作“楚”。白楮河凡三源，总为一，曲折西流，绕过诏地，折而西南，入于黑水河，即雅鲁藏布江也。拉藏直南行将千里，为后藏扎什隆布地，近云南，班禅佛主之。直西行五百余里，为后套。直西南有国曰康吉柰，兵力强，亦奉活佛。拉藏与东境叉木多及后藏同称为康卫。藏卫者，拉藏之别名也，一称图伯特国，所居多唐古忒人，盖突厥之流裔，其本地在漠北，相去绝远。中国人、西洋人亦多聚贾于此。诏地大喇嘛自元明以来代受中国封，已具前史。归顺本朝，颁翊法恭顺汗之印云。

康熙四十一年，圣祖皇帝御制《平定西藏碑》，文略云：昔太宗文皇帝崇德七年，班禅额尔德尼、达赖喇嘛固始汗谓东土有圣人出，特遣使阅数年始达盛京。《惠远庙记》云：世祖皇帝时，亲至京师朝觐。中间策妄阿喇蒲坦妄生事端，动准噶尔之众，废第五辈达赖之塔，辱蔑班禅，毁坏寺庙，杀戮喇嘛，且欲窃据图伯特国。以其所为非法，爰命皇子为大将军，调兵数万，安然而至，奋勇击杀，贼皆远遁，平定西藏，振兴法教。赐今虎必尔汗册印，封为第六辈达赖喇嘛，安置禅榻，抚绥图伯特，僧俗人众，各复生业。诸蒙古部落及图伯特酋长合词奏请，如此盛德大业，超越往代，非臣下所能宣罄，请赐御制碑文，以垂永久。爰纪斯文，立石西藏，俾中外知达赖喇嘛等三朝恭顺之诚。十二月朔日。

康熙五十九年，定西将军噶尔弼《平定西藏碑》，文略云：泽旺阿拉布坦令车零敦多布等戕害喇藏，荼毒生灵。边臣奏报，上廑宸衷，轸此荒隅陷于水火，爰命抚远大将军王亲统貔貅，驻节木鲁乌苏，居中调度，指授机宜。遣平逆将军延信由苦苦儿塞一路进剿。命臣噶尔弼统领川滇、荆楚、江浙满汉官兵，由蜀进剿。于康熙五十九年四月十六日，自成都拜疏起程，出蜀之打箭炉、里塘、巴塘以至丫叉木多，会集滇兵，整队进发。一由类伍齐、结结树、冰噶三达奔工，为正兵，一由洛隆宗、硕般多达隆宗、沙弓喇、弩弓喇，为奇兵，订期会取喇里、竹工、墨竹工卡一带地方。宣布天朝恩威，晓以顺逆大义，抚归戮叛，败散贼番，降服伪藏王达格咱及碟巴阿角喇复坦等。兵不血刃，于八月二十三日直抵诏地，封仓库以待西师，抚僧俗而宁佛土。招回哈喇乌苏助逆之兵，断彼喇撒达木馈贼之道。车零敦多布等援绝势穷，戢影远遁。达赖喇嘛得于九日望日志作“六日”抵藏坐床，僧俗皈依，远迩倾向。用勒丰碑，恭纪年月云。

《边防志》云：康熙五十四年，西藏准噶尔肆行不法，戕害喇藏。上命定西将军噶尔弼、总兵赵坤、副将岳钟琪等，率满汉官兵由打箭炉进讨之，降大小碟巴，遂克诏地。雍正七年，以新设雅州同知驻扎打箭炉，管辖口外各土司，如巴、里二塘以及叉丫革达，直通西藏，一路广袤数千里，俱安设塘汛，要隘处设重兵镇守。幅员之广，文德武功之大，自古未有。

按：《西域志》未载康熙四十一年用兵始末，五十九年噶公碑文亦未援前事。《边防志》云三十九年，大冈番蛮阻兵过大渡河，提督唐希顺讨平之，似同时事也。虎尔汗者，里唐人，康熙四十七年降生。能道前生事，与前达赖临终时语相同。藏众信为再转，迎以归。然不大见奇异，惟端正慈善，谙经典，有静力，间一露先知耳。此据《藏志》言。合碑文观之，虎尔汗似达赖之号，非专名也。当准噶尔之据藏，虎尔汗寄居于西宁塔儿寺。噶公既复其地，大将军王护之以归。九月初六日，上布达拉大殿坐床兴教，民夷获宁，因留兵镇守焉。雍正二年，册为西天自在佛总理天下释教普通日赤拉坦喇达赖喇嘛云。自布达拉以外，喇嘛寺尚多。志云：堡内大诏寺每岁正喇嘛四集，有三万六千众。小诏寺状丽如大诏，住五六百众。木辘寺住喇嘛三四百众。藏东五十里甘丹山上有寺，传为燃灯佛修行之地，番名宗噶（喀）巴，住喇嘛四千众。转而南为桑鸢寺，亦有数千众。藏西别蚌寺喇嘛万众。藏北塞喇寺喇嘛八千众。考其国自诏以下亦有理事官，号“浪子沙”，其次号“碟巴”，皆世袭。然番民所敬，惟达赖喇嘛。而达赖惟习禅定，无条教，万众自然从之，庶几《列子》所云“不治而不乱”者。其地西境为阿里，相距三千余里，古瑶池在焉，详《山川地名考谕》。为古西王母之国，流风相逮。梵书谓燃灯古佛在如来以前，安知非西王母向来之令主欤？

康熙六十年二月，抚远大将军王奉考正山川地名上谕云：“朕于地理，从幼留心。凡古今山川名号，无论边徼遐荒，必详考图籍，广询方言，乃得其真。故遣使臣至崑崙、西番诸处，凡大江、黄河、黑水、金沙、澜沧诸水发源之地，皆目击详求，载入版图。

今大兵得藏，边外诸番悉心归化，三藏、阿里之地俱入版图。其山川名号，番汉异同，当于时考证明核，庶可传信。”内一条云：“阿里斯之地冈底斯东有山，名打母朱喀巴珀，译言‘马口’也。‘喀巴珀’番语为‘口’。有泉流出，为牙（雅）鲁藏布江，从南折东，流经藏危地危，志作‘卫’，过日噶公遥儿城傍合噶儿诺母伦江，南流经工布部落地，入云南古勇州，为槟榔江，出铁壁关入缅国。”又云：“《禹贡》导黑水至于三危，旧注以三危为山名，而不知其所在。朕今考其实。三危者，犹中国之三省也。达赖喇嘛所属拉里城之东南为喀木地，达赖喇嘛为危地，班禅苦图克免所属为藏地，合三地为‘三危’耳。”

伏惟自古以来，有天下，拓地既广，又能抚之如同内地者，无逾本朝。圣祖皇帝聪明天亶，万几之暇，讨论边徼山川如指掌，尤前代帝王所无有。谨按《尚书》云“三危即宅，三苗丕叙”，两地相连。又《穆天子传》云：“天子至于重䣙氏黑水之阿。曰重䣙氏之先，三苗氏。”又《山海经》：“黑水之北，有人名曰苗民。”其书并与《禹贡》相发明。三苗氏托处三危，而据黑水之阿，今舆图前、后藏及喀木之交，牙鲁藏布江实迳焉，有黑水河之名，由东折而南以入海。盖古三苗之地，雍、梁分界宜在于此。其处多高山，上下动百里，即以为山名，总不能出《考谕》之外。三危定而黑水之迹愈明。彼拘拘焉求厥山于甘茂，于鸣沙，于缅、滇，离真已远。仰溯神禹之循行，圣祖之推测均不在彼。盖惟圣人能知圣人，故虽相去四千年，而得符节之合有如此也。

按：《明史·地理志》孟养、缅甸之地，以大金沙江为正流；而槟榔江、龙川江在其东，为支川，以次归之。真元黄氏诸考与并同。且历引大金沙江用兵事，具载《明史》，其支幹之分了如也。今孟养、缅甸未列舆图，牙鲁藏布江自纬度二十九半、西经三十六半冈底斯东导源起，流至纬度二十七半、西经二十二不足而止。注云：东南由扪部落喀布查地入云南古勇州为槟榔江。古勇州直纬度二十五小半、西经十九强，中间约八九百里不相属。牙鲁藏布江之西一度有穆谟楚江，源八九百里，亦止于二十七纬，注云东南入牙鲁藏布江。又西六度有蓬楚藏布江，注云西南流入冈噶穆伦江，由厄纳忒克国入南海。而大金沙江之源则阙焉。窃谓蓬楚以东诸水，非牙鲁藏布无可以当大金沙江源者。牙鲁藏布之东不半度，有噶克布藏布江东南流，图亦未尽。注谓入云南天坦阙为龙川江。迹其去路，与槟榔江尤相值。而噶克布江之东一度半强，有绰多穆楚江，实龙川正源。缘诸水既出藏地，南经于野蛮，无从探其相续之脉耳。

《西域志》云：唐德宗于拉撒大寺立有甥舅盟约碑，款为唐文武孝德皇帝撰，文多剥落，内有云“绥氏栅以东大唐祗应，清水县以西大蕃供应”。

倪蜕《滇小记》云：大招前有古柳二株，轮囷离奇，传为唐时所植。旁有十丈唐碑，首行云“大唐文武孝德皇帝、大蕃神圣赞普甥舅二主结立盟约”云云。旁刻臣僚有朝议郎、御史中丞牛僧孺等名。友人林兆鹏随甘国壁中丞入藏所亲见。

按：《吐蕃传》云，景龙三年，吐蕃请河西九曲为金城公主汤沐，与之。开元二年，吐蕃乞载盟文，定境于河源。既而负约，入寇临洮，乃诏毁桥守河。至十八、十九年，复频请和，诏听以赤岭为界，表以大碑，刻约其上。未几西击勃律，残其国，复入寇河西。二十六年，王昱碎赤岭碑。天宝十二载，哥舒翰收九曲故地，列郡县。其后安禄山乱，吐蕃乘隙侵取诸州。德宗即位讲好，约盟境上，姑以清水为界。此碑所指与之合，然“文武孝德”乃穆宗尊号。《传》云：长庆元年，虏遣使来朝且乞盟，诏许之。以大理寺卿刘元鼎为会盟使，右司郎中刘师老副之。宰相与尚书右仆射韩皋以下若牛僧孺、李绛、萧俛、杨于陵、韦绶、赵宗儒、裴武、柳公绰、郭钋及吐蕃使者论讷罗盟京师西郊，约无相寇仇。大臣豫盟者悉载名于策，即其事。虏得此而刻之碑，不立境上而立于近牙之寺者，其俗重浮屠，决政事以桑门，故以此威西国，而笼其附己也。

《志》又云：西藏堡内有小诏寺，其塑像传为唐公主肉身。林兆鹏云，番人称尚唐公主者为苏隆臧干布罕，递相轮回为活佛，今已六世。

按：《吐蕃传》云，贞观十五年，以宗女文成公主妻赞普弄赞。弄赞次柏海亲迎，执壻礼恭甚，为公主筑一城以夸后世，立宫室以居之。又景龙三年，以雍王女金城公主妻赞普弃隶蹈赞[1]。公主至吐蕃，自筑城以居。弃隶蹈赞屡为寇，而弄赞始终辅唐。弄赞一名弃苏农，西域诸国共臣之。革蕃俗，为华风，遣诸豪子弟入学习诗书，请儒者典书疏。番人之所敬信，宜其久而神之。文成公主居吐蕃四十年，以永隆元年薨，距今千百年，何止六世？轮回之说妄矣。弄赞所筑城宜在此地。又按《勃律传》云，其王苏失利之为吐蕃诱娶而背唐。虽亦有苏姓吐蕃女，亦得称公主，然其后为高仙芝执至京，且小勃律距藏尚远，必非也。

《志》又云：大卜喇即达布拉岩前刻有“云山为剑，风树为旗，用彰我武，永靖边夷”，凡十六字，无朝代年月姓氏。

按：唐世张孝嵩、高仙芝先后破吐蕃于小勃律，然远在藏西，此纪功碑或当为元、明世人所刻，姓氏无可考。

按：唐世吐蕃建牙近地，至元明为乌斯藏，说已具前矣。在今则为拉藏，盖昆崙以南，此国为大，诸川所汇，牙鲁为大，非他处可易，固已亦有征焉。代出活佛，与小婆罗事同。臧河与藏河，逻娑与拉撒，转音并同。河之南有米纳巴山，与弥诺、弥逻音同。据图志，下游有黑水河之名，本诸夷俗，与《山海经》《穆传》及樊氏、周氏记同。原图环米纳巴山有渊，四方四隅皆达，北属黑水河，与《大荒南经》记荥水同，亦与《蛮书》云弥诺江“分流绕栅，南北百里，东西六十里”同，其验之多如此。况唐争勃律于吐蕃，凡史传所载，今藏中亦有其迹，岂不彰明较著哉？乌即黑也，乌斯藏之名，近世人相习，然原、新二图及《川志》转忽而不著，惟铺站尚列之。元明人名乌斯藏，今名拉藏，悉本逻娑与臧河之音耳。历代以来，黑水遗迹辗转，其略如此。

《西域志》云：诏内夏秋冬不见北斗，此天文之殊。按西藏经度，视京师偏西三十，太阳出没迟一时，当京师初昏见北斗出地，西藏不得见。周一月，北斗已高三十度，西藏才见，为初出地耳。以后北斗常见，但较京师高下差三十度，乌得三季不见耶？又云：行军时水围山猎，则雷雨冰雹顿至，不旋踵而平，间作活佛咒祝，亦多有止者。盖其地人神杂糅，传驱役呼招之术，或恶人禽渔而惊扰鬼物，在彼地习为常，然于正务无关也。

《水道提纲》云：雅鲁藏布江即大金沙江，疑即古之跋布川，或指为《禹贡》黑水，则大远矣。源出藏之西界卓书特部落西北三百四十余里达木楚克哈巴布山，山西北与郎千喀普巴山马品木达拉池源相近，在冈底斯东南三百里。山甚高大，形似马，故名。雅鲁藏布江源直西三十五度，极二十九度。三源东北流，合折而东南[2]。文多不录。中云，经日喀城北，藏地之音城也，在卫地喇萨西南五百三十里，先藏汗一居此，今为班禅所居[3]。城东南四里苏木佳石桥，长七十丈，有十九洞，为藏地桥梁之冠。又云：东南至日喀尔公喀尔城，北有噶尔招木伦江，自东北来会，此水源流三千里，疑土蕃之臧河也。经喇（拉）萨之南，唐时土蕃国都，今为达赖所居。伊克诏庙有唐长庆碑，其西北有库库石桥。末云经森打马庙西秃歌里山之西南，南流入罗喀布占国界。值西二十度九分极二十七度，又于其国会冈布藏布河、朋出藏布河二大水，转西南流入厄纳特克国，入南海。

---

① 弃隶蹈赞　《新唐书》卷二一六《吐蕃传》作“弃隶蹜赞”，当是。

② 三源东北流，合折而东南　齐召南《水道提纲》卷二十二《西藏诸水》作“三源俱东北流而合，折东流而东南，二百余里，有枯本冈前山水，自西南来会”。

③ 经日喀城北……今为班禅所居　《水道提纲》作“经日喀则城北，藏地之首城也。城在卫地喇萨西南五百三十里，先藏汗居此，今为班禅所居”。

按：《西域志》目藏为达布拉，《提纲》疑为古之跋布川，未审何据。山形似马，而川名雅鲁，未审译语云何。恭读《乐善堂二集》，云厄讷特珂克地分为五，印度盖古之天竺也。牙（雅）鲁藏布江出藏地，带云南铁壁关，迳缅国入海。《考谕》甚明，且《明史·地志》及土司各传俱载大金沙江由云南西南境入缅。齐侍郎既知此水即大金沙江，又谓其终转入天竺，似于两朝御制犹未得见，然何至并史志诸家概不省览，殊为疏谬。且移此水入天竺，即是恒河，全乖《禹贡》之黑水，奚啻大远而已？若知其为大金沙，即古雍、梁二州西南，非此更无界，又何远之有？

卷三　潞江

《大荒西经》云：西海之南，流沙之滨，赤水之后，黑水之前，有大山，名曰崑崙之邱。其下有弱水之渊环之。按：所谓西海者，亦弱水之类也。《西次三经》云：崑崙之邱，洋水出焉，而西南流注于丑涂之水。《海内西经》云：崑崙之墟，洋水、黑水出西南隅以东，东行，又东北，南入海。

按：洋水经次于黑水之前，赤水之后。以考今舆图，惟潞江得相值，其源有众淖尔，宛转通流在大岭间，非所谓“下有弱水之渊环之”者耶！数千年灭没之文釐出可验。然《大荒南经》记诸水所穷之地，洋独阙如。一条云“大荒之中歾涂之山，青水穷焉”。“歾”、“涂”音近。丑涂其地在崑崙南，与青水不应，青水当为洋水之误文耳。

《穆天子传》云：天子西征，至于赤乌。北征，超行。济于洋水。北征东旋，至于黑水。

按：《穆传》所次洋水，与《山海经》同。赤水西南为洋水，洋水西南为黑水。此云东旋似发踪，少有委曲，西迳大旷原，乃东归也，后文甚明。

《前汉·地理志》云：益州郡嶲唐县，周水首受徼外。又有类水，西南至不韦，行六百五十里。《后汉志》云：古为嶲、昆明。永平十年置西部都尉治。前书《西南夷传》注云：嶲即今嶲州，昆明又在其西南。

按：嶲唐县在越嶲郡，治邛都县西千余里。前书注所云嶲州，盖越嶲也，故昆明在其西南，如嶲唐则昆明应在其北，为今怒夷地。

《水经》叶榆下注云：不韦县，故九隆哀牢之国也。有牢山云云。世世不与中国通。汉建武二十三年，王遣兵乘革船南下，水攻汉鹿茤民。天震雷，疾雨，南风起，水逆流，船沈没，溺死数千人。后复攻鹿茤，鹿茤王与战，杀六王。乃惧，遣使诣越嶲奏献，求内附。永平十二年，置为永昌郡，治不韦县。秦始皇徙吕不韦子孙于此，故以名。

按：不韦今为保山，乃永昌府治。以今图考之，潞江带其西，兰沧带其东，治地占两川间，得适中，两川并东南流。《注》谓哀牢王乘船南下，不知当何属？从保山北微西行六七百里，出鲁甸西北，潞水自怒夷番界来，鲁甸当汉嶲唐地，怒水即类水可知也。《地理志》又云：南中山曰“昆弥”，水曰“洛”。大抵皆依“弱”音通转。

《水经注》云：类水出嶲唐县，汉武帝置。类水西南流，曲折又北流，东至不韦县，注兰仓水。又云：兰仓水东北经不韦县，与类水合。又东与禁水合。又东经不韦县北而东北流，有泸江之名。

按：郦《注》类水无专条，附三十六卷。若水条下谓类水自嶲唐南流，至不韦县，是矣。过县西境，仍独流入海，《注》乃谓注于兰仓，误也。

温水条下云：九德县属九真郡，县在郡南，与日南接。自九德西通类口，水源从西北远荒宁州界来也。

按：《晋书》武帝时分益州之永昌四郡为宁州，宁州自兰沧以东，总于交趾麊泠入海，无出九真、日南者。类水既迳永昌西，其入海之口应在西南界外，缅国图可证。虽与九德西东相值，而水源各别，云九德通类口者，特陆程耳。

《唐书·地理志》云：自羊苴咩城西至永昌故郡三百里。又西渡怒江，至诸葛城二百里。又南至乐城二百里。又南入骠国境。

按：羊苴咩城，今大理府治，在点苍山下。《蛮书》云："永昌，古哀牢地。在玷苍山西六日程。"此云三百里，盖山路也。永昌西行百余里，得潞江。按图上游自哈拉乌苏来，过怒夷地，名怒江，入永昌境，名潞江。下流复有喳里（哩）江之名。"类"、"怒"均出于"弱"音，然作"哩"者尤近。

《蛮书·山川篇》云：高黎共山在永昌西，下临怒江。左右平川[①]，谓之穹赕，汤浪、加萌所居也。草木不枯，有瘴气。自永昌之越赕，途经此山，一驿在山之半，一驿在山之巅。朝济怒江登山，暮方到山顶。冬中山上积雪苦寒，秋夏又苦穹赕、汤浪毒暑酷热。河赕贾客在寻传羁离未还者，为之谣曰："冬时欲归来，高黎共上雪。秋夏欲归来，无那[②]穹赕热。春时欲归来，平中[③]络赂绝。原注：络赂，财之名也。"

按：高黎共山，《永昌志》云高三十里，蒙氏时封为"西岳"。或以为崑崙冈之转音。其山在潞江西，龙川江东。从永昌往腾越，路所必经。樊氏言其下临怒江，而怒江竟无专条，盖传本散佚耳。

《史记正义》云：弱水有二源，皆出女国北阿耨达山，即崑崙也。南流合于女国，东去国一里，深丈余，阔六十步，非毛舟不可济。南流入海。《文献通考》引。

《唐书·西域传上》："上"字疑当作"云"。东女亦曰苏伐剌拏瞿咀罗，羌别种也。西海亦有女自王，故称东女。东与吐蕃、党项、茂州接，西属三波诃，北距于阗，东南属雅州罗女蛮、白狼夷。东西九日行，南北尽二十日。有八十城。以女为君，居康延川，岩险四缭，有弱水南流，缝革为船。人居皆重屋，王九层。以十一月为正。武德时，王汤滂氏始遣使入贡。开元间，王及子再来朝，与宰相宴曲江，封王曳昌为归昌王。贞元九年，王汤立悉与白狗君、南水君、弱水君等诣剑南韦皋求内附。散居西山、弱水，虽自谓王，盖小小部落耳。自失河、陇，悉为吐蕃羁属。至是犹上天宝所赐诏书云云。

按：郦氏《水经注》云"水黑曰卢，不流曰奴"，"奴"盖"弱"之转音，不必雍州有之，此弱水在崑崙山南，南流入海，与《山海经》所云崑崙山下赤水后、黑水前之弱水方，名悉叶。唐世著此名者，固非以上证《禹贡》，亦未必能知《山海经》别有此水，承夷俗所传而自合，以此愈验古记之得真也。宋程氏大昌尝欲以此水当叶榆之源，以为足界梁、雍二州。傅同叔非之，谓东女弱水前此无称黑水者，称之自程公始，不可据。此亦不然。凡地当考其实，不当泥其名。傅氏不问此水下流之果否与叶榆相接，第以前无黑水之名疑之，果尔将遂据以释雍州之弱水乎？中国以经相授，山川名号随代变易，何况蕃夷而欲其终古不失唐虞之称哉！特以前后各源验之图籍，此水应入潞江，与兰沧尚隔一山耳。

《云南师旅志》云：元泰定帝致和元年，怒江甸土官阿哀你寇乐辰寨，命云南行省督兵捕之。

又云：洪武三十年，平缅蛮刀斡（幹）孟逐宣慰司思伦。三十一年五月，命沐春为征南大将军，率都督何福往讨之。福跻高良公山，直捣南甸，大破之。还兵击景罕寨，

① 左右平川 赵吕甫《云南志校释》改作"左有平川"。吕甫按：此句原作"左右平川"，考穹赕在山东南隅，不得谓为在山之左右，《滇系》作"左有平川"是也，今依改为"左有平川"。

② 无那 杨慎《滇载记》注引作"无奈"。

③ 平中 赵吕甫《云南志校释》改作"囊中"。吕甫按："囊中"原作"平中"，"平中"义难通解。《滇载记》注引作"囊中"，句意明豁，疑此"平"字乃"囊"字之沕，因据改正。

寨乘高据险，坚守不下。福粮且尽，告急于春。春率五百骑，乘夜至怒江，诘旦径渡，令骑驰蹦寨下扬尘惊之。贼不意大军卒至，惊惧，率众降。春乘胜击崆峒寨，贼溃走。斡（幹）孟乞降，上以其反覆，不之许，寻擒斩之。平缅定，思伦得还。

又云：正统二年，麓川思任反，侵南甸，屠腾冲，据潞江，自称曰“法”。四年正月，命沐晟率都督方政等讨之。兵至金齿，即今永昌府。贼遣其将简缅断江立栅，师不得渡。晟遣人谕降，思任佯许诺，晟信之，无渡江意。《明史》云：“任发遣众夺潞江，沿江造船三百艘，欲取云龙。”而简缅数挑战，政怒，造舟六十艘，率麾下渡江击简缅，追至景罕寨，破其栅，斩首三千，获象三十余。深入，逼思任于上江，伏四起，求救于晟，不应。史云以少兵往，至夹象石，又不进。至空泥，一军皆没。晟虑春暮瘴发，烧江上积聚奔还。至楚雄，诏问失事状，晟惧罪暴卒。五月，以沐昂为征南将军进讨，捷于潞江。

《明史·麓川司传》云：正统六年，以定西伯蒋贵为平蛮将军，兵部尚书王骥提督军务，会诸道兵讨麓川。时任发遣贼将刀令道等十二人，率众三万余，象八十只，抵大侯州，欲夺景东、威远。而骥将抵金齿，任发遣人乞降，骥受之，密令诸将分道入。右参将冉保从东路攻细甸、湾甸水寨，入镇康，趋孟定。骥与贵由中路至上江，会腾冲。左参将宫聚自下江据夹象石。至期，合攻之。贼拒守严，铳弩飞石，交下如雨。次日，乘风焚其栅，火竟夜不息。官军力战，拔上江寨，斩刀放戛父子，擒刀孟项，前后斩馘五万余，以捷闻。七年，骥率兵渡下江，通高黎贡山道。齐集麓川，焚其营。任发父子三人从间道渡江，奔孟养。捷闻，命还师。

按：麓川司治在龙川江西，而其东境与金齿、潞江、孟定相错，大抵倚潞江为险，故前后用兵必取上下寨，道乃通。任发之致讨，举朝皆非，王振专权而逞忿，惟英国公张辅谓其受世职六十余年，屡抗王师，不可不讨。田汝成《炎徼纪闻》亦云，王振罪恶通天，若主征麓川，则为义正言顺。愚谓麓川外凭缅甸，内扼西南两迤，痈生要害，岂得置之？然亦何至发兵十五万，转饷半天下乎！且贼首未除，即以奏凯邀功，迄至再举三举，故当时亦多有论骥者。承平之久，国力已觉竭蹶，视明初将材兵练，能以少胜众者，其道异矣。

《永昌府志》云：潞江，杨慎以为即《水经》之漏江，音讹为“潞”也。

按：《唐地理志》牂柯郡有漏江县，在毋单、西随之间，盖以水得名。《水经注》叙其水于滇池县东南同并县东伏流复出，而与盘江合。《蜀都赋》亦云“漏江伏流溃其阿”。今临安、开化、古牂柯之地皆有漏江，而出开化者，其水南入交趾，与前志尤相应。潞江则益州之水，无伏流。“潞”从“怒”转，非从“漏”转，用修说谬。

张机附考云：潞江源出吐蕃，流经芒市，至木邦，又名喳哩江。流经八百、大车里至摆古之东入于南海。自木邦以下通行舟。昔年陇川多士宁潜往摆古见莽瑞体，顺此江而下也。旧谓其水流至洪门、车里，散于沙碛。近时《腾越志》又以为入大金沙江，皆非是。

黄真元附考云：潞江、澜沧江所出地名鹿石山[①]，在雍望，可穷其源。澜沧江之仅“仅”字疑误。仅得潞江四分之一。《云南杂纪》云：永昌瘴特甚。澜沧、潞江水皆深绿，不时红烟浮其面，日中人不敢渡。瘴起春末，止秋杪。夹堤草头相交不解，名交头。瘴时则行旅皆绝。江岸居民色多黄瘠，早死，惟妇女不染也。

---

① 鹿石山　原本作“麈石山”，据黄贞元《黑水论》改。

按：郦氏注《水经》有禁水之目，以旁有瘴气，可禁防罪人也，犹今律言烟瘴。地方不止一处，潞江、澜沧、金沙江皆有之，叶禁水之称。然其流各自入海，郦氏不知，以为丽水注兰沧，又合禁水注泸水，失之远矣。又按舆图，潞江之源比澜沧甚远。《明地理志》谓潞江出吐蕃雍望甸，而澜沧江出吐蕃嵯和歌甸。黄氏并为一，非是。且鹿石山之名，亦未知其何据也。

郑邦诰《高嵛冈证讹》云：州东百里许有山，旧名高黎贡，俗乎（呼）高良工。攒峰百出，削壁悬崖，岚烟静则天山一色，小阴雨则雪霰满巅，故又名雪山。高大为南中第一，蒙氏时僭封“西岳”。自东南逆转西北，约五七百里，经马面关抵大茶山，达赤发野人陆阻地，直接崑崙大荒。嘉靖三十八年，闻洞吾警，乃于冈隘分水界岭设关，掘得石碑，云“重修高嵛冈记”，“元至正时，云南诸路儒学副提举止斋王某撰”。其文残缺。始知此岗脉衍崑崙，故名“高嵛”，前三呼皆误也。《博物志》称“崑崙山东南，水流中国为河”。《大荒西经》曰“赤水之后，黑水之前，有大山，名崑崙之邱”。今黄河发源星宿海，在崑崙东南，当作“北”。黑水在崑崙西北，当作“南”。流入大居，为大金沙江，独赤水未详。然三水皆在崑崙前，高嵛东面赤水，西背黑水，其接脉崑崙，审矣。且潞江、龙川夹山两腋，绵亘千里，下至木邦、缅甸，支陇散漫交布，禹甸势据上游，诚天设之险，以壮我永昌腾越者也。邦诰，腾越人。

按：高黎贡之名传于唐人，夷语不可知，各以近音写之。元人又转为高嵛冈耳。中国之山皆衍于崑崙，且此山在三大幹外，无庸独附祖名也。其引《博物》《山海》证今黄河在崑崙东北，黑水在崑崙西南，而高嵛冈为东面黑水，西背黑水，谈言微中，宜别择存之。

李侍郎绂《黑水考》云：按旧舆图，西番之西、大流沙之南涌出一泽，名曰嘉河，南流为潞江，至永昌腾越境内，称为南金沙江，由阿瓦、缅甸入于南海。其水甚大，深黑，人有称为黑水河者。以今方舆路程考之，则嘉湖即今西番大池名哈拉努尔色楞格者。其水流为大川，南行千九百里，经鄂欺拉达巴罕，名黑水江，入怒夷境。又南行六百里，入云南境，经怒山之西，更名怒江。又南行八百里，经永昌府西境，更名潞江。又南行三百里至潞江安抚司，其地当腾越州，正东三百余里，皆云南内地，土人称为南金沙江。自腾越西南行三百余里，入阿瓦界，经缅甸，凡千余里，入于南海。

按：穆堂《考》引旧舆图，潞江源曰嘉河者，未知何据。岂以隋唐西南夷附国东部有嘉良夷水而名之歟？然彼传均不言其为泽。其国东北既连山接党项，其水宜东合澜沧或江源矣。南金沙江自在潞江西，此亦误牵。又云“若以甘州黑河为黑水之源，此黑水江为黑水之委，则北起雍州之西北，南尽梁州之西南，其为二州之界，可无遗憾”。其下又疑甘州黑河既西北流，其入金沙之地当经度之四十一度，而嘉湖当三十一二度，中间相距近二千里，入彼出此，恐难确定。自破已明，无庸费辞。

《书经传说》云：昔人谓蕃名山川，皆以形色。西南夷地水色多黑，故悉蒙黑名。如打冲、金沙、澜沧俱得称“黑水”也。而真黑水之源，去澜沧之西三百余里，蕃名哈拉乌苏色禽，经蒙蕃、怒夷、傈僳界由缅甸入南海，即佛书所谓“黑水出阿耨达山东”是也。禹迹之所不至。盖中国在阿耨之东，故名震旦，所入大水唯黄河一支，可见黑水出阿耨达之东，实在中国之西南，未尝流入内地，故从古无人知其源委也。

康熙六十年二月，抚远大将军王奉上谕改正山川地名。内一条云，哈拉乌苏即《禹贡》之黑水，今云南所谓潞江也。其水自达赖喇嘛东北哈拉脑儿流出，东南入喀木界。又东南流入怒夷界，为怒江。入云南大唐隘，名潞江。南流经永昌府潞江安抚司境入缅国。

按:《书经传说汇纂》本朝康熙中，钦定诸臣所修，谓哈拉乌苏为禹迹之所不至，而改正地名之上谕，则谓哈拉乌苏即《禹贡》黑水。凡注书之体，两说不同，以后为定。上谕于《传说》后始出，自当遵引以释经，缘其时书局诸臣已散，故未及修改耳。《蛮书·名类篇》云“粟栗，两姓蛮。在茫邛部台登城东西散居”。考今图，潞江大塘隘西界怒夷南有傈僳蛮是也。《云南志》作力些，一作“猓獭”，音并同，而《传说》写为“猓獭”。又考图，潞江自纬度二十七番界流入，经丽江、大理、永昌三府，曲折千数百里，至二十四度始出缅甸。水以西尚有龙川江、槟榔江重锁腾越，皆内地也。潞江、喳哩之名虽起近世，然《汉志》嶲唐县已注类水，《唐志》名为怒水，《元史》亦然，是前人固屡言之。

谨按：秦汉以来，说地名家者百数，未有能明《禹贡》梁州之黑水者。唐末樊绰著《蛮书》，始指证其处，比于伪《传》等书，虚实辽绝。宋儒以地隔大理，未能“能”下疑脱“深”字。究，人多惑焉。逮我圣祖山川地名之上谕出，然后知《禹贡》黑水果在缅隅。圣学天纵，冥符禹略，固无事广引于僻书，而绰幸于千年前发其端，以见识之真者，终难泯没。牖下生竭力注经，而卒不获闻，共亦不幸也已。

卷四 兰沧江

《山海大荒西经》云：赤水之后，黑水之前，有大山，名曰崑崙之邱。《西次三经》云：崑崙之邱，赤水出焉，而东南流，注于汜天之水。《海内西经》云：崑崙之墟，赤水出东南隅，以行其东北，西南流注南海。《大荒南经》云：南海之中，有汜天之山，赤水穷焉。赤水之东，有苍梧之野，舜与叔均之所葬也。

按：崑崙山诸大水，自南而东，为黑、洋、赤水。洋水既直怒水之位，怒水东南发崑崙而入南海者，惟有兰沧耳。下游名富良江，江之东北秦时苍梧地，与经亦相应也。

《穆天子传》云：天子宿崑崙之阿，赤水之阳水北为阳，舍于鹦鸟之山，升于崑崙之邱，以观黄帝之宫。北征舍于珠泽，升于春山之上，铭迹于县圃。西征至于赤乌，赤乌之人其献酒千斛，食马、牛、羊、穄、麦，天子使祭父受之，曰：“赤乌氏先出自周宗，大王亶父之始作西土，封其元子吴太伯于东吴，诏以金刃之刑，贿用周室之璧，封丌璧臣长季绰于春山之虱，妻以元女，诏以玉石之刑，以为周室主。”乃赐赤乌之人其墨乘、黄金、贝带、朱。丌乃膜拜而受，曰：“□山仍似缺‘春’字。天下之良山也。宝玉之所在，嘉谷生之。”于是取嘉禾以归，树于中国。天子五日休于□山之下，乃奏广乐。赤乌之人丌献女于天子，女听、女列为嬖人。又曰：“赤乌氏，美人之地也。”又云：自河首襄山以西南，至于春山、珠泽、崑崙之邱，七百里。自春山以西，至于赤乌氏春山，三百里。

按：此文珠泽与崑崙相连。前条云“北征舍于珠泽”，此云南至珠泽。珠泽者，泉池相连如珠环，崑崙多有之。依后条为合于图也。又《山海经》谓“赤水东南流”，一条又作“西南流”，古书字或讹方位，不能叶一耳。元太祖之未得中原，平西域，极于哈烈，以君其驸马帖木儿。古安息国地。其视太王亶父虽德力有异，然始作之规，不谋而同也。他书皆以太伯逃之荆吴，此则云受周室封，与其元女，相去万里犄角。周初牧野之会，西人居大半，至穆王西游已百数十年，道路无阻，岂亦循甥舅之谊欤？赤水至隋唐时名犹在，其地近洋源，依女人为国也。具“具”下疑脱“见”字洋水。

《前汉·地理志》云：益州郡嶲唐县，周水首受徼外。又有类水，西南至不韦，行六百五十里。

类水已见上洋水条。古不韦为今永昌郡治，自此正北行六百五十里当今鲁甸，北微西徼外来者惟兰沧江，盖古之周水也。《华阳国志》作同水，“同”，“周”字疑耳，非别水。

博南县注引《华阳国志》云：西山高三十里，越之得兰沧水。

《水经》若水下注云：永昌郡有兰沧水，出西南博南县，汉明帝永平十二年置。博南，山名也，县以氏之，其水东北流，出当作“迳”博南山。汉武帝时，通博南山按博南县今为永平县，县西高山直今沙木和。道，渡兰仓津，土地绝远，行者苦之，歌曰：“汉德广，开不宾。渡博南，越仓津。渡兰仓，为作人。”山高四十里，兰仓水出金沙，越人收以为黄金。又有光珠穴，穴出光珠。校本依《大典》本作“珠光穴”，云近刻讹作“光珠”。按《汉志》注引《华阳国志》，云兰沧水有光珠穴。外本不讹，校者失于旁证耳。又有琥珀、珊瑚，黄白青珠也。兰仓水又东北经不韦县，与类水合，又东与禁水合。另一条云：水自永昌县，而北经其郡西。水左右饶犀象，有钩蛇，长七八尺[①]，尾末有歧，在[②]山涧水中，以尾钩岸上人牛食之。此水旁瘴气特恶，气中有物，不见其形，其作有声，中木则折，中人则害，名曰“鬼弹”。惟十一二月差可渡，正月至十月，迳之无不害人，故郡有罪人，徙之禁防旁，不过十日皆死也。“水旁瘴气特恶”，干宝作“禁水，有毒气”。自此句至“十日皆死”，俱出《搜神记》。禁水又北注泸津水。本条兰仓与禁水合下云“又东经不韦县北而东北流”云云。有泸江之名。

按：类水迳永昌西南入海，不与兰沧合流，前条已具矣。兰沧迳永昌东南入海，《注》乃于永昌之东境截其去路，谓兰沧由此东北转入泸江，其谬不可以一二数。其失由于误认兰沧左支云龙、剑川等江水为正流，以来作去，谓当东北越重山，接小源以达金沙耳。盖类水、兰沧、泸江俱由西北徼外来，西东相距仅百余里，三大川之支源犬牙相入，虽各有高山以分其水，至写为平图，则相背之源反如相续之脉，分合去来，易爽其真，此说图之通病也。禁水以瘴重得名，今金沙司一带，及兰沧出顺宁以往皆有之。

叶榆县注云：叶榆泽在东。

《水经》云：益州叶榆河，出其县北界，屈从县东北流。过不韦县，东南出益州界，入牂牁郡西随县北，为西随水，又东出进桑关。过交阯麊泠县北，分为五水，络交阯郡中，至东一作“南”界，复合为三水，东入海。

《注》云：叶榆县，故滇池，叶榆之国也。汉元封二年，唐蒙开以为益州郡，郡有叶榆县，县西北八十里有弔乌山云云。县东有叶榆泽，叶榆水所钟也。不韦县北去叶榆六百余里，榆水不迳其县，自不韦北注者，卢仓、禁水耳。榆水自县南经遂久县东，又迳姑复县西，与淹水合，又东南经永昌邪龙县。于不韦县为东北。榆水自邪龙县东南经秦臧县，南与濮水同注滇泽于连然、双柏县也。自泽又东北流当作“迳”滇池县南，又东经同并县南，又东经漏江县，伏流山下，复出蝮口，谓之漏江。诸葛亮之平南中也，战于是水之南。榆水又迳贲古县北，东与盘江合。盘水出律高县东南盬町山出银铅，东经梁水郡北、原注云当作“卑水”。《地志》越嶲有卑水县。校本云：晋置梁水郡，领梁水、贲古、西随三县，朱谋玮云“当作卑水”，非也。按此知黄本之注皆袭朱本。贲古县南。水广百余步，深处十丈，甚有瘴气，朱褒当作“褒”之反，李恢追至盘江者也。又东经汉兴县，山溪中多邛竹、桄榔树。盘水北入榆水，诸葛亮入南中，战于盘中者也。此条当入温水下。

进桑县，牂牁之南部县尉治也。水上有关，故曰进桑关也。马援言从麊泠水道出进桑，王国至益州贲古县，转输通利，盖兵车资运所由矣。建武十九年，伏波将军马援言，从麊泠出贲古击益州，臣所将越、骆万余人，便习战斗者二千兵以上，愚以为行兵此道最便。盖承藉水利，用为神捷也。按《后汉志》，益州部牂牁郡十六城，治故且兰，有进乘。又益州郡十七城，有贲古。“乘”与“桑”，志注不同，俟考，《三国志》失载。自西随至交阯，崇山接险，水路三千里。榆水又东南绝温水，而东南注于交阯。

---

① 长七八尺 《水经注》卷三十六作“长七八丈”。
② 在 《水经注》卷三十六作“蛇在”。

按：叶榆县，今之太和，为大理府治。东临西洱海子，《汉志》所称叶榆泽者也。此水本西流入漾备江，折而南归于兰沧。汉人不知兰沧为此水经流，故《水经》无兰沧之目，仅就叶榆立名也。郦《注》虽知有兰沧，然误为泸江之支源，已辨正于上。然就其所序，以为过不韦县东南，出益州入牂牁，迳交阯入海，与今图大致亦相同。郦《注》乃驳经文云，榆水不迳不韦县东南，而谓自县南经遂久县东，合淹水合濮水注滇泽，迳漏江合盘江乃北入榆水。推其意，以洱海乃东行越白崖至三江口，逆上易门，越三泊以注滇海，又越澂江、开化达于交阯。盖自今洱口以下至老挝、交阯，经文所称水道，郦氏皆不知。其自序水陆二千余里，榆水莫由焉。本其时地图昧晦，故失真若是其远也。另具各水条下，此不复举。自进桑以后，注与经文同，惟"绝温水"句不合。

《地"地"当作"汉"志》来唯县注云：劳水出徼外，东至麋泠入南海，过郡三，行三千五百六十里。

按：自不韦以东，水之出徼外入南海者，在益州惟兰沧江。前于《地志》周水下已考得其源。然周水不具里数与所至所入，而详于劳水。劳为周水之委，与"兰"通音也。《水经》无周、劳之目，而去叶榆河下游，迳麋泠入海，与《志》序劳水者同，亦主兰沧言之耳。

《水经注》云：《尚书大传》曰尧南抚交阯于《禹贡》荆州之南垂，幽荒之外，故越也。《周礼》"南八蛮雕题交阯"，《春秋》不见于传。秦始皇开越岭，南立苍梧、南海、交阯、象郡，汉武帝元鼎二年始并百越，启七郡，置交阯刺史。后朱鸢雒将子诗妻征侧攻破州郡。后汉遣伏波将军马援将兵讨侧、诗，走入金溪究，三岁乃得。尔时西蜀并遣兵共讨侧等云云。此当作"北"二水，左水东北经望海县南，又东经龙渊县北，又东合南水，当有"南水"二字自麋泠县东经封溪县北，又东经龙渊县故城南，东东左合北水，其水又东经由阳县，东注于浪郁，经言于郡东界合为三水，此其一当作"二"也。其次一水，东经封溪县南，又西南经西于县南，又东经嬴陵县北，又东经北带县南，又东经稽徐县，泾水注之，水出龙编县建安二十三年改龙渊以龙编为名高山。东南流，入稽徐县，注于中水，中水又东经嬴陵县南。其水自县东经安定县，当有"县"字北带长江，江中有越王所铸铜船，潮退时，有见之者。其水又东流，隔水有泥黎城。又东南合南水，南当有脱字。又东北当作"南"迳九德郡北。江北对交阯朱鸢县，又东经浦阳县北，又东经无功当作"切"县北。建武十九年十月，马援入九真，至无功县，贼渠降，进入余发。分兵入无编至居风，斩级数十百，九真乃靖其水。又东经句漏县，县带江水，江水对安定县。县江中有潜牛。又东与北水合，又东注郁，乱流而逝，此其三也。平撮通称同归郁海，故经有入海之文矣。

按：《后汉〔书〕·西南夷传》云："建武十八年，夷渠帅栋蚕与姑复、楪榆、梇栋、连然、滇池、建伶、昆明诸种反叛。益州太守繁胜退保朱提。十九年，遣武威将军刘尚发蜀人及朱提夷击之。度泸水，入益州界，群夷奔走。二十年，进兵与战，破之。明年正月，追至不韦，斩栋蚕帅。诸夷悉平。"此北路之兵也。伏波会击，盖由南路，然《经注》既称建武十九年马援将兵从麋泠击益州，又谓其年十月入九真，篇中又有西蜀遣兵共讨征侧之文，既益州未平，蜀人从何路进兵耶？考援传，十七年南击交阯至合浦，缘海而进，随山刊道千余里。十八年春至浪泊，与贼战，破之，追至禁溪。十九年正月斩征侧、征贰，将楼船战士击九真征侧余党，自无功至居风，峤南悉平。二十年秋，振旅还京师。伏波击益州在十九年二月以后，而史失载。今安宁、太和、耿马皆有伏波遗迹，赖《经注》可验耳。

《文献通考》云：吐谷浑在益州西北，魏周之际有地数千里。南界陇涸城，去成都千余里。大城有四，一在清水川，一在赤水，一在浇河，一在吐窟真川，皆子弟所理，其王理慕贺。川西有黄河，南北百二十里，东西七十里。唐龙朔三年，吐蕃攻取其地。

按：《水经注》卷二洮水下云，临洮县东有赤水城，汉建初二年马防筑。又《晋书·四夷传》及

《载记》言，乞伏乾归降吐谷浑树洛干于赤水，即拜为赤水都护。又隋置河源郡，领县有赤水。唐贞观中李靖等破吐谷浑于赤海，其时李彦道为赤水道行军总管。显庆时，吐蕃求赤水地牧马，不许，其地应在黄河之北。《唐地志》凉州有赤水军，则去河源尤远。赤水名著于西裔，故代取其嘉称，而《山海经》《穆传》之本水隐矣。然吐谷浑所理四大城之一，亦未必不近古赤水也。

杜佑《通典》云：吐蕃有可跋河，去赤岭百里，方圆七十里。东南流入西洱河，合流而东，号漾鼻水。又东南出会川，为泸水，即黑水也。

按：《通典》云，可跋海去赤岭百里，东南流入西洱河。此条似可为赤水证。考《唐书·地理志》陇右道鄯州鄯城县注云，西六十里有临蕃城，又西六十里有白水军。又西南六十里有定戍城，又南隔涧七里有天威军石堡城，初曰振武军。又西二十里至赤岭，其西吐蕃，有开元中分界碑。自振武经尉迟川、苦拔海、王孝杰米栅，九十里至慕离驿。又经公主佛堂、大非川二百八十里至那录驿，吐蕃界也。又经暖泉[1]、烈谟海，四百四十里渡黄河云云。又《吐蕃传》记长庆初刘元鼎经行云，过石堡城，右行数十里，土石皆赤，虏曰赤岭，距长安三千里而赢，盖陇右故地也，与《地理志》注相应，是赤岭在黄河北七百一十里。而可跋海当为苦跋海，其流东入黄河。杜君卿所云乃在河江二源之南，岂名同而地别，亦犹未免于误引耶？

又按：《通典》云，漾鼻水东南出会川为泸水。会川，汉会无县，在泸江北，直漾鼻东北，此乃云东南者，盖唐时漾鼻原有黑惠之名。“惠”、“会”音通。南诏四渎之一。《水经注》谓兰沧亦名泸江，一条直云泸仓。“兰”、“泸”音近，同取卢、黑为名，未必即指会无与泸津也。

《唐书·地理志》陇右道鄯州鄯城县注云：经鹘莽峡百里至野马驿，经吐蕃垦田，又经乐桥汤，四百里至阁川驿。又经恕谌海，一百三十里至蛤不烂驿，旁有三罗骨山，积雪不销。又六十里至突录济驿。

按：此条序犁牛河以南道里，自犁牛河至臧河必取道澜沧、潞江二源，志虽具其地而无分注，不能的知。

樊绰《蛮书·山川篇》云：兰沧江源出吐蕃中大雪山莎川，东南过韦赍城西，谓之濑水河，又过顺蛮部落，南流过剑川大山西，南流入海。

又云：龙尾城西第七驿有桥，两崖高险，水迅激。横亘大竹索为梁，上布箦，箦上实板仍通，以竹屋盖桥。其穿索石孔，孔明所凿也。即《后汉》所云“渡博南，越仓津”者。昔诸葛征永昌，于此筑城。今江西山上有遗迹及古碑、祠庙存焉。

又《城镇篇》云：铁桥城西北有罗眉川，又西至郎共城，又西傍弥潜城，又西盐井，西有敛寻城，皆施蛮、顺蛮部落所居。又西北至聿赍城，又西北至弄视川。

考今图，澜沧源杂楚河，北岸阿玛珉喀擦穆山下有城，名苏尔莽，东南半度有地名拉集，意即古之聿赍也，弄视川尚在其上。别条云“梨牛河环绕弄视川”，梨牛即金沙江源，弄视川盖据二水之间。兰沧水由莎川东南左抱弄视川，过聿赍城、敛寻城、盐井、弥潜城、郎共城、罗眉川、铁桥城西乃入云南。过剑川大山西博南山西，穿竹索桥，而东南流经交阯入海也。兰沧得名自汉武之世，皆以为东北入江，知其入海者，自绰书始。又按今图，兰沧所出皆大山，其大雪山未注，《唐地理志》三罗骨山或近之。《云南志》维西通判治西北八百里亦有大雪山，似在下游，不得为源山也。维西，雍正五年置，在澜沧江东，原图鲁甸或是。

宋程氏《禹贡论》云：樊绰所称西洱河者，与《汉志》叶榆泽相贯，广处可二十里，既足以界别二州，其流又正趋南海。又汉滇池即叶榆之地，武帝初开滇、嶲时，其

[1] 暖泉　原本作“援泉”，据《新唐书》卷四十《地理志》鄯城县注改。

地古有黑水旧祠，夷人不知载籍，必不能附会。而绰及道元皆谓此泽以榆叶所积得名，则其水之黑似榆叶积渍所成。且其地乃在蜀之正西，又东北距宕昌不远。宕昌即三苗种裔，与三苗之叙三危者又为相应，其证验莫此之明也。

今按：西洱海子带太和县之东，广四十里，长仅一百二十里，特兰沧江一小枝，乌足以界别雍、梁二州？程氏云滇池有黑水祠，即叶榆之地。谨按《书经传说》云“汉滇池，今云南府昆明县，与今太和县相去五六百里”。程氏云云非是。且滇池水亦北入大江，与叶榆不相贯也。程氏又谓榆叶渍水而黑。韩汝节驳之云：“源之黑或由榆叶所渍，岂得流去数千里，色尚不变？他处黑水甚多，何未闻有此？”胡朏明云：“叶榆本蛮语，与中国文义不同，安知为榆树之叶耶？”程氏又谓叶榆去宕昌不远，宕昌，三苗之裔，与叙于三危者相应。胡朏明云：“宕州西南距大理三千余里，何谓不远？”以上皆中程氏之病，然程氏多方援引，明其得氏“氏”当作“名”。黑水也。按：《水经注》兰沧江一名卢仓，卢与黑同义。又杜氏《通典》云“可跋海合西洱河东南流为泸水，即黑水也”。汉唐时已称黑水，而程氏失于援引，故为补之。

程氏云“绰及道元皆谓此泽以榆叶所渍得名”，此言诚为孟浪。予亲至大理，其地绝无榆树。检《华阳国志》，原作“牒榆”，字与树叶本无关。道元注云“叶榆泽，叶榆水所钟也”，是言水钟为泽，非言叶渍。程氏盖误会道元之注，又牵连及绰耳。《禹贡锥指》乃谓以渍叶得名，盖亦出于樊绰，绰书具在，并无叶榆之目，朏明果于造诬哉！

元仁山金氏云：泸水即黑水，经云南至交阯，名归化水，广处如江，东南入海，海道图名黑水口。

《元史》云：至道八年，大理劝农官张立道使交阯，并黑水以至其国。

明焦弱侯《禹贡解》云：四川行都司南有泸山，即泸水所出，而交阯海无所谓黑水口，金说不足信。胡朏明云：泸水源出建昌卫，流入蜀江，不经交阯入海。金说实谬。

予按：西南之水多以“泸”名。焦、胡所举特其入江者耳，仁山则本之《通典》。前条所谓泸水即黑水者，实兰沧水之本名也。地名或历久不易，或随时而变。黑水口之名，仁山岂肯妄造？去冬安南内讧，有自军台回者，寄示彼国地图。其西老挝界有黑江，东南流过归化省城之东，更名富良江，东南入海，与仁山所言悉合，此非为仁山地者，因其实而写之，盖黑江之名，夷人至今未改也。

李侍郎《黑水考》云：程氏大昌以叶榆水为黑水，以今方舆路程图考之，盖即所谓澜沧江也。其水发源西番阿克必拉，疑即古之劳水。南行千六百里始名澜沧江，迤蒙番东境，又南行千里入云南小甸，又南行八百里经永昌府西境，则哀牢山在焉。又南行千六百里经永顺、威远二府，至车里宣慰司，名九龙江，入阿瓦、老挝二国境，入于南海。其水源委甚长，似足以当黑水，然自发源以至云南，行三千余里，并无黑水之名，至西洱河来会洱河之源，始称黑水。其源近出云南，与雍州绝远，中隔岷、峨诸山，亦无与甘州黑水相通之理，必非《禹贡》之黑水。

明人李元阳《黑水辨》云：黑水之源固不可穷，而入南海之水则可数也。夫陇、蜀无入南海之水，惟滇澜沧江、潞江皆由吐蕃西北来，盖与雍州相连，但不知果出张掖地否？水势并汹涌，皆入南海，是岂所谓黑水者乎？然潞江西南趋，蜿蜒缅中，内外皆夷，其于梁州之境若不相属。唯澜沧由西北迤逦向东南，徘徊云南郡县之间，至交阯入悔。今水内皆为汉人，水外即为夷缅，则禹之所导于分别梁州界者，惟澜沧足以当之。孟津之会曰髳人、濮人，以今考之，皆在澜沧江内，则澜沧江之为黑水无疑矣。《地理志》谓“南中山曰昆弥，水曰洛”，《山海经》曰“洱水西流，入于洛”，故澜沧江又名洛水。

《元史》：“至元八年[①]，大理劝农官张立道使交阯，并黑水，跨云南以至其国。”观此，则澜沧江之为黑水，益彰彰明矣。

《禹贡锥指》云：元阳，大理人。自谓熟知其乡之山川，据张立道事以证澜沧当为黑水。元阳亦尝溯流而上至敦煌，亲见其与彼地之黑水相续乎？兰沧源居河源之东，黑水自三危而南，必入于河矣，安能越之，而南接兰仓以入南海乎？

予按地图，河源与兰仓源经度相等，而江源尚出其西，果有水从西北来，河不能阻，亦必归江。元阳主兰仓而杂以张掖之条，授人以间，故朏明得而极论之。不知水出张掖，经无此言，特郦氏误引《山海》之文，而易其方隅。注书家曲为弥逢，反疑大地之山川乖牾，惑之甚者也。中溪未见《通典》与《禹贡论》，故不知兰仓得名黑水非自元始。其引《地理志》“水曰洛”者，当属之潞江与？若又引洱水西流入于洛者出《西山经》，验其前文，自为渭口之洛，与本处不应，当别论之。

《锥指》又云：按《水经注》，兰沧水仍东北合泸水入蜀江，今所谓澜沧江，元人指为黑水者，则东南流至交阯入海，与梁州绝无交涉，影响之谈不足信。见第九卷。又云：说者多以澜沧为黑水，徒以东南至交阯，差近梁州之徼外耳。其实黑水下流之为澜沧，与由交阯入海，既非出于古记，又非得之目验，凭虚测度，何若阙疑之为善乎！第十二卷。

按：如胡氏所诘责，谓黑水当由张掖，属澜沧则《禹经》原无此文，大地并无此水，真所谓凭虚测度者也。胡氏又谓兰仓不得名黑水，则如前所陈，亦足以释然矣。《尚书传说》云“蕃名山川以形色，西南水色多黑，如打冲、金沙、澜沧俱得称黑水”。予于庚子岁由云州往普洱，问津土夷，率以澜沧为大黑水，旁众溪为小黑水，彼岂知有《尚书》者？按诸古记，验诸目击，无一不同。特胡氏惊其太远，而依《禹经》求之，犹小而近，不足当真黑水之目耳。胡氏又岐《水经注》之兰仓水与今澜沧江为二，今时大理久成内地，人人目击，澜沧既东南入海，岂别有分流及故道东北入江者？不知纠经注之谬，反籍以难历古无变之江渎，岂不固哉！

唐杜氏佑作《通典》，不知王者之无外，惟汉文博士王制之言是徇，以为南不尽五岭，以前史次南越于扬州者为非，妄之甚者也。朏明胡氏释《禹贡》，专主之滇、越相连，既外越必外滇，私意断江源为梁之南界，自金沙江以南不属九州，斥澜沧江于徼外。然唐宋以来主是水者多有，李元阳以滇人言滇迹，援引尚洽。胡氏讥其未能亲溯上游，验水之离合于张掖，世固未有设此难以责秉笔之人者，此非胡氏本意也。别条云：“张掖水东北入居延海，俗谓之黑河，并不经三危入南海，安得以《禹贡》黑水属之？”胡氏已明斥张掖水，复引以折中溪，何耶？困于无可措辞，而以势所难行者夺之耳。假令真有一雍北之水，绕出河源以与澜沧合，胡氏亦必不与之。所以然者，徼外不得更有《禹贡》山川，故有明澜沧之为黑水者，必力斥之，并迤西诸大川无不斥之。至问彼黑水何在，则又以为堙涸而人当阙疑。持论徜恍，总欲推而付诸无容致诘之域，怪矣哉！万古不废而诬为湮涸，显有目验，而教人存疑，勤勤焉嘘雾于西南，恐人稍发之，则梁州江源之界不确，并荆、扬、五岭之界亦不确，而井蛙之障破矣。虽然，亦大愚实甚。令《禹贡》南界果止于江、岭，则所云“于疆于理，至于南海”者，禹无寸土勺水，何为越界循行，而大书于策，以夸后世耶？禹言之界必及之，岂惟澜沧，凡迤西濒海皆其地。其流弥大、源弥远者，始足以连界二州，固不系于名称之存亡也，则舍大金沙江将奚属？夫地不能言三危之类，或可引而就近，而南海不能也。彼挟拘墟之见者，闻人主兰仓，已诧梁境过大，况加是以往，宜益心废而口呿，不敢措议。然天下后世各有心目，可尽封耶？故南海之文著，而黑水可得，梁界可明，即禹迹所揜扬州沿海之地，亦通为一矣。杜氏之妄，乌可掩哉！

康熙六年，奉谕考正山川，内一条云：澜沧江有二源，一源于喀木之噶尔机杂噶尔

---

① 八年　原本作“二年”，据《元史·张立道传》改。又“交阯”，《元史·张立道传》作“安南”。

山，名杂楮河，一源于喀木之济鲁肯他拉，名敖母楮河。二水会于叉木庙之南，名拉克楮河。流入云南境，为澜沧江。南流至车里宣抚司，名九龙江，流入缅国。

按：噶尔机杂噶尔山在澜沧江源西北，原图作格勒济杂噶拉那阿林，直纬三十四半、西经二十二。新图为格尔吉灰噶尔阿林，西经加度而纬同。所流出之杂楮河，原图作匝楚必拉。新图“匝”亦作“杂”。济鲁肯他拉之地稍次南，原图作沙鲁拉达巴罕，直纬三十三半、西经二十。新图“沙”作“萨”。所流出之敖母楮河，原图作敖母槼必拉。新图作鄂穆楚。二水东南流，夹叉木庙于中。庙原图作叉母多，直纬三十一半、西经十八半强。新图作察穆多珠克特亨。二水合为一，名拉克楮河，原图作默楚必拉。新图“默”作“谟”。又东南入云南维西界，直纬二十七强、西经十七强，纵横十二度，为三千里，计曲折四千里强也。

《书经传说》云：地理今释导川黑水即今云南之澜沧江，其源发于西蕃诺莫浑五巴什山分支之西，曰阿克必拉。南流至你那山，入云南界。东岐一支为漾备江即程大昌所谓叶榆河，东南流，分注大理府之西洱海，经流入顺宁府境。其正支南行，绝云龙江而东，南至云州属顺宁府。北之分水岭，仍与漾备江合，又南流至阿瓦国，入南海。

按：澜沧诸源原图有二，《传说》所称盖初出之稿，与《山川考谕》不同，依后图则一矣。又按云南图，旧兰州之北有分江塘，塘北之水，西北流为工江，折而西入澜沧江。塘南之水，东南流为白石江，又东南更名漾备江，至合江铺左，有水自大理城北东来，西南流，合之《汉志》所云叶榆泽，唐以来改称西洱河者也，合漾备而南入于澜沧。澜沧江自入云南界，南东行，历收工江水、云龙江水，漾备与西洱合流之水，皆在左岸，诸小水各自为道，同归而异本，不相通，亦不籍经流之，分渗秩如也。《明史·地理志》云：墨会江即样备江，南流至顺宁府东泮山下，合于澜沧江。对岸为云州刁弥山。《顺宁志》云“其高千仞，下临沧江”者是也，下距神舟渡不远。凡水随山而分，故分水之名山皆可用。据图，云州分水岭在顺甸河南，缅宁、猛麻诸小河分于此，山北去澜沧尚远。《地理志》又称车里司东北有澜沧江，达于交阯，为富良江，乃入海云。

《汉地理志》云，益州郡有叶榆县。《后汉志》《水经》同。《三国志》：楪榆县隶云南郡。晋、宋、齐《志》：楪榆县并隶东河阳郡。梁以后没于河蛮。

按：叶榆古泽自汉至蜀无称洱水者。晋于其地置东河阳，洱河名似起于其时。《古迹志》云叶榆废县在今大理城东南十里，河阳废县在今城东十里。同时二治，相切必不然，河阳县当在今喜州南，去今城四十里也。

《隋书·梁睿疏》云：二河有骏马、明珠。又《史万岁传》云：万岁率众次勃弄，至于南中。进渡西二河，入渠滥川。击破贼三十余部。

《唐书》云：太宗贞观二十二年，右武卫将军梁建方讨松外蛮，遣奇兵掩西洱河蛮，其帅杨盛纳款。

又云：中宗景龙元年，吐蕃及姚州蛮寇边，讨击使唐九征败之。吐蕃以铁絙梁漾、濞二水通西洱蛮，筑城戍之。九征毁絙平城，建铁柱于滇池勒功。西洱河亦西流，得通称滇池。

《蛮书·名类篇》云：河蛮，本西洱河人。当六诏皆在，而河蛮自固洱河城。开元已前，尝有首领入朝本州刺史，受赏二字当在“本州”上而归者。及蒙归义攻拔大脱“和大釐”等字城，河蛮遂并迁北[①]，皆羁置[②]于浪诏。

《六睑篇》云：大和城[③]、大釐城、阳苴咩城本皆河蛮所居之地。开元二十五年，蒙

① 遂并迁北　原本作“遂进迁化”，据《蛮书校注》卷四《名类》改。
② 羁置　《蛮书》卷四《名类》作“羁制”。
③ 大和城　原本作“太和城”，据《蛮书》卷五《六睑》改。大，通“太”。

归义逐河蛮，夺据太和城今阳南塘。后数月，又袭破苴咩今大理府。盛罗皮[1]，取大釐城今喜州，仍筑龙尾今下关，原误作“口”。城为保障。初立太和城，以为不安，遂改创阳苴咩城[2]。城，南诏大衙门。又云：大釐城东南十余里有舍利水城，在洱河中流岛上，四面临水，夏月最清凉，南诏常于此城避暑。

又云：龙尾城，阁罗凤所筑。萦抱玷苍南麓数里。按《途程篇》云，从渠敛赵三十里至龙尾城，从龙尾城至阳苴咩城。原文误作“龙口”，今改正。城门临洱水下，河上桥长百余步。又云：龙尾成东北有息龙山，南诏养鹿处。

龙口城，今上关，原文脱。大釐城云“北去龙口城二十五里”，邆川城云“南去龙口城十五里”。

按：蒙氏因河蛮三城增筑龙尾、龙口为五城，同居一甸。又于龙口之北修邆川城，往来居之。家室共守，五处如一，而以龙尾城为保障，归义父子所经理也。大衙门居五城之中，为阳苴咩。其后取其北大釐城之名以为大理国号，郑、赵、杨、段相沿守之。元平其地为大理府，取其南太和城之名以名首县，而大釐、太和本城遂墟，惟上下二关犹在，谓之河首、河尾云。

《汉志》叶榆县注云：叶榆泽在东。云南县注引《南中志》云：县西北百数十里有山，众山之中特高大，如扶风、太一，郁然高峻，与云气相连结，因视之不见。

《蛮书·山川篇》云：玷苍山《唐书》“玷”作“点”，南自石桥，北抵邆川，长一百五十余里，直南北，亦不甚正。东向洱河，城郭邑居，棋布山底。西南陡绝，下临平川。山顶高数千丈[3]，石稜青苍，不通人路。冬当作“夏”中时有坠雪。又云：囊葱山在西洱河东隅，河流俯啮山根。土山无树石。高处不过数十丈。面对宾居、越析。山下有路，从渠敛赵出邆川。

元郭松年《行记》云：点苍之山条冈南北百有余里，峰峦岩岫，萦云戴雪，四时不消。上则高河窦海，泉源喷涌，派为一十八溪，皆可灌溉，水则源于浪穹，渟滀紫城之东。羊苴咩城，一名紫城。北自河首，南尽河尾，波涛二关之间，周围百有余里。内则四洲三岛九皋之奇，浩荡汪洋，烟波无际，江山之美，有足称者。又云：河尾关，洱水下流也，名龙尾关，蒙氏之所筑。

李京《云南志》云：西洱河即叶榆水，方圆三百余里，势如人耳，故名。《行水金鉴》引《尚书通考》。

按：郦氏误谓兰仓水东北流而有泸江之目。杜氏《通典》谓吐蕃水合西洱河名漾濞水为泸水，即黑水。前考已明古今地名或沿或易，今图西洱河源出剑川南境，名黑水河，迳浪穹、邓川西南汇为海子，邓川即古之邆川。《蛮书》云“城依山足，东距泸水”，是则黑水、泸水之名古今未改，郦氏直不当谓东北转耳。宋程氏疑水之色由于叶渍，又远引滇池黑水祠为证，固失之，然不得谓此泽绝无黑水之证也。西洱河予尝泛之，其色黮黕与仓津同，虽为兰仓一小枝，而最有名，故别征其迹如此。

《法苑珠林》乾封二年宣律师问天人云：“成都多宝石佛，何时从地涌出？”答曰：“昔迦叶佛时有人于西洱河造之。其多宝旧在西洱河鹫头山寺，古基尚在，仍有一塔，常有光明，令向彼土。道由郎州过，大小不算，三千余里方达西洱河。河大阔，或百里，

---

① 又袭破苴咩盛罗皮　《蛮书校注》作“又袭破咩罗皮”。达案：咩罗皮原本作苴咩盛罗皮，据本书卷三邆赕诏条，蒙归义与邆赕诏咩罗皮同伐河蛮。咩罗皮据有大釐。后为归义所夺，并筑龙口城。是取大釐者乃归义，与其父盛罗皮无涉也。此处之苴咩盛罗皮五字必是咩罗皮之误，因为改正。

② 初立太和城　《蛮书》卷五《六睑》作“蒙归义男等初立大和城”。

③ 数千丈　《蛮书》卷二《山川江源》作“数千余丈”。

或五百里。中有山洲，亦有古寺，经像尚存，而无僧住。时闻钟声，百姓殷实。每年二时，供养古塔。塔如戒坛，三重石砌，上有覆釜，其数极多。土人但言神冢，每发光明。人以蔬食祭求福祚也。其地西北去嶲州二千余里。问疑当作'闻'去天竺非远，往往有至彼者。"《太平广记》九十三卷引。

按：《法苑珠林》，唐释元恽所集。其说中土佛迹尽属虚妄，而矫托天人，宜火之书也。西洱河长百二十里，广处不四十里，其迹显验，亦诡称五百里，尽大理封疆犹不足，录之以著其妄。昔河蛮请于唐，作塔洱水旁，十数层，其高二百尺，今尚在，此书所述古塔如戒坛三成者卑之甚。释子好夸，曾不引用蛮塔，知其造说，果在开元前矣。

《地"地"字亦当作"汉"志》青蛉县注云：僕水出徼外，东南至来唯入劳，过郡二，行千八百八十里。叶榆县注云：贪水首受青蛉，南至邪龙入僕，行五百里。秦臧县注云：即水南至双柏入濮，行八百二十里。又会无县注云：故濮人邑也。

按：会无直今大姚县北，其间东起罗次，古秦臧。西至白崖，古邪龙。南连易门，古双柏。大抵皆古濮人之所居，故以名其水。然支分南北，南大幹迳其中，彼此毋庸紊。大幹之北为青蛉水、今一泡江。毋血水、今大姚河。骏马河，今龙川江。以次北流入金沙江。大幹之南则濮水、今阳江。贪水、今白崖水。即水，今绿汁江。总为一，南东流，下游迳交趾入澜沧江。濮水近出幹南之勃弄川，而《汉志》以为出徼外，且有"贪水首受青蛉"之文，皆失之。盖白崖地广而泉薄，昔之治水者，北跨幹凹分一泡江之源，南度以济之，其迹具于图，阅者但见纸上水脉相连，而不知二流分背，因以一泡与白崖通为一。今原、新二图犹然，知其沿误于旧也。

《水经》脱濮水，郦氏注江水下，一条云：布僕水出徼外，从邛笮县字有误，当云"笮都"。西来，分为二：一水东经临邛县、江都县字有误、武阳县入江；其一水南经越嶲邛都县，至云南郡之蜻蛉县入于僕，郡本云川地也，蜀建兴三年置。僕水又南经永昌郡邪龙县而与贪水合，水上承蜻蛉县水[①]，迳叶榆县，又东南至邪龙，入于僕。僕水又迳宁州建宁县当作"郡"州，故庲降都督屯，故南人谓之屯下。建兴三年，分益州郡置历"历"字疑衍双柏县，即水出焉。水出秦臧县牛兰山，南流至双柏县，东注僕水，又东至来唯县，入劳水，水出徼外，东经其县，与僕水合。僕水东至交州交阯郡麋一作"麊"泠县，南流入于海。

郦氏因《地志》注僕水有"出自徼外"之文，而劳、若、淹、绳各有川分受，此外别无徼外水下注僕水者，遂截取蜀西大渡河源及孙水，跨江逆行，入蜻蛉以贯之。逐节倒乱，离真益远，班氏岂乐此附会哉？今图学大明，其地人常往来，是非之迹较然矣。僕水本条尚未大错。郦氏前注以为榆水所迳之地，一川而杂两水，盖彼自失榆水之本行耳，说已具于上。

又，牂牁西随县注云：麋水西受徼外，东至麋泠入尚龙溪，过郡二，行千一百六里。都梦县注云：壶水东南至麋泠入尚龙溪，过郡二，行千一百六十里。

按：麋水长仅千里，而云"西受徼外"，或为兰沧右支，从夷地流入之水也。壶水长与麋水等，当为今李仙江下游。除僕水外，澜沧左支之流皆不长。

《汉地理志》牂牁郡有漏江县，次西随、都梦、谈虁、进桑前。左思《蜀都赋》云：漏江伏流溃其阿。

《水经》叶榆河注云：榆水迳滇池县南，又东经同并县南，又东经漏江县，伏流山下，复出蝮口，谓之漏江。又迳贲古县北，与盘江合。又东南绝温水，而注于交趾。

---

① 蜻蛉县水　《水经注》卷三十三《江水》作"蜻蛉水"。

按：《注》言榆水东经滇池县南，又迳同并县南。今南盘江上游有八达河，自宜良县南东流，其程正如此。八达河于阿迷北境东北转右，有支源，与今开化府北期乌河源分水于大石牙山，开化为汉漏江县，《注》见二源相值，遂以为榆水取道于此也。漏江南流，三伏三见，贲古尚在其西，其水南流入濮水，注又以盘江之名通之也。叶榆与濮水二注大半为漫漶，图本所误已具于前考。然源流虽紊，而水道无虚，故宜断章释之。贲古、来唯、西随、进桑等县并在夷地。

《蛮书·途程篇》云：从安南府城上水至峰州两日，至登州两日，至忠诚[①]州三日，至多利州两日，至奇富州两日，至甘棠州[②]两日，至黎武贲栅四日，至贾勇步五日，已上二十五日程，并是水路。从贾勇步登陆，至矣符馆一日，至曲乌馆一日，至思下馆一日，至沙只馆一日，至南场馆一日，至曲江馆一日，至通海城一日，至江川县一日，至进宁馆[③]一日，至鄯阐柘东馆[④]一日。只计日，无里数。

《新唐书·地理志》云：安南经交阯太平，百余里至峰州。又经南田，百三十里至恩楼县，乃水行四十里至忠城州。又二百里至多利州，又三百里至朱贵州，又西四百里至丹棠州，皆生僚也。又四百五十里至古涌步，水路距安南凡千五百五十里。又百八十里经浮动山、天井山，山上夹道皆天井，间不容跬者三十里。二日行，至汤泉州。又五十里至禄索州，又十五里至龙武州，皆爨蛮安南境也。又八十三里至傥迟顿，又经八平城，八十里至洞澡水，又经南亭，百六十里至曲江，剑南地也。又经通海镇，百六十里渡海河、利水至绛县。又八十里至晋宁驿，戎州地也。又八十里至柘东城。

按：二书所言陆程，自贾勇至曲江尽不同。贾耽之志作于贞元，尚参唐制，樊书咸通时作，全用蛮言，唐绛县称江川县可证。非有二道也。今图自曲江驿东南往安南必由开化，与古路略同。《山川志》云期乌源自石洞流出，为侬人河，环绕府城北东南三面如龙盘，故一名盘龙河。按：期乌即《蛮书》曲乌之转，馆在水侧，故以名，当为唐汤泉州地。循水西北行五十里至乐农寨，值唐禄索州。又西北至大石牙，值唐龙武州，期乌源穷于此。越西山渡洞澡水，水即临安府泸江之下游，别有考。期乌水三伏三见，汉之漏江也，其水南微东流入交阯。据外国图，迳平衡，有水左自广南府界来合之。当为普梅河之尾。又南流为宣光江，至宣光省即安平。赌咒河右迳安北府来，绕行省之西南而合之。又南转西流，有二水左自广西界来，总为一，西南流合之。又西南至东兰县侧，注于富良江。

董以宁与严祺先辨黑水书

自去岁得奉明教，以所定《禹贡》注见示，知足下好学深思，较二孔及蔡氏逾详，而更定《蔡传》数条，俱凿然有据，顾于黑水之入南海，则独阙焉存疑，此诚出于至慎之意。然昨者仆亦以凿然有据之说语足下，足下虽不非之，而犹未免于疑，故敢退而为书，以质之于足下。

按经文云“华阳黑水惟梁州”，又云“黑水西河惟雍州”、“导黑水至于三危，入于南海”。读者见雍、梁皆有黑水而又下入南海，以为此水之在当时必直贯今陕西、四川之境，又下云南全省，而入于交南之海，此其言不足辨也。黑水在黄河之北，若果直下而

---

① 忠诚　《新唐书·地理志》作“忠城”。

② 甘棠州　《云南志校释》吕甫按：甘，《新唐书·地理志》附录贾耽《边州入四夷道里记》作“丹”，又《志》安南都护府羁縻州条作“甘”，疑“丹”讹，“甘”是，姑志于此以俟异日考证。

③ 进宁馆　《云南志校释》改作“晋宁馆”。吕甫按：晋原讹作“进”，兹依两《唐书·地理志》改正。

④ 柘东馆　《蛮书》卷一《云南界内途程》作“柘东城”。柘东，《旧唐书》作“拓东”，胡三省云，言开拓东境也。《新唐书》作“柘东”，与此同。

趋南海，必横冲黄河以过，而黄河亦且随之以南，不得纡回而东，至于积石矣。今黄河得东至积石，则不直贯雍、梁之境内可知，并不直贯于雍、梁之境外亦可知。于是互相臆度，有谓河自积石以西皆多伏流，故黑水得越而南者。此但见《汉书·西域传》张骞言河出于阗，合葱岭河以入浦昌海，冬夏不增减。故以为潜行地下，至积石始见耳。不知纡回于积石以西者，后人出塞，皆经其地，又何尝潜伏而不见乎？况蒲昌海至积石有大流沙间之，唐与元两访河源，皆已知张骞之谬乎？前之人想亦致疑于此，故图《禹贡》黄河，或竟始于积石，其西至星宿海处竟不入图，或竟图黑水于黄河以南，谓源出梁州之汾关山，则是雍州之地当无黑水，固与经文不合，而迂就其说者遂谓黑水所经不特包川、陕、云南之外，而且包于星宿海之外，果若所云，则去雍、梁之地极远，当时何取于此，而以为二州之疆界也？宁都魏石床谓海非南地洋海，可以辟从来承袭之非，特欲以东北之居延海当之。据元都实所图，谓黑水入张掖河，再流入居延海，则其水固东北流，而不得谓之南。今乃曰居延海仍汇黄河，因黑水在北，黄河在南，故曰南，又因其流入居延海，故又曰海。

呜呼！恐虞夏史臣无此割裂难通之文义矣。愚则曰海非南地洋海，亦非北地居延海，而甘肃以南之青海也。郦道元《水经》云“黑水出张掖郡鸡山，南流至敦煌，过三危山，南流至于南海”。而《后汉书·西羌传》注谓“三危在今沙州敦煌县东南，有三峰，故曰三危”。《一统志》云“三危山在沙州城东南二十里”，与《汉书》合。志又云黑水见“镇夷所城西四里”，一见“肃州卫城西北十五里，源出鸡山”。今考其地即古张掖，其西历镇夷所，至肃州为酒泉郡，再西至哈密，始为沙州之敦煌。今曰源出鸡山，则为甘州元疑也。曰镇夷所，则在甘与肃之间无疑也。曰肃州城西十五里，则近镇夷所之西，而合而南流无疑也。而所谓青海为李靖讨吐谷浑时所过者，适在其南，此非其所入之处欤？况河北得水便名为河，塞北得水便名为海，此处有沙漠之瀚海在其北，有蒲昌之海在其西北，而又有居延海在其东北，即欲不名之南海，不可得也。王莽秉政时，于此地置西海郡，亦以此得名。然以其在中国之西，则汉时自谓之西海，而以其在西徼外之南，则禹时自谓之南海。如一江也，于导汉则名为北江，而于导江之条则又名曰中江，固不必致疑于此矣。然则是水也，在西北之一隅，止以界雍而不入乎雍之界，又何由至梁而为之界哉？盖尝遍考图志，参以魏石床考异，而知黑水在黄河之北，尚有见于宁夏东番以注黄河者。而黄河以南则更有四，一见平凉开城县北百五十里，曰大黑水、小黑水合流入河；一见庆阳府城西百二十里，源出太白山，合浦川流入宁州；一见文县军民所，《水经注》所云“出西羌素岭入会白水”者是；一见城固县西北，诸葛武侯笺所云“朝发南郑，暮宿黑水”者是。凡此四水，固皆在雍州之境内，而城固、文县实与梁州接壤，经文以黑水为梁州所距之界必取诸此，而非甘肃间之南流入海者矣。至《地理志》谓源出犍为郡南广汾阳山，即今四川之叙州，已无其水。而汉武开滇池县，有黑水祠，又止言有祠，不知水之所在，《疏》引郑说，直以为中国无之，则失于所见不广。而执入南海之旧说者，必欲于今四川、云南境内求所谓黑水以实之。唐樊氏谓即丽江，宋程氏谓即西洱河，元金氏谓即泸水，明李氏谓即澜沧江，纷纷不一甚。且水本不黑而强名之，则无稽甚矣。足下何必以其去三危远近，而始疑之也哉！

不揣愚昧，直抒臆断，惟足下采择，并示贤弟荪友共定之。宁顿首。

跋

万载李厚冈先生以进士服官云南，与檀默斋同讲舆地学，精博过人，所著《云缅山川志》，予已收入《问影楼丛书》。《禹贡》黑水入海之道，自孔、蔡以来，聚讼纷纷，曩见董文友与严祺先书，变宁都魏氏之说，以南海为青海，心知其谬，而无说以折之，及见先生此稿，昭若发矇。乃与熊君译元重加编订，釐为四卷付刊，而附董书于后，是非所在，后世自有能辨之者。已乙卯三月，胡思敬书于退庐。

〔据清胡思敬辑《豫章丛书·万载李氏遗书四种》（台湾新文丰出版公司影印民国十二年南昌退庐刊本，《丛书集成续编》第19册第625－682页）辑录。《黑水考证》四卷，对我国西南边界内外三条大河弥诺江、潞江（怒江）、澜沧江及其所涉及的一些支流作了细致调查研究，就诸水之名称沿革、发源及经流状况，诸水流域之地理环境、历史典故、民族状况等作了详尽考证叙述，为我国西南地区及周边缅甸、印度、越南等国的历史地理研究留下了一份有价值的资料。书中论述除详引诸书外，多结合身历目验，因而所论翔实，多有可取之处。〕

黑水说

陈 澧

《禹贡》黑水，昔人之说不一，尝综诸说而考之，则以为今潞江者是也。潞江上源曰哈喇乌苏，蒙古谓黑曰哈喇，谓水曰乌苏，《水道提纲》言其水色深黑，其为黑水明矣。哈喇乌苏源出西藏喀萨北境，东流至喀木，乃屈南流，盖即《禹贡》雍、梁二州之界，三危当在其地。自喀木南流，为《禹贡》梁州西界，至云南曰潞江，又南出云南徼外，入南海。以今证古，无疑义矣。说者以雍州黑水与梁州黑水为二水，然雍州，《经》文云"三危既宅"，则道水云"至于三危"者在雍州境，而雍州不近南海，其入于南海必过梁州，不能分为二也。

《禹贡》以山水明九州之界，青、徐同一岱，荆、豫同一荆，青、徐、扬同一海，徐、扬同一淮，兖、豫、雍同一河，且雍州不但曰河，而曰西河，以明在冀州西界，若雍、梁各一黑水，岂得漫无分别？其为二州，同一黑水明矣。又有谓道黑水，非雍非梁，而分为三者，尤不足辩。胡朏明谓：潞江源在河源之东，黑水不能越河而接为一川。胡氏当国初时，所据者明人地图，于徼外之地多不确，不知潞江源出河源之西也。雍州黑水即潞江之源，非别有一水与潞江接，其过梁州尤不必越河也，或以雍州之境太广为疑，亦不必疑也。九州之境，大小不同，雍州东至西河，西至弱水，较兖、徐二州之广，几及三倍，不必以黑水而疑其太广也。雍州界至喀木，则河源在雍州境内，《经》言导河积石，昔人以为河源不始于积石，则河源为禹迹所不及，不得在雍州境。澧谓今阿木你马勒产母孙大雪山以西，至星宿海，群山围绕，皆《禹贡》所谓积石河源，固禹迹所及至也。

梁州南境则非直至南海，故梁州，《经》文不言南海也。又《汉书·地理志》不志黑水。益州郡滇池县下云有黑水祠，盖汉时黑水不在中国，故立祠于滇池望祀之。郑注《禹贡》云"今中国无也"。考《汉志》越嶲郡青蛉僕水，为今澜沧江，汉地至此而止。又西则徼外地，《汉志》僕水，为今澜沧江；僕水所入之劳水，为今越南国洮江；其入僕之贪水，为今漾备江；即水为今巴景河。详见澧所著《地理志水道图说》。潞江在澜沧江之西，所行皆汉徼外地，故班《志》不载，而郑《注》以为中国无也。黑水为潞江，得班《志》、郑《注》而益明矣。班、郑不言黑水所在，是盖阙之义，若《通典》云年代久远，遂至湮没，则非也。梁州西境皆山，与沙土平旷之地不同，水流何能湮没？若湮没则必自雍州西流，至流沙而没矣。然当其未没，则必并流沙而西南，绕出哈喇乌苏上源之西，过前藏西境，后藏东境，乃能入于南海。梁州西界，必不至此也。凡考地理者，于边徼之地，必得国朝康熙、乾隆内府地图而始明。国朝舆地之广大，地图之精确，非汉唐以后所及也。

〔据清陈澧撰《东塾集》（沈云龙主编《近代中国史料丛刊》第47辑，1966年文海出版社影印本）卷一第1页辑录。陈澧，广东番禺人。他通过考证黑水之名称、由来、源流、位置等，认为黑水为潞江（即今怒江），间谈及其东之澜沧江及其支流。另见《学海堂三集》卷三第8页。〕

黑水解

俞正燮

《禹贡》“华阳黑水惟梁州”、“黑水西河惟雍州”、“导黑水，至于三危，入于南海”。《史记集解》引郑注云“《地理志》益州滇池有黑水祠”，而不记此山水所在。《地记》言“三危山在鸟鼠之南”，《书正义》引郑云“今中国无也”，《正义》引《汉志》滇池县黑水祠，止言有其祠，不知水之所在。《史记正义》以为导川黑水，古文疏略。梁州黑水，则引《括地志》“出梁州城固县西北大山”。《水经注》云“黑水出北山，南流入汉”。庾仲雍言“黑水去高桥三十里”。诸葛孔明《笺》言“朝发南郑，暮宿黑水，四五十里”。指谓此也，道则百里也。《陕西通志》亦载之。《城固县志》云：县西北五里有黑水，南流入汉，是城固以西为雍界，东为梁界，梁州仅东至华阳一线，东西三四百里，南北一二十里。《禹贡》所载梁州山水，俱在黑水之外。

今案：禹迹乃所身历，解者各以巾箱所有书检证之，故或言古文疏略，或仅就所见以贶古人，皆不然之说也。陕西、甘肃、四川志乘所载黑水、白水至多。自南山黑谷北流于盩厔，西南入就水者，亦名黑水。后魏正光末，泰州贼东侵岐雍军于黑水，魏将崔延伯军马嵬以拒之，又西渡黑水向贼营。此亦非雍州、梁州两界之黑水也。

《禹贡》：“导黑水，至于三危，入于南海。”《水经注》云：“黑水出张掖鸡山，南流经敦煌，过三危山，又南入南海。”《书正义》言：“黑水在河北，河自积石以西，多伏流，故黑水得越而南，然今无其水。”《敦煌县志》云：“三危山，《隋志》在敦煌县；《括地志》在沙州东南三十里，山有三峰，故名；《明都司志》三危为沙州望山，俗名昇雨山，今在城东南三十里，三峰耸峙，如危欲堕，故名。”又云：“黑水，《括地志》出伊吾县北百二十里，东南流，绝三危山，二千余里至鄯州，又东南四百余里至河州，入黄河。”又云：“党河，《汉书》龙勒县有氐置水，出南羌中，东北入泽，溉民田。”又云：“色尔腾海子，旧《志》在沙州西南，四周有山围绕，水不长流，色尔腾河由巴彦布喇至鄂尔打坂，止二百九十里。黑海子，旧《志》在沙州西北，大泽，番名哈喇脑尔，党河之水自南来，以此泽为归宿。”依敦煌目验之，言黑水至三危者，止入黄河。其近三危之水入海者，乃色尔腾海子。是《禹贡》导水之黑水，今为色尔腾河、党河矣，且河源、江源以北，水无入南海者。然则雍州与西河相对之黑水，即导川之黑水，在敦煌，而《禹贡》雍州之文，亦不出黑水之外，其梁州之黑水，与华阳南北相对，当为今金沙江。《汉书·地理志》益州郡滇池县有黑水祠是也。梁州黑水，依《汉志》云符黑水出犍为南广县汾关山，北至僰道入江，即今叙州筠连县之南广水，出乌蒙之镇雄山，经筠连、高县、庆符至宜宾，合金沙江以入大江者。而金沙江出青海，河源西北，经玉树诸番及川西土司，入云南，纳昆明，即所谓滇池黑水祠者，北至宜宾入大江，又与符黑水合。唐樊绰尝言之，盖《禹贡》与华阳相对之黑水为金沙江，则《禹贡》梁州之文，不出华阳黑水之外。《禹贡》三言黑水：雍州及导川之黑水，一也；梁州黑水，又一也；如荆岐既旅，荆及衡阳惟荆州，非一荆也。至云南之阑仓江，出察木多西北琼布三土司北鄂穆楚河，亦曰澜沧江，经丽江、大理、永昌、顺宁，而合大理之墨会江，又经景东、镇沅、普洱、车里，经粤南以入南海者，亦为黑水。顾祖禹《方舆纪要》云：西洱河，相传黑水伏流，别派自西北来会为洱河，亦曰叶榆河，下为漾备江，亦曰墨会江。

黑水甚多，然非《禹贡》黑水也。《禹贡》雍州黑水当在雍西，梁州黑水当在梁南，雍州黑水必不入南海，梁州黑水必不至三危，《经》文不能强通。若三危即卫藏禹迹，由察木多至车里，事之所有，又大理、云龙州亦有三危山，为澜沧所至，则导水之黑水，非雍、梁言界之黑水也。

〔据清俞正燮撰《癸巳类稿》（清道光十三年求日益斋刻本）卷一第 23 - 25 页辑录。俞正燮（1775—1840），字理初，安徽黟县人，清代著名学者，嘉道间转变学风之代表人物。自幼刻苦读书，尝“拥籍数万卷，手翻不辍，辍已成诵，地人名、事迹本末，见某度某册某篇行，语辄中”。然因家贫及科场困顿，一生以佣书为业，先后为人编校《五代史补注》《大清会典》《黟县志》《两湖通志》《古天文说》等十余种书籍。其代表作《癸巳类稿》，系作者考订经史、诸子、医理、舆地、道梵、方言等各方面之学术成果汇编而成。清道光十三年（1833 年）梓行，是年系癸巳年，因名之曰《癸巳类稿》。卷一《黑水解》通过列举历代史籍“黑水”、“黑水祠”等之名称、地域、流向等记载，考证认为《禹贡》梁州之黑水，与华阳南北相对，当为今金沙江。〕

与徐心田论黑水书

程同文

所示《黑水考》一卷，采摭群籍，通其所不可通，可谓至难。大概以东樵胡氏①析黎雍黑水二之，不安于心，乃出此解，令离者合之，其用意亦精矣。篇中尤卓者，如证以《尔雅》，谓河所出为昆崙，穷河之源，即识昆崙之所在。又证以《山海经》，谓河与黑水同出昆崙，是为雍、梁二州之黑水，亦即导水之黑水，其鸡山所出，乃别一黑水。断以《水经注》，黑水出张掖鸡山，南流过三危，入南海之说为非。尽此数语，以求黑水，与今水道既合，以解《禹贡》，亦不费词，然则诸说纷纭，可一扫去之矣。

夫昆崙见于雍州，其境属雍无疑也。黑水既由雍以入南海，其不能不假道于梁，又无疑也。然则雍、梁以黑水为距，实皆西距耳。胡氏以梁之黑水为南距，当之以金沙江，而置入于南海之黑水于无何有之乡，不亦惑哉！然何氏不敢以黑水为梁西距者，亦复有故。盖误以三危在敦煌，而黑水之源又在其上，遂以出张掖鸡山为信，于是入于南海之文，更不能属。今试求诸梁之西境，安得有发源张掖、敦煌间之水乎？梁之西距，无水

---

① 东樵胡氏 即胡渭（1633—1714），字朏樵，浙江德清人。笃志经义，尤精舆地学。撰有《禹贡锥指》20 卷，作图 27 幅。

可指，始不能不以黑水为南距，而以为非复雍之黑水。夫如是，则梁之黑水，不必导于三危，又不必入于南海，任举一水当之，而亦无间可以致诘，是诚巧矣。然雍之黑水，卒不可解。盖雍之黑水，既出于张掖，经于敦煌，则又安能南行以入于南海？今按黄河所出为枯尔坤山，其山自喀什噶尔以来，经和阗之南，又二千余里，以抵于此，横障于大碛之南，连亘不断，果使张掖、敦煌间有水南行，当河源以下，不能截河而过，当河源以上，又不能越山而过。然则所谓入于南海者，有是理耶！曾谓神禹而留是妄言，以启后人之惑耶！夫谓三危在敦煌者，由误会《春秋传》文。《传》曰：先王居梼杌于四裔，故允姓之奸，居于瓜州。盖云先王之时，梼杌之属皆投之四裔，以御魑魅。居阴戎于瓜州，用此例也。阴戎非即三苗，一居三危，一居瓜州，各不相涉。杜预注本牵强，岂得援是为三危在敦煌之证。三危所在，当以康成引《地记书》在鸟鼠之西南当岷山者为确。盖鸟鼠南少西为岷山，其曰鸟鼠西南当岷山者，其地必更在岷山之西，与岷山南北相当处也。其不直曰岷山西，乃曰鸟鼠西南者，当时达三危，必由鸟鼠取道，傍岷山北，循黄河南岸，经今四川松潘属郭罗克土司境，西南行，乃抵焉，故云然。岷山之西，今为西宁属土司境，又西为西藏属土司境，在察木多、洛隆宗之北，三危当在其处。盖枯尔坤之西为巴萨通拉木，又西为诺莫浑乌巴什，虽随地异名，实同为一山，其即古所谓崑崙者乎？黄河出其东，格吉河出其南，经西宁属土司，至察木多南为澜沧江；喀喇乌苏河出其西，经西藏属土司，至洛隆宗南为怒江，皆经云南。澜沧江入南掌，怒江入缅甸，其委皆达于南海。然则此二江者，必有一为古之黑水矣。盖《禹贡》雍梁分域，必在今察木多、洛隆宗之间，故三危既宅，载于雍州。黑水出崑崙，至三危，乃雍州西距之黑水也。过三危迤下，乃梁州西距之黑水也。必谓梁州西距，不应远及吐蕃，此亦未然。今洛隆宗以西，又二千余里，乃至前藏，若察木多则出四川边，亦仅二千余里。禹迹所至，渺然中区；雍之渠搜，在葱岭西；青之嵎夷，在朝鲜；冀贡道夹右碣石入于河，则远及辽东；荆三邦底贡，其远莫考，然《尧典》南交，必在域内；独梁州不得有今卫藏之地，岂通论哉！然则澜沧江与怒江，孰为黑水？曰：此不能决也。孰为近？曰：或者其澜沧江乎？蒙古谓黑水曰喀喇乌苏，此怒江之可证为黑水者也。然古今夷夏，语言殊异，山川之名，不必一一相合。怒江在澜沧之外，古无称焉。澜沧即叶榆水，《水经注》以为出益州叶榆县，盖不能考其上流，故失之。若以此水为黑水，证之于古，《山海经》"青水、黑水之间，若水出焉"，青衣水与沫水合而入江，其青水欤？于今为大渡河。若水与绳水合，又合于泸水而入江，于今为金沙江。青水在若水东，则当以在若水西者为黑水，今金沙江之西乃，澜沧江也。若怒江又在其西，中复间以澜沧，不得谓若水在青水、黑水之间矣。又叶榆为滇，叶榆水在滇之西境，或古昔相传，以此为黑水，故滇王即其国都建黑水祠祀之。《地理志》"滇池县有黑水祠"，本与上文"大泽在西，滇池泽在西南"句不相属，不得指是祠为因滇池泽建也。胡氏以金沙江为黑水，亦举黑水祠为证，谓金沙江入滇池，故于滇池侧建祠。今滇池之水，乃北流入金沙江，非金沙江入滇池也。若金沙江果为黑水，而祠必建于水侧，则黑水祠亦当建于金沙，不当建于滇池矣。

胡氏考《禹贡》山川，得之者多。若九江、黑水，则仆皆不敢以其说为然。九江尝著论矣，今因足下所著《黑水考》而附述所见如此。若足下所考雍梁间水道凡六，雍州之水可至于梁，梁州之水可至于海，求之古籍，皆有可征。然按诸今之水道，实有不能强通者，岂古今地势异欤？愿足下更详参之。

〔据清贺长龄辑《皇朝经世文编》（清道光七年刻本）卷一一八《各省水利五》第28－31页辑录。另见《魏源全集》第19册。〕

《禹贡》黑水源流辨

尹梓鉴

上

《尚书·禹贡》载夏禹平治水患，分天下为九州，雍、梁之外有黑水焉。故“华阳黑水惟梁州”、“黑水西河惟雍州”，又曰“导黑水，至于三危，入于南海”。明李元阳《黑水辨》以为是云南之澜沧，水势汹涌，以入南海。三危山即不在丽江，亦当不远。张机《南金沙江源流考》按：大金沙江发源昆崙山西北吐蕃地，即夏禹所导黑水也。引《云南志》载：金沙江出西番，流至缅甸，径趋南海。得非黑水源出张掖，流入南海者乎？又引黄贞元《黑水考》：窃考大金沙江、澜、潞三水，虽皆入于南海，大小远近不同。而大金沙之大，倍于澜、潞。澜、潞所出地名鹿石山，在雍望，俱可穷源，上流亦狭。大金沙江之源，则远出番域，上流已阔，澄若重溟，黝然深碧，夏秋涨溢，江色不变。其注云傍多松，有琥珀。又云：今始略其源，惟自经流、支流入海可见者言之，水流至孟养陆门地，孟拱下有陆俫地，江水由此经流，未闻有陆门地。有二大水自东合流，名大盈江。盈江入金沙江在八募。江流至此，夷人方名为金沙江。江中产碧玉、黄金、钿子、金精石、墨玉、水晶，间出白玉。滨江上下出琥珀。旧《志》以琥珀、碧玉出在澜沧者谬矣。然其所引证及经流、支流，言多淆讹，不足以凭。惟所谓金江之为黑水，具有卓见。清史秉信《冈脊黑水辨》引唐樊绰指丽江为黑水之非。张、黄指金沙江去梁荒远，此为黑水，所谓华阳者何居？所谓至于三危者又何居？元张立道[1]使交阯，由黑水入三崇山，澜沧经其麓，又有黑水祠。其考究不无据。又《大理志》：云龙州有三崇山，顶列三峰，高万仞，下环澜沧，即古三危。复称朱子云：黑水从雍、梁西界入南海，不经中国，知言哉！乃引《山海经·西山经》云：昆崙之邱，西流于大杅轩辕之邱，旬水出焉，南流注于黑水。所指西南皆黑水，实不入中国。阚祯兆《黑水考》言：天下大水有三，曰黄河，曰长江，曰黑水。其源出于西北而入于南海者，黑水也。谓梁州即今全蜀及滇地，东距华山之阳，西据黑水。又谓：雍州秦地，接于蜀，西据黑水。雍、梁二州皆以黑水为界。按：梁州，禹域也。滇初为百濮国，即南之车里、八百、缅甸。又何尝不在禹甸乎！又云：三危，南裔之地，黑水将入南海处。方缅甸江头城，即见江中有大山，三峰四塔，极其秀耸，得非所谓三危乎？

综观诸家所考辨，如张、阚两氏以大金沙江为黑水。史氏以澜沧为黑水，并云“沿革有时而更，江山千古不易，山脊水源俱在”。李以澜沧江为黑水，谓新都杨升庵亦主是说。今顾铁生氏《〈穆天子传〉西征今地考》载《国学丛刊》第一卷第四期天子北征东还，至于

---

[1] 张立道　原本作“张元道”，据《元史·张立道传》改。

黑水，西膜之所谓鸿鹭之，此黑水当为黑龙江。中略。至如梁州之黑水，自当以《山海经·南山经》鸡山所出之黑水为是指澜沧江，且又有以丽、潞等江为黑水者。其说纷纷，莫衷一是。按：丽江入扬子江，指之为黑水，不成问题。而澜、潞两江，水源远出，经川边而来，虽与雍、梁地合，而三危又在何处？考大金沙江由泌已那上溯三十公里外，分而为二：在东者为恩梅开江野人语，吾国呼为俅江，以上流域为俅夷地，源出前藏之罗河；在西者为马里开江，上为溥藏布江称雅鲁藏布江，其源远出西番外。野夷呼水为"开"，恩梅开、马里开，皆野夷名江。后英人据此，沿而用之。两江逶逦，相汇于冻伾山麓，吾国前人未尝履其地，只以为一江环流，通称之。顾氏以澜沧为黑水，其《〈穆天子传〉西征今地考》援引《山海经》三危山在昆崙之西三千三百里，非甘肃肃州之三危，又非四川夔府之巫山。又谓三危即三危国，西王母之所居，在帕米尔高原外之波斯。夫以澜沧为黑水，三危又远在昆崙西三千三百里，若以《禹贡》导黑水至于三危而论，此三危又当于何地，未明言也。且导者，引导也，谓如出雍、梁二州外，至三危以入南海，则三危在江之下流，不当逆溯数千里外波斯，明矣。澜沧源短江狭，在汉仅以津名，前人亦多以为非黑水。

今试就金沙江上流既分为二，析而考证之。恩梅开江，其源稍短，上有冰山，又经数千里重峦峭岩，深林密箐，沿雪山之麓，复绕尖高山下流，故其水清冽，四时不变。马里开江，源出吐蕃外，其经流当在万余里。两水容纳各支流数十，故江面辽阔。据《穆天子传》：天子北征东还，乃循黑水，至于群玉之山，以望四野，乃遂西征，至于西王母之邦。按：《山海经》云洋水、黑水出西北隅以东，东行，又东北，南入海。又按：《汉书·西域传》云于阗即今和阗多玉石。《文献通考》宋建隆三年，于阗王李天圣贡玉，使者言国城东西有白玉、碧玉、乌玉诸河。顾氏谓春山即葱岭，为帕米尔高原，天子升之，始望四野。黑水为哈拉哈什河，回语黑玉河之义。天子北升春山，复至西王母之邦，东还至于黑水群玉之山，或即由群玉河，所称故天子北升春山云云。以顾氏各种引证，黑水之源当在葱岭东南，参以《海内经》，黑水南入于海，如马里开江源出西北，而东南流，又南入于海，相与较证，得非《禹贡》之黑水乎？张机氏谓夷人言江中产玉及黄金等物，滨江上下又出琥珀。但马里开江实产金沙，其余未见有所出。惟江之西，距数百里许，赖赛、干昔野夷司地，方数百里内，无论山水间，产黄金、翡翠及各种色玉，并水晶、红珠、琥珀，与所谓"滨江上下"吻合。然考此野人山山脉，系由葱岭越于阗、西番而至，江中石质，黝然黧色，足征之为黑水。三危之山，阚氏谓缅之江头城。此城在格洒埠下，往来瞻瞩，未见有此崇山。若于泌已那道中七十二里间，向东北辽望，远见冻伾山与尖高山及旁一峰巍然耸峙，峻极于天。江水由山麓绕东而西出，以导黑水至于三危，入于南海，岂谓此耶？但滇西诸水多入南海，不过于三危之无实稽，前人未能远游阅历，止据书中而论，或传闻滋异，其言难免荒渺。今以自行观察考验其石质水色与支山之形势，故敢如是断之。史氏谓江山千古不易，然江水泛滥，忽东忽西，往往变更其形，山亦多被冲没，以黄河经流而言，可以悟矣。

下

《禹贡》黑水，上篇曾详言之，然有见未及者。如清康熙五十八年谕见《腾越新志》及黄懋材《黑水考》：朕于地理，从幼留心。凡古今山川，无论边徼遐荒，必详考图籍，广访方言，访得其故。故遣使臣至崑崙西番诸处，凡诸水发源之地，皆目击详求。又云：《禹贡》“导黑水至于三危”，旧注以三危为山名，而不知其所在。朕今试考其实[①]。三危者，犹中国之三省也。打箭炉之西南，拉里城之东南，为喀木地；达赖喇嘛所属，为卫地；班禅额尔德尼所属，为藏地；合[②]三地为三危耳。澜沧之西为哈拉乌苏，即《禹贡》之黑水，今云南所谓潞江也。《乌斯藏考》见曹春林《滇南杂志》：卫藏为中藏，为今拉萨诏。卫，危也。即黑水导至于三危。黄懋材氏《〈禹贡〉黑水考》见《经世文续编·兵政十二》以雅鲁藏布江经缅甸称伊拉瓦第江之大金沙江为黑水，乃以厄楚河为槟榔江，其所指名地不无错讹，故重申辨之。

清康熙谓三危非山而为地，足为上智，别有见解。前儒称之为山，乃系由孟子书“放驩兜于崇山，殛鲧于羽山，以杀三苗于三危”，亦为山，而不知所在。按：《山海经·海外南经》“三苗国在赤水东”，注云昔尧以天下让舜，三苗之君非之，帝杀之，三苗之民叛入南海。《大荒西经》黑水之前有大山，名曰崑崙之邱。《海内经》流沙之东，黑水之西，有都广之野。综诸以考，苗民被杀于三危，能叛入南海，则三危当离南海不远。崑崙之前，流沙之东有黑水。新疆大戈壁即古之流沙，其东为崑崙。崑崙东南有雅鲁藏布江流入缅甸，黄氏以之为黑水，与《山海经》之言合。清康熙则以潞江为黑水，但潞江水源不远，流亦不广，考黑水诸家多非之，然黄氏以厄楚河为槟榔江更为荒谬。槟榔江源近而水亦未巨，不过在高良公山外泸水县鲁掌司地，前者无人寻其源，故不知之。试由滇滩关向西斜上，经长龙河而至拖角，东北上至片马，逾高良公山而抵古滩河。考古滩河之水，东南流而入于潞江，拖角近恩梅开江，长龙河则流经盏西，上无长源，下为槟榔江。厄楚河即罗楚河，下流为恩梅开江，与西北来之雅鲁藏布江下流为马里开江至冻伾山麓汇。余曾亲履察视。使厄楚河为槟榔江，而恩梅开江当从何来？

黄氏只知大金沙江为一水，而不知上游属两江，分流中扩，为江心坡地。其所言黑水至缅甸内容纳之支流及地名，又多上下相混。如由孟拱、孟养二水合而西北来会，又南流百余里，里麻河东北来会，又南至蛮幕、新街。但两江合流三十哩，经泌己那，先受嘎鸠江与打罗江自东北来会，又数十哩，始有孟拱、孟养之水由西北而南入，未见里麻河之由东北来。且里麻司在茶山及孟养司外，其西北有直都卒水流至岗板，汇南来之太湖水，向东南而为猛拱江。太湖，缅名嗯堕。江流至新街，上有莫勒江《滇缅条约》作穆雷江自东北昔马山麓流至章贡来会，章贡，夷名，缅呼井梗。稍下即大盈江合槟榔江自蛮莫而入。由新街以下，先经老官屯，有南自力河、咱不底河、井坎河自东南来。逾大小葫芦口，有摹打河自北而来黄氏作磨太，经格洒外十余哩，至恩亚埠，而龙川江缅称瑞丽江始由东北逶迤来。又南流至体俭，有一水自墨咱南流入焉。至此未闻有灭硐之名。

黄氏谓由新街而下，先磨太而后老官屯，至灭峒南流，左纳二水及磨打河。夫磨打即其所称之磨太，在格洒埠上，未免一地而二名。行经曼德里黄氏作孟得俐，江行西流数十哩至阿瓦，有泌额江黄氏作抹能河由孟育经木邦、锡薄各司，容纳夷山诸水，流千余里于此而汇，缅谓之曰小江。江作西流至缅木，有大水自北莽西地，经夜午流数百里以入，即黄氏所谓之磨河，复南流百余里于缅降白口沽间，有犬敦江黄氏作更的宛河纳野人山西陲及

---

① 朕今试考其实 原本作“朕今始其考实”，据徐锡龄辑《熙朝新语》卷五改，上海文明书局《清代笔记丛刊》本，第3页。

② 合 原本作“今”，据《熙朝新语》卷五改。

犬敦山大小数十水，经数千里，自此流入。其水广阔胜于大盈江，从兹西下，又流数千里至漾贡西勃生港黄氏作跋散，以入南印度洋。黄氏所谓安拉普那城者，缅人呼为阿嚜牙不牙。是城在曼德里东南，阿瓦又在其西南，居伊拉瓦第江东岸，系当日缅王孟云都城，又称为冻缪译言南京。清乾隆末，曾进贡求通商，华商来此居者虽多，计不过千余人，何所谓达三千而外？若以全缅论，则不止此数。

黄氏又谓：缅甸为秘古国，其民多文莱族，又谓为巫来。按：巫来种即马来族人，尝居于爪哇及苏门答腊，非缅人种也。观其所言论，皆得之于法国教士，伊《考》中有云：去岁，在大理府城有法教士出示缅地图。故多臆断。

每见前人谈缅事者，往往是非参半，盖以未能亲履其地实事求是，第凭之于传闻，纵如何周详咨访，不无错谬。清圣祖谓三危而为喀木与卫藏三地，亦未免过于泛论。按：三地皆在川藏，雅鲁藏布江即溥藏布江，又有作薄藏布江者。尚由西而东流，禹何以知水之南趋，导入于南海？以《山海经》苗民叛入南海而言，三危之或地或山皆当距南海不远，雅鲁藏布江东流，经川边折而南，至今英所据之坎底，是间属怒、俅夷及峨昌蛮与他夷种，或即当日之苗民欤？自此以下，江水始见南流，禹导之向南，乃知能入南海。或者谓三苗既居此遐荒，何能得进言于尧？不知黄帝之子昌意降居若水为诸侯。若水即雅砻江，出青海。产里、百濮于汤时且能进贡，献象齿、矩狗，三苗之长又岂不能往乎？是以黄氏所云西北诸胡迄于流沙，皆统于雍州；西南诸夷尽南海，皆统于梁州。故三危之山之地皆不能外，此野人山左右也。

〔据李根源辑《永昌府文征·文录》（民国三十年排印本）卷二十七《民九》第11－13页辑录。〕